Finkenzeller

RFID-Handbuch

Klaus Finkenzeller

RFID-Handbuch

Grundlagen und praktische Anwendungen induktiver Funkanlagen, Transponder und kontaktloser Chipkarten

3., aktualisierte und erweiterte Auflage

HANSER

www.hanser.de

Alle in diesem Buch enthaltenen Informationen, Verfahren und Darstellungen wurden nach bestem Wissen zusammengestellt und mit Sorgfalt getestet. Dennoch sind Fehler nicht ganz auszuschließen. Aus diesem Grund sind die im vorliegenden Buch enthaltenen Informationen mit keiner Verpflichtung oder Garantie irgendeiner Art verbunden. Autor und Verlag übernehmen infolgedessen keine juristische Verantwortung und werden keine daraus folgende oder sonstige Haftung übernehmen, die auf irgendeine Art aus der Benutzung dieser Informationen – oder Teilen davon – entsteht, auch nicht für die Verletzung von Patentrechten und anderen Rechten Dritter, die daraus resultieren könnten. Autor und Verlag übernehmen deshalb keine Gewähr dafür, dass die beschriebenen Verfahren frei von Schutzrechten Dritter sind.

Die Wiedergabe von Gebrauchsnamen, Handelsnamen, Warenbezeichnungen usw. in diesem Buch berechtigt deshalb auch ohne besondere Kennzeichnung nicht zu der Annahme, dass solche Namen im Sinne der Warenzeichen- und Markenschutz-Gesetzgebung als frei zu betrachten wären und daher von jedermann benutzt werden dürften.

Bibliografische Information Der Deutschen Bibliothek

Die Deutsche Bibliothek verzeichnet diese Publikation in der Deutschen Nationalbibliografie; detaillierte bibliografische Daten sind im Internet über <http://dnb.ddb.de> abrufbar.

Lektorat: Margarete Metzger
Herstellung: Irene Weilhart
Copy editing: Manfred Sommer
Umschlaggestaltung unter Verwendung des Photos „MIFARE smart card IC“ der Firma Philips Semiconductors, Gratkorn, Österreich
Datenbelichtung, Druck und Bindung: Kösel, Kempten
Printed in Germany

ISBN 3-446-22071-2

Inhaltsverzeichnis

Vorwort zur 3. Auflage

Dieses Buch richtet sich an die verschiedensten Leser. Zunächst an Studenten und Ingenieure, die zum ersten Mal mit der RFID-Technologie konfrontiert werden. Für sie gibt es einige grundlegende Kapitel über die Funktionsweise und die physikalischen sowie datentechnischen Grundlagen der RFID-Technik. Darüber hinaus richtet sich das Buch an den Praktiker, der sich als Anwender möglichst umfassend und konzentriert einen Überblick über die verschiedensten RFID-Technologien, die gesetzlichen Randbedingungen oder die Einsatzmöglichkeiten verschaffen möchte bzw. muss.

Zwar existiert eine schier unüberschaubare Fülle von Einzelbeiträgen in der Literatur zu diesem Themenbereich, aber alle diese „verteilten" Informationen im Bedarfsfalle zusammenzutragen, ist sehr mühsam und zeitaufwändig, wie auch die Recherchen zu jeder Auflage dieses Buchs auf das Neue bewiesen. Dieses Buch soll daher auch eine Lücke im Literaturangebot über RFID-Systeme schließen. Wie groß der Bedarf an technisch fundierter Literatur in diesem Fachbereich mittlerweile tatsächlich ist, zeigt die erfreuliche Tatsache, dass das vorliegende Buch inzwischen auch in englischer, chinesischer und japanischer Übersetzung[1] erschienen ist.

Anhand der vielen Bilder und Zeichnungen will dieses Buch eine im wahrsten Sinn des Wortes anschauliche Darstellung der RFID-Technologie geben. Einen besonderen Schwerpunkt stellen dabei die physikalischen Grundlagen dar, welche aus diesem Grunde auch das mit Abstand umfangreichste Kapitel bilden. Besonderer Wert wurde aber auch auf Praxisnähe gelegt. Das Kapitel „Anwendungsbeispiele" auf Seite 353 ist aus diesem Grund ebenfalls besonders umfangreich gehalten.

Die technologische Entwicklung auf dem Gebiet der RFID-Technologie schreitet so schnell voran, dass ein Buch wie dieses zwar eine allgemeine Wissensgrundlage bilden kann, aber nicht dynamisch genug ist, um auf die neuesten Trends zu demnächst erscheinenden Produkten, Normen und Vorschriften eingehen zu können. Für Hinweise und Anregungen – insbesondere aus dem Kreis der Industrie – bin ich deshalb sehr dankbar. Die zugrunde liegenden Konzepte und physikalischen Grundlagen bleiben jedoch erhalten und bilden eine gute Voraussetzung für das Verständnis der aktuellen Entwicklung.

Leider muss mit der 3. Auflage die bisher vorhandene Marktübersicht entfallen, da es mit der zunehmenden Zahl von Anbietern immer schwieriger wurde, den Überblick über die zahlreichen am Markt verfügbaren Transponder zu behalten. Neu hinzugekommen ist eine detaillierte Einführung in die physikalischen Grundlagen der UHF- und Mikrowellensysteme (Kapitel „Elektromagnetische Wellen" auf Seite 116), die mit der Freigabe entsprechender Frequenzbereiche im 868 MHz-Band auch in Europa zunehmend an Bedeutung gewinnen werden. Erweitert wurde auch das Kapitel Normung (Seite 233), um mit der schnellen Entwicklung auch auf diesem Gebiete Schritt zu halten.

---

[1] Weitere Informationen zur deutschen Ausgabe des RFID-Handbuchs sowie den Übersetzungen können Sie der Homepage zum Buch http://RFID-handbook.com entnehmen.

An dieser Stelle möchte ich mich auch bei den Firmen bedanken, die mit zahlreichen technischen Datenblättern, Vortragsmanuskripten, Zeichnungen und Fotografien freundlich zum Gelingen des Werkes beigetragen haben.

München, im Sommer 2002 *Klaus Finkenzeller*

Verwendete Abkürzungen

µP	Mikroprozessor
µs	Mikrosekunde (10-6 Sekunden)
ACM	Access Configuration Matrix
ABS	Acrylnitrilbutadienstyrol
AFC	Automatic Fare Collection
AFI	Application Familly Identifier (siehe ISO 14443-3)
AI	Application Identifier
AM	Amplitude Modulation
APDU	Application Data Unit
ASCII	American Standard Code for Information Interchange
ASIC	Application Specific Integrated Circuit
ASK	Amplitude Shift Keying (Amplitudentastung)
ATR	Answer to Reset
ATQ	Answer to Request (ATQA, ATQB: siehe ISO 14443-3)
AVI	Automatic Vehicle Identification (for Railways)
BAPT	Bundesamt für Post und Telekommunikation
Bd	Baud, Übertragungsgeschwindigkeit in bit/s
BGT	Block Guard Time
BMBF	Bundesministerium für Bildung und Forschung (ehemals BMFT)
BP	Bandpass (-filter)
C	Capacity (Kapazität eines Kondensators)
CCG	Centrale für Coorganisation GmbH (Zentrale Vergabestelle für EAN-Codes in Deutschland)
CCITT	Comité Consultatif International Télégraphique et Téléphonique
CEN	Comité Européen de Normalisation
CEPT	Conférence Européenne des Postes et Télécommunications
CICC	Close-Coupling Integrated Circuit Chip Card
CIU	Contactless Interface Unit (Sende-/Empfangsbaustein für kontaktlose Mikroprozessorschnittstellen)
CLK	Clock (Taktsignal)
CRC	Cyclic Redundancy Checksum
dBm	Logarithmisches Leistungsmaß, bezogen auf 1 mW HF-Leistung (0 dBm = 1 mW, 30 dBm = 1W)
DBP	Differential Bi-Phase encoding
DIN	Deutsche Industrienorm

EAN	European Article Number (Strichcode auf Lebensmitteln und Waren)
EAS	Electronic Article Surveillance (elektronische Diebstahlsicherung)
EC	Eurocheque bzw. electronic cash
ECC	European Communications Committee
EDI	Electronic Document Interchange
EEPROM	Electric Erasable and Programmable Read Only Memory
EMC	ElectroMagnetic Compatibility
EMV	Elektro-Magnetische Verträglichkeit (engl. EMC)
EOF	End of Frame
ERC	European Radiocommunications Committee
ERM	Electromagnetic Compatibility and Radio Spectrum Matters
ERO	European Radiocommunications Organisation
ERP	Equivalent Radiated Power (effektiv abgestrahlte Sendeleistung)
ETCS	European Train Control System
ETS	European Telecommunication Standard
ETSI	European Telecommunication Standards Institute
EVC	European Vital Computer (Bestandteil der ETCS)
EVU	Energieversorgungsunternehmen
FCC	Federal Commission of Communication
FDX	Full-Duplex
FHSS	Frequency Hopping Spread Spectrum
FM	Frequenzmodulation
FRAM	Ferroelectric Random Access Memory
FSK	Frequency Shift Keying (Frequenzumtastung)
GSM	Global System for Mobile Communication (ehem. Groupe Spécial Mobile)
GTAG	Global-Tag (RFID Initiative der EAN und des UCC)
I2C	Inter-IC-Bus
HDX	Half-Duplex
HF	High Frequency (3 ... 30 MHz)
ICC	Integrated Chip Card
ID	Identifikation
ISM	Industrial Scientifical Medical (-Frequenzbereich)
ISO	International Standardization Organization
L	Loop (Induktivität einer Spule)
LAN	Local Area Network (Lokales Computer-Netzwerk)
LF	Low Frequency (30 ... 300 kHz)

LPD	Low Power Device (Funkanlage kleiner Leistung zur Übertragung von Daten oder Sprache über einige hundert Meter)
LRC	Longitudinal Redundancy Check
LSB	Least Significant Bit
MAD	MIFARE® Application Directory
MSB	Most Significant Bit
NAD	Node Address
nömL	Nicht-öffentlicher mobiler Landfunk (Industriefunk, Transportunternehmen, Taxifunk etc.)
NRZ	Non-Return to Zero Encoding
NTC	Negative Temperature Coefficient (Heißleitender Widerstand)
NVB	Number of valid bits (siehe ISO 14443-3)
OCR	Optical Character Recognition (Erkennung von Klarschrift)
OEM	Original Equipment Manufacturer
OFW	Oberflächenwellen
ÖPNV	Öffentlicher Personen Nahverkehr
OTP	One Time Programmable
PC	Personal Computer
PCD	Proximity Card Device (siehe ISO 14443)
PICC	Proximity Integrated Chip Card (siehe ISO 14443)
PKI	Public Key Infrastructure
PMU	Power Management Unit
PP	Plasticpackage
PPS	Ployphenylensulfid
PSK	Phase Shift Keying
PUPI	Pseudo Unique PICC Identifier (siehe ISO 14443-3)
PVC	Polyvinylchlorid
R&TTE	Radio and Telecommunication Terminal Equipment (The Radio Equipment and Telecommunications Terminal Equipment Directive (1999/5/EC))
RADAR	Radio Detecting and Ranging
RAM	Random Access Memory
RCS	Radar Cross Section (Rückstrahlquerschnitt, Rückstreuquerschnitt)
REQ	Request
RFID	Radio Frequency Identification
RFU	Reserved for Future Use (Reserviert für zukünftige Anwendung)
RTI	Returnable Trade Items

RTI	Road Transport Information System
RTTT	Road Transport & Traffic Telematics
RWD	Read Write Device (Schreib- und Lesestation)
SAM	Security Authentication Module
SCL	Serial Clock (I2C-Bus Interface)
SDA	Serial Data Address Input Output (I2C-Bus Interface)
SEQ	Sequentielles System
SMD	Surface Mounted Devices
SNR	Serial Number (Seriennummer)
SOF	Start of Frame
SRAM	Static Random Access Memory
SRD	Short Range Devices (Funkanlagen kleiner Leistung zur Übertragung von Daten oder Sprache über kleine Entfernungen, typ. einige hundert Meter)
TR	Technische Richtlinie
UART	Universal Assynchronous Receiver Transmitter (Sende-/Empfangsbaustein für Computerschnittstellen)
UCC	Universal Code Council (Amerikanischer Standard für Strichcode auf Lebensmittel und Waren)
UHF	Ultra High Frequency (300 MHz ... 3 GHz)
UPC	Universal Product Code
VCD	Vicinity Card Device (siehe ISO 15693)
VDE	Verein Deutscher Elektrotechniker
VICC	Vicinity Integrated Contactless Chip Card (siehe ISO 15693)
VSWR	Voltage Standing Wave Ratio
XOR	eXclusive-OR (Exclusive-oder-Verknüpfung)
ZV	Zulassungsvorschrift

HITAG®, i•Code® und MIFARE®	sind eingetragene Warenzeichen von Philips elektronics N.V.
LEGIC®	ist ein eingetragenes Warenzeichen von Kaba Security Locking Systems AG.
MICROLOG®	ist ein eingetragenes Warenzeichen von Idesco.
TagIt® und TIRIS®	sind eingetragene Warenzeichen von Texas Instruments.
TROVAN®	ist ein eingetragenes Warenzeichen von AEG ID-Systeme.

1 Einführung

In vielen Dienstleistungsbereichen, in der Beschaffungs- und Distributionslogik, im Handel, in Produktionsbetrieben und Materialflusssystemen haben automatische Identifikationsverfahren (Auto-ID) in den letzten Jahren große Verbreitung gefunden. Aufgabe und Ziel der Auto-ID ist die Bereitstellung von Informationen zu Personen, Tieren, Gütern und Waren.

Die weit verbreiteten Barcode-Etiketten, die schon vor vielen Jahren eine Revolution bei Identifikationssystemen auslösten, sind heute in zunehmenden Fällen nicht mehr ausreichend. Zwar sind Barcodes äußerst billig, ihr Engpass ist jedoch die geringe Speicherfähigkeit sowie die Unmöglichkeit der Umprogrammierung.

Eine technisch optimale Lösung ist die Speicherung der Daten in einem Siliziumchip. Aus dem täglichen Leben ist hierzu die Chipkarte mit Kontaktfeld (Telefonchipkarte, Bankenkarte) die bekannteste Bauform eines elektronischen Datenträgers. Die mechanische Kontaktierung wie bei der Chipkarte ist jedoch in vielen Fällen unzweckmäßig. Weitaus flexibler ist eine kontaktlose Übertragung der Daten zwischen dem Datenträger und einem zugehörigen Lesegerät. Idealerweise wird auch die zum Betrieb des elektronischen Datenträgers benötigte Energie durch das Lesegerät kontaktlos übertragen. Entsprechend den eingesetzten Energie- und Datenübertragungsverfahren werden kontaktlose ID-Systeme als *RFID-Systeme* (Radio Frequency Identification) bezeichnet.

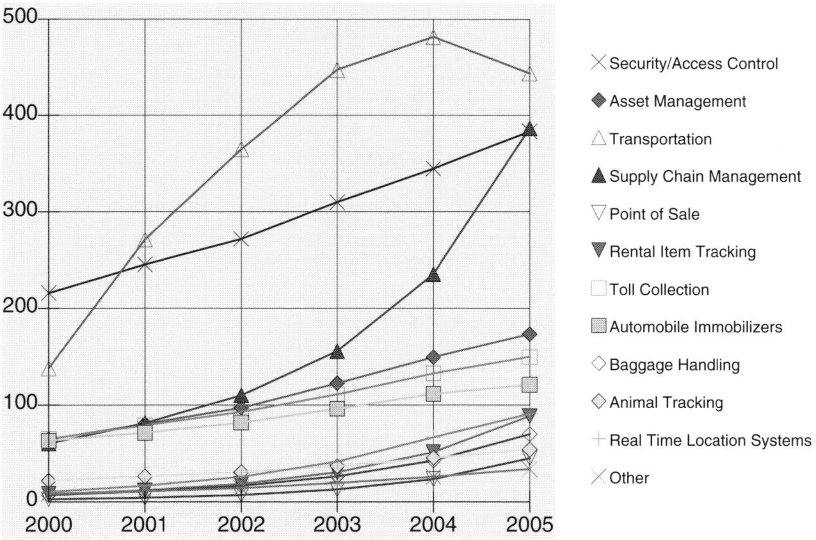

Abb. 1.1 Die geschätzte Entwicklung des globalen Marktes für RFID-Systeme zwischen den Jahren 2000 und 2005 in Millionen US$, getrennt nach unterschiedlichen Anwendungen [vcd].

Die Anzahl der Firmen, welche sich aktiv mit der Entwicklung und der Vermarktung von RFID-Systemen befassen, zeigt, dass dies ein unbedingt ernst zu nehmender Markt ist. Lag der weltweite Umsatz für RFID-Systeme im Jahre 2000 noch bei etwa 900 Millionen US$, so wird er für das Jahr 2005 bereits auf 2650 Millionen US$ geschätzt [vcd]. Der *RFID-Markt* gehört damit zu dem am schnellsten wachsenden Teil der Funkindustrie, Handys und schnurlose Telefone mit eingeschlossen [isd].

Darüber hinaus hat sich die kontaktlose Identifikation in den letzten Jahren immer mehr zu einem eigenständigen interdisziplinären Fachgebiet entwickelt, das in keine der klassischen Schubladen mehr passt. Es fließen hier Elemente aus den verschiedensten Branchen zusammen: HF-Technik und EMV, Halbleitertechnik, Datenschutz und Kryptographie, Telekommunikation, Fertigungstechnik und viele verwandte Fachgebiete.

Zur Einführung gibt das folgende Kapitel einen Überblick über verschiedene Auto-ID-Systeme, die als verwandte oder benachbarte Systeme zur RFID angesehen werden können.

1.1 Automatische Identifikationssysteme

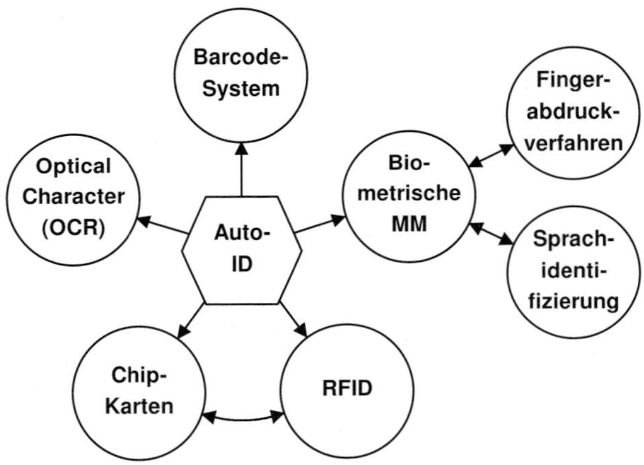

Abb. 1.2 Zusammenfassende Übersicht der wichtigsten Auto-ID-Verfahren.

1.1.1 Barcode-Systeme

Barcodes (Strichcodes) haben sich in den letzten 20 Jahren immer weiter gegenüber anderen Identifikationssystemen durchsetzen können. Das Umsatzvolumen für Barcode-Systeme lag zu Beginn der 90er Jahre nach Expertenmeinung bei 3 Mrd. DM im westeuropäischen Raum [virnich].

Der Barcode ist ein Binärcode aus einem Feld von parallel angeordneten Strichen (engl. bars) und Trennlücken. Diese sind nach einem vorbestimmten Bild angeordnet und stellen Elemente von Daten dar, die auf ein zugehöriges Zeichen verweisen. Die Sequenz aus breiten und schmalen Strichen bzw. Lücken kann numerisch oder alphanumerisch interpretiert werden. Die Ablesung geschieht durch optische Laserabtastung, d.h. durch die unterschiedliche Reflexion eines Laserstrahles an den schwarzen Strichen und weißen Lücken [ident 1]. Trotz identischem physikalischem Aufbau bestehen jedoch beträchtliche Unterschiede im

Codeaufbau der heutzutage etwa zehn eingesetzten Barcodes.

Der mit Abstand am weitesten verbreitete Barcode dürfte dabei der *EAN-Code* (European Article Number) sein, welcher 1976 speziell für die Belange des Lebensmittelhandels konzipiert wurde. Der EAN-Code stellt eine Weiterentwicklung des US-Amerikanischen UPC (Universal Product Code) dar, der in den USA bereits 1973 eingeführt wurde. Der UPC stellt heute eine Untermenge des EAN-Codes dar und ist daher mit diesem kompatibel [virnich].

Der EAN-Code setzt sich aus 13 Ziffern zusammen: dem Länderkennzeichen, der bundeseinheitlichen Betriebsnummer (bbn), der Artikelnummer des Herstellers sowie einer Prüfziffer.

Länderkennzeichen	Bundeseinheitliche Betriebsnummer bbn	individuelle Artikelnummer des Herstellers	PZ
4 0	1 2 3 4 5	0 8 1 5 0	9
BRD	Fa. Musterwerk Identstrasse 1 80001 München	Schokoladenhase 100g	

Abb. 1.3 Beispiel für den Aufbau eines Barcodes in EAN-Codierung (EAN = Europäische Artikelnumerierung).

Außer dem EAN-Code konnten sich in anderen Branchen vor allem die folgenden Barcodes durchsetzen:

Tabelle 1.1: Bekannte Barcodes mit ihren typischen Anwendungsgebieten

Code	typische Anwendung
Code Codabar	Medizinisch-klinische Anwendungen, Bereiche mit hohen Sicherheitsanforderungen.
Code 2/5 interleaved	Autoindustrie, Warenlager, Paletten, Schiffscontainer und Schwerindustrie.
Code 39	Verarbeitende Industrie, Logistik, Universitäten und Büchereien.

1.1.2 Optical Character Recognition

Der Einsatz von *Klarschriftlesern* (optical character recognition = OCR) begann schon in den 60er Jahren. Hierfür wurden spezielle Schrifttypen entwickelt, die durch ihre Stilisierung nicht nur von Menschen, sondern auch automatisch von Maschinen gelesen werden können. Die wichtigsten Vorteile der *OCR-Systeme* sind die hohe Informationsdichte sowie die Möglichkeit, im Notfall (oder einfach zur Kontrolle) die Daten auch visuell erfassen zu können [virnich]. Die Einsatzgebiete für OCR liegen heute in der Produktion, in Dienstleistungs- und Verwaltungsbereichen, sowie in Banken, zur Registrierung von Schecks.[2] Die

---

[2] In der untersten Zeile von Schecks findet man persönliche Daten (Name, Kontonummer) als OCR-Schrift aufgedruckt.

flächendeckende Verbreitung von OCR-Systemen wird jedoch durch ihren hohen Preis sowie durch die im Vergleich zu anderen ID-Verfahren komplizierten Lesegeräte behindert.

1.1.3 Biometrische Verfahren

Biometrie ist laut Duden-Fremdwörterbuch „die Wissenschaft von der Zählung und (Körper-)Messung an Lebewesen". Im Zusammenhang mit Identifikationssystemen ist Biometrie der Oberbegriff für alle Verfahren, die Personen durch den Vergleich von unverwechselbaren und individuellen Körpermerkmalen identifizieren. In der Praxis sind dies Fingerabdruck- und Handabdruckverfahren, Sprachidentifizierung und seltener die Augen-Netzhaut- (bzw. auch Iris-) Identifizierung.

1.1.3.1 Sprachidentifizierung

Zur Identifikation einzelner Personen werden in neuerer Zeit spezielle Systeme zur Sprecherverifikation (Sprechererkennung) angeboten. Hierbei spricht der Benutzer in ein Mikrofon, das mit einem Computer verbunden ist. Dieser wandelt die gesprochenen Worte in digitale Signale um, die von der Identifizierungs-Software ausgewertet werden.

Ziel der Sprecherverifikation ist es, die angebliche Identität einer Person anhand ihrer Stimme zu überprüfen. Dabei werden die Sprachmerkmale der sprechenden Person mit einem vorliegenden Referenzmuster überprüft. Bei Übereinstimmung kann dann eine Reaktion ausgelöst werden (z. B. „Tür öffnen").

1.1.3.2 Fingerabdruckverfahren (Daktyloskopie)

In der Kriminalistik ging man bei der Identifizierung von Straftätern bereits um die Jahrhundertwende zu Fingerabdruckverfahren über. Hierbei geht es um den Vergleich der Papillaren und Hautleisten der Fingerspitzen bzw. Fingerkuppen, die man nicht nur vom Finger selbst, sondern auch von berührten Gegenständen abnehmen kann.

Bei der Personenidentifikation mittels Fingerabdruckverfahren, meist für eine Zutrittskontrolle, wird die Fingerkuppe auf ein spezielles Lesegerät gelegt. Das System berechnet aus dem eingelesenen Muster einen Datensatz und vergleicht diesen mit einem gespeicherten Referenzmuster. Moderne Fingerabdruck-ID-Systeme benötigen weniger als eine halbe Sekunde zur Erkennung und Prüfung eines Fingerabdruckes. Um gewalttätigen Betrugsversuchen vorzubeugen, wurden sogar Fingerabdruck-ID-Systeme entwickelt, welche erkennen können, ob ein lebender Finger vorgelegt wird [schmidhäusler].

1.1.4 Chipkarten

Als *Chipkarte* bezeichnet man einen elektronischen Datenspeicher, gegebenenfalls mit zusätzlicher Rechnerleistung (Mikroprozessorkarte), welcher – der besseren Handhabung wegen – in eine Plastikkarte im Kreditkartenformat eingebaut ist. Erste Chipkarten wurden bereits um 1984 als vorbezahlte Telefonchipkarten eingesetzt. Zum Betrieb werden Chipkarten in ein Lesegerät eingesteckt, das mit Kontaktfedern eine galvanische Verbindung zu den

Kontaktflächen der Chipkarte herstellt. Über die Kontaktflächen wird die Chipkarte aus dem Lesegerät mit Energie und einem Takt versorgt. Die Datenübertragung zwischen dem Lesegerät und der Karte wird auf einer bidirektionalen seriellen Schnittstelle (I/O-Port) abgewikkelt. Nach dem Innenleben der Chipkarten unterscheidet man zwischen zwei Grundtypen: Speicherkarte und Mikroprozessorkarte.

Einer der wichtigsten Vorteile der Chipkarte liegt darin, dass die in ihr gespeicherten Daten gegen unerwünschten (Lese-) Zugriff und Manipulation geschützt werden können. Chipkarten machen fast alle Dienstleistungen, die mit Informations- oder Geldtransaktionen verbunden sind, einfacher, sicherer und billiger. Im Jahre 1992 wurden deshalb weltweit 200 Mio. Chipkarten ausgegeben (davon 20% alleine in Deutschland!). Im Jahre 1995 waren es bereits 600 Mio. Stück, davon 500 Mio. Speicherkarten und 100 Mio. Mikroprozessorkarten. Damit stellt der *Chipkartenmarkt* einen der am schnellsten wachsenden Mikroelektronik-Teilmärkte dar.

Ein Nachteil der kontaktbehafteten Chipkarten ist die Anfälligkeit der Kontakte für Abnutzung, Korrosion und Verschmutzung. Vor allem häufig benutzte Lesegeräte verursachen hohe Kosten durch Ausfall. Zudem können frei zugängliche Lesegeräte (Telefonhäuschen) nicht gegen Sabotage geschützt werden.

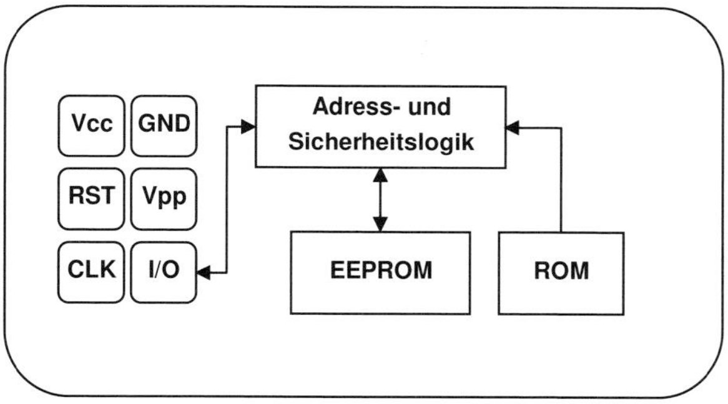

Abb. 1.4 Typische Architektur einer Speicherkarte mit Sicherheitslogik.

1.1.4.1 Speicherkarten

Bei *Speicherkarten* wird über eine sequentielle Logik (State-Machine) auf den Speicher – meist ein EEPROM – zugegriffen. Hierbei sind auch einfache Sicherheitsalgorithmen, z. B. Stromverschlüsselung (Streamcipher) realisierbar. Die Funktionalität von Speicherkarten ist meist auf eine sehr spezielle Anwendung optimiert. Die Flexibilität der Anwendung ist hierfür zwar stark eingeschränkt, dafür sind Speicherkarten jedoch besonders preisgünstig. Speicherkarten werden deshalb vor allem in preissensitiven Massenanwendungen eingesetzt [rankl]. Ein Beispiel dafür ist die Versichertenkarte der gesetzlichen Krankenkassen [lemme].

1.1.4.2 Mikroprozessorkarten

Mikroprozessorkarten enthalten – wie schon die Bezeichnung zum Ausdruck bringt – einen

Mikroprozessor, der mit einem segmentierten Speicher (ROM-, RAM- und EEPROM-Segment) verbunden ist.

Das maskenprogrammierte ROM enthält ein *Betriebssystem* (übergeordneter Programmcode) für den Mikroprozessor und wird während der Chipfabrikation aufgebracht. Der Inhalt des ROM ist herstellungsbedingt für alle Mikrochips des gleichen Produktionsloses identisch und kann auch nicht mehr überschrieben werden.

Im EEPROM des Chips befinden sich Applikationsdaten und applikationsspezifischer Programmcode. Dieser Speicherbereich kann jedoch nur unter Kontrolle des Betriebssystems beschrieben oder gelesen werden.

Das RAM ist der temporäre Arbeitsspeicher des Mikroprozessors. Die gespeicherten Daten gehen nach Abschalten der Versorgungsspannung verloren.

Mikroprozessorkarten sind sehr flexibel. Moderne Chipkartenbetriebssysteme ermöglichen es auch, unterschiedliche Anwendungen in einer einzigen Karte zu integrieren (Multiapplikation). Die applikationsspezifischen Programmteile werden dazu erst nach der Kartenproduktion in das EEPROM geladen und können über das Betriebssystem gestartet werden.

Mikroprozessorkarten werden vor allem in sicherheitssensitiven Anwendungen eingesetzt. Ein Beispiel hierfür sind Chipkarten für GSM-Handys oder die neuen EC-Karten (electronic cash). Die Programmiermöglichkeit der Mikroprozessorkarten ermöglicht außerdem die schnelle Anpassung an neue Applikationen [rankl].

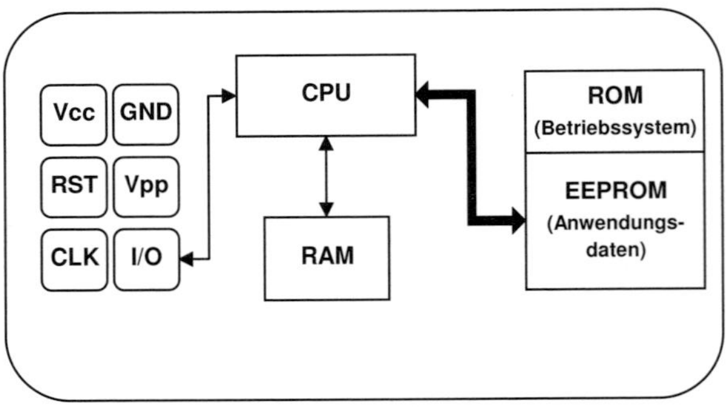

Abb. 1.5 Typische Architektur einer Mikroprozessorkarte.

1.1.5 RFID-Systeme

RFID-Systeme sind den oben beschriebenen Chipkarten eng verwandt. Auch hier werden die Daten auf einem elektronischen Datenträger – dem Transponder – gespeichert. Die Energieversorgung des Datenträgers sowie der Datenaustausch zwischen Datenträger und Lesegerät erfolgt jedoch nicht durch galvanisches Kontaktieren, sondern unter Verwendung magnetischer oder elektromagnetischer Felder. Die technischen Verfahren hierzu wurden aus der Funk- und Radartechnik übernommen. Die Bezeichnung RFID steht deshalb für Radio-Frequency-Identification, also Identifikation durch Radiowellen.

Aufgrund zahlreicher Vorteile der RFID-Systeme gegenüber den anderen Identifikationssystemen beginnen RFID-Systeme neue Massenmärkte zu erobern. Ein Beispiel hierfür ist der Einsatz kontaktloser Chipkarten als Ticket für den öffentlichen Nahverkehr.

1.2 Vergleich verschiedener ID-Systeme

Ein Vergleich (siehe Tabelle 1.2 auf Seite 8) zwischen den oben aufgeführten Identifikationssystemen zeigt die Schwächen und Stärken von RFID zu anderen Systemen. Auch hier zeigt sich die enge Verwandtschaft zwischen kontaktbehafteter Chipkarte und RFID-Systemen, doch werden bei Letzteren alle Nachteile im Zusammenhang mit der störanfälligen Kontaktierung (Sabotage, Verschmutzung, nur eine Steckrichtung, zeitaufwändiges Einstekken usw.) vermieden.

1.3 Bestandteile eines RFID-Systems

Ein *RFID-System* besteht immer aus zwei Komponenten:

- dem *Transponder*, der an den zu identifizierenden Objekten angebracht wird;
- dem Erfassungs- oder *Lesegerät*[3], das je nach Ausführung und eingesetzter Technologie als Lese- oder Schreib/Lese-Einheit erhältlich ist.

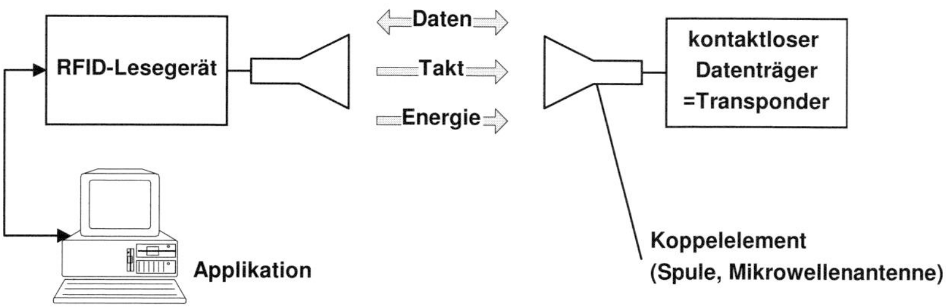

Abb. 1.6 Lesegerät und Transponder sind die Grundbestandteile jedes RFID-Systems.

Ein Lesegerät beinhaltet typischerweise ein Hochfrequenzmodul (Sender und Empfänger), eine Kontrolleinheit sowie ein Koppelelement zum Transponder. Daneben sind viele Lesegeräte mit einer zusätzlichen Schnittstelle (RS 232, RS 485, ...) ausgestattet, um die erhaltenen Daten an ein anderes System (PC, Automatensteuerung, ...) weiterzuleiten. .

Der Transponder, der den eigentlichen *Datenträger* eines RFID-Systems darstellt, besteht üblicherweise aus einem *Koppelelement* sowie einem elektronischen *Mikrochip*. Außerhalb des Ansprechbereichs eines Lesegerätes verhält sich der Transponder, der in der Regel keine eigene Spannungsversorgung (Batterie) besitzt, vollkommen passiv. Erst innerhalb des Ansprechbereichs eines Lesegerätes wird der Transponder aktiviert. Die zum Betrieb des Trans-

[3] In diesem Buch wird das Erfassungsgerät – der üblichen umgangssprachlichen Verwendung entsprechend – immer als Lesegerät bezeichnet, unabhängig davon, ob Daten damit nur gelesen oder auch geschrieben werden.

Tabelle 1.2: Der Vergleich verschiedener RFID-Systeme zeigt deren Vor- und Nachteile

Parameter	Barcode	OCR	Sprecher-erkennung	Biometrie	Chipkarte	RFID-Systeme
Typische Datenmenge/Byte:	1 ~ 100	1 ~ 100	–	–	16 ~ 64k	16 ~ 64k
Datendichte	gering	gering	hoch	hoch	sehr hoch	sehr hoch
Maschinenlesbarkeit	gut	gut	aufwändig	aufwändig	gut	gut
Lesbarkeit durch Personen	bedingt	einfach	einfach	schwer	unmöglich	unmöglich
Einfluss von Schmutz/Nässe	sehr stark	sehr stark	–	–	möglich (Kontakte)	kein Einfluss
Einfluss von (opt.) Abdeckung	totaler Ausfall	totaler Ausfall	–	möglich	–	kein Einfluss
Einfluss von Richtung und Lage	gering	gering	–	–	eine Steckrichtung	kein Einfluss
Abnutzung, Verschleiß	bedingt	bedingt	–	–	Kontakte	kein Einfluss
Anschaffungskosten Elektronik	sehr gering	mittel	sehr hoch	sehr hoch	gering	mittel
Betriebskosten (z. B. Drucker)	gering	gering	keine	keine	mittel (Kontakte)	keine
unbefugtes Kopieren/Ändern	leicht	leicht	möglich[a] (Tonband)	unmöglich	unmöglich	unmöglich
Lesegeschwindigkeit (incl. Handhabung des Datenträgers)	gering ~ 4 s	gering ~ 3 s	sehr gering > 5 s	sehr gering > 5 ... 10 s	gering ~ 4 s	sehr schnell ~ 0,5 s
Maximale Entfernung zwischen Datenträger und Lesegerät	0 ... 50 cm	< 1 cm (Scanner)	0 ... 50 cm	direkter Kontakt[b]	direkter Kontakt	0 ... 5 m, Mikrowelle

a. Die Gefahr des „Replay“ kann durch Auswahl eines zu sprechenden Textes mit einem Zufallsgenerator verringert werden, da nicht mehr im Voraus bekannt ist, welcher Text gesprochen werden muss.

b. Dies gilt nur für Fingerabdruck-ID. Bei Augen-Netzhaut- oder Iris-Auswertung ist ein direkter Kontakt nicht nötig bzw. möglich.

ponders benötigte Energie wird ebenso wie Takt und Daten durch die Koppeleinheit (kontaktlos) zum Transponder übertragen.

Abb. 1.7 RFID-Lesegerät und kontaktlose Chipkarte im praktischen Einsatz. (Foto: Philips Semiconductors Gratkorn, A-Gratkorn)

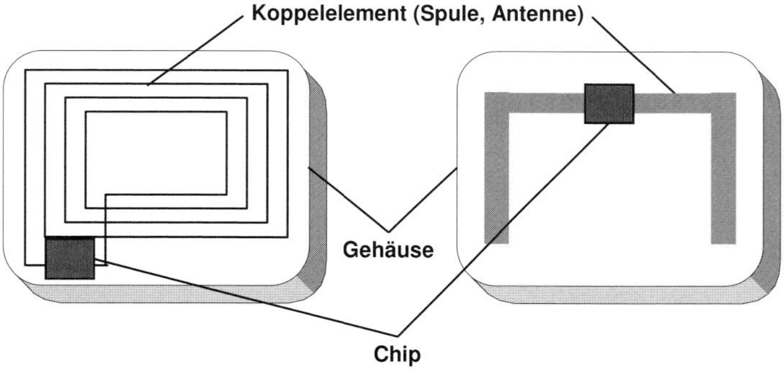

Abb. 1.8 Prinzipieller Aufbau des RFID-Datenträgers, des Transponders. *Links*: induktiv gekoppelter Transponder mit Antennenspule, *rechts*: Mikrowellen-Transponder mit Dipolantenne.

2 Unterscheidungsmerkmale von RFID-Systemen

2.1 Grundsätzliche Unterscheidungsmerkmale

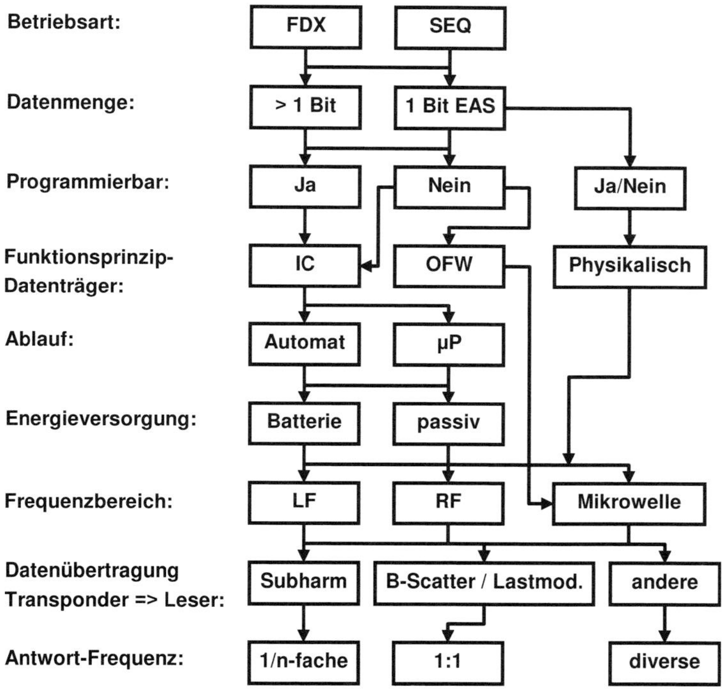

Abb. 2.1 Verschiedene Unterscheidungsmerkmale von RFID-Systemen. [isd]

RFID-Systeme existieren in unzähligen Varianten, von fast ebenso vielen verschiedenen Herstellern. Um den Überblick über RFID-Systeme zu behalten, ist es notwendig, Unterscheidungsmerkmale zu finden, nach denen verschiedenste RFID-Systeme voneinander unterschieden werden können.

Bei der Betriebsart von RFID-Systemen sind zwei grundsätzliche Verfahren zu unterscheiden: Voll- (full-duplex, FDX) und Halbduplex-Systeme (half-duplex, HDX), sowie sequentielle Systeme (SEQ).

Beim *Voll-* und *Halbduplexverfahren* wird die Antwort des Transponders bei eingeschaltetem HF-Feld des Lesegerätes übertragen. Da das Signal des Transponders an der Empfangsantenne, verglichen mit dem Signal des Lesegerätes selbst, extrem schwach sein kann, müssen geeignete Übertragungsverfahren angewendet werden, um die Signale des Transponders von denen des Lesegerätes zu unterscheiden. In der Praxis verwendet man zur Datenübertragung vom Transponder zum Lesegerät Lastmodulation, Lastmodulation mit

Hilfsträger, aber auch (Sub-) Harmonische der Sendefrequenz des Lesegerätes.

Bei *sequentiellen Verfahren* hingegen wird das Feld des Lesegerätes periodisch für kurze Zeit abgeschaltet. Diese Lücken werden vom Transponder erkannt und zur Datenübertragung vom Transponder zum Lesegerät benutzt. Nachteil des sequentiellen Verfahrens ist der Ausfall der Energieversorgung des Transponders während der Sendepausen des Lesegerätes, was durch den Einbau ausreichender Stützkondensatoren oder Stützbatterien ausgeglichen werden muss.

Die Datenmenge von RFID-Transpondern reicht üblicherweise von wenigen Bytes bis zu mehreren KBytes. Eine Ausnahme stellen die so genannten 1-bit-Transponder dar: Eine Datenmenge von genau 1 Bit reicht gerade dazu aus, um dem Lesegerät zwei Zustände zu signalisieren: „Transponder im Feld“ oder „kein Transponder im Feld“. Dies ist jedoch vollkommen ausreichend, um einfache Überwachungs- oder Signalisierungsaufgaben zu erfüllen. Da zur Realisierung eines 1-bit-Transponders kein elektronischer Chip benötigt wird, können diese Transponder für Bruchteile eines Pfennigs hergestellt werden. Aus diesem Grunde werden 1-bit-Transponder in großen Stückzahlen zur *Diebstahlsicherung* (EAS) von Waren in Kaufhäusern und Geschäften eingesetzt. Beim Verlassen des Kaufhauses mit unbezahlter Ware wird das am Ausgang installierte Lesegerät dann den Zustand „Transponder im Feld“ erkennen und entsprechende Reaktionen auslösen. Bei einer ordnungsgemäß bezahlten Ware würde der 1-bit-Transponder an der Kasse entfernt oder deaktiviert werden.

Eine weitere Unterscheidungsmöglichkeit von RFID-Systemen ist die Beschreibbarkeit des Transponders mit Daten. Bei sehr einfachen Systemen wird der Datensatz des Transponders, meist eine einfache (Serien-) Nummer, schon zum Zeitpunkt der Chipherstellung aufgebracht und kann dann nicht mehr verändert werden. Im Gegensatz dazu können beschreibbare Transponder durch das Lesegerät mit Daten beschrieben werden. Zur Speicherung der Daten werden vor allem drei Verfahren eingesetzt: Bei induktiv gekoppelten RFID-Systemen sind EEPROMs (electrically erasable programmable read only memory) das dominierende Verfahren, jedoch mit dem Nachteil einer hohen Leistungsaufnahme während des Schreibvorganges sowie einer Lebensdauer von maximal 100 000 Schreibvorgängen. In jüngster Zeit werden vereinzelt auch so genannte FRAMs (ferromagnetic random access memory) eingesetzt. Im Vergleich zu EEPROMs ist die Leistungsaufnahme zum Beschreiben von FRAMs etwa um den Faktor 100, die Schreibzeit sogar um den Faktor 1000 geringer. Probleme in der Herstellung der FRAMs haben deren breite Markteinführung bisher jedoch verhindert.

Vor allem bei den Mikrowellen-Systemen werden auch Statische RAMs (static random access memory, SRAM) zur Datenspeicherung eingesetzt, welche sehr schnelle Schreibzyklen ermöglichen. Zum Datenerhalt wird jedoch eine unterbrechungsfreie Spannungsversorgung aus einer Stützbatterie benötigt.

Bei den programmierbaren Systemen müssen der Schreib- und Lesezugriff auf den Speicher sowie die eventuelle Abfrage einer Schreib- und Leseberechtigung durch eine „innere Logik“ des Datenträgers gesteuert werden. Im einfachsten Falle kann dies durch einen Zustandsautomaten realisiert werden (Weiteres dazu in Kap. 10 „Architektur elektronischer

Datenträger", S. 281). Mit *Zustandsautomaten* können durchaus sehr komplexe Abläufe realisiert werden. Der Nachteil von Zustandsautomaten ist jedoch die Inflexibilität gegenüber Änderungen der programmierten Funktionen, da hierzu Schaltungsänderungen auf dem Siliziumchip nötig sind. Dies bedeutet in der Praxis eine kostspielige Neuentwicklung des Chiplayouts.

Eine wesentliche Verbesserung ergibt sich durch die Verwendung eines Mikroprozessors. Ein eigenes Betriebssystem zur Verwaltung der Applikationsdaten wird bei der Chipherstellung durch eine Maske in den Prozessor gebracht. Änderungen lassen sich auf diese Weise kostengünstig einbringen, außerdem kann die Software an unterschiedlichste Applikationen spezifisch angepasst werden. Im Zusammenhang mit kontaktlosen Chipkarten spricht man bei beschreibbaren Datenträgern mit Zustandsautomaten auch von „Speicherkarten", im Gegensatz zu „Prozessorkarten".

In diesem Zusammenhang müssen auch Transponder erwähnt werden, die Daten aufgrund physikalischer Effekte speichern können. Hierunter fallen die Read-only-Oberflächenwellen-Transponder sowie 1-bit-Transponder, die meist deaktiviert („Beschreiben" mit „0"), seltener auch wieder reaktiviert („Beschreiben" mit „1") werden können.

Ein sehr wichtiges Merkmal von RFID-Systemen ist die *Energieversorgung* der Transponder. *Passive Transponder* beinhalten keine eigene Energieversorgung, die gesamte Energie zum Betrieb passiver Transponder muss deshalb dem (elektrischen / magnetischen) Feld des Lesegerätes entnommen werden. Im Gegensatz dazu enthalten *aktive Transponder* eine Batterie, welche die Energie zum Betrieb des Mikrochips ganz oder zumindest teilweise („Stützbatterie") zur Verfügung stellt.

Eines der wichtigsten Merkmale von RFID-Systemen ist die Betriebsfrequenz und die daraus resultierende Reichweite des Systems. Als Betriebsfrequenz eines RFID-Systems wird dabei die Frequenz bezeichnet, auf der das Lesegerät sendet. Die Sendefrequenz des Transponders wird nicht berücksichtigt. In den meisten Fällen entspricht sie der *Sendefrequenz* des Lesegerätes (Lastmodulation, Backscatter). Die „Sendeleistung" des Transponders kann jedoch in jedem Fall um mehrere Zehnerpotenzen niedriger angesetzt werden als die des Lesegerätes.

Grundsätzlich werden die verschiedenen Sendefrequenzen den drei Bereichen LF (low frequency, 30 kHz ... 300 kHz), HF (high frequency) bzw. RF (radio frequency, 3 MHz ... 30 MHz) und UHF (ultra high frequency, 300 MHz ... 3 GHz) bzw. Mikrowelle (> 3 GHz) zugeordnet. Eine zusätzliche Einteilung der RFID-Systeme nach Reichweite ermöglicht die Unterscheidung zwischen close-coupling (0 ... 1 cm), remote-coupling (0 ... 1 m), und long-range Systemen (> 1 m).

Die verschiedenen Verfahren der Datenübertragung, vom Transponder zurück zum Lesegerät, lassen sich in drei Gruppen einteilen: Die Anwendung von Reflexion bzw. Backscatter (die Frequenz der reflektierten Welle entspricht der Sendefrequenz des Lesegerätes: Frequenzverhältnis 1:1) oder Lastmodulation (das Feld des Lesegerätes wird durch den Transponder beeinflusst: Frequenzverhältnis 1:1), die Anwendung von Subharmonischen (1/n-fache) sowie die Erzeugung von Oberwellen (n-fache) im Transponder.

2.2 Bauformen von Transpondern

2.2.1 Disks und Münzen

Häufigste Bauform sind die so genannten *Disks* (Münzen), Transponder in einem runden (ABS-)Spritzgussgehäuse, mit Durchmessern von wenigen Millimetern bis zu 10 cm. In der Mitte befindet sich meistens eine Bohrung zur Aufnahme einer Befestigungsschraube. Alternativ zu (ABS-)Spritzguss wird auch gerne Polystyrol oder sogar Epoxydharz für einen erweiterten Temperaturbereich verwendet

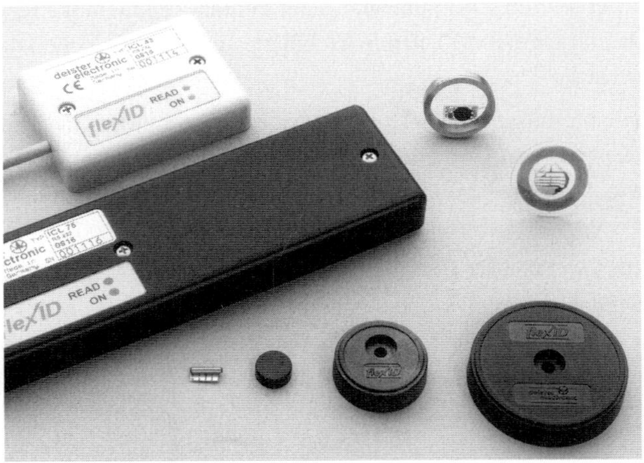

Abb. 2.2 Verschiedene Bauformen von Disk-Transpondern. (Foto: Deister Electronic, Barsinghausen)
rechts: Transponderspule und Chip vor dem Einbau in ein Gehäuse.
links: unterschiedliche Bauformen von Leseantennen.

2.2.2 Glasgehäuse

Für die Identifizierung von Tieren wurden die *Glastransponder* entwickelt, die unter die Haut des Tieres injiziert werden können (siehe hierzu Kap. 13 „Anwendungsbeispiele“, S. 353).

In dem lediglich 12 bis 32 mm langen Glasröhrchen befinden sich ein auf einem Träger (PCB) montierter Mikrochip sowie ein Chipkondensator zur Glättung der gewonnenen Versorgungsspannung. Die Transponderspule wird aus nur 0,03 mm dickem Draht auf einen Ferritkern gewickelt. Für die mechanische Stabilität sind die inneren Komponenten in einem Weichkleber eingebettet.

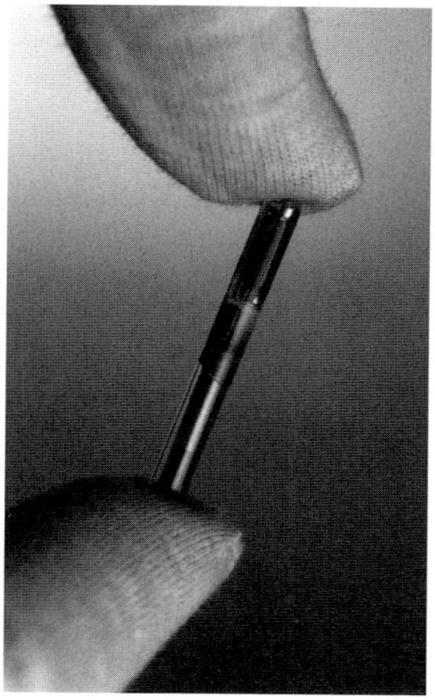

Abb. 2.3
Großaufnahme eines 32-mm-Glastransponders zur Identifikation von Tieren oder zur Weiterverarbeitung zu anderen Bauformen. (Foto: Texas Instruments, Freising)

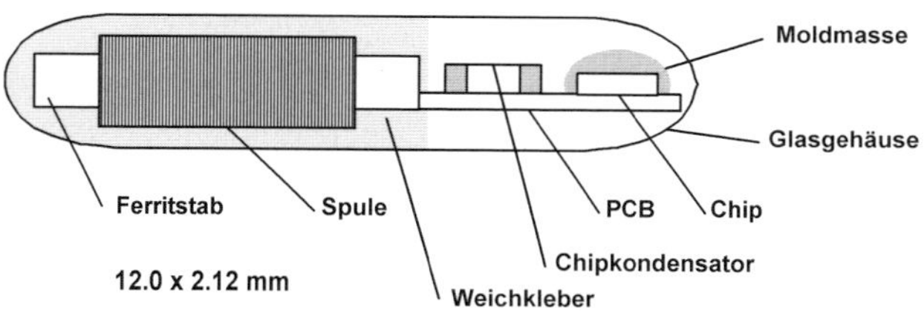

Abb. 2.4 Mechanischer Aufbau eines Glastransponders.

2.2.3 Plastikgehäuse

Für Anwendungen mit besonders hohen mechanischen Anforderungen wurde das *Plastikgehäuse* (*Plasticpackage*, PP) entwickelt. Dieses Gehäuse wird auch gerne in andere Bauformen integriert, so etwa in *Autoschlüssel* für elektronische Wegfahrsperren.

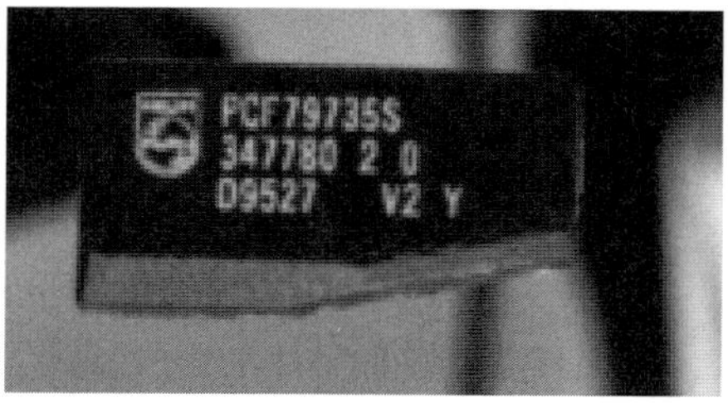

Abb. 2.5 Transponder im Plastikgehäuse. (Foto: Philips Semiconductors, Hamburg)

Der aus Moldmasse (IC-Vergussmasse) bestehende abgeschrägte Quader beinhaltet nahezu die gleichen Komponenten wie der Glastransponder, hat aber durch die längere Spule eine größere Funktionsreichweite. Weitere Vorteile sind die Aufnahmefähigkeit von größeren Mikrochips sowie die hohe Belastungsfähigkeit gegenüber mechanischen Vibrationen, wie es z. B. von der Automobilindustrie gefordert wird. Auch andere Qualitätsanforderungen, wie Temperatur-Zyklen oder Falltest, erfüllen die PP-Transponder zur vollsten Zufriedenheit [bruhnke].

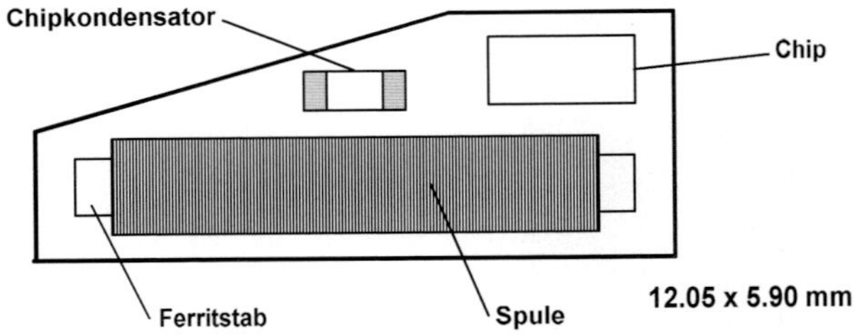

Abb. 2.6 Mechanischer Aufbau eines Transponders im Plastikgehäuse. Die Dicke des Gehäuses beträgt gerade 3 mm.

2.2.4 Werkzeug- und Gasflaschenidentifikation

Für den Einbau induktiv gekoppelter Transponder in *Metalloberflächen* wurden spezielle Bauformen entwickelt. Hierbei wird die Transponderspule in einen Ferritschalenkern gewikkelt. Der Transponderchip wird auf der Rückseite des *Ferritschalenkerns* montiert und mit der Transponderspule kontaktiert. Um ausreichend mechanische Stabilität, Vibrations- und Hitzebeständigkeit zu erlangen, werden Transponderchip und Ferritschalenkern mit Epoxydharz in einer Halbschale aus PPS vergossen [link].

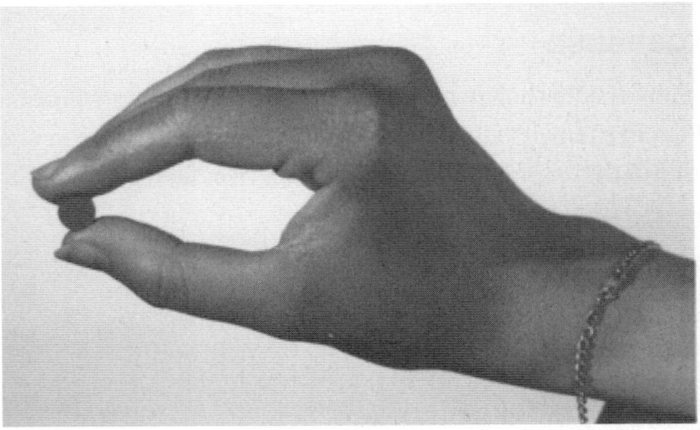

Abb. 2.7 Transponder in der nach DIN/ISO 69873 genormten Bauform, zum Einbau in einen Anzugsbolzen eines CNC-Werkzeuges. (Foto: Leitz GmbH & Co, Oberkochen)

Für den Einbau in einen Anzugsbolzen oder Steilkegelschaft zur Werkzeugidentifikation wurden die Außenabmessungen des Transponders sowie dessen Einbauraum in *DIN/*

ISO 69873 genormt. Zur Gasflaschenidentifikation kommen auch davon abweichende Bauformen zum Einsatz.

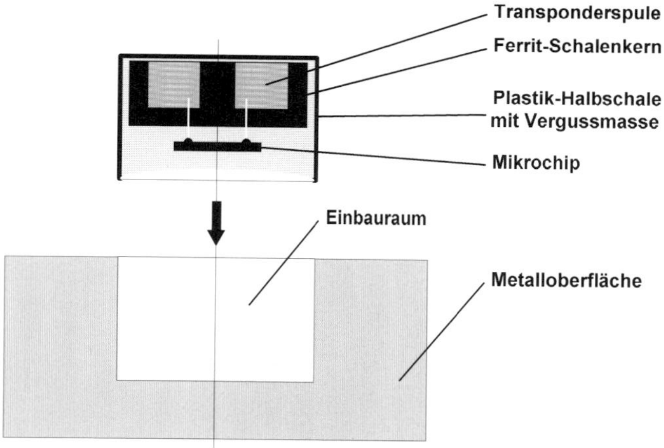

Abb. 2.8 Mechanischer Aufbau eines Transponders zum Einbau in Metalloberflächen. Die Transponderspule wird auf einen Ferrit-U-Kern gewickelt und dann in einer Plastik-Halbschale vergossen. Der Einbau erfolgt mit der Öffnung des U-Kerns nach oben.

2.2.5 Schlüssel und Schlüsselanhänger

Für Anwendungen der Wegfahrsperre oder für Türschließsysteme mit besonders großen Sicherheitsanforderungen werden Transponder auch in mechanische Schlüssel integriert. Als Ausgangsbasis dient hier in der Regel ein Transponder im Plasticpackage, welcher dann in den Schlüsselknauf eingegossen bzw. eingespritzt wird.

Für Zutrittssysteme zu Büro- und Arbeitsräumen hat sich auch eine Transponderbauform als Schlüsselanhänger als sehr beliebt erwiesen.

Abb. 2.9 Schlüsselanhänger-Transponder für ein Zutrittssystem. (Foto: Philips Semiconductors Gratkorn, A-Gratkorn)

2.2.6 Uhren

Diese Bauform wurde schon Anfang der 90er Jahre von der österreichischen Firma Ski-Data entwickelt und zunächst als Skipass eingesetzt. Darüber hinaus konnten sich die „*kontaktlosen Uhren*“ vor allem auch bei Zutrittskontrollsystemen durchsetzen. Die Uhr enthält eine auf eine dünne Leiterplatte aufgedruckte Rahmenantenne mit wenigen Windungen, welche möglichst dicht am Uhrengehäuse entlanggeführt werden, um die von der Antennenspule umfasste Fläche – und damit die Reichweite – zu optimieren.

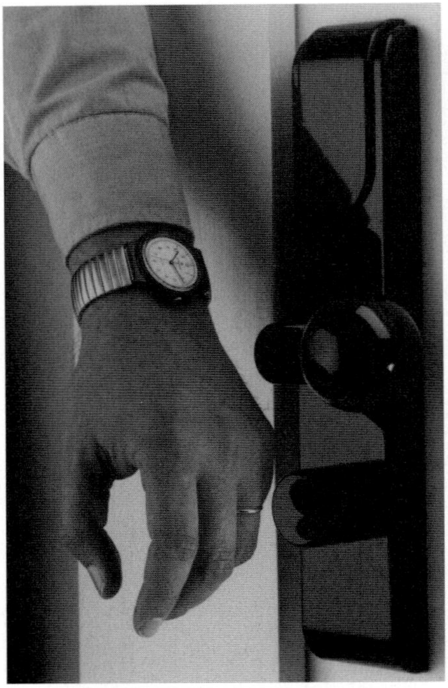

Abb. 2.10
Uhr mit integriertem Transponder als kontaktlose Zutrittsberechtigung.
(Foto: Junghans Uhren GmbH, Schramberg)

2.2.7 Bauform ID-1, kontaktlose Chipkarten

Der von Kredit- und Telefonkarten bekannten Bauform ID-1 (85,72 mm x 54,03 mm x 0,76 mm ± Toleranzen) dieser kleinen Plastikkärtchen kommt auch bei RFID-Systemen eine immer größer werdende Bedeutung als *kontaktlose Chipkarte* zu. Ein Vorteil dieser Bauform für induktiv gekoppelte RFID-Systeme besteht in der großen Spulenfläche, wodurch sich bei den Chipkarten hohe Reichweiten ergeben.

Kontaktlose Chipkarten entstehen durch das Einlaminieren eines Transponders zwischen vier PVC-Folien. Dabei werden die Einzelfolien bei hohem Druck und Temperaturen über 100°C zu einer unlösbaren Einheit verbacken (die Herstellung von kontaktlosen Chipkarten ist im Kap. 12 „Herstellung von Transpondern und kontaktlosen Chipkarten“, S. 341, ausführlich beschrieben).

Abb. 2.11 Aufbau einer kontaktlosen Chipkarte: Kartenkörper mit Transpondermodul und Antenne.

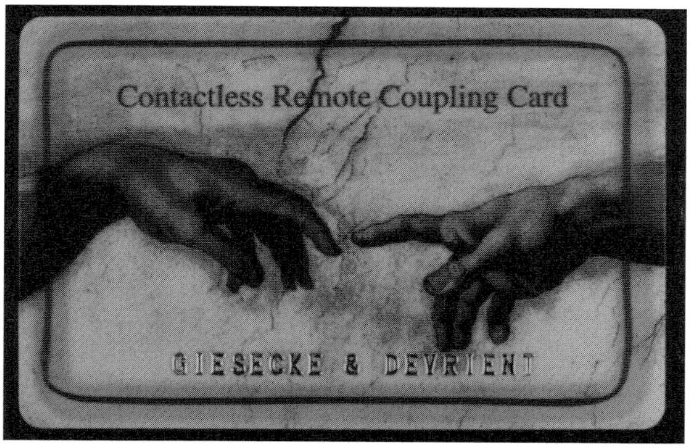

Abb. 2.12 Halbtransparente kontaktlose Chipkarte. Deutlich zu erkennen die Transponderantenne entlang des Kartenrandes. (Foto: Giesecke & Devrient, München)

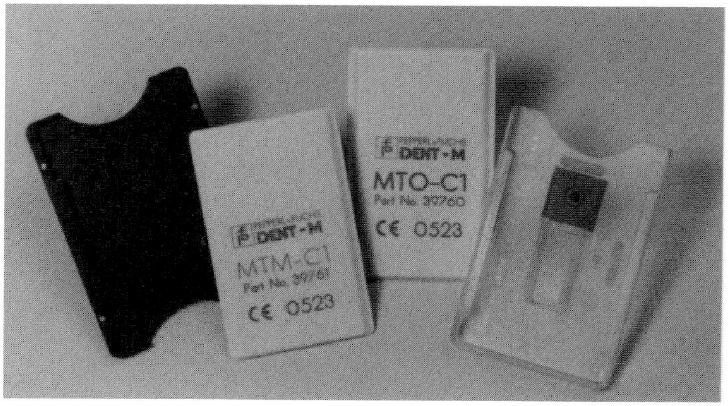

Abb. 2.13 Mikrowellen-Transponder im Kunststoff-Halbschalengehäuse. (Foto: Pepperl & Fuchs, Mannheim)

Kontaktlose Chipkarten in der Bauform ID-1 eignen sich hervorragend als Werbeträger und werden, wie auch Telefonchipkarten, mit künstlerisch gestalteten Aufdrucken versehen.

Nicht immer ist jedoch die in ISO 7810 für ID-1 Karten geforderte maximale Dicke von 0,8 mm einzuhalten. Vor allem Mikrowellentransponder benötigen eine dickere Bauform, weshalb der Transponder hier meist zwischen zwei PVC-Halbschalengehäuse verklebt oder im (ABS-)Spritzgussverfahren verpackt wird.

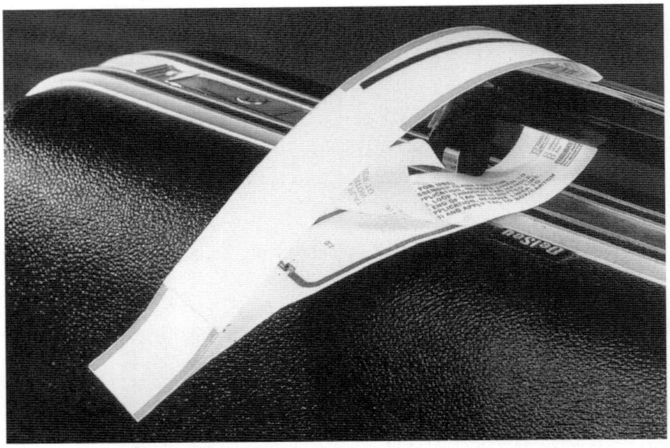

Abb. 2.14 Smart Label Transponder sind dünn und flexibel genug, um sie als Selbstklebelabel am Fluggepäck anzubringen. (Foto: i-code-Transponder, Philips Semiconductors, A-Gratcorn)

Abb. 2.15 Ein Smart-Label besteht im Wesentlichen aus einer dünnen Papier- oder Plastikfolie, auf die die Transponderspule und der Transponderchip aufgebracht werden.
(Foto: Tag-It Transponder, Texas Instruments, Freising)

2.2.8 Smart Label

Unter „*Smart Label*" versteht man eine papierdünne Transponderbauform. Hierbei wird die Transponderspule durch *Siebdruck* oder *Ätztechnik* auf eine nur 0,1 mm dicke Plastikfolie aufgebracht. Diese Folie wird häufig mit einer Papierschicht laminiert und auf der Rückseite mit einem Kleber beschichtet. Die Transponder werden als Selbstklebeetiketten auf einer Endlosrolle geliefert und sind dünn und flexibel genug, um sie auf Gepäckstücke, Pakete und Waren aller Art aufzukleben. Da die *Klebeetiketten* leicht nachträglich bedruckt werden können, ist die Verknüpfung der gespeicherten Daten mit einem zusätzlichen Barcode auf der Vorderseite des *Labels* leicht möglich.

2.2.9 Coil-on-Chip

Bei den bisher vorgestellten Bauformen werden die Transponder aus einer separaten Transponderspule, die als Antenne funktioniert, und einem Transponderchip hergestellt (hybride Technologie). Die Transponderspule wird dabei auf konventionelle Weise an den Transponderchip gebondet.

Abb. 2.16 Durch die Coil-on-chip-Technologie wird eine extreme Miniaturisierung von Transpondern möglich. (Foto: Micro Sensys, Erfurt)

Im Wege der Miniaturisierung liegt es nahe, auch die Spulen auf dem Chip zu integrieren („*coil-on-chip*"). Möglich wird dies durch einen speziellen Mikrogalvanikprozess, der auf einem nomalen CMOS-Wafer stattfinden kann. Die Spule wird hier als planare (einlagige) Spiralanordnung unmittelbar auf dem Isolator des Siliziumchips platziert und durch konventionelle Öffnungen in der Passivierungsschicht mit der darunterliegenden Schaltung kontaktiert [jurisch-95, jurisch-98]. Die erreichten Leiterbahnbreiten liegen im Bereich von 5 bis 10 µm, bei einer Schichtdicke von 15 bis 30 µm. Um die mechanische Belastbarkeit des kontaktlosen Speicherbausteins in Coil-on-chip-Technologie zu gewährleisten, wird eine Abschlusspassivierung auf Polyamidbasis durchgeführt.

Die Größe des Siliziumchips und damit des gesamten Transponders beträgt gerade einmal 3 x 3 mm^2. Zur besseren Handhabung werden die Transponder häufig noch in einen Kunststoffkörper eingebettet und gehören mit Ø 6mm x 1,5 mm zu den kleinsten auf dem Markt verfügbaren RFID-Transpondern.

2.2.10 Weitere Bauformen

Neben diesen wichtigsten Bauformen werden noch eine Menge anwendungsspezifischer Sonderbauformen hergestellt. Beispiele hierfür sind etwa die „Brieftaubentransponder" oder der „Champion-Chip" für sportliche Zeitmessungen. Transponder können wohl in jede vom Kunden gewünschte Bauform gebracht werden. Bevorzugt werden dabei Glas- oder PP-Transponder zu weiteren Bauformen verarbeitet.

2.3 Frequenz, Reichweite und Kopplung

Die wichtigsten Unterscheidungskriterien für RFID-Systeme sind die Betriebsfrequenz des Lesegerätes, das physikalische Kopplungsverfahren und die Reichweite des Systems. RFID-Systeme werden auf unterschiedlichsten Frequenzen von Langwelle 135 kHz bis in den Mikrowellenbereich bei 5,8 GHz betrieben. Bei der physikalischen Kopplung kommen *elektrische, magnetische* und *elektromagnetische Felder* zum Einsatz. Schließlich variiert die erzielbare Reichweite der Systeme von wenigen mm bis hin zu 15 m und darüber.

RFID-Systeme mit sehr kleinen Reichweiten, im Bereich bis zu typischerweise 1 cm, werden als *Close-coupling-Systeme* bezeichnet. Die Transponder müssen zum Betrieb entweder in ein Lesegerät eingesteckt oder auf einer dafür vorgesehenen Oberfläche positioniert werden. Close-coupling-Systeme verwenden sowohl elektrische als auch magnetische Felder zur Kopplung und können theoretisch auf beliebigen Frequenzen zwischen DC und 30 MHz betrieben werden, da zum Betrieb der Transponder keine Felder abgestrahlt werden müssen. Dies ermöglicht die Bereitstellung größerer Energiemengen, so etwa auch für den Betrieb eines in der Stromaufnahme nicht optimierten Mikroprozessors. Close-coupling-Systeme werden vor allem in Applikationen eingesetzt, an die große Sicherheitsanforderungen gestellt werden, die jedoch keine großen Reichweiten erfordern. Dies sind zum Beispiel elektronische Türschließanlagen oder kontaktlose Chipkartensysteme mit Zahlungsfunktionen. Close-coupling-Transponder werden derzeit ausschließlich als *kontaktlose Chipkarte* im ID1-Format (ISO 10536) eingesetzt, allerdings spielen Close-coupling-Systeme auf dem Markt eine zunehmend unbedeutendere Rolle.

RFID-Systeme mit Schreib- und Lesereichweiten bis zu etwa 1 m werden mit dem Überbegriff *Remote-coupling-Systeme* bezeichnet. Fast allen dieser Systeme ist eine *induktive* (magnetische) *Kopplung* gemeinsam, weshalb diese auch als *induktive Funkanlagen* bezeichnet werden. Daneben existieren noch einige wenige Systeme mit *kapazitiver* (*elektrischer*) *Kopplung* [bistatix]. Mindestens 90% der Gesamtheit aller verkauften RFID-Systeme gehören derzeit zu den induktiv gekoppelten Systemen. Aus diesem Grunde ist mittlerweile eine fast unüberschaubare Anzahl dieser Systeme auf dem Markt verfügbar. Für verschiedene Standardanwendungen wie kontaktlose Chipkarten, Tier-Identifikation oder Industrieautomation existiert darüber hinaus eine Reihe von Normen, welche die technischen Parameter der Transponder und Lesegeräte spezifizieren. Hierunter fallen auch die *Proximity-coupling-* (ISO 14443, *kontaktlose Chipkarten*) und *Vicinity-coupling-Systeme* (ISO 15693, *Smart Label* und kontaktlose Chipkarten). Als Sendefrequenzen werden Frequenzen unter 135 kHz oder 13,56 MHz verwendet. Einige Sonderanwendungen (siehe Eurobalise) werden auch noch auf 27,125 MHz betrieben.

RFID-Systeme mit Reichweiten deutlich über 1 m werden als *Long-range-Systeme* bezeichnet. Alle Long-range-Systeme arbeiten mit elektromagnetischen Wellen im *UHF-* und *Mikrowellenbereich*. Die überwiegende Mehrheit dieser Systeme wird nach ihrem physikalischen Funktionsprinzip als *Backscatter-System* bezeichnet. Daneben gibt es im Mikrowellenbereich noch Long-range-Systeme mit *Oberflächenwellen-Transpondern*. Alle diese Systeme werden auf den UHF-Frequenzen 868 MHz (Europa) und 915 MHz (USA) sowie auf den Mikrowellenfrequenzen 2,5 GHz und 5,8 GHz betrieben. Mit passiven (batterielosen) Backscatter-Transpondern können heute Reichweiten von typisch 3 m, mit aktiven (Batterie-gestützten) Backscatter-Transpondern sogar Reichweiten von 15 m und mehr erzielt werden. Die Batterie aktiver Transponder stellt jedoch in keinem Falle die Energie zur Datenübertragung zwischen Transponder und Lesegerät zur Verfügung, sondern dient ausschließlich der Versorgung des Mikrochips und dem Erhalt der gespeicherten Daten. Zur Datenübertragung zwischen Transponder und Lesegerät wird ausschließlich die Energie des elektromagnetischen Feldes eingesetzt, welches vom Lesegerät empfangen wird.

Um den Bezug zu einer möglicherweise irreführenden Reichweitenangabe zu vermeiden, verwendet dieses Buch zur Klassifizierung der physikalischen Eigenschaften im Weiteren ausschließlich die Begriffe „induktiv bzw. kapazitiv gekoppelte Systeme" und *Mikrowellen-System* oder *Backscatter-System*.

2.4 Informationsverarbeitung im Transponder

Ordnet man RFID-Systeme nach dem Funktionsumfang der Transponder hinsichtlich der Informations- und Datenverarbeitung sowie der Größe des im Transponder verfügbaren Datenspeichers, so erhält man ein breites Spektrum an Varianten, dessen Enden durch die Low-end- und High-end-Systeme gebildet wird.

- Das untere Ende der *Low-end-Systeme* wird durch die *EAS-Systeme* (elektronische *Artikelsicherungssysteme*, siehe Kap. 3.1 „1-bit-Transponder", S. 30) abgedeckt. Diese Systeme überprüfen und überwachen unter Verwendung einfacher physikalischer Effekte die mögliche Anwesenheit eines Transponders im Ansprechbereich eines Detektionsgerätes.
  Auch *Read-only-Transponder* die bereits mit einem Mikrochip ausgestattet sind, gehören noch zu den Low-end-Systemen. Diese Transponder verfügen über einen fest kodierten Datensatz, der in der Regel nur aus einer eindeutigen, mehrere Byte langen *Seriennummer* („*unique number*") besteht. Wird ein Read-only-Transponder in das HF-Feld eines Lesegerätes gebracht, so beginnt dieser damit, fortlaufend seine ihm eigene Seriennummer auszusenden. Eine Möglichkeit, einen Read-only-Transponder durch das Lesegerät anzusprechen, besteht nicht, es findet also nur ein unidirektionaler Datenfluss vom Transponder zum Lesegerät statt. Im praktischen Betrieb solcher Systeme muss daher darauf geachtet werden, dass sich immer nur ein Transponder im Ansprechbereich des

Lesegerätes befindet, da es sonst durch zwei oder mehr gleichzeitig sendende Transponder unweigerlich zu Datenkollisionen käme, die eine Detektion der Transponder durch ein Lesegerät unmöglich machen. Trotz dieser Einschränkungen sind Read-only-Transponder für viele Anwendungen, in denen das Auslesen einer eindeutigen Nummer genügt, hervorragend geeignet. Aufgrund der einfachen Funktionen eines Read-only-Transponders kann die Fläche der Chips sehr klein gehalten werden, was einerseits zu einer geringen Leistungsaufnahme der Chips, aber auch zu niedrigen Preisen in der Herstellung führt.

Read-only-Systeme werden auf allen Frequenzen betrieben, die für RFID-Systeme zur Verfügung stehen. Die erzielbaren Reichweiten sind dank der geringen Leistungsaufnahme des Mikrochips in der Regel sehr hoch.

Read-only-Systeme werden dort eingesetzt, wo nur wenig Daten benötigt werden oder Strichcodesysteme in der Funktionalität ersetzt werden können, also zum Beispiel in der Steuerung von Warenflüssen, bei der Identifikation von Paletten, Containern, Gasflaschen (ISO 18000), aber auch bei der Identifikation von Tieren (ISO 11785).

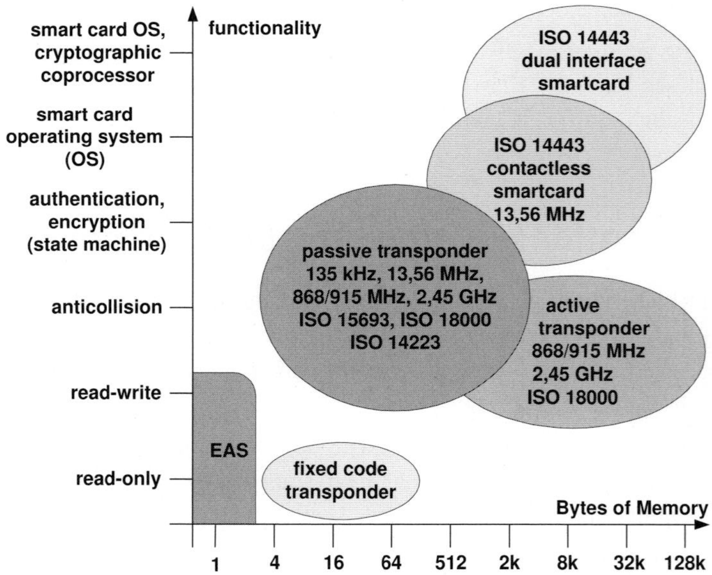

Abb. 2.17 RFID-Systeme können nach ihrer Funktionalität auch in Low-end- und High-end-Systeme eingeteilt werden.

- Das Mittelfeld wird durch eine Vielzahl von Systemen mit beschreibbarem Datenspeicher gebildet, sodass in diesem Bereich die Typenvielfalt mit Abstand am größten ist. Die Speichergrößen variieren von wenigen Byte bis über 100 kByte EEPROM (passive Transponder) oder auch SRAM (aktive, d.h. batteriegestützte Transponder). Diese Transponder sind in der Lage, in einer fest codierten *State-Machine* einfache Kommandos des Lesegerätes zum selektiven Lesen und Schreiben des Datenspeichers abzuarbeiten. In der Regel unterstützen die Transponder auch *Antikollisionsverfahren*, wodurch sich mehrere Transponder, die sich zur selben Zeit im Ansprechbereich des Lesegerätes befinden,

gegenseitig nicht mehr beeinflussen und durch das Lesegerät selektiv angesprochen werden können (siehe Kap. 7.2 „Vielfachzugriffsverfahren – Antikollision“, S. 203).
Auch kryptologische Verfahren, also eine *Authentifizierung* zwischen Transponder und Lesegerät, sowie eine Datenstromverschlüsselung (siehe Kap. 8 „Datensicherheit“, S. 225) sind bei diesen Systemen bereits häufig anzutreffen. Diese Systeme werden auf allen Frequenzen betrieben, die für RFID-Systeme zur Verfügung stehen.

- Kontaktlose Chipkarten mit einem Mikroprozessor und einem Chipkarten Betriebssystem (smart-card OS) stellen den unteren Bereich der *High-end-Systeme* dar. Durch den Einsatz von Mikroprozessoren lassen sich wesentlich komplexere Algorithmen zur Verschlüsselung und Authentifizierung verwirklichen, als dies mit einer „festverdrahteten“ State-Machine möglich wäre. Am oberen Ende der High-end-Systeme schließlich befinden sich moderne *Dual-Interface-Chipkarten* (siehe Kap. 10.2.1 „Dual Interface Karte“, S. 302), welche mit einem kryptografischen *Coprozessor* ausgestattet sind. Der Einsatz eines Coprozessors ermöglicht durch die damit verbundene enorme Verkürzung von Rechenzeiten den Einsatz kontaktloser Chipkarten auch in Anwendungen, die hohe Anforderungen an die sichere Verschlüsselung der Datenübertragung stellen, wie etwa elektronische Börsensysteme oder Ticketingsysteme für den Nahverkehr.
  High-end-Systeme werden fast ausschließlich auf der Frequenz 13,56 MHz betrieben. Die Datenübertragung zwischen Transponder und entsprechendem Lesegerät wird in der Norm ISO 14443 beschrieben.

2.5 Auswahlkriterien für RFID-Systeme

RFID-Systeme haben in den letzten Jahren einen enormen Aufschwung erlebt. Bestes Beispiel hierfür sind kontaktlose Chipkarten als elektronische Tickets im *ÖPNV.* Noch vor 5 Jahren völlig undenkbar, sind heute weltweit bereits zig Millionen von kontaktlosen Tickets im Einsatz. Auch die möglichen Einsatzgebiete für kontaktlose Identifikationssysteme haben sich in den letzten Jahren vervielfacht.

Die Entwickler von RFID-Systemen haben dieser Entwicklung Rechnung getragen, sodass heute unzählige Systeme auf dem Markt erhältlich sind, deren technische Parameter für unterschiedlichste Anwendungsgebiete – *Ticketing*, *Tieridentifikation*, *Industrieautomation* oder *Zutrittskontrolle* – optimiert sind. Häufig überschneiden sich diese Anwendungsgebiete in ihren technischen Anforderungen, sodass eine klare Zuordnung geeigneter Systeme nicht einfach ist. Erschwerend kommt hinzu, dass – abgesehen von wenigen Ausnahmen (Tieridentifikation, „Close-coupling-Chipkarte“) – noch keine verbindlichen Normen für RFID-Systeme geschaffen wurden.

Die Produktpalette der heute angebotenen RFID-Systeme kann selbst vom Fachmann kaum noch überblickt werden. Für den Anwender ist es deshalb nicht immer einfach, das für ihn am besten geeignete System auszuwählen.

Im Folgenden einige Anregungen, unter welchen Gesichtspunkten RFID-Systeme bei der Auswahl betrachtet werden können:

2.5.1 Arbeitsfrequenz

RFID-Systeme von ca. 100 kHz bis etwa 30 MHz arbeiten mit induktiver Kopplung. Im Gegensatz dazu verwenden Mikrowellen-Systeme im Frequenzbereich 2,45 oder 5,8 GHz elektromagnetische Felder zur Kopplung.

Die spezifische *Absorptionsrate* (Dämpfung) bei 100 kHz ist für Wasser oder nichtleitende Stoffe etwa um den Faktor 100 000 niedriger als bei 1 GHz. Damit findet praktisch keine Absorption oder Dämpfung statt. Niederfrequentere HF-Systeme werden hauptsächlich wegen der besseren Durchdringung von Objekten benutzt [schürmann-94]. Ein Beispiel hierfür ist der Bolus, ein Transponder, der im Vormagen (Pansen) von Rindern platziert wird und von außen mit einer Ansprechfrequenz von < 135 kHz ausgelesen werden kann.

Mikrowellen-Systeme weisen gegenüber induktiven Systemen eine deutlich höhere *Reichweite* von typischerweise 2 ... 15 Metern auf. Im Gegensatz zu den induktiven Systemen benötigen Mikrowellen-Systeme jedoch eine zusätzliche Stützbatterie. Die Sendeleistung des Lesegerätes reicht in der Regel nicht aus, ausreichend Energie zum Betrieb des Transponders bereitzustellen.

Ein wichtiger Faktor ist auch die Empfindlichkeit gegenüber *elektromagnetischen Störfeldern*, wie sie etwa von Schweißrobotern oder starken Elektromotoren erzeugt werden. Induktive Transponder sind hier eindeutig im Nachteil. Insbesondere in Fertigungslinien und Lackieranlagen der Automobilindustrie haben sich deshalb Mikrowellen-Systeme etabliert. Hinzu kommt die hohe Speicherkapazität (bis 32 kByte) und die hohe Temperaturfestigkeit (bis 250 °C) der Mikrowellen-Systeme [Bachthaler].

2.5.2 Reichweite

Die benötigte Reichweite einer Anwendung hängt von mehreren Faktoren ab:

- Positioniergenauigkeit des Transponders;
- Minimaler Abstand mehrerer Transponder im praktischen Einsatz;
- Geschwindigkeit des Transponders im Ansprechbereich des Lesegerätes.

So ist beispielsweise bei kontaktlosen Zahlungsanwendungen – etwa Tickets für ÖPNV – die Positioniergeschwindigkeit sehr klein, da die Transponder von Hand an das Lesegerät geführt werden. Der minimale Abstand mehrerer Transponder entspricht hier dem Abstand zweier Fahrgäste beim Betreten eines Fahrzeuges. Für diese Systeme ergibt sich eine optimale Reichweite von 5 ... 10 cm. Eine größere Reichweite könnte hier nur zu Problemen führen, da womöglich die Tickets mehrerer Fahrgäste gleichzeitig vom Lesegerät erfasst würden. Eine sichere Zuordnung zwischen Ticket und Fahrgast wäre damit nicht mehr möglich.

Auf einer Montagelinie in der Automobilindustrie werden oft gleichzeitig verschiedene Fahrzeugmodelle mit unterschiedlichen Abmessungen gebaut. Damit sind starke Schwankungen des Abstands zwischen dem Transponder am Fahrzeug und dem Lesegerät vorprogrammiert [Bachthaler]. Der Schreib-/Leseabstand des eingesetzten RFID-Systems muss deshalb für die maximal benötigte Reichweite ausgelegt sein. Der Abstand zwischen den

Transpondern muss so eingerichtet sein, dass sich immer nur ein einziger Transponder im Ansprechbereich des Lesegerätes befindet. Hier bieten Mikrowellen-Systeme mit einer „*gerichteten Keule*“ des Feldes deutliche Vorteile gegenüber den breiten, ungerichteten Feldern induktiv gekoppelter Systeme.

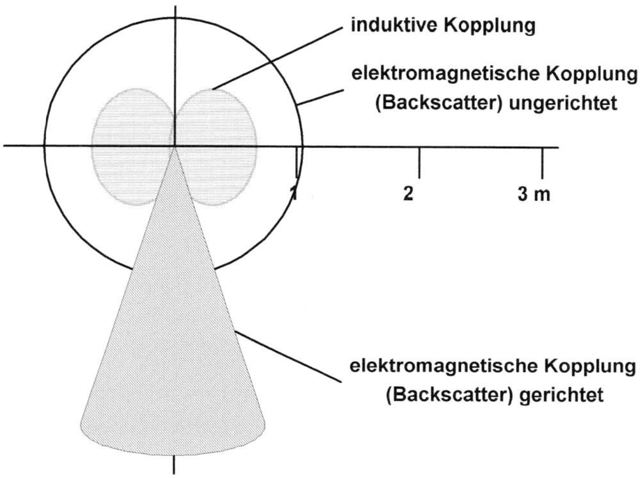

Abb. 2.18 Vergleich der relativen Ansprechbereiche verschiedener Systeme.

Die Geschwindigkeit des Transponders, relativ zum Lesegerät, bestimmt zusammen mit dem maximalen Schreib-/Leseabstand die Aufenthaltsdauer im Ansprechbereich des Lesegerätes. Bei der Identifikation von Fahrzeugen wird die benötigte Reichweite des RFID-Systems so ausgelegt, dass bei maximaler Fahrzeuggeschwindigkeit die Aufenthaltsdauer im Ansprechbereich zur Übertragung der vorgesehenen Daten ausreichend ist.

2.5.3 Sicherheitsanforderungen

Sicherheitsanforderungen, welche an eine geplante RFID-Anwendung zu stellen sind, also *Verschlüsselung* und *Authentifizierung*, sollten sehr genau abgeschätzt werden, um böse Überraschungen in der Einsatzphase von vornherein auszuschließen. Zu diesem Zweck ist zu beurteilen, welchen Anreiz das System einem potenziellen Eindringling bietet, sich durch eine Manipulation Vorteile hinsichtlich Geld- oder Sachwerten zu verschaffen. Um diese Anreize abschätzen zu können, teilen wir die Anwendungen in zwei Gruppen:

- industrielle oder geschlossene Anwendungen;
- öffentliche Anwendungen in Verbindung mit Geld- und Sachwerten.

Hierzu zwei gegensätzliche Anwendungsbeispiele:

Ein typisches Beispiel für eine industrielle oder geschlossene Anwendung wäre auch hier wieder eine Montagelinie in der Automobilindustrie. Zunächst einmal ist dieses RFID-System nur zutrittsberechtigten Personen zugänglich, sodass der Kreis potenzieller Angreifer überschaubar bleibt. Ein mutwilliger *Angriff* auf dieses System durch Verändern oder Verfälschen der Daten auf einem Transponder könnte zwar eine empfindliche Störung des Betriebsablaufes bewirken, doch würde dem Angreifer keinerlei persönlicher Nutzen entstehen. Die Wahrscheinlichkeit eines Angriffs kann also gleich null gesetzt werden, womit auch ein preisgünstiges Low-end-System ohne Sicherheitslogik eingesetzt werden kann.

Als zweites Beispiel dient uns ein Ticketing-System für den Einsatz im ÖPNV. Ein solches System, vor allem die Datenträger in Form kontaktloser Chipkarten, ist für jedermann zugänglich. Der Kreis potenzieller Angreifer ist somit unüberschaubar. Ein erfolgreicher Angriff auf ein derartiges System könnte für das angegriffene ÖPNV-Unternehmen einen großen finanziellen Schaden bedeuten, etwa bei organisiertem Vertrieb gefälschter Fahrausweise, vom Imageverlust für das Unternehmen einmal ganz abgesehen. Für solche Anwendungen ist ein High-end-Transponder mit Authentifizierungs- und Verschlüsselungsverfahren unverzichtbar. Für Anwendungen mit höchsten Sicherheitsanforderungen, beispielsweise Bankenanwendungen mit Kleingeldbörse, sollten ausschließlich Transponder mit Mikroprozessor eingesetzt werden.

2.5.4 Speicherkapazität

Die Chipgröße des Datenträgers – und damit die Preisklasse – wird hauptsächlich durch dessen *Speicherkapazität* bestimmt. Für preissensitive Massenanwendungen mit geringem Informationsbedarf vor Ort werden deshalb festcodierte Read-only-Datenträger eingesetzt. Damit kann jedoch nur die Identität eines Objekts definiert werden. Weitere Daten werden auf der zentralen Datenbank eines Leitrechners gespeichert. Sollen anfallende Daten auf den Transponder zurückgeschrieben werden, benötigt man Transponder mit EEPROM- oder RAM-Speichertechnologie.

EEPROM-Speicher sind vor allem bei induktiv gekoppelten Systemen zu finden. Es werden Speicherkapazitäten von 16 Byte bis 8 kByte angeboten.

Batteriegepufferte SRAM-Speicher sind dagegen überwiegend bei Mikrowellen-Systemen anzutreffen. Die angebotenen Speicherkapazitäten reichen von 256 Byte bis zu 64 kByte.

3 Grundlegende Funktionsweise

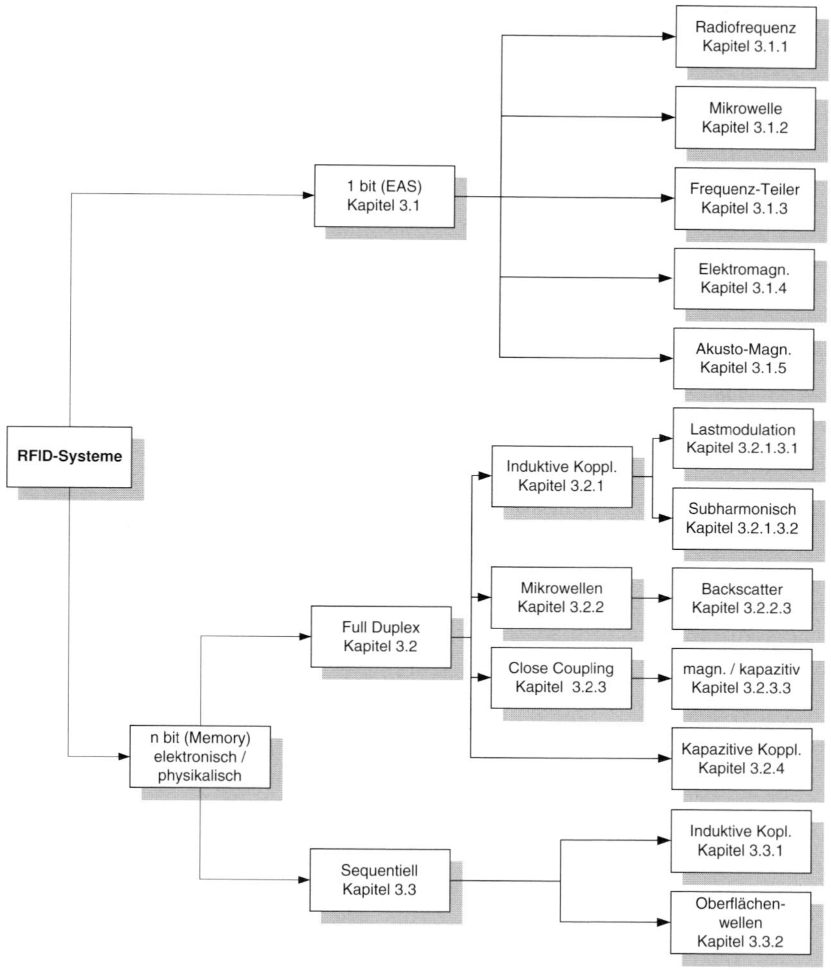

Abb. 3.1 Die Aufteilung der verschiedenen Funktionsweisen von RFID-Systemen in den Kapiteln.

Dieses Kapitel beschreibt das grundsätzliche Zusammenwirken zwischen dem Transponder und einem Lesegerät, insbesondere die Spannungsversorgung des Transponders und die Datenübertragung vom Transponder zum Lesegerät. Eine tiefergehende Beschreibung der physikalischen Zusammenhänge sowie mathematische Modelle für induktive Kopplung oder Backscatter-Systeme sind dem Kap. 4 „Physikalische Grundlagen für RFID-Systeme“, S. 63 zu entnehmen.

3.1 1-bit-Transponder

Ein Bit stellt die kleinste darstellbare Informationseinheit dar und kennt nur zwei Zustände: „1" oder „0". Für Systeme mit *1-bit-Transponder* bedeutet dies, dass nur zwei Systemzustände darstellbar sind: „Transponder im Ansprechbereich" oder „**kein** Transponder im Ansprechbereich". Trotz dieser Einschränkung sind 1-bit-Transponder sehr weit verbreitet – ihr Haupteinsatzgebiet sind elektronische *Diebstahlsicherungen* im Warenhaus (*EAS* – electronic article surveillance; elektronische Artikelsicherung).

Eine elektronische Artikelsicherung besteht aus folgenden Komponenten: den Antennen eines „Lesegerätes" bzw. Detektors, dem *Sicherungsmittel* oder *Etikett*, sowie optional einem *Deaktivator* zur Entschärfung nach dem Bezahlen. Bei modernen Systemen erfolgt die Entwertung gleichzeitig mit der Registrierung des Preiscodes an der Kasse. Manche Systeme verfügen auch noch über einen *Aktivator*, mit dem ein Sicherungsmittel nach Entschärfung wieder reaktiviert werden kann [gillert]. Wesentliches Leistungsmerkmal aller Systeme ist die Erkennungs- oder *Detektionsrate* in Abhängigkeit von der Durchgangsbreite (maximaler Abstand zwischen Transponder und Detektorantenne).

Die Vorgehensweise bei der Abnahme und Überprüfung installierter Artikelsicherungssysteme ist in der Richtlinie *VDI 4470* mit dem Titel „Warensicherungssysteme – Kundenabnahmerichtlinie für Schleusensysteme" festgelegt. Diese Richtlinie enthält Definitionen und Testverfahren zur Ermittlung von Detektionsrate und Fehlalarmquote. Sie kann dem Einzelhandel als Grundlage für Kaufverträge oder zur laufenden Leistungskontrolle installierter Systeme dienen. Für den Produkthersteller stellt die Kundenabnahmerichtlinie ein wirkungsvolles Kontrollinstrument bei der Entwicklung und Optimierung von Integrationslösungen für Sicherungsprojekte dar [nach VDI 4470].

3.1.1 Radiofrequenz

Das *Radiofrequenz (RF)-Verfahren* arbeitet mit L-C-Schwingkreisen als Sicherungsmittel, welche auf eine definierte Resonanzfrequenz f_R abgeglichen sind. Ursprünglich wurden dazu Induktivitäten aus gewickeltem Kupferlackdraht mit angelötetem Kondensator im Kunststoffgehäuse (*Hartetikette*) verwendet. Heute benutzt man dazu zwischen Folie geätzte Spulen als Aufklebeschildchen. Damit der Dämpfungswiderstand nicht zu groß, und damit die Güte der Schwingkreise nicht zu klein wird, muss die Dicke der Aluminium-Leiterbahnen auf den 25µm starken *Polyethylen-Folie* wenigstens 50µm betragen [jörn]. Zur Herstellung der Kondensatorplatten werden 10µm dicke Zwischenfolien verwendet.

Durch das Lesegerät (Detektionsgerät) wird ein magnetisches Wechselfeld im Radiofrequenzbereich erzeugt (siehe Abbildung 3.2). Nähert man den L-C-Schwingkreis dem magnetischem Wechselfeld, so wird über die Spule des Schwingkreises Energie aus dem Wechselfeld in den Schwingkreis eingekoppelt (Induktionsgesetz). Entspricht nun die Frequenz f_G des Wechselfeldes der Resonanzfrequenz f_R des L-C-Schwingkreises, so wird der Schwingkreis zu einer *Resonanzschwingung* angeregt. Der dadurch im Schwingkreis fließende Strom wirkt seiner Ursache, also dem von außen einwirkenden magnetischem Wechselfeld entgegen. (siehe Kap. 4.1.10.1 „Transformierte Transponderimpedanz ZT'", S. 91). Dieser Effekt macht sich in einer kleinen Änderung des Spannungsabfalles über der Generatorspule des Transmitters bemerkbar und führt letztendlich zu einer Abschwächung der messbaren magnetischen Feldstärke. Auch in einer optionalen Sensorspule ist eine Änderung der induzierten Spannung messbar, sobald ein resonanter Schwingkreis in das magnetische Feld der Generatorspule eingebracht wird.

Die relative Stärke dieser Änderung ist abhängig vom Abstand der beiden Spulen zueinander (*Generatorspule* – Sicherungsmittel, Sicherungsmittel – *Sensorspule*) sowie der Güte Q des angeregten Schwingkreises (im Sicherungsmittel).

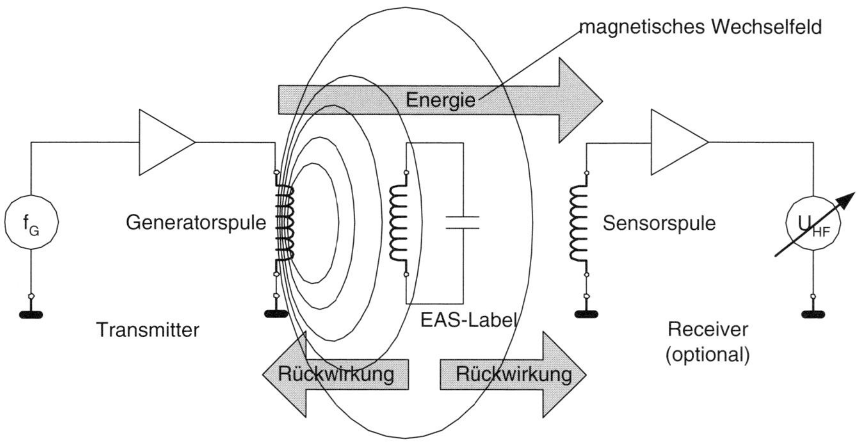

Abb. 3.2 Funktionsprinzip des EAS-Radiofrequenzverfahrens.

Die relative Stärke der Spannungsänderungen an Generator- und Sensorspule ist in der Regel sehr gering und damit schwierig zu erkennen. Um eine sichere Erkennung der Sicherungsmittel zu erreichen, ist es aber notwendig, ein möglichst ausgeprägtes Signal zu erhalten. Dies wird durch einen kleinen Trick erreicht: Die Frequenz des erzeugten Magnetfeldes ist nicht konstant, sondern wird „gewobbelt". Dabei überstreicht die Generatorfrequenz fortlaufend den Bereich zwischen zwei Eckfrequenzen. Als Frequenzbereich steht den gewobbelten Systemen dazu der Bereich 8,2 MHz ±10% zur Verfügung [jörn].

Immer dann, wenn die gewobbelte Generatorfrequenz genau die Resonanzfrequenz des Schwingkreises (im Transponder) trifft, beginnt dieser einzuschwingen und erzeugt dadurch einen ausgeprägten Dip der Spannungen an der Genarator- sowie der Sensorspule. Auch Frequenztoleranzen der Sicherungsmittel, bedingt durch Fertigungstoleranzen oder metallische Umgebung, spielen durch das „Abtasten" eines ganzen Frequenzbereiches keine Rolle mehr.

Da die Etiketten an der Kasse nicht abgelöst werden, müssen sie so verändert werden, dass ein Ansprechen der Diebstahlsicherung ausgeschlossen ist. Hierzu werden die gesicherten Produkte von der Kassiererin auf ein Gerät gelegt – den *Deaktivator* –, das ein ausreichend starkes Magnetfeld erzeugt, um mit der induzierten Spannung den Folienkondensator des

Transponders zu zerstören. Die Kondensatoren besitzen dazu eigens eingebaute Sollkurzschlussstellen, so genannte *Dimples*. Das Durchschlagen der Kondensatoren ist irreversibel und verstimmt den Schwingkreis so stark, dass dieser durch das *Wobbelsignal* nicht mehr angeregt werden kann

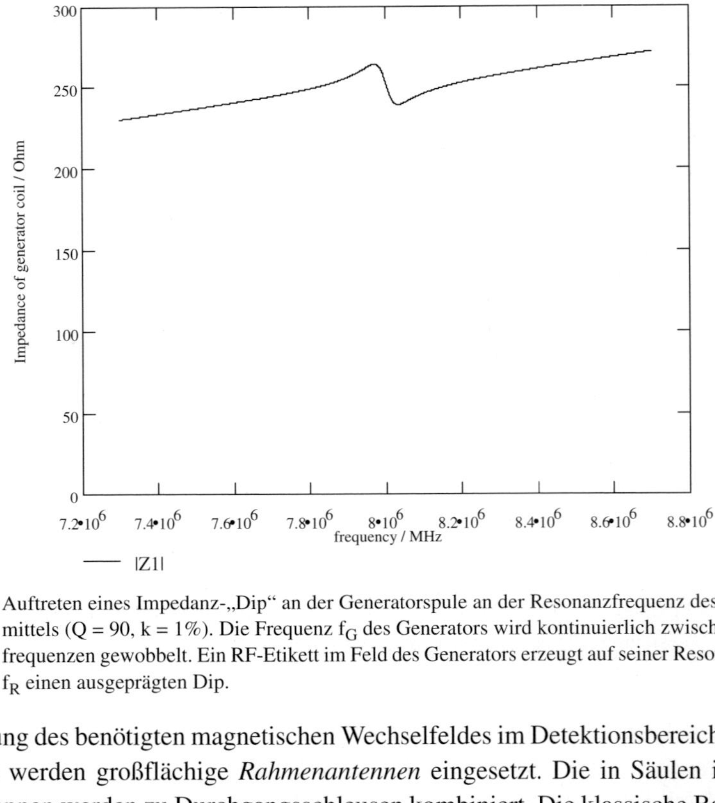

Abb. 3.3 Auftreten eines Impedanz-„Dip“ an der Generatorspule an der Resonanzfrequenz des Sicherungsmittels (Q = 90, k = 1%). Die Frequenz f_G des Generators wird kontinuierlich zwischen zwei Eckfrequenzen gewobbelt. Ein RF-Etikett im Feld des Generators erzeugt auf seiner Resonanzfrequenz f_R einen ausgeprägten Dip.

Zur Erzeugung des benötigten magnetischen Wechselfeldes im Detektionsbereich der Sicherungsanlage werden großflächige *Rahmenantennen* eingesetzt. Die in Säulen integrierten Rahmenantennen werden zu Durchgangsschleusen kombiniert. Die klassische Bauform, bekannt aus jedem größeren Kaufhaus, ist in Abbildung 3.4 dargestellt. Mit dem RF-Verfahren werden Schleusenbreiten von bis zu 2 m erreicht. Bei der relativ niedrigen Detektionsrate von ca. 70% [gillert] zeigt sich ein relativ starker Einfluss von bestimmten Produktmaterialien. Vor allem Metalle (z. B. Konservendosen) beeinflussen die Resonanzfrequenz der Etiketten sowie die Kopplung zur Detektorspule und beeinflussen damit die Detektionsrate negativ. Um die genannte Schleusenbreite und Detektionsrate zu erreichen, müssen Etiketten von 50 x 50 mm zum Einsatz kommen.

Tabelle 3.1: Typische Systemparameter für RF-Systeme [VDI 4471]

Gütefaktor Q der Sicherungsmittel	> 60 .. 80
Minimale Deaktivierungsfeldstärke H_D	1,5 A/m
Maximale Feldstärke im Detektionsbereich	0,9 A/m

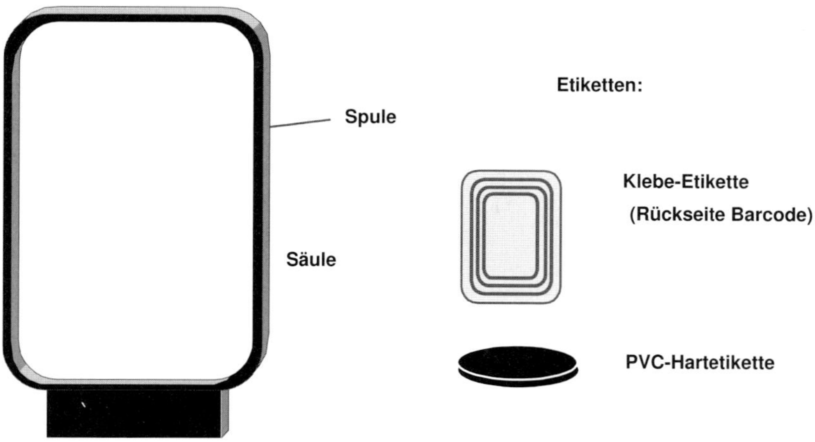

Abb. 3.4 *links:* Typische Rahmenantenne eines RF-Systems (Höhe 1,20 .. 1,60 m); *rechts:* Bauformen von Etiketten.

Eine große Herausforderung für die Systemhersteller besteht in der Eigenschaft verschiedener Produkte, ebenfalls Resonanzfrequenzen aufzuweisen (z. B. Kabeltrommeln). Liegen diese Resonanzfrequenzen innerhalb des Wobbelbereiches 8,2 MHz ±10%, werden unweigerlich Fehlalarme ausgelöst.

Tabelle 3.2: Frequenzbereiche unterschiedlicher RF-Sicherungsanalgen [plotzke]

	Anlage 1	Anlage 2	Anlage 3	Anlage 4
Frequenz/MHz:	1,86 – 2,18	7,44 – 8,73	7,30 – 8,70	7,40 – 8,60
Wobbelfrequenz/Hz:	141	141	85	85

3.1.2 Mikrowelle

EAS-Systeme im *Mikrowellenbereich* nutzen die Entstehung von Harmonischen, an Bauteilen mit nichtlinearer Kennlinie (z. B. Dioden). Unter der *Harmonischen* einer sinusförmigen Spannung A mit definierter Frequenz f_A versteht man eine sinusförmige Spannung B, deren Frequenz fB ein ganzzahliges Vielfaches der Frequenz f_A darstellt. Die Subharmonischen der Frequenz f_A sind also die Frequenzen $2f_A$, $3f_A$, $4f_A$ usw. Die N-fache der Ausgangsfrequenz wird in der Funktechnik als Nte Harmonische (Nte Oberwelle) bezeichnet, die Ausgangsfrequenz selbst wird als Grundwelle oder erste Harmonische bezeichnet.

Prinzipiell erzeugt jeder Zweipol mit nichtlinearer Charakteristik Harmonische zur Grundschwingung. Bei *nichtlinearen Widerständen* wird aber Energie verbraucht, sodass nur ein geringer Teil der Grundwellenleistung in die Oberschwingung umgesetzt wird. Unter günstigsten Bedingungen ist bei der Vervielfachung von f auf $n \cdot f$ der Wirkungsgrad $\eta = 1/n^2$. Benutzt man zur Vervielfachung hingegen nichtlineare Energiespeicher, hat man im Idealfall keine Verluste [fleckner].

Zur Frequenzvervielfachung eignen sich *Kapazitätsdioden* als nichtlineare Energiespeicher besonders gut. Anzahl und Stärke der entstehenden Harmonischen wird durch das *Dotierungsprofil* bzw. die Steilheit der Kennlinie der Kapazitätsdiode bestimmt. Ein Maß für die Steilheit (= Kapazitäts-Spannungs-Kennlinie) ist der Exponent n (auch γ). Dieser beträgt für einfach diffundierte Dioden 0,33 (z. B. BA110), für legierte Dioden 0,5 und für Tuner Dioden mit hyperabruptem PN-Übergang etwa 0,75 (z. B. BB 141) [itt75].

Legierte Kapazitätsdioden weisen einen quadratischen Verlauf der Kapazitäts-Spannungs-Kennlinie auf und eignen sich deshalb vor allem zum Verdoppeln von Frequenzen. Mit einfach diffundierten Kapazitätsdioden lassen sich sehr gut höhere Harmonische erzeugen [fleckner].

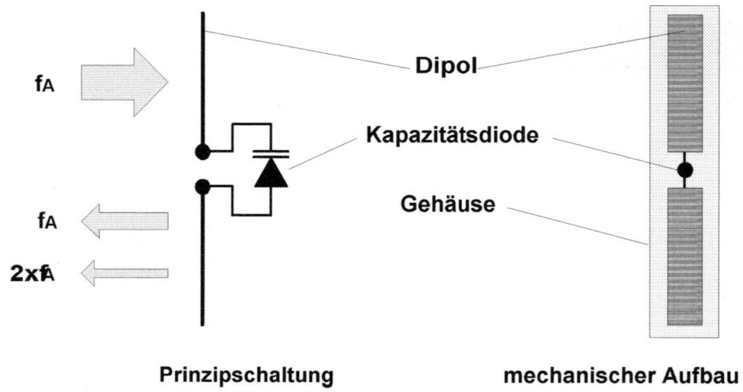

Abb. 3.5 Prinzipschaltbild und typische Bauform eines Mikrowellen-Etiketts.

Der Aufbau eines 1-bit-Transponders zur Erzeugung von Harmonischen ist ausgesprochen einfach: An den Fußpunkt eines auf die Grundwelle abgeglichenen *Dipols* wird eine Kapazitätsdiode geschaltet. Bei einer Grundwellenfrequenz von 2,45 GHz ergibt sich für den Dipol eine Gesamtlänge von 6 cm. Als Grundwellenfrequenz werden 915 MHz (außerhalb Europa), 2,45 GHz oder 5,6 GHz verwendet. Befindet sich der Transponder in der Strahlungskeule des Senders, so werden durch den Stromfluss in der Diode Harmonische der Grundwelle erzeugt und wieder abgestrahlt. Besonders ausgeprägte Signale erhält man je nach verwendetem Diodentyp auf der 2-fachen oder 3-fachen der Grundwelle.

In Kunststoff vergossene Transponder dieser Bauart (Hartetiketten) werden vor allem zur Sicherung von Textilien eingesetzt. An der Kasse werden die Etiketten beim Bezahlen abgenommen und wiederverwendet.

In Abbildung 3.6 wird ein Transponder in die Strahlungskeule eines Mikrowellensenders mit 2,45 GHz gebracht. Die an der Diodenkennlinie des Transponders erzeugte zweite Harmonische von 4,90 GHz wird wieder abgestrahlt und von einem Empfänger detektiert, der auf genau diese Frequenz abgeglichen wurde. Das Eintreffen eines Signals auf Frequenz der 2. Harmonischen kann dann zum Beispiel das Auslösen einer Alarmanlage bewirken.

Abb. 3.6 Mikrowellen-Etikett im Ansprechbereich eines Detektors.

Wird die Grundwelle in ihrer Amplitude oder Frequenz moduliert (ASK, FSK), so ist dieselbe Modulation auch in allen Harmonischen enthalten. Dies kann zur Unterscheidung von „Stör"- und „Nutz"-Signalen eingesetzt werden, womit sich Fehlalarme durch Fremdsignale weitestgehend ausschließen lassen. In obigem Beispiel modulieren wir die Amplitude der Grundwelle mit einem Signal von 1 kHz (100% ASK). Auch die am Transponder entstandene 2. Oberwelle ist mit 1 kHz ASK moduliert. Im Empfänger wird das Empfangssignal demoduliert und einem 1-kHz-Detektor zugeführt. Zufällig auftretende Störsignale auf der Empfangsfrequenz 4,90 GHz können dann keinen Fehlalarm auslösen, da diese in der Regel nicht oder anders moduliert sind.

3.1.3 Frequenzteiler

Dieses Verfahren arbeitet im Langwellenbereich bei 100 ... 135,5 kHz. Die Sicherungsetiketten enthalten eine *Halbleiterschaltung* (*Mikrochip*) sowie eine *Schwingkreisspule* aus gewikkeltem Kupferlack. Mit einer angelöteten Kapazität wird der Schwingkreis auf der Arbeitsfrequenz des EAS-Systems in Resonanz gebracht. Diese Transponder sind als *Hartetiketten* (Kunststoff) erhältlich und werden beim Kauf von der Ware entfernt.

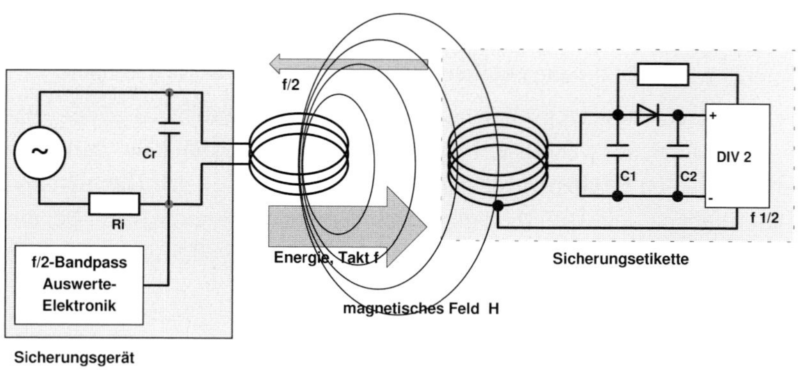

Abb. 3.7 Prinzipschaltbild des EAS-Frequenzteiler-Verfahrens: Sicherungsetikette (Transponder) und Detektor (Auswertegerät).

Der Mikrochip des Transponders wird durch die aus dem magnetischen Feld des Sicherungsgerätes ausgekoppelte Energie mit Betriebsspannung versorgt (siehe Kap. 3.2.1.1 „Energieversorgung passiver Transponder", S. 42). Die an der Schwingkreisspule anliegende Frequenz wird vom Mikrochip durch 2 geteilt und zum Sicherungsgerät zurückgesendet. Die Einspeisung des frequenzhalbierten Signals erfolgt an einer Anzapfung der Schwingkreisspule.

Um die Auswertequote zu verbessern, wird das magnetische Feld des Sicherungsgerätes mit niedriger Frequenz gepulst (ASK-moduliert). Wie bei der Erzeugung von Harmonischen, so bleibt auch bei der halbierten Frequenz (*Subharmonische*) die Modulation der Grundwelle (ASK oder FSK) erhalten. Dies wird zur Unterscheidung von „Stör"- und „Nutz"-Signalen eingesetzt. Fehlalarme treten bei diesen Systemen daher kaum auf.

Als Sensor-Antennen werden Rahmenantennen eingesetzt, wie sie von den RF-Systemen her bereits bekannt sind.

Tabelle 3.3: Typische Systemparameter [plotzke].

Frequenz:	130 kHz
Modulationsart:	100% ASK
Modulationsfrequenz/-signal:	12,5 Hz oder 25 Hz, Rechteck 50%

3.1.4 Elektro-Magnetisch

Elektro-magnetische Verfahren arbeiten mit starken magnetischen Feldern im *NF-Bereich* von 10 Hz bis etwa 20 kHz. In den Sicherungsmitteln befindet sich ein weichmagnetischer *amorpher Metallstreifen* mit einer steilflankigen *Hysteresekurve* (siehe hierzu 4.1.12). In einem starken magnetischen Wechselfeld wird dieser Streifen periodisch ummagnetisiert und bis in die magnetische Sättigung geführt. Das stark unlineare Verhältnis zwischen angelegter Feldstärke H und magnetischer Flussdichte B nahe der Sättigung (siehe hierzu Abbildung 4.50 auf Seite 111), sowie der sprunghafte Wechsel der Flussdichte B nahe dem Nulldurchgang der angelegten Feldstärke H erzeugen Harmonische der Grundfrequenz des Sicherungsgerätes, die von diesem empfangen und ausgewertet werden können.

Eine Optimierung des elektro-magnetischen Verfahrens besteht darin, dem Hauptsignal zusätzlich Signalanteile mit höherer Frequenz zu überlagern. Durch die starke Unlinearität der Hysteresekurve im Streifen entstehen dadurch, zusätzlich zu den Harmonischen, Signalanteile mit Summen- und Differenzfrequenzen der eingespeisten Signale. Bei einem Hauptsignal der Frequenz f_H=20 Hz und den Zusatzsignalen f_1=3,5 und f_2=5,3 kHz entstehen folgende Signale (1. Ordnung):

$$f_1+f_2 = f_{1+2} = 8{,}80 \text{ kHz}$$
$$f_1-f_2 = f_{1-2} = 1{,}80 \text{ kHz}$$
$$f_H+f_1 = f_{H+1} = 3{,}52 \text{ kHz} \quad \text{und so weiter ...}$$

Das Sicherungsgerät reagiert hier nicht auf die Harmonischen der Grundfrequenz, sondern auf die Summen- oder Differenzfrequenz der Zusatzsignale.

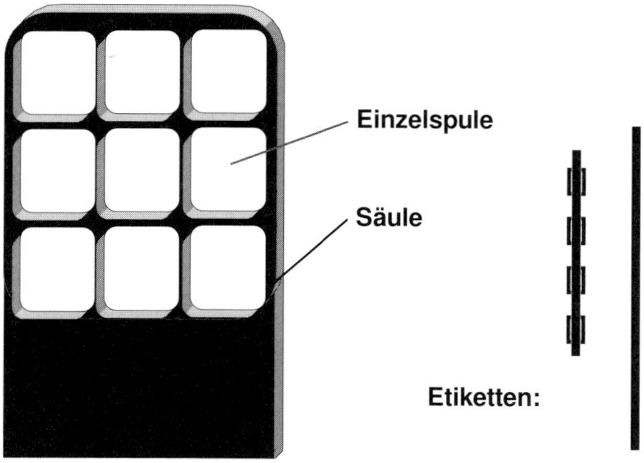

Abb. 3.8 *links:* Typische Antennenbauform der Sicherungsanlage (Höhe ca 1,40 m); *rechts:* Mögliche Bauformen von Etiketten.

Die Sicherungsmittel sind als Etiketten in Form selbstklebender Streifen von einigen cm bis 20 cm Länge erhältlich. Aufgrund der extrem niedrigen Arbeitsfrequenzen eignen sich elektro-magnetische Systeme als einzige für metallhaltige Waren. Nachteilig wirkt sich jedoch die Lageabhängigkeit der Etiketten aus: Für eine sichere Detektion müssen die magnetischen Feldlinien des Sicherungsgerätes senkrecht durch den amorphen Metallstreifen laufen.

Abb. 3.9 Elektromagnetische Etiketten im Einsatz. (Foto: Schreiner Codedruck, München)

Zur Deaktivierung sind die Etiketten mit einer hartmagnetischen Metallschicht umgeben oder partiell mit hartmagnetischen Plättchen bedeckt. An der Kasse werden die Sicherungsmittel deaktiviert indem die Kassiererin mit einem starken *Permanentmagneten* den Metallstreifen entlangfährt [plotzke]. Hierdurch werden die hartmagnetischen Metallplättchen magnetisch. Dabei sind die Metallstreifen so ausgelegt, dass die Remanenzfeldstärke (siehe hierzu Kap. 4.1.12 „Magnetische Werkstoffe", S. 111) der Metallplättchen ausreicht, um den amorphen Metallstreifen in der Sättigung zu halten, sodass das magnetische Wechselfeld der Sicherungsanlage nicht mehr wirksam werden kann.

Durch Entmagnetisierung können die Etiketten jederzeit wieder reaktiviert werden. Der Prozess der De- und Reaktivierung ist beliebig oft durchführbar. Aus diesem Grunde lag das Haupteinsatzgebiet der elektro-magnetischen Warensicherung ursprünglich bei Leihbibliotheken. Wegen der kleinen (mind. 32 mm kurze Streifen) und preiswerten Etiketten werden diese Systeme zunehmend auch im Lebensmitteleinzelhandel eingesetzt.

Um die erforderlichen Feldstärken zur Ummagnetisierung der Permalloy-Streifen zu erreichen, wird das Feld von zwei Spulensystemen in den Säulen zu beiden Seiten des schmalen Durchgangs erzeugt. In den beiden Säulen sind mehrere Einzelspulen, typischerweise 9 bis 12, die in der Mitte schwächere und außen stärkere Magnetfelder generieren [plotzke]. Damit sind heute Schleusenbreiten bis zu 1,50 m realisierbar, wobei noch Detektionsraten von 70% erreicht werden [gillert].

Abb. 3.10 Praktische Ausführung einer Antenne für Artikelsicherungssysteme. (Foto: METO EAS-System 2200, Esselte Meto, Hirschborn)

Tabelle 3.4: Typische Systemparameter [plotzke]

Frequenz	70 Hz
optionale Mischfrequenzen verschiedener Anlagen	21 Hz, 215 Hz, 3,3 kHz, 5 kHz
Feldstärke H_{eff} im Detektionsbereich	25 .. 120 A/m
minimale Feldstärke zur Deaktivierung	16000 A/m

3.1.5 Akustomagnetisch

Die Sicherungsmittel akustomagnetischer Systeme bestehen aus kleinen Kunststoffboxen, die etwa 40 mm lang, je nach Ausführung etwa 8 bis 14 mm breit und einen knappen Millimeter hoch sind. In dieser Box befinden sich zwei Metallstreifen, ein *hartmagnetischer Me-*

tallstreifen, der fest mit der Plastikbox verbunden ist, sowie ein Streifen aus *amorphem Metall*, der so gelagert wird, dass er mechanisch frei schwingen kann [zechbauer].

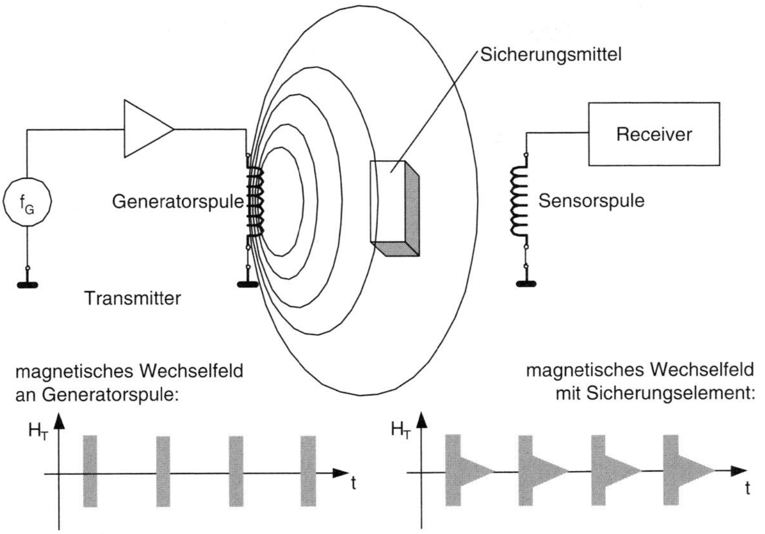

Abb. 3.11 Akustomagnetisches System bestehend aus Sender und Detektionsgerät (Receiver). Befindet sich ein Sicherungsmittel im Feld der Generatorspule, so schwingt dieses nach den Pulsen der Generatorspule wie eine Stimmgabel aus. Das Ausschwingverhalten kann von einem Auswertegerät detektiert werden.

Ferromagnetische Metalle (Nickel, Eisen, usw.) verändern in einem magnetischen Feld unter dem Einfluss der Feldstärke H ihre Länge in einem geringen Maße. Dieser Effekt wird als *Magnotostriktion* bezeichnet und ergibt sich aus einer geringfügigen Änderung des Atomabstandes durch die Magnetisierung. In einem magnetischen Wechselfeld schwingt ein magnetostriktiver Metallstreifen longitudinal mit der Frequenz des Feldes. Entspricht die Frequenz des magnetischen Wechselfeldes der (akustischen) Resonanzfrequenz des Metallstreifens, so wird die Amplitude der Schwingung besonders groß. Bei amorphen Metallen ist dieser Effekt besonders ausgeprägt.

Entscheidend ist nun, dass der magnetostriktive Effekt auch umkehrbar ist. Dies bedeutet, dass von einem schwingenden magnetostriktiven Metallstreifen ein magnetisches Wechselfeld ausgesendet wird. *Akustomagnetische Sicherungssysteme* sind nun so ausgelegt, dass die Frequenz des erzeugten magnetischen Wechselfeldes mit den Resonanzfrequenzen der Metallstreifen in den Sicherungsmitteln exakt übereinstimmt. Der amorphe Metallstreifen beginnt unter dem Einfluss des angelegten Magnetfeldes zu schwingen. Wird das magnetische Wechselfeld nach einiger Zeit abgeschaltet, so schwingt der angeregte Metallstreifen wie eine Stimmgabel noch eine gewisse Zeit weiter und erzeugt dabei selbst ein magnetisches Wechselfeld, das von der Sicherungsanlage leicht detektiert werden kann.

Der große Vorteil dieses Verfahrens besteht darin, dass die Sicherungsanlage während der Zeit, in der das Sicherungsmittel antwortet, selbst nicht sendet und die Detektionsempfänger somit entsprechend empfindlich ausgelegt werden können.

Tabelle 3.5: Typische Betriebsparameter akustomagnetischer Systeme [VDI4471]

Parameter	typischer Wert
Resonanzfrequenz f_0	58 kHz
Frequenztoleranz	± 0,52%
Gütefaktor Q	> 150
minimale Feldstärke zur H_A zur Aktivierung	> 16.000 A/m
Einschaltdauer des Feldes	2 ms
Feldpause (Ausschaltdauer)	20 ms
Ausschwingvorgang des Sicherungsmittels	5 ms

Im aktivierten Zustand sind akustomagnetische Sicherungsmittel magnetisiert, d. h. der eingangs erwähnte hartmagnetische Metallstreifen weist eine hohe Remanenzfeldstärke auf und bildet somit einen Dauermagneten. Um das Sicherungsmittel zu deaktivieren, muss der hartmagnetische Metallstreifen entmagnetisiert werden. Dies verstimmt die Resonanzfrequenz des amorphen Metallstreifens, sodass dieser durch die Ansprechfrequenz der Sicherungsanlage nicht mehr angeregt werden kann. Das Entmagnetisieren des hartmagnetischen Metallstreifens kann nur durch ein in der Feldstärke langsam abklingendes, starkes magnetisches Wechselfeld erfolgen. Die Manipulation der Sicherungsmittel durch vom Kunden mitgebrachte Dauermagneten ist somit sicher ausgeschlossen.

3.2 Voll- und Halbduplexverfahren

Im Gegensatz zu den 1-bit-Transpondern, welche meist durch die Anwendung einfacher physikalischer Effekte (Anschwingvorgänge, Anregung von Harmonischen durch Dioden oder an der unlinearen Hysteresekurve von Metallen) realisiert werden, verwenden die in diesem und dem folgenden Kapitel beschriebenen Transponder einen elektronischen Mikrochip als Datenträger. Auf diesem Datenträger können Datenmengen von bis zu einigen kByte gespeichert werden. Um die Datenträger auszulesen oder zu beschreiben, müssen Daten zwischen dem Transponder und einem Lesegerät übertragen werden können. Hierbei kommen zwei grundsätzlich unterschiedliche Verfahren zum Einsatz: Voll- und Halbduplexverfahren, die in diesem Kapitel, sowie sequentielle Systeme, welche im nachfolgenden Kapitel beschrieben werden.

Findet die Datenübertragung von Transponder in Richtung Lesegerät zeitversetzt mit der Datenübertragung vom Lesegerät zum Transponder statt, so bezeichnet man dies als *Halbduplexverfahren* (HDX). Bei Frequenzen unter 30 MHz wird dabei am häufigsten das Verfahren der Lastmodulation mit und ohne Hilfsträger eingesetzt, welches auch schaltungstechnisch sehr einfach zu realisieren ist. Damit eng verwandt ist das aus der Radartechnik bekannte Verfahren des modulierten Rückstrahlquerschnittes, welches auf Frequenzen über

100 MHz zum Einsatz kommt. Lastmodulation und modulierter Rückstrahlquerschnitt beeinflussen unmittelbar das durch das Lesegerät erzeugte magnetische oder elektromagnetische Feld und werden deshalb als „*Harmonische*“-Verfahren bezeichnet.

Findet die Datenübertragung vom Transponder in Richtung Lesegerät zeitgleich mit der Datenübertragung vom Lesegerät zum Transponder statt, so bezeichnet man dies als *Vollduplexverfahren* (FDX). Dabei kommen Verfahren zum Einsatz, bei denen die Daten des Transponders auf Teilfrequenzen des Lesegerätes, also einer *subharmonischen*, oder auf einer davon völlig unabhängigen, also *anharmonischen* Frequenz zum Lesegerät übertragen werden.

Beiden Verfahren gemeinsam ist jedoch, dass die Energieübertragung vom Lesegerät zum Transponder kontinuierlich, also unabhängig von der Datenübertragungsrichtung stattfindet. Im Gegensatz dazu findet bei den sequentiellen Systemen (SEQ) die Energieübertragung vom Transponder zum Lesegerät immer nur für eine begrenzte Zeitspanne statt (Pulsbetrieb → *gepulste Systeme*). Die Datenübertragung vom Transponder zum Lesegerät wird in den Pausen zwischen der Energieversorgung des Transponders durchgeführt.

Leider konnte man sich in der Literatur über RFID-Systeme bisher nicht auf eine einheitliche Nomenklatur für diese Systemvarianten einigen. Vielmehr ist eine verwirrende und uneinheitliche Zuordnung einzelner Systeme zu Voll- und Halbduplexsystemen üblich. So werden gepulste Systeme häufig als Halbduplexsysteme bezeichnet – dies ist aus Sicht der Datenübertragung zunächst richtig –, alle ungepulsten Systeme werden aber gleichzeitig fälschlicherweise den Vollduplexsystemen zugeordnet. In diesem Buch werden deshalb gepulste Systeme – zur Unterscheidung von anderen Verfahren, und entgegen der üblichen RFID-Literatur(!) – als sequentielle Systeme (SEQ) bezeichnet.

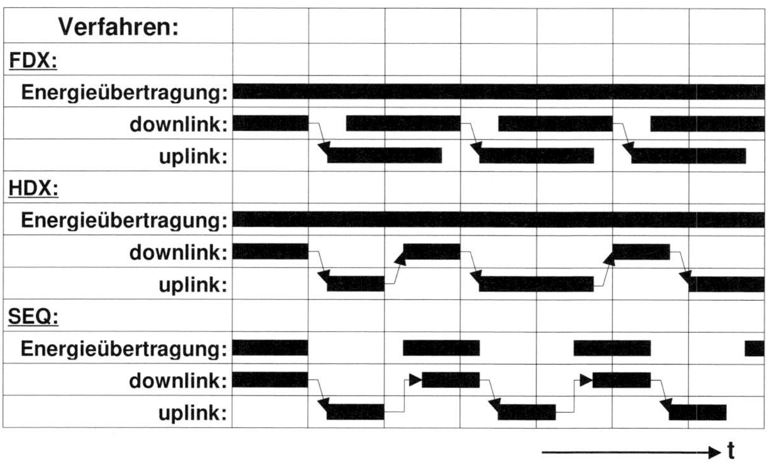

Abb. 3.12 Darstellung der zeitlichen Abläufe bei Voll-, Halbduplex- und sequentiellen Systemen. Die Datenübertragung vom Lesegerät zum Transponder wird in der Abbildung als downlink, die Datenübertragung vom Transponder zum Lesegerät als uplink bezeichnet.

3.2.1 Induktive Kopplung

3.2.1.1 Energieversorgung passiver Transponder

Ein induktiv gekoppelter Transponder besteht aus einem elektronischen Datenträger, meist einem einzelnen Mikrochip, sowie einer großflächigen Spule, welche als Antenne dient.

Induktiv gekoppelte Transponder werden fast ausschließlich passiv betrieben. Dies bedeutet, dass die gesamte zum Betrieb des Mikrochips notwendige Energie durch das Lesegerät zur Verfügung gestellt werden muss. Von der Antennenspule des Lesegerätes wird dazu ein starkes hochfrequentes, elektromagnetisches Feld erzeugt, welches den Querschnitt der Spulenfläche und den Raum um die Spule durchdringt. Da die Wellenlänge der verwendeten Frequenzbereiche (< 135 kHz: 2400 m, 13,56 MHz: 22,1 m) um ein Vielfaches größer ist als die Entfernung zwischen Leser-Antenne und Transponder, darf das elektromagnetische Feld im Abstand des Transponders zur Antenne mathematisch noch als einfaches magnetisches Wechselfeld behandelt werden (Weiteres dazu kann dem Kap. 4.2.1.1 „Übergang vom Nah- zum Fernfeld bei Leiterschleifen“, S. 117 entnommen werden).

Ein geringer Teil des ausgesendeten Feldes durchdringt die Antennenspule des Transponders, welcher sich in einiger Entfernung zur Spule des Lesegerätes befindet. Durch Induktion wird dadurch an der Antennenspule des Transponders eine Spannung Ui erzeugt. Diese Spannung wird gleichgerichtet und dient der Energieversorgung des Datenträgers (Mikrochip). Der Antennenspule des Lesegerätes wird ein Kondensator C_r parallelgeschaltet, dessen Kapazität so gewählt wird, dass zusammen mit der Spuleninduktivität der Antennenspule ein Parallelschwingkreis gebildet wird, dessen Resonanzfrequenz der Sendefrequenz des Lesegerätes entspricht. Durch Resonanzüberhöhung im Parallelschwingkreis werden in der Antennenspule des Lesegerätes sehr hohe Ströme erreicht, womit die notwendigen Feldstärken auch zum Betrieb entfernter Transponder erzeugt werden können.

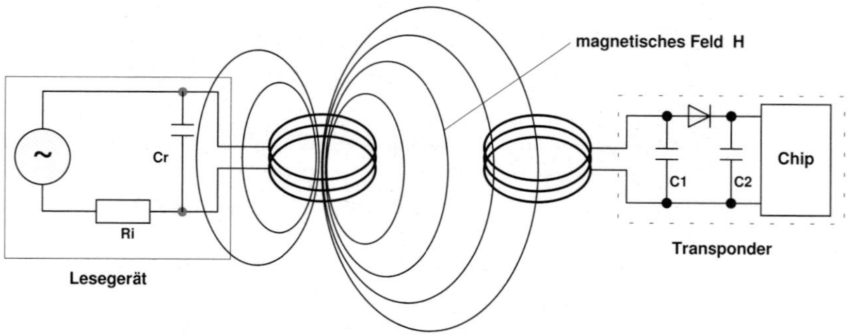

Abb. 3.13 Spannungsversorgung eines induktiv gekoppelten Transponders aus der Energie des magnetischen Wechselfeldes, das vom Lesegerät erzeugt wird.

Die Antennenspule des Transponders bildet zusammen mit dem Kondensator C1 ebenfalls einen Schwingkreis, welcher auf die Sendefrequenz des Lesegerätes abgestimmt wird. Durch Resonanzüberhöhung im Parallelschwingkreis erreicht die Spannung U an der Transponderspule ein Maximum.

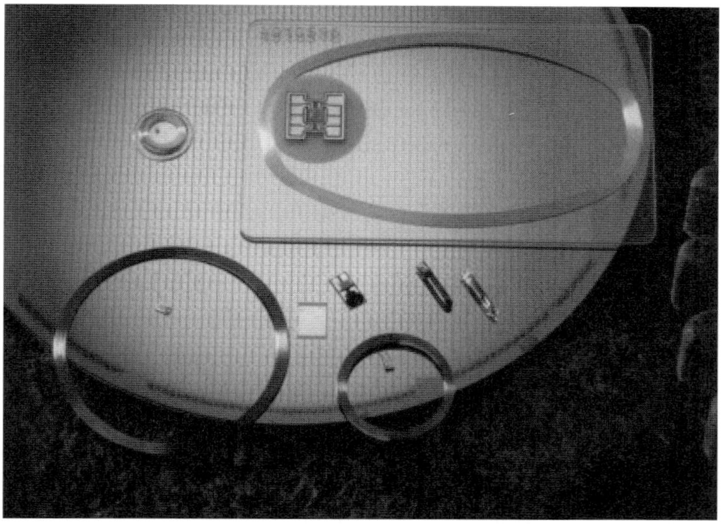

Abb. 3.14 Verschiedene Bauformen induktiv gekoppelter Transponder. Dargestellt sind Transponder-Halbzeuge, also Transponder vor dem Einspritzen in ein Kunststoffgehäuse. (Foto: AmaTech GmbH & Co. KG, Pfronten)

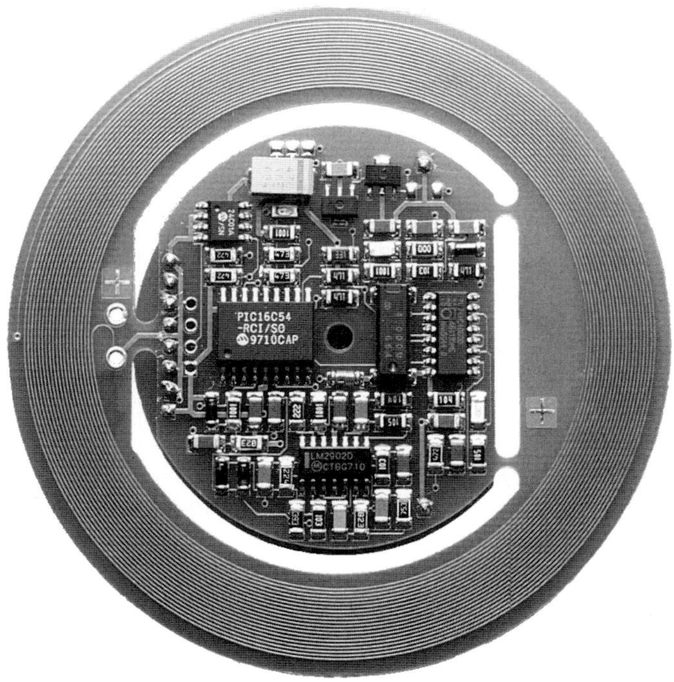

Abb. 3.15 Lesegerät für induktiv gekoppelte Transponder im Frequenzbereich < 135 kHz mit integrierter Antenne. (Foto: easy-key System, micron, Halbergmoos)

Tabelle 3.6: Übersicht über die Stromaufnahme verschiedener RFID-ASIC-Bausteine [ATMEL]. Die zum Betrieb der Mikrochips minimal notwendige Versorgungsspannung ist mit 1,8 V, die maximal zulässige mit 10 V angegeben.

	Speicher/Byte	Schreib-/ Lesedistanz	Stromauf-nahme	Frequenz	Anwendung
ASIC#1	6	15 cm	10 µA	120 kHz	Tier ID
ASIC#2	32	13 cm	600 µA	120 kHz	Warenfluss, Zutritts-kontrolle
ASIC#3	256	2 cm	6 mA	128 kHz	ÖPNV
ASIC#4	256	0,5 cm	< 1 mA	4 MHz[a]	Warenfluss, ÖPNV
ASIC#5	256	< 2 cm	~ 1 mA	4/13,56 MHz	Warenfluss
ASIC#6	256	100 cm	500 µA	125 kHz	Zutrittskontrolle
ASIC#7	2048	0,3 cm	< 10 mA	4,91 MHz*)	kontaktlose Chipkarte
ASIC#8	1024	10 cm	~ 1 mA	13,56 MHz	ÖPNV
ASIC#9	8	100 cm	< 1 mA	125 kHz	Warenfluss
ASIC#10	128	100 cm	< 1 mA	125 kHz	Zutrittskontrolle

a. Close-coupling-system

Die Anordnung der beiden Spulen kann auch als Transformator interpretiert werden (*transformatorische Kopplung*), wobei zwischen den beiden Windungen jedoch nur eine sehr schwache Kopplung besteht. Der Wirkungsgrad der Leistungsübertragung zwischen der Antennenspule des Lesegerätes und dem Transponder ist proportional der Arbeitsfrequenz f, der Windungszahl n der Transponderspule, der umschlossenen Fläche A der Transponderspule, dem Winkel der beiden Spulen zueinander sowie der Entfernung zwischen den beiden Spulen.

Mit zunehmender Frequenz f nimmt die benötigte Spuleninduktivität der Transponderspule und damit auch die Windungszahl „n" ab (135 kHz: typisch 100 ... 1000 Windungen, 13,56 MHz: typisch 3 ... 10 Windungen). Da die im Transponder induzierte Spannung jedoch proportional der Frequenz f ist (siehe hierzu Kap. 4.1.7 „Resonanz", S. 76), wirkt sich die geringere Windungszahl bei höheren Frequenzen in der Praxis auf den Wirkungsgrad der Leistungsübertragung kaum aus.

3.2.1.2 Datenübertragung Transponder > Leser

3.2.1.2.1 Lastmodulation

Wie bereits gezeigt, besteht bei induktiv gekoppelten Systemen eine *transformatorische Kopplung* zwischen der primären Spule im Lesegerät und der sekundären Spule im Transponder. Dies gilt, solange der Abstand zwischen den Spulen nicht größer als 0,16 λ wird, sodass sich der Transponder im *Nahfeld* der Sendeantenne befindet (eine nähere Erklärung zur Definition des Nah- und Fernfeldes siehe Kap. 4.2.1.1 „Übergang vom Nah- zum Fernfeld bei Leiterschleifen“, S. 117).

Wird ein resonanter Transponder (d. h. die Eigenresonanzfrequenz des Transponders entspricht der Sendefrequenz des Lesegerätes) in das magnetische Wechselfeld der Antenne des Lesegerätes gebracht, so entzieht dieser dem magnetischen Feld Energie. Die dadurch hervorgerufene Rückwirkung des Transponders auf die Antenne des Lesegerätes kann als *transformierte Impedanz* Z_T in der Antennenspule des Lesegerätes dargestellt werden. Das Ein- und Ausschalten eines *Lastwiderstandes* an der Antenne des Transponders bewirkt eine Veränderung der Impedanz Z_T und damit Spannungsänderungen an der Antenne des Lesegerätes (siehe Kapitel 4.1.10.3 „Lastmodulation“, S. 101). Dies entspricht in der Wirkung einer Amplitudenmodulation der Spannung U_L an der Antennenspule des Lesegerätes durch den entfernten Transponder. Steuert man das An- und Ausschalten des Lastwiderstandes durch Daten, so können diese Daten vom Transponder zum Lesegerät übertragen werden. Diese Form der Datenübertragung wird als *Lastmodulation* bezeichnet.

Zur Rückgewinnung der Daten im Lesegerät wird eine an der Antenne des Lesegerätes abgegriffene Spannung gleichgerichtet. Dies entspricht der Demodulation eines amplitudenmodulierten Signals. Ein Schaltungsbeispiel hierfür kann dem Kap. 11.3 „Low-cost-Aufbau – Leser-IC U2270B“, S. 327 entnommen werden.

3.2.1.2.2 Lastmodulation mit Hilfsträger

Auf Grund der geringen Kopplung zwischen Leseantenne und Transponder-Antenne sind die das Nutzsignal darstellenden Spannungsschwankungen an der Antenne des Lesegerätes um Größenordnungen kleiner als die Ausgangsspannung des Lesegerätes. Bei einem 13,56 MHz-System kann in der Praxis, bei einer Antennenspannung von ca. 100V (Spannungsüberhöhung durch Resonanz!) mit einem Nutzsignal von etwa 10 mV gerechnet werden (= 80 dB Nutz/„Störsignal“-Verhältnis). Da diese geringen Spannungsänderungen nur mit einem sehr großen schaltungstechnischen Aufwand zu detektieren sind, macht man sich die durch die Amplitudenmodulation der Antennenspannung entstehenden Modulationsseitenbänder zunutze:

Wird nämlich der zusätzliche Lastwiderstand im Transponder mit sehr hoher Taktfrequenz f_H ein- und ausgeschaltet, so entstehen zwei Spektrallinien im Abstand $\pm f_H$ um die Sendefrequenz des Lesegerätes, die nun leicht detektiert werden können (es muss jedoch $f_H < f_{LESER}$ sein). Im Sprachgebrauch der Funktechnik wird die zusätzlich eingeführte Taktfrequenz als *Hilfsträger* (*Subcarrier*) bezeichnet. Die Datenübertragung erfolgt durch ASK-, FSK- oder PSK-Modulation des Hilfsträgers im Takt des Datenflusses.

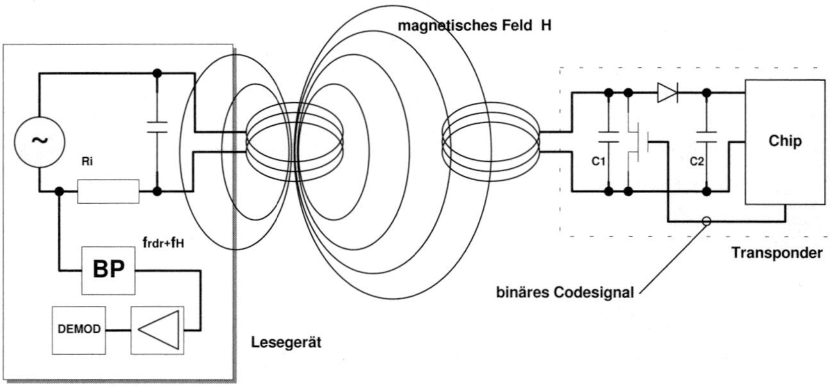

Abb. 3.16 Erzeugung der Lastmodulation im Transponder durch Umschalten des Drain-Source-Widerstandes eines FET auf dem Chip. Das abgebildete Lesegerät ist für die Detektion eines Hilfsträgers ausgelegt.

Durch Lastmodulation mit Hilfsträger entstehen an der Antenne des Lesegerätes zwei Modulationsseitenbänder im Abstand der Hilfsträgerfrequenz um die Arbeitsfrequenz f_{LESER}. Diese Modulationsseitenbänder können durch eine Bandpassfilterung (BP) auf einer der beiden Frequenzen $f_{LESER} \pm f_H$, vom wesentlich stärkeren Signal des Lesegerätes getrennt werden. Nach anschließender Verstärkung ist das Hilfsträgersignal dann sehr einfach zu demodulieren.

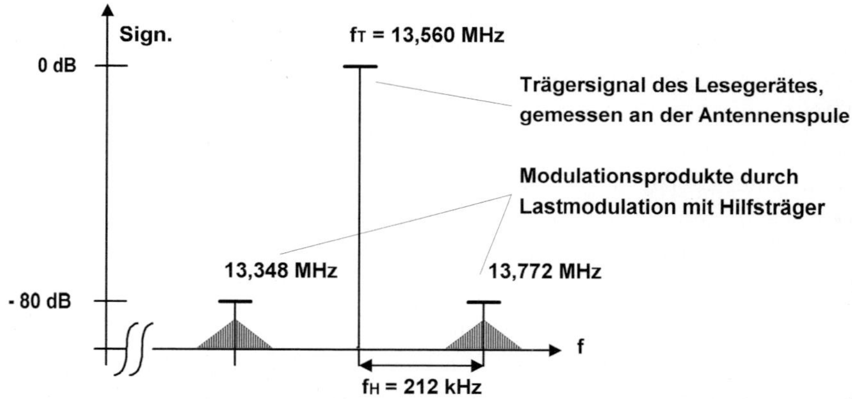

Abb. 3.17 Durch Lastmodulation mit Hilfsträger entstehen zwei Seitenbänder im Abstand der Hilfsträgerfrequenz f_H um die Sendefrequenz des Lesegerätes. Die eigentliche Information steckt in den Seitenbändern der beiden Hilfsträger-Seitenbänder, welche durch die Modulation des Hilfsträgers selbst entstehen.

Aufgrund der großen Bandbreite, die zur Übertragung eines Hilfsträgers benötigt wird, kann dieses Verfahren nur in den dafür zugelassenen ISM-Frequenzbereichen 6,78 MHz, 13,56 MHz und 27,125 MHz eingesetzt werden (siehe auch Kapitel 5 „Frequenzbereiche und Funkzulassungsvorschriften“, S. 165).

3.2.1.2.3 Schaltungsbeispiel – Lastmodulation mit Hilfsträger

Ein Beispiel für die schaltungstechnische Realisierung eines Transponders mit Lastmodulation mit Hilfsträger ist in Abbildung 3.18 gezeigt. Die Schaltung ist für eine Arbeitsfrequenz von 13,56 MHz ausgelegt und erzeugt einen Hilfsträger von 212 kHz.

Die an der Antennenspule L_1 durch das magnetische Wechselfeld des Lesegerätes induzierte Spannung wird mit dem Brückengleichrichter (D_1 ... D_4) gleichgerichtet und steht nach zusätzlicher Glättung (C_1) der Schaltung als Versorgungsspannung zur Verfügung. Mit dem Parallelregler (ZD 5V6) wird das unbegrenzte Ansteigen der Versorgungsspannung bei Annäherung des Transponders an die Leserantenne verhindert.

Über den Vorwiderstand (R_1) gelangt ein Teil der hochfrequenten Antennenspannung (13,56 MHz) an den Takteingang (CLK) des Frequenzteilers (IC1) und dient dem Transponder als Basis zur Erzeugung eines internen Taktsignals. Nach einer Teilung durch 26 (=64) steht an Ausgang Q7 ein Hilfsträger-Taktsignal von 212 kHz zur Verfügung. Das Hilfsträger-Taktsignal wird, gesteuert durch einen seriellen Datenfluss am Dateneingang (DATA), auf den Schalter (T_1) gegeben. Liegt am Dateneingang (DATA) ein logisches HIGH-Signal, so wird das Hilfsträger-Taktsignal auf den Schalter (T_1) gegeben. Der Lastwiderstand (R_2) wird dann im Takt der Hilfsträgerfrequenz an- und abgeschaltet.

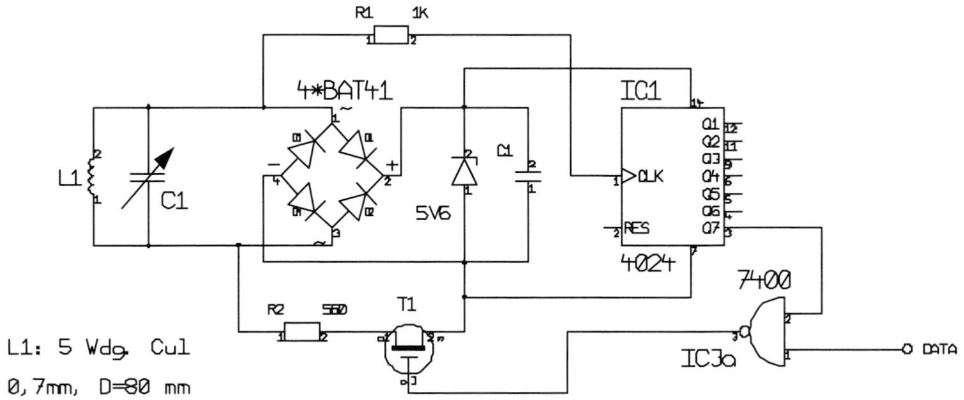

Abb. 3.18 Schaltungsbeispiel für die Erzeugung einer Lastmodulation mit Hilfsträger in einem induktiv gekoppelten Transponder.

Optional lässt sich bei der abgebildeten Schaltung der Transponderschwingkreis mit der Kapazität C_1 auf 13,56 MHz in Resonanz bringen. Die Reichweite dieses „Minimaltransponders" kann damit wesentlich vergrößert werden.

3.2.1.2.4 Subharmonische Verfahren

Unter der Subharmonischen einer sinusförmigen Spannung A mit definierter Frequenz f_A versteht man eine sinusförmige Spannung B, deren Frequenz f_B durch ganzzahlige Teilung aus der Frequenz f_A abgeleitet ist. Die Subharmonischen der Frequenz f_A sind also die Frequenzen $f_A/2$, $f_A/3$, $f_A/4$ ...

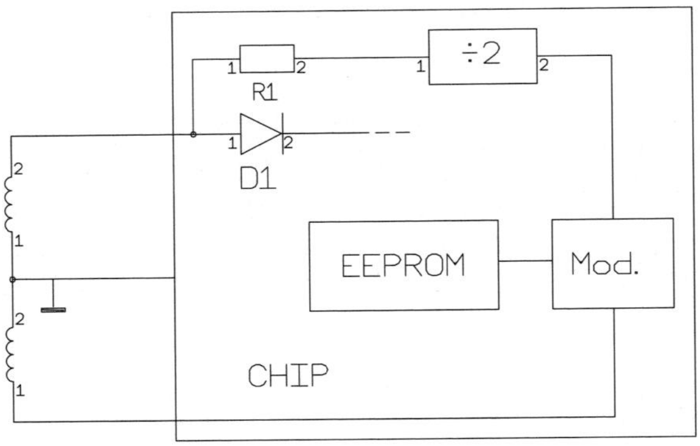

Abb. 3.19 Prinzipschaltung eines Transponders mit subharmonischer Rückfrequenz. Das empfangene Taktsignal wird durch zwei geteilt, mit den Daten moduliert und in eine Anzapfung der Transponderspule eingespeist.

Bei den subharmonischen Übertragungsverfahren erhält man aus der im Transponder abgegriffenen Leser-Sendefreqenz f_A durch digitale Teilung eine zweite, meist um den Faktor zwei niedrigere Frequenz f_B. Das Ausgangssignal f_B des Teilers kann nun mit dem Datenstrom des Transponders moduliert werden. Über einen Ausgangstreiber wird das modulierte Signal dann wieder in die Antenne des Transponders eingespeist.

Eine häufig verwendete Arbeitsfrequenz für subharmonische Systeme ist 128 kHz. Hieraus ergibt sich eine Transponder-Antwortfrequenz von 64 kHz.

Die Antenne der Transponder besteht aus einer Spule mit Mittenanzapfung, wobei an einem Ende die Spannungsversorgung abgegriffen wird. Am zweiten Anschluss der Spule wird das Rücksignal des Transponders eingespeist.

3.2.2 Elektromagnetische Backscatter-Kopplung

3.2.2.1 Energieversorgung der Transponder

RFID-Systeme, die deutlich mehr als 1 m zwischen Lesegerät und Transponder überbrücken, werden als *Long-range-Systeme* bezeichnet. Diese werden auf den *UHF-Frequenzen* 868 MHz (Europa) und 915 MHz (USA), sowie auf den *Mikrowellenfrequenzen* 2,5 GHz und 5,8 GHz betrieben. Die kurzen Wellenlängen dieser Frequenzbereiche ermöglichen die Konstruktion von Antennen mit weitaus kleineren Abmessungen und besserem Wirkungsgrad, als dies auf Frequenzbereichen unter 30 MHz möglich wäre.

Um die zum Betrieb eines Transponders verfügbare Energie abschätzen zu können, berechnen wir zunächst die *Freiraumdämpfung* a_F in Abhängigkeit der Entfernung r zwischen dem Transponder und der Antenne des Lesegerätes, dem Gewinn G_T und G_R der Transponder- und Leserantenne, sowie der Sendefrequenz f des Lesegerätes:

$$a_F = -147{,}6 + 20\log(r) + 20\log(f) - 10\log(G_T) - 10\log(G_R) \qquad [3.1]$$

Die Freiraumdämpfung ist ein Maß für das Verhältnis zwischen der von einem Leseregrät in

Tabelle 3.7: Freiraumdämpfung a_F bei unterschiedlichen Frequenzen und Entfernungen. Als Gewinn der Transponderantenne wurde 1,64 (Dipol), als Gewinn der Leserantenne 1 (isotroper Strahler) angenommen,

Abstand r	868 MHz	915 MHz	2,45 GHz
0,3 m	18,6 dB	19,0 dB	27,6 dB
1 m	29,0 dB	29,5 dB	38,0 dB
3 m	38,6 dB	39,0 dB	47,6 dB
10 m	49,0 dB	49,5 dB	58,0 dB

den „freien Raum" ausgesendeten und der vom Transponder empfangenen HF-Leistung.

Mit heutiger Low-power-Halbleitertechnologie lassen sich Transponderchips mit einer Leistungsaufnahme von nicht mehr als 5 μW realisieren [friedrich]. Der Wirkungsgrad eines integrierten Gleichrichters kann im UHF- und Mikrowellenbereich mit 5 ... 25% angenommen werden [tanneberger]. Bei einem Wirkungsgrad von 10% benötigen wir damit zum Betrieb des Transponderchips eine Empfangsleistung von $P_e = 50\ \mu W$ am Anschluss der Transponderantenne. Dies bedeutet, dass bei einer Strahlungsleistung des Lesegerätes von $P_s = 0{,}5$ W EIRP die Freiraumdämpfung einen Wert von 40 dB ($P_s/P_e = 10000/1$) nicht überschreiten darf, um an der Transponderantenne noch eine ausreichend große Leistung zum Betrieb des Transponders zu erhalten. Ein Blick auf Tabelle 3.7 zeigt, dass damit bei einer Sendefrequenz von 868 MHz immerhin eine *Reichweite* von etwas über 3 m realisierbar wäre, bei 2,45 GHz könnten immerhin noch etwas über 1 m erreicht werden. Bei einer größeren Leistungsaufnahme des Transponderchips würde sich die erzielbare Reichweite dabei entsprechend reduzieren.

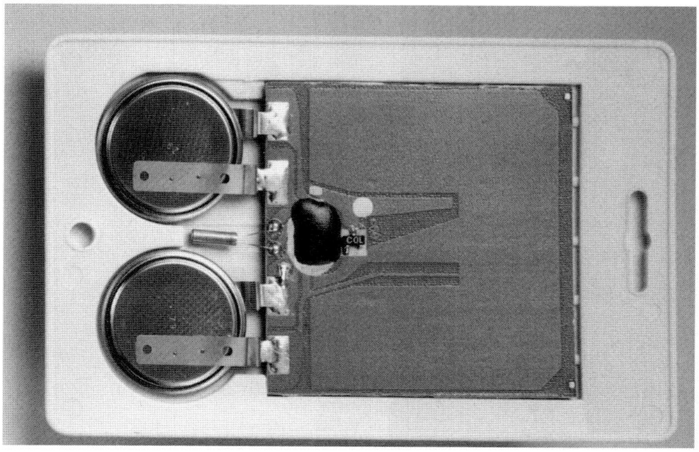

Abb. 3.20 Aktiver Transponder für den Frequenzbereich 2,45 GHz. Der Datenträger wird durch zwei *Lithiumbatterien* mit Energie versorgt. Die Mikrowellen-Antenne des Transponders ist als u-förmige Fläche auf der Leiterkarte zu erkennen. (Photo: Pepperl & Fuchs, Mannheim)

Um große Reichweiten bis zu 15 m zu erreichen oder aber auch Transponderchips mit einer größeren Leistungsaufnahme noch mit einer akzeptablen Reichweite betreiben zu können, verfügen Backscatter-Transponder häufig über eine Stützbatterie zur Energieversorgung des Transponderchips. Um die Batterie nicht unnötig zu belasten, verfügen die Mikrochips in der Regel über einen stromsparenden „power-down"- bzw. „stand-by"-Modus. Verlässt der Transponder das Feld eines Lesegerätes, so schaltet der Chip automatisch in den stromsparenden *„power-down"-Mode*. Die Stromaufnahme beträgt dann maximal noch einige µA. Erst durch ein ausreichend starkes Signal in Lesereichweite eines Lesegerätes wird der Chip erneut aktiv und nimmt den normalen Betrieb wieder auf. Die Batterie aktiver Transponder stellt jedoch in keinem Falle Energie zur Datenübertragung zwischen Transponder und Lesegerät zur Verfügung, sondern dient ausschließlich der Versorgung des Mikrochips. Zur Datenübertragung zwischen Transponder und Lesegerät wird ausschließlich die Energie des elektromagnetischen Feldes eingesetzt, welches vom Lesegerät ausgesendet wird.

3.2.2.2 Datenübertragung Transponder > Leser

3.2.2.2.1 Modulierter Rückstrahlquerschnitt

Aus der *RADAR-Technik* ist bekannt, dass elektromagnetische Wellen von Materie, deren Ausdehnung größer als etwa die halbe Wellenlänge der Welle ist, reflektiert werden. Die Wirksamkeit, mit der ein Objekt elektromagnetische Wellen reflektiert, wird durch dessen *Rückstrahlquerschnitt* beschrieben. Einen besonders großen Rückstrahlquerschnitt weisen Objekte auf, die zu der eintreffenden Wellenfront in Resonanz sind, wie dies zum Beispiel bei Antennen für die jeweilige Frequenz der Fall ist.

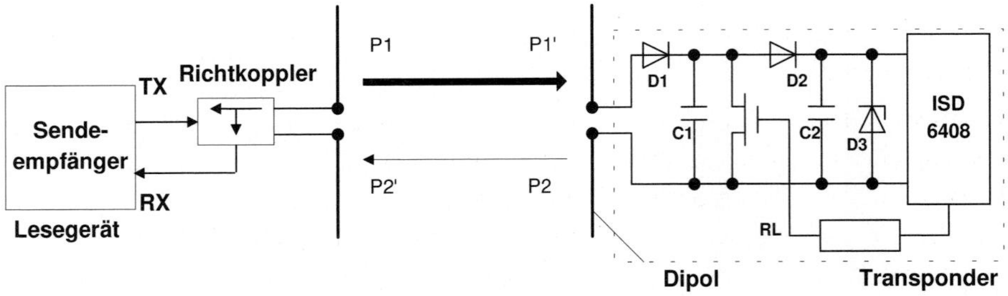

Abb. 3.21 Funktionsweise eines Backscatter-Transponders. Durch Umschalten des FET auf dem Chip wird die Impedanz des Chips „moduliert" [isd].

Von der Antenne des Lesegerätes wird eine Leistung P_1 abgestrahlt, wovon ein geringer Teil (Freiraumdämpfung) die Antenne des Transponders erreicht. Die am Transponder ankommende Leistung P_1' steht als HF-Spannung an den Anschlüssen der Antenne zur Verfügung und kann nach Gleichrichtung durch die Dioden D_1 und D_2 als Schaltspannung zur De-/Aktivierung des stromsparenden „power-down"-Modus verwendet werden. Als Dioden werden hier *low-barrier-Schottky-Dioden* verwendet, welche eine besonders niedrige Schwellenspannung aufweisen. Für kurze Reichweiten kann die gewonnene Spannung auch zur Energieversorgung ausreichend sein.

Ein Teil der ankommenden Leistung P_1' wird von der Antenne reflektiert und als Leistung P_2 zurückgesendet. Die *Reflexionseigenschaften* (= Rückstrahlquerschnitt) der Antenne können durch Ändern der an die Antenne angeschlossenen Last beeinflusst werden. Um Daten vom Transponder zum Lesegerät zu übertragen, wird ein der Antenne parallelgeschalteter zusätzlicher Lastwiderstand R_L im Takte des zu übertragenden Datenstromes ein- und ausgeschaltet. Die vom Transponder reflektierte (= rückgestrahlte) Leistung P_2 kann so in ihrer Amplitude moduliert werden (→ modulierter Rückstrahlquerschnitt, engl. *modulated backscatter*).

Die vom Transponder reflektierte Leistung P_2 wird in den freien Raum abgestrahlt. Ein geringer Teil davon (Freiraumdämpfung) wird von der Antenne des Lesegerätes aufgenommen. Das reflektierte Signal läuft daher in der Antennenleitung des Lesegerätes in „Rückwärtsrichtung" und kann unter Verwendung eines *Richtkopplers* ausgekoppelt und auf den Empfängereingang eines Lesegerätes geführt werden. Das um Zehnerpotenzen stärkere „vorwärtslaufende" Signal des Senders wird durch den Richtkoppler dabei weitestgehend unterdrückt.

Das Verhältnis zwischen der vom Lesegerät ausgesendeten und der vom Transponder zurückkommenden Leistung (P_1/P_2') kann anhand der Radargleichung abgeschätzt werden (siehe hierzu auch Kap. 4.2.5.4 „Wirksame Fläche und Rückstreuquerschnitt", S. 126).

3.2.3 Close Coupling

3.2.3.1 Energieversorgung der Transponder

Close-Coupling-Systeme sind für Reichweiten von 0,1 cm bis maximal 1 cm konzipiert. Die Transponder werden deshalb zum Betrieb in ein Lesegerät eingesteckt oder auf eine markierte Oberfläche gebracht („*touch & go*").

Das Einstecken oder Auflegen des Transponders in/auf das Lesegerät ermöglicht die gezielte Platzierung der Transponderspule im *Luftspalt* eines Ringkerns oder U-Kerns. Die funktionelle Anordnung von Transponderspule und Leserspule entspricht dann der eines Transformators. Es entspricht hierbei die Leserspule der Primärwicklung und die Transponderspule der Sekundärwicklung eines Transformators. Durch einen hochfrequenten Wechselstrom in der Primärwicklung wird ein hochfrequentes magnetisches Feld in Kern und Luftspalt der Anordnung erzeugt, das auch die Transponderspule durchströmt. Dadurch wird eine Wechselspannung gleicher Frequenz in der Transponderspule induziert. Durch Gleichrichtung dieser Spannung kann eine Versorgungsspannung für den Chip erzeugt werden.

Da die in der Transponderspule induzierte Spannung U proportional zur Frequenz f des Erregerstromes ist, wird zur Energieübertragung eine möglichst hohe Frequenz gewählt. In der Praxis kommen dabei Frequenzen im Bereich von 1 ... 10 MHz zum Einsatz. Um die Verluste im Kern des Transformators gering zu halten, muss bei diesen Frequenzen geeignetes Ferritmaterial als Kernmaterial verwendet werden.

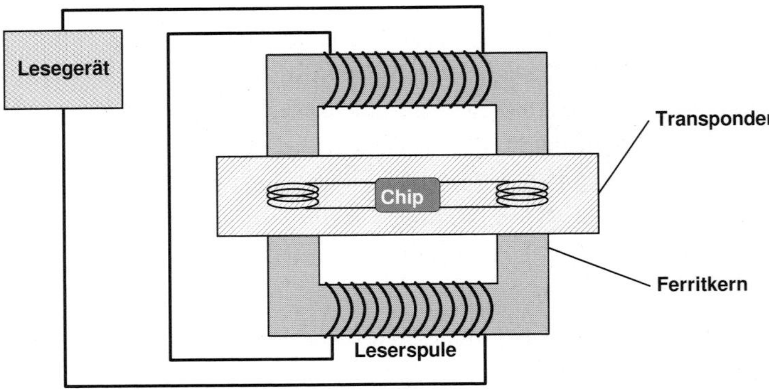

Abb. 3.22 Close-coupling-Transponder in einem Einsteckleser mit magnetischen Koppelspulen.

Aufgrund des im Gegensatz zu induktiv gekoppelten oder Mikrowellen-Systemen sehr guten Wirkungsgrades der Leistungsübertragung vom Lesegerät zum Transponder eignen sich Close-coupling-Systeme außerordentlich gut für den Betrieb von Chips mit hohem Energiebedarf. Dies sind zum Beispiel Mikroprozessoren, welche immerhin einige 10 mW Leistung zum Betrieb benötigen [sickert]. Bei den auf dem Markt verfügbaren Close-coupling-Chipkartensystemen handelt es sich deshalb ausschließlich um solche mit Mikroprozessoren.

Die mechanischen und elektrischen Parameter kontaktloser Close-coupling-Chipkarten sind in einer eigenen Norm, der ISO 10536, definiert. Für andere Bauformen können die Betriebsparameter frei definiert werden.

3.2.3.2 Datenübertragung Transponder > Leser

3.2.3.2.1 Magnetische Kopplung

Zur magnetisch gekoppelten Datenübertragung vom Transponder zum Lesegerät wird auch bei Close-coupling-Systemen Lastmodulation mit Hilfsträger verwendet. Für Close-coupling-Chipkarten sind Hilfsträgerfrequenz und -modulation in ISO 10536 festgelegt.

3.2.3.2.2 Kapazitive Kopplung

Aufgrund der geringen Entfernung zwischen Lesegerät und Transponder kann bei den Close-coupling-Systemen auch *kapazitive Kopplung* zur Datenübertragung verwendet werden. Hierbei werden Plattenkondensatoren aus zueinander isolierten Koppelflächen gebildet, die im Transponder und Lesegerät so angeordnet werden, dass sie bei einem eingesteckten Transponder genau parallel zueinander platziert sind.

Auch dieses Verfahren findet bei Close-coupling-Chipkarten Verwendung. Die mechanischen und elektrischen Eigenschaften dieser Karten sind in *ISO 10536* definiert.

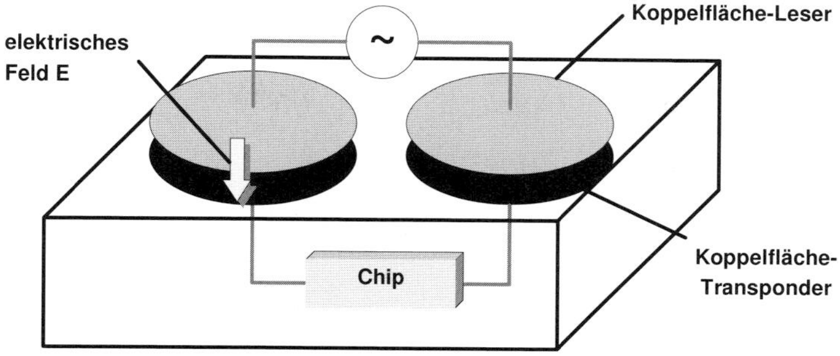

Abb. 3.23 Die kapazitive Kopplung bei Close-coupling-Systemen erfolgt zwischen zwei parallelen, in geringem Abstand zueinander angeordneten Metallflächen.

3.2.4 Datenübertragung Leser > Transponder

Zur Datenübertragung vom Lesegerät zum Transponder werden bei Voll- und Halbduplexsystemen unabhängig von der Arbeitsfrequenz oder dem Kopplungsverfahren alle bekannten Verfahren der digitalen Modulation eingesetzt. Man unterscheidet zwischen drei grundsätzlichen Verfahren:

- ASK: Amplitude Shift Keying
- FSK: Frequency Shift Keying
- PSK: Phase Shift Keying

Wegen der einfachen Demodulationsmöglichkeit verwendet die Mehrzahl der Systeme eine ASK-Modulation.

3.2.5 Elektrische Kopplung

3.2.5.1 Energieversorgung passiver Transponder

Bei *elektrisch* (d. h. *kapazitiv*) gekoppelten Systemen wird durch das Lesegerät ein starkes, hochfrequentes *elektrisches Feld* erzeugt. Die Antenne des Lesegerätes besteht dabei aus einer großen, elektrisch leitfähigen Fläche (*Elektrode*), in der Regel eine Metallfolie oder eine Metallplatte. Wird an die Elektrode eine hohe, hochfrequente Spannung angelegt, so bildet sich zwischen der Elektrode und dem Erdpotenzial (ground) ein hochfrequentes elektrisches Feld aus. Die hierzu benötigten Spannungen in der Größenordnung einiger hundert bis zu einigen tausend Volt werden im Lesegerät durch Spannungsüberhöhung in einem resonanten Schwingkreis erzeugt, welcher durch eine Spule L_1 im Lesegerät, sowie der Parallelschaltung einer internen Kapazität C_1 und der zwischen der Elektrode und dem Erdpotenzial wirksamen Kapazität $C_{R\text{-}GND}$ gebildet wird. Die Resonanzfrequenz des Schwingkreises entspricht dabei der Sendefrequenz des Lesegerätes.

Die Antenne des Transponders besteht aus zwei leitfähigen, in einer Ebene liegenden Flächen (Elektroden). Wird der Transponder in das elektrische Feld des Lesegerätes gebracht, so entsteht zwischen den beiden Transponderelektroden eine eletrische Spannung, welche zur Spannungsversorgung des Transponderchips verwendet wird.

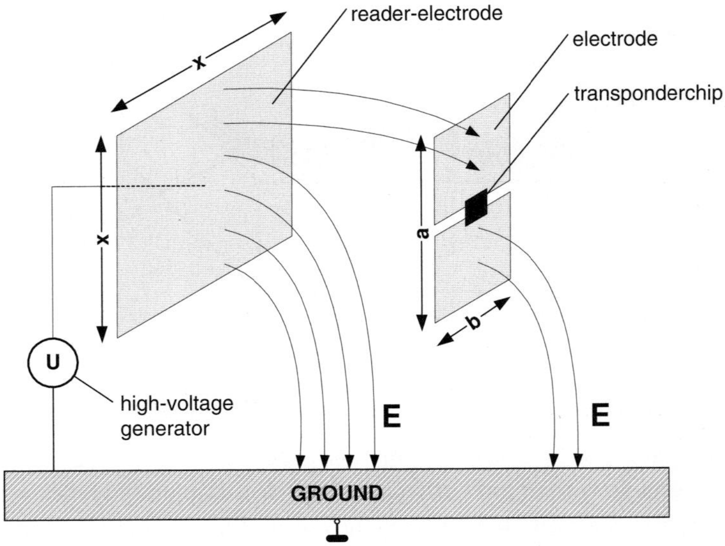

Abb. 3.24 Ein elektrisch gekoppeltes System verwendet elektrische (elekrostatische) Felder zur Energie- und Datenübertragung

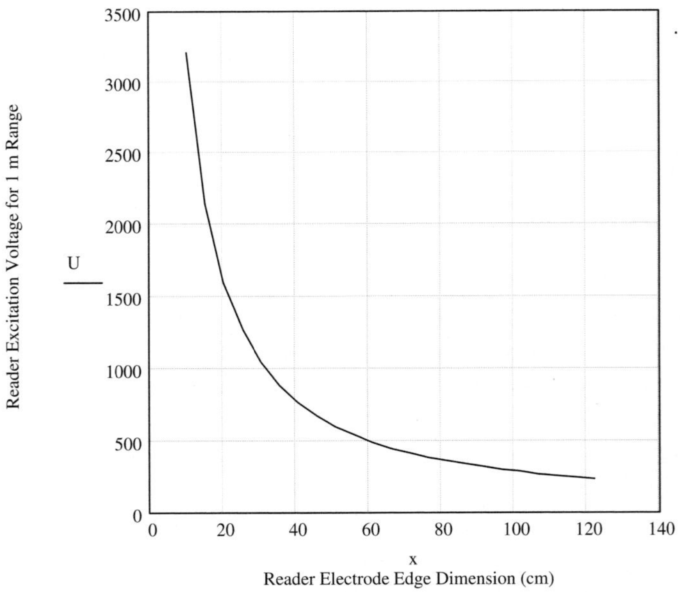

Abb. 3.25 Erforderliche Elektrodenspannung zum Auslesen eines Transponders mit der Elektrodengröße a·b = 4,5 · 7 cm² (Bauform entsprechend einer Chipkarte), in 1 m Entfernung (f = 125 kHz).

Da sowohl zwischen dem Transponder und der Sendeantenne ($C_{R\text{-}T}$) als auch zwischen der Transponderantenne und dem Erdpotenzial ($C_{T\text{-}GND}$) eine Kapazität wirksam ist, kann das Ersatzschaltbild für eine elektrische Kopplung vereinfachend als *Spannungsteiler* mit den

Elementen $C_{R\text{-}T}$, R_L (Eingangswiderstand des Transponders) und $C_{T\text{-}GND}$ betrachtet werden (siehe Abbildung 3.26). Durch das Berühren einer der Elektroden des Transponders wird die Kapazität $C_{T\text{-}GND}$ und damit auch die *Lesereichweite* deutlich größer.

Die in den Elektrodenoberflächen des Transponders fließenden Ströme sind sehr klein. An die Leitfähigkeit des Elektrodenmaterials werden daher keine besonderen Anforderungen gestellt. Neben den üblichen Metalloberflächen (*Metallfolie*) können die Elektroden daher auch aus leitfähigen Farben (z. B. einer *Silberleitpaste*) oder einer *Graphitbeschichtung* [bistatix] hergestellt werden.

3.2.5.2 Datenübertragung Transponder > Lesegerät

Wird ein elektrisch gekoppelter Transponder in das Ansprechfeld eines Lesegerätes gebracht, so wirkt der Eingangswiderstand R_L des Transponders über die zwischen der Leser- und der Transponderelektrode wirksame Koppelkapazität $C_{R\text{-}T}$ auf den Schwingkreis des Lesegerätes und bedämpft diesen geringfügig. Durch das Ein- und Ausschalten eines Modulationswiderstandes R_{mod} im Transponder kann die auftretende Dämpfung zwischen zwei Werten verändert werden. Das Ein- und Ausschalten des Modulationswiderstandes R_{mod} erzeugt dadurch eine Amplitudenmodulation der an L_1 und C_1 anliegenden Spannung durch den entfernten Transponder. Durch das Ein- und Ausschalten des Modulationswiderstandes R_{mod} im Takt von Daten können diese an das Lesegerät übertragen werden. Dieses Verfahren wird als *Lastmodulation* bezeichnet.

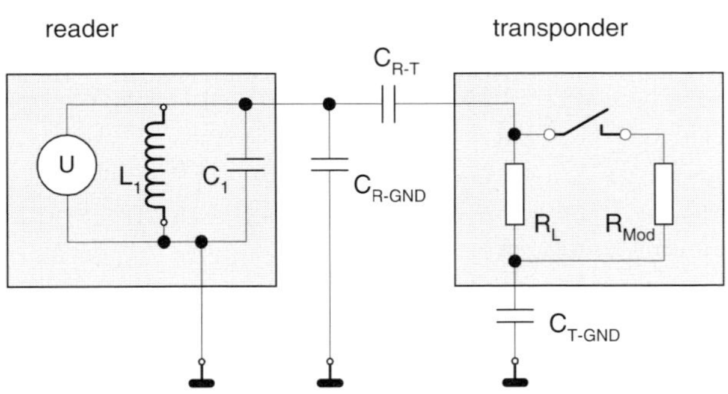

Abb. 3.26 Ersatzschaltbild für ein elektrisch gekoppeltes RFID-System.

3.3 Sequentielle Verfahren

Findet die Daten- und Energieübertragung vom Lesegerät zum Datenträger zeitversetzt mit der Datenübertragung vom Transponder zum Lesegerät statt, so handelt es sich um ein *sequentielles Verfahren* (SEQ).

Unterscheidungsmerkmale zwischen SEQ- und anderen Systemen wurden bereits im vorhergehenden Kapitel 3.2 „Voll- und Halbduplexverfahren", S. 40, dargestellt.

3.3.1 Induktive Kopplung

3.3.1.1 Spannungsversorgung des Transponders

Sequentielle Systeme mit induktiver Kopplung werden ausschließlich auf Frequenzen unter 135 kHz betrieben. Zwischen der Spule des Lesegerätes und der Transponderspule besteht eine transformatorische Kopplung. Die in der Transponderspule durch Einwirkung des Wechselfeldes vom Lesegerät induzierte Spannung wird gleichgerichtet und steht als Versorgungsspannung zur Verfügung.

Um einen hohen Wirkungsgrad der Energieübertragung zu erreichen, muss auf exakten Abgleich der Transponderresonanzfrequenz auf die Frequenz des Lesegerätes sowie auf eine große Güte der Transponderspule geachtet werden. So enthalten die Transponder einen *„on-chip“ trimm capacitor* zum Ausgleich von Fertigungstoleranzen der Resonanzfrequenz.

Im Gegensatz zu den Voll- und Halbduplexsystemen wird jedoch bei den sequentiellen Systemen der Sender des Lesegerätes nicht dauernd betrieben. Die während des Sendebetriebes zum Transponder übertragene Energie dient dazu, einen *Ladekondensator* als Energiespeicher aufzuladen. Der Chip des Transponders wird während des Lademodus in einen Standby- oder Stromsparmodus geschaltet, wodurch die empfangene Energie fast vollständig zur Aufladung des Ladekondensators verwendet wird. Nach Ablauf einer festgelegten Ladezeit wird der Sender des Lesegerätes wieder abgeschaltet.

Die im Transponder gespeicherte Energie wird dazu verwendet, eine Antwort an das Lesegerät zu generieren. Aus der hierzu nötigen Betriebsspannung und Stromaufnahme des Chips kann die Mindestkapazität des erforderlichen Ladekondensators berechnet werden:

$$C = \frac{Q}{U} = \frac{I \cdot t}{[V_{max} - V_{min}]} \qquad [3.2]$$

Tabelle 3.8: Bedeutung der Formelzeichen aus Formel 3.2

V_{max} ; V_{min}	Grenzwerte der Betriebsspannung, die nicht überschritten werden dürfen
I	Stromaufnahme des Chips während des Betriebes
t	Benötigte Zeit zur Übertragung der Daten, vom Transponder zum Lesegerät

Als Beispiel ergibt sich aus den Anforderungen $I = 5\ \mu A$, $t = 20$ msec, $V_{max} = 4{,}5$ V und $V_{min} = 3{,}5$ V ein Ladekondensator von $C = 100$ nF [schürmann-93].

3.3.1.2 Vergleich zwischen FDX-/HDX- und SEQ-Systemen

Die unterschiedlichen Verhältnisse bei Voll-/Halbduplex- (FDX-/HDX-) und sequentiellen (SEQ-) Systemen sind in Abbildung 3.27 dargestellt.

Da bei den Vollduplexsystemen die Energieübertragung vom Lesegerät zum Transponder gleichzeitig mit der Datenübertragung in beiden Richtungen stattfindet, befindet sich der Chip ständig im Betriebszustand. Um die übertragene Energie optimal nutzen zu können, wird eine *Leistungsanpassung* zwischen der Transponderantenne als Stromquelle und dem Chip als Verbraucher angestrebt. Bei exakter Leistungsanpassung steht dem Chip jedoch nur die Hälfte der Quellenspannung (= Leerlaufspannung der Spule) zur Verfügung. Um die verfügbare Betriebsspannung zu erhöhen, kann nur die Impedanz (= Lastwiderstand) des Chips vergrößert werden, was jedoch gleichbedeutend mit einer Verringerung der Leistungsaufnahme ist.

Bei der Konzipierung von Vollduplexsystemen muss also immer ein Kompromiss zwischen Leistungsanpassung (maximale Leistungsaufnahme Pchip bei Uchip = ½ U_Q) und Spannungsanpassung (minimale Leistungsaufnahme Pchip bei maximaler Spannung $U_{chip} = U_Q$) gefunden werden.

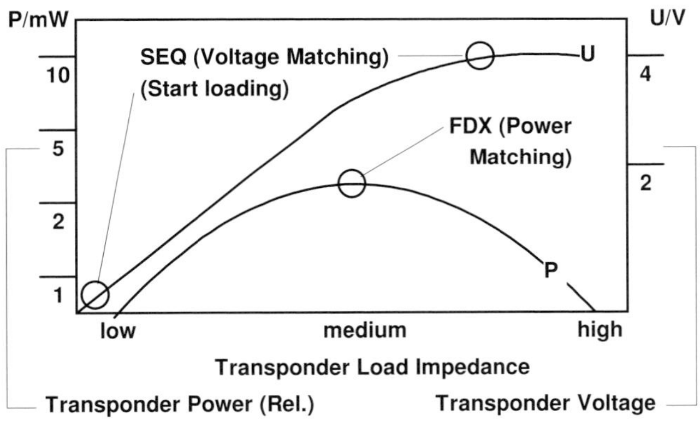

Abb. 3.27 Vergleich der induzierten Transponderspannung bei FDX-/HDX- und SEQ-Systemen [schürmann-93].

Völlig anders stellt sich die Situation bei Sequentiellen Systemen dar: Während des Ladevorgangs befindet sich der Chip in einem Standby- oder Stromsparmodus, sodass so gut wie keine Leistung durch den Chip aufgenommen wird.

Der Ladekondensator ist zu Beginn des Lademodus vollkommen entladen und stellt für die Spannungsquelle deshalb eine sehr niederohmige Last dar (Abbildung 3.27: Start loading). In diesem Zustand fließt der größtmögliche Strom in den Ladekondensator, die Spannung geht jedoch gegen null (= *Stromanpassung*). Mit fortschreitender Aufladung des Ladekondensators nimmt der Ladestrom, einer e-Funktion folgend, immer weiter ab und wird bei vollständiger Ladung des Kondensators zu null. Der Zustand des geladenen Kondensators entspricht einer *Spannungsanpassung* an die Transponderspule.

Gegenüber einem Voll-/Halbduplexsystem ergeben sich daraus folgende Vorteile bei der Energieversorgung des Chips:

- Für den Betrieb des Chips steht die volle Quellenspannung der Transponderspule zur Verfügung. Damit ist die zur Verfügung stehende Betriebsspannung maximal doppelt so groß wie bei einem vergleichbaren Voll-/Halbduplexsystem.
- Die dem Chip zur Verfügung stehende Energie wird nur durch die Kapazität des Ladekondensators sowie die Ladezeit bestimmt. Beide Werte können theoretisch (!) beliebig

groß gewählt werden. Bei Voll-/Halbduplexsystemen ist die maximale Leistungsaufnahme des Chips durch den Punkt der Leistungsanpassung unveränderlich (d. h. durch Spulengeometrie und Feldstärke H vorgegeben).

3.3.1.3 Datenübertragung Transponder > Leser

Ein vollständiger Lesezyklus besteht bei sequentiellen Systemen aus zwei Phasen, der Aufladephase und der Lesephase.

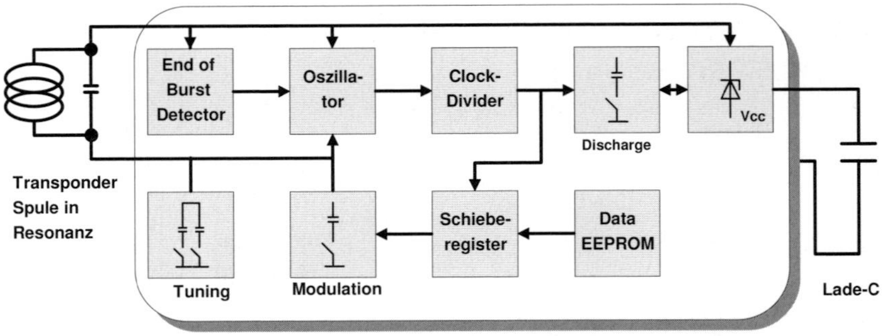

Abb. 3.28 Blockschaltbild eines sequentiellen Transponders des Texas Instuments TIRIS®-Systems, mit induktiver Kopplung.

Das Ende der Ladephase wird durch einen *„end-of-burst detector“* detektiert, welcher den Spannungsverlauf an der Transponderspule überwacht und so das Abschalten des Lesefeldes erkennt. Mit dem Ende der Ladephase wird ein Oszillator auf dem Chip gestartet, welcher den aus der Transponderspule gebildeten Schwingkreis als frequenzbestimmendes Bauteil verwendet. Von der Transponderspule wird ein schwaches magnetisches Wechselfeld erzeugt, welches durch das Lesegerät empfangen werden kann. Gegenüber einem Voll-/Halbduplexsystem ergibt sich damit ein verbesserter Signal-Störabstand von typisch 20 dB, was sich positiv auf die bei sequentiellen Systemen erzielbaren Reichweiten auswirkt.

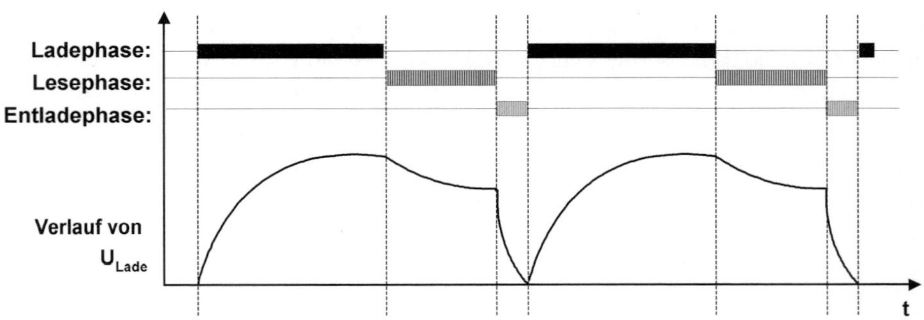

Abb. 3.29 Spannungsverlauf am Ladekondensator eines SEQ-Transponders mit induktiver Kopplung während des Betriebs.

Die Sendefrequenz des Transponders entspricht der Resonanzfrequenz der Transponderspule, welche zum Produktionszeitpunkt auf die Sendefrequenz des Lesegerätes abgeglichen wurde.

Um das erzeugte HF-Signal leistungslos modulieren zu können, wird dem Resonanzschwingkreis im Takt des Datenflusses ein zusätzlicher Modulationskondensator parallelgeschaltet. Aus der daraus resultierenden Frequenzumtastung der Resonanzfrequenz entsteht eine *2-FSK-Modulation*.

Nach Aussendung aller Daten wird der Entlademodus (discharge) aktiviert, um den Ladekondensator vollständig zu entladen. Dadurch kann ein sicherer Power-On-Reset mit dem nächsten Ladezyklus gewährleistet werden.

3.3.2 Oberflächenwellen-Transponder

Akustische *Oberflächenwellen-Bauelemente* (*OFW*, engl. surface acoustic wave devices – SFW) beruhen auf dem *piezoelektrischen Effekt*[4] sowie auf der oberflächengebundenen Ausbreitung elastischer (= akustischer) Wellen mit niedriger Geschwindigkeit. Oberflächenwellen-Transponder werden auf Mikrowellenfrequenzen, üblicherweise im ISM-Bereich 2,45 GHz, betrieben.

Auf piezoelektrischen Substraten lassen sich mit planaren Elektrodenstrukturen elektroakustische Wandler (*Interdigitalwandler*) und *Reflektoren* realisieren. Als Substrat dient hierfür in der Regel *Lithiumniobat* oder auch *Lithiumtantalat*. Die Herstellung der Elektrodenstrukturen geschieht durch fotolithografische Verfahren, wie sie auch in der Mikroelektronik zur Herstellung integrierter Schaltungen verwendet werden.

Der prinzipielle Aufbau eines Oberflächenwellen-Transponders ist in Abbildung 3.30 dargestellt. Am Ende eines länglichen piezoelektrischen Substrats wird eine fingerartige Elektrodenstruktur – der Interdigitalwandler – aufgebracht, an dessen Sammelschiene eine *Dipolantenne* für die Arbeitsfrequenz angebracht wird. Der Interdigitalwandler wird als Wandler zwischen elektrischen Signalen und akustischen Oberflächenwellen eingesetzt. Ein an der Sammelschiene angelegter elektrischer Impuls bewirkt wegen des piezoelektrischen Effekts zwischen den Elektroden (Fingern) eine mechanische Verformung an der Oberfläche des Substrates, die sich als Oberflächenwelle (Rayleigh-Welle) in beiden Richtungen ausbreitet. Die Ausbreitungsgeschwindigkeit liegt bei den gebräuchlichen Substraten zwischen 3000 und 4000 m/s. Eine in den Wandler einlaufende *Oberflächenwelle* verursacht umgekehrt, durch den piezoelektrischen Effekt, einen elektrischen Impuls an der Sammelschiene des Interdigitalwandlers.

Auf die restliche Länge des Oberflächenwellen-Transponders werden einzelne Elektroden aufgebracht. Die Elektrodenkanten bilden einen Reflektorstreifen und reflektieren einen kleinen Teil einer einlaufenden Oberflächenwelle. Reflektorstreifen werden üblicherweise aus Aluminium hergestellt, es sind aber auch Reflektorstreifen in Form geätzter Rillen verwendbar [meinke].

[4] Wird ein (Ionen-)Kristall in bestimmten Richtungen elastisch deformiert, so treten Oberflächenladungen und damit elektrische Spannungen am Kristall auf (Anwendung: Piezo-Feuerzeug). Umgekehrt führt das Anlegen einer Oberflächenladung am Kristall zu einer elastischen Verformung im Kristallgitter (Anwendung: Piezosummer).

Ein durch ein Lesegerät erzeugter hochfrequenter *Abtastpuls* wird von der Dipolantenne des Transponders in den Interdigitalwandler gespeist und so in eine akustische Oberflächenwelle[5] umgewandelt, welche das Substrat in Längsrichtung durchläuft. An jedem einzelnen der über das Substrat verteilten Reflektorstreifen wird ein Teil der Oberflächenwelle reflektiert, während der verbleibende Anteil der Oberflächenwelle bis zum Ende des Substrates weiterläuft, um dort absorbiert zu werden.

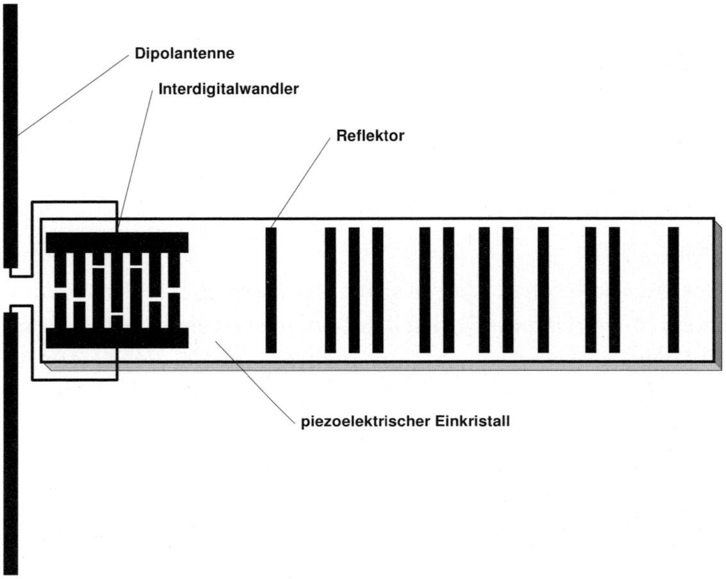

Abb. 3.30 Prinzipieller Aufbau eines OFW-Transponders. Auf den piezoelektrischen Kristall werden der Interdigitalwandler sowie Reflektoren aufgebracht.

Die reflektierten Wellenanteile laufen zurück zum Interdigitalwandler, wo sie in eine hochfrequente Pulsfolge umgewandelt und von der Dipolantenne abgestrahlt werden. Diese Pulsfolge kann durch das Lesegerät empfangen werden. Die Anzahl der empfangenen Pulse entspricht der Anzahl der Reflektorstreifen auf dem Substrat. Ebenso ist der zeitliche Abstand zwischen den einzelnen Impulsen proportional dem räumlichen Abstand der Reflektorstreifen auf dem Substrat, sodass durch die räumliche Anordnung der Reflektorstreifen eine binäre Ziffernfolge dargestellt werden kann.

Aufgrund der langsamen Ausbreitungsgeschwindigkeit der Oberflächenwelle auf dem Substrat trifft der erste Antwortpuls erst nach einer Totzeit von etwa 1,5 ms nach Aussendung des Abtastpulses beim Lesegerät ein. Daraus ergeben sich entscheidende Vorteile für den Empfang der Pulse:

---

5 Die Frequenz der Oberflächenwelle entspricht der Trägerfrequenz des Abtastimpulses (z. B. 2,45 GHz)! Die Trägerfrequenz der reflektierten und zurückgesendeten Pulsfolge entspricht demzufolge der Sendefrequenz des Abtastpulses.

Reflexionen des Abtastpulses an Metalloberflächen der Umgebung laufen mit Lichtgeschwindigkeit zur Antenne des Lesegerätes zurück. Eine Reflexion in 100 m Entfernung zum Lesegerät träfe somit 0,6 ms nach Aussendung an der Antenne des Lesegerätes ein (Laufzeit hin & rück, dabei wird das Signal um > 160 dB gedämpft). Bis zum Eintreffen des Transpondersignals nach 1,5 ms sind deshalb alle Reflektionen aus der Umgebung des Lesegerätes lange abgeklungen, sodass es hierdurch nicht zu Verfälschungen der Pulsfolge kommen kann [dziggel].

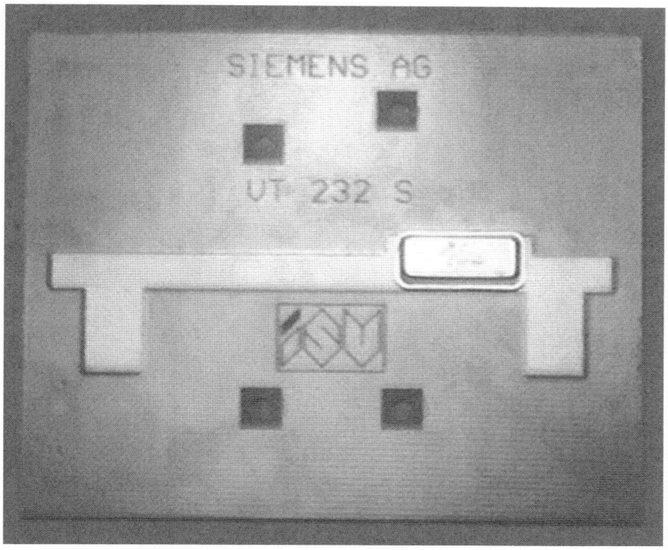

Abb. 3.31 Oberflächenwellen-Transponder für den Frequenzbereich 2,45 GHz mit Mikrostripleitung als Antenne. Der Piezokristall selbst ist in einem zusätzlichen Metallgehäuse, vor Umgebungseinflüssen geschützt, untergebracht. (Bild: Siemens AG, ZT KM, München)

Speicherbare Datenmenge und Datenübertragungsgeschwindigkeit von Oberflächenwellen-Transpondern hängen von der Größe des Substrates sowie von den realisierbaren Mindestabständen zwischen den Reflektorstreifen auf dem Substrat ab. In der Praxis werden etwa 16 ... 32 bit mit einer Datenrate von 500 kbit/s übertragen [sofis].

Die Reichweite von Oberflächenwellen-Systemen hängt im Wesentlichen von der Sendeleistung des Abtastpulses ab und kann nach der Radargleichung (siehe Kap. 4.3.3 „Funktionsschema von OFW-Transpondern“, S. 156) abgeschätzt werden. Bei der zugelassenen Sendeleistung im 2,45 GHz ISM-Frequenzbereich ist mit einer Reichweite von 1 ... 2 m zu rechnen.

4 Physikalische Grundlagen für RFID-Systeme

Der weitaus größte Teil verkaufter RFID-Systeme arbeitet nach dem Prinzip der *induktiven Kopplung*. Für ein technisches Verständnis der Vorgänge bei Energie und Datenübertragung zwischen Lesegerät und Transponder ist daher ein vertieftes Studium der physikalischen Zusammenhänge magnetischer Erscheinungen notwendig. Das folgende Kapitel befasst sich deshalb besonders intensiv mit der Theorie magnetischer Felder aus der Sicht der RFID.

Elektromagnetische Felder – also Radiowellen im klassischen Sinne – werden bei RFID-Systemen über 30 MHz eingesetzt. Zum Verständnis dieser Systeme wird auf die Wellenausbreitung im Fernfeld sowie auf die Grundlagen der RADAR-Technik eingegangen werden.

Elektrische Felder spielen eine untergeordnete Rolle und werden nur für kapazitive Datenübertragung in Close-coupling-Systemen angewandt. Diese Art von Feldern wird deshalb nicht weiter behandelt.

Tabelle 4.1: Verwendete Konstanten

Konstante	Formelzeichen	Wert und Einheit
Elektrische Feldkonstante	ε	$08{,}85 \cdot 10^{-12}$ As/Vm
Magnetische Feldkonstante	μ	$01{,}257 \cdot 10^{-6}$ Vs/Am
Lichtgeschwindigkeit	c	299 792 km/s
Boltzmann-Konstante	k	$1{,}380\,662 \cdot 10^{-23}$ J/K

Tabelle 4.2: Verwendete Einheiten und Abkürzungen

Größe	Formelzeichen	Einheit	Abkürzung
Magnetische Feldstärke	H	Ampere pro Meter	A/m
Magnetischer Fluss (N = Windungszahl)	Φ; $\Psi = N \cdot \Phi$	Voltsekunden	Vs
Magnetische Induktion	B	Voltsekunden / m^2	Vs/m^2
Induktivität	L	Henry	H
Gegeninduktivität	M	Henry	H
Elektrische Feldstärke	E	Volt pro Meter	V/m
Elektrischer Strom	I	Ampere	A
Elektrische Spannung	U	Volt	V
Kapazität	C	Farad	F

Tabelle 4.2: Verwendete Einheiten und Abkürzungen

Größe	Formelzeichen	Einheit	Abkürzung
Frequenz	f	Hertz	Hz
Kreisfrequenz	$\omega = 2\pi \cdot f$	1/Sekunde	1/s
Länge	l	Meter	m
Fläche	A	Quadratmeter	m2
Geschwindigkeit	v	Meter pro Sekunde	m/s
Impedanz	Z	Ohm	Ω
Wellenlänge	λ	Meter	m
Leistung	P	Watt	W
Leistungsdichte	S	Watt / Quadratmeter	W/m^2
Windungszahl	N	1	-

4.1 Magnetisches Feld

4.1.1 Magnetische Feldstärke H

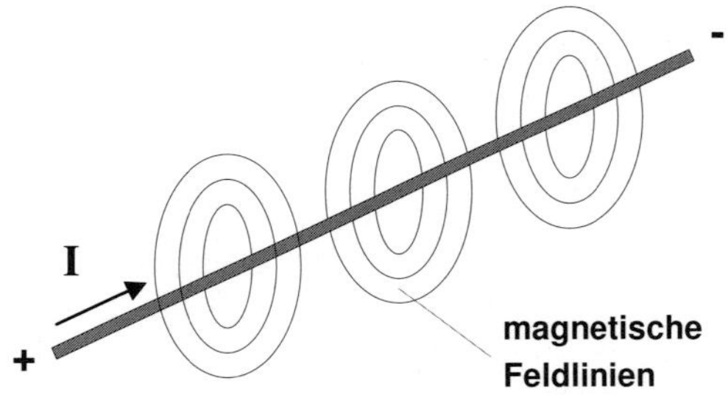

Abb. 4.1 Um jeden stromdurchflossenen Leiter bilden sich magnetische Feldlinien.

Mit jeder bewegten Ladung (Elektronen in Leitungen oder im Vakuum), also dem Stromfluss, ist ein *magnetisches Feld* verbunden. Die Stärke des magnetischen Feldes kann experimentell durch die Kraftwirkung auf eine Magnetnadel (Kompass) oder auf einen zweiten elektrischen Strom nachgewiesen werden. Die der Ursache des magnetischen Feldes zugeordnete Feldgröße ist die *magnetische Feldstärke* H unabhängig von den Materialeigenschaften des Raumes.

In allgemeiner Form gilt: „Das Umlaufintegral der magnetischen Feldstärke längs einer geschlossenen Kurve ist gleich der Summe der Stromstärken der eingeschlossenen Ströme" [kuchling].

$$\sum I = \oint \vec{H} \cdot \vec{ds} \qquad [4.1]$$

Daraus kann die Feldstärke H für verschiedene Leiterformen ermittelt werden:

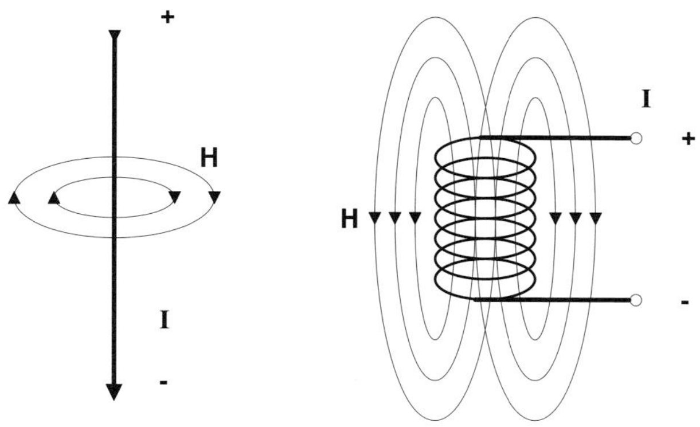

Abb. 4.2 Magnetische Feldlinien um einen stromdurchflossenen Leiter und um eine stromdurchflossene Zylinderspule.

Bei einem geraden Leiter ist die Feldstärke H entlang einer kreisförmigen *Feldlinie*, im Abstand r konstant. Es gilt [kuchling]:

$$H = \frac{I}{2\pi r} \qquad [4.2]$$

4.1.1.1 Feldstärkeverlauf H(x) bei Leiterschleifen

Zur Erzeugung des *magnetischen Wechselfeldes* in den Schreib-/Lesestationen der induktiv gekoppelten RFID-Systeme dienen so genannte „kurze Zylinderspulen" oder Leiterschleifen als magnetische Antennen.

Entfernt man den Messpunkt aus dem Zentrum der Spule in Richtung der Spulenachse (x-Achse), so wird die Stärke des H-Feldes kontinuierlich mit dem Abstand x abnehmen. Bei genauerer Betrachtung erkennt man, dass die Feldstärke je nach Radius (bzw. Fläche) der Spule bis zu einer bestimmten Entfernung nahezu konstant verläuft, dann jedoch stark abfällt (siehe Abbildung 4.4). Im freien Raum beträgt der Feldstärkeabfall im Nahfeld der Spule zunächst ca. 60 dB pro Dekade, um dann im Fernfeld einer sich ausbildenden elektromagnetischen Welle auf 20 dB pro Dekade abzuflachen (eine genauere Erklärung zu diesen Effekten kann dem Kap. 4.2.1 „Entstehung elektromagnetischer Wellen", S. 116 entnommen werden).

Für den Feldstärkeverlauf entlang der Spulenachse x einer runden Spule (= Leiterschleife), wie sie auch als Sendeantenne in induktiv gekoppelten RFID-Systemen eingesetzt wird, kann folgende Beziehung angesetzt werden [paul]:

$$H = \frac{I \cdot N \cdot R^2}{2\sqrt{(R^2 + x^2)^3}} \qquad [4.3]$$

N: Anzahl der Windungen, R: Kreisradius r, x: Abstand zur Spulenmitte in x-Richtung. Als Randbedingung für die Gültigkeit dieser Beziehung gilt: d << R und $x < \lambda/2\pi$ (in einem Abstand > 2π beginnt der Übergang in das elektromagnetische Fernfeld).

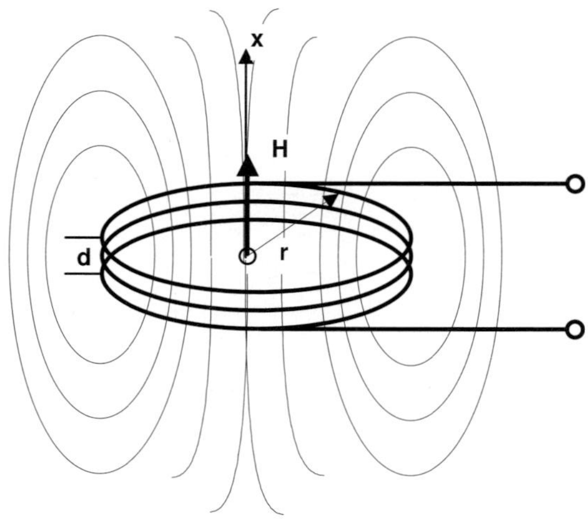

Abb. 4.3 Der Verlauf der magnetischen Feldlinien um eine „kurze" Zylinderspule, oder Leiterschleife, wie sie auch als Sendeantenne in induktiv gekoppelten RFID-Systemen eingesetzt wird.

Im Abstand 0, dem Mittelpunkt der Antenne, reduziert sich die Formel zu [kuchling]:

$$H = \frac{I \cdot N}{2R} \qquad [4.4]$$

Der *Feldstärkeverlauf* einer rechteckigen Leiterschleife mit der Kantenlänge a·b, im Abstand x, kann nach folgender Beziehung berechnet werden [ero]. Diese Bauform wird ebenfalls häufig als Sendeantenne eingesetzt:

$$H = \frac{N \cdot I \cdot ab}{4\pi \cdot \sqrt{\left(\frac{a}{2}\right)^2 + \left(\frac{b}{2}\right)^2 + x^2}} \cdot \left(\frac{1}{\left(\frac{a}{2}\right)^2 + x^2} + \frac{1}{\left(\frac{b}{2}\right)^2 + x^2} \right) \qquad [4.5]$$

In der folgenden Abbildung wurde der Feldstärkeverlauf H(x) für drei verschiedene Antennen im Abstand 0 ... 20 m berechnet. Windungszahl und Antennenstrom sind jeweils konstant gehalten, die Antennen unterscheiden sich lediglich im Radius R. Die Berechnung erfolgte mit folgenden Werten: R_1 = 55 cm, R_2 = 7,5 cm, R_3 = 1 cm.

Die Rechenergebnisse bestätigen die Abflachung des Feldstärkeanstieges bei sehr geringen Abständen (x < R) zur Antennenspule. Interessanterweise weist die kleinere der beiden Antennen eine deutlich höhere Feldstärke im Zentrum der Antenne (Abstand = 0) auf, während in größerem Abstand (x > R) die größere Antenne eine deutlich höhere Feldstärke erzeugt. Bei der Entwicklung von Antennen für induktiv gekoppelte RFID-Systeme muss dieser Effekt unbedingt berücksichtigt werden.

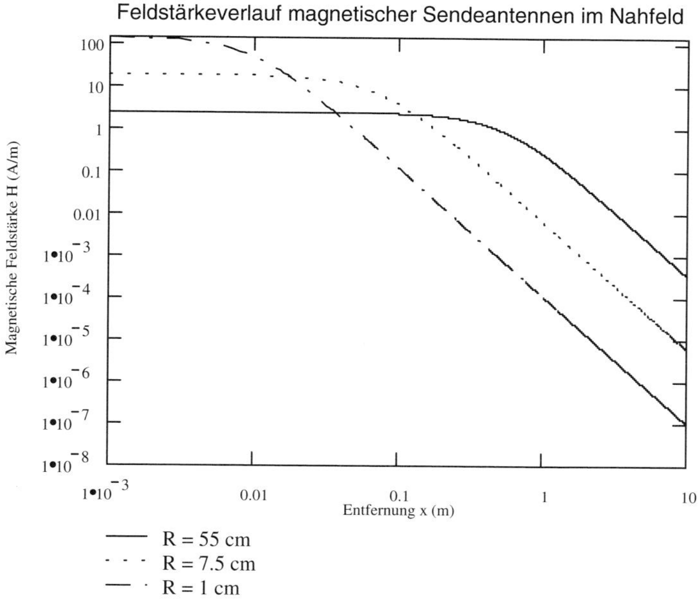

Abb. 4.4 Verlauf der magnetischen Feldstärke H im Nahbereich „kurzer" Zylinderspulen bzw. Leiterschleifen, bei zunehmendem Abstand in x-Richtung.

4.1.1.2 Optimierter Antennendurchmesser

Verändert man bei konstantem Abstand x zur Sendeantenne sowie der vereinfachten Annahme eines konstanten Spulenstromes I in der Sendeantenne den Radius R der Sendeantenne, so ergibt sich bei einem bestimmtem Verhältnis zwischen dem Abstand x und dem *Antennenradius* R, ein *Maximum der Feldstärke* H. Dies bedeutet, dass es für jede *Lesereichweite* eines RFID-Systems einen optimalen Antennenradius R gibt. Dies wird durch einen Blick auf Abbildung 4.4 schnell verständlich: Wird der Antennenradius zu groß gewählt, so wird die Feldstärke bereits im Abstand x = 0 zur Sendeantenne zu gering. Wird der Antennenradius hingegen zu klein gewählt, so gelangen wir in den Bereich der proportional zu x^3 abfallenden Feldstärke.

Abbildung 4.5 zeigt den Verlauf der Feldstärke H bei Änderung des Spulenradius R. Der optimale Spulenradius für unterschiedliche Lesereichweiten ist jeweils das Maximum des Verlaufes H(R). Um den mathematischen Zusammenhang zwischen der maximalen Feldstärke H und dem Spulenradius R zu finden, müssen wir zunächst den Wendepunkt der Funktion H(R) (siehe Formel 4.3) ermitteln [lee-710]. Hierzu bilden wir die erste Ableitung H'(R), indem wir H(R) nach R differenzieren:

$$H'(R) = \frac{d}{dR}H(R) = \frac{2 \cdot I \cdot N \cdot R}{\sqrt{(R^2+x^2)^3}} - \frac{3 \cdot I \cdot N \cdot R^3}{(R^2+x^2) \cdot \sqrt{(R^2+x^2)^3}} \qquad [4.6]$$

Der Wendepunkt und damit das Maximum der Funktion H(R) ergibt sich aus den folgenden Nullstellen der Ableitung H'(R):

$$R_1 = x \cdot \sqrt{2}; \qquad R_2 = -x \cdot \sqrt{2} \qquad [4.7]$$

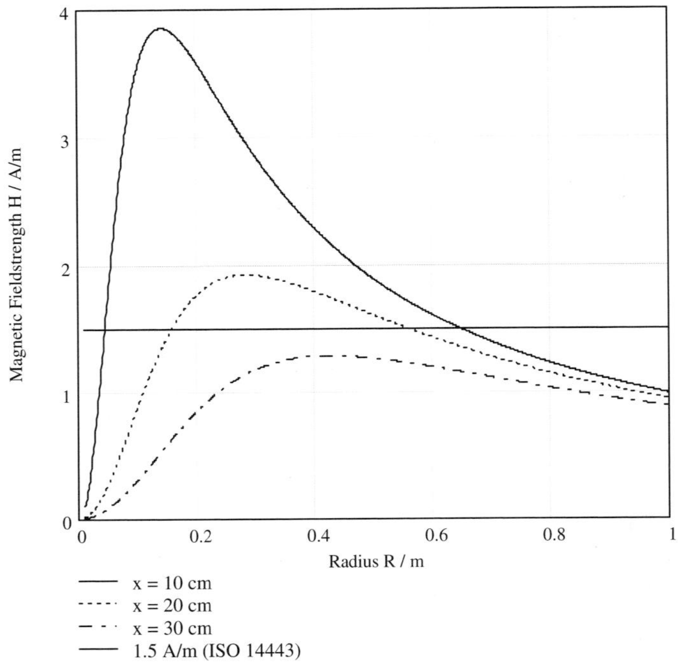

Abb. 4.5 Verlauf der Feldstärke H einer Sendeantenne bei konstantem Abstand x und variablem Radius R für I = 1A, N = 1.

Der optimale Radius einer Sendeantenne entspricht also dem $\sqrt{2}$-fachen Wert des maximal gewünschten Leseabstandes. Das negative Vorzeichen der zweiten Nullstelle ergibt sich aus der einfachen Tatsache, dass sich das magnetische Feld H einer Leiterschleife in beide Richtungen der x-Achse ausbreitet (siehe hierzu auch Abbildung 4.3).

Zur genauen Abschätzung der maximalen Lesereichweite ist jedoch in jedem Falle die Kenntnis der *Ansprechfeldstärke* H_{min} der eingesetzten Transponder nötig (siehe hierzu Kap. 4.1.9 „Ansprechfeldstärke Hmin", S. 83). Bei einem zu groß gewählten Antennenradius besteht die Gefahr, dass die Feldstärke H auch im Abstand X = 0 zu gering wird, um die Transponder noch mit ausreichend Energie zum Betrieb zu versorgen.

4.1.2 Magnetischer Fluss und magnetische Flussdichte

Das magnetische Feld einer (Zylinder-)Spule übt eine Kraftwirkung auf eine Magnetnadel aus. Wird in eine (Zylinder-)Spule – ohne sonstige Änderungen durchzuführen – ein Weicheisenkern hineingeschoben, so vergrößert sich die Kraftwirkung auf die Magnetnadel. Der Quotient I·N (siehe 4.1.1) blieb dabei konstant, also auch die Feldstärke H. Die Feldliniendichte bzw. die Gesamtzahl der Feldlinien, die für die erzeugte Kraftwirkung maßgeblich ist (vgl. [pauls]), hat sich jedoch vergrößert.

Die Gesamtzahl der magnetischen Feldlinien, z. B. in einer Zylinderspule, die den Spuleninnenraum durchsetzen, bezeichnen wir als *magnetischen Fluss* Φ. Daneben ist noch eine auf die Fläche A bezogene Größe, die magnetische Flussdichte B (in der Literatur findet man häufig auch die Bezeichnung „magnetische Induktion B") eingeführt [reichel]. Es gilt:

$$\Phi = B \cdot A \qquad [4.8]$$

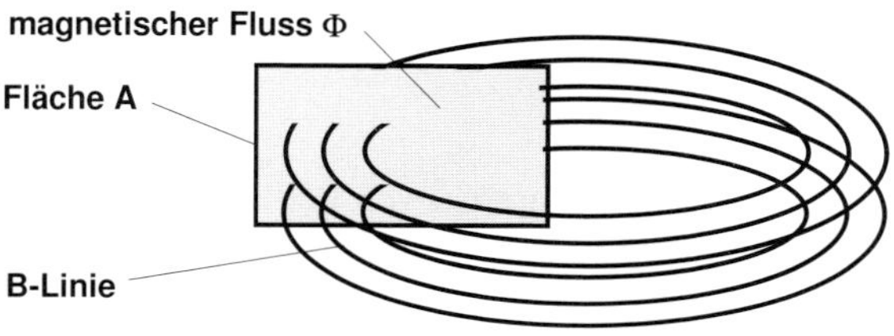

Abb. 4.6 Zusammenhang zwischen magnetischem Fluss Φ und der Flussdichte B.

Der materielle Zusammenhang zwischen der Flussdichte B und der Feldstärke H wird durch die Materialgleichung ausgedrückt:

$$B = \mu_0 \mu_r \cdot H = \mu H \qquad [4.9]$$

Die Konstante μ_0 ist die magnetische Feldkonstante ($\mu 0 = 4\pi \cdot 10^{-6}$ Vs/Am) und beschreibt die Permeabilität (= „magnetische Leitfähigkeit") des Vakuums. Die Größe μr wird als relative Permeabilität bezeichnet und gibt an, um wie viel die Permeabilität eines Stoffes größer oder kleiner als μ_0 ist.

4.1.3 Induktivität L

Um jeden beliebig geformten Leiter entsteht ein magnetisches Feld und damit ein magnetischer Fluss Φ. Dieser wird besonders intensiv, wenn der Leiter eine Schleife (Spule) bildet. Im Regelfall liegt nicht eine einzelne Leiterschleife, sondern *N*-Schleifen der gleichen Fläche *A* vor, die jeweils vom gleichen Strom *I* durchflossen werden. Hierbei trägt jede der Leiterschleifen mit dem gleichen Anteil Φ zum gesamten Fluss Ψ bei [paul].

$$\Psi = \sum_N \Phi_N = N \cdot \Phi = N \cdot \mu \cdot H \cdot A \qquad [4.10]$$

Das Verhältnis, gebildet aus dem verketteten Fluss Ψ, der durch eine vom Strom *I* umschlossene Fläche tritt, zum Strom in der Berandung (Leiterschleife) heißt *Induktivität L*.

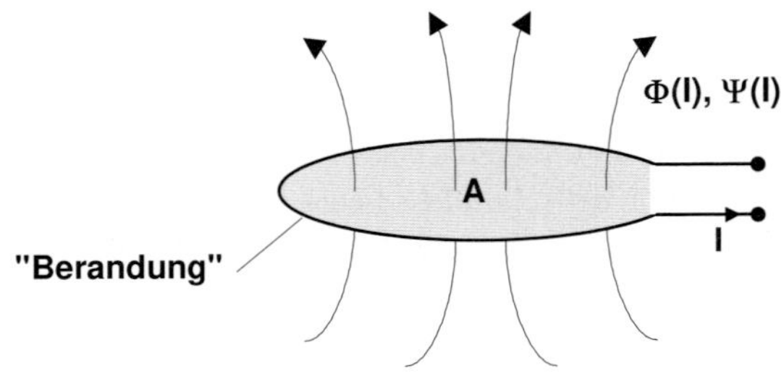

Abb. 4.7 Definition der Induktivität L.

$$L = \frac{\Psi}{I} = \frac{N \cdot \Phi}{I} = \frac{N \cdot \mu \cdot H \cdot A}{I} \qquad [4.11]$$

Die Induktivität ist eine kennzeichnende Eigenschaft von Leiterschleifen (Spulen). Die Induktivität einer Leiterschleife (Spule) hängt ausschließlich von den Materialeigenschaften (Permeabilität) des durchfluteten Raumes sowie von der Geometrie der Anordnung ab.

4.1.3.1 Induktivität einer Leiterschleife

Unter der Voraussetzung, dass der Durchmesser *d* der verwendeten Leitung sehr klein gegenüber dem Durchmesser *D* der Leiterschleife ist (d/D < 0,001), kann eine sehr einfache Näherungslösung verwendet werden:

$$L = N^2 \cdot \mu_0 \cdot R \cdot \ln\left(\frac{2R}{d}\right) \qquad [4.12]$$

Es ist R der Radius der Leiterschleife, d der Durchmesser des verwendeten Leiters.

4.1.4 Gegeninduktivität M

Befindet sich in der Nachbarschaft der stromdurchflossenen Leiterschleife 1 (Fläche A_1, Strom I_1) eine weitere Leiterschleife 2 (Fläche A_2), so wird diese von einem Teil des gesamten magnetischen Flusses Φ durch A_1 durchsetzt. Über diesen Teilfluss oder Koppelfluss sind beide Stromkreise miteinander verkoppelt. Die Größe des Koppelflusses Ψ_{21} ist von den geometrischen Abmessungen beider Leiterschleifen, der Lage der Leiterschleifen zueinander sowie von den magnetischen Eigenschaften des Mediums (z. B. Permeabilität) abhängig, in dem sich die Anordnung befindet.

Analog zur Definition der (Eigen-)Induktivität L einer Leiterschleife wird die *Gegeninduktivität* M_{21} einer Leiterschleife 2 zur Leiterschleife 1 definiert als das Verhältnis, gebildet aus dem von der Leiterschleife 2 umfassten Teilfluss Ψ_{21}, zum Strom I_1 in der Leiterschleife 1 [paul]:

$$M_{21} = \frac{\Psi_{A2}(I_1)}{I_1} = \oint_{A_2} \frac{B_2(I_1)}{I_1} \cdot dA_2 \qquad [4.13]$$

Analog gibt es auch eine Gegeninduktivität M_{12}. Dabei wird die Leiterschleife 2 von Strom I_2 erregt und der Koppelfluss Ψ_{12} in Schleife 1 bestimmt. Hierbei gilt der Umkehrsatz:

$$M = M_{12} = M_{21} \qquad [4.14]$$

Die Gegeninduktivität beschreibt die Verkoppelung zweier Stromkreise über das Magnetfeld als Medium. Sie ist zwischen zwei Stromkreisen stets vorhanden. Dimension und Einheit stimmen mit der Induktivität überein.

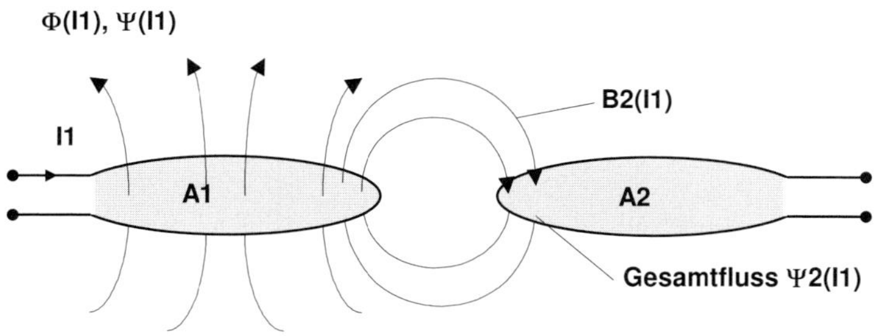

Abb. 4.8 Entstehung der Gegeninduktivität M_{21} durch die Verkopplung zweier Spulen über einen magnetischen Teilfluss.

Die Verkoppelung zweier Stromkreise über das magnetische Feld ist die physikalische Basis induktiv gekoppelter RFID-Systeme. In der folgenden Abbildung wurde die Gegeninduktivität zwischen einer Transponderantenne und dreier verschiedener Leserantennen berechnet, welche sich lediglich im Durchmesser unterscheiden. Die Berechnung erfolgte mit folgenden Werten: M_1: R = 55 cm, M_2: R = 7,5 cm, M_3: R = 1 cm, Transponder: R = 3,5 cm. Für alle Leserantennen gilt: N = 1.

Der Verlauf der *Gegeninduktivität* M zeigt eine starke Ähnlichkeit mit dem Verlauf der magnetischen Feldstärke H entlang der x-Achse. Unter Annahme eines homogenen Magnetfeldes kann die Gegeninduktivität M_{12} zwischen zwei Spulen nach Formel 4.68 berechnet werden. Es ergibt sich:

$$M_{12} = \frac{B_2(I_1) \cdot N_2 \cdot A_2}{I_1} = \frac{\mu_0 \cdot H(I_1) \cdot N_2 \cdot A_2}{I_1} \qquad [4.15]$$

Wir ersetzen zunächst $H(I_1)$ durch den Ausdruck in Formel 4.40, sowie A mit $A = R^2\pi$ und erhalten schließlich:

$$M_{12} = \frac{\mu_0 \cdot N_1 \cdot R_1^2 \cdot N_2 \cdot R_2^2 \cdot \pi}{2\sqrt{(R_1^2 + x^2)^3}} \qquad [4.16]$$

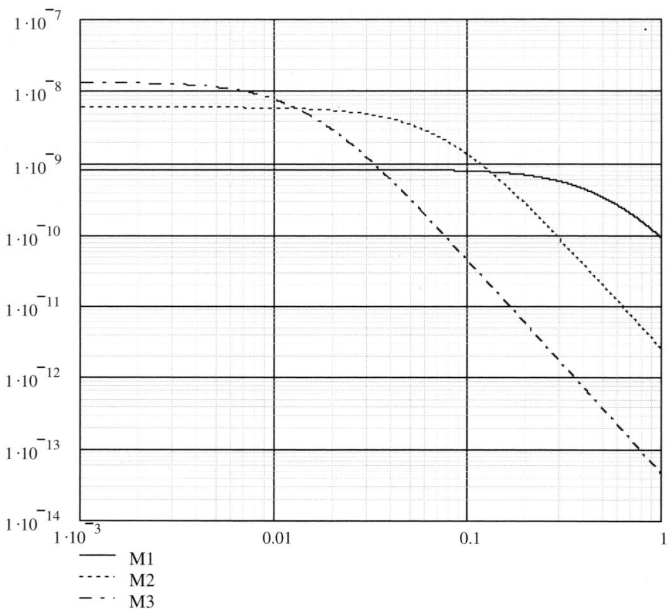

Abb. 4.9 Verlauf der Gegeninduktivität zwischen Leser- und Transponderantenne bei zunehmendem Abstand in x-Richtung.

Um die Homogenität des magnetischen Feldes in der Fläche A_2 zu gewährleisten, sollte die Bedingung $A_2 \leq A_1$ erfüllt sein.[6] Wegen des Umkehrsatzes $M = M_{12} = M_{21}$ lässt sich für den Fall $A_2 \geq A_2$ die Gegeninduktivität jedoch wie folgt berechnen:

$$M_{21} = \frac{\mu_0 \cdot N_1 \cdot R_1^2 \cdot N_2 \cdot R_2^2 \cdot \pi}{2\sqrt{(R_2^2 + x^2)^3}} \qquad [4.17]$$

4.1.5 Kopplungsfaktor k

Die Gegeninduktivität ist eine quantitative Beschreibung der Flussverkopplung zweier Leiterschleifen. Um unabhängig von den geometrischen Abmessungen der Leiterschleifen auch eine qualitative Aussage über die Verkoppelung der Leiterschleifen treffen zu können, wurde der *Kopplungsfaktor* k eingeführt. Es gilt:

$$k = \frac{M}{\sqrt{L_1 \cdot L_2}} \qquad [4.18]$$

Der Kopplungsfaktor bewegt sich immer zwischen den beiden Grenzfällen $0 \leq k \leq 1$.

[6] Darüber hinaus gilt diese Formel nur für den Fall, dass die Achsen x der beiden Spulen auf der selben Geraden liegen.

- k=0: Völlige Entkopplung durch große Entfernung oder magnetische Abschirmung.
- K=1: Totale Kopplung. Beide Spulen werden mit dem gleichen magnetischen Fluss Φ durchsetzt. Eine technische Anwendung der totalen Kopplung ist der Transformator, der aus zwei oder mehreren Spulen auf einem hochpermeablen Eisenkern gebildet wird.

Eine analytische Berechnung ist nur für sehr einfache Antennenanordnungen möglich. Für zwei parallele, auf einer x-Achse zentrierte Leiterschleifen kann der Kopplungsfaktor nach [roz] aus der folgenden Beziehung näherungsweise bestimmt werden. Diese gilt jedoch nur unter der Einschränkung $r_{Transp} \leq r_{Leser}$ für den Radius der Leiterschleifen. Der Abstand zwischen den Leiterschleifen auf der x-Achse wird durch x bezeichnet:

$$k(x) \approx \frac{r_{Transp}^2 \cdot r_{Leser}^2}{\sqrt{r_{Transp} \cdot r_{Leser}} \cdot \left(\sqrt{x^2 + r_{Leser}^2}\right)^3} \qquad [4.19]$$

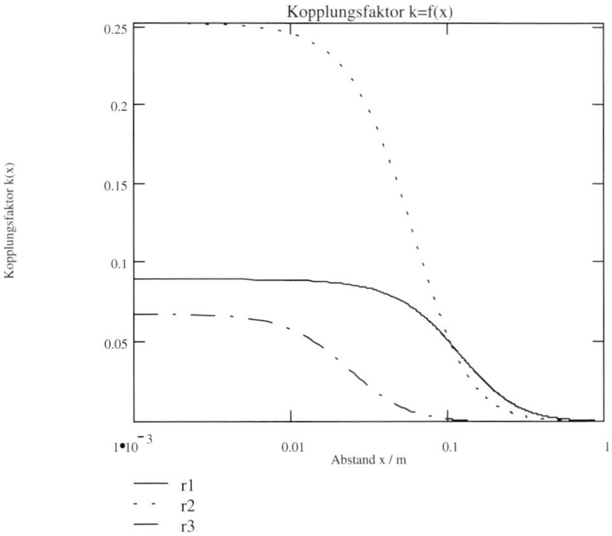

Abb. 4.10 Verlauf des Kopplungsfaktors für verschieden große Leiterschleifen. Transponderantenne: r_{Transp} = 2 cm, Leserantennen: r_1 = 10 cm, r_2 = 7,5 cm, r_3 = 1 cm.

Wegen der festen Verknüpfung des Kopplungsfaktors mit der Gegeninduktivität M, sowie der Gültigkeit des Umkehrsatzes $M = M_{12} = M_{21}$ kann die Formel trotzdem auch für Sendeantennen kleiner als die Transponderantenne angewandt werden. Für $r_{Transp} \geq r_{Leser}$ schreibt man:

$$k(x) \approx \frac{r_{Transp}^2 \cdot r_{Leser}^2}{\sqrt{r_{Transp} \cdot r_{Leser}} \cdot \left(\sqrt{x^2 + r_{Transp}^2}\right)^3} \qquad [4.20]$$

Der Kopplungsfaktor k(x) wird 1 (= 100%) für einen Abstand x = 0 zwischen den Leiterschleifen und gleichen Antennenradien $r_{Transp} = r_{Leser}$ erreicht, da für diesen Fall die Leiterschleifen aufeinanderliegen und von exakt dem gleichen magnetischen Fluss Ψ durchsetzt werden.

In der Praxis arbeiten induktiv gekoppelte Transpondersysteme jedoch mit Kopplungsfaktoren bis unter 0,01 (< 1%).

4.1.6 Induktionsgesetz

Bei Änderungen des magnetischen Flusses Φ, gleich welcher Art, entsteht eine elektrische Feldstärke E_i. Diese Eigenschaft des magnetischen Feldes wird durch das *Induktionsgesetz* beschrieben.

Die Wirkung des entstehenden elektrischen Feldes hängt dabei von den materiellen Eigenschaften des umgebenden Raumes ab. In Abbildung 4.11 a - c sind einige der möglichen Wirkungen dargestellt [paul]:

- Vakuum (a): Hier bildet sich ein *elektrisches Wirbelfeld* der Feldstärke E aus. Durch eine periodische Änderung des magnetischen Flusses (hochfrequenter Strom in einer Antennenspule) entsteht ein sich in die Ferne fortpflanzendes elektromagnetisches Feld.
- Offene Leiterschleife (b): Zwischen den Enden einer nahezu geschlossenen Leiterschleife bildet sich eine Leerlaufspannung aus, welche üblicherweise als induzierte Spannung oder *Induktionsspannung* bezeichnet wird. Diese Spannung entspricht dem Linienintegral (Wegintegral) der entstandenen Feldstärke E längs dem Verlauf der Leiterschleife im Raum.
- Metalloberfläche (c): Auch in der Metalloberfläche wird eine elektrische Feldstärke E induziert. Hierdurch werden freie Ladungsträger in Richtung der elektrischen Feldstärke zum Fließen angeregt. Es entstehen kreisförmig fließende Ströme, so genannte *Wirbelströme*. Diese wirken dem anregenden magnetischen Fluss entgegen (Lenzsche Regel), wodurch der magnetische Fluss in der Nähe von *Metalloberflächen* erheblich bedämpft werden kann. Dieser Effekt ist bei induktiv-gekoppelten RFID-Systemen jedoch unerwünscht (Montage eines Transponders oder einer Leserantenne auf einer Metalloberfläche) und muss deshalb durch geeignete Gegenmaßnahmen (siehe Kap.4.1.12.3 „Ferritabschirmung in metallischer Umgebung“, S. 113) verhindert werden.

In allgemeiner Form lautet das Induktionsgesetz deshalb:

$$u_i = \oint E_i \cdot ds = -\frac{d\Psi(t)}{dt} \qquad [4.21]$$

Für eine Leiterschleifenanordnung mit n Windungen gilt auch $u_i = N \cdot d\Psi/dt$. (Der Wert des Umlaufintegrals $\int E_i \cdot ds$ lässt sich auf das N-fache erhöhen, wenn man den geschlossenen Integrationsweg N-mal durchläuft. [paul])

Zum Verständnis induktiv gekoppelter RFID-Systeme betrachten wir die Wirkung der Induktion auf magnetisch gekoppelte Leiterschleifen.

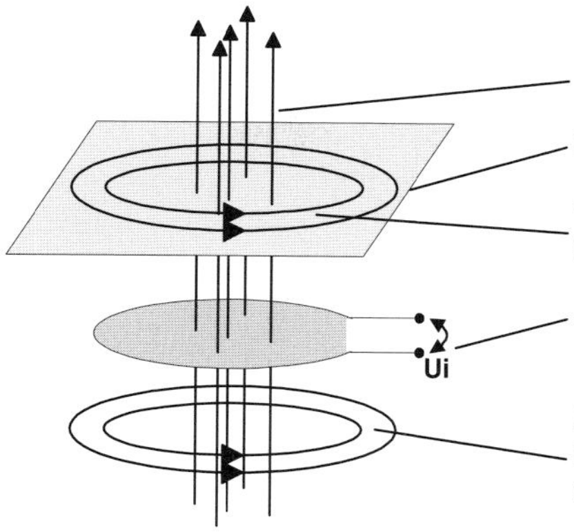

Abb. 4.11 Induzierte elektrische Feldstärke E, in verschiedenen Materialien. Von oben nach unten: Metalloberfläche, Leiterschleife und Vakuum.

Ein zeitveränderlicher Strom $i_1(t)$ in Leiterschleife L_1 erzeugt einen zeitveränderlichen magnetischen Fluss $d\Phi(i_1)/dt$. In den vom magnetischen Fluss ganz oder teilweise durchflossenen Leiterschleifen L_1 und L_2 wird nach dem Induktionsgesetz eine Spannung induziert. Wir unterscheiden zwei Fälle:

- *Selbstinduktion.* Die von der Stromänderung di_n/dt erzeugte Flussänderung induziert im gleichen Leiterkreis eine Spannung u_n.
- *Gegeninduktion*: Die von der Stromänderung di_n/dt erzeugte Flussänderung induziert eine Spannung im benachbarten Leiterkreis L_m. Beide Leiterkreise sind durch die Gegeninduktivität verkoppelt.

Abbildung 4.12 zeigt das Ersatzschaltbild gekoppelter Leiterschleifen. In einem induktiv gekoppelten RFID-System wäre L_1 die Sendeantenne des Lesegerätes. L_2 stellt die Antenne des Transponders dar, mit R_2 als *Wicklungswiderstand* der Transponderantenne. Die Stromaufnahme des Datenspeichers wird durch den Lastwiderstand R_L symbolisiert.

Ein zeitveränderlicher Fluss in der Leiterschleife L_1 induziert durch die Gegeninduktivität M in der Leiterschleife L_2 die Spannung u_{2i}. Durch Stromfluss entsteht am Wicklungswiderstand R_2 ein zusätzlicher Spannungsabfall, sodass an den Klemmen die Spannung u_2 zur Verfügung steht. Der Strom durch den Lastwiderstand R_L ergibt sich aus u_2/R_L. Zudem erzeugt der Strom durch L_2 selbst einen magnetischen Fluss, der dem magnetischen Fluss $\Psi_1(i_1)$ entgegenwirkt. Zusammengefasst ergibt sich also folgende Beziehung:

$$u_2 = +\frac{d\Psi_2}{dt} = M \cdot \frac{di_1}{dt} - L_2 \cdot \frac{di_2}{dt} - i_2 \cdot R_2 \qquad [4.22]$$

Da es sich bei i_1 und i_2 in der Praxis um sinusförmige (HF-)Wechselströme handelt, schreiben wir Formel 4.22 in der dafür besser geeigneten komplexen Schreibweise (mit $\omega = 2\pi f$):

$$u_2 = j\omega M \cdot i_1 - j\omega L_2 \cdot i_2 - i_2 R_2 \qquad [4.23]$$

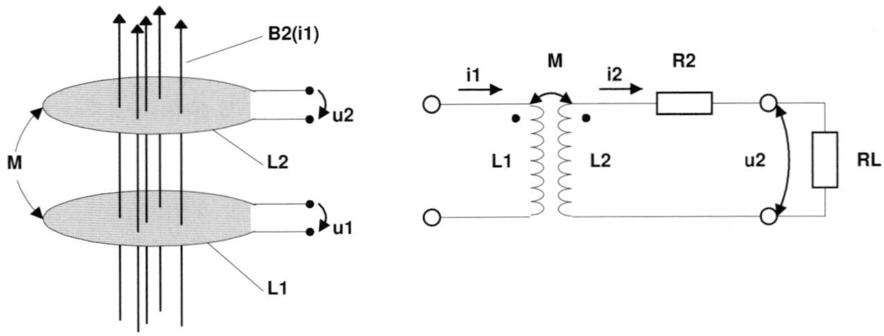

Abb. 4.12 *links:* Magnetisch gekoppelte Leiterschleifen.
rechts: Ersatzschaltbild magnetisch gekoppelter Leiterschleifen.

Wird i_2 in Formel 4.23 durch u_2/R_L ersetzt, so kann die Formel nach u_2 aufgelöst werden:

$$u_2 = \frac{j\omega M \cdot i_1}{1 + \frac{j\omega L_2 + R_2}{R_L}} \Bigg|_{R_L \to \infty:\; u_2 = j\omega M \cdot i_1}^{R_L \to 0:\; u_2 \to 0} \qquad [4.24]$$

4.1.7 Resonanz

Die in der Transponderspule induzierte Spannung u_2 wird zur *Spannungsversorgung* des Datenspeichers (*Mikrochips*) eines passiven Transponders verwendet (siehe dazu Kap. 4.1.8.1 „Spannungsversorgung des Transponders", S. 81). Um den Wirkungsgrad der in Abbildung 4.12 gezeigten Ersatzschaltung deutlich zu verbessern, wird durch die Parallelschaltung einer zusätzlichen Kapazität C_2 zur Transponderspule L_2 ein *Parallelschwingkreis* gebildet, dessen *Resonanzfrequenz* der Arbeitsfrequenz des jeweiligen RFID-Systems entspricht.[7] Die Resonanzfrequenz des Parallelschwingkreises ergibt sich aus der Thomson-Gleichung:

$$f = \frac{1}{2\pi\sqrt{L_2 \cdot C_2}} \qquad [4.25]$$

In der praktischen Realisierung wird C_2 aus einem Parallelkondensator C'_2 und einer parasitären Kapazität C_p der realen Schaltung gebildet. Es gilt: $C_2 = (C'_2 + C_p)$. Die Kapazität des benötigten Parallelkondensators C'_2 ergibt sich aus der Thomson-Gleichung, unter Berücksichtigung der parasitären Kapazität C_p:

$$C'_2 = \frac{1}{(2\pi f)^2 \cdot L_2} - C_p \qquad [4.26]$$

[7] Bei 13,56 MHz-Systemen mit Antikollisionsbehandlung wird die Resonanzfrequenz der Transponder jedoch häufig um 1–5 MHz höher gewählt, um den Einfluss der gegenseitigen Beeinflussung mehrerer Transponder auf die Gesamtperfomance gering zu halten. Der Grund hierfür liegt unter anderem auch darin, dass die gemeinsame Resonanzfrequenz zweier unmittelbar benachbarter Transponder immer niedriger als die Resonanzfrequenz des einzelnen Transponders ist.

Das Ersatzschaltbild eines realen Transponders ist in Abbildung 4.13 dargestellt. Darin ist R_2 der Eigenwiderstand der Transponderspule L_2, während die Stromaufnahme des Datenträgers (Chip) durch den Lastwiderstand R_L abgebildet wird.

Für eine in der Spule L_2 induzierte Spannung $u_{Q2} = u_i$ stellt sich in der Ersatzschaltung nach Abbildung 4.13 am Lastwiderstand R_L des Datenträgers folgende Spannung u_2 ein:

$$u_2 = \frac{u_{Q2}}{1 + (j\omega L_2 + R_2) \cdot \left(\frac{1}{R_L} + j\omega C_2\right)} \qquad [4.27]$$

Wir ersetzen nun die Induktionsspannung $u_{Q2} = u_i$ durch ihre Ursache $u_{Q2} = u_i = j\omega M \cdot i_1 = \omega \cdot k \cdot \sqrt{L_1 \cdot L_2} \cdot i_1$ und erhalten dadurch den Zusammenhang der Spannung u_2 mit der magnetischen Kopplung von Sender- und Transponderspule:

$$u_2 = \frac{j\omega M \cdot i_1}{1 + (j\omega L_2 + R_2) \cdot \left(\frac{1}{R_L} + j\omega C_2\right)} \qquad [4.28]$$

sowie

$$u_2 = \frac{j\omega \cdot k \cdot \sqrt{L_1 \cdot L_2} \cdot i_1}{1 + (j\omega L_2 + R_2) \cdot \left(\frac{1}{R_L} + j\omega C_2\right)} \qquad [4.29]$$

oder in der nicht komplexen Schreibweise [jurisch]:

$$u_2 = \frac{\omega \cdot k \cdot \sqrt{L_1 \cdot L_2} \cdot i_1}{\sqrt{\left(\frac{\omega L_2}{R_L} + \omega R_2 C_2\right)^2 + \left(1 - \omega^2 L_2 C_2 + \frac{R_2}{R_L}\right)^2}} \qquad [4.30]$$

(mit $C_2 = C'_2 + C_p$)

In Abbildung 4.14 ist der simulierte Verlauf von u_2 für ein mögliches Transpondersystem mit und ohne Resonanz über einen größeren Frequenzbereich dargestellt. Der Strom i_1 in der Sendeantenne (und damit auch $\Phi(i_1)$), Induktivität L_2, Gegeninduktivität M sowie R_2 und R_L sind über den gesamten Frequenzbereich konstant gehalten.

Es zeigt sich, dass der Spannungsverlauf für u_2 der Spule alleine (Schaltung aus Abbildung 4.12) und des *Parallelresonanzkreises* (Schaltung aus Abbildung 4.13) weit unterhalb der Resonanzfrequenz für beide Anordnungen nahezu identisch ist, während bei Erreichen der Resonanzfrequenz die Spannung u_2 des Parallelresonanzkreises in diesem Beispiel schließlich um mehr als eine Zehnerpotenz über die Spannung u_2 der Spule alleine ansteigt. Oberhalb der Resonanzfrequenz fällt die Spannung u_2 des Parallelresonanzkreises jedoch schnell ab und unterschreitet dann sogar den Wert der Spule alleine.

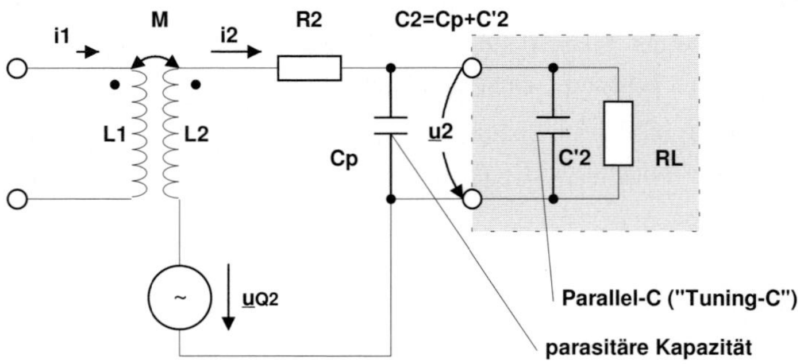

Abb. 4.13 Ersatzschaltbild für magnetisch gekoppelte Leiterschleifen. Transponderspule L_2 und Parallelkondensator C_2 bilden einen Parallelschwingkreis, um den Wirkungsgrad der Spannungsübertragung zu verbessern. Der Datenträger des Transponders ist hierbei durch den grauen Kasten in der Abbildung gekennzeichnet.

Bei Transpondern im Frequenzbereich unter 135 kHz wird der Transponderspule L_2 in der Regel ein Chipkondensator (C'_2 = 20 ... 220 pF) parallelgeschaltet, um die erforderliche Resonanzfrequenz einzustellen. Bei den höheren Frequenzen 13,56 MHz und 27,125 MHz ist die benötigte Kapazität C_2 meist so klein, dass die Eingangskapazität des Datenträgers zusammen mit der parasitären Kapazität der Transponderspule hierfür ausreicht.

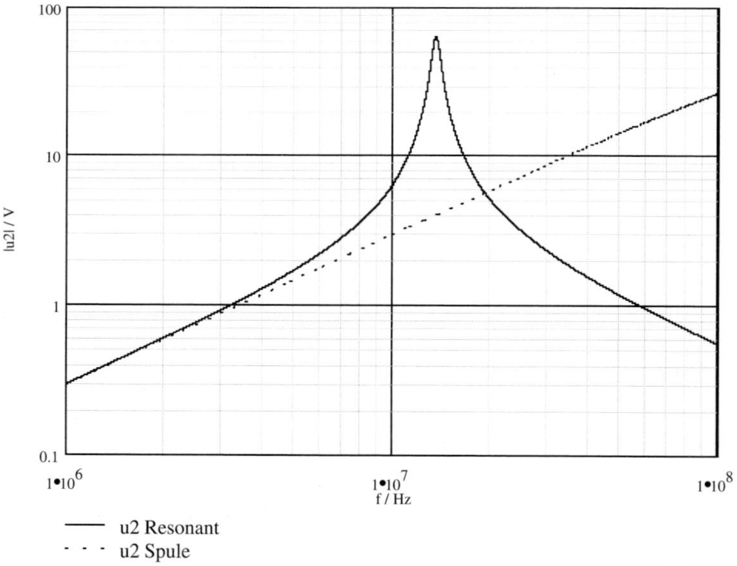

Abb. 4.14 Spannungsverlauf an einer Transponderspule im Frequenzbereich 1 bis 100 MHz, bei konstanter magnetischer Feldstärke H bzw. konstantem Strom i_1. Eine Transponderspule mit Parallelkondensator zeigt eine deutliche Spannungsüberhöhung, bei Anregung auf der Resonanzfrequenz (f_{RES} = 13,56 MHz).

Wir wollen nun den Einfluss der Schaltungselemente R_2, R_L und L_2 auf die Spannung u_2 untersuchen. Um ein besseres Verständnis der Abhängigkeiten von den einzelnen Parametern zu erhalten, führen wir zunächst den Begriff des Gütefaktors Q ein (in Kap. 11.4.3 „Einfluss des Gütefaktors Q“, S. 336, wird der Gütefaktor noch einmal im Zusammenhang mit der Anschaltung von Sendeantennen behandelt). Auf eine Herleitung der Formeln wird verzichtet, da der elektrische Schwingkreis ausführlich in der Grundlagenliteratur behandelt wird.

Der *Gütefaktor* Q ist ein Maß für die Spannungs- und Stromüberhöhung im Schwingkreis bei Resonanzfrequenz. Der Kehrwert 1/Q wird auch anschaulich als *Kreisdämpfung* d bezeichnet. Für die Ersatzschaltung in Abbildung 4.13 kann der Gütefaktor Q sehr einfach berechnet werden. Hierbei ist ω die Kreisfrequenz ($\omega = 2 \cdot \pi \cdot f$) des Transponderschwingkreises:

$$Q = \frac{1}{R_2 \cdot \sqrt{\frac{C_2}{L_2}} + \frac{1}{R_L} \cdot \sqrt{\frac{L_2}{C_2}}} = \frac{1}{\frac{R_2}{\omega L_2} + \frac{\omega L_2}{R_L}} \qquad [4.31]$$

Wie ein Blick auf Formel 4.31 zeigt, geht für $R_2 \rightarrow \infty$, sowie für $R_L \rightarrow 0$ auch der Gütefaktor Q gegen null. Bei einem sehr kleinen Wicklungswiderstand $R_2 \rightarrow 0$ der Transponderspule sowie einem hochohmigen Lastwiderstand $R_L >> 0$ (entsprechend einer sehr kleinen Leistungsaufnahme des Transponderchips) können hingegen auch sehr hohe Gütefaktoren erreicht werden. Die Spannung u_2 ist nun proportional der Güte des Schwingkreises, womit die Abhängigkeit der Spannung u_2 von R_2 und R_L klar definiert ist.

Für $R_2 \rightarrow \infty$, sowie für $R_L \rightarrow 0$ geht somit auch die Spannung u_2 gegen null. Bei einem sehr kleinen Wicklungswiderstand $R_2 \rightarrow 0$ der Transponderspule sowie einem hochohmigen Lastwiderstand $R_L >> 0$ können hingegen eine sehr hohe Spannung u_2 erreicht werden (vgl. Formel 4.30).

Interessant ist der Verlauf der Spannung u_2 bei verändertem Induktivitätswert der Transponderspule L_2, wobei die Resonanzbedingung eingehalten wird (also $C_2 = 1/\omega^2 L_2$ für alle Werte von L_2). Es zeigt sich, dass sich für bestimmte Werte von L_2 ein ausgeprägtes Maximum der Spannung u_2 einstellt (Abbildung 4.15).

Betrachten wir nun den Verlauf des Gütefaktors Q als Funktion von L_2 (Abbildung 4.16), so zeigt sich ein Maximum beim gleichen Wert für die Transponderinduktivität L_2. Das Maximum der Spannung $u_2 = f(L_2)$ ist also auf ein Maximum des Gütefaktors $Q = f(L_2)$ an dieser Stelle zurückzuführen.

Daraus lässt sich ableiten, dass für jedes Parameterpaar (R_2, R_L) ein Induktivitätswert L_2 mit maximalem Gütefaktor Q und damit maximaler Versorgungsspannung u_2 für den Datenträger ermittelt werden kann. Bei der Konstruktion eines Transponders sollte dieser Effekt berücksichtigt werden, da hiermit die Energiereichweite eines induktiv gekoppelten RFID-Systems noch optimiert werden kann. Dabei muss aber berücksichtigt werden, dass auch der Einfluss der Bauteiltoleranzen im System im Bereich Q_{max} ein Maximum erreicht. Dies ist besonders wichtig bei Systemen die für die Massenfertigung bestimmt sind. Hier sollte das Gesamtsystem generell so ausgelegt sein, dass auch im Bereich $Q << Q_{max}$ noch ein zuverlässiger Betrieb bei maximalem Abstand zwischen Transponder und Lesegerät möglich ist.

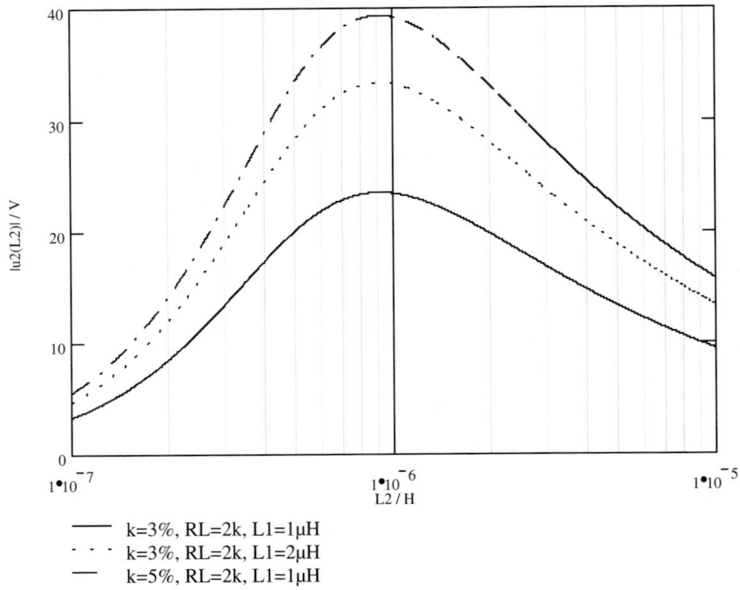

Abb. 4.15 Verlauf der Spannung u_2 über verschiedene Werte der Transponderinduktivität L_2. Die Resonanzfrequenz des Transponders ist für alle Werte von L_2 gleich der Sendefrequenz des Lesegerätes (i_1 = 0,5 A, f = 13,56 MHz, R_2 = 1Ω).

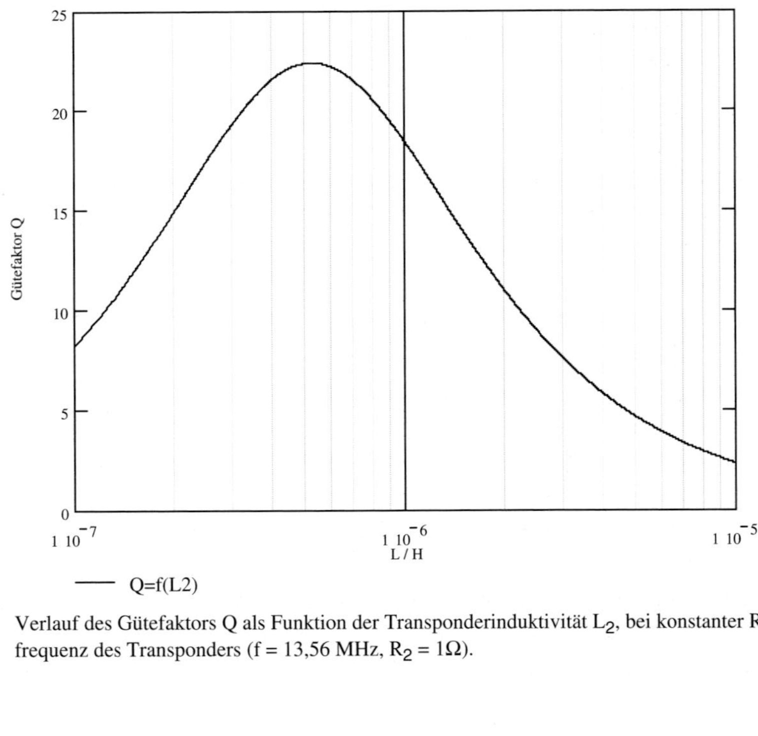

Abb. 4.16 Verlauf des Gütefaktors Q als Funktion der Transponderinduktivität L_2, bei konstanter Resonanzfrequenz des Transponders (f = 13,56 MHz, R_2 = 1Ω).

Als Wert für R_L sollte dazu der Eingangswiderstand des Datenträgers nach Einsetzen des „power-on“-Resets, also noch vor dem Wirksamwerden des Spannungsreglers angesetzt werden, wie dies bei maximaler Energiereichweite des Systems der Fall ist.

4.1.8 Praktischer Betrieb des Transponders

4.1.8.1 Spannungsversorgung des Transponders

Bei der Spannungsversorgung eines Transponders wird zwischen den so genannten aktiven und passiven Transpondern unterschieden.

Aktive Transponder enthalten eine eigene Batterie zur Spannungsversorgung des Datenträgers. Die Spannung u_2 wird hier in der Regel nur zur Erzeugung eines „wake-up“ Signals eingesetzt. Dieses Signal wird ausgelöst, sobald die Spannung u_2 einen bestimmten Grenzwert überschreitet, und versetzt den Datenträger in den Betriebszustand. Nach Abwicklung einer Transaktion mit dem Lesegerät oder nach dem Unterschreiten eines Minimalwertes für die Spannung u_2 wird der Transponder wieder in den stromsparenden „sleep“- oder „halt-mode“ zurückgesetzt.

Bei *passiven Transpondern* muss die Versorgungsspannung des Datenträgers aus der Spannung u_2 gewonnen werden. Hierzu wird die Spannung u_2 mittels eines verlustarmen Brükkengleichrichters in eine Gleichspannung gewandelt und geglättet. Eine einfache Grundschaltung hierzu ist in Abbildung 3.18 auf Seite 47 dargestellt.

4.1.8.2 Spannungsregelung

Die in der Transponderspule induzierte Spannung u_2 erreicht durch die Resonanzüberhöhung im Schwingkreis sehr schnell hohe Werte. Erhöht man im Beispiel aus Abbildung 4.14 den Kopplungsfaktor k – etwa durch Verringern des Abstandes zwischen Leser und Transponder – oder den Wert des Lastwiderstandes R_L, so wird durchaus eine Spannung u_2 von weit über hundert Volt erreicht. Zum Betrieb eines Datenträgers wird jedoch eine konstante *Betriebsspannung* von 3–5V (nach Gleichrichtung) benötigt.

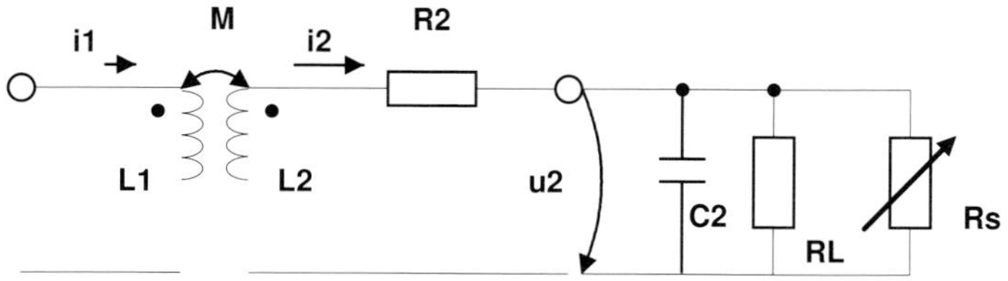

Abb. 4.17 Funktionsprinzip der Spannungsregelung im Transponder durch einen Shunt-Regler.

Um die Spannung u_2 unabhängig von Kopplungsfaktor k oder anderen Parametern zu regeln und konstant zu halten, schaltet man in der Praxis dem Lastwiderstand R_L einen spannungsabhängigen *Shuntwiderstand* R_S parallel. Das Ersatzschaltbild hierfür ist in Abbildung 4.17 dargestellt.

Mit zunehmender Induktionsspannung $u_{Q2} = u_i$ nimmt der Wert des Shuntwiderstandes R_S immer kleinere Werte an und verringert damit die Güte des Transponderschwingkreises gerade so weit, dass die Spannung u_2 konstant bleibt. Um den Wert des Shuntwiderstandes für verschiedene Einflussparameter zu berechnen, greifen wir zurück auf Formel 4.29 und ersetzen darin den konstanten Lastwiderstand R_L durch die Parallelschaltung aus R_L und R_S. Nun kann die Formel nach R_S aufgelöst werden. Die variable Spannung u_2 wird gegen die konstante Spannung u_{Transp} – die erwünschte Eingangsspannung des Datenträgers – ausgetauscht, sodass sich schließlich folgender Zusammenhang für R_S ergibt:

$$R_S = \left.\left| \frac{1}{\dfrac{\left(\dfrac{j\omega \cdot k \cdot \sqrt{L_1 \cdot L_2} \cdot i_1}{u_{Transponder}}\right) - 1}{j\omega L_2 + R_2} - j\omega C_2 - \dfrac{1}{R_L}} \right|\right|_{u_{2\text{-ungeregelt}} > u_{Transponder}} \qquad [4.32]$$

$$R_S = \infty\big|_{u_{2\text{-ungeregelt}} < u_{Transponder}}$$

Der Verlauf der Spannung u_2 unter Verwendung eines derartigen „idealen" *Shuntreglers* ist in Abbildung 4.18 dargestellt. Die Spannung u_2 steigt zunächst proportional mit zum Kopplungsfaktor k. Nach Erreichen des Sollwertes für u_2 beginnt der Wert des Shuntwiderstandes umgekehrt proportional zu k zu sinken, die Spannung u_2 bleibt dadurch nahezu konstant.

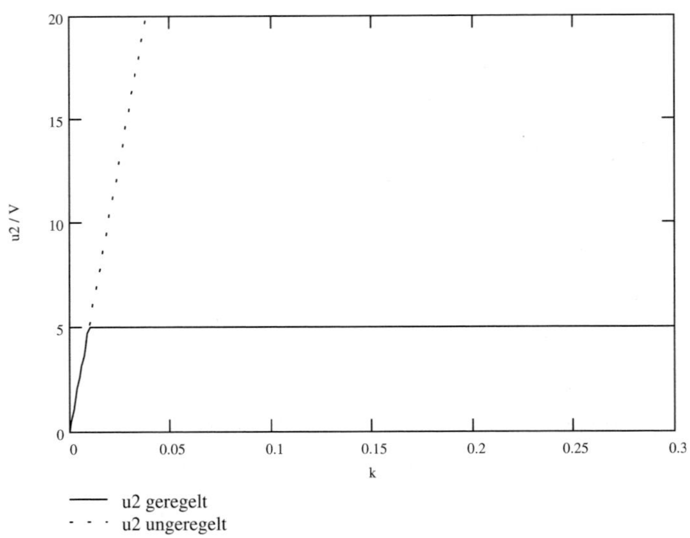

Abb. 4.18 Beispiel für den Verlauf der Spannung u_2 mit und ohne Shuntregelung im Transponder bei einer Variation des Kopplungsfaktors k durch das Verändern des Abstandes zwischen Transponder und Leseantenne. (Die Berechnung gilt für folgende Parameter: $i_1 = 0{,}5$ A, $L_1 = 1\ \mu H$, $L_2 = 3{,}5\ \mu H$, $R_L = 2\ k\Omega$, $C_2 = 1/\omega^2 L_2$.)

Abbildung 4.19 zeigt den sich einstellenden Wert des Shuntwiderstandes R_S als Funktion des Kopplungsfaktors. In diesem Beispiel überstreicht der Wert des Shuntwiderstandes mehrere

Zehnerpotenzen. Dies ist nur mit einer Halbleiterschaltung realisierbar, bei induktiv gekoppelten Transpondern werden deshalb so genannte *Shunt-* oder *Parallelregler* eingesetzt. Hierbei handelt es sich um eine elektronische Regelschaltung, deren Innenwiderstand mit Überschreiten einer Schwellenspannung überproportional stark abnimmt. Ein einfacher Shuntregler, unter Verwendung einer Zener-Diode [Nürmann] ist in Abbildung 4.20 abgebildet.

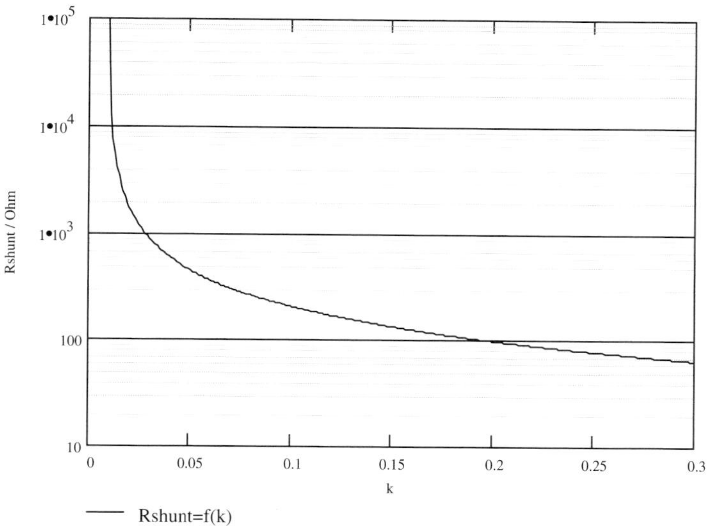

Abb. 4.19 Um die Spannung u_2 unabhängig vom Kopplungsfaktor k konstant zu halten, muss der Wert des Shuntwiderstandes R_S über einen großen Bereich einstellbar sein. Alle Parameter entsprechen der vorhergehenden Abbildung 4.18.

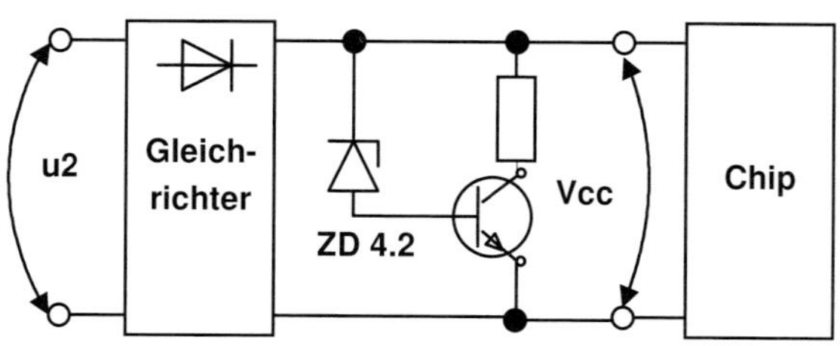

Abb. 4.20 Schaltungsbeispiel für einen einfachen Shunt-Regler.

4.1.9 Ansprechfeldstärke H_{min}

Aus den in Kap. 4.1.7 „Resonanz", S. 76 gewonnenen Ergebnissen können wir nun auch die *Ansprechfeldstärke* eines Transponders ermitteln. Darunter versteht man die minimale Feldstärke H_{min} (bei maximaler Entfernung x zwischen Transponder und Lesegerät), bei der eine zum Betrieb des Datenträgers gerade noch ausreichende Versorgungsspannung u_2 zur Verfügung steht.

Hierbei ist u_2 jedoch nicht die interne Betriebsspannung des Datenträgers (3V oder 5V), sondern die *HF-Eingangsspannung* am Anschluss der Transponderspule L_2 am Datenträger, also vor der Gleichrichtung. Der Spannungsregler (Shuntregler) soll bei dieser Versorgungsspannung noch nicht aktiv sein. R_L entspricht dem Eingangswiderstand des Datenträgers nach dem „Power-on-Reset", C_2 setzt sich aus der Eingangskapazität C_p des Datenträgers (Chip) und der parasitären Kapazität des Transponderaufbaues C_2' zusammen: $C_2 = (C_2' + C_p)$.

Die Induktionsspannung (Quellenspannung $u_{Q2} = u_i$) einer Transponderspule kann allgemein nach Formel 4.21 berechnet werden. Unter Annahme eines homogenen, sinusförmigen Magnetfeldes in Luft (Permeabilitätskonstante = μ_0) lässt sich daraus die folgende Formel ableiten, die unseren Zwecken schon besser entgegenkommt:

$$u_i = \mu_0 \cdot A \cdot N \cdot \omega \cdot H_{eff} \qquad [4.33]$$

Hierbei ist H_{eff} die effektive Feldstärke eines sinusförmigen Magnetfeldes, ω die Kreisfrequenz des Magnetfeldes, N die Windungszahl der Transponderspule L_2 sowie A die Querschnittsfläche der Transponderspule.

Wir ersetzen nun $u_{Q2} = u_i = j\omega M \cdot i_1$ aus Formel 4.29 durch Formel 4.33 und erhalten damit für die Schaltung aus Abbildung 4.13 folgende Gleichung:

$$u_2 = \frac{j\omega \cdot \mu_0 \cdot H_{eff} \cdot A \cdot N}{1 + (j\omega L_2 + R_2) \cdot \left(\frac{1}{R_L} + j\omega C_2\right)} \qquad [4.34]$$

Durch Ausmultiplizieren des Nenners entsteht daraus:

$$u_2 = \frac{j\omega \cdot \mu_0 \cdot H_{eff} \cdot A \cdot N}{j\omega\left(\frac{L_2}{R_L} + R_2 C_2\right) + \left(1 - \omega^2 L_2 C_2 + \frac{R_2}{R_L}\right)} \qquad [4.35]$$

Wir lösen diese Beziehung nun nach H_{eff} auf und bilden den Betrag der komplexen Form. Somit ergibt sich für die allgemeine Berechnung der Ansprechfeldstärke H_{min}:

$$H_{min} = \frac{u_2 \cdot \sqrt{\left(\frac{\omega L_2}{R_L} + \omega R_2 C_2\right)^2 + \left(1 - \omega^2 L_2 C_2 + \frac{R_2}{R_L}\right)^2}}{\omega \cdot \mu_0 \cdot A \cdot N} \qquad [4.36]$$

Bei genauerer Auswertung von Formel 4.36 zeigt sich, dass die Ansprechfeldstärke neben der Antennenfläche A, der Windungszahl N (der Transponderspule), der Mindestspannung u_2 und des Eingangswiderstands R_2 auch von der Frequenz $\omega = 2\pi f$ abhängig ist. Dies erstaunt nicht weiter, da wir ja bei der Resonanzfrequenz des Transponderschwingkreises eine Resonanzüberhöhung von u_2 festgestellt haben. Es wird sich also bei Übereinstimmung der Sendefrequenz des Lesegerätes mit der Resonanzfrequenz des Transponders ein Minimalwert der Ansprechfeldstärke H_{min} einstellen.

Um die Ansprechempfindlichkeit eines induktiv gekoppelten RFID-Systems zu optimieren, sollte die Resonanzfrequenz des Transponders also exakt mit der Sendefrequenz des Lesegerätes übereinstimmen. Leider ist dies in der Praxis jedoch nicht immer möglich. Einerseits treten bei der Herstellung eines Transponders Toleranzen auf, die zu einer Abweichung der Transponderresonanzfrequenz führen. Andererseits gibt es aber auch technische Gründe dafür, die Resonanzfrequenz des Transponders einige Prozent höher als die Sendefrequenz des Lesegerätes einzustellen (so z. B. bei Systemen mit Anitkollisionsverfahren, um die gegenseitige Beeinflussung benachbarter Transponder untereinander gering zu halten).

Um Frequenzabweichungen des Transponders durch Bauteiltoleranzen auszugleichen, integrieren einige Halbleiterhersteller zusätzliche Abgleichkondensatoren auf dem Transponder-Chip (siehe hierzu auch Abbildung 3.28, „Tuning-C"). Während der Herstellung wird der Transponder durch An- und Abschalten einzelner Abgleichkondensatoren auf die Sollfrequenz abgeglichen [schürmann-93].

In Formel 4.36 wird die Resonanzfrequenz des Transponders durch das Produkt $L_2 \cdot C_2$ ausgedrückt. Diese ist daher nicht auf den ersten Blick erkennbar. Um zu einer direkten Aussage über die Frequenzabhängigkeit der Ansprechempfindlichkeit zu kommen, stellen wir Formel 4.25 um und erhalten:

$$L_2C_2 = \frac{1}{(2\pi f_0)^2} = \frac{1}{\omega_0^2} \qquad [4.37]$$

Durch Substitution des rechten Terms unter der Wurzel von Formel 4.36 mit diesem Ausdruck ensteht eine Funktion, in der die Äbhängigkeit der Ansprechfeldstärke H_{min} vom Verhältnis zwischen der Sendefrequenz des Lesegerätes (ω) und der Resonanzfrequenz des Transponders (ω_0) nun klar zum Ausdruck kommt. Hierbei gehen wir davon aus, dass die Änderung der Resonanzfrequenz des Transponders durch eine Änderung der Kapazität von C_2 hervorgerufen wird (z. B. durch Temperaturabhängigkeit oder Fertigungstoleranzen dieser Kapazität), die Induktivität L_2 der Spule jedoch konstant geblieben ist. Um dies auszudrücken, muss die Kapazität C_2 im linken Term unter der Wurzel von Formel 4.36 noch durch $C_2 = (\omega_0^2 \cdot L_2)^{-1}$ ersetzt werden:

$$H_{min} = \frac{u_2 \cdot \sqrt{\omega^2\left(\frac{L_2}{R_L} + \frac{R_2}{\omega_0^2 L_2}\right)^2 + \left(\frac{\omega_0^2 - \omega^2}{\omega_0^2} + \frac{R_2}{R_L}\right)^2}}{\omega\mu_0 \cdot A \cdot N} \qquad [4.38]$$

Eine Abweichung der Transponderresonanzfrequenz von der Sendefrequenz des Lesegerätes führt also zu einer höheren Ansprechfeldstärke des Transponders und damit zu einer geringeren *Lesereichweite*.

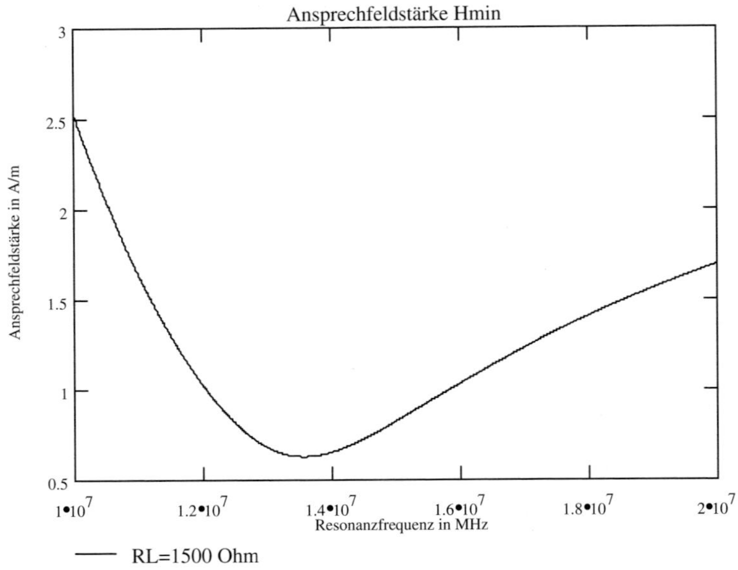

Abb. 4.21 Ansprechempfindlichkeit einer kontaktlosen Chipkarte bei einer Verstimmung der Transponderresonanzfrequenz im Bereich 10–20 MHz ($N = 4$, $A = 0{,}05 \cdot 0{,}08\ m^2$, $u_2 = 5V$, $L_2 = 3{,}5\ \mu H$, $R_2 = 5\Omega$, $R_L = 1{,}5\ k\Omega$). Bei einer Abweichung der Transponderresonanzfrequenz von der Sendefrequenz (13,56 MHz) des Lesegerätes wird eine zunehmend höhere Feldstärke benötigt, um den Transponder anzusprechen. Dies resultiert im praktischen Einsatz in einer Abnahme der Lesereichweite.

4.1.9.1 „Energiereichweite" von Transpondersystemen

Ist die Ansprechfeldstärke eines Transponders bekannt, so lässt sich damit auch die Energiereichweite in Kombination mit einem bestimmten Lesegerät abschätzen. Unter der *Energiereichweite* eines Transponders versteht man die Entfernung zur Leseantenne, an der gerade noch ausreichend Energie zum Betrieb des Transponders (definiert durch u_{2min} und R_L) zur Verfügung steht. Ob die ermittelte Energiereichweite auch der maximalen Funktionsreichweite des Systems entspricht, hängt jedoch zusätzlich auch davon ab, ob die vom Transponder gesendeten Daten in der jeweiligen Entfernung noch durch das Lesegerät detektiert werden können.

Bei bekanntem Antennenstrom[8] I, Radius R sowie Windungszahl N_1 der Senderantenne, kann der Verlauf der Feldstärke in x-Richtung aus Formel 4.3 berechnet werden (siehe Kap. 4.1.1.1 „Feldstärkeverlauf H(x) bei Leiterschleifen", S. 65). Lösen wir die Formel nach x auf, so ergibt sich folgender Zusammenhang zwischen Energiereichweite und Ansprechfeldstärke Hmin eines Transponders für ein bestimmtes Lesegerät.

[8] Ist der Antennenstrom der Sendeantenne nicht bekannt, so kann bei bekanntem Antennenradius R und bekannter Windungszahl N1 aus der gemessenen Feldstärke H(x) im Abstand x auf den Antennenstrom I zurückgerechnet werden (siehe Kap. 4.1.1.1 „Feldstärkeverlauf H(x) bei Leiterschleifen", S. 65).

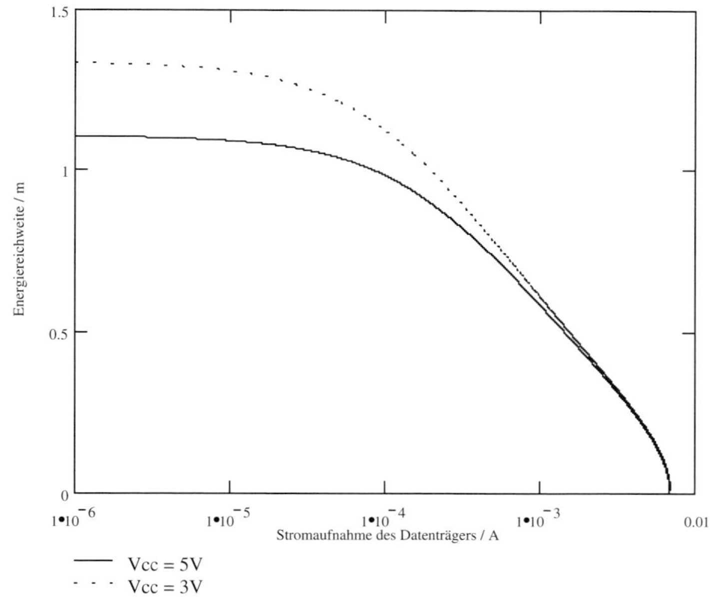

Abb. 4.22 Die Energiereichweite eines Transpondersystems hängt auch von der Stromaufnahme des Datenträgers (R_L) ab. Die Sendeantenne des simulierten Systems erzeugt in 80 cm Abstand eine Feldstärke von 0,115 A/m, wie dies für RFID-Systeme nach ISO 15693 typisch ist (Sender: I = 1A, $N_1 = 1$, R = 0,4 m. Transponder: A = 0,048 · 0,076 m^2 (Chipkarte), N = 4, $L_2 = 3{,}6\ \mu H$, $u_{2min} = 5V / 3V$).

$$x = \sqrt{\sqrt[3]{\left(\frac{I \cdot N_1 \cdot R^2}{2H_{min}}\right)^2} - R^2} \qquad [4.39]$$

Als Beispiel (siehe Abbildung 4.22) betrachten wir die Energiereichweite eines Transponders als Funktion der Stromaufnahme des Datenträgers ($R_L = u_2/i_2$). Das Lesegerät in diesem Beispiel erzeugt im Abstand von 80 cm zur Sendeantenne eine Feldstärke von 0,115 A/m (Radius R der Sendeantenne: 40 cm). Dies ist ein typischer Wert für RFID-Systeme nach ISO 15693.

Mit zunehmender Stromaufnahme des Transponders (kleineres R_L) steigt auch die Ansprechempfindlichkeit des Transponders, die Energiereichweite wird zunehmend geringer.

Die maximale Energiereichweite des Transponders wird durch die Entfernung zwischen Transponder und Leseantenne bestimmt, bei der selbst am unbelasteten Transponderschwingkreis (d. h. $i_2 \rightarrow 0$, $R_L \rightarrow \infty$) gerade noch die minimal benötigte Versorgungsspannung u_{2min} für den Datenträger zur Verfügung steht. In der Entfernung x = 0 stellt der maximale Strom i_2 eine Grenze dar, bei dessen Überschreitung die Versorgungsspannung des Datenträgers unter u_{2min} sinkt, sodass die sichere Funktion des Datenträgers für diesen Betriebszustand nicht mehr gewährleistet werden kann.

4.1.9.2 Ansprechbereich von Lesegeräten

Bei den vorhergehenden Berechnungen wurde stillschweigend von einem homogenen Magnetfeld H, parallel zur Spulenachse x ausgegangen. Ein Blick auf Abbildung 4.3 auf Seite 66 zeigt, dass dies nur für eine Anordnung aus Leser- und Transponderspule mit gemeinsamer Mittelachse x gilt. Wird der Transponder gegen diese Mittelachse gekippt oder auch in Richtung der y- oder z-Achse verschoben, so ist diese Bedingung nicht mehr erfüllt.

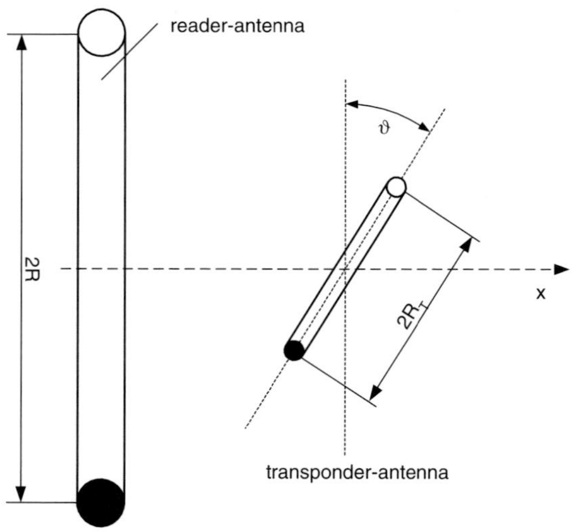

Abb. 4.23 Querschnitt durch Leser- und Transponderantenne. Die Transponderantenne ist gegenüber der Leserantenne um den Winkel ϑ verdreht.

Wird eine Spule von einem Magnetfeld H durchflutet, das um den Winkel ϑ zur Mittelachse der Spule gekippt ist, so gilt ganz allgemein:

$$u_{0\vartheta} = u_0 \cdot \cos(\vartheta) \qquad [4.40]$$

Hierbei ist u_0 jene Spannung, die bei senkrechtem Eintreten des Magnetfeldes in der Spule induziert würde. Bei einem Winkel von $\vartheta = 90°$ – die Feldlinien verlaufen dann in der Ebene des Radius R der Spule – wird in der Spule keine Spannung mehr induziert.

Durch die Krümmung der *magnetischen Feldlinien* im gesamten Raum um die Spule des Lesegerätes kommt es auch hier zu unterschiedlichen Winkeln ϑ des Magnetfeldes H gegenüber der Transponderspule. Dies führt zu einem charakteristischen *Ansprechbereich* (Abbildung 4.24, graue Fläche) um die Leseantenne. Bereiche mit einem von Winkel $\vartheta = 0°$ gegenüber der Transponderantenne – etwa entlang der Spulenchse x, aber auch seitlich der Antennenwindungen (zurücklaufende Feldlinie) – führen zu einer optimalen Lesereichweite. Bereiche, in denen die magnetischen Feldlinien parallel zur Ebene des Spulenradius R der Transponderspule verlaufen – etwa exakt ober- und unterhalb der Spulenwindungen – zeigen eine deutlich verminderte Lesereichweite. Wird der Transponder selbst um 90° gekippt, so ergibt sich ein völlig unterschiedliches Bild des Ansprechbereiches (Abbildung 4.24, gestrichelte Linie). Feldlinien die parallel zur R-Ebene der Lesespule verlaufen, dringen nun im Winkel $\vartheta = 0°$ in die Transponderspule und führen daher zu einer optimalen *Reichweite* in diesem Bereich.

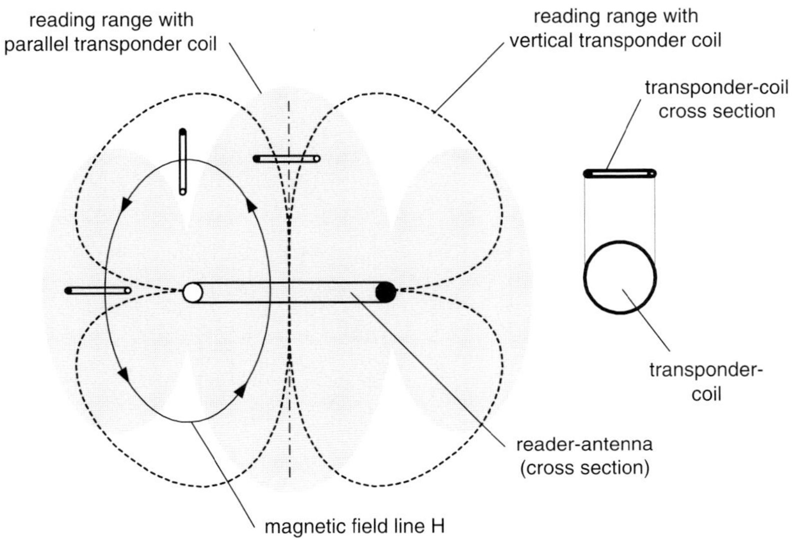

Abb. 4.24 Ansprechbereich eines Lesegerätes bei unterschiedlicher Ausrichtung der Transponderspule .

4.1.10 Gesamtsystem Transponder – Lesegerät

Bis zu dieser Stelle haben wir die Eigenschaften induktiv gekoppelter Systeme überwiegend aus dem Blickwinkel des Transponders betrachtet. Um nun das Zusammenwirken von Transponder und *Lesegerät* im Gesamtsystem genauer analysieren zu können, bedarf es eines Seitenwechsels, um zunächst die elektrischen Eigenschaften des Lesegerätes und dann schließlich des Gesamtsystems zu studieren.

Das Ersatzschaltbild eines Lesegerätes ist in Abbildung 4.25 dargestellt (die praktische Umsetzung dieser Schaltungsanordnung kann Kap. 11.4 „Anschluss von Antennen für induktiv gekoppelte Systeme", S. 329 entnommen werden). Die zur Erzeugung des magnetischen Wechselfeldes notwendige *Leiterschleife* ist durch die Spule L_1 abgebildet. Der Serienwiderstand R_1 entspricht den ohmschen Verlusten des Drahtwiderstandes in der Leiterschleife L_1. Um bei der *Betriebsfrequenz* f_{TX} des Lesegerätes einen maximalen Strom in der Leiterschleife L_1 zu erwirken, wird durch Reihenschaltung des Kondensators C_1 ein *Serienresonanzkreis* mit der Resonanzfrequenz $f_{RES} = f_{TX}$ gebildet. Die Resonanzfrequenz des Serienresonanzkreises kann sehr einfach aus der Thomson-Gleichung (4.20) ermittelt werden. Für den Betriebszustand des Lesegerätes gilt:

$$f_{TX} = f_{RES} = \frac{1}{2\pi\sqrt{L_1 \cdot C_1}} \qquad [4.41]$$

Die Gesamtimpedanz Z_1 des Serienresonanzkreises ist wegen der Serienschaltung die Summe der Einzelimpedanzen, also:

$$Z_1 = R_1 + j\omega L_1 + \frac{1}{j\omega C_1} \qquad [4.42]$$

Bei der Resonanzfrequenz f_{RES} heben sich die Impedanzen von L_1 und C_1 jedoch gegenseitig auf. Die Gesamtimpedanz Z_1 wird dann ausschließlich durch R_1 bestimmt und erreicht somit ein Minimum.

$$j\omega L_1 + \frac{1}{j\omega C_1} = 0\Bigg|_{\omega = 2\pi \cdot f_{RES}} \Rightarrow Z_1(f_{RES}) = R_1 \qquad [4.43]$$

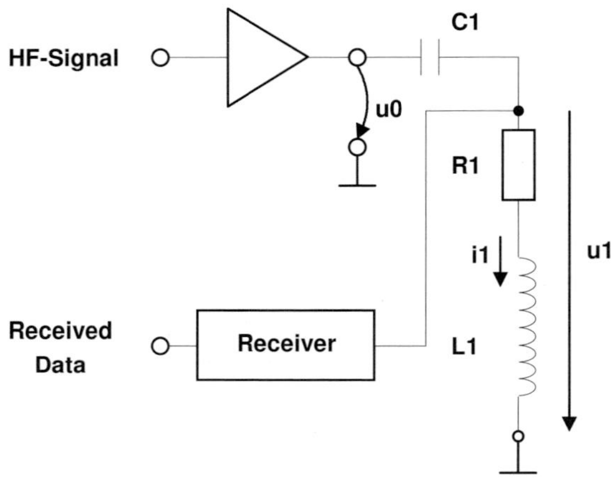

Abb. 4.25 Ersatzschaltbild eines Lesegerätes mit der Antenne L_1. Die Senderausgangsstufe des Lesegerätes erzeugt die HF-Spannung u_0. Der Empfänger (Receiver) des Lesegerätes ist direkt mit der Antennenspule L_1 verbunden.

Der *Antennenstrom* i_1 erreicht bei Resonanzfrequenz ein Maximum und errechnet sich (unter Annahme einer idealen Spannungsquelle mit $R_i = 0$) aus der Quellenspannung u_0 der Senderendstufe und dem ohmschen Spulenwiderstand R_1.

$$i_1(f_{RES}) = \frac{u_0}{Z_1(f_{RES})} = \frac{u_0}{R_1} \qquad [4.44]$$

Die beiden Spannungen u_1 an der Leiterschleife L_1 und u_{C1} am Kondensator C_1 sind gegenphasig und heben sich wegen des gleichen Stromes i_1 bei der Resonanzfrequenz gegenseitig auf. Die Einzelbeträge können jedoch sehr große Werte annehmen. Trotz der kleinen Quellenspannung u_0 von meist wenigen Volt werden an L_1 und C_1 leicht Beträge von einigen hundert Volt erreicht. Bei der Konstruktion von *Leiterschleifenantennen* mit hohen Strömen ist daher unbedingt auf eine ausreichende Spannungsfestigkeit der verwendeten Bauteile, insbesondere der Kondensatoren, zu achten, da diese sonst durch Überschläge leicht zerstört werden. Ein Beispiel für die Spannungsüberhöhung im Resonanzfall ist in Abbildung 4.26 dargestellt.

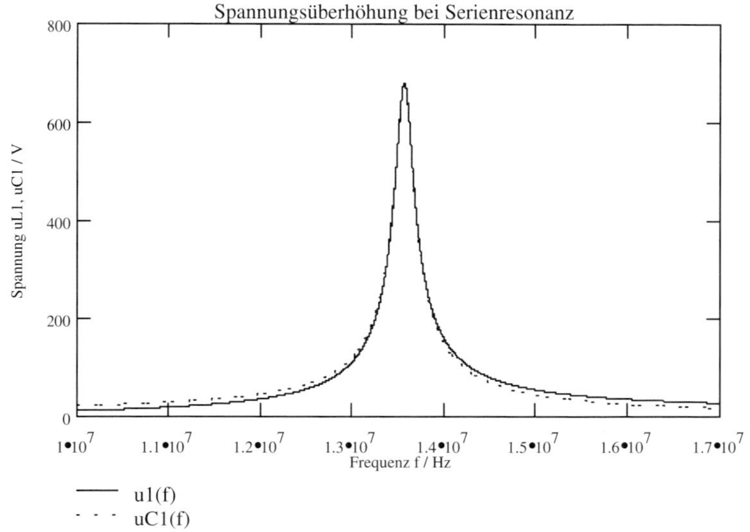

Abb. 4.26 Spannungsüberhöhung an Spule und Kondensator im Serienresonanzkreis im Frequenzbereich 10 ... 17 MHz (f_{RES} = 13,56 MHz, u_0 = 10V (!), R_1 = 2,5 Ω, L_1 = 2 µH, C_1 = 68,8 pF). Die Spannung an Leiterschleife und Serienkondensator erreicht bei Resonanzfrequenz ein Maximum von über 700 V. Da die Resonanzfrequenz der Leseantenne induktiv gekoppelter Systeme immer der Sendefrequenz des Lesegerätes entspricht, ist auf ausreichende Spannungsfestigkeit der Bauteile zu achten.

Trotz der teilweise recht hohen Spannung ist das Berühren spannungsführender Bauteile an der Antenne des Lesegerätes völlig ungefährlich. Durch die zusätzlich eingebrachte Handkapazität wird der Serienresonanzkreis schlagartig verstimmt, sodass die Resonanzüberhöhung der Spannung nicht mehr im selben Maße wirksam ist.

4.1.10.1 Transformierte Transponderimpedanz Z_T'

Bringen wir nun einen Transponder in das magnetische Wechselfeld der Leiterschleife L_1, so messen wir eine Änderung des Stromes i_1. Der in der Transponderspule induzierte Strom i_2 wirkt also über die magnetische *Gegeninduktivität* M auf seine Ursache, den Strom i_1 zurück.[9]

Um den Einfluss der Gegeninduktivität auf den Strom i_1 mathematisch einfacher beschreiben zu können, führen wir eine imaginäre Impedanz, die „komplexe *transformierte Transponderimpedanz*“ Z_T' ein. Der Serienresonanzkreis des Lesegerätes verhält sich bei Gegeninduktivität elektrisch so, als sei die imaginäre Impedanz Z_T' tatsächlich als diskretes Bauelement vorhanden: Z_T' nimmt einen endlichen Wert $|Z_T'| > 0$ an. Wird die Gegeninduktivität wieder aufgehoben, z. B. durch Entfernen des Transponders aus dem Feld der Leiterschleife, so wird $|Z_T'| = 0$. Wir werden die Berechnung dieser transformierten Impedanz nun Schritt für Schritt herleiten.

[9] Dies entspricht der „Lenzschen Regel“: „Die induzierte Spannung sucht im Leiterkreis immer einen so gerichteten Strom hervorzurufen, der seiner Entstehungsursache entgegenwirkt.“ [paul]

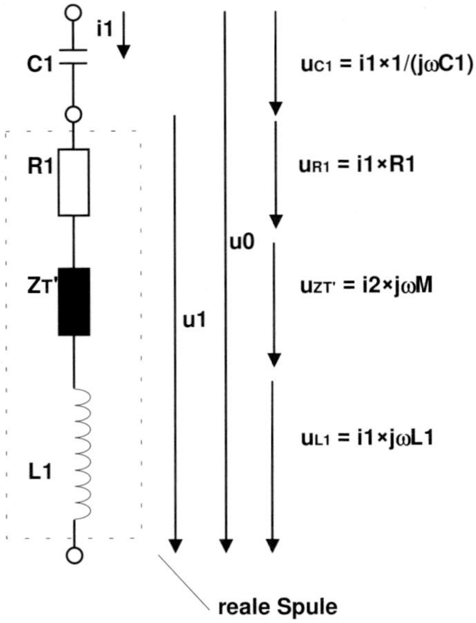

Abb. 4.27 Ersatzschaltbild des Serienresonanzkreises – die Änderung des Stromes i_1 in der Leiterschleife des Senders durch den Einfluss eines magnetisch gekoppelten Transponders wird durch die Impedanz Z_T' ausgedrückt.

Die Quellenspannung u_0 des Lesegerätes teilt sich in die Einzelspannungen u_{C1}, u_{R1}, u_{L1} und u_{ZT} im Serienresonanzkreis auf, wie in Abbildung 4.27 dargestellt. Das Zeigerdiagramm der Einzelspannungen dieser Schaltung bei Resonanzfrequenz ist in Abbildung 4.28 abgebildet.

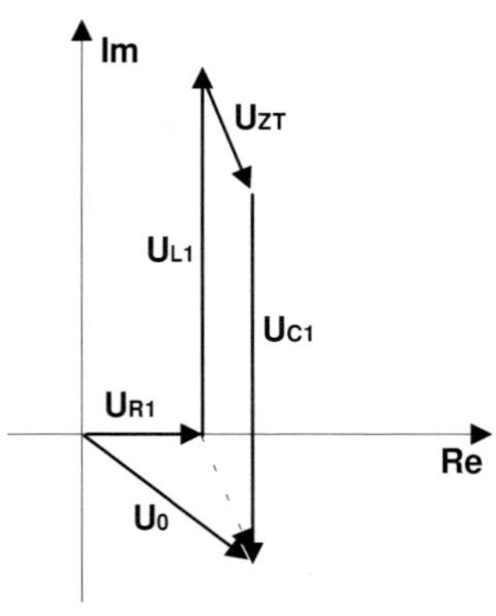

Abb. 4.28 Zeigerdiagramm der Spannungen im Serienresonanzkreis der Leserantenne bei Resonanzfrequenz. Die Beträge der Einzelspannungen u_{L1} und u_{C1} können weitaus größer sein als die Summenspannung u_0.

Wegen des konstanten Stromes i_1 in der Reihenschaltung kann die Quellenspannung u_0 schließlich als die Summe der Produkte der einzelnen Impedanzen mit dem Strom i_1 dargestellt werden. Die transformierte Impedanz Z_T' wird durch das Produkt $j\omega M \cdot i_2$ ausgedrückt:

$$u_0 = \frac{1}{j\omega C_1} \cdot i_1 + j\omega L_1 \cdot i_1 + R_1 \cdot i_1 - j\omega M \cdot i_2 \qquad [4.45]$$

Da wir den Serienresonanzkreis auf seiner *Resonanzfrequenz* betreiben, heben sich die Einzelimpedanzen $(j\omega C_1)^{-1}$ und $j\omega L_1$ gegenseitig auf. Die Spannung u_0 wird daher nur zwischen dem Widerstand R_1 und der transformierten Transponderimpedanz Z_T' aufgeteilt, wie auch im Zeigerdiagramm (Abbildung 4.28) erkennbar ist. Formel 4.45 vereinfacht sich somit noch einmal zu:

$$u_0 = R_1 \cdot i_1 - j\omega M \cdot i_2 \qquad [4.46]$$

Wir benötigen nun einen Ausdruck für den Strom i_2 in der Spule des Transponders, um den Wert der transformierten Transponderimpedanz berechnen zu können. In Abbildung 4.29 sind die Ströme und Spannungen im Transponder noch einmal in einem Ersatzschaltbild zusammengestellt:

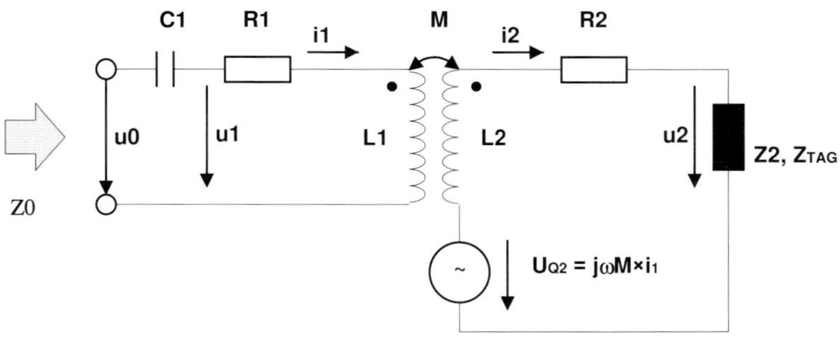

Abb. 4.29 Einfaches Ersatzschaltbild eines Transponders an einem Lesegerät. Die Impedanz Z_2 des Transponders setzt sich aus dem Lastwiderstand R_L (Datenträger) und der Kapazität C_2 zusammen.

Die Quellenspannung u_{Q2} wird durch die Gegeninduktivität M in der Transponderspule L_2 induziert. Der Strom i_2 im Transponder ergibt sich nun als Quotient aus der Spannung u_2 geteilt durch die Summe aus den Einzelimpedanzen $j\omega L_2$, R_2 und Z_2 (hierbei stellt Z_2 die zusammengefasste Eingangsimpedanz des Datenträgers mit dem Parallelkondensator C_2 dar). Im nächsten Schritt ersetzen wir die Spannung u_{Q2} noch durch ihre Ursache $u_{Q2} = j\omega M \cdot i_1$, sodass sich schließlich folgender Ausdruck für u_0 ergibt:

$$u_0 = R_1 \cdot i_1 - j\omega M \cdot \frac{u_{Q2}}{R_2 + j\omega L_2 + Z_2} = R_1 \cdot i_1 - j\omega M \cdot \frac{j\omega M \cdot i_1}{R_2 + j\omega L_2 + Z_2} \qquad [4.47]$$

Da es in der Regel jedoch unpraktisch ist, mit der Gegeninduktivität M zu rechnen, ersetzen wir als letzten Schritt M mit $M = k \cdot \sqrt{L_1 \cdot L_2}$, da die Werte für k, L_1 und L_2 eines Transpondersystems in der Regel bekannt sind. Wir schreiben:

$$u_0 = R_1 \cdot i_1 + \frac{\omega^2 k^2 \cdot L_1 \cdot L_2}{R_2 + j\omega L_2 + Z_2} \cdot i_1 \qquad [4.48]$$

Teilen wir in Formel 4.48 beide Seiten durch i_1, so erhalten wir die Gesamtimpedanz Z_0 =

u_0/i_1 des Serienresonanzkreises im Lesegerät als Summe aus R_1 und der transformierten Transponderimpedanz Z_T'. Damit ergibt sich Z_T' als:

$$Z_T' = \frac{\omega^2 k^2 \cdot L_1 \cdot L_2}{R_2 + j\omega L_2 + Z_2} \qquad [4.49]$$

Die Impedanz Z_2 stellt die Parallelschaltung aus C_2 und R_L im Transponder dar. Wir ersetzen Z_2 noch durch den vollständigen Term aus C_2 und R_L und erhalten endlich einen Ausdruck für Z_T', der alle Bauteile des Transponders enthält und somit auch in der Praxis verwendbar ist:

$$Z_T' = \frac{\omega^2 k^2 \cdot L_1 \cdot L_2}{R_2 + j\omega L_2 + \frac{R_L}{1 + j\omega R_L C_2}} \qquad [4.50]$$

4.1.10.2 Einflussgrößen von Z_T'

Wir wollen nun den Einfluss einzelner Parameter auf die *transformierte Transponderimpedanz* Z_T' untersuchen. Hierzu eignen sich neben Liniendiagrammen auch Ortskurven: Zu jedem Parameterwert x der Funktion $Z_T' = f(x)$ gehört genau ein Zeiger in der komplexen Z-Ebene und damit genau ein Kurvenpunkt.

Alle Liniendiagramme und Ortskurven aus Kapitel 4.1.10 wurden – wenn nicht anders angegeben – mit den gleichen konstanten Parameterwerten berechnet:

Tabelle 4.3: Parameter für Liniendiagramme und Ortskurven, sofern nicht anders angegeben

$L_1 = 1 \mu H$	$L_2 = 3{,}5 \mu H$
$C_1 = 1/(\omega_{TX})^2 \cdot L_1$ (Resonanz)	$R_2 = 5 \Omega$
$C_2 = 1/(\omega_{RX})^2 \cdot L_2$ (Resonanz)	$R_L = 5 k\Omega$
$f_{RES} = f_{TX} = 13{,}56$ MHz	$k = 15\%$

4.1.10.2.1 Sendefrequenz f_{TX}

Wir ändern zunächst – bei konstanter *Resonanzfrequenz* f_{RES} des Transponders – die *Sendefrequenz* f_{TX} des Lesegerätes. Dieser Fall kommt zwar in der Praxis nicht vor, ist aber als gedankliches Experiment sehr hilfreich, um die Wirkungsweise der transformierten Transponderimpedanz Z_T' verstehen zu können.

Die Ortskurve $Z_T' = f(f_{TX})$ hierzu ist in Abbildung 4.30 dargestellt. Der Impedanzzeiger Z_T' durchläuft bei zunehmender Sendefrequenz f_{TX} im Uhrzeigersinn einen Kreis in der komplexen Z-Ebene.

Im Frequenzbereich unterhalb der Transponderresonanzfrequenz ($f_{TX} < f_{RES}$) befindet sich der Impedanzzeiger Z_T' zunächst im I. Quadranten der komplexen Z-Ebene. Die transformierte Transponderimpedanz Z_T' wirkt hier induktiv.

Bei exakter Übereinstimmung der Sendefrequenz mit der Transponderresonanzfrequenz ($f_{TX} = f_{RES}$) heben sich die Blindwiderstände für L_2 und C_2 im Transponder gegenseitig auf. Z_T' wirkt als ohmscher (reeller) Widerstand – die Ortskurve schneidet daher an dieser Stelle die reelle x-Achse der komplexen Z-Ebene.

Im Frequenzbereich oberhalb der Transponderresonanzfrequenz ($f_{TX} > f_{RES}$) durchläuft die Ortskurve schließlich den IV. Quadranten der komplexen Z-Ebene – Z_T' wirkt in diesem Bereich kapazitiv.

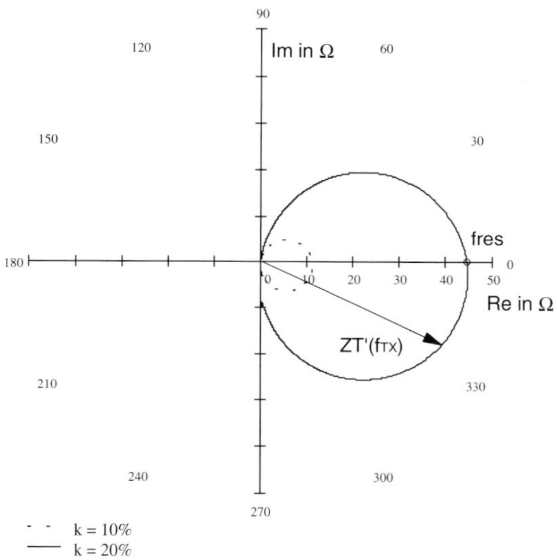

Abb. 4.30 Die Impedanz-Ortskurve der komplexen transformierten Transponderimpedanz Z_T' als Funktion der Sendefrequenz (f_{TX} = 1 ... 30 MHz) des Lesegerätes entspricht der Impedanz-Ortskurve eines Parallelschwingkreises.

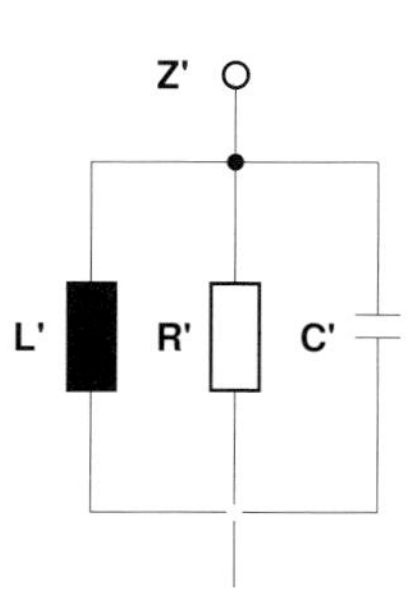

Abb. 4.31 Das Ersatzschaltbild der komplexen transformierten Transponderimpedanz Z_T' ist ein gedämpfter Parallelschwingkreis.

Die Impedanz-Ortskurve der komplexen transformierten Transponderimpedanz Z_T' entspricht der Impedanz-Ortskurve eines gedämpften Parallelschwingkreises mit einer Parallelresonanzfrequenz gleich der Transponderresonanzfrequenz. Ein Ersatzschaltbild hierfür ist in Abbildung 4.31 dargestellt. Der komplexe Strom i_2 in der Spule L_2 des Transponderschwingkreises wird also mittels der magnetischen Gegeninduktivität M in die Antennenspule L_1 des Lesegerätes transformiert und wirkt dort als ein Parallelschwingkreis mit der (frequenzabhängigen) Impedanz Z_T'. Der Betrag des reellen Widerstandes R' im Ersatzschaltbild entspricht dem Schnittpunkt der Ortskuve Z_T' mit der reellen Achse in der Z-Ebene.

4.1.10.2.2 Kopplungsfaktor k

Der *Kopplungsfaktor* k ist bei konstanter Geometrie der Transponder- und Leserantenne durch Abstand und Winkel der beiden Spulen zueinander definiert (siehe hierzu Kap. 4.1.5 „Kopplungsfaktor k", S. 72). Nicht zu vernachlässigen ist auch der Einfluss von Metallen in der Umgebung der Sender- oder Transponderspule auf den Kopplungsfaktor (z. B. Abschirmwirkung durch Wirbelstromverluste). Im praktischen Einsatz ist der Kopplungsfaktor daher jener Parameter, welcher am stärksten variiert. Die Ortskurve der komplexen transformierten Transponderimpedanz für den Bereich $0 \leq k \leq 1$ ist in Abbildung 4.32 dargestellt.

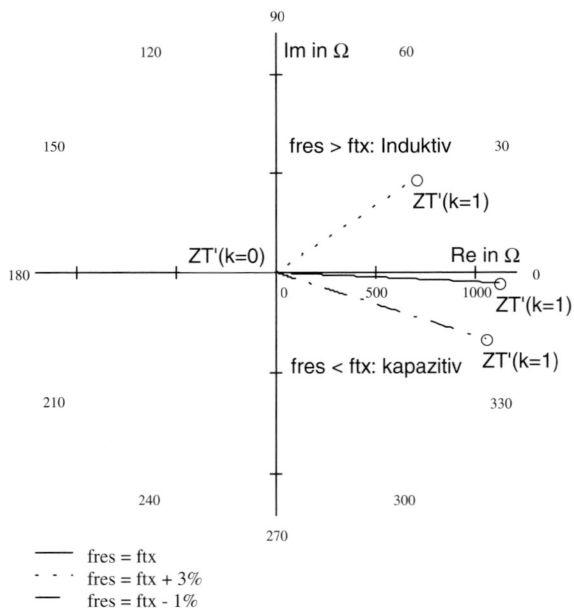

Abb. 4.32 Die Ortskurve von Z_T'(k = 0 ... 1) in der komplexen Impedanzebene als Funktion des Kopplungsfaktors k ist eine Gerade.

Wir unterscheiden drei Bereiche:

- k = 0: Entfernt man die Transponderspule L_2 vollständig aus dem Feld der Leserantenne L_1, so tritt eine Gegeninduktivität nicht auf. Für diesen Grenzfall ist auch die transformierte Transponderimpedanz nicht mehr wirksam, d. h. Z_T'(k=0) = 0.
- $0 < k < 1$: Nähert man die Transponderspule L_2 langsam der Leseantenne L_1, so nimmt der Kopplungsfaktor und damit auch die Gegeninduktivität M zwischen beiden Spulen

stetig zu. Der Betrag der komplexen transformierten Transponderimpedanz nimmt dabei proportional zu, wobei Z_T' ~ k_2 ist. Bei exakter Übereinstimmung von f_{TX} und f_{RES} bleibt Z_T'(k) dabei für alle Werte von k reell.[10] Bei einer Verstimmung der Transponderresonanzfrequenz ($f_{RES} \neq f_{TX}$) hingegen enthält Z_T' auch einen induktiven oder kapazitiven Anteil.

- k = 1: Dieser Fall tritt nur auf, wenn die Bauform beider Spulen exakt identisch ist, sodass die Windungen der beiden Spulen L_1 und L_2 beim Abstand d = 0 unmittelbar aufeinander zu liegen kommen. Z_T'(k) erreicht für diesen Fall ein Maximum. Generell gilt: $|Z_T'(k)_{max}| = |Z_T'(k_{max})|$

4.1.10.2.3 Transponderkapazität C_2

Wir ändern nun, bei sonst konstanten Parametern, den Wert der Transponderkapazität C_2. Hierdurch verstimmt sich natürlich auch die Resonanzfrequenz f_{RES} des Transponders gegenüber der Sendefrequenz f_{TX} des Lesegerätes. In der Praxis können verschiedene Faktoren für eine Veränderung von C_2 verantwortlich sein:

- Fertigungstoleranzen führen zu einer statischen Abweichung vom Sollwert.
- Eine Abhängigkeit der Eingangskapazität des Datenträgers von der Eingangsspannung u_2 durch Effekte im Halbleiter: $C_2 = f(u_2)$.
- Absichtliches Verändern der Kapazität von C_2 zum Zwecke der Datenübertragung. (Auf diese so genannte „kapazitive Lastmodulation“ gehen wir im Kap. 4.1.10.3 „Lastmodulation“, S. 101 noch etwas ausführlicher ein.)
- Verstimmung durch Umgebungseinflüsse wie Metall, Temperatur, Feuchtigkeit, „Handkapazität“ bei Berühren der Chipkarten.

Die Ortskurve für Z_T'(C_2) in der komplexen Impedanzebene ist in Abbildung 4.33 dargestellt. Wie erwartet, erhalten wir als Ortskurve den für einen Parallelschwingkreis typischen Kreis in der komplexen Z-Ebene. Wir betrachten die Extremwerte für C_2:

- $C_2 = 1/\omega_{TX}{}^2 L_2$: Die Resonanzfrequenz des Transponders entspricht in diesem Fall exakt der Sendefrequenz des Lesegerätes (siehe Formel 4.25). Der Strom i_2 in der Transponderspule erreicht hier durch Resonanzüberhöhung ein Maximum und ist reell. Wegen Z_T' ~ $j\omega M \cdot i_2$ erreicht auch der Betrag der Impedanz Z_T' ein Maximum – die Orstkurve schneidet die reelle Achse in der komplexen Z-Ebene. Es gilt: $|Z_T'(C_2)|_{max} = |Z_T'(C_2 = 1/(\omega_{TX})^2 \cdot L_2)|$

[10] Die geringe Winkelabweichung in der Ortskurve Abbildung 4.32 für $f_{RES} = f_{TX}$ rührt daher, dass die nach Formel 4.34 berechnete Resonanzfrequenz uneingeschränkt nur für den ungedämpften Parallelschwingkreis gültig ist. Bei einer Dämpfung durch R_L und R_2 tritt hingegen eine leichte Verstimmung der Resonanzfrequenz auf. Dieser Effekt kann jedoch in der Praxis weitestgehend vernachlässigt werden und wird daher an dieser Stelle auch nicht weiter berücksichtigt.

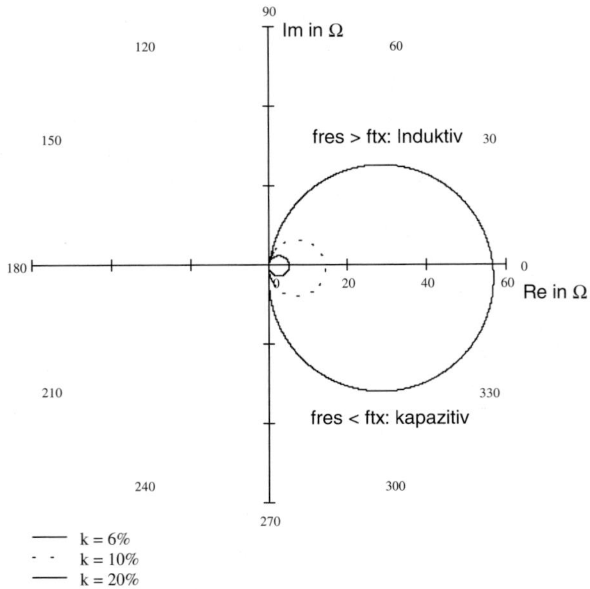

Abb. 4.33 Die Ortskurve von Z_T'(C_2 = 10 ... 110 pF) in der komplexen Impedanzebene als Funktion der Kapazität C_2 im Transponder ist ein Kreis in der komplexen Z-Ebene. Der Durchmesser des Kreises ist proportional zu k_2.

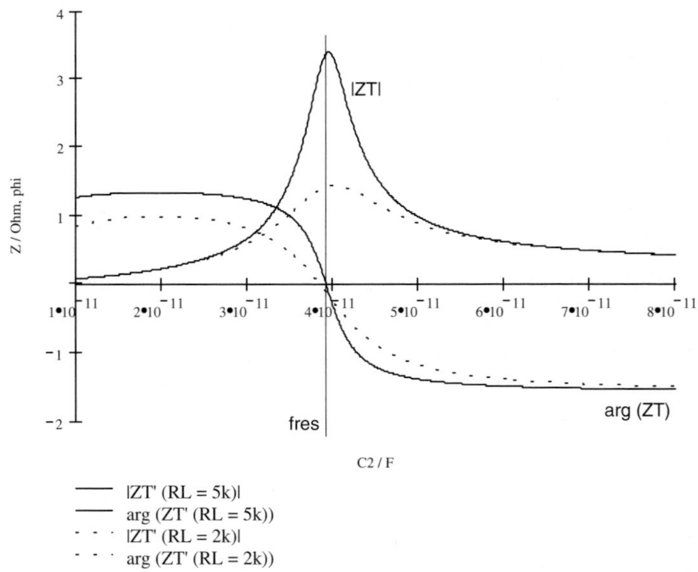

Abb. 4.34 Betrag und Phase der transformierten Transponderimpedanz Z_T' als Funktion von C_2. Der Maximalwert des Betrages von Z_T' wird bei Übereinstimmung der Transponderresonanzfrequenz mit der Sendefrequenz des Lesegerätes erreicht. Der Phasenwinkel von Z_T' wechselt hierbei sein Vorzeichen.

- $C_2 \neq 1/\omega^2 L_2$: Wird die Kapazität C_2 kleiner oder größer als $C_2 = 1/\omega_{TX}{}^2 L_2$, so verstimmt sich dadurch auch die Resonanzfrequenz des Transponders und befindet sich mehr oder weniger weit neben der Sendefrequenz des Lesegerätes. Der Strom i_2 im Schwingkreis des Transponders wechselt bei Überschreiten der Resonanzfrequenz sein Vorzeichen, wie auch in Abbildung 4.34 zu erkennen ist. Analog dazu beschreibt die Ortskurve von Z_T' die bekannte Kreisbahn in der komplexen Z-Ebene.

Für die beiden Extremwerte von C_2 gilt:

$$Z_T'(C_2 \to 0) = \frac{\omega^2 k^2 \cdot L_1 \cdot L_2}{j\omega L_2 + R_2 + R_L} \qquad [4.51]$$

(ohne Resonanzüberhöhung)

$$Z_T'(C_2 \to \infty) = \frac{\omega^2 k^2 \cdot L_1 \cdot L_2}{j\omega L_2 + R_2} \qquad [4.52]$$

(„kurzgeschlossene" Transponderspule)

4.1.10.2.4 Lastwiderstand R_L

Der *Lastwiderstand* R_L ist ein Ausdruck für die *Stromaufnahme* des Datenträgers (Mikrochip) im Transponder. Leider ist der Lastwiderstand in der Regel nicht konstant, sondern wird mit zunehmendem Kopplungsfaktor durch den Einfluss des Shuntreglers (Spannungsreglers) immer kleiner. Auch ist die Stromaufnahme des Datenträgers etwa im Lese- oder Schreibbetrieb unterschiedlich groß. Zusätzlich wird der Betrag des Lastwiderstandes häufig absichtlich verändert, um Daten zum Lesegerät zu übertragen (siehe hierzu Kap. 4.1.10.3 „Lastmodulation", S. 101).

In Abbildung 4.35 ist die entsprechende Ortskurve für $Z_T' = f(R_L)$ dargestellt. Es zeigt sich, dass die transformierte Transponderimpedanz proportional zu R_L verläuft. Ein zunehmender Betrag des Lastwiderstandes R_L, entsprechend einer kleineren (!) Stromaufnahme des Datenträgers, führt also auch zu einem größeren Betrag der transformierten Transponderimpedanz Z_T'. Dies erklärt sich aus dem Einfluss des Lastwiderstandes R_L auf den Gütefaktor Q: Durch einem hochohmigem Lastwiderstand R_L wird ein hoher Gütefaktor des Schwingkreises und damit auch eine größere Stromüberhöhung im Transponderschwingkreis bewirkt. Wegen der Proportionalität $Z_T' \sim j\omega M \cdot i_2$ – und nicht zu i_{RL} – stellt sich daher auch ein entsprechend großer Betrag für die transformierte Transponderimpedanz ein.

Bei verstimmter Transponderresonanzfrequenz zeigt sich eine gekrümmte Ortskurve der transformierten Transponderimpedanz Z_T'. Auch dies ist auf den Einfluss des Gütefaktors zurückzuführen, da auch der Phasenwinkel eines verstimmten Parallelschwingkreises mit zunehmendem Gütefaktor Q ($R_L \uparrow$) größer wird, wie uns ein Blick auf Abbildung 4.34 zeigt.

Betrachten wir wieder die beiden Extremwerte von R_L. Es gilt:

$$Z_T'(R_L \to 0) = \frac{\omega^2 k^2 \cdot L_1 \cdot L_2}{R_2 + j\omega L_2} \qquad [4.53]$$

(„kurzgeschlossene“ Transponderspule)

$$Z_T'(R_L \to \infty) = \frac{\omega^2 k^2 \cdot L_1 \cdot L_2}{R_2 + j\omega L_2 + \frac{1}{j\omega C_2}} \qquad [4.54]$$

(unbelasteter Transponderschwingkreis)

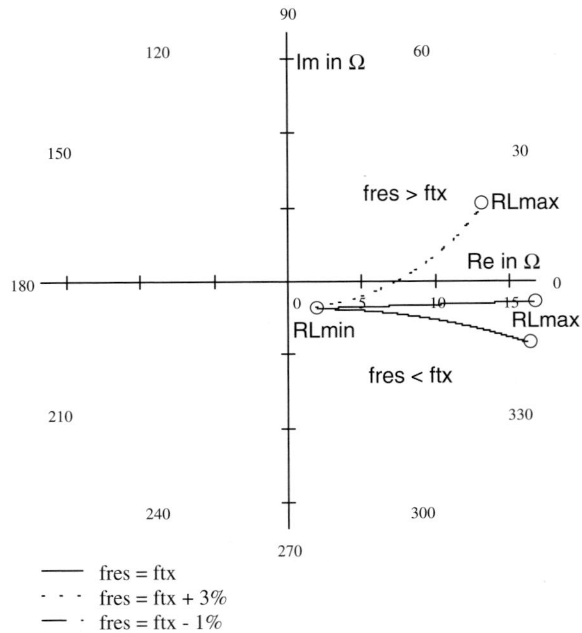

Abb. 4.35 Ortskurve von $Z_T'(R_L = 0{,}3 - 3\ k\Omega)$ in der Impedanzebene als Funktion des Lastwiderstandes R_L im Transponder für unterschiedliche Transponderresonanzfrequenzen.

4.1.10.2.5 Transponderinduktivität L_2

Wir untersuchen nun den Einfluss der Induktivität L_2 auf die transformierte Transponderimpedanz, wobei die Resonanzfrequenz des Transponders wieder konstant gehalten wird, es gilt daher $C_2 = 1/\omega_{TX}{}^2 L_2$.

Für einen bestimmten Induktivitätswert ergibt sich ein ausgeprägtes Maximum der transformierten Transponderimpedanz, wie im Liniendiagramm (Abbildung 4.36) sofort erkennbar ist. Dieses Verhalten erinnert an den Verlauf der Spannung $u_2 = f(L_2)$ (siehe auch Abbildung 4.15 auf Seite 80). Tatsächlich entsteht auch hier das Maximum der transformierten Transponderimpedanz durch ein Maximum des *Gütefaktors* Q und damit des Stromes i_2 im Transponder ($Z_T' \sim j\omega M \cdot i_2$). Zur Erklärung der mathematischen Zusammenhänge zwischen

Lastwiderstand und Gütefaktor sei daher auf Kap. 1 4.1.7 „Resonanz“, S. 76 zurückverwiesen.

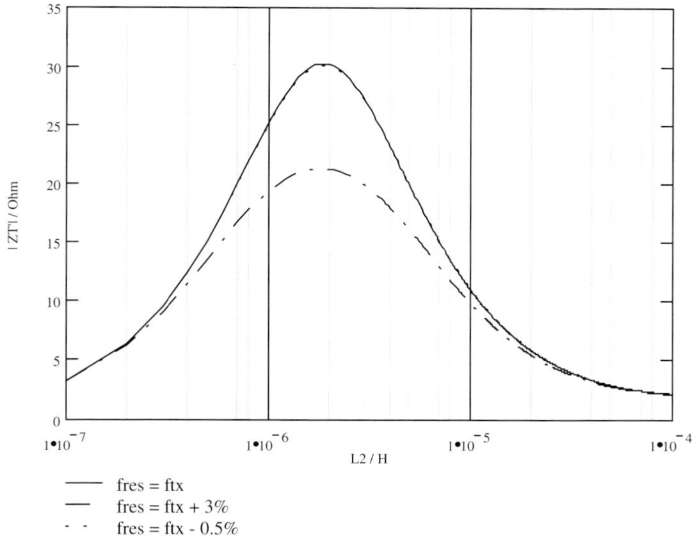

Abb. 4.36 Der Betrag von Z_T' als Funktion der Transponderinduktivität L_2 bei konstanter Resonanzfrequenz f_{RES} des Transponders. Das Maximum von Z_T' fällt mit dem Maximum des Gütefaktors Q im Transponder zusammen.

4.1.10.3 Lastmodulation

Neben einigen anderen Verfahren (siehe hierzu das Kap. 3 „Grundlegende Funktionsweise“, S. 29) ist die so genannte *Lastmodulation* das mit Abstand am häufigsten eingesetzte Verfahren zur *Datenübertragung* vom Transponder zu einem Lesegerät. Durch das Verändern von Schaltungsparametern des *Transponderschwingkreises* im Takt des Datenstromes werden Betrag und Phase der *transformierten Transponderimpedanz* so beeinflusst (Modulation), dass durch eine geeignete Auswertung im Lesegerät die vom Transponder gesendeten Daten wieder rekonstruiert werden können (Demodulation).

Von allen möglichen Schaltungsparametern des Transponderschwingkreises können durch den Datenträger jedoch nur zwei verändert werden: der Lastwiderstand R_L sowie die Parallelkapazität C_2. In der RFID-Literatur wird dementsprechend zwischen ohmscher (bzw. reeller) und kapazitiver Lastmodulation unterschieden.

4.1.10.3.1 Ohmsche Lastmodulation

Bei dieser Art der Lastmodulation wird im Datenträger des Transponders ein Parallelwiderstand R_{mod} im Takt des Datenstromes (oder im Takt eines modulierten Hilfsträgers) ein- und ausgeschaltet. Aus dem vorhergehenden Kapitel wissen wir, dass durch die Parallelschaltung von R_{mod} (→ kleinerer Gesamtwiderstand) der Gütefaktor Q und damit auch die transformierte Transponderimpedanz Z_T' im Betrag kleiner werden. Dies ist auch in der Ortskurve für den ohmschen Lastmodulator zu erkennen: Der Betrag Z_T' wird durch den Lastmodulator im Transponder zwischen den Werten Z_T'(R_L) und Z_T'($R_L||R_{mod}$) umgeschaltet. Die Phase von Z_T' bleibt dabei (unter der Voraussetzung $f_{TX} = f_{RES}$) nahezu konstant.

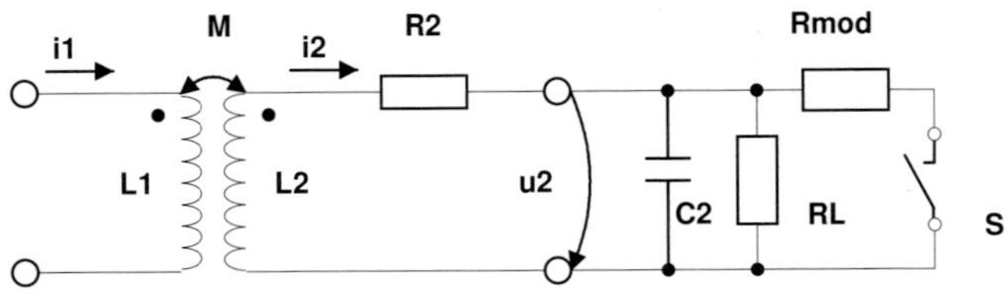

Abb. 4.37 Ersatzschaltbild für einen Transponder mit Lastmodulator. Zur Übertragung von Daten wird Schalter S im Takt des Datenstroms – oder eines modulierten Hilfsträgersignals – geschlossen.

Um nun die gesendeten Daten rekonstrieren (d. h. demodulieren) zu können, muss die an Z_T' abfallende Spannung u_{ZT} dem Empfänger (RX) des Lesegerätes zugeführt werden. Leider ist Z_T' im Lesegerät nicht als diskretes Bauteil zugänglich, da die Spannung u_{ZT} in der realen Antennenspule L_1 induziert wird. An der Antennenspule L_1 treten aber auch die Spannungen u_{L1} und u_{R1} auf, die an den Anschlüssen der Antennenspule nur als Summenspannung u_{RX} abgegriffen werden kann. Diese Summenspannung steht dem Empfangsteil des Lesegerätes zur Verfügung (siehe dazu auch Abbildung 4.25 auf Seite 90).

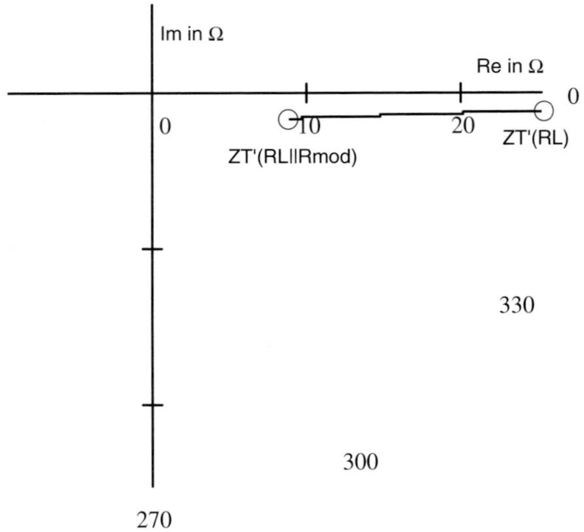

Abb. 4.38 Ortskurve der transformierten Transponderimpedanz bei ohmscher Lastmodulation ($R_L||R_{mod}$ = 1,5 ... 5 kΩ) eines induktiv gekoppelten Transponders. Das Parallelschalten des *Modulationswiderstandes* R_{mod} resultiert in einem kleineren Betrag für Z_T'.

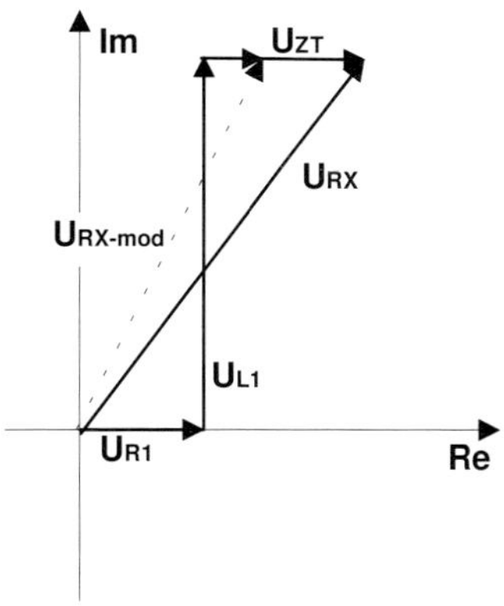

Abb. 4.39 Zeigerdiagramm der Summenspannung u_{RX}, die dem Empfänger des Lesegerätes zur Verfügung steht. Durch einen ohmschen Lastmodulator werden Betrag und Phase von u_{RX} an der Antennenspule des Lesegerätes (L_1) moduliert.

Das Zeigerdiagramm in Abbildung 4.39 zeigt Betrag und Phase der Teilspannungen u_{ZT}, u_{L1} und u_{R1}, aus denen sich die Summenspannung u_{RX} zusammensetzt. Diese wird durch die Modulation der Teilspannung u_{ZT} durch den Lastmodulator im Transponder, in Betrag und Phase verändert. Eine *Lastmodulation* im Transponder erzeugt also im Wesentlichen eine *Amplitudenmodulation* der Spannung u_{RX} der Leseantenne. Die übertragenen Daten sind deshalb an L_1 nicht im Basisband verfügbar, sondern werden in den Modulationsprodukten (= Modulationsseitenbändern) der (last-) modulierten Spannung u_1 abgebildet (siehe dazu Kap. 6 „Codierung und Modulation", S. 189).

4.1.10.3.2 Kapazitive Lastmodulation

Bei der *kapazitiven Lastmodulation* wird statt eines Modulationswiderstandes ein zusätzlicher Kondensator C_{mod} im Takt des Datenstromes (oder im Takt eines modulierten Hilfsträgers) ein- und ausgeschaltet. Hierdurch wird die Resonanzfrequenz des Transponders zwischen zwei Frequenzen umgetastet. Aus dem vorhergehenden Kapitel wissen wir bereits, dass durch das Verstimmen der Transponderresonanzfrequenz Betrag und Phase der transformierten Transponderimpedanz Z_T' stark beeinflusst werden. Dies ist auch in der Ortskurve (Abbildung 4.41) für den kapazitiven Lastmodulator gut zu erkennen: der Betrag Z_T' wird durch den Lastmodulator im Transponder zwischen den Werten $Z_T'(\omega_{RES1})$ und $Z_T'(\omega_{RES2})$ umgeschaltet. Die Ortskurve Z_T' durchläuft dabei ein Teilsegment des für den Parallelschwingkreis typischen Kreises in der komplexen Z-Ebene.

Für die Demodulation des Datensignals gilt das für den ohmschen Lastmodulator eben Gesagte. Die kapazitive Lastmodulation erzeugt im Wesentlichen eine Mischung aus einer *Amplituden-* und *Phasenmodulation* der Spannung u_{RX} der Leseantenne und ist daher im Empfangsteil des Lesegerätes entsprechend zu verarbeiten. Das Zeigerdiagramm hierzu ist in Abbildung 4.42 dargestellt.

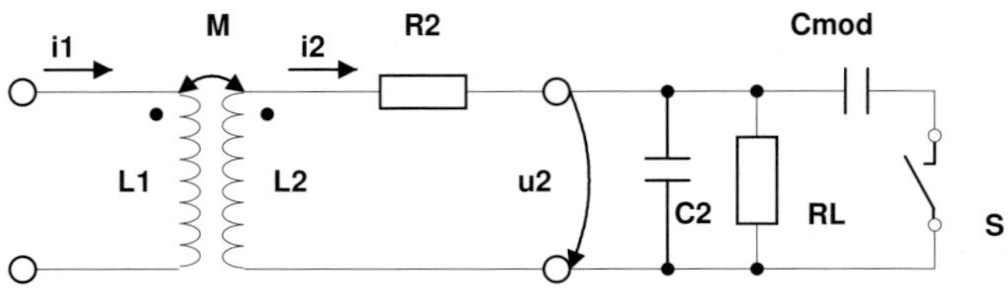

Abb. 4.40 Ersatzschaltbild für einen Transponder mit kapazitivem Lastmodulator. Zur Übertragung von Daten wird Schalter S im Takt des Datenstroms – oder eines modulierten Hilfsträgersignals – geschlossen.

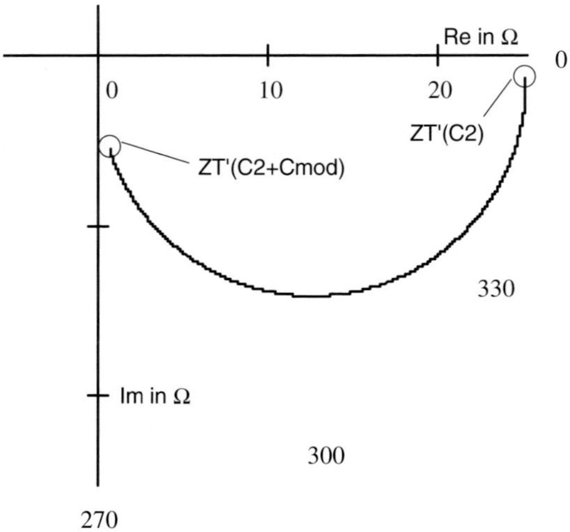

Abb. 4.41 Ortskurve der transformierten Transponderimpedanz bei kapazitiver Lastmodulation ($C_2 || C_{mod}$ = 40 ... 60 pF) eines induktiv gekoppelten Transponders. Das Parallelschalten des *Modulationskondensators* C_{mod} resultiert in einer Modulation von Betrag und Phase der transformierten Transponderimpedanz Z_T'.

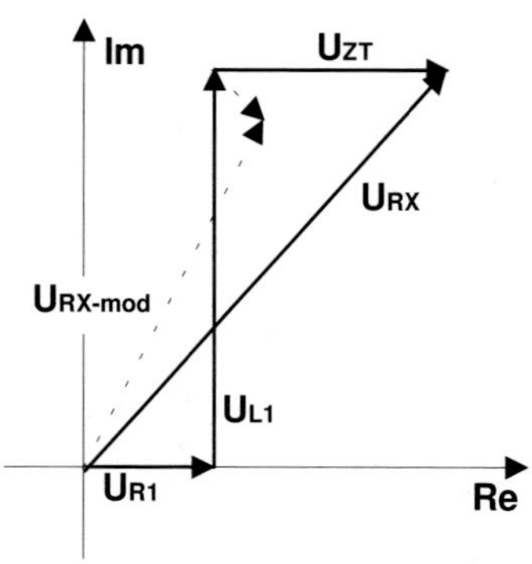

Abb. 4.42 Zeigerdiagramm der Summenspannung u_{RX}, die dem Empfänger des Lesegerätes zur Verfügung steht. Durch einen kapazitiven Lastmodulator werden Betrag und Phase dieser Spannung an der Antennenspule des Lesegerätes (L_1) moduliert.

4.1.10.3.3 Demodulation im Lesegerät

Bei Transpondern im Frequenzbereich < 135 kHz wird der Lastmodulator in der Regel direkt durch einen im Basisband codierten, seriellen Datenstrom, z. B. eine Manchester-codierte serielle Bitfolge, angesteuert. Durch Gleichrichtung der amplitudenmodulierten Spannung an der Antennenspule des Lesegerätes (siehe hierzu Kap. 11.3 „Low-cost-Aufbau – Leser-IC U2270B“, S. 327) kann das Modulationssignal des Transponders zurückgewonnen werden.

Bei höherfrequenten Systemen auf 6,78 MHz oder 13,56 MHz wird der Lastmodulator des Transponders hingegen durch ein moduliertes Hilfsträgersignal angesteuert (siehe Kap. 6.2.4 „Modulationsverfahren mit Hilfsträger“, S. 197). Als Hilfsträgerfrequenz f_H werden üblicherweise 847 kHz (ISO 14443-2), 423 kHz (ISO 15693) oder auch 212 kHz verwendet.

Durch die Lastmodulation mit einem Hilfsträger entstehen zwei Seitenbänder im Abstand $\pm f_H$ um die Sendefrequenz des Lesegerätes. Die zu übertragende Information ist dabei in jedem der beiden Seitenbänder gleichermaßen enthalten. Im Lesegerät wird eines der beiden Seitenbänder ausgefiltert und demoduliert, um so das Basisbandsignal des modulierten Datenstroms zurückzugewinnen.

4.1.10.3.4 Einfluss des Gütefaktors Q

Beachtet man die Erkenntnisse der vorhergehenden Kapitel, ist man versucht, den *Gütefaktor* Q im Transponder so groß wie möglich zu halten, um so die Energiereichweite als auch die rückwirkende transformierte Transponderimpedanz zu maximieren. Aus Sicht der Energiereichweite ist ein hoher Gütefaktor Q im Transponderschwingkreis sicher erwünscht. Will man nun Daten von oder zum Transponder übertragen, so ist hierfür eine gewisse Mindestbandbreite der Übertragungsstrecke von Datenträger im Transponder zum Empfänger im Lesegerät nötig. Die Bandbreite B des *Transponderschwingkreises* ist jedoch umgekehrt proportional zum Gütefaktor Q:

$$B = \frac{f_{RES}}{Q} \qquad [4.55]$$

Jede Lastmodulation im Transponder verursacht auch eine Amplitudenmodulation des Stromes i_2 in der Transponderspule. Die dabei entstehenden Modulationsseitenbänder des Stromes i_2 werden durch die praktisch begrenzte Bandbreite des Transponderschwingkreises mehr oder weniger bedämpft. Die Bandbreite B gibt hierbei einen Frequenzbereich um die Resonanzfrequenz f_{RES} an, an dessen Grenzen die Modulationsseitenbänder des Stromes i_2 im Transponder eine Dämpfung von 3 dB gegenüber der Resonanzfrequenz erreichen. Wird der Gütefaktor des Transponders zu hoch gewählt, so werden die Modulationsseitenbänder des Stromes i_2 mangels Bandbreite unter Umständen so weit bedämpft, dass hierdurch Einbußen der Reichweite (Transpondersignalreichweite) in Kauf zu nehmen sind.

Transponder von 13,56 MHz-Systemen, die einen *Antikollisionsalgorithmus* unterstützen, werden auf eine Resonanzfrequenz von 15 ... 18 MHz abgeglichen, um die gegenseitige Beeinflussung mehrerer Transponder gering zu halten. Durch die starke Verstimmung der

Transponderresonanzfrequenz gegenüber der Sendefrequenz des Lesegerätes werden bei diesen Systemen die beiden Lastmodulations-Seitenbänder der Hilfsträger mit unterschiedlichem Pegel übertragen (siehe Abbildung 4.44).

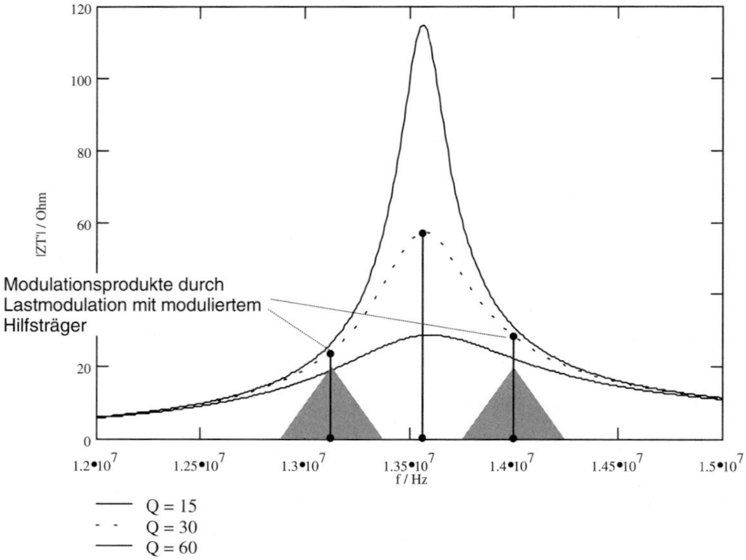

Abb. 4.43 Die transformierte Transponderimpedanz erreicht bei der Resonanzfrequenz des Transponders ein Maximum. Durch den Einfluss der Bandbreite B des Transponderschwingkreises werden die Modulationsseitenbänder des Stromes i_2 in der Amplitude bedämpft (Beispiel für f_H = 440 kHz, Q = 30).

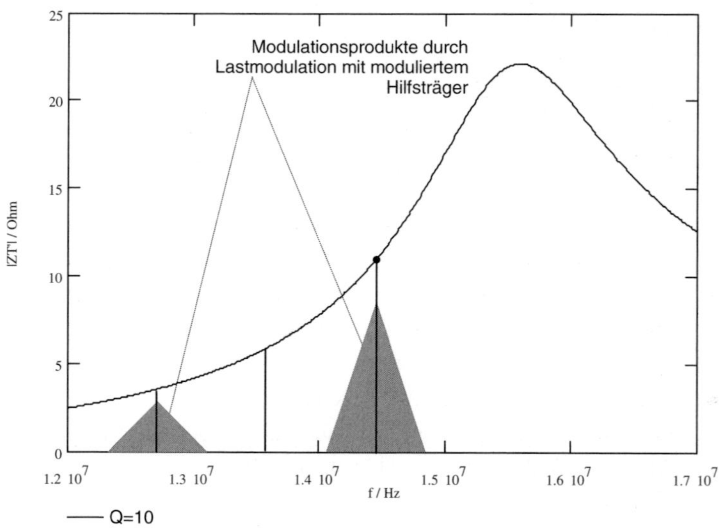

Abb. 4.44 Ist die Transponderresonanzfrequenz gegenüber der Sendefrequenz des Lesegerätes stark verstimmt, so werden die beiden Modulationsseitenbänder mit unterschiedlichem Pegel übertragen (Beispiel für eine Hilfsträgerfrequenz f_H = 847 kHz).

Der Begriff der Bandbreite ist hier problematisch (die Frequenzen des Lesegerätes sowie der Modulationsseitenbänder liegen möglicherweise sogar außerhalb der Bandbreite des Transponderschwingkreises). Wichtig bleibt aber auch hier die Wahl des richtigen Gütefaktors für den Transponderschwingkreis, da die transienten Einschwingvorgänge wärend der Lastmodulation durch den Gütefaktor beeinflusst werden.

Idealerweise wird der „mittlere Gütefaktor" des Transponders so gewählt, dass Energie- und Transpondersignalreichweite des Systems identisch sind. Das Ermitteln eines idealen Gütefaktors ist jedoch nicht trivial und sollte nicht unterschätzt werden, da der *Gütefaktor* Q auch durch den *Shuntregler* (in Abhängigkeit des Abstandes d zwischen Transponder- und Leseantenne) sowie durch den *Lastmodulator* selbst stark beeinflusst wird. Darüber hinaus übt auch die Bandbreite der Sendeantenne (Serienschwingkreis) einen Einfluss auf die Pegel der Lastmodulationsseitenbänder aus, der nicht unterschätzt werden sollte.

Tabelle 4.4: Typischer Zusammenhang zwischen Reichweite und Baudrate bei RFID-Systemen. Ein zunehmender Gütefaktor im Transponder ermöglicht eine größere (Energie-) Reichweite des Transpondersystems, allerdings auf Kosten der Bandbreite und somit auch der Datenübertragungsgeschwindig-keit (Baudrate) zwischen Transponder und Lesegerät.

System	Baudrate	$f_{Hilfsträger}$	fTX	Reichweite
ISO 14443	106 kBd	847 kHz	13,56 MHz	0 ... 10 cm
ISO 15693 short	26,48 kBd	484 kHz	13,56 MHz	0 ... 30 cm
ISO 15693 long	6,62 kBd	484 kHz	13,56 MHz	0 ... 70 cm
long range system	9,0 kBd	212 kHz	13,56 MHz	0 ... 1 m
LF-System	~ 0 ... 10 kBd	kein Hilfsträger	< 125 kHz	0 ... 1,5 m

Bei der Entwicklung eines induktiv gekoppelten RFID-Systems muss daher ein Kompromiss zwischen der Reichweite des Systems und der Datenübertragungsgeschwindigkeit (Baudrate/Hilfsträgerfrequenz) geschlossen werden: Systeme, die eine kurze Transaktionszeit (d. h. schnelle Datenübertragung bei großer Bandbreite) erfordern, bieten daher oft nur eine Reichweite von wenigen Zentimetern,[11] während Systeme mit relativ langen Transaktionszeiten (d. h. langsamer Datenübertragung bei geringer Bandbreite) auf Reichweite getrimmt werden können.[12] Tabelle 4.4 gibt eine kurze Übersicht über den Zusammenhang von Reichweite und Bandbreite bei induktiv gekoppelten RFID-Systemen.

[11] Als Beispiel wären hier vor allem kontaktlose Chipkarten für ÖPNV-Anwendungen zu nennen, die innerhalb weniger 100 ms eine Authentifikation mit dem Lesegerät abwickeln und dazu etliche Buchungsdaten übertragen müssen.

[12] So etwa kontaktlose Chipkarten für „hands-free" Zutrittsysteme, die innerhalt 1 .. 2 Sekunden nur wenige Byte – meist die Seriennummer des Datenträgers – übertragen müssen. Hinzu kommt, dass bei Systemen mit „großen" Sendeantennen die Datenrate des Lesegerätes schon dadurch begrenzt wird, dass die Modulationsseitenbänder nur sehr geringe Pegel aufweisen dürfen, um die Funkzulassungsvorschriften (ETS, FCC) einhalten zu können.

4.1.11 Messung von Systemparametern

4.1.11.1 Messung des Kopplungsfaktors k

Der Kopplungsfaktor k bzw. die damit verknüpfte Gegeninduktivität M sind die wichtigsten Kenngrößen zur Berechnung eines induktiv gekoppelten RFID-Systems. Gerade diese Parameter lassen sich auf Grund des oftmals komplizierten Feldverlaufs analytisch kaum greifen – denn: „Mathematik macht Spass, aber jeder hat seine Grenzen." Auch zu einer numerischen Simulation fehlt oft die nötige Software, oder einfach Zeit und Geduld.

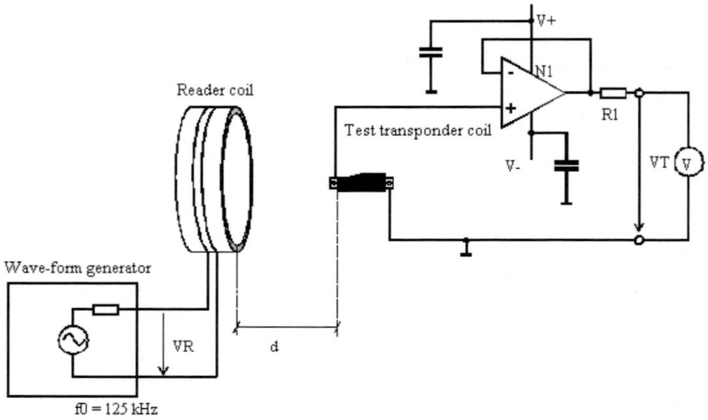

Abb. 4.45 Messaufbau zur Ermittlung des magnetischen Kopplungsfaktors k. N1: TL081 oder LF 356N, R1: 100 ... 500 Ω. (Zeichnung: TEMIC Semiconductors, Heilbronn)

Eine schnelle Ermittlung des Kopplungsfaktors k für ein bestehendes System ist jedoch auch durch eine einfache Messung möglich. Hierzu benötigen wir eine „Test-Transponderspule", deren elektrische und mechanische Parameter dem „echten" Transponder entsprechen. Aus den gemessenen Spannungen U_R an der Leserspule und U_T an der Transponderspule (in Abbildung 4.45 mit V_R, V_T bezeichnet) kann der Kopplungsfaktor leicht berechnet werden:

$$k = A_k \cdot \frac{U_T}{U_R} \cdot \sqrt{\frac{L_R}{L_T}} \qquad [4.56]$$

U_T = Spannung an der Transponderspule, U_R = Spannung an der Leserspule, L_T, L_R = Induktivität der Spulen, A_K = Korrekturfaktor (< 1)

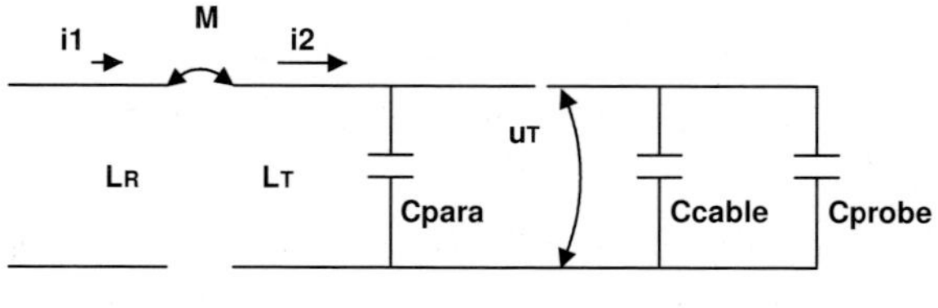

Abb. 4.46 Ersatzschaltbild der Test-Transponderspule mit den parasitären Kapazitäten des Messaufbaus.

Die parallelen, parasitären Kapazitäten des Messaufbaus und der Test-Transponderspule selbst beeinflussen das Messergebnis durch den unerwünschten Strom i_2. Um diesen Effekt zu kompensieren, enthält Formel 4.56 einen Korrekturfaktor A_K. Mit $C_{GES} = C_{PARA} + C_{CABLE} + C_{PROBE}$ (siehe Abbildung 4.46) wird der Korrekturfaktor bestimmt:

$$A_k = 2 - \frac{1}{1 - (\omega^2 \cdot C_{GES} \cdot L_T)} \qquad [4.57]$$

Bei kapazitätsarmem Aufbau der Messschaltung ergibt sich in der Praxis ein Korrekturfaktor $A_K \sim 0{,}99 \ldots 0{,}8$ [temic].

4.1.11.2 Messung der Transponderresonanzfrequenz

Besonders bei der Herstellung induktiv gekoppelter Transponder ist es erforderlich, deren Resonanzfrequenz genau messen zu können, um Abweichungen vom Sollwert festzustellen. Da Transponder jedoch meist in einem Glas- oder Kunststoffgehäuse unzugänglich verpackt sind, kann auch die Messung der Resonanzfrequenz nur mittels einer induktiven Kopplung realisiert werden.

Der Messaufbau hierzu ist in Abbildung 4.47 dargestellt. Zur induktiven Kopplung zwischen Transponder und Messgerät verwenden wir eine Koppelspule (Leiterschleife mit mehreren Windungen), wobei darauf zu achten ist, dass sich die Eigenresonanz dieser Koppelspule deutlich oberhalb der Resonanzfrequenz des Transponders befindet (mindestens Faktor 2), um Messfehler zu minimieren.

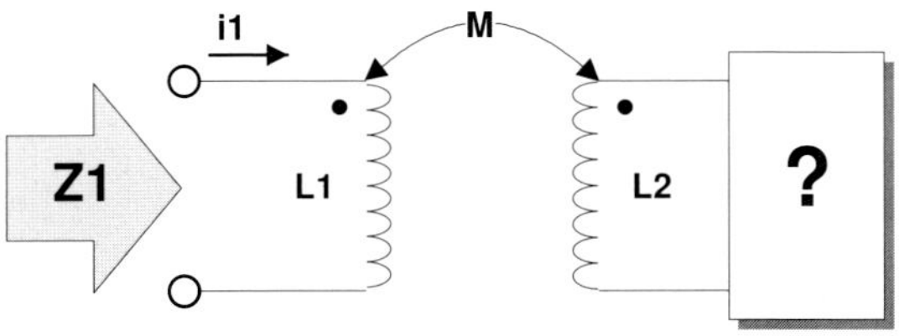

Abb. 4.47 Die Anordnung zum Messen der *Transponderresonanzfrequenz* besteht aus einer Koppelspule L_1 sowie einem Messgerät, mit dem die komplexe Impedanz von Z_1 über einen bestimmten Frequenzbereich gemessen werden kann.

Mittels eines Phasen- und Impedanzanalysators (oder auch eines Netzwerkanalysators) kann nun die Impedanz Z_1 der Koppelspule als Funktion der Frequenz ermittelt werden. Die Darstellung des Betrages von Z_1 im Liniendiagramm führt zu einem Kurvenverlauf, wie in Abbildung 4.48 dargestellt. Bei steigender Messfrequenz durchläuft das Liniendiagramm verschiedene lokale Maxima und Minima des Betrages und der Phase von Z_1. Die Reihenfolge der einzelnen Maxima und Minima ist dabei immer gleich.

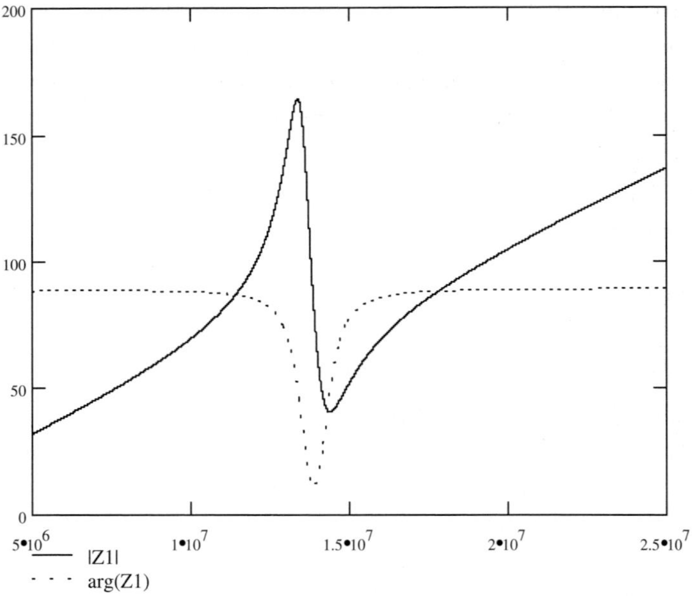

Abb. 4.48 Die Messung von Impedanz und Phase an der Messspule lässt keinen Rückschluss auf die Frequenz des Transponders zu.

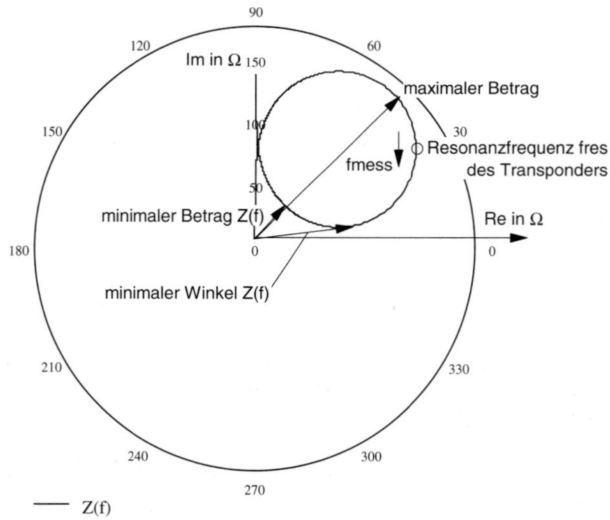

Abb. 4.49 Die Ortskurve der Impedanz Z_1 im Frequenzbereich 1 ... 30 MHz.

Die Impedanz Z_1 der Koppelspule L_1 setzt sich bei Gegeninduktivität mit einem Transponder aus mehreren Einzelimpedanzen zusammen:

$$Z_1 = R_1 + j\omega L_1 + Z_T' \qquad [4.58]$$

Abseits der Transponderresonanzfrequenz f_{RES} geht Z_T' gegen null, es gilt $Z_1 = R_1 + j\omega L_1$.

Die Ortskurve ist in diesem Bereich eine Parallele zur imaginären Y-Achse der komplexen Z-Ebene im Abstand R_1. Nähert sich die Messfrequenz der Transponderresonanzfrequenz, so mündet diese Gerade durch den Einfluss von Z_T' in einem Kreis. Die Ortskurve hierfür ist in Abbildung 4.49 dargestellt. Die Transponderresonanzfrequenz entspricht dem Maximum des Realteiles von Z_1 (im Liniendiagramm Abbildung 4.48 ist dies jedoch nicht zu erkennen). Auch die Entstehung der einzelnen Maxima und Minima des Liniendiagrammes ist in der Ortskurve erkennbar. Eine exakte Messung der Transponderresonanzfrequenz ist daher nur mit Messgeräten möglich, die eine getrennte Messung von R und X erlauben oder die Darstellung als Ortskurve bzw. Liniendiagramm ermöglichen.

4.1.12 Magnetische Werkstoffe

Werkstoffe mit einer relativen *Permeabilität* > 1 werden als ferromagnetische Werkstoffe (Ferromagnetika) bezeichnet. Dies sind Eisen, Kobalt, Nickel, verschiedene Legierungen und Ferrite.

4.1.12.1 Eigenschaften magnetischer Werkstoffe und Ferrite

Ein wichtiges Charakteristikum eines magnetischen Werkstoffes ist die *Magnetisierungskennlinie* oder *Hysteresekurve*. Dabei wird der Verlauf B=f(H) erfasst, der für alle Ferromagnetika einen typischen Verlauf aufweist.

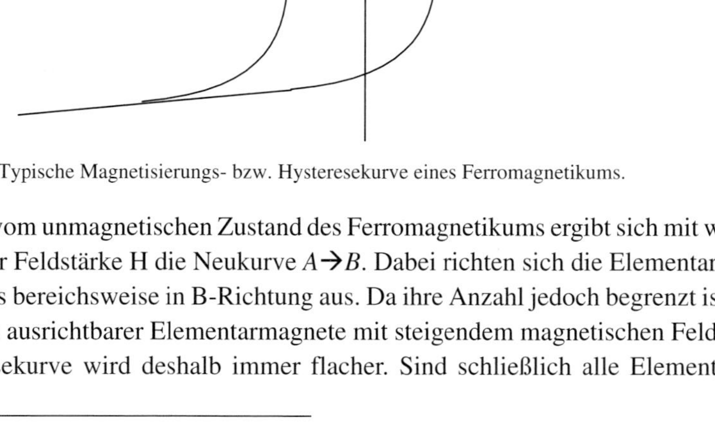

Abb. 4.50 Typische Magnetisierungs- bzw. Hysteresekurve eines Ferromagnetikums.

Ausgehend vom unmagnetischen Zustand des Ferromagnetikums ergibt sich mit wachsender magnetischer Feldstärke H die Neukurve *A→B*. Dabei richten sich die Elementarmagnete[13] des Materials bereichsweise in B-Richtung aus. Da ihre Anzahl jedoch begrenzt ist, sinkt die Anzahl noch ausrichtbarer Elementarmagnete mit steigendem magnetischen Feld weiter ab, die Hysteresekurve wird deshalb immer flacher. Sind schließlich alle Elementarmagnete

[13] Der Ferromagnetismus beruht auf dem Vorhandensein elementarer magnetischer Dipole. Dabei stellt das um den Atomkern kreisende Elektron einen Strom dar und erzeugt ein Magnetfeld. Außer dem Bahnumlauf des Elektrons verursacht auch die Eigendrehung des Elektrons um sich selbst, der Spin, ein magnetisches Moment, das für das magnetische Verhalten sogar eine noch größere Bedeutung hat.

ausgerichtet, so wächst B proportional zu H nur noch im gleichen Maße wie im Vakuum.

Bei Verringerung der Feldstärke H auf H=0 sinkt die Flussdichte B auf den positiven Restwert B_R, die Remanenz. Erst nach dem Anlegen eines Gegenfeldes (-H) fällt die Flussdichte B weiter und geht schließlich durch null. Die hierfür notwendige Feldstärke wird als Koerzitivfeldstärke H_C bezeichnet.

In der Hochfrequenztechnik kommen vor allem Ferrite zum Einsatz. Dabei handelt es sich um weichmagnetische keramische Werkstoffe (kleines B_R), die sich im Wesentlichen aus Mischkristallen oder Verbindungen von Eisenoxid (Fe_2O_3) mit einem oder mehreren Oxiden zweiwertiger Metalle (NiO, ZnO, MnO u.a.) zusammensetzen [Vogt]. Die Herstellverfahren ähneln denen der keramischen Technologie (Sintern).

Das wesentliche Charakteristikum von Ferriten ist der hohe spezifische elektrische Widerstand, der je nach Werkstoffsorte etwa 1 bis 106 Ωm beträgt, gegenüber 10^{-5} bis 10^{-4} Ωm bei Metallen. Infolgedessen sind die Wirbelstromverluste klein und können in einem weiten Frequenzbereich vernachlässigt werden.

Die relativen Permeabilitäten von Ferriten reichen bis in die Größenordnung von $\mu_r = 2000$.

Eine wichtige Eigenschaft von Ferritwerkstoffen ist seine materialabhängige Grenzfrequenz, die in den Datenblättern der Ferrithersteller angegeben wird. Oberhalb der Grenzfrequenz treten vermehrt Verluste im Ferritmaterial auf; deshalb sollten Ferrite nicht außerhalb des spezifizierten Frequenzbereiches eingesetzt werden.

4.1.12.2 Ferritantennen in LF-Transpondern

Für bestimmte Anwendungen werden extrem kleine Transponderspulen benötigt. In Transpondern zur Tieridentifikation werden typischerweise Zylinderspulen mit $d \cdot l = 5\text{ mm} \cdot 0{,}75\text{ mm}$ eingesetzt. Die für die Energieversorgung des Transponders maßgebliche Gegeninduktivität M sinkt dabei wegen der Proportionalität zur Querschnittsfläche der Spule (M ~ A, Formel 4.13) stark ab. Durch das Einbringen eines Ferritmaterials mit hoher Permeabilität μ in den Innenraum der Spule ($M \sim \Psi \rightarrow M \sim \mu \cdot H \cdot A$, Formel 4.13) kann die Gegeninduktivität jedoch wieder erheblich angehoben werden, sodass damit die kleine Querschnittsfläche der Spule ausgeglichen wird.

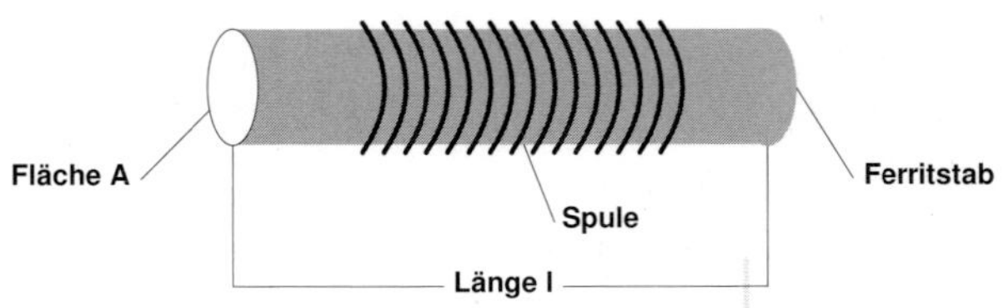

Abb. 4.51 Aufbau einer Ferritantenne in einem 135 kHz-Glastransponder.

Die Induktivität einer *Ferritantenne* kann nach folgender Gleichung berechnet werden [philmag]:

$$L = \frac{\mu_0 \mu_{Ferrit} \cdot N^2 \cdot A}{l} \qquad [4.59]$$

4.1.12.3 Ferritabschirmung in metallischer Umgebung

Beim Einsatz von (induktiv gekoppelten) RFID-Systemen wird häufig die Anforderung gestellt, Antennen von Lesegeräten oder Transpondern direkt auf metallischen Oberflächen zu montieren. Dies kann eine Leserantenne für einen Fahrkartenautomaten oder auch ein Transponder zur Montage auf Gasflaschen sein.

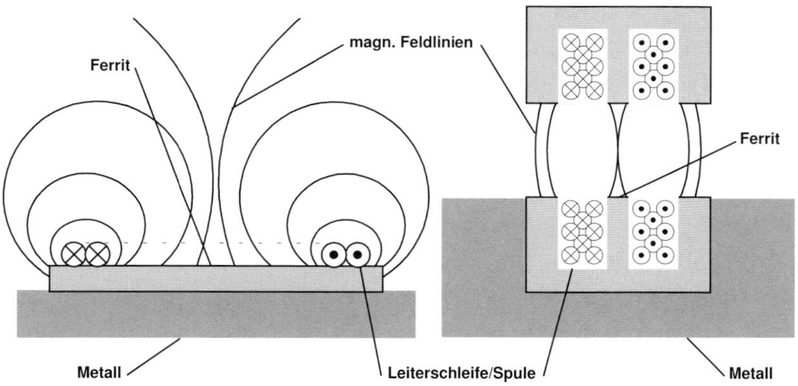

Abb. 4.52 Leserantenne (*links*) und Gasflaschentransponder im U-Kern mit Lesekopf (*rechts*) können mit einer Ferritabschirmung unmittelbar auf bzw. in Metalloberflächen montiert werden.

Eine Montage magnetischer Antennen unmittelbar auf einer metallischen Oberfläche ist jedoch nicht möglich. Der magnetische Fluss durch die Metalloberfläche induziert darin Wirbelströme, die der Ursache, d. h. dem Feld des Lesegerätes, entgegenwirken („Lenzsche Regel") und damit das magnetische Feld an der Oberfläche des Metalls so stark bedämpfen, dass eine Kommunikation zwischen Lesegerät und Transponder nicht mehr möglich ist. Dabei ist es gleichgültig, ob die auf der Metalloberfläche montierte Spule das magnetische Feld selbst erzeugt (Leserantenne) oder ob das Feld von „außerhalb" auf die Metallplatte trifft (Transponder auf Metalloberfläche).

Durch das Einfügen hochpermeabler Ferrite zwischen Spule und Metalloberfläche kann das Auftreten von Wirbelströmen weitgehend vermieden werden. Damit wird auch eine Antennenmontage auf *Metalloberflächen* möglich.

Bei der Montage von Antennen auf Ferritoberflächen ist zu berücksichtigen, dass die Induktivität der Leiterschleifen bzw. Spulen durch die hohe Permeabilität des Ferritmaterials teilweise erheblich vergrößert wird, sodass ein Neuabgleich der Resonanzfrequenz oder gar eine völlige Neudimensionierung des Anpassnetzwerkes (bei Lesegeräten) notwendig sein kann (siehe hierzu Kap. 11.4 „Anschluss von Antennen für induktiv gekoppelte Systeme", S. 329).

4.1.12.4 Einbau von Transpondern in Metall

Unter gewissen Voraussetzungen ist auch der direkte Einbau von Transpondern in eine metallische Umgebung möglich. Hierzu werden *Glastransponder* verwendet, da diese eine Spule auf einem hochpermeablen *Ferritstab* enthalten. Wird solch ein Transponder horizontal in eine längliche Vertiefung der Metalloberfläche eingesetzt, die etwas größer als der Transponder selbst ist, so kann der Transponder problemlos ausgelesen werden. Bei waagrechtem Einbau des Transponders verlaufen die Feldlinien durch den Ferritstab des Transponders parallel zur *Metalloberfläche*, sodass sich die Wirbelstromverluste gering halten. Das Einsetzen des Transponders in eine senkrechte Bohrung führt hier nicht zum Erfolg, da die Feldlinien durch den Ferritstab des Transponders in diesem Fall am Ende der Bohrung senkrecht auf der Metalloberfläche enden würden. Die dabei auftretenden *Wirbelstromverluste* verhindern das Ansprechen eines Transponders.

Auch das Abdecken einer solchen Anordnung mit einem *Metalldeckel* ist möglich. Um den Transponder ansprechen zu können, wird jedoch ein schmaler Spalt dielektrischen Materials (Lack, Kunststoff, Luft, ...) zwischen den beiden Metallflächen benötigt. Die parallel zur Metalloberfläche verlaufenden Feldlinien treten über den *dielektrischen Spalt* in den Hohlraum ein (siehe Abbildung 4.54), sodass der Transponder gelesen werden kann. Durch den Einbau in Metall können derartige Transponder in besonders rauer Umgebung eingesetzt und sogar von tonnenschweren Fahrzeugen überrollt werden, ohne Schaden zu nehmen.

Abb. 4.53 Einbau eines Glastransponders in eine Metalloberfläche (rechts). Durch einen dünnen dielektrischen Spalt können die Transponder sogar durch Metallumhüllung (links) gelesen werden. (Foto: Hanex Co., Ltd. Japan)

Auch Disk-Tags und kontaktlose Chipkarten können zwischen Metallplatten eingebettet werden. Um zu verhindern, dass die magnetischen Feldlinien in die Metallabdeckung eindringen, werden auf der Ober- und Unterseite des Tags Metallfolien aus hochpermeablem *amorphen Metall* aufgebracht [hanex]. Entscheidend für die Funktionalität ist hierbei, dass die amorphen Folien jeweils nur eine Hälfte des Tags bedecken.

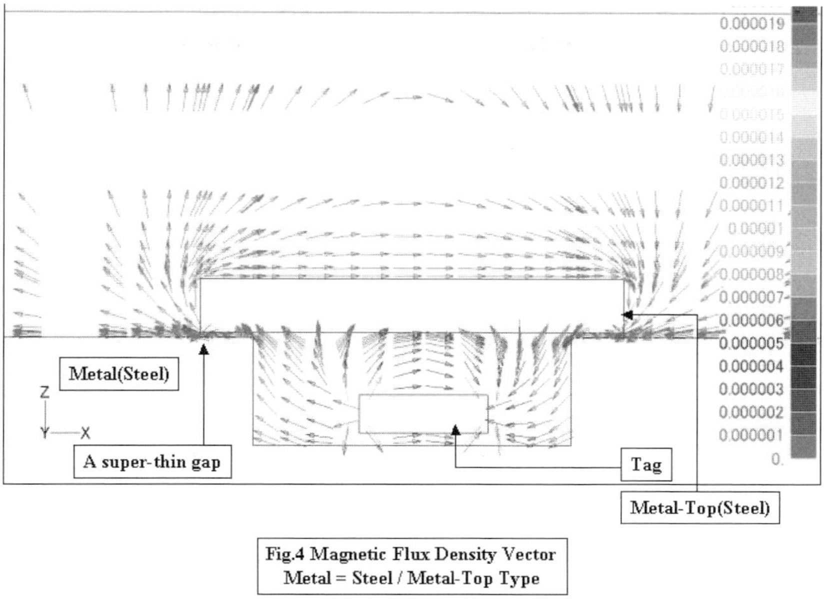

Abb. 4.54 Verlauf der Feldlinien um einen metallgekapselten Transponder. Durch den dielektrischen Spalt verlaufen die Feldlinien parallel zur Metalloberfläche, sodass Wirbelstromverluste gering gehalten werden. (Foto: Hanex Co., Ltd. Japan)

Die magnetischen Feldlinien treten parallel zur Oberfläche der Metallplatten in das amorphe Metall und werden dort wie in einem Leiter geführt. Am Spalt zwischen den beiden Teilfolien entsteht ein magnetischer Fluss durch die Spule des Transponders, sodass dieser ausgelesen werden kann.

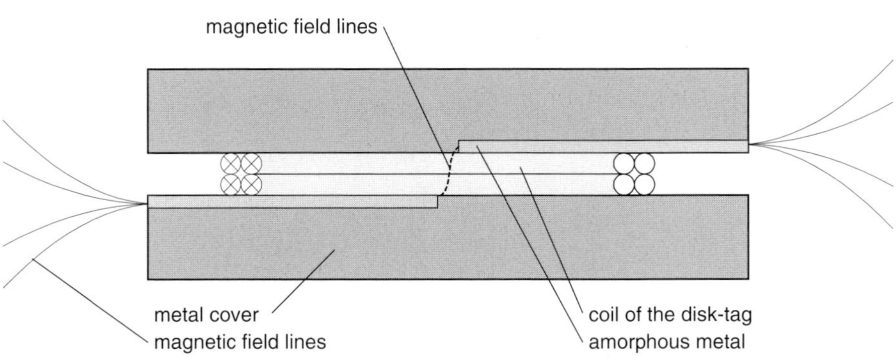

Abb. 4.55 Querschnitt durch ein Sandwich aus Disk-Transponder und Metallplatten. Durch Folien aus amorphem Metall werden die magnetischen Feldlinien nach außen geführt.

4.2 Elektromagnetische Wellen

4.2.1 Entstehung elektromagnetischer Wellen

Weiter oben wurde beschrieben, wie ein sich zeitlich änderndes *Magnetfeld* im Raum, ein *elektrisches Feld* mit in sich geschlossenen Feldlinien (Wirbelfeld) induziert (siehe hierzu auch Abbildung 4.11 auf Seite 75). Das elektrische Feld umfasst das magnetische Feld und ist in sich selbst zeitlich veränderlich. Infolge der zeitlichen Änderung des elektrischen *Wirbelfeldes* entsteht wiederum ein magnetisches Feld mit in sich geschlossenen Feldlinien (Wirbelfeld). Es umfasst das elektrische Feld und ist selbst zeitlich veränderlich, erzeugt also seinerseits wiederum ein elektrisches Feld. Durch die gegenseitige Abhängigkeit der sich zeitlich ändernden Felder ist die Verkettung der elektrischen und magnetischen Felder im Raum gegeben [frikke].

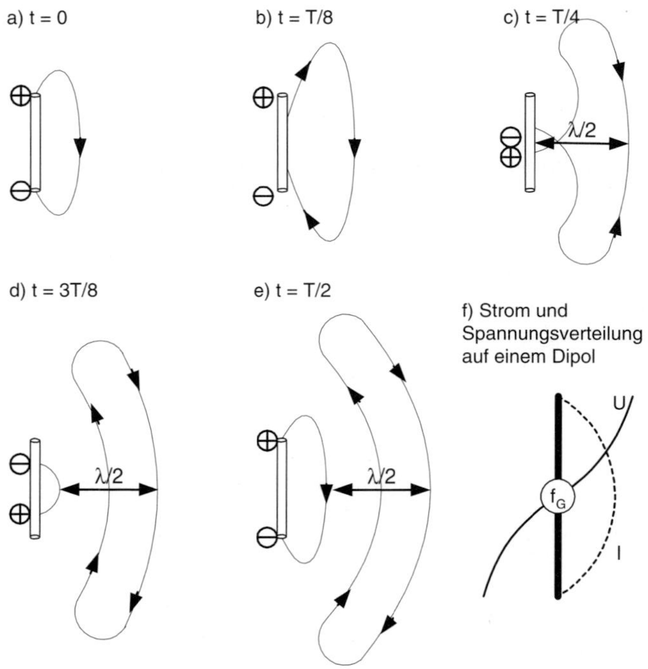

Abb. 4.56 Entstehung einer elektromagnetischen Welle an einer Dipolantenne. Dargestellt ist das elektrische Feld E. Das magnetische Feld H bildet sich ringförmig um die Antenne und steht somit rechtwinklig zum elektrischen Feld.

Voraussetzung für das Zustandekommen der Strahlung ist die endliche Ausbreitungsgeschwindigkeit ($c \approx 300.000$ km/s; *Lichtgeschwindigkeit*) des elektromagnetischen Feldes, durch die verhindert wird, dass bei der zeitlichen Änderung der Spannung auf der Antenne das Feld im Raum der Änderung verzögerungsfrei folgt. Das Entstehen einer *elektromagnetischen Welle* an einer *Dipolantenne* ist in Abbildung 4.56 dargestellt. Bereits beim Nulldurchgang der Wechselspannung (Abbildung 4.56c) können dann die noch im Raum vorhandenen Feldlinien der vorhergehenden Halbwelle nicht mehr auf der Antenne enden, sondern schließen sich durch Bildung abgeschnürter Wirbel in sich selbst. Die in der nun folgenden Halbwelle entstehenden Wirbel mit umgekehrtem Richtungssinn drängen die bereits vorhandenen Wirbel und damit die in diesem Feld gespeicherte Energie mit Lichtgeschwindigkeit c vom Strahler fort. Mit dem veränderlichen elektrischen Feld ist das magnetische Feld verkettet, das sich gleichzeitig ausbreitet. Erst in einem gewissen Abstand haben sich die Felder vom Strahler gelöst und damit den Beginn der elektromagnetischen Strahlung (→ Fernfeld) eingeleitet. Bei hohen Frequenzen, also kleinen Wellenlängen, ist die entstehende Strahlung besonders wirksam, da hier die Ablösung bereits in unmittelbarer Nähe des Strahlers auftritt, in der noch sehr hohe Feldstärken vorhanden sind [fricke].

Der Abstand zwischen zwei Feldwirbeln mit gleichem Richtungssinn wird als *Wellenlänge* λ der elektromagnetischen Welle bezeichnet und ergibt sich aus dem Quotienten von Lichtgeschwindigkeit c und der Frequenz der Strahlung:

$$\lambda = \frac{c}{f} \qquad [4.60]$$

Tabelle 4.5: Frequenz und Wellenlänge verschiedener VHF-UHF Frequenzen

Frequenz	Wellenlänge
433 MHz	69 cm (70 cm Band)
868 MHz	34 cm
915 Mhz	33 cm
2,45 GHz	12 cm
5,8 GHz	5,2 cm

4.2.1.1 Übergang vom Nah- zum Fernfeld bei Leiterschleifen

Das von einer *Leiterschleife* primär erzeugte magnetische Feld beginnt unmittelbar an der Antenne (siehe hierzu auch Kap. 4.1.1.1 „Feldstärkeverlauf H(x) bei Leiterschleifen“, S. 65). Bei der Ausbreitung des magnetischen Feldes bildet sich durch Induktion zunehmend auch ein elektrisches Feld aus (vergleiche Abbildung 4.11 auf Seite 75). Das ursprünglich rein magnetische Feld geht so kontinuierlich in ein elektromagnetisches Feld über. In der Entfernung $\lambda/2\pi$ beginnt sich zusätzlich das elektromagnetische Feld von der Antenne abzulösen und als elektromagnetische Welle in den Raum zu wandern. Der Bereich von der Antenne bis zur Ausbildung des elektromagnetischen Feldes wird als *Nahfeld* der Antenne bezeichnet. Der Bereich, ab dem sich die elektromagnetische Welle vollständig ausgebildet und von der Antenne abgelöst hat, wird als *Fernfeld* bezeichnet.

Eine abgelöste elektromagnetische Welle kann nicht mehr durch induktive oder kapazitive Kopplung auf die Antenne, von der sie erzeugt wurde, zurückwirken. Für induktiv gekoppelte RFID-Systeme bedeutet dies, dass mit dem Beginn des Fernfeldes eine *transformatorische (induktive) Kopplung* nicht mehr möglich ist. Der Beginn des Fernfeldes (mit dem

Radius $r_F = \lambda/2\pi$ als grobem Richtwert) um die Antenne stellt also eine unüberschreitbare *Reichweitengrenze* für induktiv gekoppelte Systeme dar.

Tabelle 4.6: r_F und λ für verschiedene Frequenzbereiche

Frequenz	Wellenlänge λ	$\lambda/2\pi$
< 135 kHz	> 2222 m	> 353 m
6,78 MHz	44,7 m	7,1 m
13,56MHz	22,1 m	3,5 m
27,125MHz	11,0 m	1,7 m

Der Feldstärkeverlauf einer magnetischen Antenne entlang der Spulenachse x folgt im Nahbereich der Beziehung $1/d^3$, wie oben bereits gezeigt wurde. Dies entspricht einer Dämpfung von 60 dB pro Dekade (der Entfernung). Beim Übergang zum Fernfeld hingegen tritt eine Abflachung des Dämpfungsverlaufes ein, da nach Ablösung des Feldes von der Antenne für den Feldstärkeverlauf ausschließlich die *Freiraumdämpfung* elektromagnetischer Wellen von Bedeutung ist. Die Feldstärke nimmt dann mit zunehmender Entfernung nur noch im Verhältnis 1/d ab (siehe hierzu Formel 4.65). Dies entspricht einer Dämpfung von nur mehr 20 dB pro Dekade (der Entfernung):

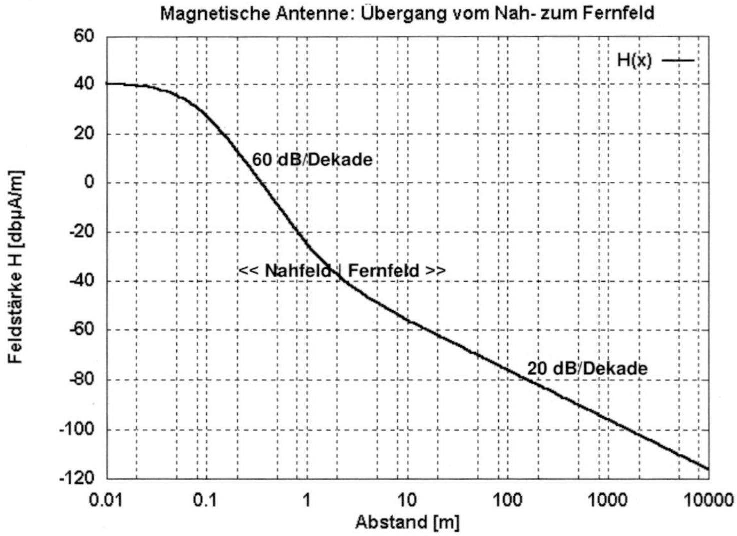

Abb. 4.57 Verlauf der magnetischen Feldstärke H, beim Übergang vom Nah- zum Fernfeld bei einer Frequenz von 13,56 MHz.

4.2.2 Strahlungsdichte S

Eine *elektromagnetische Welle* breitet sich vom Ort ihrer Entstehung kugelförmig im Raume aus. Gleichzeitig wird durch die elektromagnetische Welle Energie in den umgebenden

Raum transportiert. Diese Energie verteilt sich in zunehmender Entfernung von der Strahlungsquelle auf eine immer größer werdende Kugeloberfläche. In diesem Zusammenhang spricht man von der *Strahlungsleistung* pro Fläche, auch *Strahlungsdichte* S genannt.

Bei einem *kugelförmigem Strahler*, dem so genannten *isotropen Strahler*, wird die Energie in alle Richtungen gleichmäßig abgestrahlt. In der Entfernung r kann die Strahlungsdichte S sehr leicht als Quotient aus der dem Strahler zugeführten Energie (also der Sendeleistung P_{EIRP}) und der Kugeloberfläche berechnet werden.

$$S = \frac{P_{EIRP}}{4\pi r^2} \qquad [4.61]$$

4.2.3 Feldwellenwiderstand und Feldstärke E

Die von der elektromagnetischen Welle transportierte Energie ist im elektrischen und magnetischen Feld der Welle gespeichert. Zwischen der Strahlungsdichte S und den Feldstärken E und H der miteinander verketteten elektrischen und magnetischen Felder besteht daher ein fester Zusammenhang. Das elektrische Feld mit der elektrischen Feldstärke E steht senkrecht zum magnetischen Feld H. Die zwischen den Vektoren E und H aufgespannte Fläche bildet die Wellenfront und steht senkrecht zur Ausbreitungsrichtung. Die Strahlungsdichte S ist dabei durch den *poyntigschen Strahlungsvektor S* als Vektorprodukt aus E und H gegeben.

$$S = E \times H \qquad [4.62]$$

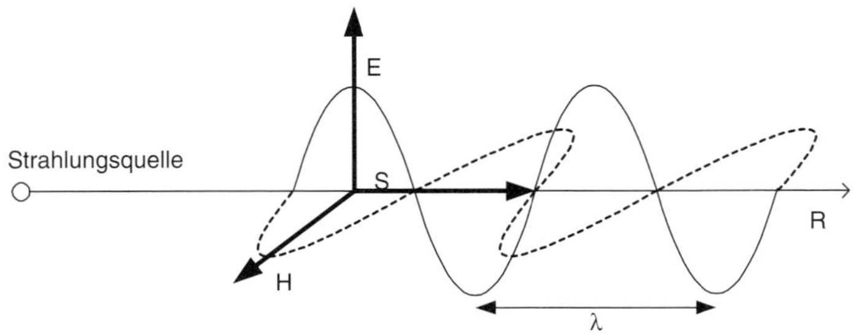

Abb. 4.58 Der poyntigsche Strahlungsvektor S als Vektorprodukt aus E und H.

Das Verhältnis der Feldstärken E und H zueinander wird durch Permeabilitätskonstante und der Dielektrizitätszahl des Ausbreitungsmediums der elektromagnetischen Welle definiert. Im Vakuum sowie annähernd auch in Luft gilt:

$$E = H \cdot \sqrt{\mu_0 \varepsilon_0} = H \cdot Z_F \qquad [4.63]$$

Z_F wird als *Feldwellenwiderstand* ($Z_F = 120\pi\Omega = 377\Omega$) bezeichnet. Es gilt ferner folgender Zusammenhang:

$$E = \sqrt{S \cdot Z_F} \qquad [4.64]$$

Aus Gleichung [4.61] kann somit auch die Feldstärke E in einem bestimmten Abstand r zur

Strahlungsquelle berechnet werden. P_{EIRP} ist die vom isotropen Strahler abgestrahlte Sendeleistung:

$$E = \sqrt{\frac{P_{EIRP} \cdot Z_F}{4\pi r^2}} \qquad [4.65]$$

4.2.4 Polarisation elektromagnetischer Wellen

Die *Polarisation* einer elektromagnetischen Welle wird durch die Richtung des elektrischen Feldes der Welle bestimmt. Man unterscheidet zwischen *Linearpolarisation* und *Zirkularpolarisation*. Bei der Linearpolarisation dient die Richtung der Feldlinien des elektrischen Feldes E in Bezug auf die Erdoberfläche zur Unterscheidung zwischen *horizontaler-* (die elektrischen Feldlinien verlaufen parallel zur Erdoberfläche) und *vertikaler* (die elektrischen Feldlinien verlaufen senkrecht zur Erdoberfläche) *Polarisation*.

So ist z. B. die Dipolantenne eine linear polarisierte Antenne, bei der die elektrischen Feldlinien parallel zur Dipolachse verlaufen. Eine vertikal zur Erdoberfläche montierte Dipolantenne erzeugt damit ein verikal polarisiertes elektromagnetisches Feld.

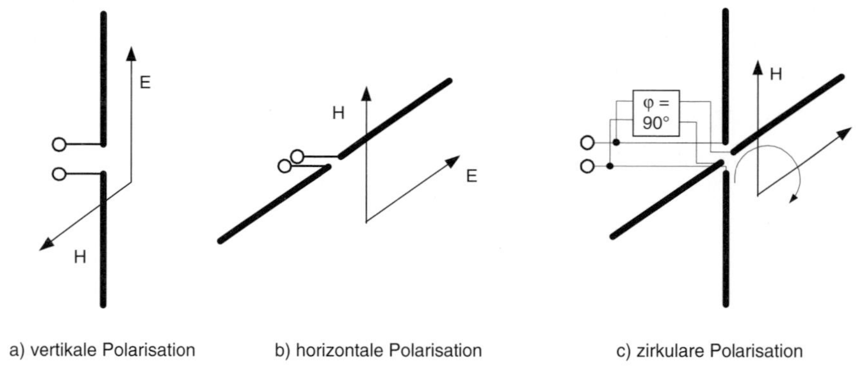

Abb. 4.59 Definition der Polarisation elektromagnetischer Wellen.

Die Energieübertragung zwischen zwei linear polarisierten Antennen ist dann optimal, wenn die Polarisationsrichtung beider Antennen identisch ist. Ein Minimum der Energieübertragung hingegen stellt sich ein, wenn die Polarisationsrichtungen von Sende- und Empfangsantenne um exakt 90° oder 270° zueinander gedreht sind (z. B. horizontale Antenne gegen vertikale Antenne). Hier ist bei der Leistungsübertragung mit einer zusätzlichen Dämpfung von 20 dB durch *Polarisationsverluste* zu rechnen [rothammel], d. h. von der Empfangsantenne wird nur noch 1/100 der maximal möglichen Leistung aus dem eingestrahlten elektromagnetischen Feld aufgenommen.

Bei RFID-Systemen ist die Lage der Antennen im portablen Transponder und im Lesegerät zueinander in der Regel unbestimmt. Dies kann zu starken und unvorhersagbaren Schwankungen in der Lesereichweite führen. Eine Abhilfe dieses Problems ist die Verwendung zirkularer Polarisation in der Antenne des Lesegerätes. Die prinzipielle Erzeugung einer zirkularen Polarisation ist in Abbildung 4.59 dargestellt: Zwei Dipole werden in der Form eines Kreuzes montiert. Einer der beiden Dipole wird dabei über eine 90° (λ/4-) Verzögerungsleitung gespeist. Die Polarisationsrichtung des auf diese Weise erzeugten elektromagnetischen Feldes dreht je einmal um 360°, während sich die Wellenfront um eine Wellenlänge fortbewegt. Durch entsprechende Anordnung der Verzögerungsleitung lässt sich die Drehrichtung des Feldes bestimmen. Man unterscheidet zwischen linksdrehender und rechtsdrehender zirkularer Polarisation.

Zwischen einer linear polarisierten und einer zirkular polarisierten Antenne ist mit einem Polarisationsverlust von 3dB zu rechnen, dies jedoch unabhängig von der Polarisationsrichtung der Empfangsantenne (z. B. des Transponders).

4.2.4.1 Reflexion elektromagnetischer Wellen

Eine *elektromagnetische Welle*, welche von einer Sendeantenne in den umgebenden Raum abgestrahlt wird, trifft dabei auf unterschiedliche Objekte. Die ein Objekt erreichende Hochfrequenzenergie wird zu einem Teil von diesem absorbiert und in Wärme umgewandelt, der andere Teil wird mit unterschiedlicher Stärke in viele Richtungen gestreut.

Ein kleiner Teil der reflektierten Energie gelangt schließlich wieder zur Sendeantenne zurück. In der *RADAR-Technik* wird diese Reflexion zur Messung der Entfernung und Richtung von entfernten Objekten verwendet.

Bei RFID-Systemen nutzt man die Reflexion elektromagnetischer Wellen (*Backscatter-System, modulierter Rückstrahlquerschnitt*) zur Datenübertragung von einem Transponder zum Lesegerät. Da die *Reflexionseigenschaften* von Objekten im Allgemeinen mit steigender Frequenz zunehmen, werden diese Systeme vor allem auf den *Frequenzbereichen* 868 MHz (Europa), 915 MHz (USA), 2,45 GHz und höher eingesetzt.

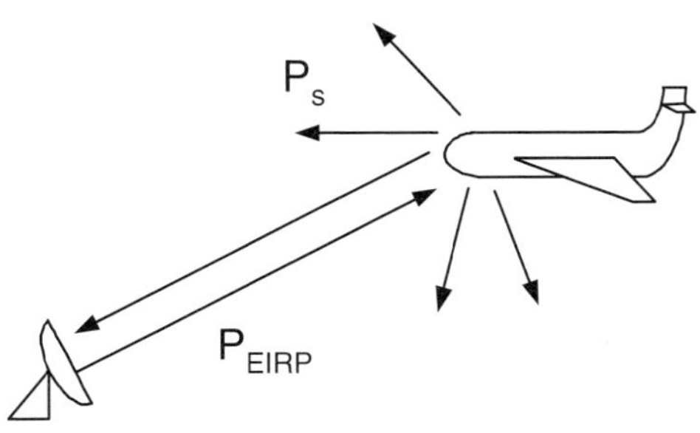

Abb. 4.60 Die Reflexion an einem entfernten Objekt wird auch in der Radartechnik genutzt.

Wir wollen uns nun den Verhältnissen in einem RFID-System zuwenden: Von der Antenne eines Lesegerätes wird eine elektromagnetische Welle mit der Sendeleistung P_{EIRP} in alle Richtungen des Raumes abgestrahlt. Die am Ort des Transponders eintreffende *Strahlungsdichte* S kann leicht aus Formel 4.61 ermittelt werden. Von der Antenne des Transponder wird nun eine Leistung P_S reflektiert, die proportional zur Leistungsdichte S und dem so genannten *Rückstreuquerschnitt* σ ist:

$$P_s = \sigma \cdot S \qquad [4.66]$$

Auch die reflektierte elektromagnetische Welle breitet sich vom Ort der Reflexion kugelförmig im Raum aus. So nimmt auch die Strahlungsleistung der reflektierten Welle mit dem Quadrat der Entfernung (r^2) zur Strahlungsquelle (d. h. der Reflexion) ab. Zur Antenne des Lesegerätes kommt schließlich die folgende Leistungsdichte zurück:

$$S_{Back} = \frac{P_s}{4\pi r^2} = S \cdot \frac{\sigma}{4\pi r^2} = \frac{P_{EIRP}}{4\pi r^2} \cdot \frac{\sigma}{4\pi r^2} = \frac{P_{EIRP} \cdot \sigma}{(4\pi)^2 \cdot r^4} \qquad [4.67]$$

Der Radar-*Rückstreuquerschnitt* σ (*radar cross section, RCS, scatter aperture*) ist ein Maß für die Fähigkeit eines Objekts, elektromagnetische Wellen zu reflektieren. Der Rückstreuquerschnitt hängt von einer Reihe von Parametern ab, wie Objektgröße, Gestalt, Material, Oberflächenstruktur, aber auch Wellenlänge und Polarisation. Ein exakter Rückstreuquerschnitt kann nur für einfache Oberflächen, wie Kugeln, ebene Flächen und Ähnliches, exakt berechnet werden (s. z. B. in [Baur]). Auch das Material hat einen erheblichen Einfluss. So reflektieren *Metalloberflächen* weitaus besser als Kunststoff oder Verbundwerkstoffe. Da die Abhängigkeit des Rückstreuquerschnitts σ von der Wellenlänge eine wesentliche Rolle spielt, teilt man Objekte in drei Klassen ein:

- Rayleigh-Bereich: Die Wellenlänge ist groß, verglichen mit den Objektabmessungen. Für Objekte, die kleiner als etwa die halbe Wellenlänge sind, weist σ eine λ^{-4} Abhängigkeit auf, sodass die Reflexionseigenschaften von Objekten, die kleiner als 0,1 λ sind, in der Praxis völlig vernachlässigbar sind.
- Resonanz-Bereich: Die Wellenlänge ist vergleichbar mit den Objektabmessungen. Hier schwankt σ bei Veränderung der Wellenlänge einige dB um den geometrischen Wert. Objekte mit scharfer Resonanz, etwa scharfe Kanten, Schlitze und Spitzen, können bei bestimmten Wellenlängen Resonanzüberhöhungen von σ aufweisen. Dies gilt unter bestimmten Umständen insbesondere für Antennen, die auf ihrer Resonanzwellenlänge (Resonanzfrequenz) angestrahlt werden.
- Optischer Bereich: Die Wellenlänge ist klein gegen die Objektabmessungen. Hier haben ausschließlich die Geometrie und die Lage (Einfallswinkel der elektromagnetischen Welle) des Objekts Einfluss auf den Rückstreuquerschnitt.

Backscatter-RFID-Systeme verwenden verschiedene Bauformen von Antennen als Reflexionsfläche. Reflexionen an Transpondern treten daher ausschließlich im Resonanzbereich auf. Zur Berechnung und zum Verständnis dieser Systeme ist es also notwendig, den Rückstreuquerschnitt σ einer resonanten Antenne zu kennen. Eine detailierte Einführung in die Berechnung des Rückstreuquerschnittes kann daher den folgenden Kapiteln entnommen werden.

Aus Formel 4.67 geht auch hervor, dass die vom Transponder zurückreflektierte Leistung proportional zur vierten Wurzel der Sendeleistung des Lesegerätes ist. Mit anderen Worten: Will man die am Lesegerät ankommende Strahlungsleistung S des vom Transponder reflektierten Signals verdoppeln, muss man die Sendeleistung – bei sonst unveränderten Bedingungen – versechzehnfachen!

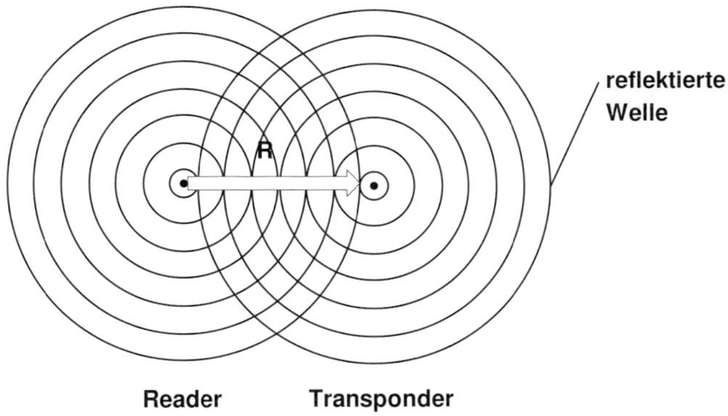

Abb. 4.61 Ausbreitung ausgesendeter und am Transponder reflektierter Wellen.

4.2.5 Antennen

In den vorhergehenden Kapitel (siehe dazu Kap. 4.1.6 „Induktionsgesetz", S. 74, sowie Kap. 4.2.1 „Entstehung elektromagnetischer Wellen", S. 116) wurde die Entstehung elektromagnetischer Wellen bereits eingehend beschrieben. Die Abstrahlung elektromagnetischer Wellen ist entsprechend den physikalischen Gesetzmäßigkeiten grundsätzlich bei allen Strom und/oder Spannung führenden elektrischen Leitern zu beobachten. Im Gegensatz zu diesen eher parasitären Effekten ist eine *Antenne* jedoch ein Bauteil, bei dem die Abstrahlung oder der Empfang elektromagnetischer Wellen durch konstruktive Eigenschaften für bestimmte Frequenzbereiche erheblich optimiert wurde. Das Verhalten einer Antenne ist in diesem Zusammenhang genau vorhersagbar und mathematisch exakt definiert.

4.2.5.1 Gewinn und Richtwirkung

In Kapitel 4.2.2 „Strahlungsdichte S", S. 118 wurde gezeigt, wie sich die von einem *isotropen Strahler* ausgestrahlte Leistung P_{EIRP} in der Entfernung r vollkommen gleichmäßig auf eine Kugeloberfläche verteilt. Integriert man die Leistungsdichte S der elektromagnetischen Welle über die gesamte Kugeloberfläche, so erhält man als Ergebnis wieder die vom Isotropenstrahler ausgestrahlte Leistung P_{EIRP}.

$$P_{EIRP} = \int_{A_{sphere}} S \cdot dA \qquad [4.68]$$

Eine reale Antenne, etwa ein Dipol, strahlt die eingespeiste Leistung jedoch nicht mehr gleichmäßig in alle Richtungen ab. So wird etwa von einer *Dipolantenne* in axialer Richtung zur Antenne überhaupt keine Leistung abgestrahlt.

Formel 4.68 gilt für alle Bauformen von Antennen. Strahlt die Antenne die eingespeiste Leistung in unterschiedliche Richtungen mit unterschiedlicher Intensität, so ist Formel 4.68 nur zu erfüllen wenn die Strahlungsdichte S in Vorzugsrichtung der Antenne stärker ist, als dies mit einem Isotropenstrahler der Fall wäre. Abbildung 4.62 zeigt das *Strahlungsdiagramm* einer Dipolantenne im Vergleich zu einem isotropen Strahler. Die Länge des Vektors $G(\Theta)$ gibt dabei die relative Strahlungsdichte in Richtung des Vektors an. In der *Hauptstrahlrichtung* (G_i) kann die Strahlungsdichte wie folgt berechnet werden.

$$S = \frac{P_1 \cdot G_i}{4\pi \cdot r^2} \qquad [4.69]$$

P_1 ist die in die Antenne eingespeiste Leistung. G_i wird als Gewinn der Antenne bezeichnet und gibt an, um welchen Faktor die Strahlungsdichte S bei gleicher Sendeleistung im Vergleich zu einem Isotropenstrahler stärker ist.

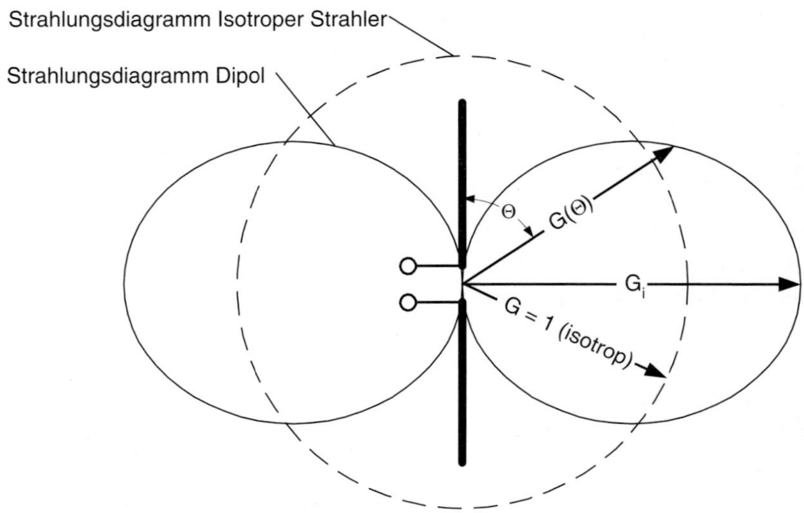

Abb. 4.62 Strahlungsdiagramm einer Dipolantenne im Vergleich zum Strahlungsdiagramm eines Isotropenstrahlers.

Ein in der Funktechnik wichtiger Begriff in diesem Zusammenhang ist die *EIRP* (effective isotropic radiated power).

$$P_{EIRP} = P_1 \cdot G_i \qquad [4.70]$$

Diese Angabe ist häufig in Funkzulassungsvorschriften (z. B. Kapitel 5.2.2 „EN 300330: 9 kHz ... 25 MHz“, S. 178) zu finden und gibt an, mit welcher Sendeleistung ein Isotropenstrahler (d. h. $G_i = 1$) gespeist werden müsste, um eine definierte Strahlungsleistung im Abstand r zu erzeugen. Eine Antenne mit einem Gewinn G_i darf deshalb nur mit einer um diesen Faktor geringeren Sendeleistung P_1 gespeist werden, um die vorgegebenen Grenzwerte nicht zu überschreiten:

$$P_1 = \frac{P_{EIRP}}{G_i} \qquad [4.71]$$

Tabelle 4.7: Um eine konstante EIRP in Hauptstrahlrichtung abzustrahlen, muss mit zunehmendem Antennengewinn G weniger Sendeleistung in die Antenne eingespeist werden.

EIRP = 4 W	eingespeiste Leistung P1
Isotropenstrahler Gi = 1	4 W
Dipolantenne Gi = 1,64	2,44 W
Antenne Gi = 3	1,33 W

4.2.5.2 EIRP und ERP

Neben Leistungsangaben in EIRP stößt man in Zulassungsvorschriften (radio regulation) sowie in der Fachliteratur häufig auch auf die Leistungsangabe *ERP* (equivalent radiated power). Auch die ERP ist eine bezogene Leistungsangabe. Im Gegensatz zur EIRP bezieht sich ERP jedoch nicht auf einen Kugelstrahler, sondern auf eine Dipolantenne. Eine als ERP gekennzeichnete Leistungsangabe drückt also aus, mit welcher Sendeleistung eine Dipolantenne gespeist werden müsste, um eine definierte Strahlungsleistung im Abstand r zu erzeugen. Da der Gewinn der Dipolantenne (G_i = 1,64) gegenüber dem Isotropenstrahler bekannt ist, lassen sich beide Angaben jedoch leicht ineinander überführen:

$$P_{EIRP} = P_{ERP} \cdot 1{,}64 \qquad [4.72]$$

4.2.5.3 Eingangsimpedanz

Eine besonders wichtige Eigenschaft der Antenne ist die komplexe *Eingangsimpedanz* Z_A. Diese setzt sich zusammen aus einem komplexen Widerstand XA, einem Verlustwiderstand R_V und dem so genannten *Strahlungswiderstand* R_r (radiation resistance).

$$Z_A = R_r + R_V + jX_A \qquad [4.73]$$

Der Verlustwiderstand R_V ist ein Wirkwiderstand und beschreibt alle Verluste durch den vorhandenen ohmschen Widerstand aller stromführenden Leitungsteile der Antenne. Die in diesem Widerstand umgesetzte Leistung wird in Wärme umgewandelt.

Auch der Strahlungswiderstand R_r hat die Einheit eines Wirkwiderstandes, die darin umgesetzte Leistung entspricht jedoch der von der Antenne in Form elektromagnetischer Wellen in den Raum abgestrahlten Leistung.

Auf der Betriebsfrequenz (d. h. der Resonanzfrequenz der Antenne) wird der komplexe Widerstand X_A der Antenne zu null. Für eine verlustlose Antenne (d. h. R_V = 0) gilt dann:

$$Z_A(f_{RES}) = R_r \qquad [4.74]$$

Die Eingangsimpedanz einer idealen Antenne im Resonanzfall ist also ein reeller Widerstand mit dem Wert des Strahlungswiderstandes R_r. Bei einem $\lambda/2$-Dipol beträgt der Strahlungswiderstand $R_r = 73\Omega$.

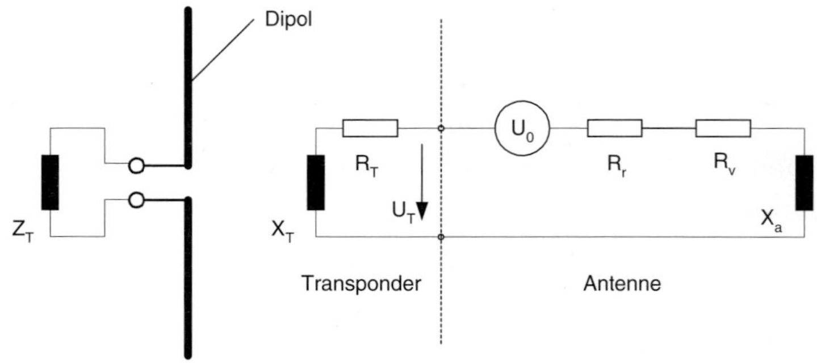

Abb. 4.63 Ersatzschaltbild einer Antenne mit angeschlossenem Transponder.

4.2.5.4 Wirksame Fläche und Rückstreuquerschnitt

Die einer Antenne maximal entnehmbare *Empfangsleistung*, optimale Ausrichtung und richtige Polarisation vorausgesetzt, ist proportional der Leistungsdichte S einer einfallenden ebenen Welle und einem Proportionalitätsfaktor. Der Proportionalitätsfaktor hat die Dimension einer Fläche und wird deshalb als *wirksame Fläche* A_e (*effective aperture*) bezeichnet. Es gilt:

$$P_e = A_e \cdot S \qquad [4.75]$$

A_e kann man sich bildlich als Fläche, senkrecht zur Ausbreitungsrichtung, vorstellen, durch die, bei gegebener Strahlungsdichte S, die Leistung P_e hindurchtritt [meinke]. Von der wirksamen Fläche wird die hindurchtretende Leistung aufgenommen und an den Wirkwiderstand R_T der angeschlossenen Abschlussimpedanz Z_T abgegeben.

Neben der wirksamen Fläche A_e besitzt eine Antenne auch einen *Rückstreuquerschnitt* $\sigma = A_S$ (*scatter aperture*), an dem elektromagnetische Wellen reflektiert werden.

Um dies besser zu verstehen, betrachten wir noch einmal Abbildung 4.63 auf Seite 126. Beim Empfang eines elektromagnetischen Feldes mit der Strahlungsdichte S wird in der Antenne eine Spannung U_0 induziert, welche die Ursache eines Stromes I durch die Antennenimpedanz Z_A und die Abschlussimpedanz Z_T darstellt. Der Strom I ergibt sich aus dem Quotienten der induzierten Spannung U_0 mit der Reihenschaltung der Einzelimpedanzen [Kraus].

$$I = \frac{U_0}{Z_T + Z_A} = \frac{U_0}{\sqrt{(R_r + R_V + R_T)^2 + (X_A + X_T)^2}} \qquad [4.76]$$

Ferner gilt für die an Z_T abgegebene Empfangsleistung P_e:

$$P_e = I^2 \cdot R_T \qquad [4.77]$$

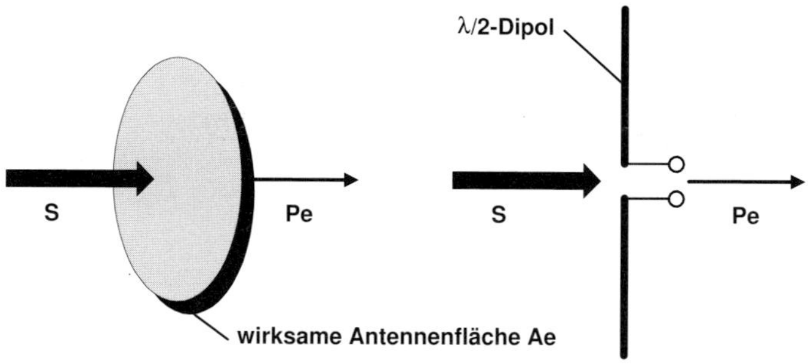

Abb. 4.64 Zusammenhang zwischen der Strahlungsdichte S und Empfangsleistung P einer Antenne.

Wir ersetzen nun I^2 in Formel 4.77 durch den Ausdruck in Formel 4.76 und erhalten:

$$P_e = \frac{U_0^2 \cdot R_T}{(R_r + R_V + R_T)^2 + (X_A + X_T)^2} \qquad [4.78]$$

Nach Formel 4.75 ist die wirksame Fläche A_e der Quotient aus der Empfangsleistung P_e und der Strahlungsdichte S. Daraus ergibt sich schließlich:

$$A_e = \frac{P_e}{S} = \frac{U_0^2 \cdot R_T}{S \cdot [(R_r + R_V + R_T)^2 + (X_A + X_T)^2]} \qquad [4.79]$$

Wird die Antenne in Leistungsanpassung betrieben, also $R_T = R_V$ und $X_T = -X_A$, so vereinfacht sich Formel 4.79 noch einmal und wir erhalten

$$A_e = \frac{U_0^2}{4SR_r} \qquad [4.80]$$

Wie in Abbildung 4.63 zu erkennen ist, fließt der Strom I auch durch den Strahlungswiderstand R_r der Antenne. Die dabei umgesetzte Leistung P_s wird von der Antenne abgestrahlt, wobei es vollkommen gleichgültig ist, ob die Ursache des Stromes I aus dem Empfang eines elektromagnetischen Feldes oder durch Speisung aus einem Sender herrührt. Die von der Antenne abgestrahlte, d. h. im Empfangsfall reflektierte Leistung P_s, errechnet sich aus:

$$P_S = I^2 \cdot R_r \qquad [4.81]$$

Analog zu der Herleitung für Formel 4.79 ergibt sich für den Rückstreuquerschnitt A_S:

$$\sigma = A_S = \frac{P_S}{S} = \frac{I^2 \cdot R_r}{S} = \frac{U_0^2 \cdot R_r}{S \cdot [(R_r + R_V + R_T)^2 + (X_A + X_T)^2]} \qquad [4.82]$$

Wird die Antenne wieder in Leistungsanpassung betrieben und ist darüber hinaus verlustlos, d. h. $R_V = 0$, $R_T = R_r$ und $X_T = -X_A$, so gilt vereinfacht:

$$\sigma = A_S = \frac{U_0^{\ 2}}{4SR_r} \qquad [4.83]$$

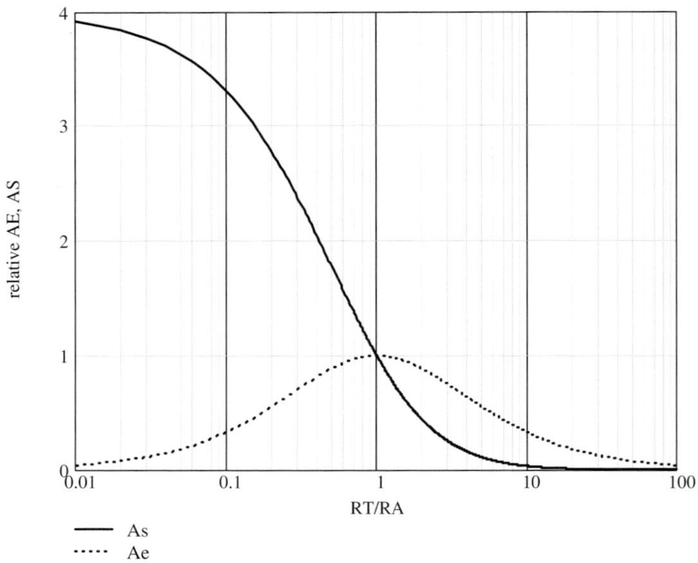

Abb. 4.65 Verlauf der relativen Wirkfläche A_e und des relativen Rückstreuquerschnittes σ in Abhängigkeit vom Verhältnis der Widerstände R_A und R_r. Bei $R_T/R_A = 1$, wird die Antenne in Leistungsanpassung ($R_T = R_r$) betrieben. Der Fall $R_T/R_A = 0$ entspricht einem Kurzschluss an den Anschlüssen der Antenne.

Im Falle der leistungsangepassten Antenne gilt also: $\sigma = A_S = A_e$. Dies bedeutet, dass nur die Hälfte der insgesamt aus dem elektromagnetischen Feld aufgenommenen Leistung dem Abschlusswiderstand R_T zugeführt wird, die andere Hälfte wird von der Antenne in den Raum zurückreflektiert.

Interessant ist das Verhalten des Rückstreuquerschnittes A_S bei unterschiedlichen Werten der Abschlussimpedanz Z_T. Von besonderer Bedeutung für die RFID-Technologie ist dabei der Grenzfall $Z_T = 0$. Dies entspricht einem Kurzschluss an den Anschlusspunkten der Antenne. Aus Formel 4.82 ergibt sich hierfür:

$$\sigma_{max} = A_{S\text{-}max} = \frac{U_0^{\ 2}}{SR_r} = 4A_e\Big|_{Z_T = 0} \qquad [4.84]$$

Der gegensätzliche Grenzfall besteht darin, einen unendlich hochohmigen Abschlusswiderstand an die Antenne anzuschließen, d. h. $Z_T \to \infty$. Aus Formel 4.82 ist leicht zu ersehen, dass der Rückstreuquerschnitt A_S, ebenso wie der Strom I dabei gegen null gehen.

$$\sigma_{min} = A_{S\text{-}min} = 0\big|_{Z_T \to \infty} \qquad [4.85]$$

Der Rückstreuquerschnitt kann also bei unterschiedlichen Werten der Abschlussimpedanzen

Z_T beliebige Werte im Bereich 0 ... $4A_e$ annehmen. Diese Eigenschaft von Antennen wird bei Backscatter RFID-Systemen zur Datenübertragung von Transponder zum Lesegerät eingesetzt (siehe Kap. 4.2.6.6 „Modulierter Rückstreuquerschnitt“, S. 147).

Aus Formel 4.82 ist lediglich der Zusammenhang zwischen dem Rückstreuquerschnitt A_S und den Einzelwiderständen der Ersatzschaltung aus Abbildung 4.63 erkennbar. Zur Berechnung der reflektierten Leistung P_S einer Antenne (siehe Kap. 4.2.4.1 „Reflexion elektromagnetischer Wellen“, S. 121) benötigen wir jedoch den absoluten Wert für A_S. Die *wirksame Fläche* A_e einer Antenne ist proportional zu ihrem Gewinn G [meinke], [kraus]. Da für die meisten Antennenbauformen der Gewinn bekannt ist, kann die wirksame Fläche A_e, und damit auch der Rückstreuquerschnitt A_S, für den Fall der Anpassung ($Z_A = Z_T$) einfach berechnet werden. Es gilt:[14]

$$\sigma = A_e = \frac{\lambda_0^2}{4\pi} \cdot G \qquad [4.86]$$

Aus Formel 4.75 folgt dann:

$$P_e = A_e \cdot S = \frac{\lambda_0^2}{4\pi} \cdot G \cdot S \qquad [4.87]$$

4.2.5.5 Effektive Länge

Wie wir gesehen haben, wird durch ein elektromagnetisches Feld in der Antenne eine Spannung U_0 induziert. Die Spannung U_0 ist proportional zur elektrischen Feldstärke E der einfallenden Welle. Der Proportionalitätsfaktor hat die Dimension einer Länge und wird deshalb *wirksame Länge* l_0 (auch *wirksame Höhe* h, engl.: *effective height* h) genannt [meinke]. Es gilt:

$$U_0 = l_0 \cdot E = l_0 \cdot \sqrt{S \cdot Z_F} \qquad [4.88]$$

Für den Fall der angepassten Antenne (d. h. $R_r = R_T$) kann die effektive Länge aus der wirksamen Fläche A_e ermittelt werden [kraus]:

$$l_0 = 2\sqrt{\frac{A_e \cdot R_r}{Z_F}} \qquad [4.89]$$

Ersetzen wir A_e noch durch den Ausdruck in Formel 4.86, so kann die effektive Länge einer angepassten Antenne auch aus dem üblicherweise bekannten (bzw. messtechnisch leicht ermittelbaren) Gewinn G berechnet werden:

$$l_0 = \lambda_0\sqrt{\frac{G \cdot R_r}{\pi \cdot Z_F}} \qquad [4.90]$$

[14] Die Herleitung dieser Beziehung ist für das Verständnis von RFID-Systemen nicht von Bedeutung, kann aber bei Bedarf aus [kraus], Kapitel 2-22 entnommen werden.

4.2.5.6 Dipolantenne

Die *Dipolantenne* in ihrer einfachsten Bauform besteht lediglich aus einem geraden Leitungsstück (z. B. einem Kupferdraht) einer definierten Länge. Durch entsprechende Formgebung können die charakteristischen Eigenschaften, vor allem *Strahlungswiderstand* und Bandbreite, beeinflusst werden.

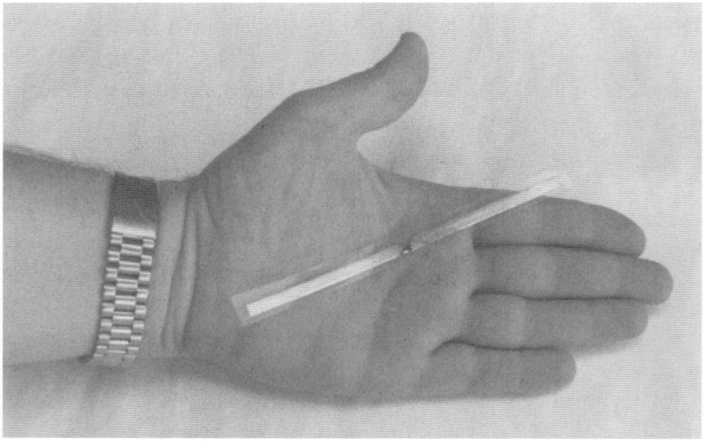

Abb. 4.66 915 MHz Transponder mit einer einfachen, gestreckten Dipolantenne. In der Hälfte der Längsrichtung ist der Transponder erkennbar. (Bild: Trolleyscan, South Africa)

Ein einfacher, gestreckter *Halbwellendipol* ($\lambda/2$-Dipol) besteht dabei aus einem Leitungsstück der Länge $l = \lambda/2$, das in der Hälfte der Längsrichtung unterbrochen ist. An dieser Unterbrechung wird der Dipol gespeist.

Aus der Parallelschaltung zweier $\lambda/2$-Leitungsstücke in geringem Abstand ($d < 0{,}05\lambda$) entsteht der *Schleifendipol* (auch *Faltdipol*, engl.: 2-wire folded dipole). Dieser weist etwa den vierfachen Strahlungswiderstand des einfachen $\lambda/2$-Dipols auf ($R_r = 240 .. 280\ \Omega$). Nach [rothammel] gilt folgender Zusammenhang:

$$R_r = 73{,}2\Omega \cdot \left(\frac{\lg\left(\frac{4D^2}{d_1 \cdot d_2} \right)}{\lg\left(\frac{2D}{d_2} \right)} \right)^2 \qquad [4.91]$$

Eine Abart des Schleifendipols ist der Doppelschleifendipol (3-wire folded dipole). Der Strahlungswiderstand des Doppelschleifendipols ist stark von Leiterdurchmesser und dem Abstand der $\lambda/2$-Leitungsstücke zueinander abhängig. In der Praxis nimmt der Strahlungswiderstand des Doppelschleifendipols Werte von 540 .. 2000 Ω an. Nach [rothammel] gilt folgender Zusammenhang:

$$R_r = 73,2\Omega \cdot \left(\frac{\lg\left(\frac{4D^3}{d_1^2 \cdot d_2} \right)}{\lg\left(\frac{D}{d_2} \right)} \right)^2 \qquad [4.92]$$

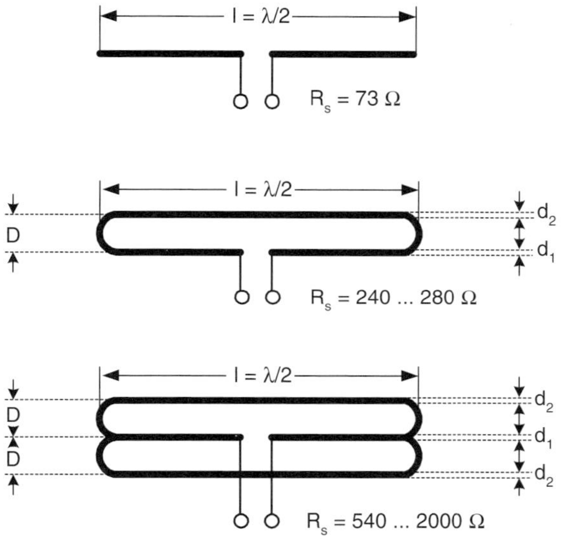

Abb. 4.67 Unterschiedliche Bauformen von Dipolantennen – von oben nach unten: einfacher gestreckter Dipol, Schleifendipol, Doppelschleifendipol.

Die Bandbreite eines Dipols lässt sich durch das Verhältnis von Durchmesser und Länge des λ/2-Leitungsstückes beeinflussen und nimmt mit zunehmendem Durchmesser ebenfalls zu. Allerdings muss der Dipol dann zunehmend etwas verkürzt werden, um auf der gewünschten Frequenz in Resonanz zu kommen. Der *Verkürzungsfaktor* beträgt in der Praxis etwa 0,90 .. 0,99. Für eine genauere Berechnung hierzu sei jedoch auf die Antennenliteratur, z. B. [rothammel], [kraus] verwiesen.

Tabelle 4.8: Elektrische Eigenschaften von Dipol und Faltdipol.

Parameter	Gewinn G	wirksame Fläche	effektive Länge	Öffnungswinkel
λ/2 Dipol	1,64	$0,13\,\lambda^2$	0,32 λ	78°
λ/2 Faltdipol	1,64	$0,13\,\lambda^2$	0,64 λ	78°

4.2.5.7 Yagi-Uda-Antenne

Die nach ihren Erfindern benannte *Yagi-Uda-Antenne* ist die wohl wichtigste Bauform einer *Richtantenne* in der Funktechnik.

Die Antenne stellt einen Längsstrahler, bestehend aus einem gespeisten Strahler und einer Reihe von parasitären Elementen, dar. Eine typische Yagi-Uda-Antenne ist in Abbildung 4.68 dargestellt. Vor dem gespeisten Strahler (meist ein Dipol oder Faltdipol) sind in Richtung der gewünschten *Hauptstrahlrichtung* parasitäre Dipole angeordnet, die als *Direktoren* wirken, während ein meist einzelner Stab hinter dem Erreger als *Reflektor* arbeitet. Zur Ausbildung der Richtstrahlung müssen die als Direktoren wirkenden Stäber kürzer und der als Reflektor arbeitende Stab länger als der bei Resonanz arbeitende Erreger sein [meinke]. Gegenüber einem isotropen Strahler lassen sich mit einer Yagi-Uda-Antenne Gewinne von 9 dBi (mit 3 Elementen) bis 12 dB (mit 7 Elementen), mit so genannten „langen“ Yagi-Antennen (10, 15 oder mehr Elemente) sogar bis zu 15 dBi in Hauptstrahlrichtung erreichen.

Yagi-Uda-Antennen werden aufgrund ihrer Baugröße ausschließlich als Antennen für Lesegeräte eingesetzt. Ähnlich einer Taschenlampe strahlt die Yagi-Uda-Antenne in nur eine Hauptstrahlrichtung, bei exakt bekanntem Öffnungswinkel. Störungen von seitlich benachbarten Geräten oder Lesegeräten können damit unterdrückt und ausgeblendet werden.

Aufgrund der weiten Verbreitung der Yagi-Uda-Antenne sowohl als Antenne für den Rundfunk- und Fernsehempfang als auch in der kommerziellen Funktechnik, existiert eine unüberschaubare Anzahl an Literatur zu Funktionsweise und Konstruktion dieser Antennenbauform. An dieser Stelle soll daher nicht weiter auf diese Antennen eingegangen werden.

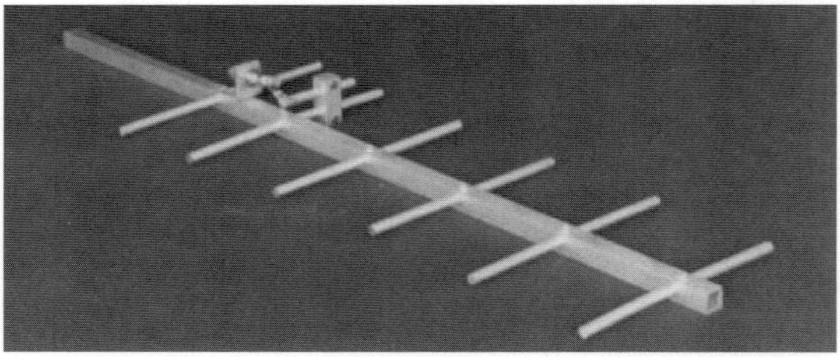

Abb. 4.68 Typische Bauform einer Yagi-Uda-Richtantenne (6 Elemente), bestehend aus einem gespeisten Strahler (2. Querstab von links), einem Reflektor (1. Querstab von links) und vier Direktoren (3. bis 6. Querstab von links). (Bild: Trolleyscan, Süd-Afrika)

4.2.5.8 Patch- oder Mikrostripantennen

Patch-Antennen (auch *Mikrostrip-* oder *Planarantennen*) sind in vielen Geräten der modernen Kommunikationstechnik zu finden. So etwa auch in den neuesten Generationen der immer kleineren GPS-Empfänger und Mobiltelefone. Dank ihrer speziellen Bauform bieten Patch-Antennen auch für RFID-Systeme einige Vorteile.

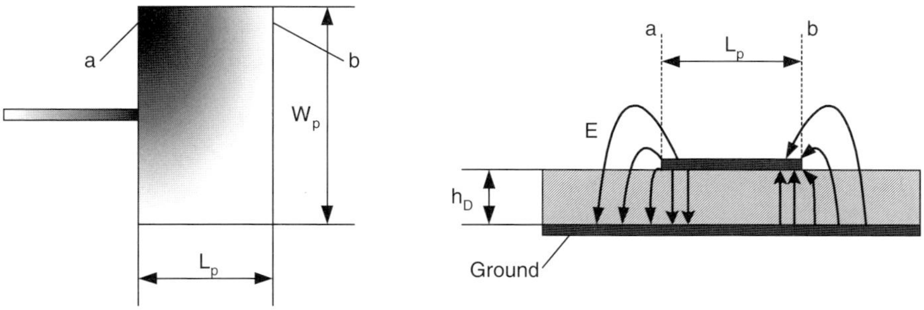

Abb. 4.69 Grundsätzlicher Aufbau einer Patch-Antenne. Das Verhältnis von L_P zu h_D ist in der Abbildung nicht maßstabsgerecht dargestellt.

In ihrer einfachsten Form besteht eine Patch-Antenne aus einer beidseitig kaschierten (d. h. metallisierten) Leiterplatte (z. B. Teflon oder PTFE für höhere Frequenzen), bei der die Unterseite eine durchgehende Massefläche (Ground) bildet [kraus-g]. Auf der Oberseite befindet sich ein kleines Rechteck, welches an einer Seite über eine Mikro-Streifenleitung (Mikrostrip-feed), durch Zuleitungen durch die Grundplatte hindurch (Abbildung 4.71) oder durch kapazitive Kopplung über eine Zwischenschicht (aperture coupled patch antenns, siehe hierzu [kossel], [fries]) gespeist wird. Planarantennen können daher durch Platinenätztechnik in gut reproduzierbarer Weise billig hergestellt werden.

Abb. 4.70 Praktischer Aufbau einer Patchantenne für 915 MHz auf einer Leiterplatte aus Epoxydharz. (Bild: Trolleyscan, South Africa)

Die Länge L_p des Patches bestimmt die Resonanzfrequenz der Antenne. Unter der Voraussetzung $h_D << \lambda$ gilt für die Länge L_p:

$$L_P = \frac{\lambda}{2} - h_D \qquad [4.93]$$

Üblicherweise beträgt die Dicke h_D des Substrates 1 .. 2 % der Wellenlänge.

Die Breite w_p beeinflusst die Resonanzfrequenz der Antenne nur wenig, bestimmt aber den *Strahlungswiderstand* R_r der Antenne [krug]. Es gilt:

für $w_p < \lambda/2$:

$$R_r = \frac{90}{\frac{\varepsilon_r + 1}{2} + (\varepsilon_r - 1)\sqrt{4 + \frac{48 \cdot h_p}{w_p}}} \cdot \left(\frac{\lambda}{w_p}\right)^2 \qquad [4.94]$$

für $w_p > 3\lambda/2$:

$$R_r = \frac{120}{\frac{\varepsilon_r + 1}{2} + (\varepsilon_r - 1)\sqrt{4 + \frac{48 \cdot h_p}{w_p}}} \cdot \frac{\lambda}{w_p} \qquad [4.95]$$

Wird die Patchantenne auf ihrer Resonanzfrequenz betrieben, so beträgt der Phasenunterschied zwischen den Patchkanten a und b genau 180°. Abbildung 4.69 zeigt den Verlauf der elektrischen Feldlinien. An den Ein- und Austrittskanten des Patches verlaufen die Feldlinien gleichphasig. Die Patchkanten a und b verhalten sich damit wie zwei gleichphasig gespeiste Schlitzantennen. Die Polarisation der Antenne ist linear und parallel der Längskante L_p.

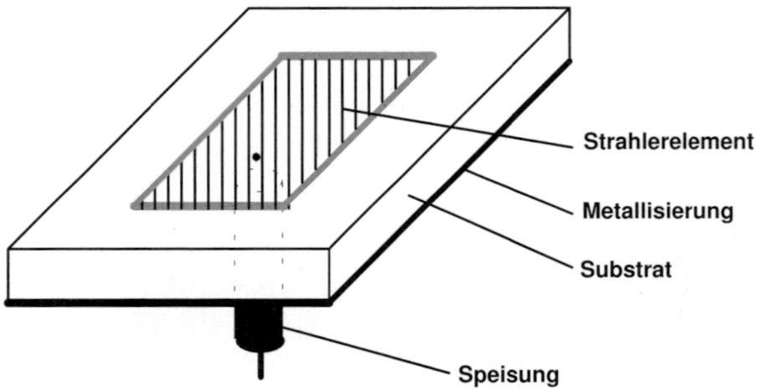

Abb. 4.71 Speisung eines λ/2-Strahlergrundelements einer Patch-Antenne über die rückseitige Zuleitung.

Durch die Art der Einspeisung lassen sich Patch-Antennen auch mit *zirkularer Polarisation* einsetzen. Um eine zirkulare Polarisation zu erzeugen, muss ein Strahlerelement nur an zwei geometrisch um 90° versetzten Kanten mit um 90° phasenverschobenen Signalen gespeist werden.

Patch-Antennen lassen sich auch relativ einfach zu *Gruppenantennen* zusammenfassen (siehe Abbildung 4.72). Hierdurch vergrößert sich der Gewinn G gegenüber einem Einzelelement. Die in der Abbildung gezeigte Anordnung besteht aus gleichphasig gespeisten Strahlerelementen. Die etwa λ/2 langen Patch-Elemente sind durch etwa λ/2 lange nahezu nichtstrahlende Leitungsstücke in Reihe geschaltet, sodass die jeweiligen Querkanten a-a oder b-b der Patch-Elemente exakt eine Wellenlänge λ voneinander entfernt sind. Damit ist die gleichphasige Speisung der Einzelelemente gewährleistet. Die Anordnung ist in Richtung der Leitungsstücke polarisiert.

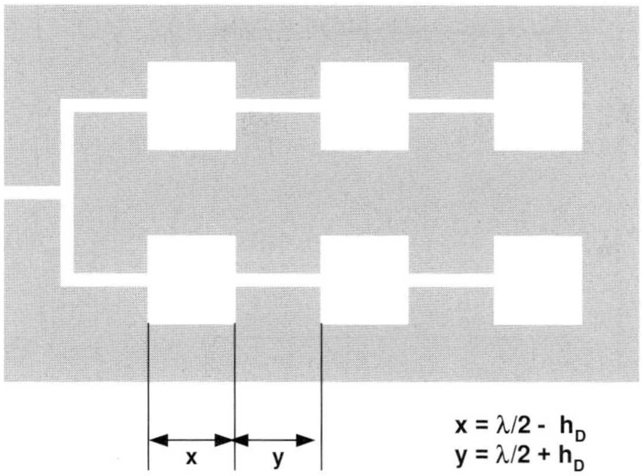

Abb. 4.72 Die Zusammenschaltung von Patchelementen zu einer Gruppe erhöht die Richtwirkung und Gewinn der Antenne.

4.2.5.9 Schlitzantennen

Schneidet man aus der Mitte einer großen Metallfläche einen Streifen heraus, dessen Länge $\lambda/2$ beträgt, so kann der verwendete Schlitz als Strahler verwendet werden [rothammel]. Die Breite des Schlitzes muss klein im Verhältnis zu seiner Länge sein. Der Fußpunkt des Strahlers befindet sich in der Mitte seiner Längsseiten.

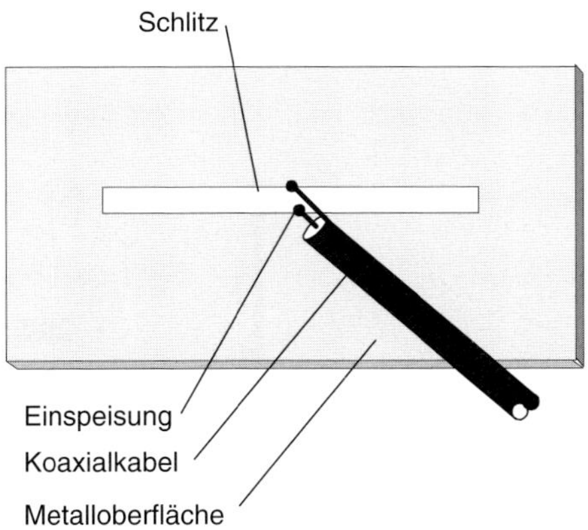

Abb. 4.73 Aufbau einer Schlitzantenne für den UHF- und Mikrowellenbereich.

4.2.6 Praktischer Betrieb von Mikrowellentranspondern

Wir wollen uns nun dem praktischen Betrieb mit einem Transponder im *Ansprechbereich* eines Lesegerätes zuwenden. Abbildung 4.74 zeigt das vereinfachte Modell eines solchen *Backscatter-Systems*. Vom Lesegerät wird eine elektromagnetische Welle mit der effektiven Strahlungsleistung $P_1 \cdot G_1$ in den umgebenden Raum abgestrahlt. Ein Transponder empfängt davon in der Entfernung r die Leistung $P_2 = P_e$, proportional zur Feldstärke E.

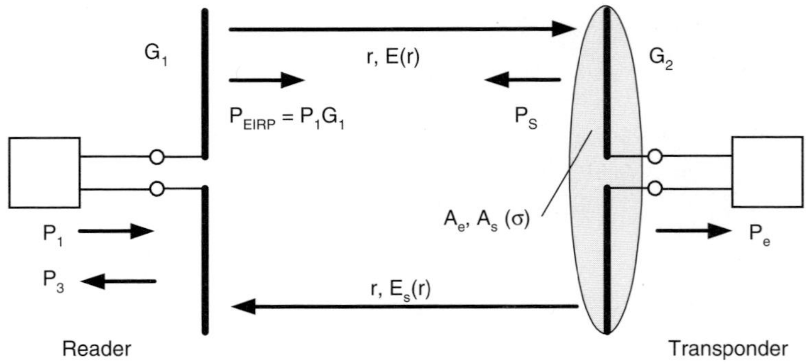

Abb. 4.74 Modell eines Mikrowellen RFID-Systems mit einem Transponder im Ansprechbereich eines Lesegerätes. Die Abbildung zeigt den Fluss der HF-Leistungen im gesamten System.

Von der Antenne des Transponders wird auch eine Leistung P_s reflektiert, wovon am Lesegerät in der Entfernung r wiederum die Leistung P_3 empfangen wird.

4.2.6.1 Ersatzschaltbilder des Transponders

In den vorhergehenden Kapiteln haben wir die Impedanz des Transponders vereinfachend mit $Z_T = R_T + jX_T$ angegeben (vereinfachtes Ersatzschaltbild). In der Praxis lässt sich die *Eingangsimpedanz* eines Transponders aber besser verständlich als Parallelschaltung eines *Lastwiderstandes* R_L mit einer *Eingangskapazität* C_2 und ggf. einer Modulationsimpedanz Z_{mod} (siehe hierzu Kap. 4.2.6.6 „Modulierter Rückstreuquerschnitt", S. 147) darstellen (funktionelles Ersatzschaltbild).

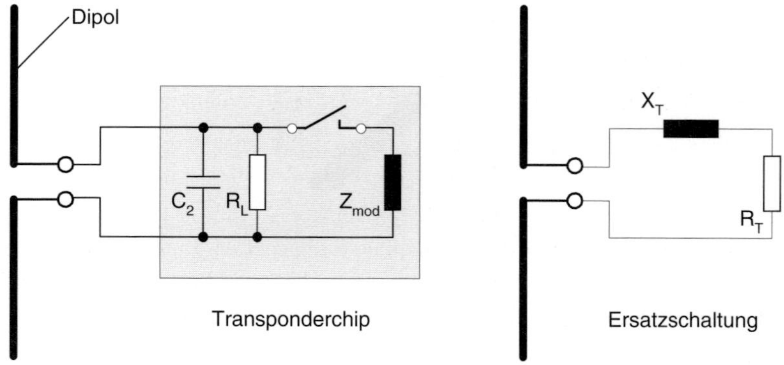

Abb. 4.75 Funktionelles Ersatzschaltbild mit den wesentlichen Schaltungskomponenten eines Mikrowellen-Transponders (links) und die vereinfachte Ersatzschaltung (rechts).

Die Kompenenten der beiden Ersatzschaltbilder lassen sich doch relativ einfach ineinander überführen. So kann auch die Transponderimpedanz Z_T wahlweise aus dem funktionellen oder dem vereinfachten Ersatzschaltbild ermittelt werden.

$$Z_T = jX_T + R_T = \frac{1}{j\omega C_2 + \frac{1}{R_L} + \frac{1}{Z_{mod}}} \qquad [4.96]$$

Auch die Einzelkomponenten R_T und X_T des vereinfachten Ersatzschaltbildes lassen sich aus den Komponenten des funktionellen Ersatzschaltbildes einfach ermitteln. Es gilt:

$$R_T = \mathrm{Re}\left(\frac{1}{j\omega C_2 + \frac{1}{R_L} + \frac{1}{Z_{mod}}}\right) \qquad [4.97]$$

$$X_T = \mathrm{Im}\left(\frac{1}{j\omega C_2 + \frac{1}{R_L} + \frac{1}{Z_{mod}}}\right) \qquad [4.98]$$

4.2.6.2 Spannungsversorgung passiver Transponder

Ein passiver Transponder verfügt über keine eigene *Spannungsversorgung* durch eine interne Spannungsquelle wie etwa eine Batterie oder Solarzelle. Befindet sich der Transponder in Reichweite eines Lesegerätes, so wird durch die in der Entfernung r auftretende Felstärke E in der Transponderantenne eine Spannung U_0 induziert. Ein Teil dieser Spannung steht an den Anschlüssen der Antenne als Spannung U_T zur Verfügung. Ausschließlich diese Spannung U_T wird gleichgerichtet und steht dem Transponder als Versorgungsspannung zur Verfügung (rectenna) [jurianto-1] [jurianto-2].

Im Falle der Leistungsanpassung zwischen dem Strahlungswiderstand R_r und der Eingangsimpedanz Z_T des Transponders kann eine Leistung $P_2 = P_e$ nach Formel 4.87 entnommen werden. Abbildung 4.76 zeigt die bei RFID-Systemen zur Verfügung stehende Leistung in unterschiedlichen Entfernungen, bei den üblichen Sendeleistungen der Lesegeräte. Um diese geringe Leistung möglichst effektiv nutzen zu können, wird als Gleichrichter typischerweise ein *Schottky-Detektor* mit *Impedanzanpassung* verwendet.

Eine *Schottky-Diode* besteht aus einer Schichtenfolge Metall-Halbleiter. An der Grenzfläche befindet sich wie beim pn-Übergang eine ladungsfreie Raumladungszone und eine Potenzialbarriere (Barrier), die den Ladungstransport behindert. Die Strom-Spannungskennline des Metall-Halbleiterüberganges hat eine Diodencharakteristik. Schottky-Dioden arbeiten als Gleichrichter bis zum Mikrowellenbereich, da es im Gegensatz zur pn-Diode keine Trägheitseffekte durch Minoritätsträgerinjektion gibt. Weitere Vorteile sind der im Vergleich zur pn-Dioden niedrigere Spannungsabfall in Flussrichtung und das niedrige Rauschen. Ein möglicher Aufbau einer Schottky-Diode ist in Abbildung 4.77 dargestellt [HSMS-286x].

Eine Schottky-Diode kann durch ein lineares *Ersatzschaltbild* abgebildet werden (Abb. 4.77-b). Hierbei ist C_j die parasitäre *Sperrschichtkapazität* des Chips (juction capacity) und R_s der Verlustwiderstand in den Anschlüssen der Diode. R_j ist der *Sperrschichtwiderstand* (junction resistor) der Diode, der wie folgt berechnet werden [HSMS-286x] kann:

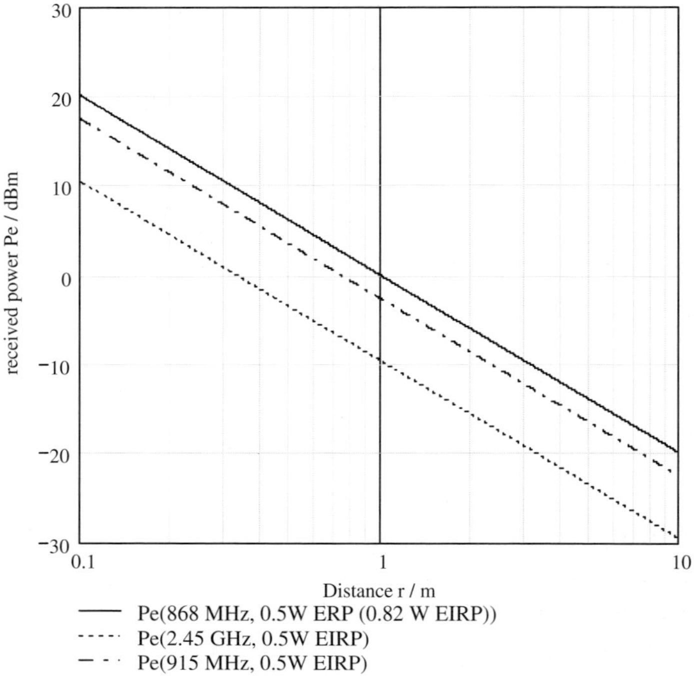

Abb. 4.76 Bei Leistungsanpassung in der Entfernung r maximal für den Betrieb des Transponders zur Verfügung stehende Leistung P_e (0 dBm = 1 mW) unter Verwendung einer Dipolantenne am Transponder.

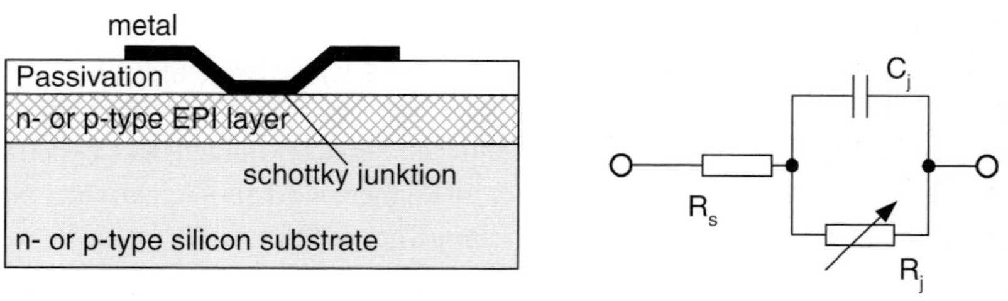

Abb. 4.77 Eine Schottky-Diode ensteht durch einen Metall-Halbleiterübergang. Im Kleinsignalbetrieb kann eine Schottky-Diode durch ein lineares Ersatzschaltbild abgebildet werden.

$$R_j = \frac{8.33 \cdot 10^{-5} \cdot n \cdot T}{I_s + I_b} \qquad [4.99]$$

Hierbei ist n der ideality-Faktor, T die Temperatur in Kelvin, I_s der Sättigungsstrom und I_b der von außen angelegte Strom (bias current) durch die Schottky-Diode.

Durch geeignete Kombination eines p- oder n-dotierten Halbleiters mit den unterschiedlichsten Metallen können die Eigenschaften von Schottky-Dioden in einem weiten Bereich variiert werden. In RFID-Transpondern werden vorrangig p-dotierte Schottky-Dioden eingesetzt, da diese besonders für Detektoren ohne Ruhestrom (zero bias) im Kleinsignalbetrieb geeigent sind, also für Verhältnisse, wie wir sie in jedem Transponder vorfinden [hp-988].

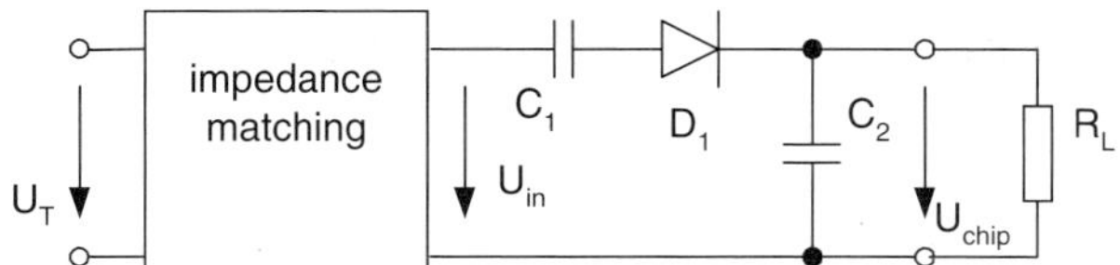

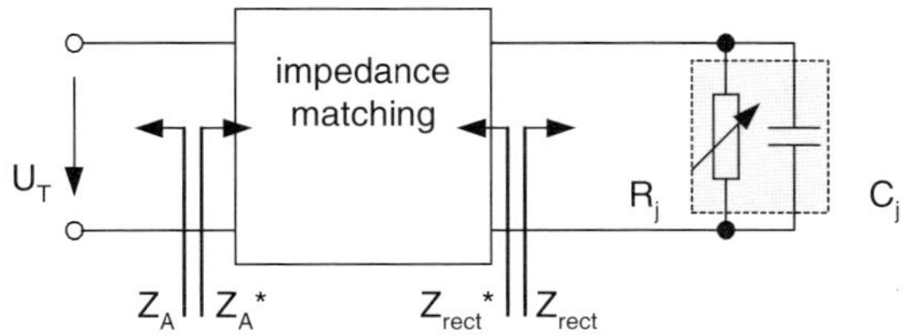

Abb. 4.78 Schaltung eines Schottky-Detektors mit Impedanztransformation zur Leistungsanpassung an die Spannungsquelle (a), sowie das HF-Ersatzschaltbild des Schottky-Detektors (b).

Die Schaltung eines Schotty-Detektors zur Spannungsgleichrichtung ist in Abbildung 4.78 dargestellt. Ein solcher Schottky-Detektor verfügt über unterschiedliche Arbeitsbereiche. Bei Ansteuerung mit Leistungen über -10 dBm (0,1 mW) befindet sich der Schottky-Detektor im Bereich *linearer Detektion* [hp-986]. Hier kommt es zur *Spitzenwertgleichrichtung*, wie aus der Leistungselektronik bekannt ist. Es gilt:

$$u_{chip} \sim \hat{u}_{in} \Rightarrow u_{chip} \sim \sqrt{P_{in}} \qquad [4.100]$$

Bei Ansteuerung mit Leistungen umter -20 dBm (10 µW) befindet sich der Detektor im Bereich quadratischer Detektion (square law detection). Es gilt [hp-986]:

$$u_{chip} \sim \hat{u}_{in}^2 \Rightarrow u_{chip} \sim P_{in} \qquad [4.101]$$

Schottky-Detektoren in RFID-Transpondern arbeiten bei größeren Entfernungen zum Lesegerät im Bereich *quadratischer Detektion*, bei kleinerer Entfernung aber auch im Übergangsbereich zu linearer Detektion.

Der Zusammenhang zwischen Eingangsleistung und Ausgangsspannung eines Schottky-Detektors kann in einer Besselfunktion nullter-Ordnung (I0) ausgedrückt werden [hp-1088]:

$$I0\left(\frac{\Lambda}{n}\sqrt{8R_g \cdot P_{in}}\right) = \left(1 + \frac{I_b}{I_s} + \frac{u_{chip}}{R_L \cdot I_s}\right) \cdot e^{\left[\left(1 + \frac{R_g + R_s}{R_L}\right) \cdot \frac{\Lambda \cdot u_{chip}}{n} + \frac{\Lambda \cdot R_s \cdot I_b}{n}\right]} \qquad [4.102]$$

Hierbei sind: $\Lambda = q/(k \cdot T)$, q die Elementarladung, k die Boltzmannkonstanne, T die Temperatur der Diode in Kelvin, R_g der Innenwiderstand der Spannungsquelle (bei Transpondern ist dies der *Strahlungswiderstand* R_r der Antenne), P_{in} die eingespeiste Leistung, R_L der angeschlossene Lastwiderstand (Transponderchip) und u_{chip} die Ausgangsspannung (Versorgungsspannung des Transponderchips).

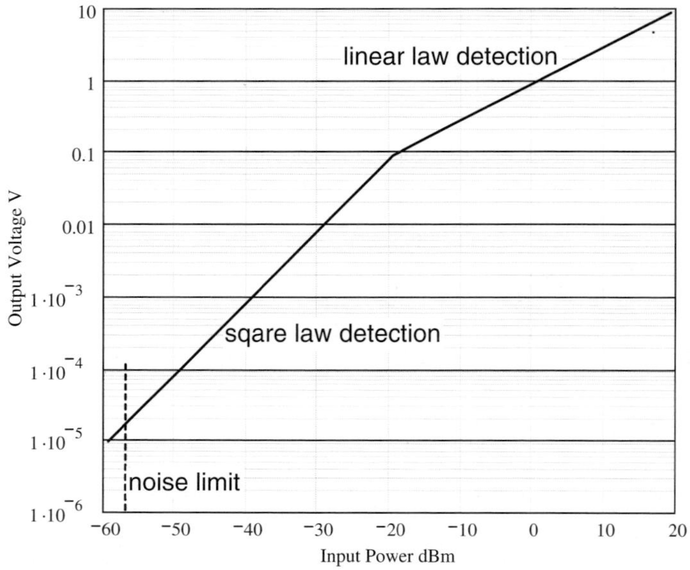

Abb. 4.79 Bei Ansteuerung mit Leistungen unter -20 dBm (10 µW) befindet sich der Schottky-Detektor im quadratischen Bereich.

Durch numerische Iteration mit Hilfe eines Programmes wie Mathcad [har-lep] kann diese Gleichung einfach gelöst werden, sodass sich ein Diagramm $u_{chip}(P_{in})$ ergibt (siehe Abbildung Abbildung 4.81 auf Seite 141). Deutlich zu erkennen ist hier auch der Übergang von quadratischer zu linearer Detektion bei etwa -20 (10 µW) ... -10 dBm (0,1 mW) Eingangsleistung.

Bei der Auswertung von Formel 4.102 zeigt sich, dass ein hoher Sättigungsstrom I_s zu einer guten Empfindlichkeit im quadratischen Detektionsbereich führt. In dem für RFID-Transponder interessanten Bereich mit Ausgangsspannungen u_{chip} von 0,8 ... 3 V ist dieser Effekt aber leider nicht mehr stark ausgeprägt.

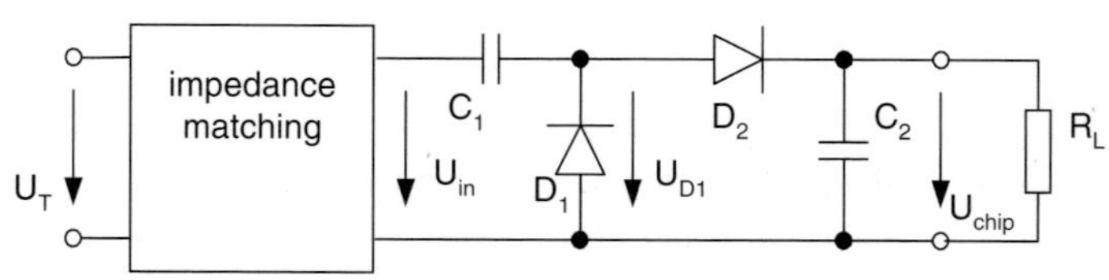

Abb. 4.80 Schaltung eines Schottky-Detektors in Spannungsverdopplerschaltung (villard-rectier).

Um die Ausgangsspannung weiter zu erhöhen, werden *Spannungsverdoppler* [hp-956-4] eingesetzt. Die Schaltung eines Spannungsverdopplers ist in Abbildung 4.80 gezeigt. Gegenüber dem einfachen Schottky-Detektor erreicht die Ausgangsspannung u_{chip} bei konstanter Eingangsleistung P_{in} nahezu den doppelten Wert. Zur Berechnung des Verhältnisses von P_{in} zu u_{chip} kann bei Spannungsverdopplern ebenfalls die Besselfunktion (Formel 4.102) verwendet werden. Hierbei sind jedoch die eingesetzten Werte für R_g zu verdoppeln, R_L zu halbieren und die berechneten Werte für die Ausgangsspannung u_{chip} ebenfalls zu verdoppeln.

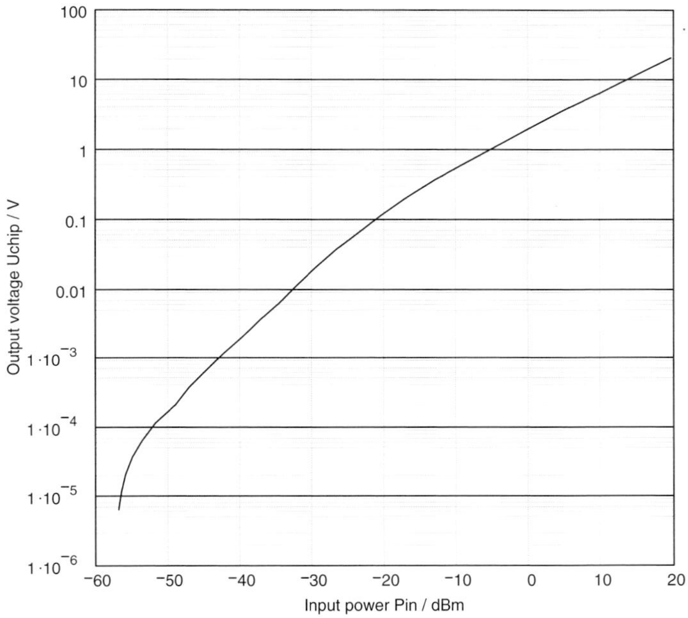

Abb. 4.81 Ausgangsspannung eines Schottky-Detektors in Spannungsverdoppler-Schaltung. Im Bereich -20 .. -10 dBm der Eingangsleistung ist der Übergang von quadratischer zu linearer Detektion gut zu erkennen (R_L = 500 kΩ, I_S = 2 µA, n = 1,12).

Der Einfluss unterschiedlicher Betriebsfrequenzen auf die Ausgangsspannung ist in Formel 4.102 nicht berücksichtigt. In der Praxis fließt jedoch ein frequenzabhängiger Strom über die parasitäre Kapazität C_j, wodurch der Wirkungsgrad des Schottky-Detektors verschlechtert wird. Der Einfluss der Sperrschichtkapazität auf die Ausgangsspannung kann durch einen Faktor M ausgedrückt werden [hp-1088]. Es gilt:

$$M = \frac{1}{1 + \omega^2 C_j^2 R_s R_j} \qquad [4.103]$$

In dem für RFID-Transponder interessanten Bereich mit Ausgangsspannungen u_{chip} von 0,8 ... 3 V und den daraus resultierenden Sperrschichtwiderständen R_j im Bereich < 250 Ω [hp-1088] kann der Einfluss der Sperrschichtkapazität jedoch weitestgehend vernachlässigt werden (siehe auch Abbildung 4.81).

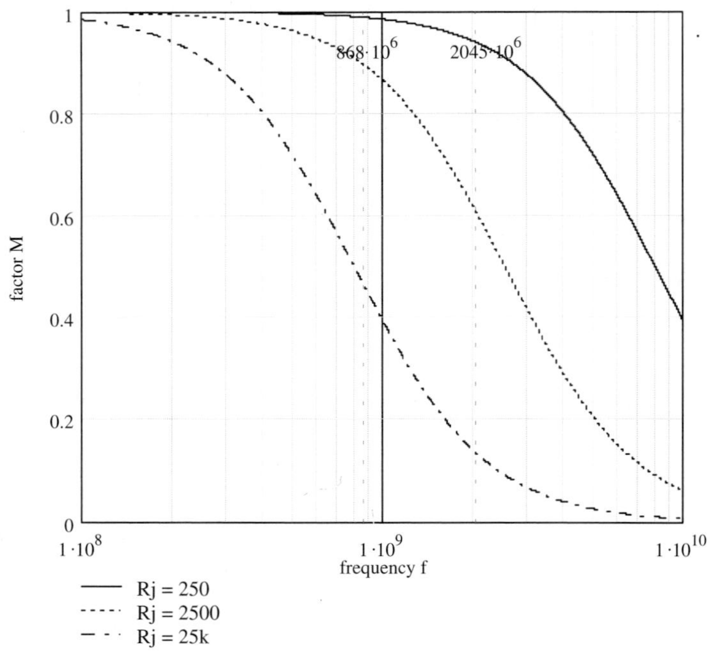

Abb. 4.82 Der Faktor M beschreibt den Einfluss der parasitären Sperrschichtkapazität C_j auf die Ausgangsspannung u_{chip} bei unterschiedlichen Frequenzen. Mit einem kleinerem Sperrschichtwiderstand R_j nimmt auch der Einfluss der Sperrschichtkapazität C_j deutlich ab. Marker bei 868 MHz und 2,45 GHz.

Um die empfangene Leistung P_e möglichst effektiv zu nutzen, müsste die Eingangsimpedanz Z_{rect} des Schottky-Detektors die konjugiert Komplexe der Impedanz Z_A der Antenne (Spannungsquelle) darstellen, d. h. $Z_{rect} = Z_A{}^*$. Ist diese Bedingung nicht erfüllt, so steht dem Schottky-Detektor nur noch ein Teil der Leistung zur Verfügung, wie ein Blick auf Abbildung 4.65 auf Seite 128 schnell unmissverständlich klarmacht.

Das HF-Ersatzschaltbild eines Schottky-Detektors ist in Abbildung 4.78 auf Seite 139 dargestellt: Der Kondensator C_2 soll alle HF-Anteile der erzeugten Gleichspannung aussieben und wird daher so dimensioniert, dass X_{C2} bei der Sendefrequenz des Lesegerätes gegen null geht. In diesem Frequenzbereich scheint die Diode (bzw. das Ersatzschaltbild der Diode) also direkt parallel zum Eingang der Schaltung zu liegen. Der Lastwiderstand R_L ist durch den Kondensator C_2 für HF-Spannungen kurzgeschlossen und daher im HF-Ersatzschaltbild nicht vorhanden. R_L bestimmt jedoch den Strom I_b durch den Schottky-Detektor und somit auch den Sperrschichtwiderstand R_j der Schottky-Diode. Das HF-Ersatzschaltbild eines Spannungsverdopplers besteht sinngemäß aus der Parallelschaltung zweier Schottky-Dioden.

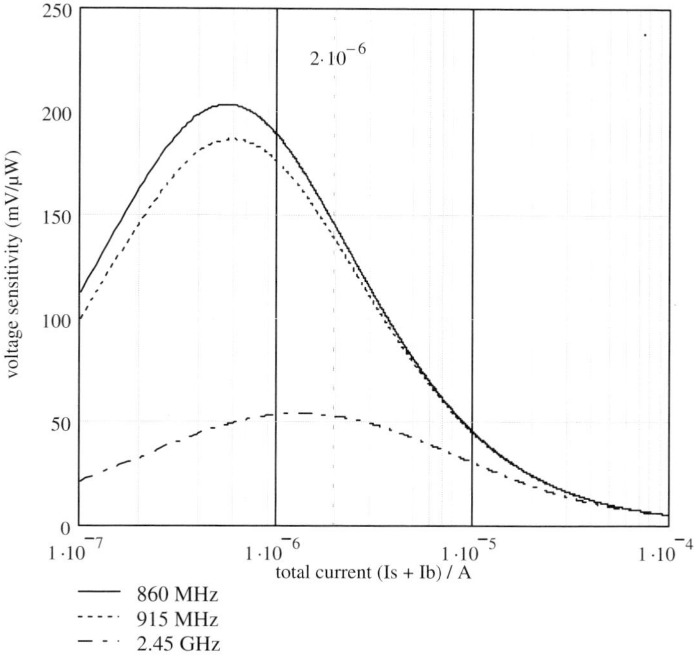

Abb. 4.83 Spannungsempfindlichkeit γ2 eines Schottky-Detektors in Abhängigkeit des Gesamtstromes I_T. C_j = 0.25 pF, R_s = 25 Ω, R_L = 100 kΩ.

Um nun die geforderte Leistungsanpassung zwischen der Antenne und dem Schottky-Detektor zu erreichen, muss die Eingangsimpedanz Z_{rect} des Schottky-Detektors über eine Schaltung zur Impedanzanpassung an die Antennenimpedanz Z_A angepasst werden. In der HF-Technik können hierzu diskrete Bauelemente, also L und C, oder aber auch Leitungsstücke unterschiedlichster Impedanz (Leitungstransformation), verwendet werden.

Bei idealer Anpassung kann die Spannungsempfindlichkeit γ2 (in mV/µW) eines Schottky-Detektors einfach berechnet werden [hp-1089] [hp-963]:

$$\gamma 2 = \frac{0.52}{(I_s + I_b) \cdot (1 + \omega^2 C_j^2 R_s R_j) \cdot \left(1 + \frac{R_j}{R_L}\right)} \qquad [4.104]$$

Das theoretische Maximum von γ2 liegt bei einer Schottky-Diode des Typs HSM 2801 bei 200 mV/µW (868 MHz) und tritt bei einem Dioden-Gesamtstrom $I_T = I_s + I_b$ von 0,65 µA auf. Der Sättigungsstrom I_s der ausgewählten Schottky-Diode liegt jedoch bereits bei 2 µA, sodass diese Spannungsempfindlichkeit selbst bei einem Betriebsstrom $I_b = 0$ schon theoretisch völlig unerreichbar ist. Auch der aus I_T = 0,65 µA resultierende Sperrschichtwiderstand R_j = 40 kΩ lässt sich mit realen Bauteilen kaum noch annähernd verlustfrei auf die niederohmige Quellenimpedanz der Antenne von $Z_A = 73\Omega + j0\Omega$ transformieren. Schließlich wird auch der Einfluss der parasitären Sperrschichtkapazität C_j bei derart hochohmigen Sperrschichtwiderständen deutlich erkennbar, was sich zusätzlich in einer weiteren Abnahme der Spannungsempfindlichkeit, besonders bei 2,45 GHz, bemerkbar macht.

In der Praxis werden Schottky-Detektoren mit Strömen von 2,5 ... 25 μA betrieben, was zu einem deutlich kleineren Sperrschichtwiderstand führt. Als Spannungsempfindlichkeit kann in der Praxis von Werten um 50 mV/μW ausgegangen werden [hp-1089].

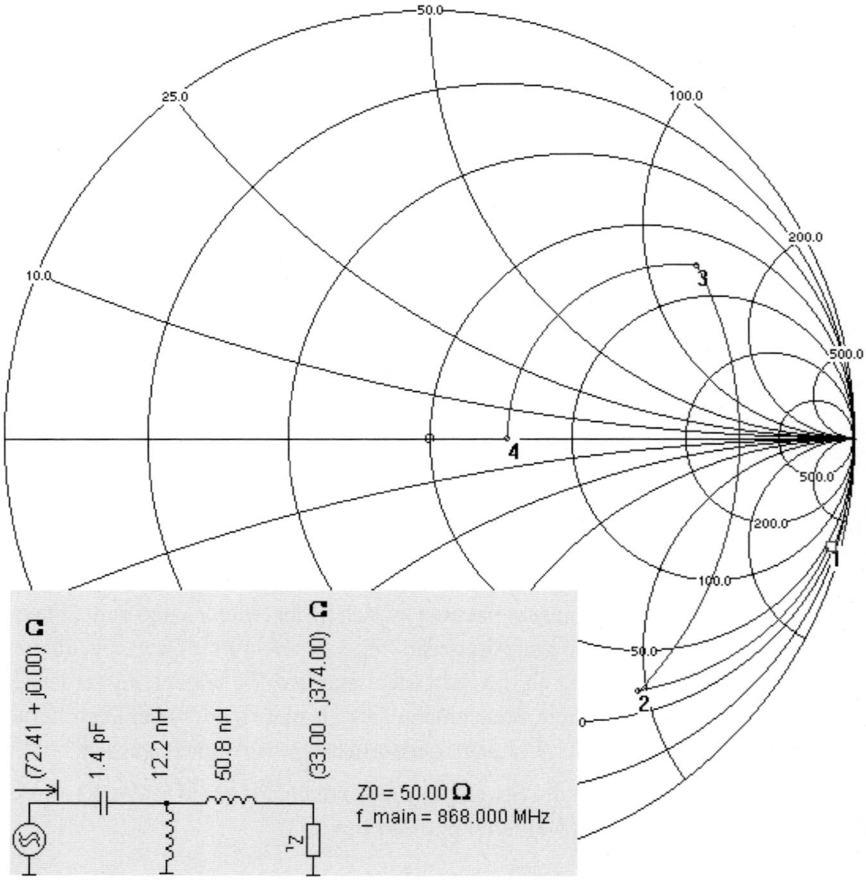

Abb. 4.84 Anpassung eines Schottky-Detektors (Punkt 1) an eine Dipolantenne (Punkt 4) durch Serienschaltung einer Spule (Punkt 1-2), Parallelschaltung einer zweiten Spule (Punkt 2-3) dazu, und hierzu schließlich die Serienschaltung eines Kondensators (Punkt 3-4).

Beim Design eines Schottky-Detektors für einen RFID-Transponder ist es aufgrund der gezeigten Einflussparameter durchaus eine Herausforderung für den Designer, eine für den jeweiligen Betriebsfall geeignete Schottky-Diode auszuwählen und alle Betriebsparameter so einzustellen, dass sich eine möglichst hohe Spannungsempfindlichkeit des Schottky-Detektors ergibt.

Wir wollen uns abschließend noch ein Beispiel für die *Anpassung* eines Schottky-Spannungsverdopplers an eine Dipolantenne ansehen. Ausgehend von zwei, im HF-Ersatzschaltbild parallelgeschalteten Schottky-Dioden ($L_p = 2$ nH, $C_p = 0{,}08$ pF, $R_s = 20\ \Omega$, $C_j = 0{,}16$ pF,

$I_T = 3\ \mu A$, $R_j = 8{,}6\ k\Omega$) ergibt sich eine Impedanz $Z_{rect} = 37\ -j374\ \Omega$ ($|Z_{rect}| = 375\ \Omega$). Das Smithdiagramm in Abbildung 4.84 zeigt hierzu einen möglichen Transformationsweg, sowie die Werte und Reihenfolge der für dieses Beispiel verwendeten Bauelemente die nötig wären, um eine Anpassung auf 72 Ω (Dipol in Resonanz) vorzunehmen.

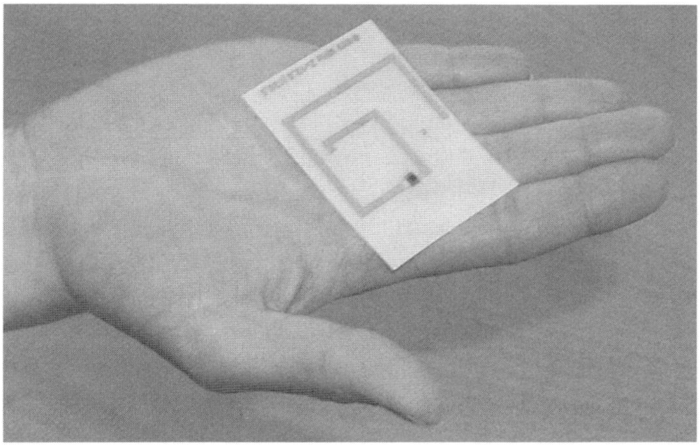

Abb. 4.85 Durch geschicktes Design der Transponderantenne kann die Impedanz der Antenne so gewählt werden, dass sie konjugiert komplex zur Eingangsimpedanz des Transponderchips wird. (Bild: Rafsec, Palomar-Konsortium, PALOMAR-Transponder)

Nicht immer ist es sinnvoll oder erwünscht, die *Impedanzanpassung* zwischen Transponderchip und Antenne mittels diskreter Bauelemente durchzuführen. Vor allem bei Labels, bei denen der Transponderchip dirkekt auf eine Folie montiert wird, versucht man zusätzliche diskrete Bauteile zu vermeiden.

Werden die Elemente eines Dipoles verkürzt oder verlängert (d. h. ober- oder unterhalb ihrer Resonanzfrequenz betrieben), so enthält die Impedanz Z_A der Antenne eine induktiven oder kapazitiven Anteil $X_T \neq 0$. Darüber hinaus kann der Strahlungswiderstand R_s durch die Bauform verändert werden. Durch geschicktes Design der Antenne ist es daher möglich, die Eingangsimpedanz der Antenne so zu wählen, dass sie konjugiert komplex zur Eingangsimpedanz des Transponders ist, d. h. $Z_T = Z_A^*$. Die Leistungsanpassung zwischen Transponderchip und Antenne wird dadurch alleine mit der Antenne realisiert.

4.2.6.3 Spannungsversorgung aktiver Transponder

Bei aktiven Transpondern erfolgt die Energieversorgung des Halbleiterchips aus einer *Batterie*. Unabhängig von der Entfernung zum Lesegerät steht daher immer genügend Spannung zum Betrieb der Schaltung zur Verfügung. Die von der Antenne gelieferte Spannung dient dazu, den Transponder über eine Detektionsschaltung zu aktivieren. Ohne Aktivierung von außen wird der Transponder in einen Stromsparmodus geschaltet, um die Batterie nicht unnötig zu entladen.

Zur Aktivierung des Transponders wird je nach Art der Auswerteschaltung eine weitaus geringere Empfangsleistung P_e benötigt als bei einem vergleichbaren passiven Transponder. So ergibt sich gegenüber einem passiven Transponder eine größere Lesereichweite. In der Praxis sind Reichweiten von über 10 m üblich.

4.2.6.4 Reflexion und Auslöschung

Das vom Lesegerät abgestrahlte elektromagnetische Feld wird nicht nur von einem Transponder, sondern von allen Gegenständen in der näheren Umgebung reflektiert, deren räumliche Abmessung größer als die Wellenlänge λ_0 des Feldes ist (siehe hierzu auch Kap. 4.2.4.1 „Reflexion elektromagnetischer Wellen", S. 121). Die reflektierten Felder überlagern sich mit dem primär ausgesendeten Feld des Lesegerätes. Hierdurch kommt es abwechselnd zu lokaler Dämpfung oder sogar *Auslöschung* (gegenphasige *Überlagerung*) und einer Verstärkung (gleichphasige Überlagerung) des Feldes, jeweils im Abstand von $\lambda_0/2$ zwischen den einzelnen Minima. Das gleichzeitige Auftreten vieler einzelner Reflexionen mit unterschiedlicher Intensität und unterschiedlicher Entfernung zum Lesegerät führt zu einem sehr unberechenbaren Verlauf der Feldstärke E um das Lesegerät, mit zahlreichen lokalen Zonen der Auslöschung des Feldes. Mit derartigen Effekten ist vor allem in einer Umgebung mit großen Metallgegenständen, z. B. in einem Industriebetrieb (Maschinen, Metallrohre, etc.), zu rechnen.

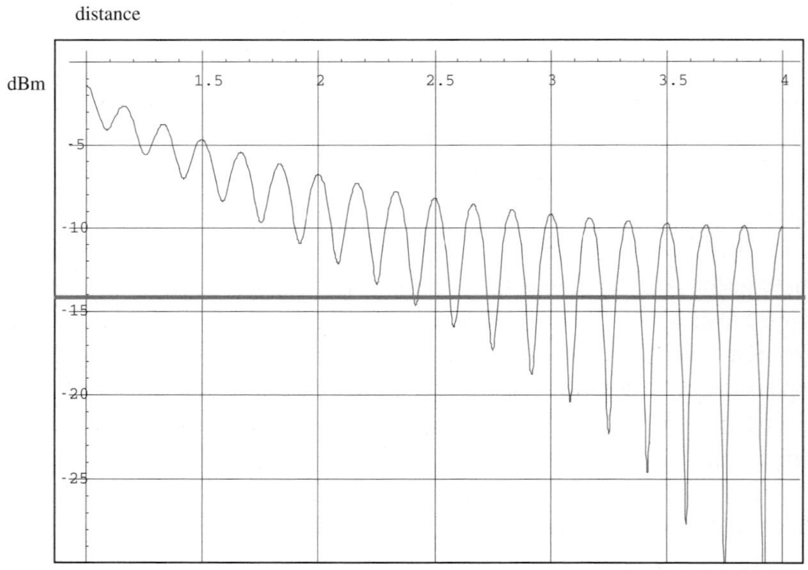

Abb. 4.86 Die Überlagerung des ursprünglich ausgesendeten Feldes mit Reflexionen aus der näheren Umgebung führt zu lokalen Auslöschungen. x-Achse: Entfernung zur Antenne des Lesegerätes; y-Achse: Streckendämpfung in dB. (Bild: Rafsec, Palomar-Konsortium)

Die Wirkung von *Reflexion* und Auslöschung ist auch aus dem täglichen Leben bekannt. So passiert es in dicht bebauten Gebieten immer wieder, dass man mit dem Auto beim Stopp an der Ampel in einem „Funkloch" (also einer lokalen Auslöschung) zum Stehen kommt und statt des Lieblingssenders nur noch Rauschen im Radio hört. Die Erfahrung zeigt auch hier, dass es in der Regel ausreicht, mit dem Auto ein kleines Stück weiter zu rollen, um wieder in den Genuss eines ungestörten Empfanges zu kommen, d. h. also den Bereich der lokalen Auslöschung zu verlassen.

Bei RFID-Systemen sind diese Effekte weitaus störender, da einem Transponder in einem lokalen Minimum der Feldstärken möglicherweise nicht mehr ausreichend Energie zum Betrieb zur Verfügung steht. Abbildung 4.86 zeigt die Ergebnisse einer Messung der Feldstärke E eines Lesegerätes, bei zunehmendem Abstand zur Sendeantenne, beim Auftreten von Reflexionen in der näheren Umgebung des Lesegerätes.

4.2.6.5 Ansprechempfindlichkeit des Transponders

Unabhängig von der Art der Spannungsversorgung des Transponders ist eine minimale *Feldstärke* E erforderlich, um den Transponder zu aktivieren bzw. mit ausreichend Energie zum Betrieb der Schaltung zu versorgen. Die minimale Feldstärke wird als *Ansprechfeldstärke* E_{min} bezeichnet und kann einfach berechnet werden. Ausgehend von der minimal benötigten HF-Eingangsleistung $P_{e\text{-}min}$ des *Schottky-Detektors* sowie des Antennengewinns G der Transponderantenne erhalten wir:

$$E_{min} = \sqrt{\frac{4\pi \cdot Z_F \cdot P_{e\text{-}min}}{\lambda_0^2 \cdot G}} \qquad [4.105]$$

Hierbei wird vorausgesetzt, dass die *Polarisationsrichtung* der Antennen des Lesegerätes und des Transponders genau übereinstimmen. Wird der Transponder mit einem Feld abweichender Polarisationsrichtung bestrahlt, so wird E_{min} entsprechend größer.

4.2.6.6 Modulierter Rückstreuquerschnitt

Wie wir bereits gesehen haben, wird von der Antenne des Transponders ein Teil der eingestrahlten Leistung am *Rückstreuquerschnitt* σ (= A_s) der *Transponderantenne* reflektiert. Auf diese Weise gelangt ein kleiner Teil der vom Lesegerät ursprünglich abgestrahlten Leistung P_1 über den Transponder als Empfangsleistung P_3 zum Lesegerät zurück.

Die in Kapitel 4.2.5.4 "Wirksame Fläche und Rückstreuquerschnitt" festgestellte Abhängigkeit des Rückstreuquerschnittes σ vom Verhältnis der Impedanzen Z_T und Z_A zueinander wird bei RFID-Transpondern dazu eingesetzt, um Daten vom Transponder an das Lesegerät zu senden. Hierzu wird die Eingangsimpedanz Z_T des Transponders durch das Ein- und Ausschalten einer zusätzlichen Impedanz Z_{mod}, im Takt des zu übertragenden Datenstromes, verändert. Dies führt dazu, dass auch der Rückstreuquerschnitt σ und damit die vom Transponder reflektierte Leistung P_s im Takt der Daten verändert, d. h. moduliert wird. Dieses Verfahren wird daher auch als *modulierter Rückstrahlquerschnitt* (*modulated backscatter*, *σ-modulation*) bezeichnet.

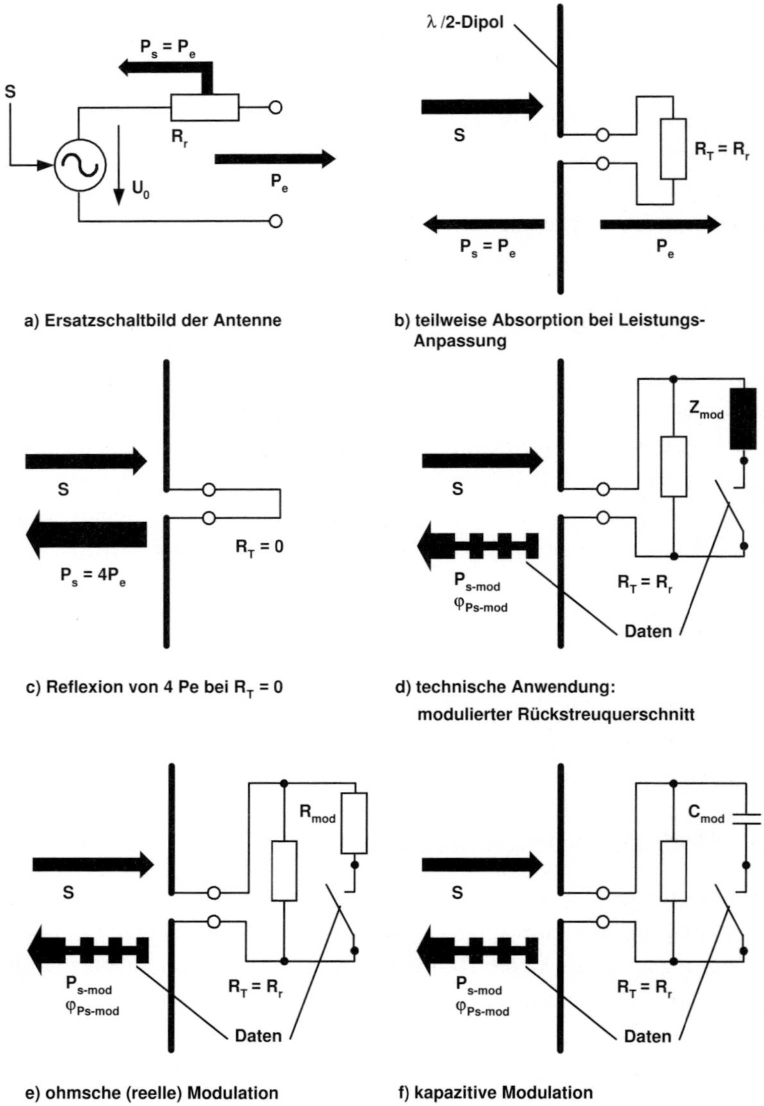

Abb. 4.87 Entstehung des modulierten Rückstreuquerschnittes durch die Modulation der Transponderimpedanz Z_T (= R_T).

Um die Verhältnisse in einem RFID-Transponder genauer zu untersuchen, greifen wir noch einmal auf Formel 4.81 zurück, da hierin der Einfluss der Transponderimpedanz $Z_T = R_T + X_T$ auf den Rückstreuquerschnitt σ zum Ausdruck kommt. Um darin U_0^2 durch die allgemeinen Eigenschaften der Transponderantenne zu ersetzen, setzen wir zunächst Formel 4.90 in Formel 4.88 ein und erhalten:

$$U_0 = \lambda_0 \cdot \sqrt{\frac{G \cdot R_r}{\pi \cdot Z_F}} \cdot \sqrt{S \cdot Z_F} = \lambda_0 \cdot \sqrt{\frac{G \cdot R_r \cdot S}{\pi}} \qquad [4.106]$$

Wir ersetzen nun U_0 in Formel 4.81 durch den rechten Ausdruck in Formel 4.106 und erhalten schließlich [palomar-18000]

$$\sigma = \frac{\lambda_0^{\ 2} \cdot R_r^2 \cdot G}{\pi \cdot [(R_r + R_V + R_T)^2 + (X_A + X_T)^2]} \qquad [4.107]$$

wobei G den Gewinn der Transponderantenne bezeichnet.

Ein Schwachpunkt dieser Formel ist jedoch, dass hier nur der Betrag des Rückstreuquerschnitt σ zum Ausdruck kommt [palomar-18000]. Stellen wir uns zur Veranschaulichung der daraus resultierenden Probleme einen Transponder vor, dessen imaginärer Anteil der Eingangsimpedanz Z_T im unmodulierten Zustand den Wert $X_{Toff} = -X_A + \Delta X_{mod}$ aufweist, im modulierten Zustand (Modulationsimpedanz Z_{mod} parallelgeschaltet) jedoch $X_{Ton} = -X_A - \Delta X_{mod}$. Weiter gehen wir davon aus, dass der reelle Anteil R_T der Eingangsimpedanz Z_T durch die Modulation nicht beeinflusst wird. Für diesen Sonderfall wird der imaginäre Teil der Impedanzen bei Modulation zwischen den Werten $(+\Delta X_{mod})^2$ und $(-\Delta X_{mod})^2$ umgetastet. Wie leicht zu erkennen ist, bleibt der Betrag des Rückstreuquerschnittes σ dabei konstant. Formel 4.81 hingegen bringt zum Ausdruck, dass die reflektierte Leistung P_s dem Quadrat des Stromes I in der Antenne proportional ist. Da wir durch die Umtastung des imaginären Teiles der Impedanzen zwischen $-\Delta X_{mod}$ und $+\Delta X_{mod}$ jedoch auch die Phase φ des Stromes I verändern, können wir daraus folgern, dass sich im gleichen Maße auch die Phase φ der reflektierten Leistung P_s verändert.

Zusammenfassend können wir also sagen, dass eine Modulation der Eingangsimpedanz Z_T des Transponders zu einer Modulation von Betrag und/oder Phase der reflektierten Leistung P_s und damit auch des Rückstreuquerschnittes σ führt. P_s und σ sind daher bei RFID-Systemen auch nicht als reelle, sondern als komplexe Größen zu betrachten. Die relative Änderung von Betrag und Phase des Rückstreuquerschnittes σ kann mit folgender Formel angegeben werden [palomar-18000]:

$$\Delta\sigma = \frac{\lambda_0^2 \cdot G \cdot \Delta Z_{mod}}{4 \cdot \pi \cdot R_r} \qquad [4.108]$$

Die Eigenschaft von RFID-Transpondern, eine gemischte Phasen- und Amplitudenmodulation zu erzeugen, muss auch bei der Entwicklung von Lesegeräten berücksichtigt werden. Moderne Lesegeräte arbeiten daher oft mit I/Q-Demodulatoren, um sicherzustellen, dass das Signal des Transponders in jedem Falle demoduliert werden kann.

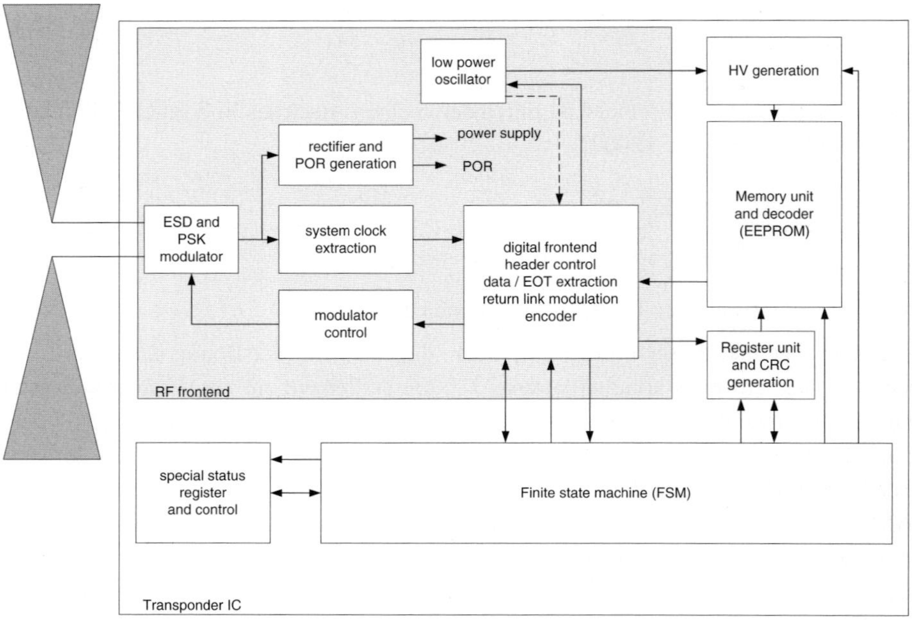

Abb. 4.88 Blockschaltbild eines passiven UHF Transponders. (Bild: Rafsec, Palomar-Konsortium, PALOMAR Transponder)

4.2.6.7 Lesereichweite

Um von einem Lesegerät mit einem Transponder kommunizieren zu können, müssen zwei Bedingungen erfüllt sein:

Zunächst muss der Transponder mit ausreichend Energie versorgt werden, um überhaupt aktiviert zu werden. Die Voraussetzungen hierfür haben wir bereits in Kapitel 4.2.6.2 „Spannungsversorgung passiver Transponder“, S. 137, besprochen.

Des Weiteren muss das vom Transponder reflektierte Signal am Empfänger des Lesegerätes noch ausreichend stark sein, um fehlerfrei detektiert werden zu können. Die *Empfindlichkeit eines Empfängers* gibt an, wie groß die Feldstärke bzw. die induzierte Spannung U am Empfängereingang sein muss, damit ein Signal noch fehlerfrei empfangen werden kann. Ausschlaggebend für die Empfindlichkeit eines Empfängers ist der Pegel des *Rauschens*, das durch die Antenne sowie die Empfangsvorstufe an den Eingang des Empfängers gelangt und zu schwache Signale stört oder schließlich vollständig überdeckt.

Bei Backscatter-Lesegeräten wird durch den permanent eingeschalteten Sender, der ja zur Aktivierung des Transponders benötigt wird, ein erhebliches zusätzliches Rauschen eingekoppelt, sodass die Empfindlichkeit des Empfängers im Lesegerät drastisch abnimmt. Dieses Rauschen entsteht vor allem durch *Phasenrauschen* des *Oszillators* im Sender. Als Daumenwert in der Praxis kann davon ausgegangen werden, dass das Signal des Transponders nicht mehr als 100 dB unter dem Pegel des Trägersignals des Senders liegen darf [gtag-rp], um den Transponder noch detektieren zu können. Um eine genaue Aussage über die

Empfindlichkeit eines Lesegerätes treffen zu können, muss dieser Wert jedoch im Einzelfall messtechnisch ermittelt werden.

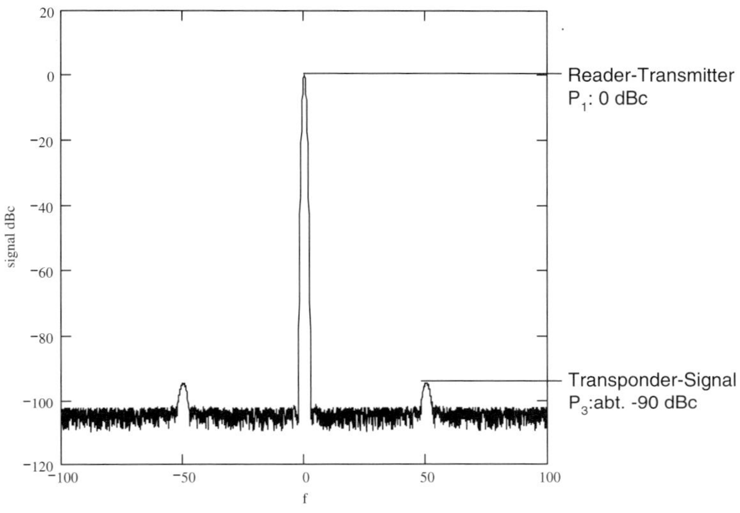

Abb. 4.89 Beispiel für die Pegelverhältnisse in einem Lesegerät. Der Rauschpegel am Empfänger des Lesegerätes liegt etwa 100 dB unter dem Signal des Trägers (carriers). Deutlich zu erkennen die Modulationsseitenbänder des Signals vom Transponder. Das reflektierte Trägersignal ist nicht zu erkennen, da der Pegel des gleichfrequenten Trägersignals des Senders im Lesegerät um Größenordnungen höher ist.

Zur Übertragung von Daten wird das vom Transponder reflektierte Signal moduliert. Hierbei gilt zu beachten, dass sich bei *Modulation* die reflektierte Leistung P_s auf ein reflektiertes „Trägersignal" sowie auf zwei Seitenbänder aufteilt. Bei einer reinen ASK-Modulation mit einem theoretischen *Tastgrad* (Modulationsgrad) von 100%[15] würden die beiden Seitenbänder je 25% der gesamt reflektierten Leistung P_s beinhalten (d. h. $P_{Sideband} = P_3$ - 6dB), bei einem kleineren Tastgrad entsprechend weniger. Da die Information ausschließlich in den *Seitenbändern* übertragen wird, ist also ein entsprechend dem Tastgrad geringeres Nutzsignal anzusetzen. Der reflektierte Träger enthält keinerlei Information, kann aber auch durch das Lesegerät nicht empfangen werden, da er durch das gleichfrequente Sendersignal vollständig überdeckt wird, wie auch Abbildung 4.89 zeigt.

Wir wollen nun betrachten, wie groß die am Lesegerät ankommende Leistung P_3 der vom Transponder reflektierten Leistung ist.

Analog zu Formel 4.75 ist die Empfangsleistung P_3 am Empfänger des Lesegerätes:

$$P_3 = A_{e\text{-}Reader} \cdot S_{Back} \qquad [4.109]$$

[15] In der Praxis ist eine 100% ASK.Modulation des reflektierten Signals nicht zu erreichen, da hierzu im modulierten Zustand Z_T einen unendlichen Wert annehmen müßte.

Die Strahlungsdichte S_{Back} ergibt sich dabei aus Formel 4.67; wir erhalten:

$$P_3 = A_{e\text{-Reader}} \cdot \frac{P_1 \cdot G_{Reader} \cdot \sigma}{(4\pi)^2 \cdot r^4} \qquad [4.110]$$

Wir ersetzen nun $A_{e\text{-Reader}}$ durch den Ausdruck in Formel 4.86, da wir den Gewinn G_{Reader} der Antenne im Lesegerät ja bereits in der Radargleichung verwendet haben:

$$P_3 = \frac{P_1 \cdot G_{Reader}^2 \cdot \lambda_0^2 \cdot \sigma}{(4\pi)^3 \cdot r^4} \qquad [4.111]$$

Desgleichen ersetzen wir $A_s = \sigma$ durch Formel 4.86 und erhalten somit schließlich:

$$P_3 = \frac{P_1 \cdot G_{Reader}^2 \cdot \lambda_0^4 \cdot G_T^2}{(4\pi r)^4} \qquad [4.112]$$

Diese Formel gilt selbstverständlich nur für den Fall der Leistungsanpassung zwischen der Antenne des Transponders und dem angeschlossenen Verbraucher Z_T. Im praktischen Betrieb kann der Rückstreuquerschnitt σ ja Werte zwischen 0 und $4A_e$ annehmen, wie in Kapitel 4.2.5.4 „Wirksame Fläche und Rückstreuquerschnitt“, S. 126 gezeigt wurde. Verallgemeinert gilt daher:

$$P_3 = \left.\frac{k \cdot P_1 \cdot G_{Reader}^2 \cdot \lambda_0^4 \cdot G_T^2}{(4\pi r)^4}\right|_{k = 0 \,..\, 4} \qquad [4.113]$$

Der genaue Wert für k ergibt sich aus dem Verhältnis zwischen dem Strahlungswiderstand der Antenne R_r und der Eingangsimpedanz Z_T des Transponderchips und kann Abbildung 4.65 auf Seite 128 entnommen werden.

Wir lösen Formel 4.113 noch nach r auf und erhalten somit:

$$r = \left.\frac{\lambda_0}{4\pi} \cdot \sqrt[4]{\frac{k \cdot P_1 \cdot G_{Reader}^2 \cdot G_T^2}{P_3}}\right|_{k = 0 \,..\, 4} \qquad [4.114]$$

Bei bekannter Empfindlichkeit des Empfängers P_{3min} des Lesegerätes lässt sich so der maximale Abstand zwischen Transponder und Lesegerät abschätzen, bei dem das Signal des Transponders von einem Lesegerät eben noch empfangen werden kann. Es muss berücksichtigt werden, dass P_3 die gesamte vom Transponder reflektierte Leistung darstellt. Die Aufteilung der Leistung P_3 in ein Tragersignal und die zwei Seitenbänder (d. h. $P_3 = P_{carrier} + P_{USB} + P_{LSB}$)[16] ist hierbei noch nicht berücksichtigt. Um ein einzelnes Seitenband des reflektierten, modulierten Signales detektieren zu können, muss P_3 entsprechend größer ausfallen.

[16] USB = upper sideband, d. h. das in der Frequenzlage höhere Modulationsseitenband
LSB = lower sideband, d. h. das in der Frequenzlage tiefere Modulationsseitenband.

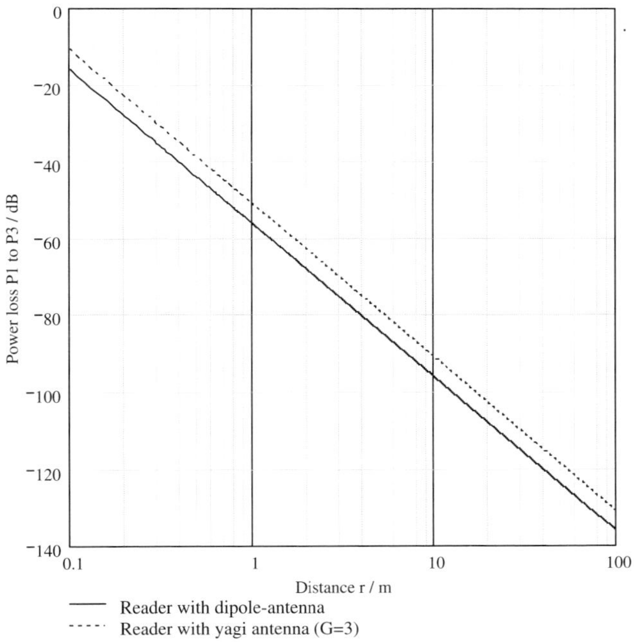

Abb. 4.90 Dämpfung eines Signals auf dem Wege zum Transponder und zurück.

4.3 Oberflächenwellen

4.3.1 Entstehung einer Oberflächenwelle

Legt man eine Spannung an die Elektroden eines *piezoelektrischen Kristalls* wie *Quarz* (SiO_2), *Lithiumniobat* ($LiNbO_3$) oder *Lithiumtantalat* ($LiTaO_3$), so bilden sich auf Grund des *Piezoeffektes* mechanische Verzerrungen im *Kristallgitter* aus. Dieser Effekt wird dazu verwendet, um gezielt akustische *Oberflächenwellen* auf dem Kristall zu erzeugen. Hierzu bringt man Elektrodenstrukturen aus etwa 0,1 µm dickem Aluminium als elektroakustische Wandler auf der polierten Oberfläche eines piezoelektrischen Einkristalls auf. Beim Anlegen einer Wechselspannung an den elektroakustischen Wandler breiten sich akustische Oberflächenwellen, so genannte *Rayleigh-Wellen*, an der Oberfläche des Kristalls aus [meinke], wobei die Auslenkungen im Kristallgitter mit zunehmender Tiefe exponentiell abnehmen.

Der größte Teil der eingekoppelten akustischen Leistung wird daher innerhalb einer dünnen, etwa eine Wellenlänge λ tiefen Schicht an der Oberfläche des Kristalls konzentriert. Die Ausbreitung einer akustischen Oberflächenwelle auf einer hochpolierten Substratoberfläche ist nahezu ungedämpft und dispersionsfrei. Die Ausbreitungsgeschwindigkeit v beträgt ca. 3000 bis 4000 m/s, also nur etwa 1/100 000 der Lichtgeschwindigkeit c.

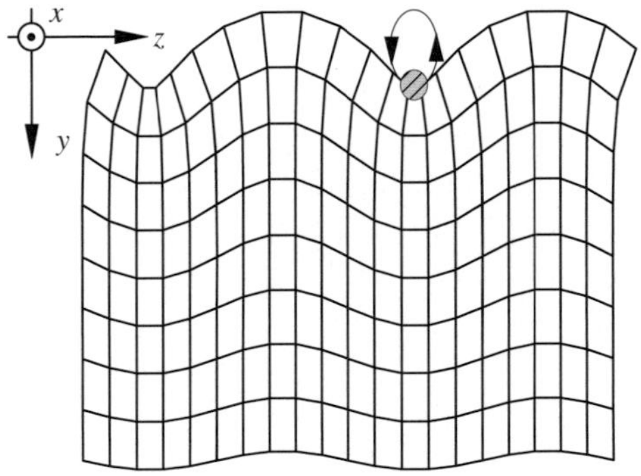

Abb. 4.91 Der Schnitt durch einen Kristall zeigt die Oberflächenverzerrungen einer sich in z-Richtung ausbreitenden Oberflächenwelle. (Bild: Siemens AG, ZT KM, München)

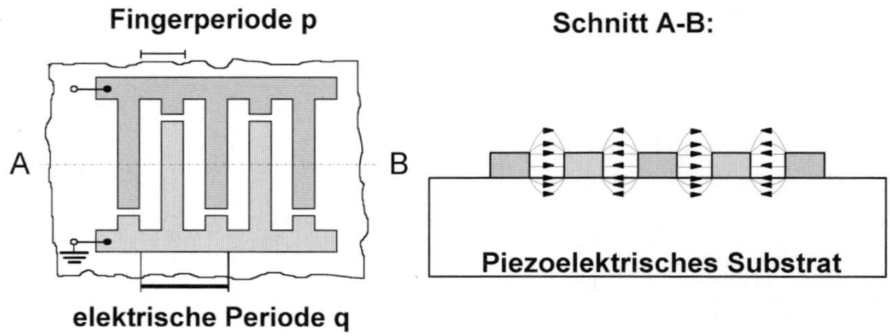

Abb. 4.92 Prinzipeller Aufbau eines Interdigitalwandlers.
links: Anordnung der fingerförmigen Elektroden des Interdigitalwandlers.
rechts: Die Ausbildung eines elektrischen Feldes zwischen Elektroden unterschiedlicher Polarität. (Bild: Siemens AG, ZT KM, München)

Wirksame elektroakustische Wandler sind interdigitale Elektrodenstrukturen in der Form miteinander verbundener Finger. Jeweils zwei solcher ineinandergreifender Fingersysteme (Abbildung 4.92) bilden einen so genannten *Interdigitalwandler* (lat. digitus = Finger, inter = zwischen). Ein an der Sammelschiene eines Interdigitalwandlers angelegter δ-förmiger elektrischer Impuls bewirkt wegen des piezoelektrischen Effektes zwischen Fingern unterschiedlicher Polarität eine dem elektrischen Feld proportionale mechanische Verformung an der Oberfläche des Substrats, die sich als Oberflächenwelle in beide Richtungen mit der Geschwindigkeit v ausbreitet (siehe Abbildung 4.92). Umgekehrt verursacht eine in den Wandler einlaufende Oberflächenwelle durch den piezoelektrischen Effekt ein der Fingerstruktur proportionales Signal an der Sammelschiene [meinke].

Der Abstand zwischen zwei Fingern gleicher Polarität wird als elektrische Periode q des Interdigitalwandlers bezeichnet. Das Maximum der elektroakustischen Wechselwirkung liegt bei der Frequenz f_0, der Mittenfrequenz des Wandlers. Bei dieser Frequenz entspricht die Wellenlänge λ_0 der akustischen Oberflächenwelle exakt der elektrischen Periode q des Interdigitalwandlers, sodass sich alle Wellenzüge phasenrichtig überlagern und eine maximale Übertragung auftritt [reindl-1].

$$\frac{v}{f_0} = \lambda_0 = q \qquad [4.115]$$

Das Verhältnis zwischen der elektrischen und mechanischen Leistungsdichte einer Oberflächenwelle wird mit der materialabhängigen piezoelektrischen Kopplungskonstante k^2 beschrieben. Um die gesamte, am Interdigitalwandler anliegende elektrische Leistung in die akustische Leistung einer Oberflächenwelle umzuwandeln, werden etwa k^{-2} Überlappungen des Wandlers benötigt.

Abb. 4.93 Rasterelektronenmikroskopische Aufnahme mehrerer Oberflächenwellenpakete auf einem piezoelektrischen Kristall. Der Interdigitalwandler selbst ist auf der Abbildung unten links zu erkennen. Eine elektrische Wechselspannung an den Elektroden des Interdigitalwandlers erzeugt auf Grund des piezoelektrischen Effektes eine Oberflächenwelle im Kristallgitter. Umgekehrt erzeugt eine einlaufende Oberflächenwelle eine elektrische Wechselspannung gleicher Frequenz an den Elektroden des Wandlers. (Bild: Siemens AG, ZT KM, München)

Die Bandbreite B eines Wandlers kann durch die Länge des Wandlers beeinflusst werden und beträgt:

$$B = 2f_0/N \text{ (N = Anzahl der Finger).} \qquad [4.116]$$

4.3.2 Reflexion einer Oberflächenwelle

Trifft eine Oberflächenwelle auf eine mechanische oder elektrische Unstetigkeit der Oberfläche, so wird ein kleiner Teil der Oberflächenwelle reflektiert. Der Übergang zwischen freier und metallisierter Oberfläche stellt eine solche Unstetigkeit dar, daher kann eine periodische Anordnung von N Reflektorstreifen als Reflektor eingesetzt werden. Entspricht die Reflektorperiode p (siehe hierzu Abbildung 4.93) einer halben Wellenlänge λ_0, so überlagern sich alle Reflexionen gleichphasig. Der Reflexionsgrad erreicht daher für die zugehörige Frequenz die so genannte Braggfrequenz f_B, ein Maximum.

$$f_B = \frac{v}{2p} \qquad [4.117]$$

Abb. 4.94 Geometrie eines einfachen Reflektors für Oberflächenwellen. (Bild: Siemens AG, ZT KM, München)

4.3.3 Funktionsschema von OFW-Transpondern

Ein Oberflächenwellen-Transponder entsteht durch die Kombination eines Interdigitalwandlers und mehrerer Reflektoren auf einem piezoelekrischen Einkristall, wobei die beiden Sammelschienen des Interdigitalwandlers mit einer (Dipol-) Antenne verbunden werden.

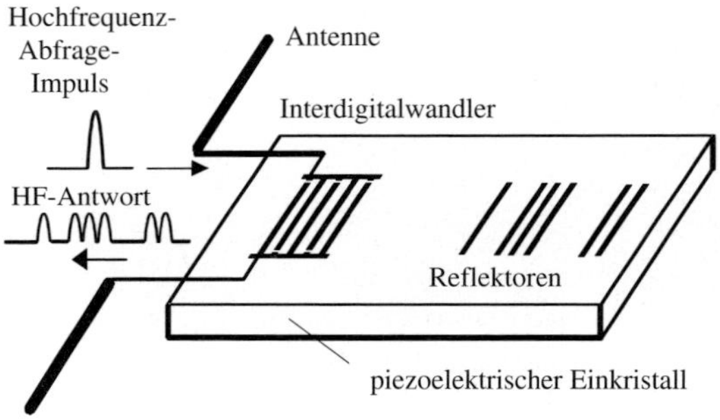

Abb. 4.95 Funktionsschema eines Oberflächenwellen-Transponders. (Bild: Siemens AG, ZT KM, München)

Durch die Antenne eines Lesegerätes wird in periodischen Abständen ein hochfrequenter *Abfrageimpuls* ausgesendet. Befindet sich ein Oberflächenwellen-Transponder im Ansprechbereich des Lesegerätes, so wird ein Teil der ausgesendeten Leistung von der Antenne des Transponders empfangen und gelangt als hochfrequenter Spannungspuls an die Anschlüsse des Interdigitalwandlers. Dort wird ein Teil dieser empfangenen Leistung in eine akustische Oberflächenwelle umgewandelt, welche sich nun quer zu den Fingern des Wandlers im Kristall fortpflanzt.[17]

Im Ausbreitungsweg der Oberflächenwelle sind nun *Reflektoren* in einer charakteristischen Reihenfolge auf dem Kristall aufgebracht. An jedem der Reflektoren wird ein kleiner Teil der Oberflächenwelle reflektiert und läuft in Richtung des Interdigitalwandlers auf dem Kristall zurück. Aus einem einzelnen Abfrageimpuls entsteht so eine Vielzahl von Pulsen. Im

[17] Um die empfangene Leistung möglichst vollständig in akustische Leistung umzuwandeln, sollte zum einen die Sendefrequenz f_0 des Lesegerätes mit der Mittenfrequenz des Interdigitalwandlers übereinstimmen, zum anderen aber auch die Anzahl der Wandlerfinger der Kopplungskonstante k_2 angepasst sein.

Interdigitalwandler werden die einlaufenden akustischen Pulse wieder in hochfrequente Spannungspulse verwandelt und von der Antenne des Transponders als Antwortsignale des Transponders abgestrahlt. Auf Grund der niedrigen Ausbreitungsgeschwindigkeit der Oberflächenwelle treffen die ersten Antwortpulse erst nach einer Verzögerungszeit von wenigen Mikrosekunden am Lesegerät ein. In dieser Zeit sind die *Störreflexionen* aus der Umgebung des Lesegerätes längst abgeklungen, sodass die Antwortimpulse des Transponders hiervon nicht mehr gestört werden können. Störreflexionen aus einem Umkreis von 100 m um das Lesegerät etwa sind nach 0,66 µs (Laufzeit für 2 · 100 m) abgeklungen. Eine Oberflächenwelle auf einem Quarzsubstrat (v = 3158 m/s) legt in dieser Zeit gerade einmal 2 mm zurück und erreicht damit eben die ersten Reflektoren auf dem Substrat. Diese Bauart der Oberflächenwellen-Transponder wird deshalb auch als „*reflektive Verzögerungsleitung*" (engl. *reflective delay lines*) bezeichnet.

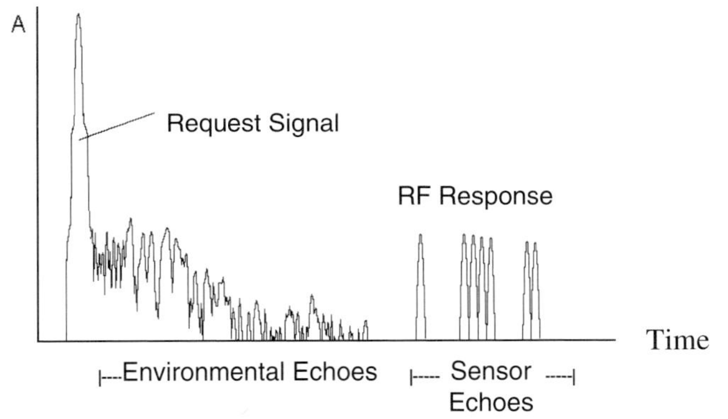

Abb. 4.96 Erst nach dem Abklingen der Umgebungsechos (environmental echoes) treffen die Antwortpulse (sensor echoes) des Oberflächenwellen-Transponders ein. (Bild: Siemens AG, ZT KM, München)

Oberflächenwellen-Transponder arbeiten völlig linear und antworten deshalb – bezogen auf den Abfrageimpuls – mit einer definierten *Phase* (siehe Abbildung 4.96). Außerdem sind der Phasenwinkel φ_{2-1} und die Differenzlaufzeit τ_{2-1} zwischen den reflektierten Einzelsignalen konstant. Dadurch entsteht die Möglichkeit, schwache Antwortsignale des Transponders über viele Abfrageimpulse kohärent zu mitteln, um so die *Reichweite* eines Oberflächenwellen-Transponders zu verbessern. Da ein Auslesevorgang nur wenige µs in Anspruch nimmt, können pro Sekunde einige 100 000 Lesezyklen durchgeführt werden.

Die Reichweite d eines Oberflächenwellen-Transpondersystems kann anhand der Radargleichung ermittelt werden (siehe hierzu Kap. 4.2.4.1 „Reflexion elektromagnetischer Wellen", S. 121). Der Einfluss einer köhärenten Mittelung ist dabei als „Integrationszeit" t_i berücksichtigt [reindl-5]. Es gilt:

$$d = \sqrt[4]{\frac{P_T \cdot G_T^2 \cdot G_R^2 \cdot t_i \cdot \lambda^4}{k \cdot T_0 \cdot F \cdot \frac{S}{N} \cdot IL}} \qquad [4.118]$$

Der Zusammenhang zwischen der Anzahl der Lesezyklen und der Reichweite des Systems ist in Abbildung 4.97 für zwei verschiedene Frequenzbereiche dargestellt. Der Berechnung liegen folgende für Oberflächenwellen-Systeme typische Systemparameter zugrunde:

Tabelle 4.9: Systemparameter für die in Abbildung 4.97 dargestelle Reichweitenabschätzung.

Wert	für 433 MHz	für 2,45 GHz
PT: Sendeleistung	+14 dBm	
GT: Gewinn der Sendeantenne	0 dB	
GR: Gewinn der Transponderantenne	-3 dBi	0 dBi
Wellenlänge λ	70 cm	12 cm
F: Rauschzahl des Empfängers (Lesegerät)	12 dB	
S/N: Benötigter Signal-/Störabstand zur fehlerfreien Datendetektion	20 dB	
IL: Einfügedämpfung (insertion loss): Dies ist die zusätzliche Dämpfung des elektromagnetischen Antwortsignals während des in der Form einer Oberflächenwelle zurückgelegten Wegs.	35 dB	40 dB
T0: Rauschtemperatur der Empfangsantenne	300 K	

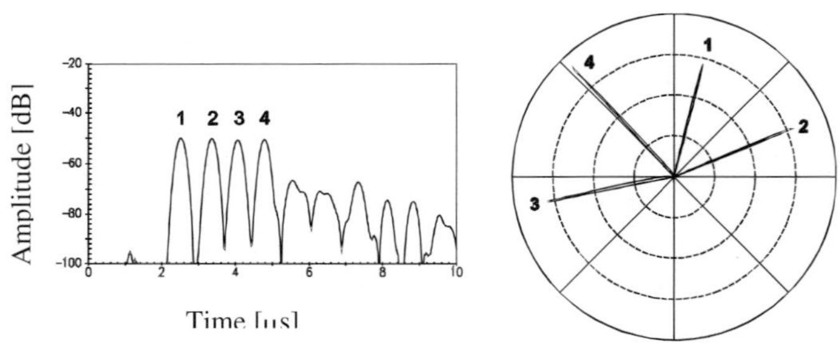

Abb. 4.97 Oberflächenwellentransponder arbeiten bezogen auf den Abfrageimpuls mit einer definierten Phase:
links: Abfrageimpuls, bestehend aus vier Einzelpulsen.
rechts: Die Phasenlage der Antwortimpulse, dargestellt in einem Polardiagramm, ist exakt definiert (Bild: Siemens AG, ZT KM, München)

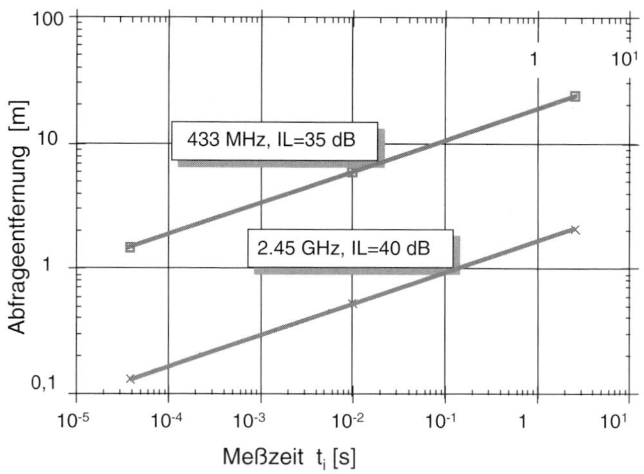

Abb. 4.98 Abschätzung der Systemreichweite eines Oberflächenwellen-Transpondersystems in Abhängigkeit der Integrationszeit t_i, bei unterschiedlichen Frequenzen. (Bild: Siemens AG, ZT KM, München)

4.3.4 Der Sensoreffekt

Die Geschwindigkeit v einer Oberflächenwelle auf dem Substrat, und damit auch die Laufzeit τ sowie die Mittenfrequenz f_0 eines Oberflächenwellen-Bauelements sind durch eine Reihe von physikalischen Größen beeinflussbar [reindl-1]. Neben der Temperatur wirken vor allem mechanische Kräfte wie statische Dehnung, Druck, Scherung, Biegung oder Beschleunigung auf die Oberflächenwellengeschwindigkeit v ein. Dies ermöglicht die Fernabfrage mechanischer Kräfte durch Oberflächenwellen-Sensoren [reindl-1].

Allgemein kann die Sensitivität S der Größe x auf eine Variation der Einflussgröße y definiert werden als:

$$S_y^x = \frac{1}{x} \cdot \frac{\partial x}{\partial y} \qquad [4.119]$$

Die Sensitivität S auf eine bestimmte Einflussgröße y ist dabei von Substratmaterial und Kristallschnitt abhängig. So ist etwa der Einfluss der Temperatur T auf die Ausbreitungsgeschwindigkeit v einer Oberflächenwelle auf Quartz gleich null. Auf diesem Material sind Oberflächenwellen-Transponder daher besonders temperaturstabil. Bei anderen Substratmaterialien ändert sich die Ausbreitungsgeschwindigkeit v mit der Temperatur T.

Die Temperaturabhängigkeit wird durch die Sensitivität S_T^v (auch Temperaturkoeffizient Tk) beschrieben. Der Einfluss der Temperatur auf die Ausbreitungsgeschwindigkeit v, die Mittenfrequenz f_0 und die Laufzeit τ können daraus wie folgt berechnet werden [reindl-1]:

$$v(T) = v(T_0) \cdot [1 - S_T^v \cdot (T - T_0)] \qquad [4.120]$$

$$f_0(T) = f_0(T_0) \cdot [1 - S_T^v \cdot (T - T_0)] \qquad [4.121]$$

$$\tau(T) = \tau(T_0) \cdot [1 + S_T^v \cdot (T - T_0)] \qquad [4.122]$$

Tabelle 4.10: Die Eigenschaften einiger häufig benutzter Oberflächenwellen-Substratmaterialien.

Material	Kristallrichtung		v	k^2	S_T^v (Tk)	Dämpfung (dB/µs)	
	Schnitt[a]	Ausbreitung[b]	(m/s)	(%)	(ppm/°C)	433 MHz	2,45 GHz
Quarz	ST	X	3158	0,1	0	0,75	18,6
"	37° rot-Y	90° rot-X	5092	≈ 0,1	0	siehe c	siehe c
LiNbO3	Y	Z	3488	4,1	94	0,25	5,8
"	128° rot-Y	X	3980	5,5	75	0,27	5,2
LiTaO3	36° rot-Y	X	4112	≈ 6,6	30	1,35[c]	20,9[c]
"	X	112° rot-Y	3301	0,88	18	-	-

a. Schnitt – Oberflächennormale zur Kristallachse
b. Kristallachse der Wellenausbreitung
c. Starke Abhängigkeit des Wertes von der Schichtdicke

4.3.4.1 Reflektive Verzögerungsleitung

Werden nur die Differenzlaufzeiten bzw. die Differenzphasen zwischen den einzelnen reflektierten Pulsen ausgewertet, so ist das Sensorsignal von der Entfernung zwischen dem Lesegerät und dem Transponder unabhängig. Die Differenzlaufzeit $\tau_{2\text{-}1}$ sowie die Differenzphase $\varphi_{2\text{-}1}$ zwischen zwei empfangenen Antwortimpulsen ergibt sich aus dem Abstand $L_{2\text{-}1}$ der beiden Reflektoren voneinander, sowie der Geschwindigkeit v der Oberflächenwelle und der Frequenz f des Abfrageimpulses:

$$\tau_{2-1} = \frac{2 \cdot L_{2-1}}{v} \qquad [4.123]$$

$$\varphi_{2-1} = 2\pi f \cdot \tau_{2-1} = \frac{4\pi f \cdot L_{2-1}}{v} \qquad [4.124]$$

Die messbare Änderung $\Delta\tau_{2\text{-}1}$ bzw. $\Delta\varphi_{2\text{-}1}$ bei Änderung eines physikalischen Parameters y um den Betrag Δy beträgt somit:

$$\Delta\tau_{2-1} = \tau_{2-1} \cdot S_y^\tau \cdot \Delta y \qquad [4.125]$$

$$\Delta\varphi_{2-1} = 2\pi f \cdot \tau_{2-1} \cdot S_y^\tau \cdot \Delta y \qquad [4.126]$$

Der Einfluss des physikalischen Parameters y auf den Oberflächenwellen-Transponder kann also allein durch die Auswertung des Phasenunterschiedes zwischen den unterschiedlichen

Pulsen des Antwortsignales bestimmt werden. Das Messergebnis ist somit auch unabhängig von der Entfernung zwischen Lesegerät und Transponder.

Auf Lithiumniobat ($LiNbO_3$, YZ-Schnitt) beträgt der lineare Temperaturkoeffizient $T_k = S_T^v$ ca 90ppm/°C. Eine reflektive Verzögerungsleitung auf diesem Kristall ist somit ein empfindlicher funkabfragbarer *Temperatursensor*. Abbildung 4.98 zeigt als Beispiel die Impulsantwort eines Temperatursensors sowie die Temperaturabhängigkeit der zugehörigen Phasenwerte [reindl-9]. Die Genauigkeit einer Temperaturmessung durch Auswertung der zugehörigen Phasenwerte $\varphi_{2\text{-}1}$ beträgt ca ±0,1°C und kann durch besondere Maßnahmen, wie etwa die Verwendung von längeren Laufstrecken $L_{2\text{-}1}$ (vgl. Formel 4.124) im Kristall noch gesteigert werden. Die Eindeutigkeit der Phasenmessung kann durch drei bis vier korrekt platzierte Reflektoren über den gesamten Messbereich sichergestellt werden.

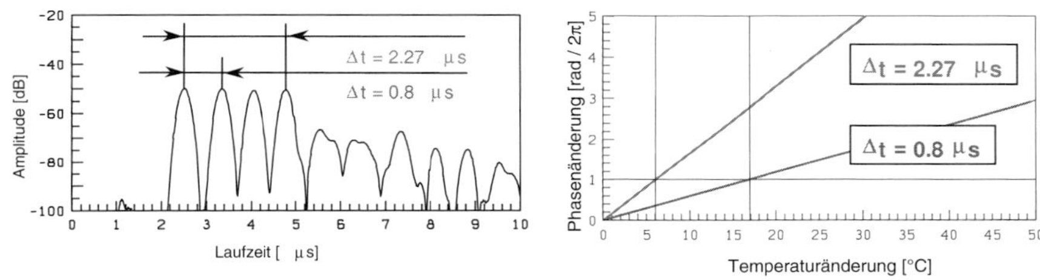

Abb. 4.99 Impulsantwort eines Temperatursensors und Variation der zugehörigen Phasenwerte zwischen zwei Impulsen (Δt = 0,8 μs) bzw. vier Impulsen (Δt = 2.27 μs). Auffallend ist die hohe Linearität der Messung. (Bild: Siemens AG, ZT KM, München)

4.3.4.2 Resonante Sensoren

In einer reflektiven Verzögerungsleitung wird der zur Verfügung stehende Weg zweimal genutzt. Wird der Interdigitalwandler hingegen zwischen zwei vollreflektierenden Strukturen platziert, so kann der akustische Weg durch eine mehrfache Reflexion jedoch noch wesentlich häufiger genutzt werden. Eine derartige Anordnung (siehe Abbildung 4.98) wird als Oberflächenwellen-*Eintor-Resonator* bezeichnet. Der Abstand beider Reflektoren muss ein ganzzahliges Vielfaches der halben Wellenlänge λ_0 bei der Resonanzfrequenz f_1 sein.

Die Anzahl der in einem solchen *Resonator* gespeicherten Wellenzüge wird von seiner belasteten Güte Q bestimmt. Üblicherweise wird auf 434 MHz ein *Gütefaktor* von 10 000, auf 2,45 GHz ein Gütefaktor zwischen 1500 und 3000 erreicht [reindl-9]. Die Verschiebung der Mittenfrequenz Δf_1 und die Verschiebung der zugehörigen Phase $\Delta\varphi_1$ eines Resonators aufgrund einer Änderung der physikalischen Größe y ergibt sich mit der belasteten Güte Q zu [reindl-5]:

$$\Delta f_1 = -f_1(y_0) \cdot S_{y,1} \cdot \Delta y \qquad [4.127]$$

sowie

$$\Delta\varphi = 2Q \cdot \frac{\Delta f}{f} \qquad [4.128]$$

Hierbei ist f_1 die unbeeinflusste Resonanzfrequenz des Resonators.

In der Praxis erhält man damit die gleiche Sensitivität wie bei einer reflektiven Verzögerungsleitung, jedoch mit einer signifikanten Verkleinerung der Chipgröße [reindl-9].

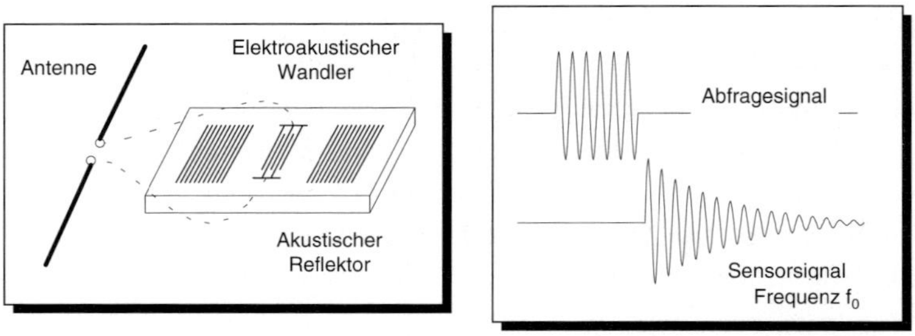

Abb. 4.100 Prinzipieller Aufbau eines resonanten Oberflächenwellen-Transponders sowie die zugehörige Pulsantwort. (Bild: Siemens AG, ZT KM, München)

Werden anstatt eines Resonators gleich mehrere Resonatoren mit unterschiedlicher Resonanzfrequenz auf einem Kristall aufgebracht, so ergibt sich eine andere Situation: Anstatt einer Pulsfolge im Zeitbereich sendet eine derartige Anordnung ein charakteristisches Linienspektrum zum Abfragegerät zurück [reindl-3, reindl-9], das durch eine Fourier-Transformation aus dem empfangenen Sensorsignal gewonnen werden kann.

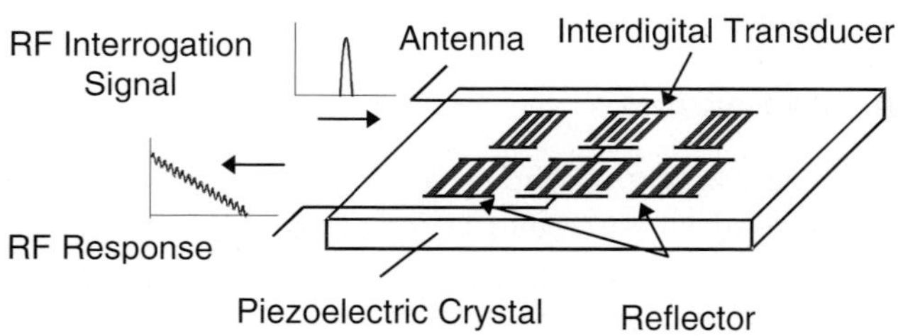

Abb. 4.101 Prinzipieller Aufbau eines Oberflächenwellen-Transponders mit zwei Resonatoren unterschiedlicher Frequenz (f_1, f_2). (Bild: Siemens AG, ZT KM, München)

Zur Messung eines physikalischen Parameters y bestimmt man bei einem Oberflächenwellen-Transponder mit zwei Resonatoren die Differenz Δf_{2-1} zwischen den Resonanzfrequenzen beider Resonatoren. Analog zur Formel 4.127 ergibt sich dafür folgender Zusammenhang [reindl-3]:

$$\Delta f_{2-1} = -[f_2(y_0) \cdot S_{y,2} - f_1(y_0) \cdot S_{y,1}] \cdot \Delta y \qquad [4.129]$$

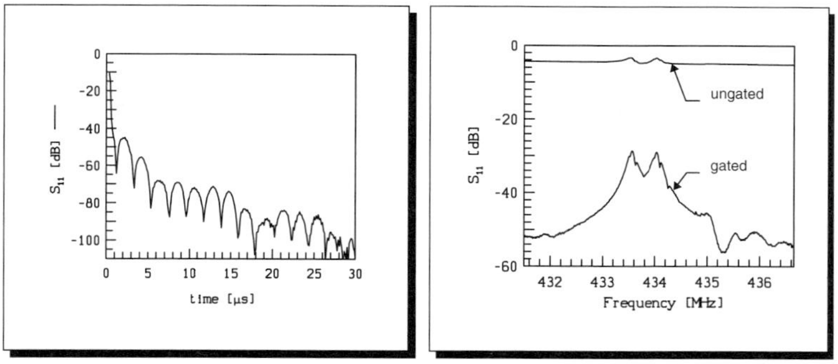

Abb. 4.102 *links:* Gemessene Impulsantwort eines Oberflächenwellen-Transponders mit zwei Resonatoren unterschiedlicher Frequenz.
rechts: Nach der Fourier-Transformation der Impulsantwort werden im Linienspektrum die unterschiedlichen Resonanzfrequenzen der beiden Resonatoren sichtbar (hier: ca. 433,5 MHz und 434 MHz). (Bild: Siemens AG, ZT KM, München)

4.3.4.3 Impedanzsensoren

Mit Oberflächenwellen-Transpondern können auch klassische Sensoren passiv über Funk abgefragt werden, wenn sich durch die Änderung einer physikalischen Größe y die Impedanz des Sensors verändert (z. B. Fotowiderstand, Hall-Sonde, NTC- oder PTC-Widerstand). Dazu wird als Reflektor ein zweiter Interdigitalwandler eingesetzt und mit dem externen Sensor verbunden. Eine Messgröße Δy verändert somit die Abschlussimpedanz des zusätzlichen Inderdigitalwandlers. Dies verändert die akustische Transmission und Reflexion ρ des Wandlers, der mit dieser Last abgeschlossen ist, und dadurch auch den reflektierten HF-Impuls in Betrag und Phase, was im Lesegerät detektiert werden kann.

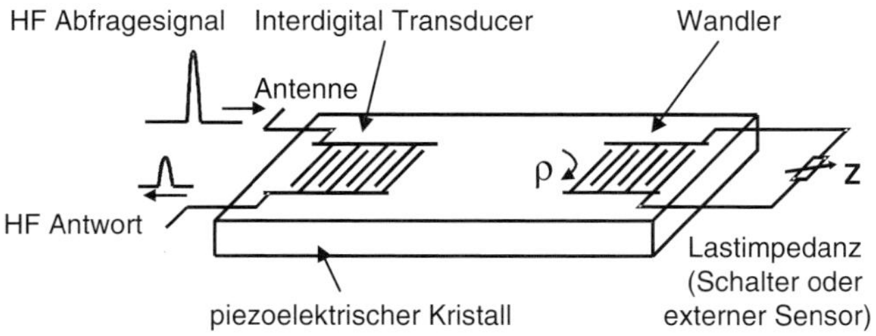

Abb. 4.103 Prinzipieller Aufbau eines passiven Oberflächenwellen-Transponders, der mit einem externen Sensor verbunden ist. (Bild: Siemens AG, ZT KM, München)

4.3.5 Geschaltete Sensoren

Oberflächenwellen-Transponder können auch passiv umkodiert werden. Wie bei einem Impedanzsensor verwendet man als Reflektor einen zweiten Interdigitalwandler. Über eine äußere Beschaltung der Sammelschienen des Interdigitalwandlers kann nun zwischen den Zuständen „kurzgeschlossen“ und „offen“ umgeschaltet werden. Dies verändert signifikant die akustische Transmission und Reflexion ρ des Wandlers und dadurch auch den reflektierten HF-Impuls in Betrag und Phase, was im Lesegerät detektiert werden kann.

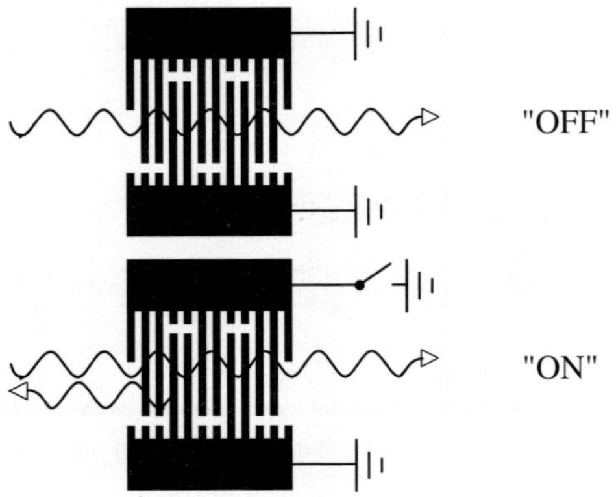

Abb. 4.104 Passive Umkodierung eines Oberflächenwellentransponders durch geschaltete Inderdigitalwandler. (Bild: Siemens AG, ZT KM, München)

5 Frequenzbereiche und Funkzulassungsvorschriften

5.1 Verwendete Frequenzbereiche

Da RFID-Systeme elektromagnetische Wellen erzeugen und abstrahlen, werden sie rechtlich als *Funkanlage* betrachtet. Durch den Betrieb von RFID-Systemen dürfen andere *Funkdienste* auf keinen Fall in ihrer Funktion gestört oder beeinträchtigt werden. Insbesondere Ton- und Fernsehrundfunk, mobile Funkdienste (Polizei, Sicherheitsdienste, Gewerbe), Schiffs- und Flugfunkdienst und mobile Telefone sollten durch ein benachbartes RFID-System nicht schädlich beeinflusst werden.

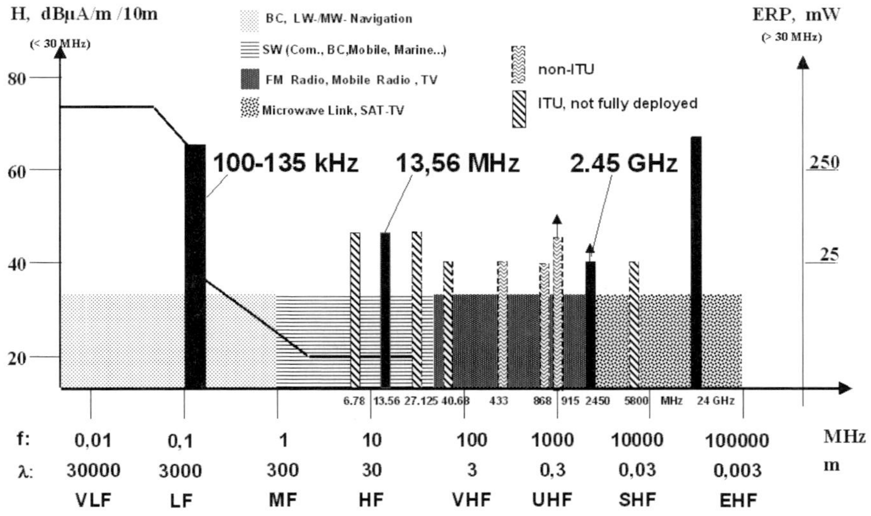

Abb. 5.1 Die für RFID-Systeme eingesetzten Frequenzbereiche reichen vom Längstwellenbereich unter 135 kHz, über Kurz- und Ultrakurzwelle bis in den Mikrowellenbreich, mit 24 GHz als höchster Frequenz. Im Frequenzbereich über 135 kHz werden bevorzugt die weltweit verfügbaren ISM-Bänder eingesetzt.

Die geforderte Rücksichtnahme auf andere Funkdienste schränkt die Auswahl einer geeigneten Arbeitsfrequenz für ein RFID-System in starkem Maße ein. Es können deshalb im Wesentlichen nur Frequenzbereiche benutzt werden, die speziell für industrielle, wissenschaftliche oder medizinische Anwendungen freigehalten wurden. Dabei handelt es sich um die weltweit verfügbaren *ISM-Frequenzbereiche* (**I**ndustrial-**S**cientifical-**M**edical), die auch für RFID-Anwendungen benutzt werden können.

Neben den ISM-Frequenzen ist auch der gesamte *Frequenzbereich* unter 135 kHz (in Nord- und Südamerika, sowie in Japan: < 400 kHz) besonders für induktiv gekoppelte RFID-Systeme geeignet, da hier mit großen magnetischen Feldstärken gearbeitet werden kann.

Die für RFID-Systeme wichtigsten Frequenzbereiche sind also 0 ... 135 kHz, sowie die ISM-

Frequenzen um 6,78 MHz (in Deutschland derzeit noch nicht verfügbar), 13,56 MHz, 27,125 MHz, 40,68 MHz, 433,92 MHz, 869,0 MHz, 915,0 MHz (nicht in Europa), 2,45 GHz, 5,8 GHz, sowie 24,125 GHz.

Eine Übersicht zur geschätzten Verteilung von RFID-Transpondern auf die unterschiedlichen *Frequenzen* ist in Abbildung 5.2 dargestellt.

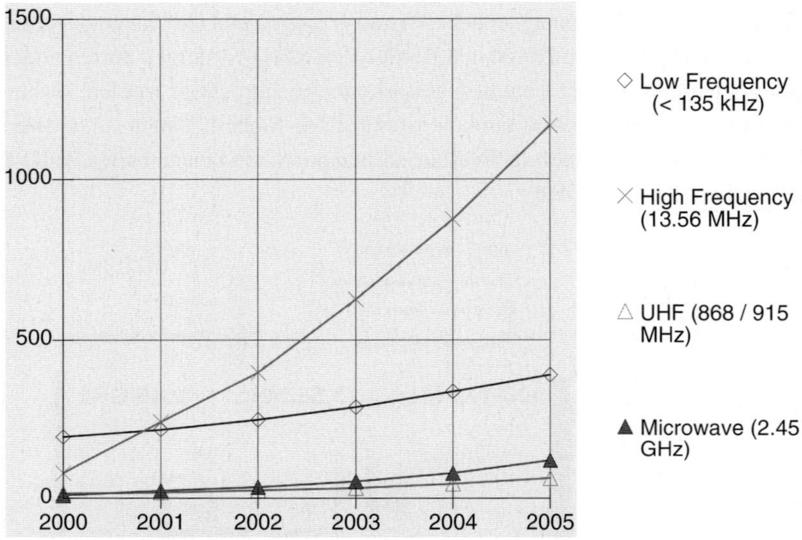

Abb. 5.2 Die geschätzte Verteilung des globalen Marktes für Transponder auf die unterschiedlichen Frequenzbereiche, in Millionen Stück (transponder units) [vcd].

5.1.1 Frequenzbereich 9 ... 135 kHz

Der Bereich unter 135 kHz wird, da nicht als ISM-Frequenzbereich reserviert, sehr stark durch andere Funkdienste genutzt. Die Ausbreitungsbedingungen in diesem *Langwellen*-Frequenzbereich erlauben den hier angesiedelten Funkdiensten, mit relativ geringem technischen Aufwand Gebiete mit einem Radius von über 1000 km lückenlos zu versorgen. Typische Funkdienste dieses Frequenzbereiches sind Flug- und Schiffsnavigationsfunkdienst (LORAN C, OMEGA, DECCA), Zeitzeichen- und Normalfrequenzfunkdienst, sowie militärische Funkdienste. So findet man in Mitteleuropa etwa auf der Frequenz 77,5 kHz den Zeitzeichensender DCF 77, in Mainflingen. Dieser Sender wird von so genannten Funkuhren empfangen und decodiert. Ein auf dieser Frequenz arbeitendes RFID-System hätte also den Ausfall aller Funkuhren im Umkreis einiger hundert Meter eines Lesegerätes zur Folge.

Um Kollisionen dieser Art in Zukunft von vornherein auszuschließen, wird in der zukünftigen Zulassungsverordnung für induktive Funksysteme in Deutschland der 220 ZV 122, ein Schutzbereich zwischen 70 und 119 kHz, definiert sein, der RFID-Systemen nicht mehr zugeteilt werden wird.

Auf den Frequenzen 100 kHz, 115 kHz und 130 kHz arbeiten auch drahtgebundene Träger-

Tabelle 5.1: Funkdienste der Bundesrepublik Deutschland im Frequenzbereich 9 ... 135 kHz.

f /kHz	Klasse[a]	Standort	Call
16,4	FX	Mainflingen	DMA
18,5	FC	Burlage	DHO35
23,4	FX	Mainflingen	DMB
28,0	FC	Burlage	DHO36
36,0	FC	Burlage	DHO37
46,2	FX	Mainflingen	DCF46
47,4	FC	Cuxhaven	DHJ54
53,0	FX	Mainflingen	DCF53
55,2	FX	Mainflingen	DCF55
69,7	FX	Königswusterhausen	DKQ
71,4	AL	Coburg	
74,5	FX	Königswusterhausen	DKQ2
77,5	Zeit	Mainflingen	DCF77
85,7	AL	Brilon	
87,3	FX	Bonn	DEA
87,6	FX	Mainflingen	DCF87
94,5	FX	Königswusterhausen	DKQ3
97,1	FX	Mainflingen	DCF97
99,7	FX	Königswusterhausen	DIU
100,0	NL	Westerland	
103,4	FX	Mainflingen	DCF23
105,0	FX	Königswusterhausen	DKQ4
106,2	FX	Mainflingen	DCF26
110,5	FX	Bad Vilbel	DCF30
114,3	AL	Stadtkyll	
117,4	FX	Mainflingen	DCF37
117,5	FX	Königswusterhausen	DKQ5
122,5	DGPS	Mainflingen	DCF42

Tabelle 5.1: Funkdienste der Bundesrepublik Deutschland im Frequenzbereich 9 ... 135 kHz.

f /kHz	Klasse[a]	Standort	Call
125,0	FX	Mainflingen	DCF45
126,7	NL, LORAN-C, Küstennavigation	Partens	
128,6	AL, DECCA, Küstennavigation	Zeven	
129,1	FX, EVU-Fernsteursender	Mainflingen	DCF49
131,0	FC	Kiel (Militär)	DHJ57
131,4	FX	Kiel (Militär)	DHJ57

a. Abkürzungen: AL: Flugnavigationsfunkdienst, FC: mobiler Seefunkdienst, FX: fester Flugfunkdienst, MS: mobiler Seefunkdienst, NL: Seenavigationsfunkdienst, DGPS: Differential Global Positioning System (Korrekturdaten), Zeit: Zeitzeichensender für „Funkuhren".

frequenzsysteme. Dazu gehören zum Beispiel Wechselsprechanlagen, welche die 220V Netzleitung als Übertragungsmedium nutzen.

Die in der Bundesrepublik Deutschland in diesem Frequenzbereich zugelassenen Funkdienste sind in Tabelle 5.1 dargestellt (Quelle: BAPT 1997). Die tatsächliche Belegung der Frequenzen, besonders im Bereich 119 ... 135 kHz, ist jedoch stark zurückgegangen. So hat der Deutsche Wetterdienst (DWD) seine Wetterfaxsendungen auf 134,2 kHz bereits Mitte 1996 eingestellt.

5.1.2 Frequenzbereich 6,78 MHz

Der Bereich 6,765 ... 6,795 MHz gehört bereits zu den *Kurzwellenfrequenzen*. Die Ausbreitungsbedingungen in diesem Frequenzbereich ermöglichen tagsüber nur geringe Reichweiten, bis zu einigen 100 km. In den Nachtstunden ist auch eine transkontinentale Ausbreitung möglich. Die Nutzer dieses Frequenzbereiches sind Funkdienste unterschiedlichster Art [siebel], wie Rundfunk-, Wetterfunk- und Flugfunkdienst, sowie Presseagenturen.

Dieser Bereich ist in der Bundesrepublik Deutschland derzeit nicht als ISM-Bereich freigegeben, ist aber von der ITU international als ISM-Band ausgewiesen und wird daher vereinzelt von RFID-Systemen benutzt. CEPT/ERC und ETSI weisen diesen Bereich in der Vorschrift CEPT/ERC 70-03 als harmonisierte Frequenz aus (siehe hierzu Kap. 5.2.1 „CEPT/ ERC REC 70-03", S. 174).

5.1.3 Frequenzbereich 13,56 MHz

Der Bereich 13,553 ... 13,567 MHz befindet sich mitten im Kurzwellenbereich. Die Ausbreitungsbedingungen in diesem Frequenzbereich erlauben ganztägig transkontinentale Verbindungen. Die Nutzer dieses Frequenzbereiches sind Funkdienste unterschiedlichster Art [siebel], wie Presseagenturen und Telekommunikation (PTP).

Als ISM-Anwendungen werden in diesem Frequenzbereich neben den induktiven Funkanlagen (RFID) auch Fernwirkfunkanlagen, Modellfernsteuerungen, Demonstrationsfunkanlagen und Personenrufanlagen betrieben.

5.1.4 Frequenzbereich 27,125 MHz

Der Frequenzbereich 26,565 .. 27,405 ist auf dem gesamten europäischen Kontinent sowie in den USA und Kanada dem CB-Funk zugewiesen. Anmelde- und gebührenfreie Funkanlagen mit Sendeleistungen bis zu 4 Watt ermöglichen den Funkverkehr zwischen privaten Teilnehmern, bei Reichweiten bis zu 30 km.

Der ISM-Bereich zwischen 26,957 und 27,283 MHz befindet sich etwa in der Mitte des CB-Funkbandes. Neben induktiven Funkanlagen (RFID) findet man unter den ISM-Anwendungen in diesem Frequenzbereich vor allem Diathermiegeräte (medizinische Anwendung), Hochfrequenzschweißgeräte (industrielle Anwendung), Modellfernsteuerungen und Personenrufanlagen (Babyphone).

Bei der Installation von 27 MHz-RFID-Systemen für industrielle Anwendungen ist besonders auf möglicherweise vorhandene Hochfrequenzschweißgeräte zu achten. HF-Schweißgeräte arbeiten mit sehr hohen Feldstärken, wodurch der Betrieb von benachbarten RFID-Systemen, auf gleicher Frequenz, empfindlich gestört würde. Sinngemäß sollte bei der Planung von 27 MHz-RFID-Systemen für Krankenhäuser (z. B. Zutrittsysteme) auf möglicherweise vorhandene Diathermiegeräte geachtet werden.

5.1.5 Frequenzbereich 40,680 MHz

Der Bereich 40,660 ... 40,700 MHz befindet sich am unteren Ende des *VHF-Bereiches*. Die Wellenausbreitung ist auf die Bodenwelle beschränkt, wobei die Dämpfung durch Gebäude und andere Hindernisse noch wenig ausgeprägt ist. Die an diesen ISM-Bereich grenzenden Frequenzbereiche werden durch mobilen Betriebsfunk (Forstverwaltung, Autobahnmeisterei) und durch Fernsehrundfunk (VHF-Bereich I) belegt.

Als ISM-Anwendungen werden in diesem Bereich vor allem Telemetrie-[18] und Fernsteueranwendungen betrieben. RFID-Systeme in diesem Bereich sind dem Autor nicht bekannt, was in der schlechten Eignung dieses Frequenzbereiches für derartige Systeme begründet ist: Die bei induktiver Kopplung erreichbaren Reichweiten sind deutlich geringer als auf allen zur Verfügung stehenden niederfrequenten Frequenzbereichen, während die Wellenlänge von 7,5 m in diesem Bereich mit Sicherheit ungeeignet für die Konstruktion kleiner und preisgünstiger Backscatter-Transponder ist.

5.1.6 Frequenzbereich 433,920 MHz

Der Frequenzbereich 430,000 ... 440,000 MHz ist weltweit dem Amateurfunkdienst zugewiesen. Funkamateure nutzen diesen Bereich zur Sprach- und Datenübertragung sowie zur

[18] Telemetriefunk = Übertragung von Messdaten

Kommunikation über Relaisfunkstellen oder selbstgebaute Weltraumsatelliten.

Die Wellenausbreitung in diesem *UHF-Frequenzbereich* ist näherungsweise optisch. An Gebäuden und anderen Hindernissen tritt bereits eine starke Dämpfung und Reflexion der einfallenden elektromagnetischen Welle in Erscheinung.

Je nach verwendeter Betriebsart und Sendeleistung werden von den Funkamateuren Entfernungen zwischen 30 und 300 km überbrückt. Unter Verwendung der Weltraumsatelliten sind auch weltweite Verbindungen möglich.

Der ISM-Bereich 433.050 ... 434.790 MHz befindet sich etwa in der Mitte des Amateurfunkbandes und ist ungewöhnlich stark durch verschiedenste ISM-Anwendungen belegt. Neben Backscatter (RFID)-Systemen tummeln sich in diesem Frequenzbereich „Babyphone“, Telemetriesender (auch für häusliche Anwendungen, etwa „kabellose Außenthermometer“), drahtlose Kopfhörer, anmeldefreie LPD-Walkie-talkies für Nahbereichsfunk, „Keyless Entry“-Systeme (Handgeber für Kfz-Zentralverriegelung) und viele andere Applikationen. Auch gegenseitige Störungen zwischen den unterschiedlichen ISM-Anwendungen sind in diesem Frequenzbereich leider keine Seltenheit.

5.1.7 Frequenzbereich 869,0 MHz

Der Frequenzbereich 868 ... 870 MHz ist erst seit Ende 1997 in Europa für Short Range Devices (SRDs) freigegeben und damit in den 43 Mitgliedsstaaten der CEPT auch für RFID-Anwendungen verfügbar.

Auch in einigen Fernostländern wird die Freigabe dieses Frequenzbereiches für SRDs in Erwägung gezogen.

5.1.8 Frequenzbereich 915,0 MHz

Dieser Frequenzbereich ist in Europa für ISM-Anwendungen nicht verfügbar. Außerhalb Europas (USA und Australien) stehen die Frequenzbereiche 888 ... 889 MHz und 902 ... 928 MHz zur Verfügung und werden dort auch durch Backscatter (RFID)-Systeme genutzt.

Hierzu benachbarte Frequenzbereiche werden vor allem für D-Netz-Telephone und schnurlose Telephone nach CT1+ und CT2 Standard belegt.

5.1.9 Frequenzbereich 2,45 GHz

Der ISM-Bereich 2,400 ... 2,4835 GHz überschneidet sich teilweise mit Frequenzbereichen des Amateurfunk- und des Ortungsfunkdienstes. Die Ausbreitungsbedingungen für diesen UHF- und die höherfrequenten SHF-Frequenzbereiche ist quasioptisch. Gebäude und andere Hindernisse wirken als gute Reflektoren und dämpfen eine elektromagnetische Welle bei Transmission (Durchgang) sehr stark.

Als typische ISM-Anwendungen in diesem Frequenzbereich findet man neben den *Backscatter* (RFID)-Systemen noch Telemetriesender sowie PC-LAN-Systeme zur kabellosen Vernetzung von PCs.

5.1.10 Frequenzbereich 5,8 GHz

Der ISM-Bereich 5,725 ... 5,875 GHz überschneidet sich teilweise mit Frequenzbereichen des Amateurfunk- und des Ortungsfunkdienstes.

Typische ISM-Anwendungen für diesen Frequenzbereich sind Bewegungsmelder, die als Türoffner (in Geschäften und Kaufhäusern) oder „berührungslose Toilettenspülung" eingesetzt werden, sowie Backscatter-(RFID)-Systeme.

5.1.11 Frequenzbereich 24,125 GHz

Der ISM-Bereich 24,00 ... 24,25 GHz überschneidet sich teilweise mit Frequenzbereichen des Amateurfunk- und Ortungsfunkdienstes, sowie Erderkundungsdienstes über Satelliten.

Auch in diesem Frequenzbereich werden vor allem Bewegungsmelder, aber auch Richtfunksysteme zur Datenübertragung eingesetzt. RFID-Systeme in diesem Frequenzbereich sind dem Autor nicht bekannt.

5.1.12 Auswahl der Frequenz für induktiv gekoppelte RFID-Systeme

Bei der *Frequenzauswahl* für ein *induktiv gekoppeltes* RFID-System sind die Eigenheiten der wenigen zur Verfügung stehenden Frequenzbereiche zu berücksichtigen. Einen entscheidenden Einfluss auf die Systemparameter übt die nutzbare Feldstärke im Arbeitsbereich des geplanten Systems aus. Diese Größe soll daher näher untersucht werden. Daneben sind auch *Bandbreite*, (mechanische) Abmessung der Antennenspule und Verfügbarkeit des Frequenzbandes zu berücksichtigen.

In Kapitel 4.2.1.1 „Übergang vom Nah- zum Fernfeld bei Leiterschleifen", S. 117, wurde der Feldstärkeverlauf des magnetischen Feldes beim Übergang vom *Nah-* zum *Fernfeld* bereits näher erörtert. Es zeigte sich, dass der Feldstärkeabfall bei zunehmender Entfernung von der Antenne zunächst 60 dB/Dekade beträgt, nach dem Übergang zum Fernfeld im Abstand $\lambda/2\pi$ jedoch auf 20 dB/Dekade zurückgeht. Dieses Verhalten übt einen starken Einfluss auf die nutzbare Feldstärke im Arbeitsbereich eines Systems aus. Unabhängig von der eingesetzten Arbeitsfrequenz definiert die Regulierungsvorschrift *EN 300330* eine maximale magnetische Feldstärke im Abstand von 10 m zu einem Lesegerät.

Bewegt man sich von diesem Punkt in Richtung Lesegerät, so steigt die Feldstärke, je nach Wellenlänge, zunächst mit 20 dB/Dekade mäßig an. Bei einer Arbeitsfrequenz von 6,78 MHz beginnt die Feldstärke bereits bei einer Entfernung von 7,1 m – dem Übergang ins Nahfeld – mit 60 dB/Dekade rasch anzusteigen. Bei einer Arbeitsfrequenz von 27,125 MHz setzt dieser steile Anstieg jedoch erst bei einer Annäherung auf 1,7 m ein.

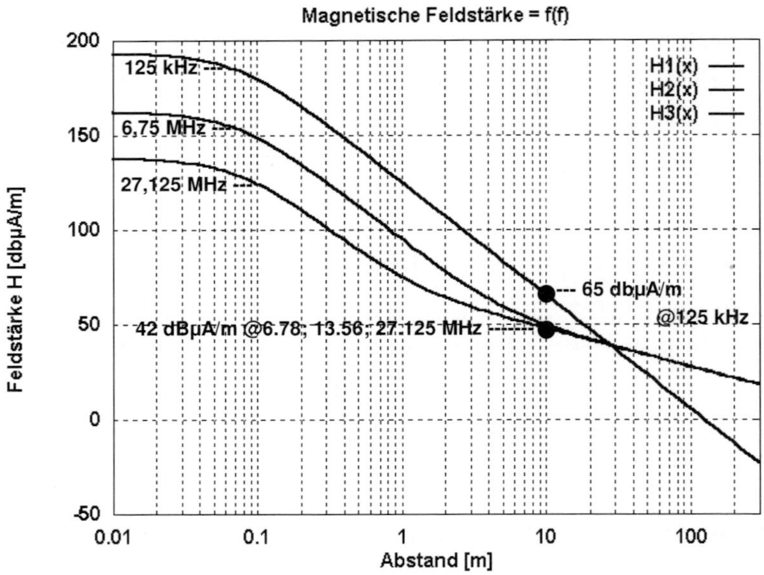

Abb. 5.3 Unterschiedliche zulässige Feldstärken für induktiv gekoppelte Systeme im Messabstand von 10 m (für Zulassungsverfahren definierter Abstand) sowie der in unterschiedlichem Abstand einsetzende Übergang zwischen Nah- und Fernfeld führen zu starken Feldstärkeunterschieden im Abstand unterhalb von 1 m zur Antenne des Lesegerätes. Für den Feldstärkeverlauf im Abstand unter 10 cm wurde vom gleichen Antennenradius für alle Antennen ausgegangen.

Es ist leicht einsehbar, dass bei gleicher Feldstärke in 10 m Abstand auf einem niederfrequenten ISM-Band höhere Nutzfeldstärken im Arbeitsbereich des Lesegerätes (z. B. 0 ... 10 cm) erzielt werden als auf einem höherfrequenten. Bei < 135 kHz sind die Verhältnisse sogar noch weitaus günstiger, da zum einen der zulässige Feldstärkegrenzwert weitaus höher angesetzt ist als bei den ISM-Bändern über 1 MHz, zum anderen der 60 dB-Anstieg sofort einsetzt, da das Nahfeld hier mindestens 350 m reicht.

Die messtechnische Ermittlung der Reichweite eines induktiv gekoppelten Systems bei gleicher magnetischer Feldstärke H auf verschiedenen Frequenzen zeigt ein Reichweitenmaximum im Frequenzbereich um etwa 10 MHz. Die Ursache hierfür liegt in der Proportionalität $U_{ind} \sim \omega$. Bei höheren Frequenzen, um 10 MHz, ist der Wirkungsgrad der Leistungsübertragung wesentlich größer als bei Frequenzen unter 135 kHz. Dieser Effekt wird durch die höhere erlaubte Feldstärke bei 135 kHz jedoch wieder kompensiert, sodass die Reichweite von RFID-Systemen für beide Frequenzbereiche in der Praxis etwa gleich ist. Oberhalb von 10 MHz wird das L/C-Verhältnis des Transponderschwingkreises zunehmend ungünstiger, sodass die Reichweite in diesem Frequenzbereich wieder abnehmen wird.

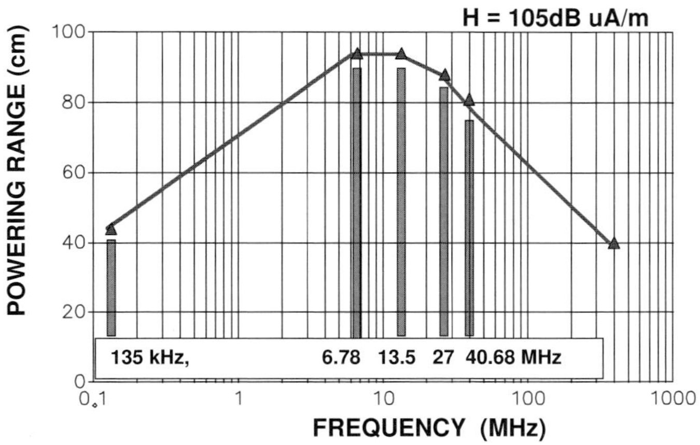

Abb. 5.4 Transponderreichweite bei gleicher Feldstärke. Gemessen wurde die induzierte Spannung an einem Transponder, bei konstanter Antennenfläche und magnetischer Feldstärke der Antenne des Lesegerätes. (Bild: Josef Schürmann, Texas Instruments Deutschland GmbH).

Insgesamt ergeben sich für die unterschiedlichen Frequenzbereiche folgende Präferenzen:

< 135 kHz: bevorzugt für große *Reichweiten* und *Low-cost-Transponder.*

- Hohe Leistung für den Transponder verfügbar.
- Niedrigere Leistungsaufnahme der Transponder durch niedrigere Taktfrequenz.
- Miniaturisierte Transponderbauformen möglich (Tier-ID) durch Anwendung von Ferritspulen im Transponder.
- Niedrige *Absorptionsrate* bzw. hohe *Eindringtiefe* in nichtmetallische Stoffe und Wasser (bei der Tier-Identifikation wird die hohe Eindringtiefe niedriger Frequenzen mit der Anwendung Bolus, eines Transponders im Pansen, genutzt).

6,78 MHz: kann für Low-cost- und Medium-speed-Transponder verwendet werden.

- Weltweite ISM-Frequenz laut ITU-Frequenzplan, jedoch von einigen Ländern nicht genutzt (d. h. Zulassung darf nicht weltweit genutzt werden).
- Verfügbare Leistung etwas größer gegenüber 13,56 MHz.
- Nur halbe Taktfrequenz gegenüber 13,56 MHz.

13.56 MHz: kann für High-speed-/High-end- und Medium-speed-/Low-end-Anwendungen verwendet werden.

- Weltweit als ISM-Frequenz verfügbar.
- Schnelle Datenübertragung (typ 106 kbit/s).
- Hohe Taktfrequenz, damit Kryptofunktion oder Mikroprozessor realisierbar.
- Parallelkondensatoren für Transponderspule (Resonanzabgleich) on-chip realisierbar.

27,125 MHz: nur für Sonderanwendungen (z. B. Eurobalise).

- Keine weltweite ISM-Frequenz.
- Größte Bandbreite, damit sehr schnelle Datenübertragung (typ 424 kbit/s).
- Hohe Taktfrequenz, damit Kryptofunktion oder Mikroprozessor realisierbar.
- Parallelkondensatoren für Transponderspule (Resonanzabgleich) on-chip realisierbar.

- Verfügbare Leistung etwas kleiner, gegenüber 13,56 MHz.
- Nur für kleine Reichweiten geeignet.

5.2 Europäische Zulassungsvorschriften

5.2.1 CEPT/ERC REC 70-03

Seit Oktober 1997 liegt dieses neue Harmonisierungsdokument des *CEPT* mit dem Titel „*ERC Recommendation 70-03* relating to the use of *short range devices* (*SRD*)“ [erc70-03] vor, das als Grundlage neuer nationaler *Regulierungsvorschriften* in allen 44 Mitgliedstaaten der CEPT dient. Damit werden bisherige nationale Regulierungen für Short Range Devices (SRDs) sukzessive durch eine harmonisierte europäische Regulierung abgelöst. In der neuen Fassung vom Februar 2002 enthält die REC 70-03 auch ausführliche Hinweise zu nationalen Restriktionen für die aufgeführten Anwendungen und Frequenzbereiche in den einzelnen Mitgliedstaaten der CEPT (REC 70-03, Appendix 3 – National Restrictions). Aus diesem Grunde wird in Kapitel 5.3 „Nationale Zulassungsvorschriften in Europa“, S. 183 auch lediglich die Bundesrepublik Deutschland als Beispiel für die nationale Regulierung in einen CEPT-Mitgliedstaat behandelt. Aktuelle Hinweise zur Regulierung von short range devices in allen anderen Mitgliedstaaten der CEPT können der jeweils aktuellen Fassung der REC 70-03 entnommen werden. Das Dokument steht zum Download auf der Homepage der *ERO* (*European Radio Office*) zur Verfügung:

http://www.ero.dk/EROWEB/SRD/SRD-index.htm

Die REC 70-03 definiert *Frequenzbänder*, *Leistungspegel*, *Kanalraster* und Dauer der Aussendung (duty cycle) von short range devices. In CEPT-Mitgliedstaaten welche die *R&TTE-Richtlinie* (*1999/5/EG*) anwenden, können short range devices dach Artikel 12 (CE-marking) und Artikel 7.2 (putting into service of radio equipment) ohne weitere Genehmigung in Betrieb genommen werden, sofern sie mit einem *CE-Zeichen* gekennzeichnet werden und nationale Restriktionen der Regulierung in den jeweiligen Mitgliedstaaten nicht verletzen [r&tte] (siehe auch Kap. 5.3 „Nationale Zulassungsvorschriften in Europa“, S. 183).

Die REC 70-03 behandelt insgesamt 13 verschiedene Anwendungen von short range devices auf den unterschiedlichsten Frequenzbereichen, die in eigenen Annexen ausführlich beschrieben werden:

Tabelle 5.2: Short range device-Anwendungen aus der REC 70-03.

Annex	Anwendung
Annex 1	Non-specific Short Range Devices
Annex 2	Devices for Detecting Avalanche Victims
Annex 3	Local Area Networks, RLANs and HIPERLANs
Annex 4	Automatic Vehicle Identification for Railways (AVI)

Tabelle 5.2: Short range device-Anwendungen aus der REC 70-03.

Annex	Anwendung
Annex 5	Road Transport & Traffic Telematics (RTTT)
Annex 6	Equipment for Detecting Movement and Equipment for Alert
Annex 7	Alarms
Annex 8	Model Control
Annex 9	Inductive applications
Annex 10	Radio microphones
Annex 11	RFID
Annex 12	Ultra Low Power Active Medical Implants
Annex 13	Wireless Audio Applications

Die REC 70-03 bezieht sich dabei auf die harmonisierten ETSI Standards (z. B. EN 300330), in denen Mess- und Prüfrichtlinien zur Zulassung der Funkanlagen zu finden sind.

5.2.1.1 Annex 1: Non-specific Short Range Devices

Annex 1 beschreibt Frequenzbereiche und zugelassene Sendeleistung für *short range devices,* die nicht näher spezifiziert werden. Diese Frequenzbereiche können ausdrücklich auch von RFID-Systemen verwendet werden, sofern die spezifizierten Pegel und Leistungen eingehalten werden.

Tabelle 5.3: Non-specific short range devices.

Frequenzband	Leistung	Bemerkung
6785 - 6795 kHz	42 dBμA/m @ 10m	
13,553 - 13,567 MHz	42 dBμA/m @ 10m	
26,957 - 27,283 MHz	42 dBμA/m	(10 mW ERP)
40,660 - 40,700 MHz	10 mW ERP	
138,2 - 138,45 MHz	10 mW ERP	nur in einigen Staaten verfügbar
433,050 - 434,790 MHz	10 mW ERP	< 10% duty cycle
433,050 - 434,790 MHz	1 mW ERP	bis 100% duty cycle
868,000 - 868,600 MHz	25 mW ERP	< 1% duty cycle
868,700 - 869,200 MHz	25 mW ERP	< 0,1% duty cycle
869,300 - 869,400 MHz	10 mW ERP	

Tabelle 5.3: Non-specific short range devices.

Frequenzband	Leistung	Bemerkung
869,400 - 869,650 MHz	500 mW ERP	< 10% duty cyle
869,700 - 870,000 MHz	5 mW ERP	
2400 - 2483,5 MHz	10 mW EIRP	
5725 - 5875 MHz	25 mW EIRP	
24,00 - 24,25 GHz	100 mW	
61,0 - 61,5 GHz	100 mW EIRP	
122 - 123 GHz	100 mW EIRP	
244 - 246 GHz	10 mW EIRP	

Relevante harmonisierte Standards: EN 300220, EN 300330, EN 300440.

5.2.1.2 Annex 4: Railway applications

Annex 4 beschreibt Frequenzbereiche und zugelassene Sendeleistung für short range devices in der Anwendung im *Eisenbahnverkehr*. Unter diese Anwendungen fallen auch RFID-Transpondersysteme wie die *Eurobalise* S21 (siehe Kapitel 13.5.1 „Eurobalise S21", S. 373) oder *Fahrzeugidentifikation* mittels Transponder (siehe Kapitel 13.5.2 „Internationaler Containerverkehr", S. 375).

Tabelle 5.4: Railway applications

Frequenzband	Leistung	Bemerkung
4515 kHz	7 dBμA/m @ 10m	Euroloop (Spectrum mask available)
27,095 MHz	42 dBμA/m	Eurobalise (5 dBμA/m @ ±200 kHz)
2446 - 2454 MHz	500 mW EIRP	Transponderanwendungen (AVI)

Relevante harmonisierte Standards: EN 300761, EN 300330.

5.2.1.3 Annex 5: Road Transport & Traffic Telematics

Annex 5 beschreibt Frequenzbereiche und zugelassene Sendeleistung für short range devices in der Anwendung für *Verkehrstelematik* und *Fahrzeugidentifikation*. Unter diese Anwendungen fallen auch RFID-Transponderanwendungen zur *Mauterfassung* (*road toll systems*).

Tabelle 5.5: Road Transport & Traffic Telematics (RTTT).

Frequenzband	Leistung	Bemerkung
5795 - 5815 MHz	8 W EIRP	Mautsysteme (road toll systems)
63 - 64 GHz	t.b.d.	Fahrzeug-Fahrzeug-Kommunikation
76 - 77 GHz	55 dBm peak	Fahrzeug-RADAR Systeme

Relevante harmonisierte Standards: EN 300674, EN 301091, EN 201674.

5.2.1.4 Annex 9: Inductive applications

Annex 9 beschreibt Frequenzbereiche und zugelassene Sendeleistung für *induktive Funkanlagen*. Hierzu zählen auch induktive RFID-Transponder und *Diebstahlsicherungen* im Kaufhaus (*EAS*).

Tabelle 5.6: Inductive applications

Frequenzband	Leistung	Bemerkung
9,000 - 59,750 kHz 60,250 - 70,000 kHz 119 - 135 kHz	siehe Bemerkung	72 dBμA/m bei 30 kHz, abfallend (descending)mit -3 dB/Ok
59,750 - 60,250 kHz 70 - 119 kHz	42 dBμA/m @ 10 m	
6765 - 6795 kHz	42 dBμA/m @ 10 m	
7400 - 8800 kHz	9 dBμA/m	EAS Systeme
13,553 - 13.567 MHz	42 dBμA/m @ 10 m	(9 dBμA/m @ ±150 kHz)
26,957 - 27,283 MHz	42 dBμA/m @ 10 m	(9 dBμA/m @ ±150 kHz)

Relevante harmonisierte Standards: EN 300330.

5.2.1.5 Annex 11: RFID applications

Annex 11 beschreibt Frequenzbereiche und zugelassene Sendeleistung für RFID-Systeme. Hierzu ist ein 8 MHz breites Segment des 2,45 GHz Frequenzbandes zum Betrieb mit einer erhöhten Sendeleistung freigegeben.

Tabelle 5.7: RFID applications

Frequenzband	Leistung	Bemerkung
2446 - 2454 MHz	500 mW EIRP 4 W EIRP	100 % duty cycle < 15% duty cycle; nur innerhalb von Gebäuden

5.2.1.6 Frequenzbereich 868 MHz

Über mögliche zukünftige Frequenzbereiche und Sendeleistung für RFID-Systeme im 868 MHz-Bereich wird in Europa derzeit noch in den zuständigen Gremien ERC (European Radiocommunications Committee) diskutiert. Neben dem derzeit bereits für RFID-Systeme verfügbaren Frequenzbereich 869,4 – 869,65 MHz (500 mW EIRP bei 10% duty cycel, Annex 1) wird ein weiterer Frequenzbereich für RFID-Systeme in Erwägung gezogen. Eine endgültige Entscheidung des ERC (European Radiocommunications Committee) hierzu steht noch aus.

Tabelle 5.8: Vorschlag für einen weiteren Frequenzbereich für RFID-Systeme.

Frequenzband	Leistung	Bemerkung
865,0 - 868,0 MHz: - 865,0 - 865,6 MHz - 865,6 - 867,6 MHz - 867,6 - 868,0 MHz	 100 mW EIRP 2 W EIRP 100 mW EIRP	Kanäle mit 100kHz Kanalraster

5.2.2 EN 300330: 9 kHz ... 25 MHz

Die von der *ETSI* (European Telecommunications Standards Institute) ausgearbeiteten Standards dienen nationalen Fernmeldebehörden als Vorlage bei der Schaffung nationaler Regulierungsvorschriften für die Funk- und Fernmeldeverwaltung.

Grundlage europäischer *Zulassungsvorschriften* für *induktive Funkanlagen* stellt die als Norm vorliegende ETSI EN 300330 dar:

- ETSI EN 300330: „Electromagnetic compatibility and Radio spectrum Matters (ERM); Short Range Devices (SRD); Radio equipment in the frequency range 9 kHz to 25 MHz and inductive loop systems in the frequency range 9 kHz to 30 MHz".

  Part 1: „Technical characteristics and test methods"

  Part 2: „Harmonized EN under article 3.2 of the R&TTE Directive"

Neben induktiven Funkanlagen befasst sich die *EN 300330* auch mit *Diebstahlsicherungen* (für Kaufhäuser), Alarmanlagen, *Telemetriesender* und Fernwirkanlagen kleiner Reichweite, die unter dem Sammelbegriff „Short Range Devices (*SRDs*)" behandelt werden.

Außer den CEPT-Mitgliedstaaten wird diese Vorschrift auch von vielen asiatischen und amerikanischen Staaten bei der Zulassung von RFID-Systemen angewendet.

Die EN 300 330 definiert hierbei mit Bezug auf die ERC REC 70-03 vor allem Messverfahren für Sender und Empänger, mit denen die Einhaltung der vorgeschriebenen Grenzwerte reproduzierbar nachgemessen werden kann.

Induktive Funkanlagen (inductive loop coil transmitters) nach EN 300 330 sind dadurch charakterisiert, dass die Antenne durch eine Drahtschleife mit ein oder mehreren Windungen gebildet wird. Die EN 300 330 unterscheidet vier Produktklassen (Tabelle 5.9).

Induktiv gekoppelte RFID-Systeme gehören in dem in der EN 300330 behandelten Fre-

Tabelle 5.9: Klasseneinteilung der Produkttypen

Class 1:	Sender mit induktiver *Schleifenantenne*, wobei die Antenne im Gerät integriert oder fest mit dem Gerät verbunden ist. Eingeschlossene Antennenfläche < 30 m^2.
Class 2:	Sender mit induktiver Schleifenantenne, wobei die Antennen kundenspezifisch angefertigt werden. Geräte der Class 2 werden wie Class-1-Geräte, unter Verwendung von zwei typischen kundenspezifischen Antennen getestet. Die eingeschlossene Antennenfläche muss kleiner als 30 m^2 sein.
Class 3:	Sender mit großen induktiven Schleifenantennen, > 30 m^2 Antennenfläche. Class-3-Geräte werden ohne Antenne geprüft.
Class 4:	E-Feld-Sender. Diese Geräte werden mit Antenne geprüft.

quenzbereich 9 kHz ... 30 MHz ausschließlich zu den Class-1- und Class-2-Typen. Die Typen Class 3 und Class 4 werden deshalb in diesem Buch nicht weiter erörtert.

5.2.2.1 Trägerleistung – Grenzwerte für H-Feld Sender

Bei induktiven Funkanlagen der Class 1 (integrierte Antenne) und Class 2 wird das *H-Feld* der Funkanlage in der Richtung gemessen, in der die Feldstärke ihr Maximum erreicht. Die Messung soll im Freifeld durchgeführt werden, wobei der Abstand der Messantenne zum Messobjekt 10 m beträgt. Während der Feldstärkemessung wird der Sender nicht moduliert.

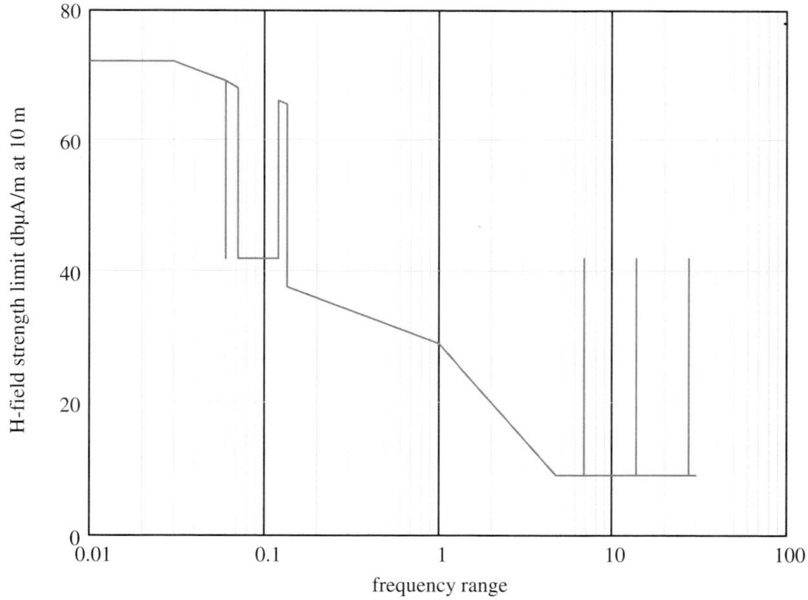

Abb. 5.5 Grenzwerte für die magnetische Feldstärke H gemessen in 10 m Abstand, nach Tabelle 5.10.

Definiert sind folgende Grenzwerte:

Tabelle 5.10: Maximal zulässige magnetische Feldstärke in einem Abstand von 10 m.

Frequenzbereich (MHz)	H-Feld in 10 m Abstand
0,009 ... 0,030	72 dBµA/m
0,030 0,070	72 dBµA/m bei 0,03 MHz, abfallend (descending) mit -3 dB/Oktave
0,05975 ... 0,06025 0,070 ... 0,119	42 dBµA/m
0,119 ... 0,135	72 dBµA/m bei 0,03 MHz, abfallend mit -3 dB/Oktave
0,135 ... 1,0	37,7 dByA/m bei 0,135 MHz, abfallend (descendig) mit -3 dB/Oktave
1,0 ... 4,642	29 dBµA/m bei 1,0 MHz, abfallend (descending) mit -9 dB/Oktave
4,643 ... 30	9 dBµA/m
6,675 ... 6,795 13,553 ... 13,567 25,957 ... 27,283	42 dBµA/m

Bei Schleifenantennen mit einer Antennenfläche zwischen 0,05 m^2 (Durchmesser 24 cm) und 0,16 m^2 (Durchmesser 44 cm) muss von den Werten in Tabelle 5.10 ein Korrekturfaktor abgezogen werden. Es gilt:

$$\text{limit-value} = \text{table-value} + 10\log\left(\frac{\text{antenna-area}}{0,16\ \text{m}^2}\right) \qquad [5.1]$$

Für eine typische RFID-Antenne mit 32 cm Durchmesser ergäbe sich ein Korrekturfaktor von -3 dB und damit bei 13,56 MHz eine maximale Feldstärke von 39 dBµV/m in 10 m Abstand.

Für Schleifenantennen mit einer Antennenfläche kleiner als 0,05 m^2 (Durchmesser < 24 cm) muss von den Tabellenwerten ein konstanter Korrekturfaktor von 10 dB abgezogen werden.

5.2.2.2 Nebenaussendungen

Nebenaussendungen (*spurious emissions*) sind Aussendungen, die nicht zur Trägerfrequenz oder den Modulationsseitenbändern zu rechnen sind, so zum Beispiel Oberwellen und parasitäre Mischprodukte. Die Pegel der Nebenaussendungen sind so klein wie möglich zu halten. Beabsichtigte Nebenaussendungen (intentional out of band emissions) sind grundsätzlich (d. h. unabhängig von deren Pegel) untersagt. Für Nebenaussendungen im Frequenzbereich 0 ... 30 MHz sind die Grenzwerte aus Abschnitt 5.2.1 einzuhalten. Im Frequenzbereich 30 ... 1000 MHz müssen die in der Tabelle angegebenen Werte eingehalten werden, wobei ein besonderes Augenmerk auf die störempfindlichen Frequenzbereiche des öffentlichen Ton- und Fernsehrundfunks gelegt wurde.

Tabelle 5.11: Zulässige Grenzwerte für Nebenaussendungen

Systemzustand	47 ... 74 MHz 87,5 ... 118 MHz 174 ... 230 MHz 470 ... 862 MHz	Alle andere Frequenzen im Bereich 30 ... 1000 MHz
Btrieb	4 nW	250 nW
Standby	2 nW	2 nW

5.2.3 EN 300 220-1, EN 300 220-2

Die Norm *EN 300 220*, mit dem Titel „Radio Equipment and Systems (RES); Short range devices, Technical characteristics and test methods for radio equipment to be used in the 25 MHz to 1000 MHz frequency range with power levels ranging up to 500 mW" ist die Grundlage nationaler europäischer Regulierungsvorschriften für Funkanlagen kleiner Leistung und besteht aus zwei Teilen: EN 300 220-1 für Sender und Leistungsmerkmale der Sender sowie EN 300 220-2, in dem Merkmale für Empfänger definiert sind.

Die EN 300 220 unterscheidet dabei vier Gerätetypen nach Class I bis IV, die jedoch nicht weiter definiert sind. Diese Norm umfasst Funkanlagen kleiner Leistung sowohl innerhalb der ISM-Bänder als auch im gesamten Frequenzbereich (z. B. Grundstücksfunk- und Personenrufanlagen auf 466,5 MHz). Typische ISM-Anwendungen in diesen Bereichen sind Telemetrie-, Alarm- und Fernsteuerfunkanlagen sowie LPD-Sprechfunkanwendungen (10 mW auf 433,920 MHz).

RFID-Systeme werden nicht explizit erwähnt, der Frequenzbereich unter 30 MHz (27,125 MHz) wird ohnehin durch die EN 300 330 abgedeckt, während die Frequenzbereiche 40,680 MHz und 433,920 MHz für RFID-Anwendungen eher untypisch sind.

Im Gegensatz zur EN 300 330, welche eine maximal zulässige Feldstärke im Abstand von 10 m zum Messobjekt definiert, gibt die EN 300 220 eine maximal zulässige *Senderausgangsleistung* an 50 Ω vor:

Tabelle 5.12: Geräteklassen innerhalb und außerhalb der ISM-Bänder

		Zulässige Sendeleistung		
Class	Bereich / MHz	ISM- 27 MHz	ISM - 40 MHz	ISM - 433 MHz
I	25 .. 1000	10 mW	10 mW	10 mW
II	300 .. 1000	-	-	25 mW
III	25 .. 300	100 mW	100 mW	-
IV	300 .. 1000	-	-	100 mW

Daneben definiert diese Norm Prüfmethoden und Grenzwerte für Nebenaussendungen, auf die jedoch an dieser Stelle nicht weiter eingegangen werden soll.

5.2.4 EN 300440

Die Norm *EN 300 440*, mit dem Titel „Radio Equipment and Systems (RES); short range devices, technical characteristics and test methods for radio equipment to be used in the 1 GHz to 25 GHz frequency range with power levels ranging up to 500 mW“, ist die Grundlage nationaler europäischer Regulierungsvorschriften für Funkanlagen kleiner Leistung. Die EN 300 440 unterscheidet dabei drei Gerätetypen nach Class I bis III.

RFID-Systeme mit *Backscatter-Transponder* werden der Class II zugeordnet. Weitere Einzelheiten regeln die CEPT-Empfehlungen *T/R 60-01*: „Low-power radiolocation equipment for detecting movement and for alert“ (EAS) sowie *T/R 22-04*: „Harmonisation of frequency bands for Road Transport Information Systems (RTI)“ (Mautsysteme, Frachtidentifikation).

Den Classes I und III sind verschiedene ISM- und Short-range-Anwendungen zugeteilt. Dabei handelt es sich typischerweise um Bewegungsmelder (für Alarmanlagen, Türöffner und ähnliche Anwendungen), Datenübertragung (kabelloses LAN für PC), Fernsteuerung und Telemetrie.

Die EN 300 440 definiert folgende effektive Strahlungsleistung (EIRP, effective isotropic radiated power[19]) als Maximalwerte:

Tabelle 5.13: Zulässige Sendeleistung nach EN 300440

	Frequenz (GHz)		
Class	1,0 .. 5,0	5,0 .. 20	> 20
I	10 mW	25 mW	100 mW
II[a]	500 mW	500 mW	500 mW
III	500 mW	2 W	2 W

a. „reflective transponder systems“

Für ISM-Anwendungen werden folgende Frequenzbereiche reserviert:

- 2,400 ... 2,4835 GHz
- 5,725 ... 5,875 GHz
- 24,00 ... 24,25 GHz

Daneben definiert diese Norm Prüfmethoden und Grenzwerte für Nebenaussendungen, auf die jedoch an dieser Stelle nicht weiter eingegangen werden soll.

---

[19] Die EIRP stellt die Leistung dar, die ein fiktiver Kugelstrahler (G = 0 dB) abstrahlen müsste, um am Empfangsort die gleiche Leistungsflussdichte zu erzeugen wie das zu prüfende Gerät (siehe Kap. 4.2.5.1 „Gewinn und Richtwirkung“, S. 123).

5.3 Nationale Zulassungsvorschriften in Europa

In Europa dienen die Empfehlungen des ERC (European Radiocommunications Committee) als Grundlage für *nationale Regulierungs-* und *Zulassungsvorschriften* für Funkanlagen. Für RFID-Systeme kommt dabei die REC 70-03 (short range devices) zur Geltung. Der Webseite des *ERO* (European Radio Office) sind jeweils aktuelle Hinweise zur nationalen Regulierung von short range devices (SRD) in den Mitgliedstaaten der *CEPT* zu entnehmen (siehe Kap. 5.2.1 „CEPT/ERC REC 70-03", S. 174).

In allen Mitgliedstaaten der EU, sowie den Mitgliedstaaten der CEPT, welche die EU-Richtlinie *1999/5/EG* („Richtlinie für Funkanlagen und Telekommunikationsendeinrichtungen", engl.: „radio and telecommunications terminal equipment directive", *R&TTE-Directive*) anwenden, können Short range devices ohne weitere Zulassung auf den Markt gebracht werden [erc-rep-084]. Voraussetzung dafür ist die Einhaltung der für die jeweiligen Frequenzbereiche und Anwendungen gültigen Zulassungsvorschriften. Der Hersteller muss lediglich für jedes Produkt die Einhaltung der dafür relevanten Vorschriften bestätigen (EC Declaration of Conformity) und dies mit der Anbringung eines *CE-Zeichens* auf dem Produkt bestätigen.

Hinweise zum Vorgehen bei der CE-Kennzeichnung und Markteinführung von Funk- und Fermeldeanlagen finden sich auf der *R&TTE-Homepage* der EU:
http://europa.eu.int/comm/enterprise/rtte/

Grundlegende Hinwise zur neueren Gesetzgebung zur CE-Kennzeichnung von Produkten können folgender Adresse entnommen werden:
http://europa.eu.int/comm/enterprise/-newapproach/legislation/guide/legislation.htm

5.3.1 Bundesrepublik Deutschland

In der Bundesrepublik Deutschland wird die Zulassung von RFID-Systemen durch zwei Verfügungen [regtp-61-00, regtp-73-00] geregelt, die im „Amtsblatt der Regulierungsbehörde für Telekommunikation und Post (RegTP)" im Sommer 2000 veröffentlicht wurden. Durch beide Verfügungen werden Empfehlungen der REC 70-03 in nationale Regulierungsvorschriften umgesetzt, wobei auch hier nationale Restriktionen (z. B. niedrigere Leistungspegel in einzelnen Frequenzbereichen unter 135,00 kHz) zu beachten sind.

Es dürfen alle Funkanlagen betrieben werden, die eine deutsche Zulassung besitzen oder gemäß den Vorschriften der Richtlinie 1999/5/EG (R&TTE-Directive) in Verkehr gebracht wurden und entsprechend gekennzeichnet sind (CE-Kennzeichen). Nationale Restriktionen dürfen dadurch selbstverständlich nicht umgangen werden.

Die Zulassung induktiv gekoppelter RFID-Systeme wird in der Verfügung 61/2000 mit dem Titel „Allgemeinzuteilung von Frequenzen für die Benutzung durch die Allgemeinheit für induktive Funkanlagen des nichtöffentlichen mobilen Landfunks (nömL)" geregelt. Die Allgemeinzuteilung umfasst dabei eine Vielzahl von Anwendungen induktiver Funkanlagen wie Kfz-Wegfahrsperren (RFID), Diebstahlsicherungen (EAS), Verkehrskontrollsysteme, Metallsuchgeräte, Erkennungssysteme für Personen, Tiere und Waren (RFID), aber auch die Daten- und Sprachübertragung über kurze Entfernungen (z. B. für Alarmanlagen).

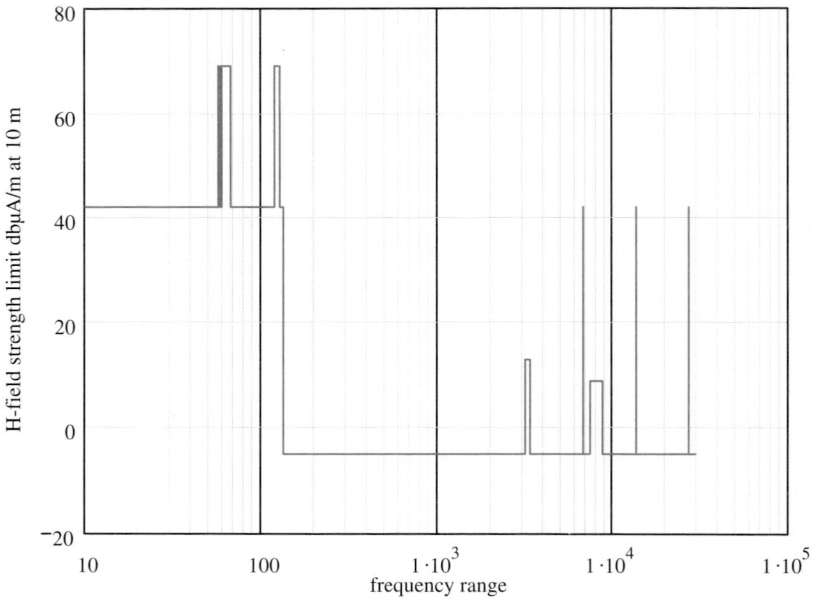

Abb. 5.6 In der Bundesrepublik Deutschland zugelassene Frequenzbereiche bis 30 MHz und die maximale Feldstärke in einem Abstand von 10 m.

Tabelle 5.14: Zugelassene Frequenzbereiche und Feldstärke in 10 m Abstand

Frequenzbereich in MHz	Feldstärke H @ 10 m
0,009 - 0,057	42 dbµA/m
0,057 - 0,05975	69 dbµA/m
0,05975 - 0,06025	42 dbµA/m
0,06025 - 0,067	69 dbµA/m
0,067 - 0,119	42 dbµA/m
0,119 - 0,127	69 dbµA/m
0,127 - 0,135	42 dbµA/m
0,135 - 30.000	-5 dbµA/m
3,155 - 3,400	13,5 dbµA/m (EAS)
6,765 - 6,795	42 dbµA/m
7,400 - 8,800	9 dbµA/m (EAS)
13,553 - 13,567	42 dbµA/m
26,957 - 27,283	42 dbµA/m

Für die genannten Funkanwendungen dürfen ausschließlich die in Tabelle 5.14 aufgeführten Frequenzbereiche genutzt werden.

Die Zulassung von RFID-Systemen in den Frequenzbereichen bis 24 GHz wird in der Verfügung 73/200 mit dem Titel „Allgemeinzuteilung von Frequenzen für die Benutzung durch die Allgemeinheit für Funkanlagen geringer Leistung des nichtöffentlichen mobilen Landfunks (nömL) in ISM-Frequenzbereichen; SRD (Short Range Devices)“ geregelt. Die Allgemeinzuteilung umfasst dabei eine Vielzahl von SRD-Anwendungen und ist nicht auf RFID-Systeme beschränkt. Für diese Anwendungen dürfen ausschließlich folgende Frequenzbereiche mit der entsprechenden maximalen magnetischen Feldstärke oder der maximalen Strahlungsleistung genutzt werden:

Tabelle 5.15: Zugelassene Frequenzbereiche und Leistungspegel für Short range devices.

Frequenzbereich in MHz	Leistungspegel
6,765 - 6,975	42 dBµA/m @ 10 m
13,553 - 13,567	42 dBµA/m @ 10 m
26,957 - 27,283	42 dBµA/m @ 10 m, 10 mW ERP
40,660 - 40,700	10 mW ERP
433,05 - 434,79	10 mW ERP
2400,0 - 2483,5	10 mW ERP
5725,0 - 5875,0	25 mW ERP
24,000 - 24,250	100 mW ERP

5.4 Nationale Zulassungsvorschriften

5.4.1 USA

In den USA müssen RFID-Systeme nach der Zulassungsvorschrift *„FCC Part 15“* zugelassen werden. Diese Vorschrift umfasst den Frequenzbereich von 9 kHz bis über 64 GHz und behandelt die gewollte Erzeugung elektromagnetischer Felder mit Klein- und Kleinstleistungssendern (intentional radiators) sowie auch die ungewollte Erzeugung elekromagnetischer Felder (Störstrahlung) durch elektronische Geräte wie Rundfunk- und Fernsehempfänger oder auch Computeranlagen. Unter den Sendeanlagen kleiner Leistung werden in dieser Vorschrift die unterschiedlichsten Anwendungen, so etwa schnurlose Telefone, Biometrie- und Telemetriesender, campuseigene Radiostationen, Spielzeugfernsteuerungen oder Türoffner für Automobile behandelt. Induktiv gekoppelte oder Backscatter-RFID-Systeme werden in der *FCC-Vorschrift* zwar nicht explizit erwähnt, fallen aber durch ihre typischerweise in den ISM-Bändern angesiedelten Sendefrequenzen und ihre geringe Sendeleistung automatisch unter diese Vorschrift.

Tabelle 5.16: Zulässige Feldstärken für RFID-Systeme nach FCC Part 15.

Frequenzbereich / MHz	max. E-Feld	Messabstand	Section
1,705 ... 10,000	100 µV/m	30 m	15.223
13,553 ... 13,567	10 mV/m	30 m	15.225
26.960 ... 27,280	10 mV/m	30 m	15.227
40,660 ... 40,700	1 mV/m	3 m	15.229
49,820 ... 49,900	10 mV/m	3 m	15.235
902,0 ... 928,0	50 mV/m	3 m	15.249
2435 ... 2465	50 mV/m	3 m	15.249
5785 ... 5815	50 mV/m	3 m	15.249
24075 ... 24175	250 mV/m	3 m	15.249

Die für RFID-Systeme wichtigen Frequenzbereiche sind in Tabelle 5.16 aufgelistet. In allen anderen Frequenzbereichen gelten für RFID-Systeme die zulässigen Grenzwerte für Störstrahlung in Tabelle 5.17. Hierbei ist zu beachten, dass im Gegensatz zu der Europäischen Zulassungsvorschrift ETS 300 330 die maximal zulässige Feldstärke eines Lesegerätes grundsätzlich über die elektrische Feldstärke E definiert ist. Der Messabstand ist dabei so gewählt, dass eine Messung im Fernfeld des erzeugten Feldes erfolgt. Dies gilt also auch für die induktiv gekoppelten RFID-Systeme im Frequenzbereich unter 30 MHz, die primär ein magnetisches Hochfrequenzfeld erzeugen.

Tabelle 5.17: Zulässige Störfeldstärken in allen anderen Frequenzbereichen nach FCC Part 15, Section 15.209.

Frequenzbereich / MHz	maximales E-Feld	Messabstand
0,009 ... 0,490	2400/f µV/m	300 m
0,490 ... 1,705	24/f mV/m	30 m
1,705 ... 30,00	30 µV/m	30 m
30,00 ... 88,00	100 µV/m	3 m
88,00 ... 216	150 µV/m	3 m
216 ... 960	200 µV/m	3 m
> 960	500 µV/m	3 m

5.4.2 Zukünftige Entwicklung: USA – Japan – Europa

Die USA und Japan planen derzeit die Angleichung ihrer nationalen Regulierungsvorschriften für RFID-Systeme auf 13,56 MHz und die in Europa durch die REC 70-03 zugelassenen

Werte. Zur Zeit der Fertigstellung dieses Buches war jedoch noch zu keiner der geplanten Vorschriften eine endgültige Entscheidung getroffen, sodass an dieser Stelle nicht weiter auf diese Regulierungsvorschriften eingegangen werden kann.

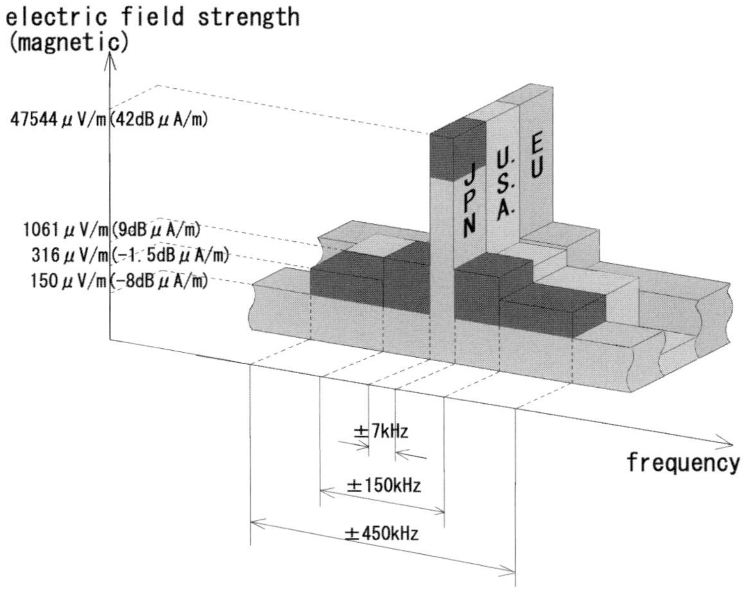

Abb. 5.7 Vergleich der erlaubten magnetischen Feldstärke der geplanten Regulierungsvorschriften für 13,56 MHz RFID-Systeme in den USA, Japan und Europa. (Bild: Takeshi Iga[20], SOFEL, Tokyo)

[20] Takeshi Iga: Herausgeber und Übersetzer der japanischen Ausgabe des RFID-Handbuches. Siehe hierzu auch http://RFID-handbook.com/japanese/

6 Codierung und Modulation

Ein digitales *Kommunikationssystem* kann durch das Blockdiagramm in Abbildung 6.1 beschrieben werden. Auch bei einem RFID-System werden zur *Datenübertragung* zwischen Lesegerät und Transponder drei hauptsächliche Funktionsblöcke benötigt. Betrachten wir die Datenübertragungsrichtung vom Lesegerät zum Transponder, so sind dies: *Signalcodierung* (*Signalprocessing*) und *Modulator* (*Carrier-circuits*) des *Lesegerätes* (*Transmitter*), das *Übertragungsmedium* (*Channel*), sowie *Demodulator* (*Carrier-circuits*) und *Signaldecodierung* (*Signalprocessing*) im *Transponder* (*Receiver*).

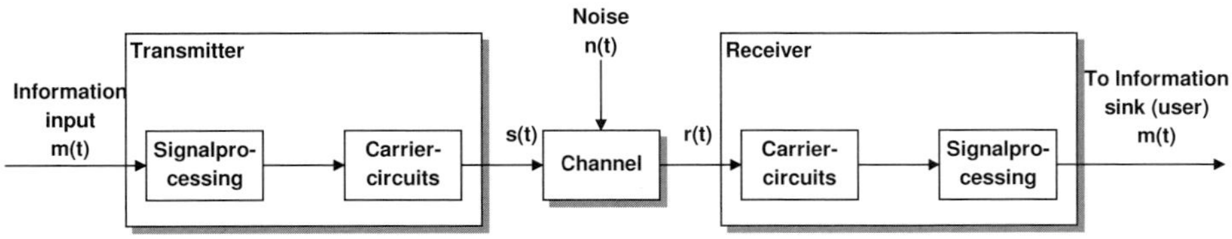

Abb. 6.1 Signal- und Datenfluss in einem digitalen Kommunikationssystem [couch].

Eine Signalcodierung hat die Aufgabe, eine zu übertragende Nachricht und ihre *Signaldarstellung* möglichst optimal an die Eigenschaften des *Übertragungskanals* anzupassen. Dazu gehört die mehr oder weniger gute Sicherung der Nachricht gegen Störungen oder Kollision und die gezielte Veränderung bestimmter Signaleigenschaften [herter]. Die Signalcodierung darf nicht mit einer Modulation verwechselt werden, deshalb bezeichnet man die Signalcodierung auch als *Codierung im Basisband.*

Modulation ist die Veränderung von Signalparametern eines hochfrequenten *Trägers*, also *Amplitude*, *Frequenz* oder *Phase*, in Abhängigkeit von einem modulierenden Signal, dem *Basisbandsignal.*

Das Übertragungsmedium dient dem Transport der Nachrichten über eine gewisse Entfernung. Bei RFID-Systemen werden als Übertragungsmedium ausschließlich Magnetfelder (induktive Kopplung) oder elektromagnetische Wellen (Mikrowellen) eingesetzt.

Die *Demodulation* ist ein weiterer Modulationsvorgang, der zur Rückgewinnung des Signals im Basisband führt. Da wir häufig sowohl im Transponder als auch im Lesegerät eine *Informationsquelle* (input) haben und deshalb abwechselnd in beide Richtungen übertragen, enthalten diese sowohl einen *Modulator* als auch einen *Demodulator.* Man spricht daher oft von einem *Modem* (**Mo**dulator – **Dem**odulator) und drückt damit gleichzeitig die in der Regel gegebene konstruktive Zusammenfassung aus [herter].

Aufgabe der Signaldecodierung ist es, aus dem basisbandcodierten *Empfangssignal* die ursprüngliche Nachricht wiederherzustellen und gegebenenfalls *Übertragungsfehler* als solche zu erkennen und zu kennzeichnen.

6.1 Codierung im Basisband

Binäre Einsen und Nullen können in verschiedenen seriellen Formaten (engl. *line codes*) dargestellt werden. Bei RFID-Systemen wird üblicherweise eines der folgenden Codierverfahren eingesetzt: *NRZ-*, *Manchester-*, *Unipolar-* , *DBP-* (*differential bi-phase*), *Miller-*, *Differential-* und *PP (puls pause) -Coding*.

Tabelle 6.1: Signalcodierung im Basisband

NRZ-Code:	Eine binäre 1 wird durch ein „high“-Signal, eine binäre 0 durch ein „low“-Signal dargestellt. Die NRZ-Codierung wird fast ausschließlich bei FSK- oder PSK-Modulation eingesetzt.
Manchester-Code:	Jede binäre 1 wird durch eine negative Flanke in der Halbbit-Periode, jede binäre 0 durch eine positive Flanke in der Halbbit-Periode dargestellt. Der Manchester-Code wird deshalb auch als *split-phase encoding* bezeichnet [couch]. Der Manchester-Code wird sehr häufig zur Datenübertragung vom Transponder zum Lesegerät unter Verwendung von Lastmodulation mit Hilfsträger eingesetzt.
Unipolar RZ-Code:	Die binäre 1 wird durch ein „high“-Signal während der ersten Halbbit-Periode dargestellt, eine binäre 0 durch ein „low“-Signal über die gesamte Bitdauer.
DBP-Code:	Jede binäre 0 wird durch eine beliebige Flanke in der Halbbit-Periode codiert, eine binäre 1 bedeutet „keine“-Flanke. Zusätzlich wird jedoch am Anfang einer jeden Bit-Periode der Pegel invertiert, wodurch beim Empfänger der Bit-Takt leichter regeneriert werden kann (falls benötigt).
Miller-Code:	Die binäre 1 wird durch eine beliebige Flanke in der Halbbit-Periode dargestellt, eine binäre 0 durch eine Verlängerung des 1-Pegels über die nächste Bit-Periode. Aufeinanderfolgende Nullen erzeugen einen Pegelwechsel am Anfang einer Bit-Periode, wodurch beim Empfänger der Bit-Takt leichter regeneriert werden kann (falls benötigt).
Modifizierter Miller-Code (engl. *modified miller code*):	Bei dieser Variante des Miller-Codes wird jede Flanke durch einen „negativen“ Puls ersetzt. Der modifizierte Miller-Code wird gerne bei induktiv gekoppelten RFID-Systemen zur Datenübertragung vom Lesegerät zum Transponder eingesetzt. Durch sehr kurze Pulszeiten (tpuls << TBit) kann eine kontinuierliche Energieversorgung des Transponders aus dem HF-Feld des Lesegerätes auch während der Datenübertragung sichergestellt werden.
Differential-Codierung:	Bei der Diffential-Codierung (differential coding) wird durch jede zu übertragende binäre 1 ein Wechsel (toggle) des Signalpegels bewirkt. Bei einer binären Null bleibt der Signalpegel unverändert. Das differential coding kann sehr einfach unter Verwendung eines XOR-Gatters und eines D-Flip-Flops aus einem NRZ-Signal erzeugt werden. Eine Schaltung hierzu ist in Abbildung 6.4 dargestellt.
Puls-Pausen-Codierung:	Bei der Puls-Pausen-Codierung (PPC, pulse pause coding) wird eine binäre 1 durch eine Pausendauer t zum nächsten Puls, eine binäre 0 durch eine Pausendauer 2t zum nächsten Puls dargestellt. Dieses Codierverfahren wird gerne bei induktiv gekoppelten RFID-Systemen zur Datenübertragung vom Lesegerät zum Transponder eingesetzt. Durch sehr kurze Pulszeiten (tpuls << TBit) kann eine kontinuierliche Energieversorgung des Transponders aus dem HF-Feld des Lesegerätes auch während der Datenübertragung sichergestellt werden.

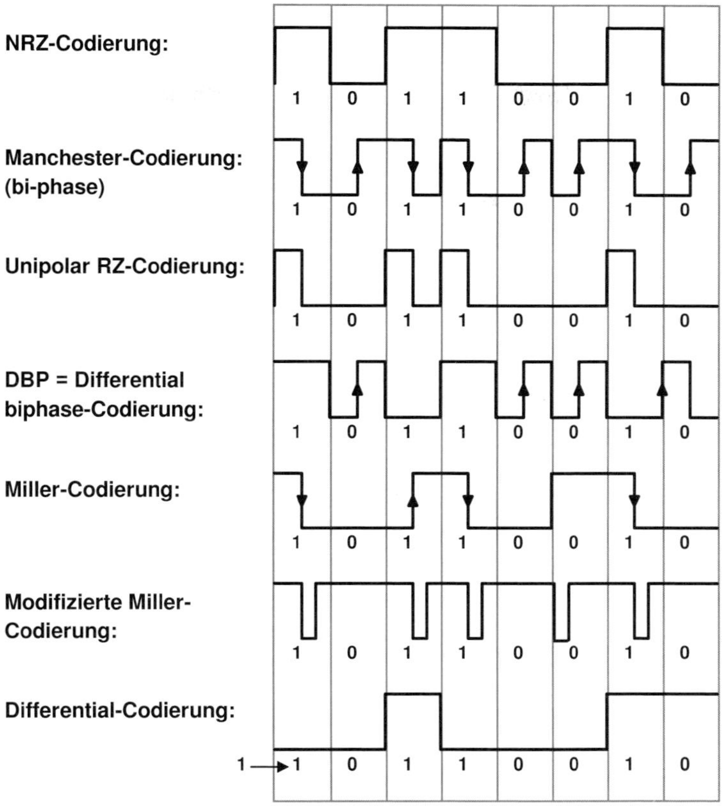

Abb. 6.2 Signalcodierung durch häufig verwendete serielle Formate bzw. Line-Codes bei RFID-Systemen.

Bei der Auswahl einer geeigneten Signalcodierung für ein RFID-System sind verschiedene Randbedingungen zu beachten. Am wichtigsten ist die Betrachtung des Signalspektrums nach Modulation (siehe hierzu [couch], [mäusl]) sowie Anfälligkeit gegen Übertragungsfehler. Außerdem darf bei passiven Transpondern (Energieversorgung des Transponders durch das HF-Feld des Lesegerätes) die Energieversorgung nicht durch eine ungeeignete Kombination von Signalcodierung und Modulationsverfahren unterbrochen werden.

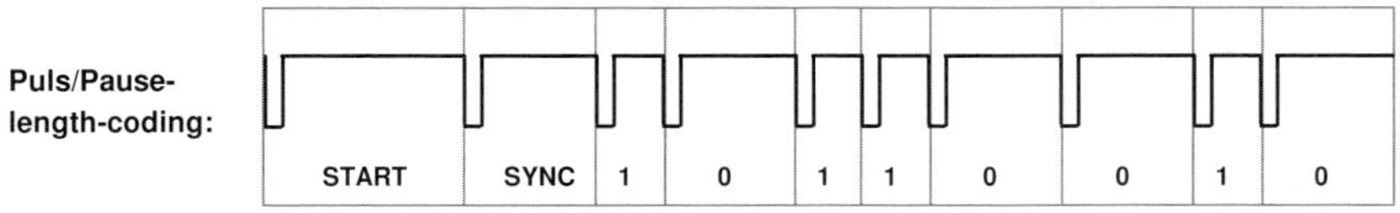

Abb. 6.3 Möglicher Signalverlauf bei einer Puls-Pausen-Codierung.

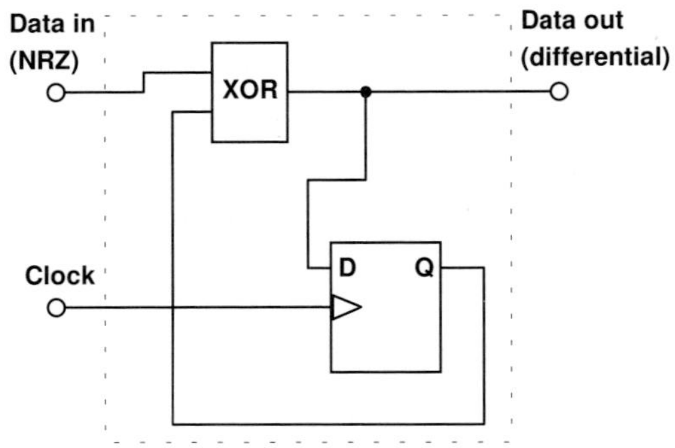

Abb. 6.4 Erzeugung des differential coding aus einer NRZ-Codierung.

6.2 Digitale Modulationsverfahren

Durch elektromagnetische Wellen wird Energie von einer Antenne in den umgebenden Raum abgestrahlt. Durch gezielte Beeinflussung einer der drei Signalparameter – Leistung, Frequenz und Phasenlage – einer elektromagnetischen Welle können Nachrichten codiert und dadurch an jeden Punkt im Raum transportiert werden. Den Vorgang der Beeinflussung einer elektromagnetischen Welle durch Nachrichten (Daten) nennt man *Modulation*, eine unmodulierte elektromagnetische Welle wird als *Träger* (engl. *carrier*) bezeichnet.

Untersucht man die Eigenschaften einer elektromagnetischen Welle an einem beliebigen Punkt im Raum, so kann man aus den Änderungen von Empfangsleistung, Frequenz oder Phasenlage die der Welle aufgeprägten Nachrichten wieder rekonstruieren. Diesen Vorgang nennt man *Demodulation*.

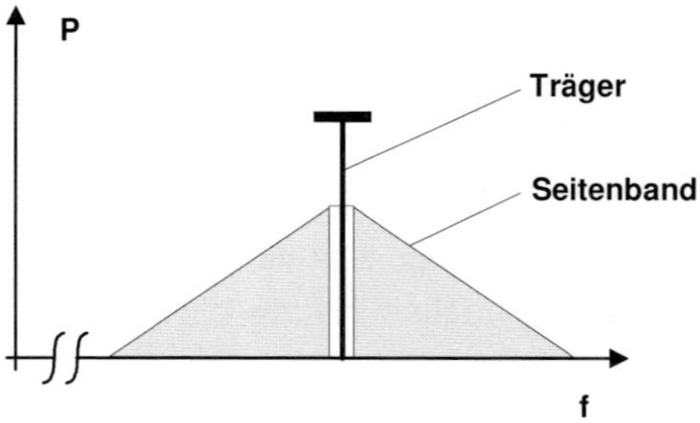

Abb. 6.5 Jede Modulation eines Sinussignals – des Trägers – erzeugt so genannte (Modulations-) Seitenbänder.

In der klassischen Funktechnik sind vor allem analoge Modulationsverfahren bekannt. Man unterscheidet, entsprechend den drei Kenngrößen einer elektromagnetischen Welle, zwischen *Amplitudenmodulation*, *Frequenzmodulation* und *Phasenmodulation* als grundlegenden Modulationsverfahren. Alle anderen Modulationsverfahren werden aus einer dieser drei Typen abgeleitet. Bei RFID-Systemen sind dies die digitalen Modulationsverfahren *ASK* (amplitude shift keying – Amplitudentastung), *FSK* (frequency shift keying – Frequenzumtastung) und *PSK* (phase shift keying – Phasenumtastung).

Bei jedem Modulationsverfahren entstehen symmetrisch zum Träger *Modulationsprodukte*, die so genannten *Seitenbänder*. Spektrum und Amplitude der Seitenbänder werden durch das Spektrum des Codesignals im Basisband sowie durch das Modulationsverfahren beeinflusst. Man unterscheidet zwischen dem oberen (USB) und dem unteren (LSB) Seitenband.

6.2.1 Amplitudentastung (ASK)

Bei der Amplitudentastung wird die Amplitude einer *Trägerschwingung* durch ein binäres Codesignal, zwischen zwei Zuständen, u_0 und u_1, umgeschaltet (Tastung). u_1 kann dabei Werte zwischen u_0 und 0 einnehmen. Das Verhältnis zwischen u_0 und u_1 wird als *Tastgrad* m bezeichnet.

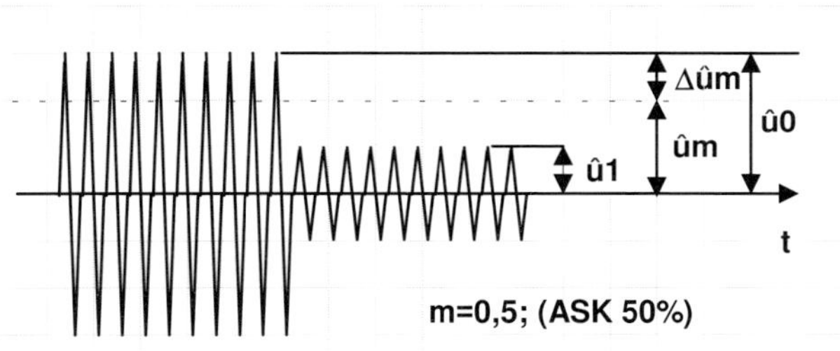

Abb. 6.6 Bei der ASK-Modulation wird die Amplitude des Trägers durch ein binäres Codesignal zwischen zwei Zuständen umgeschaltet.

Zur Bestimmung des Tastgrades m berechnen wir das arithmetische Mittel zwischen der getasteten und der ungetasteten Amplitude des Trägersignals.

$$\hat{u}_m = \frac{\hat{u}_0 + \hat{u}_1}{2} \qquad [6.1]$$

Der Tastgrad wird nun aus dem Verhältnis der Amplitudenänderung $\hat{u}_0$ - $\hat{u}_m$ zum Mittelwert $\hat{u}_m$ berechnet.

$$m = \frac{\Delta\hat{u}_m}{\hat{u}_m} = \frac{\hat{u}_0 - \hat{u}_m}{\hat{u}_m} = \frac{\hat{u}_0 - \hat{u}_1}{\hat{u}_0 + \hat{u}_1} \qquad [6.2]$$

Bei einer 100%-ASK wird die Amplitude der Trägerschwingung zwischen den Werten $2\hat{u}_m$ und 0 der Trägeramplitude umgeschaltet (*On-Off keying*). Bei einer Amplitudenmodulation durch ein analoges Signal (Sinusschwingung) entspräche dies ebenfalls einem Modulationsgrad von m=1 (bzw. 100%) [mäusl].

Das beschriebene Verfahren zur Berechnung des Tastgrades entspricht also der Berechnung des Modulationsgrades bei Amplitudenmodulation mit analogen Signalen (Sinusschwingung). Es besteht jedoch ein gravierender Unterschied zwischen Tastung und analoger Modulation: Bei Tastung wird im unmodulierten Zustand ein Trägersignal der Amplitude $\hat{u}_0$

ausgesendet, bei analoger Modulation nimmt das Trägersignal in unmoduliertem Zustand die Amplitude $\hat{u}_m$ ein.

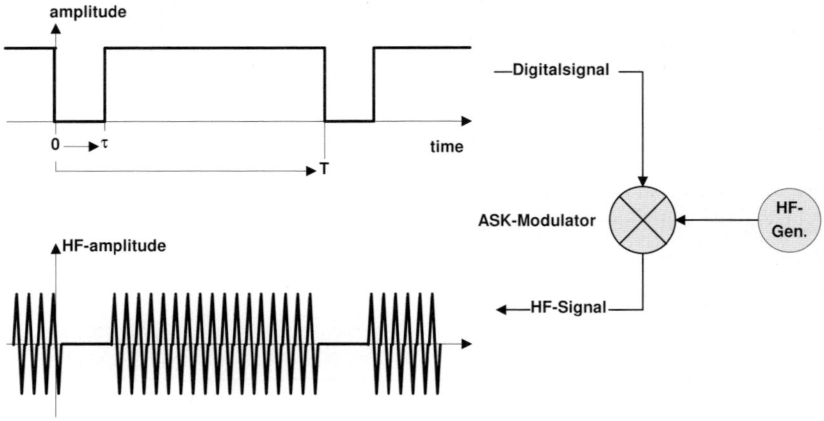

Abb. 6.7 Entstehung einer 100%-ASK-Modulation durch Tastung des sinusförmigen Trägersignals aus einem HF-Generator, mit einem binären Codesignal, in einem ASK-Modulator.

In der Literatur wird der Tastgrad hin und wieder auch als prozentuale Trägerabsenkung m' während Tastung angegeben:

$$m' = 1 - \frac{\hat{u}_1}{\hat{u}_0} \qquad [6.3]$$

Für das Beispiel in Abbildung 6.6 ergäbe sich damit ein Tastgrad von m'=0,66 (=66%). Für Tastgrade <15% und Tastgrade > 85% sind die Unterschiede zwischen den beiden Berechnungsmethoden jedoch zu vernachlässigen.

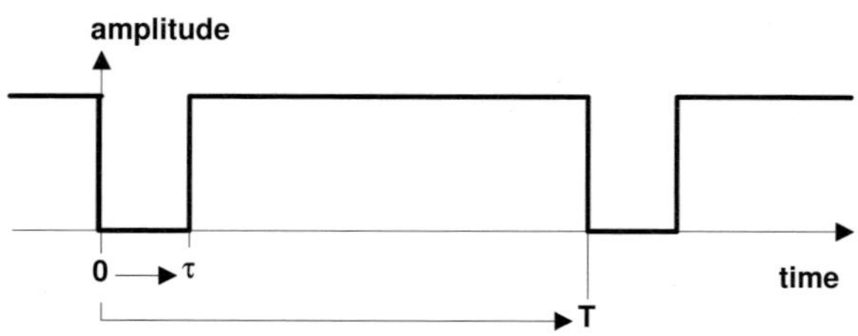

Abb. 6.8 Darstellung der Periodendauer T und der Bitdauer τ eines binären Codesignals.

Das binäre Codesignal besteht aus einer Folge von 1- und 0-Zuständen, mit einer Periodendauer T und einer Bitdauer τ. Die ASK-Modulation entsteht, mathematisch betrachtet, aus der Multiplikation dieses Codesignals $u_{code}(t)$ mit der Trägerschwingung $u_{Cr}(t)$. Für Tastgrade m<1 führen wir eine zusätzliche Konstante (1-m) ein, sodass wir auch für diesen Fall im ungetasteten Zustand $u_{HF}(t)$ mit 1 multiplizieren können.

$$u_{ASK}(t) = (m \cdot u_{code}(t) + 1 - m) \cdot u_{HF}(t) \qquad [6.4]$$

Das Spektrum des ASK-Signals erhält man deshalb durch Faltung des Codesignalspektrums mit der Trägerfrequenz f_{Cr} bzw. durch Multiplikation der Fourierreihenentwicklung des Codesignals mit der Trägerschwingung. Es enthält das Spektrum des Codesignals im oberen und unteren Seitenband, symmetrisch zum Träger [mäusl].

Für ein gleichmäßiges, pulsförmiges Signal der Periodendauer T und Bitdauer τ ergibt sich folgendes Spektrum:

Tabelle 6.1: Spektrallinien für eine pulsförmig modulierte Trägerschwingung.

Bezeichnung	Frequenz	Amplitude
Trägerschwingung	f_{CR}	$u_{HF} \cdot (1\text{-}m) \cdot (T\text{-}\tau)/T$
1. Spektrallinie	$f_{CR} \pm 1/T$	$u_{HF} \cdot m \cdot \sin(\pi \cdot \tau/T)$
2. Spektrallinie	$f_{CR} \pm 2/T$	$u_{HF} \cdot m \cdot \sin(2\pi \cdot \tau/T)$
3. Spektrallinie	$f_{CR} \pm 3/T$	$u_{HF} \cdot m \cdot \sin(3\pi \cdot \tau/T)$
n. Spektrallinie	$f_{CR} \pm n/T$	$u_{HF} \cdot m \cdot \sin(n\pi \cdot \tau/T)$

6.2.2 2-FSK

Bei der *Zweifrequenzumtastung* (*2-frequency shift keying*) wird die Frequenz einer Trägerschwingung durch ein binäres Codesignal zwischen zwei Frequenzen f_1 und f_2 umgeschaltet.

Als Trägerfrequenz f_{CR} definiert man das arithmetische Mittel der beiden Kennfrequenzen f_1 und f_2. Die Differenz zwischen der Trägerfrequenz und den Kennfrequenzen wird als Frequenzhub Δf_{CR} bezeichnet.

$$f_{CR} = \frac{f_1 + f_2}{2} \qquad [6.5]$$

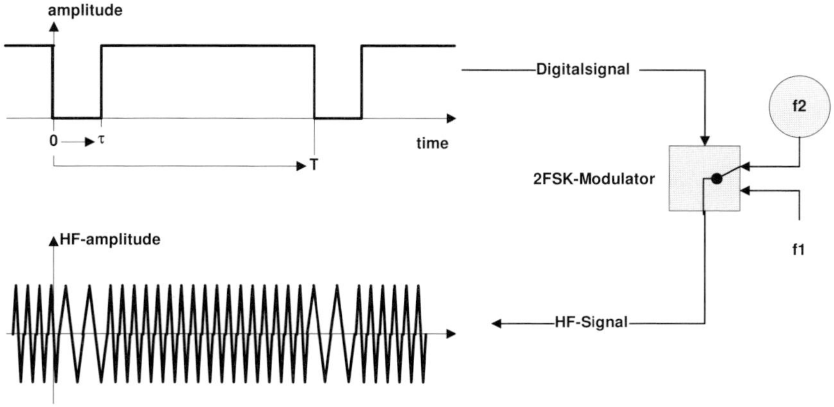

Abb. 6.9 Entstehung der 2-FSK-Modulation durch Umschaltung zwischen den beiden Frequenzen f_1 und f_2 im Takt eines binären Codesignals.

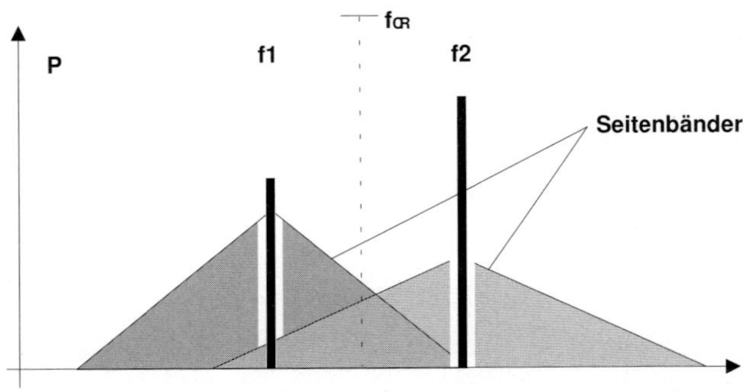

Abb. 6.10 Das Spektrum einer 2-FSK-Modulation ergibt sich aus der Addition der Einzelspektren zweier amplitudengetasteter Schwingungen der Frequenzen f_1 und f_2.

$$\Delta f_{CR} = \frac{|f_1 + f_2|}{2} \qquad [6.6]$$

Das *2-FSK*-Signal kann von der Zeitfunktion her als Zusammensetzung zweier amplitudengetasteter Signale mit den Frequenzen f_1 und f_2 betrachtet werden. Das Spektrum eines 2-FSK-Signals ergibt sich deshalb aus der Überlagerung der Spektren der beiden amplitudengetasteten Schwingungen. Bei den Basisbandcodierungen, die bei RFID-Systemen verwendet werden, erfolgt eine unsymmetrische Frequenzumtastung, d.h.:

$$\tau \neq \frac{T}{2} \qquad [6.7]$$

In diesen Fällen ergibt sich auch eine unsymmetrische Verteilung der Spektren zur Mittenfrequenz f_{CR} [mäusl].

6.2.3 2-PSK

Bei der *Phasenumtastung* (*Phase Shift Keying*) werden die binären Zustände „0“ und „1“ eines Codesignales in entsprechende Phasenzustände der Trägerschwingung, bezogen auf eine Referenzphase, umgesetzt. Bei der 2-PSK (2 Phase Shift Keying) wird zwischen den Phasenzuständen 0° und 180° umgeschaltet.

Die Umschaltung der Phasenlage zwischen 0° und 180° entspricht, mathematisch betrachtet, der Multiplikation der Trägerschwingung mit „1“ und „-1“.

Für ein Tastverhältnis τ/T von 50% kann das Leistungsspektrum einer 2-PSK wie folgt berechnet werden [mansukhani]:

$$P(f) = \left(\frac{P \cdot T_S}{2}\right) \cdot [\mathrm{sinc}^2 \pi (f - f_0) T_S + \mathrm{sinc}^2 \pi (f + f_0) T_S] \qquad [6.8]$$

P = Sendeleistung, $T_s = \tau$ = Bitdauer, f_0 = Mittenfrequenz, $\mathrm{sinc}(x) = \frac{\sin x}{x}$

Die Einhüllende der beiden Seitenbänder um die Trägerfrequenz f_0 folgt dem Verlauf der Funktion $(\sin(x)/x)^2$. Dies führt zu Nullstellen bei den Frequenzen $f_0 \pm 1/Ts$, $f_0 \pm 2/T_s$,

$f_0 \pm n/T_S$. Im Frequenzbereich $f_0 \pm 1/T_s$ werden 90% der Sendeleistung übertragen.

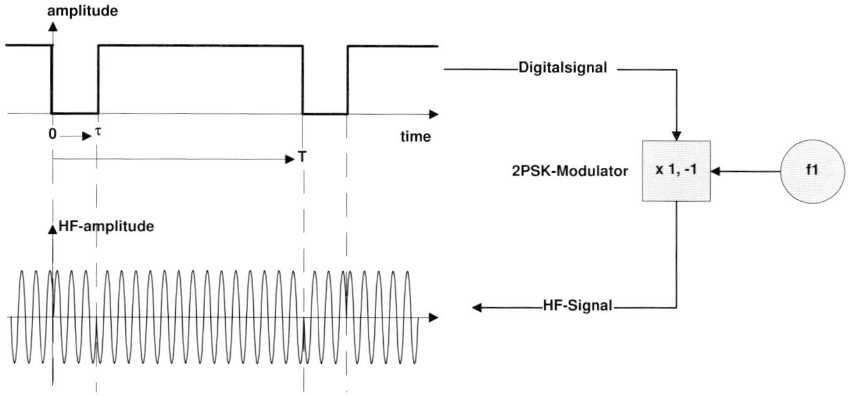

Abb. 6.11 Entstehung der 2-PSK-Modulation durch Invertierung eines sinusförmigen Trägersignals im Takt eines binären Codesignals.

6.2.4 Modulationsverfahren mit Hilfsträger

Die Anwendung eines modulierten *Hilfsträgers* ist in der Funktechnik weit verbreitet: So wird in der UKW-Rundfunktechnik zum Basisband-Tonkanal auch der Stereo-Hilfsträger mit einer Frequenz von 38 kHz übertragen. Das Basisband enthält dabei nur das Tonsignal in Monophonie. Das Differenzsignal „L-R", das zur Gewinnung der beiden Tonkanäle „L" und „R" benötigt wird, kann durch die Modulation des Stereohilfsträgers mit diesem Signal „unhörbar" übertragen werden. Die Verwendung eines Hilfsträgers entspricht also einer *mehrstufigen Modulation*. So wird in unserem Beispiel zunächst der Hilfsträger mit dem Differenzsignal moduliert, um anschließend den UKW-Sender noch einmal mit dem modulierten Hilfsträgersignal zu modulieren.

Bei RFID-Systemen kommen Modulationsverfahren mit Hilfsträger vor allem bei induktiv gekoppelten Systemen in den Frequenzbereichen 6,78 MHz, 13,56 MHz oder 27,125 MHz sowie Lastmodulation zur Datenübertragung vom Transponder zum Lesegerät vor. Die Lastmodulation eines induktiv gekoppelten RFID-Systems entspricht in ihrer Wirkung einer ASK-Modulation der HF-Spannung an der Antenne des Lesegerätes. Anstatt den *Lastwiderstand* im Takt eines basisbandcodierten Signals ein- und auszuschalten, moduliert man zuerst einen niedrigerfrequenten Hilfsträger durch das basisbandcodierte Datensignal. Als Modulationsverfahren für den Hilfsträger kann ASK-, FSK- oder auch PSK-Modulation gewählt werden. Die *Hilfsträgerfrequenz* selbst entsteht in der Regel durch binäre Teilung der Arbeitsfrequenz. Für 13,56 MHz-Systeme werden meist die Hilfsträgerfrequenzen 847 kHz (13,56 MHz/16), 424 kHz (13,56 MHz/32) oder 212 kHz (13,56 MHz/64) verwendet. Das modulierte Hilfsträgersignal wird nun zum Ein- und Ausschalten des Lastwiderstandes eingesetzt.

Der große Vorteil, den der Einsatz eines Hilfsträgers mit sich bringt, wird jedoch erst bei der Betrachtung des entstehenden Frequenzspektrums verständlich:

Durch die Lastmodulation mit einer Hilfsträgerfrequenz entstehen zunächst zwei Spektrallinien im Abstand der Hilfsträgerfrequenz $\pm f_H$ um die Arbeitsfrequenz (siehe Abbildung 3.17 auf Seite 46). Die eigentliche Information wird nun, bedingt durch die Modulation des Hilfsträgers mit dem basisbandcodierten Datenstrom, in den Seitenbändern der beiden Hilfsträgerlinien übertragen. Bei einer Lastmodulation im Basisband hingegen wären die Seitenbänder des Datenstromes direkt um das Trägersignal auf der Arbeitsfrequenz angeordnet.

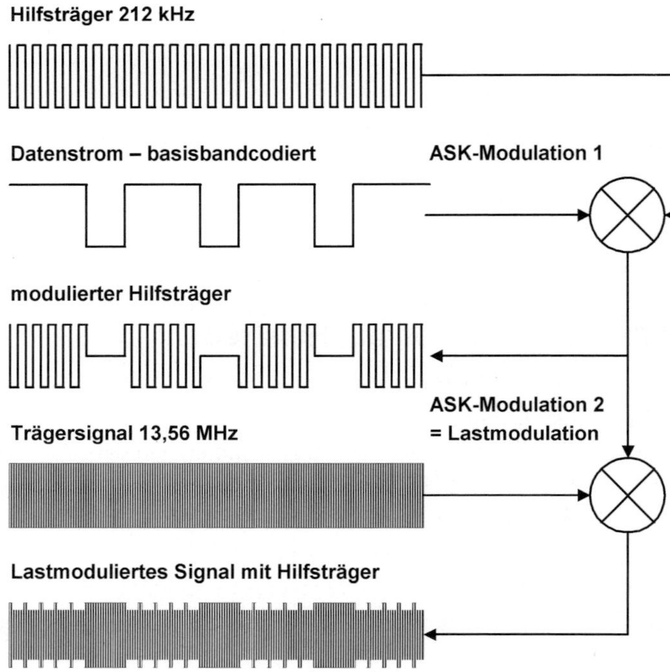

Abb. 6.12 Schrittweise Entstehung einer Mehrfachmodulation, durch Lastmodulation mit ASK-moduliertem Hilfsträger.

Bei sehr lose gekoppelten Transpondersystemen kann sich der Unterschied zwischen dem Trägersignal des Lesegerätes f_T und den empfangenen Modulationsseitenbändern der Lastmodulation durchaus in Bereich von 80 ... 90 dB bewegen. Durch die frequenzmäßige Verschiebung der Modulationsseitenbänder des Datenstromes kann nun eines der beiden Hilfsträger-Modulationsprodukte ausgefiltert und demoduliert werden. Hierbei ist es gleichgültig, ob die Frequenz $f_T + f_H$, oder $f_T - f_H$ verwendet wird, da die Information in allen Seitenbändern enthalten ist.

7 Datenintegrität

7.1 Prüfsummenverfahren

Bei der kontaktlosen Übertragung von Daten werden sehr leicht Störungen eingekoppelt, wodurch die übertragenen Daten in unerwünschter Weise verändert und somit fehlerhaft übertragen werden können.

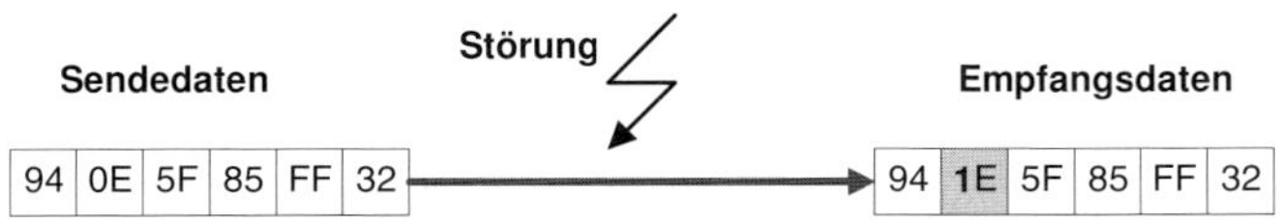

Abb. 7.1 Durch Störungen auf der Übertragungsstrecke können Fehler in den Daten hervorgerufen werden.

Durch *Prüfsummenverfahren* können Übertragungsfehler erkannt und Korrekturmaßnahmen, zum Beispiel eine erneute Übertragung des fehlerhaften Datenblockes, eingeleitet werden. Die gebräuchlichsten Prüfsummenverfahren sind Paritätsprüfung sowie XOR-Summe und CRC.

7.1.1 Paritätsprüfung

Ein sehr einfaches und deshalb weit verbreitetes Prüfsummenverfahren ist die *Paritätsprüfung* (parity check). Bei diesem Verfahren wird zu jedem Byte ein *Paritätsbit* (parity bit) gebildet und mit übertragen, es werden also 9 bit/Byte gesendet. Vor der Datenübertragung muss festgelegt werden, ob auf gerade oder ungerade Parität geprüft werden soll, damit Sender und Empfänger nach der gleichen Methode prüfen können.

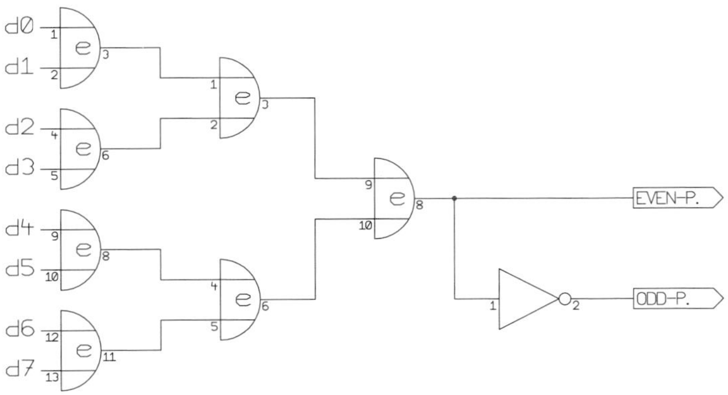

Abb. 7.2 Die Parität eines Bytes kann durch mehrfache Exclusiv-ODER-Verknüpfung der einzelnen Bits bestimmt werden.

Das Paritätsbit wird so gesetzt, dass bei ungerader Parität (odd parity) von allen neun Bits eine ungerade Anzahl auf 1 gesetzt ist. Bei gerader Parität (even parity) besitzt entsprechend immer eine gerade Zahl von Bits den Wert 1. Das gerade Paritätsbit kann auch als Quersumme (modulo-2) der Datenbits interpretiert werden. Diese Quersumme lässt sich auch als Exclusiv-ODER-Verknüpfung (XOR-Verknüpfung) der Datenbits errechnen.

Der Einfachheit dieser Methode steht allerdings das Manko der geringen Fehlererkennung entgegen [pein]. Eine ungerade Anzahl gekippter Bits (1, 3, 5, ...) kann immer aufgespürt werden, bei einer geraden Anzahl gekippter Bits (2, 4, 6, ...) heben sich die Fehler jedoch gegenseitig auf, sodass im Empfänger ein scheinbar richtiges Paritätsbit empfangen wird.

Beispiel: Die Zahl E5h besitzt bei ungerader Parität die binäre Darstellung 1110 0101 p=0.

Ein Paritätsgenerator für gerade Parität kann durch XOR-Verknüpfung aller Datenbits eines Bytes realisiert werden [tietze]. Die Reihenfolge der XOR-Verknüpfungen ist beliebig. Für ungerade Parität wird das Ergebnis des Paritätsgenerators invertiert ausgegeben.

7.1.2 LRC-Verfahren

Die als *Längssummenprüfung* (*LRC* – longitudinal redundancy check) bezeichnete XOR-Prüfsumme lässt sich sehr einfach und auch sehr schnell errechnen. Die Bildung einer XOR-Prüfsumme erfolgt durch die rekursive XOR-Verknüpfung aller Datenbytes eines Datenblocks. Es wird also Byte 1 mit Byte 2 XOR-verknüpft, das Ergebnis mit Byte 3, und so weiter. Wird bei der Übertragung eines Datenblocks der LRC-Wert am Ende mit übertragen, so kann im Empfänger durch LRC-Bildung über den Datenblock + LRC-Byte eine einfache Prüfung auf Übertragungsfehler durchgeführt werden. Das Ergebnis muss immer null ergeben, andernfalls sind Übertragungsfehler aufgetreten.

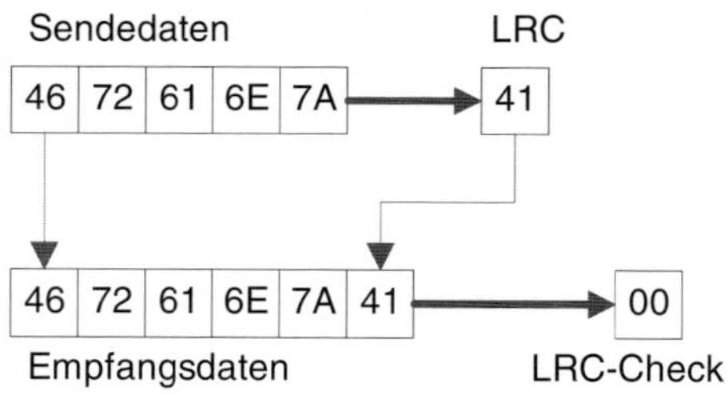

Abb. 7.3 Wird der LRC an die zu übertragenden Daten „angehängt“, so ergibt sich bei einer erneuten LRC-Berechnung über alle empfangenen Daten die Prüfsumme 00h. Dies ermöglicht eine schnelle Prüfung auf Datenintegrität, ohne die LRC-Summe selbst kennen zu müssen.

Aufgrund der Einfachheit des Algorithmus können LRCs sehr einfach und schnell berechnet werden. Allerdings sind LRCs nicht sehr sicher, Mehrfachfehler können sich gegenseitig aufheben, Vertauschungen in der Reihenfolge von Bytes innerhalb eines Datenblockes werden gar nicht erkannt [rankl]. LRCs werden vor allem zur schnellen Überprüfung sehr kleiner Datenblöcke (z. B. 32 Byte) verwendet.

7.1.3 CRC-Verfahren

Ursprünglich aus der Verwendung in Diskettenlaufwerken stammt das *CRC* (cyclic redundancy check), mit dem auch große Datenmengen mit einer ausreichend sicheren Prüfsumme versehen werden können. Es eignet sich aber auch hervorragend zur Fehlererkennung bei Datenübertragung über drahtgebundene (Telefon) oder drahtlose Schnittstellen (Funktechnik, RFID). Das CRC-Verfahren ermöglicht dabei die Erkennung von Übertragungsfehlern mit sehr großer Sicherheit, eine Korrektur von Fehlern ist damit jedoch nicht möglich.

Wie bereits der Name andeutet, ist die Berechnung des CRC ein zyklisches Verfahren. In die Berechnung des CRC-Wertes für einen Datenblock fließt also der CRC-Wert des gerade zu berechnenden Datenbytes sowie der CRC-Wert aller vorhergehenden Datenbytes ein. Auf diese Weise wird jedes einzelne Byte eines Datenblocks geprüft, woraus sich der CRC-Wert des gesamten Datenblocks ergibt.

Mathematisch betrachtet ist die Berechnung einer CRC-Prüfsumme die Teilung eines Polynoms (Datenbyte) durch ein so genanntes *Generatorpolynom*. Der CRC-Wert ist der Rest dieser Division. Zur Verdeutlichung berechnen wir eine 4 bit breite CRC-Summe für einen Datenblock. Das erste Byte des Datenblocks ist F7h, das Generatorpolynom sei $x^4 + x + 1 = 10011$.

```
          F7h
       111101110000:Startwert
XOR    10011
       011011
XOR     10011
        010001
XOR      10011
         00010100
XOR         10011
            0011100
XOR           10011
              1111
```

Abb. 7.4 Schrittweise Berechnung einer CRC-Prüfsumme.

Um einen 4-bit-CRC zu berechnen, verschieben wir das Datenbyte um zunächst 4 Stellen nach links (entsprechend 8 Stellen für CRC-8, usw.). Die freigewordenen 4 Stellen werden mit dem Startwert der CRC-Berechnung aufgefüllt, im Beispiel 00h. Nun wird das Generatorpolynom über eine wiederholte XOR-Operation nach folgender Regel mit dem Datenbyte verknüpft: „Ist das höchstwertige Bit des Datenbyte gesetzt, wird eine XOR-Verknüpfung mit dem Generatorpolynom durchgeführt. Die führenden Nullen des Zwischenergebnisses werden gestrichen und von rechts mit Stellen aus dem Datenbyte oder Startwert aufgefüllt, um damit eine erneute XOR-Verknüpfung mit dem Generatorpolynom durchzuführen. Diese Operation wird so lange wiederholt, bis ein Rest von 4 Stellen stehenbleibt. Dieser Rest ist der CRC-Wert des Datenbytes." Um den CRC-Wert des gesamten Datenblocks zu berechnen, wird der CRC-Wert des vorhergehenden Datenbytes als Startwert für das darauffolgende Datenbyte verwendet.

Wird als Startwert bei der CRC-Berechnung über einen Datenblock der eben berechnete

CRC-Wert eingesetzt, so erhalten wir nun als neuen CRC-Wert null. Diese besondere Eigenschaft der CRC-Algorithmen nutzt man zur Fehlererkennung bei serieller Datenübertragung.

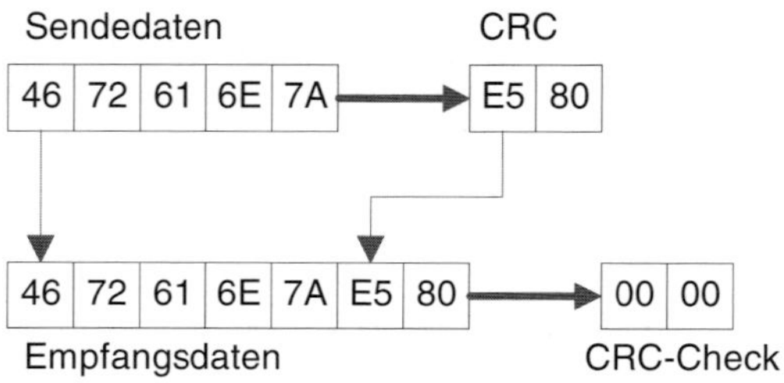

Abb. 7.5 Wird der CRC an die zu übertragenden Daten „angehängt", so ergibt sich bei einer erneuten CRC-Berechnung über alle empfangenen Daten die Prüfsumme 0000h. Dies ermöglicht eine schnelle Prüfung auf Datenintegrität, ohne die CRC-Summe selbst kennen zu müssen.

Während der Übertragung eines Datenblocks wird im Sender der CRC-Wert der Daten berechnet und am Ende des Datenblockes mit übertragen. Im Empfänger wird nun der CRC-Wert der empfangenen Daten inklusive der angehängten CRC-Bytes berechnet. Das Ergebnis wird nun immer zu null, andernfalls sind Übertragungsfehler im empfangenen Block aufgetreten. Die Prüfung auf null ermöglicht eine sehr leichte Auswertung der CRC-Prüfsummen, auf das aufwändige Vergleichen von Prüfsummen kann so verzichtet werden. Zu beachten ist jedoch, dass beide CRC-Berechnungen mit dem gleichen Startwert begonnen werden.

Der große Vorteil von CRCs ist die Sicherheit der Fehlererkennung auch von Mehrfachfehlern, die sich nur mit sehr wenigen Verfahren erreichen lässt [rankl]. Ein 16-bit-CRC eignet sich zur Prüfung der Datenintegrität von Datenblöcken bis 4 kByte Länge, darüber hinaus fällt die Performance stark ab. Die bei RFID-Systemen übertragenen Datenblöcke sind jedoch deutlich kürzer als 4 kByte, sodass hier neben den 16-bit-CRCs auch 12- und 8-bit-CRC's zum Einsatz kommen können.

Tabelle 7.1: Beispiele für verschiedene Generatorpolynome

Generatorpolynom CRC-8:	$x^8 + x^4 + x^3 + x^2 + 1$
Generatorpolynom CRC-16 / Diskcontroller:	$x^{16} + x^{15} + x^2 + 1$
Generatorpolynom CRC-16 / CCITT:	$x^{16} + x^{12} + x5 + 1$

Bei der ursprünglichen Entwicklung der CRC-Algorithmen für Diskettencontroller stand die möglichst einfache Realisierung eines CRC-Prozessors als Hardwareschaltung im Vordergrund. Ein CRC-Prozessor kann deshalb sehr einfach aus rückgekoppelten *Schieberegistern* und XOR-Gattern realisiert werden.

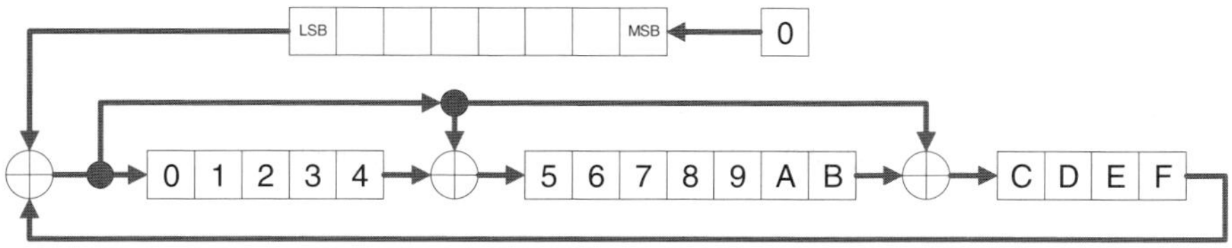

Abb. 7.6 Funktionsprinzip der Erzeugung eines CRC-16/CCITT mittels Schieberegistern.

Bei der Berechnung eines CRC-16 mittels Schieberegistern setzt man zunächst das 16 bit lange Schieberegister auf seinen Startwert. Danach beginnt man die Berechnung, indem die Datenbits, angefangen mit dem niederwertigsten, nacheinander in das rückgekoppelte Schieberegister geschoben werden. Die Rückkopplung bzw. die Polynomdivision gründet auf der logischen XOR-Verknüpfung zwischen den CRC-Bits. Nachdem alle Bits in das Register geschoben wurden, ist die Berechnung abgeschlossen, der Inhalt des 16-bit-CRC-Registers stellt den gesuchten CRC dar [rankl].

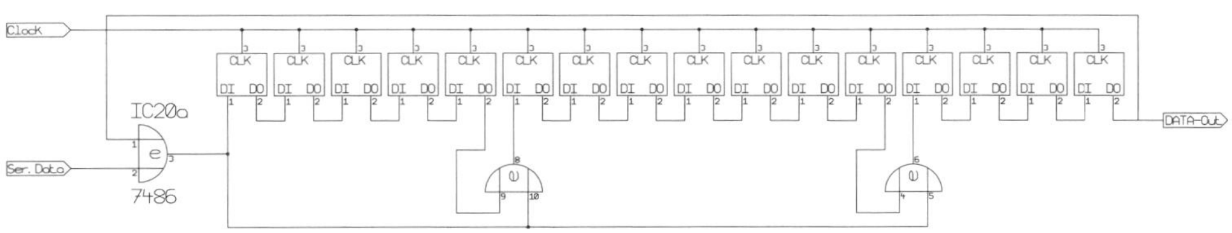

Abb. 7.7 Schaltungstechnische Realisierung der oben skizzierten Schieberegisteranordnung zur Berechnung eines CRC-16/CCITT.

7.2 Vielfachzugriffsverfahren – Antikollision

Beim Betrieb eines RFID-Systems haben wir es häufig mit einem Lesegerät und einer Vielzahl von Transpondern zu tun, welche sich gleichzeitig im Ansprechbereich des Lesegerätes befinden. In einem solchen System – bestehend aus einer „Kontrollstation", dem Lesegerät und einer Vielzahl von „Teilnehmern", den Transpondern – können zwei grundsätzlich verschiedene Formen der Kommunikation unterschieden werden:

Die erste Form der Kommunikation wird eingesetzt, um Daten von einem Lesegerät zu den Transpondern zu übertragen (Abbildung 7.8). Der ausgesendete Datenstrom wird von allen Transpondern gleichzeitig empfangen. Dies ist vergleichbar dem gleichzeitigen Empfang einer Nachrichtensendung durch Hunderte von Radioempfängern, welche von einem Rundfunksender ausgestrahlt wird. In der englischen Literatur wird diese Form der Kommunikation deshalb auch als „*Broadcast*" (Rundfunk) bezeichnet [abramson].

Die zweite Form der Kommunikation besteht darin, Daten von vielen einzelnen Transpondern im Ansprechfeld des Lesegerätes an das Lesegerät zu übertragen. Diese Form der Kommunikation bezeichnen wir als *Vielfachzugriff* (engl. *multi-access*).

Jeder Kommunikationskanal verfügt über eine definierte Kanalkapazität, welche durch die maximale Datenrate dieses Kommunikationskanals sowie die Zeitspanne seiner Verfügbarkeit bestimmt wird. Die vorhandene Kanalkapazität muss den einzelnen Teilnehmern (Transpondern) so zugeteilt werden, dass eine Übertragung der Daten von mehreren Transpondern an ein einzelnes Lesegerät ohne gegenseitige Störung (Kollision) stattfinden kann.

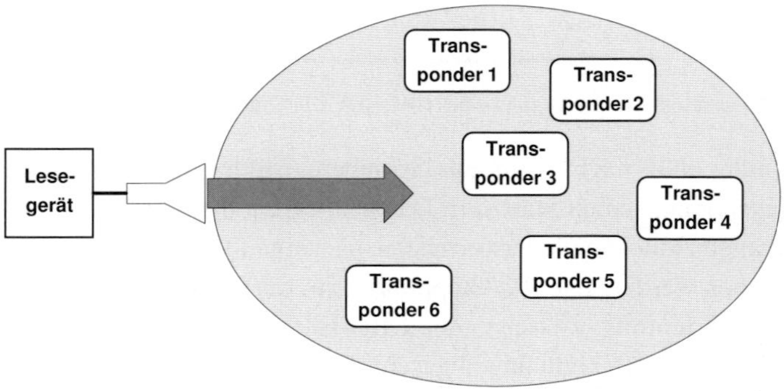

Abb. 7.8 Broadcastbetrieb: Der von einem Lesegerät ausgesendete Datenstrom wird von allen Transpondern im Ansprechbereich des Lesegerätes gleichzeitig empfangen.

Bei einem induktiven RFID-System etwa steht allen Transpondern im Ansprechbereich des Lesegerätes nur das Empfangsteil im Lesegerät als gemeinsamer Kanal zur Datenübertragung an das Lesegerät zur Verfügung. Die maximale Datenrate ergibt sich aus den wirksamen Bandbreiten der Antennen im Transponder und dem Lesegerät.

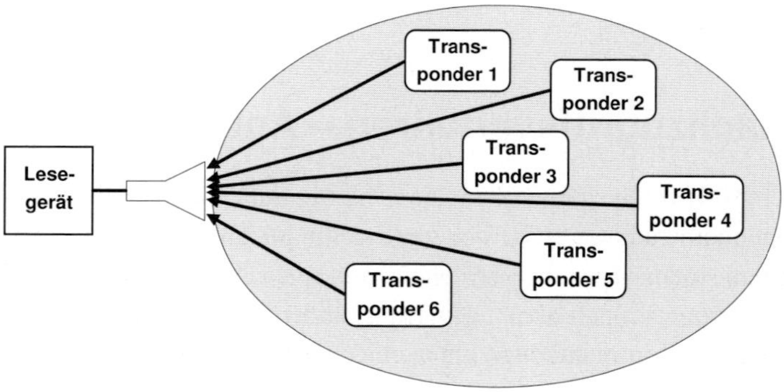

Abb. 7.9 Vielfachzugriff auf ein Lesegerät: Eine Vielzahl von Transpondern versucht „gleichzeitig", Daten an das Lesegerät zu übertragen.

Das Problem des Vielfachzugriffs ist in der Funktechnik schon seit langem bekannt. So etwa bei Nachrichtensatelliten oder Mobiltelefonnetzen, wo eine Vielzahl von Teilnehmern auf einen einzelnen Satelliten oder eine Basisstation zuzugreifen versucht. Aus diesem Grunde wurden zahlreiche Verfahren entwickelt, um die verschiedenen Teilnehmersignale voneinander zu trennen. Es gibt prinzipiell vier verschiedene Verfahren, das *Raummultiplexverfahren* (*SDMA*), das *Frequenzmultiplexverfahren* (*FDMA*), das *Zeitmultiplexverfahren* (*TDMA*) sowie das *Codemultiplexverfahren* (*CDMA* oder *spread-spectrum*). Bei diesen klassischen Verfahren wird jedoch von einem ununterbrochenen Datenstrom von und zu den Teilnehmern ausgegangen [fliege], eine einmal zugeteilte Kanalkapazität bleibt so lange zugeteilt, wie die Kommunikationsbeziehung besteht (z. B. während eines gesamten Telefongesprächs).

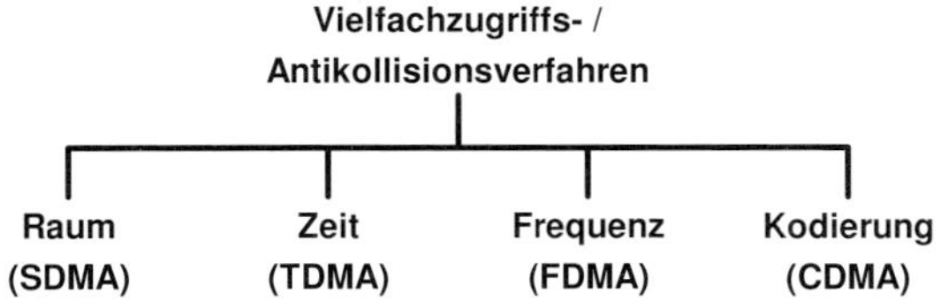

Abb. 7.10 Die Einteilung der Vielfachzugriffs- bzw. Antikollisionsverfahren erfolgt in vier prinzipiell verschiedenen Verfahren.

Bei RFID-Transpondern existieren hingegen nur kurze Aktivitätsperioden, die von ungleich längeren Ruhepausen unterbrochen werden. Eine kontaktlose Chipkarte als ÖPNV-Fahrkarte, die in den Ansprechbereich eines Lesegerätes gebracht wird, muss innerhalb einiger weniger 10 ms authentifiziert, ausgelesen und beschrieben werden. Anschließend kann sich für eine lange Zeit keine Chipkarte mehr im Ansprechbereich des Lesegerätes befinden. Dieses Beispiel darf jedoch nicht zu dem Trugschluss verleiten, dass für diese Art der Anwendung ein Vielfachzugriffsverfahren nicht benötigt wird. Es muss immer damit gerechnet werden, dass ein Fahrgast zwei oder drei kontaktlose Chipkarten gleichen Typs in seinem Portemonnaie stecken hat, welches er an die Antenne des Lesegerätes hält. Ein leistungsfähiges Vielfachzugriffsverfahren ist auch hier in der Lage, ohne spürbaren Zeitverlust die richtige Karte zu selektieren und den Fahrpreis abzubuchen. Die Aktivität auf einem Übertragungskanal zwischen Lesegerät und Transponder besitzt also einen sehr hohen Burstfaktor [fliege], man spricht daher auch von Paketzugriffsverfahren:

Kanalkapazität wird nur so lange zugeteilt werden, wie sie tatsächlich benötigt wird (z. B. während des Auslesens eines Transponders im Ansprechbereich des Lesegerätes).

Die technische Realisierung eines Vielfachzugriffs bei RFID-Systemen stellt einige Anforderungen an Transponder und Lesegerät, denn es muss ohne spürbaren Zeitaufwand zuverlässig verhindert werden, dass die Daten(-pakete) der Transponder im Empfänger des Lesegerätes miteinander kollidieren und dadurch unlesbar werden. Ein technisches Verfahren (Zugriffsprotokoll), welches die störungsfreie Abwicklung eines Vielfachzugriffs ermöglicht, wird im Zusammenhang mit RFID-Systemen als *Antikollisionsverfahren* (engl. anticollision-system) bezeichnet.

Eine besondere Herausforderung bei fast allen RFID-Systemen ergibt sich daraus, dass ein Datenpaket, das von einem einzelnen Transponder z. B. durch Lastmodulation an ein Lesegerät übertragen wird, von allen anderen Transpondern im Ansprechbereich dieses Lesegerätes nicht mitgelesen werden kann. Damit ist aber für einen Transponder die Anwesenheit anderer Transponder im Ansprechfeld des Lesegerätes zunächst nicht feststellbar.

Aus Wettbewerbsgründen sind Systemhersteller in der Regel nicht bereit, die von ihnen eingesetzten Antikollisionsverfahren zu veröffentlichen. In der Fachliteratur ist deshalb entsprechend wenig zu diesem Thema zu finden, sodass eine erschöpfende Darstellung dieses Themas auch an dieser Stelle leider nicht möglich ist. Einige Beispiele am Ende des Kapitels sollen daher die praktische Realisierung von Antikollisionsverfahren verdeutlichen.

7.2.1 Raummultiplex – SDMA

Unter *Raummultiplexverfahren* (*SDMA*, space division multiple access) versteht man Techniken, die eine bestimmte Ressource (Kanalkapazität) in räumlich getrennten Bereichen wiederverwendet [fliege].

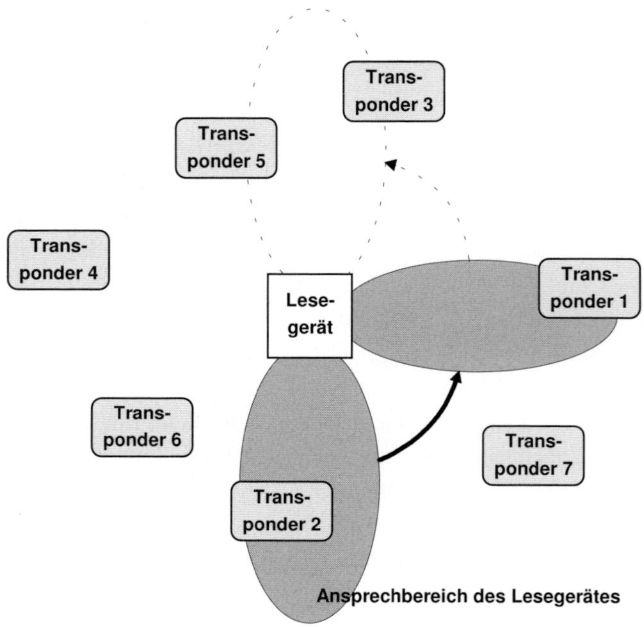

Abb. 7.11 Adaptives SDMA mit einer elektronisch steuerbaren Richtantenne. Die Richtkeule wird reihum auf die verschiedenen Transponder gerichtet.

Eine Möglichkeit besteht darin, die *Reichweite* eines einzelnen Lesegerätes erheblich zu reduzieren, dafür aber eine große Anzahl von Lesegeräten und Antennen flächendeckend nebeneinander in einem Array anzubringen. Hierdurch wird die Kanalkapazität der Lesegeräte in benachbarten Arealen wiederholt zur Verfügung gestellt. Derartige Verfahren werden mit Erfolg bei Marathon-Großveranstaltungen eingesetzt, um die Laufzeiten der transponderbestückten Marathonläufer zu ermitteln (siehe dazu auch „Anwendungsbeispiele – sportliche Veranstaltungen"). Hier wird eine Vielzahl von Leseantennen in eine Tartanmatte eingebracht. Ein Läufer, der sich über die Matten bewegt, „trägt" seinen Transponder über den Ansprechbereich einiger weniger Antennen der gesamten Anordnung. Eine große Anzahl von Transpondern kann daher – durch die räumliche Verteilung der Läufer über die gesamte Anordnung – gleichzeitig ausgelesen werden.

Eine weitere Möglichkeit besteht darin, am Lesegerät eine elektronisch steuerbare Richtantenne zu benutzen, deren Richtkeule direkt auf einen Transponder ausgerichtet werden kann (adaptive SDMA). So lassen sich verschiedene Transponder anhand ihrer Winkelposition im

Ansprechbereich des Lesegerätes voneinander unterscheiden.[21] Als elektronisch gesteuerte Richtantennen verwendet man phasengesteuerte Gruppenantennen. Diese bestehen aus mehreren Dipolelementen, weshalb adaptives SDMA für RFID-Anwendungen wegen der Baugröße der Antennen erst ab Frequenzen über 850 MHz (typ. 2,45 GHz) eingesetzt werden kann. Jedes der Dipolelemente wird mit einer bestimmten, unabhängigen Phasenlage angesteuert. Das Richtdiagramm der Antenne ergibt sich aus der unterschiedlichen Überlagerung der Einzelwellen der Dipolelemente, in unterschiedlichen Richtungen. In bestimmten Richtungen überlagern sich die Einzelfelder der Dipolelemente phasenrichtig, wodurch es zu einer Verstärkung des Feldes kommt. In anderen Richtungen löschen sich die Wellen ganz oder teilweise aus. Zur Einstellung der Richtung werden die einzelnen Elemente durch steuerbare Phasenschieber mit HF-Spannung einstellbarer, variabler Phase gespeist. Um einen Transponder anzusprechen, muss der Raum um das Lesegerät mit Hilfe der Richtantenne abgetastet werden, bis ein Transponder vom „Suchstrahl" des Lesegerätes erfasst wird.

Ein Nachteil der SDMA-Technik ist der relativ hohe Implementierungsaufwand der komplizierten Antennensysteme. Die Anwendung dieser Art der Antikollisionsverfahren beschränkt sich deshalb auf einige wenige Spezialanwendungen.

7.2.2 Frequenzmultiplex – FDMA

Unter *Frequenzmultiplexverfahren* (*FDMA*, frequency domain multiple access) versteht man Techniken, bei denen den Kommunikationsteilnehmern mehrere Übertragungskanäle auf unterschiedlichen Trägerfrequenzen gleichzeitig zur Verfügung stehen.

Bei RFID-Systemen kann man hierzu Transponder mit einer frei einstellbaren, anharmonischen Sendefrequenz einsetzen. Die Energieversorgung der Transponder sowie die Übertragung von Steuersignalen (Broadcast) findet auf einer dazu optimal geeigneten Frequenz f_a des Lesegerätes statt. Die Transponder antworten auf einer von mehreren dafür zur Verfügung stehenden Antwortfrequenz $f_1 \dots f_N$. Für die Datenübertragung von und zu den Transpondern können daher auch völlig unterschiedliche Frequenzbereiche zum Einsatz kommen (z. B. Lesegerät $\rightarrow$ Transponder (Downlink): 135 kHz, Transponder $\rightarrow$ Lesegerät (Uplink): mehrere Kanäle im Bereich 433 ... 435 MHz).

Eine Möglichkeit für lastmodulierte RFID-Systeme oder auch Backscatter-Systeme besteht darin, zur Datenübertragung von den Transpondern zum Lesegerät verschiedene unabhängige Hilfsträgerfrequenzen einzusetzen.

Ein Nachteil der FDMA-Verfahren ist der relativ hohe Aufwand in den Lesegeräten, da für jeden Empfangskanal ein eigener Empfänger zur Verfügung gestellt werden muss. Auch diese Antikollisionsverfahren bleiben daher auf einige wenige Spezialanwendungen beschränkt.

---

[21] Ist der Winkel zwischen zwei Transpondern größer als der Öffnungswinkel der eingesetzten Richtantennen, so könnte ein Übertragungskanal auch mehrfach genutzt werden.

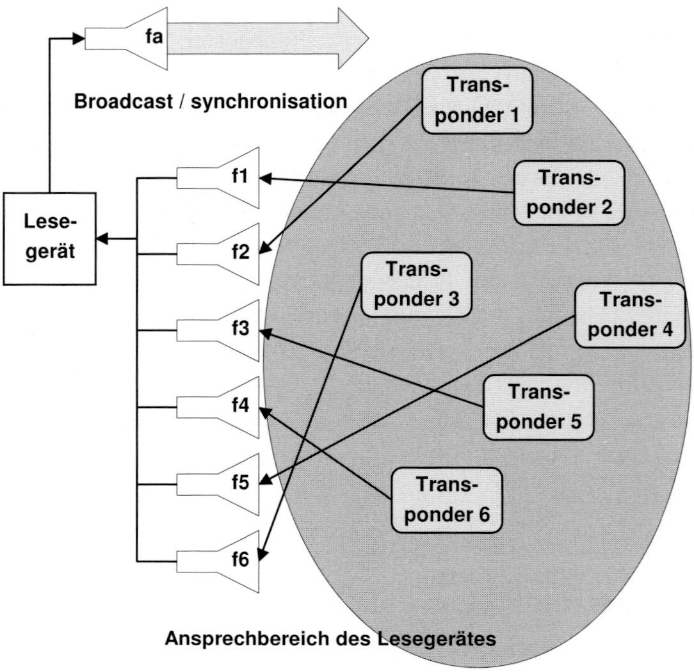

Abb. 7.12 Bei einem FDMA-Verfahren stehen mehrere Frequenzkanäle für die Datenübertragung von den Transpondern zum Lesegerät zur Verfügung.

7.2.3 Zeitmultiplex – TDMA

Unter *Zeitmultiplexverfahren* (*TDMA*, time domain multiple access) versteht man Techniken, bei denen die gesamte zur Verfügung stehende Kanalkapazität zeitlich zwischen den Teilnehmern aufgeteilt wird. Zeitmultiplexverfahren sind vor allem im Bereich der digitalen Mobilfunksysteme sehr verbreitet. Bei RFID-Systemen bilden Zeitmultiplexverfahren die mit Abstand größte Gruppe der Antikollisionsverfahren. Hierbei wird zwischen Verfahren unterschieden, den transpondergesteuerten Verfahren (transponder driven) und den lesergesteuerten Verfahren (interrogator driven).

Transpondergesteuerte Verfahren arbeiten asynchron, da hier keine Steuerung der Datenübertragung durch ein Lesegerät erfolgt. So etwa beim *ALOHA-Verfahren*, das im Kapitel 7.2.4 „Beispiele für Antikollisionsverfahren“, S. 210, näher beschrieben wird. Je nachdem, ob ein Transponder nach der erfolgreichen Datenübertragung durch ein Signal des Lesegerätes abgeschaltet wird, unterscheidet man hier noch zwischen „Switched off“- und „Non switched“-Verfahren.

Die transpondergesteuerten Verfahren sind naturgemäß sehr langsam und unflexibel. Die meisten Anwendungen verwenden deshalb Verfahren, welche durch das Lesegerät als Master gesteuert werden (interrogator driven). Diese Verfahren können als synchron betrachtet werden, da hier alle Transponder zeitgleich durch das Lesegerät angesteuert und kontrolliert werden. Dabei wird durch einen bestimmten Algorithmus ein einzelner Transponder aus einer größeren Gruppe von Transpondern im Ansprechbereich eines Lesegerätes zunächst selektiert und dann die Kommunikation zwischen dem selektierten Transponder und dem Lesegerät (z. B. Authentifikation, Lesen und Schreiben von Daten) vollständig abgewickelt. Erst dann wird die Kommunikationsbeziehung wieder aufgelöst, um einen weiteren Transponder zu selektieren. Da immer nur eine Kommunikationsbeziehung zur selben Zeit hergestellt wird, die Transponder aber in rascher zeitlicher Aufeinanderfolge bedient werden können, kann man lesergesteuerte Verfahren deshalb auch als Zeitduplexverfahren bezeichnen.

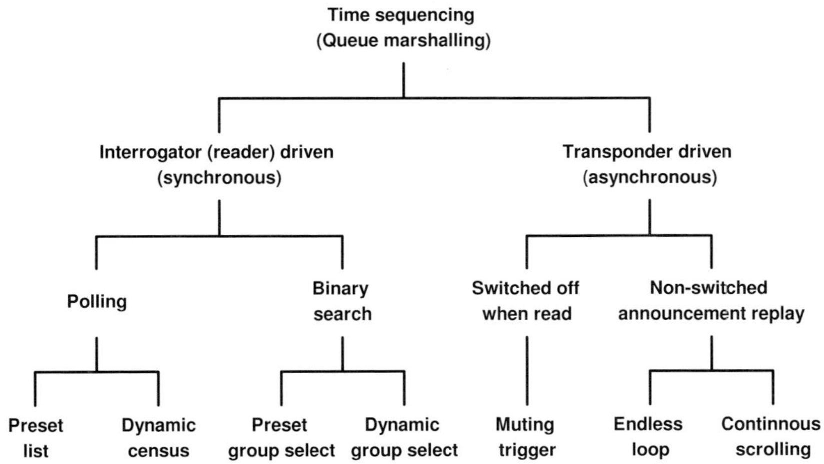

Abb. 7.13 Einteilung der zeitlichen Antikollisionsverfahren nach Hawkes [hawkes-97].

Lesergesteuerte Verfahren werden noch einmal in die *„Polling"*- und die *„Binary-Search"-Verfahren* eingeteilt. Alle diese Verfahren basieren auf Transpondern, die durch eine eindeutige (unique) Seriennummer gekennzeichnet sind:

Das „Polling"-Verfahren benötigt eine Liste aller möglichen Transponder-Seriennummern, die in einer Anwendung auftreten können. Nacheinander werden nun alle Seriennummern durch das Lesegerät abgefragt, bis sich ein Transponder mit identischer Seriennummer zurückmeldet. Dieses Verfahren kann jedoch, je nach Anzahl der möglichen Transponder, sehr langsam werden und eignet sich deshalb nur für Anwendungen mit wenigen bekannten Transpondern im Feld.

Am flexibelsten von allen, und deshalb auch am weitesten verbreitet, sind die „Binary-Search"-Verfahren. Um einen Transponder aus einer Gruppe auszuwählen, wird bei diesen Verfahren mit einem *Request-Kommando* des Lesegerätes bewusst eine Datenkollision bei der Übertragung der Transponder-Seriennummer an das Lesegerät herbeigeführt. Entscheidend bei der Implementation eines Binary-Search-Verfahrens ist dabei, dass das Lesegerät durch Verwendung einer geeigneten Signalcodierung in der Lage sein muss, die genaue Bitposition einer Kollision festzustellen. Eine ausführliche Beschreibung des „Binary-Search"-Verfahrens wird im Kapitel 7.2.4 „Beispiele für Antikollisionsverfahren", S. 210 gegeben.

7.2.4 Beispiele für Antikollisionsverfahren

In den folgenden Kapiteln sollen einige Ausführungsbeispiele für Antikollisionsalgorithmen besprochen werden, die in der Praxis häufiger eingesetzt werden. Die Algorithmen der Beispiele sind hierbei bewusst so vereinfacht, dass das Funktionsprinzip des Algorithmus ohne unnötigen Ballast verständlich wird.

7.2.4.1 ALOHA-Verfahren

Das einfachste von allen Vielfachzugriffsverfahren ist das *ALOHA-Verfahren*[22]. Sobald ein Datenpaket zur Verfügung steht, wird es vom Transponder an das Lesegerät gesendet. Es handelt sich deshalb um ein transpondergesteuertes, stochastisches TDMA-Verfahren.

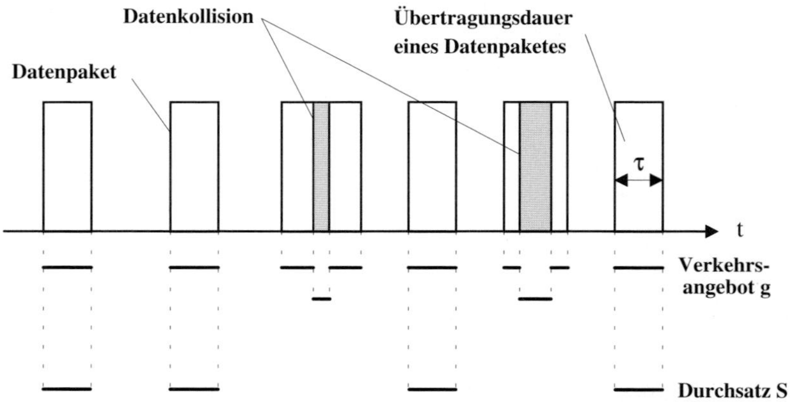

Abb. 7.14 Definition von Verkehrsangebot G und Durchsatz S eines ALOHA-Systems: Mehrere Transponder senden ihre Datenpakete zu zufälligen Zeitpunkten. Dabei kommt es ab und zu auch zu Datenkollisionen, durch welche der (Daten-)Durchsatz S für die kollidierten Datenpakete zu null wird.

Das Verfahren wird ausschließlich bei Read-only-Transpondern eingesetzt, die in der Regel nur wenige Daten (Seriennummer) an ein Lesegerät übertragen müssen und diese in einem zyklischen Turnus an das Lesegerät senden. Die Datenübertragungszeit stellt nur einen Bruchteil der Wiederholzeit dar, sodass sich relativ lange Pausen zwischen den Übertragungen ergeben. Außerdem unterscheiden sich die Wiederholzeiten der einzelnen Transponder geringfügig. Somit besteht eine gewisse Wahrscheinlichkeit, dass zwei Transponder ihre Daten zu unterschiedlichen Zeiten absetzen können und die Datenpakete nicht miteinander kollidieren.

Der zeitliche Ablauf eines Datenverkehrs in einem ALOHA-System ist in Abbildung 7.14 dargestellt. Hierbei entspricht das Verkehrsangebot g der Anzahl der zu einem bestimmten Zeitpunkt t0 gleichzeitig sendenden Transponder (also 0, 1, 2, 3 ...). Das mittlere *Verkehrsangebot* G entspricht dann dem Mittelwert über einen Beobachtungszeitraum T und kann aus der Übertragungsdauer τ eines Datenpaketes auf einfachste Weise berechnet werden:

---

[22] Der Name ALOHA-Verfahren ist darauf zurückzuführen, dass dieses Vielfachzugriffsverfahren in den 70er Jahren für das ALOHANET – ein Funknetz zur Datenübertragung auf Hawai – entwickelt wurde.

$$G = \sum_{1}^{n} \frac{\tau_n}{T} \cdot r_n \qquad [7.1]$$

Hierbei ist n = 1, 2, 3, ... die Anzahl der Transponder im System, r_n = 0, 1, 2, ... die Anzahl der Datenpakete, die im Beobachtungszeitraum T von Transponder-n gesendet werden.

Der Durchsatz s ist 1 für die Übertragungsdauer eines fehlerfrei (kollisionsfrei) übertragenen Datenpaketes, in allen anderen Fällen jedoch 0, da entweder nicht gesendet wurde oder durch eine Kollision die übertragenen Daten nicht fehlerfrei gelesen werden konnten. Für den (mittleren) Durchsatz S eines Übertragungskanals ergibt sich aus dem Verkehrsangebot G:

$$S = G \cdot e^{(-2G)} \qquad [7.2]$$

Betrachtet man den Durchsatz S in Abhängigkeit des Verkehrsangebotes G (Abbildung 7.15), so zeigt sich ein Maximum bei G = 0,5 mit 18,4%. Bei einem kleineren Verkehrsangebot wäre der Übertragungskanal die meiste Zeit ungenutzt, bei einer Vergrößerung des Verkehrsangebotes kommt es jedoch sofort zu einem starken Anstieg von Kollisionen zwischen den einzelnen Transpondern. Mehr als 80% der Kanalkapazität bleiben also ungenutzt. Dennoch eignet sich das ALOHA-Verfahren dank seiner einfachen Implementierung sehr gut als Antikollisionsverfahren für einfache Read-only-Transpondersysteme. Andere Einsatzgebiete für das ALOHA-Verfahren sind digitale Nachrichtennetze wie zum Beispiel Paket-Radio, das von Funkamateuren weltweit zum Austausch schriftlicher Nachrichten genutzt wird.

Tabelle 7.1: Durchschnittlicher Zeitbedarf zum Auslesen aller Transponder im Ansprechbereich eines Beispielsystems

Anzahl Transponder im Ansprechbereich:	durchschnittlich:	99%ige Sicherheit	99,9%ige Sicherheit
2 Transponder	150 ms	350 ms	500 ms
3 Transponder	250 ms	550 ms	800 ms
4 Transponder	300 ms	750 ms	1,00 s
5 Transponder	400 ms	900 ms	1,25 s
6 Transponder	500 ms	1,20 s	1,60 s
7 Transponder	650 ms	1,50 s	2.00 s
8 Transponder	800 ms	1.80 s	2,70 s

Die Erfolgswahrscheinlichkeit q, die Wahrscheinlichkeit, mit der ein einzelnes Paket ohne Kollisionen übertragen werden kann, kann aus dem mittleren Verkehrsangebot G und dem Durchsatz S berechnet werden [fliege]:

$$q = \frac{S}{G} = e^{(-2G)} \qquad [7.3]$$

Davon abgeleitet, findet man in einigen Datenblättern auch Angaben über den Zeitbedarf – abhängig von der Anzahl der Transponder im Ansprechbereich eines Lesegerätes –, der notwendig ist, um alle Transponder im Ansprechbereich sicher auszulesen (Tabelle 7.1) [TagMaster].

Auch die Wahrscheinlichkeit p(k) für eine Anzahl k fehlerfrei übertragener Datenpakete im Beobachtungszeitraum T kann aus der Übertragungsdauer τ eines Datenpaketes und des mittleren Verkehrsangebotes G ermittelt werden. Die Wahrscheinlichkeit p(k) ist eine Poisson-Verteilung[23] mit dem Mittelwert G/τ:

$$p(k) = \frac{\left(G \cdot \frac{T}{\tau}\right)^k}{k!} \cdot e^{\left(-G \cdot \frac{T}{\tau}\right)} \qquad [7.4]$$

7.2.4.2 Slotted-ALOHA-Verfahren

Eine Möglichkeit, den relativ geringen Durchsatz des ALOHA-Verfahrens zu optimieren, ist das *Slotted-ALOHA-Verfahren*. Die Transponder dürfen hierbei nur zu definierten, synchronen Zeitpunkten (Slots) mit der Übertragung von Datenpaketen beginnen. Die hierzu notwendige Synchronisation aller Transponder muss durch das Lesegerät gesteuert werden. Es handelt sich daher um ein stochastisches, lesergesteuertes TDMA-Antikollisionsverfahren.

Im Vergleich zum einfachen ALOHA-Verfahren ist der Zeitraum, in dem eine Kollision auftreten kann (das *Kollisionsintervall*), nur noch halb so groß:

Unter der Annahme gleich großer Datenpakete (und damit gleicher Übertragungsdauer τ) tritt beim einfachen ALOHA-Verfahren eine Kollision immer dann auf, wenn zwei Transponder innerhalb eines Zeitintervalls $T \leq 2\tau$ ein Datenpaket an das Lesegerät übertragen wollen. Da beim S-ALOHA-Verfahren die Datenpakete immer nur zu synchronen Zeitpunkten beginnen dürfen, verkürzt sich das Kollisionsintervall auf $T = \tau$. Hierdurch ergibt sich für den Durchsatz S des S-ALOHA-Verfahrens [fliege] folgender Zusammenhang:

$$S = G \cdot e^{-G} \qquad [7.5]$$

Bei S-ALOHA-Verfahren stellt sich ein Maximum des Durchsatzes S von 36,8% für ein Verkehrsangebot G=1 ein.

[23] Eine Zufallsgröße ist poissonverteilt, wenn sie die abzählbar vielen möglichen Werte k = 0, 1, 2, ... mit den Wahrscheinlichkeiten $p(k) = \frac{\lambda^k}{k!} \cdot e^{-\lambda}$ annimmt.

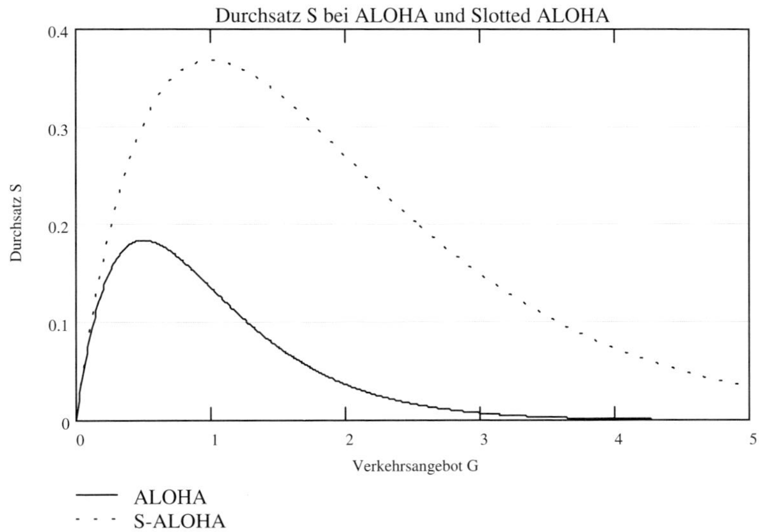

Abb. 7.15 Durchsatzkurven von ALOHA und S-ALOHA im Vergleich. Bei beiden Verfahren geht der Durchsatz gegen null, sobald das Maximum überschritten wird.

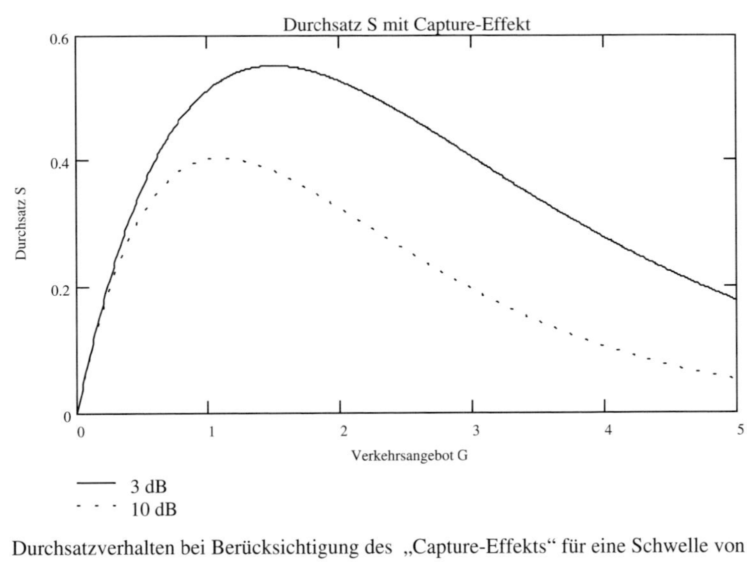

Abb. 7.16 Durchsatzverhalten bei Berücksichtigung des „Capture-Effekts“ für eine Schwelle von 3 dB und 10 dB.

Werden mehrere Datenpakte zur selben Zeit ausgesendet, kommt es jedoch nicht zwangsläufig zu einer Datenkollision: Befindet sich ein Transponder näher am Lesegerät als die anderen, so kann sich sein Datenpaket aufgrund der größeren Signalstärke am Empfänger möglicherweise gegenüber den Datenpaketen anderer Transponder „durchsetzen“. Diesen Effekt bezeichnet man als „*Capture-Effekt*“ (von engl. einfangen). Der Capture-Effekt kann sich sehr günstig auf das Durchsatzverhalten auswirken. Ausschlaggebend hierfür ist die

Schwelle b, welche angibt, um welchen Pegel ein Datenpaket stärker sein muss als andere, damit es vom Empfänger noch fehlerfrei detektiert werden kann [borgonovo], [zorzi]:

$$S = G \cdot e^{\left(-\frac{b \cdot G}{1+b}\right)} \qquad [7.6]$$

Die praktische Anwendung eines Antikollisionsverfahrens auf Basis eines Slotted-ALOHA-Verfahrens soll nun an einem Beispiel genauer betrachtet werden:

Die eingesetzten Transponder müssen hierzu über eine eindeutige (das heißt nur einmal vergebene) *Seriennummer* verfügen. In diesem Beispiel verwenden wir eine 8-Bit-Seriennummer; damit dürfen maximal 256 Transponder in Umlauf gebracht werden, um die Eindeutigkeit der Seriennummer zu gewährleisten.

Um die Transponder zu synchronisieren und zu steuern, definieren wir einen Satz von Kommandos:

Tabelle 7.2: Kommandosatz für Anticollision

REQUEST:	Dieses Kommando synchronisiert alle Transponder im Ansprechbereich des Lese-gerätes und veranlasst die Transponder in einem der folgenden Zeitschlitze, ihre Seriennummer an das Lesegerät zu übertragen. Unser Beispielsystem stellt immer 3 Zeitschlitze zur Verfügung.
SELECT(SNR):	Sendet als Parameter eine (vorher ermittelte) Seriennummer (SNR) an die Transponder. Der Transponder mit dieser Seriennummer wird dadurch für die Ausführung von Schreib- und Lesekommandos freigeschalten (selektiert). Transponder mit einer anderen Seriennummer reagieren weiterhin nur auf ein REQUEST-Kommando.
READ_DATA:	Der selektierte Transponder sendet gespeicherte Daten an das Lesegerät. (In einem realen System findet man auch Kommandos zum Schreiben, Authentifizieren etc.)

Ein Lesegerät im Wartezustand sendet in zyklischen Zeitabschnitten ein *REQUEST-Kommando* aus. Wir bringen nun fünf Transponder zur selben Zeit in den Ansprechbereich eines Lesegerätes (Abbildung 7.17). Sobald die Transponder das REQUEST-Kommando erkannt haben, wählt jeder Transponder mittels eines Zufallsgenerators einen der drei zur Verfügung stehenden *Zeitschlitze* („*Slots*"), um seine eigene Seriennummer an das Lesegerät zu übertragen. Durch die zufällig gewählten Slots kommt es in unserem Beispiel in den Slots „1" und „2" zu Kollisionen zwischen den Transpondern. Lediglich in Slot „3" kann die Seriennummer von Transponder 5 fehlerfrei übertragen werden.

Wird eine Seriennummer fehlerfrei gelesen, so kann der dadurch ermittelte Transponder durch Aussenden eines *SELECT-Kommandos* ausgewählt und anschließend ohne weitere Kollisionen mit anderen Transpondern ausgelesen oder beschrieben werden. Konnte beim ersten Versuch keine Seriennummer ermittelt werden, so wird das REQUEST-Kommando einfach zyklisch wiederholt.

Ist der zuvor ausgewählte Transponder schließlich abgearbeitet, so kann durch ein erneutes REQUEST-Kommando nach weiteren Transpondern im Ansprechbereich des Lesegerätes gesucht werden.

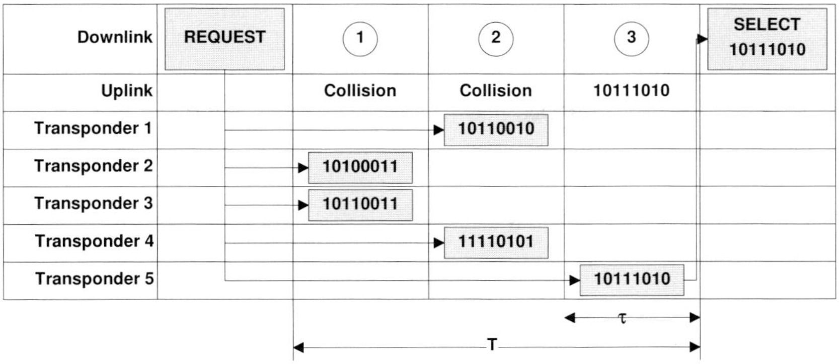

Abb. 7.17 Transpondersystem mit Slotted-ALOHA als Antikollisionsverfahren.

7.2.4.2.1 Dynamische S-ALOHA-Verfahren

Wie wir festgestellt haben, erreicht der Durchsatz S eines S-ALOHA-Systems bei einem Verkehrsangebot G von etwa 1 sein Maximum. Dies bedeutet, dass sich ebenso viele Transponder im Ansprechbereich des Lesegerätes befinden, wie Zeitschlitze vorhanden sind. Kommen viele weitere Transponder hinzu, so geht der Durchsatz schnell gegen null. Im ungünstigsten Fall kann auch nach unendlich vielen Versuchen keine Seriennummer mehr ermittelt werden, da es keinem Transponder mehr gelingt, in einem Slot alleine zu senden. Eine Abhilfe besteht in der Bereitstellung einer genügend großen Anzahl von Zeitschlitzen. Dies senkt jedoch die Performance des Antikollisionsalgorithmus, da über die Zeitdauer aller Zeitschlitze auf mögliche Transponder gehört werden muss – auch dann, wenn sich vielleicht nur ein einziger Transponder im Ansprechbereich des Lesegerätes befindet. Abhilfe schaffen hier dynamische S-ALOHA-Verfahren mit einer variablen Anzahl von Zeitschlitzen:

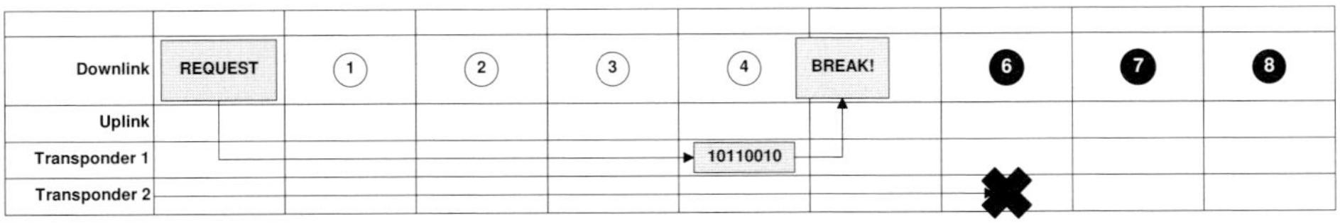

Abb. 7.18 Dynamisches S-ALOHA-Verfahren mit BREAK-Kommando. Nachdem die Seriennummer von Transponder 1 fehlerfrei erkannt wurde, wird die Antwort möglicher weiterer Transponder durch die Aussendung eines BREAK-Kommandos unterdrückt.

Eine Möglichkeit besteht darin, mit jedem REQUEST-Kommando als Argument die Anzahl der (momentan) für die Transponder zur Verfügung stehenden Zeitschlitze zu übertragen: Im Wartezustand sendet das Lesegerät in zyklischen Zeitabständen REQUEST-Kommandos aus, auf die nur ein oder zwei Zeitschlitze für mögliche Transponder folgen. Kommt es nun durch eine größere Anzahl von Transpondern in beiden Zeitschlitzen zu einem Engpass, so wird nun mit jedem weiteren folgenden REQUEST-Kommando die Anzahl der zur Verfügung gestellten Zeitschlitze so lange erhöht (z. B. 1, 2, 4, 8, ...), bis schließlich ein einzelner Transponder ermittelt werden kann.

Es kann aber auch konstant eine große Anzahl von Zeitschlitzen (z. B. 16, 32, 48, ...) zur Verfügung gestellt werden. Um die Performance dennoch zu erhöhen, wird vom Lesegerät ein BREAK-Kommando ausgesendet, sobald eine Seriennummer erkannt wurde. Dem BREAK-Kommando nachfolgende Zeitschlitze würden hierdurch für die Übertragung der Transponderadresse „gesperrt“.

7.2.4.3 Binary-Search-Algorithmus

Die Implementierung eines „Binary Search“-Algorithmus setzt die Notwendigkeit voraus, im Lesegerät die genaue Bitposition einer Datenkollision zu erkennen. Hierzu benötigen wir eine geeignete *Bitcodierung*, weshalb wir zunächst das Kollisionsverhalten von *NRZ*- und *Manchester*-Codierung miteinander vergleichen wollen. Als Transpondersystem wählen wir dazu ein induktiv gekoppeltes System mit Lastmodulation durch einen ASK-modulierten Hilfsträger. Ein „1“-Pegel in der Basisbandcodierung soll hierbei den Hilfsträger an-, ein „0“-Pegel soll ihn abschalten:

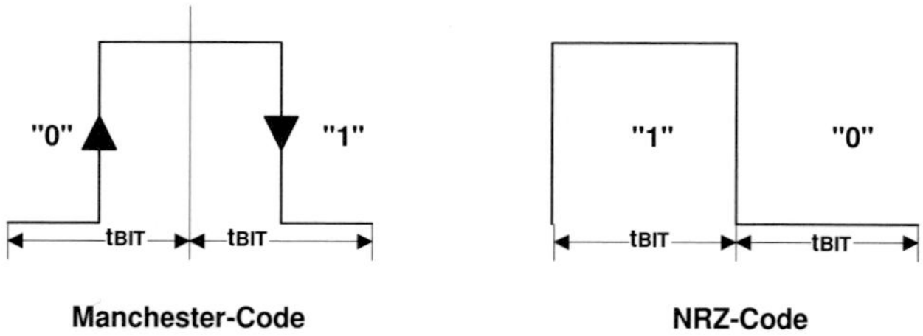

Abb. 7.19 Bitcodierung im Manchester- und NRZ-Code.

NRZ-Code: (Non-return-to-zero-Code) Die Wertigkeit eines Bits ist durch den statischen Pegel des Übertragungskanals innerhalb eines Bitfensters (t_{BIT}) definiert. In diesem Beispiel wird eine logische „1“ durch einen statischen „high“-Pegel, eine logische „0“ durch einen statischen „low“-Pegel codiert.

Sendet mindestens einer der beiden Transponder ein Hilfsträgersignal, so wird dies vom Lesegerät als „high“-Pegel interpretiert und in unserem Beispiel als logische „1“ gewertet. Vom Lesegerät kann nicht festgestellt werden, ob die eingehende Bitfolge auf die überlagerte Aussendung mehrerer Transponder oder auf das Signal eines einzelnen Transponders zurückzuführen ist. Die Verwendung einer Blockprüfsumme (Parity, CRC) ermöglicht lediglich die Feststellung eines Übertragungsfehlers „irgendwo“ im Datenblock (vgl. Abbildung 7.20).

Manchester-Code: Die Wertigkeit eines Bits wird durch Pegelwechsel (positive/negative Flanken) innerhalb eines Bitfensters (t_{BIT}) definiert. Eine logische „0“ ist in diesem Beispiel durch eine positive Flanke, eine logische „1“ durch eine negative Flanke codiert. Der Zustand „keine Flanke“ während der Datenübertragung ist nicht zulässig und wird als Fehler erkannt.

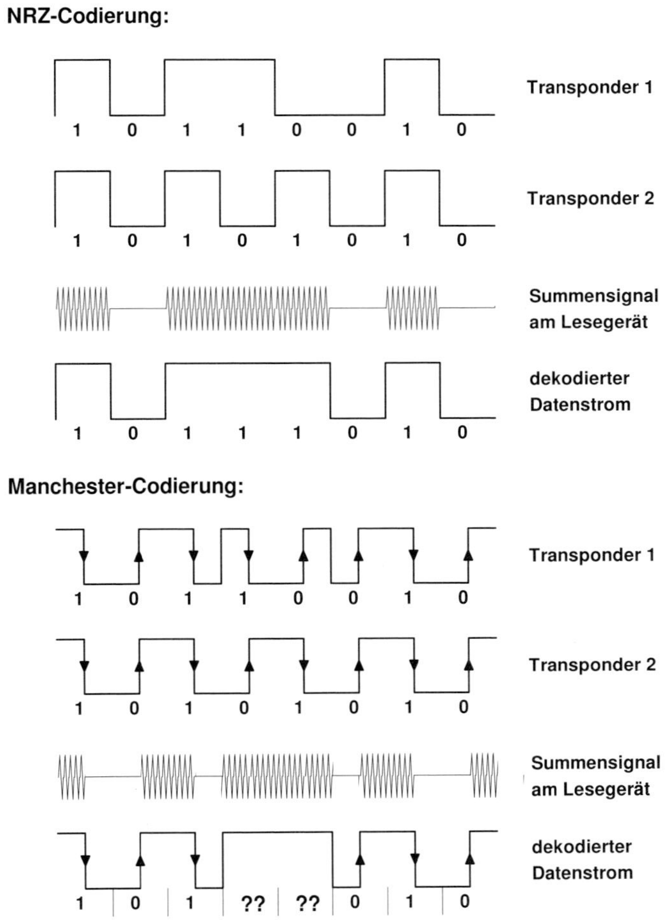

Abb. 7.20 Kollisionsverhalten mit NRZ- und Manchester-Code. Der Manchester-Code ermöglicht die bitweise Erkennung einer Kollision.

Werden von zwei (oder mehr) Transpondern gleichzeitig Bits unterschiedlicher Wertigkeit gesendet, so heben sich die positive und die negative Flanke der empfangenen Bits gegenseitig auf, sodass im Empfänger während einer ganzen Bitdauer ein Hilfsträgersignal empfangen wird. Dieser Zustand ist bei der Manchester-Codierung nicht vorgesehen und führt deshalb zu einem Fehler. Auf diese Weise kann das Auftreten einer Kollision bitweise zurückverfolgt werden (vgl. Abbildung 7.20).

Zur Implementierung unseres „Binary Search"-Algorithmus verwenden wir die hierzu geeignete Manchester-Codierung. Wir wollen uns nun dem Algorithmus selbst zuwenden:

Ein „Binary Search"-Algorithmus besteht aus einer festgelegten Abfolge (Vorschrift) von Interaktionen (Kommando und Antwort) zwischen einem Lesegerät und mehreren Transpondern mit dem Ziel, einen beliebigen Transponder aus einer größeren Gruppe auswählen zu können.

Zur praktischen Realisierung des Algorithmus benötigen wir einen Satz von Kommandos, die durch die Transponder bearbeitet werden können. Außerdem verfügt jeder Transponder über eine eindeutige *Seriennummer*. In unserem Beispiel verwenden wir eine 8-bit-Seriennummer; damit dürfen maximal 256 Transponder in Umlauf gebracht werden, um die Eindeutigkeit der Seriennummer zu gewährleisten:

Tabelle 7.3: Transponderkommandos für den Binary-Search Algorithmus

REQUEST(SNR):	Dieses Kommando sendet als Parameter eine Seriennummer an die Transponder. Ist die eigene Seriennummer eines Transponders **kleiner** als die empfangene Seriennummer oder gleich, so sendet dieser Transponder seine eigene Seriennummer an das Lesegerät zurück. Damit kann der Nummernkreis der angesprochenen Transponder vorselektiert und verkleinert werden.
SELECT_(SNR):	Sendet als Parameter eine (vorher ermittelte) Seriennummer (SNR) an die Transponder. Derjenige Transponder mit der identischen Seriennummer wird dadurch für die Abarbeitung anderer Kommandos (z. B. Daten lesen und schreiben) freigeschaltet. Damit ist dieser Transponder selektiert. Transponder mit einer anderen Seriennummer antworten weiterhin nur auf ein REQUEST-Kommando.
READ_DATA:	Der selektierte Transponder sendet gespeicherte Daten an das Lesegerät. (In einem realen System gehören dazu auch Kommandos zum Authentisieren oder Schreiben, Abbuchen, Aufbuchen ...)
UNSELECT:	Die Selektion eines vorher selektierten Transponders wird wieder aufgehoben und der Transponder „stumm“ geschaltet. In diesem Zustand ist der Transponder vollständig inaktiv und beantwortet auch ein empfangenes REQUEST-Kommando **nicht**. Um den Transponder wieder zu aktivieren, muss z.B. durch vorübergehendes Entfernen aus dem Ansprechbereich des Lesegerätes (= keine Versorgungsspannung) ein Reset ausgeführt werden.

Die Anwendung der oben definierten Kommandos in einem „Binary Search“-Algorithmus soll nun am Vorgehen mit vier Transpondern im Ansprechbereich des Lesegerätes demonstriert werden. Die Transponder unseres Beispiels besitzen eine eindeutige Seriennummer im Bereich von 00 ... FFh (= 0 ... 255 dez., b.z.w. 00000000 ... 11111111 bin.):

Tabelle 7.4: Seriennummern der in diesem Beispiel verwendeten Transponder.

Transponder 1:	10110010
Transponder 2:	10100011
Transponder 3:	10110011
Transponder 4:	11100011

Der Algorithmus beginnt in der ersten Iteration mit der Aussendung des Kommandos **REQUEST(≤ 11111111)** durch das Lesegerät. Die Seriennummer 11111111b ist die höchstmögliche unseres Beispielsystems mit 8-Bit-Seriennummern. Die Seriennummern aller Transponder im Ansprechbereich des Lesegerätes sind also zwangsweise kleiner oder gleich als 11111111b, sodass dieses Kommando von allen Transpondern im Ansprechbereich des

Lesegerätes beantwortet wird (siehe Abbildung 7.21).

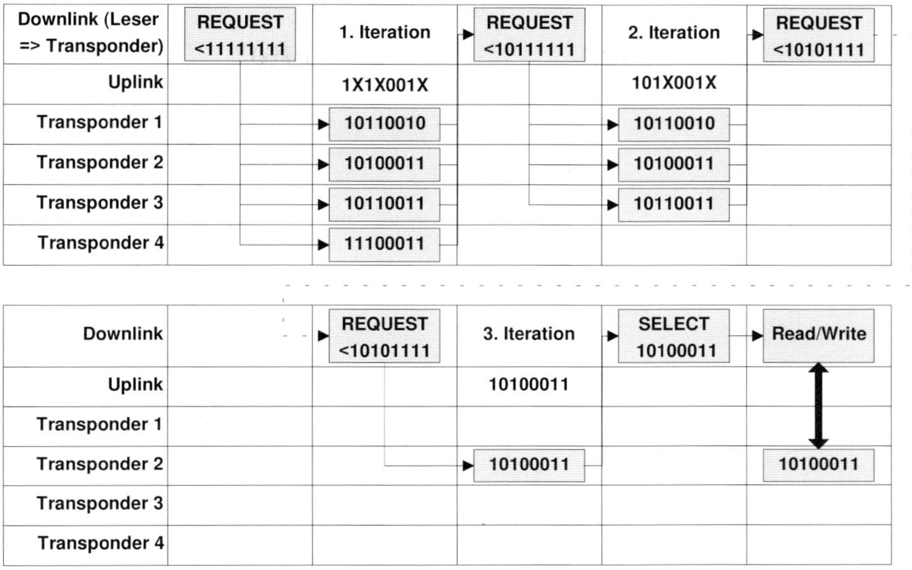

Abb. 7.21 Die unterschiedlichen Seriennummern, die von den Transpondern als Antwort auf das REQUEST-Kommando an das Lesegerät zurückgesendet werden, führen zu einer Kollision. Durch gezieltes Einschränken des vorgewählten Adressbereiches in weiteren Iterationen kann schließlich erreicht werden, dass nur noch ein einziger Transponder antwortet.

Ausschlaggebend für die sichere Funktion des *Binary-Tree-Suchalgorithmus* ist die genaue Synchronisation aller Transponder, sodass diese exakt zum gleichen Zeitpunkt mit der Übertragung ihrer Seriennummer beginnen. Nur so ist die bitweise Bestimmung einer Kollision überhaupt möglich.

In Bit 0, Bit 4 und Bit 6 der empfangenen Seriennummer kommt es durch Überlagerung der unterschiedlichen Bitfolgen der antwortenden Transponder zu einer Kollision (**X**). Das Auftreten ein oder mehrerer Kollisionen in den empfangenen Seriennummern lässt dabei den Rückschluss auf zwei oder mehrere Transponder im Ansprechbereich des Lesegerätes zu. Genauer betrachtet ergeben sich aus der empfangenen Bitfolge 1**X**1**X**001**X** acht Möglichkeiten für die noch zu ermittelnden Seriennummern (siehe Tabelle 7.5).

Bit 6 ist das höchstwertige Bit, bei dem in der 1. Iteration eine Kollision aufgetreten ist. Dies bedeutet, dass sich sowohl im Bereich SNR ≥ 1**1**000000b als auch im SNR ≤ 1**0**111111b mindestens jeweils ein Transponder befindet.[24] Um einen einzelnen Transponder selektieren zu können, müssen wir den Suchbereich für die nächste Iteration entsprechend den gewonnenen Erkenntnissen einschränken. Wir entscheiden uns willkürlich dafür, im Bereich ≤ 10111111b weiterzusuchen. Dazu setzen wir einfach Bit 6 auf „0" (höchstwertiges Bit mit

[24] Fettgedruckt ist jeweils Bit 6. Eine sorgfältigere Auswertung der Ergebnisse in Tabelle 7.5 führt zu dem Ergebnis, dass sich mindestens ein Transponder in den Bereichen 11100010b ... 11110011b sowie 10100010b ... 10110011b befinden.

Tabelle 7.5: Mögliche Seriennummern nach Auswertung der empfangenen Daten und Berücksichtigung der aufgetretenen Kollisionen (**X**) in der ersten Iteration. Vier der möglichen Transponderadressen (*) kommen in unserem Beispiel auch tatsächlich vor.

Bit-Nr.:	7	6	5	4	3-2-1	0
Empfangene Daten im Lesegerät:	1	X	1	X	001	X
mögliche SeriennummerA	1	**0**	1	**0**	001	**0**
mögliche Seriennummer B*	1	**0**	1	**0**	001	**1**
mögliche Seriennummer C*	1	**0**	1	**1**	001	**0**
mögliche Seriennummer D*	1	**0**	1	**1**	001	**1**
mögliche Seriennummer E	1	**1**	1	**0**	001	**0**
mögliche Seriennummer F*	1	**1**	1	**0**	001	**1**
mögliche Seriennummer G	1	**1**	1	**1**	001	**0**
mögliche Seriennummer H	1	**1**	1	**1**	001	**1**

Kollision), alle niederwertigen Bits ignorieren wir, indem wir sie auf „1" setzen.

Die allgemeine Bildungsvorschrift für die Eingrenzung des Suchbereiches (Range) lautet:

Tabelle 7.6: Allgemeine Bildungsvorschrift des Adressparameters bei einem binären Suchbaum. Bit(X) ist jeweils das höchstwertige Bit der empfangenen Transponderadressen, bei welchem in der vorhergehenden Iteration eine Kollision aufgetreten ist.

Suchkommando	1. Iteration: Range =	n-te Iteration: Range =
REQUEST ≥ Range	0	Bit(X) = 1, Bit(0 ... X-1) = 0
REQUEST ≤ Range	SNRmax	Bit(X) = 0, Bit(0 ... X-1) = 1

Nach Aussendung des Kommandos REQUEST(≤10111111) durch das Lesegerät antworten alle Transponder, welche diese Bedingung erfüllen, mit der Übertragung ihrer eigenen Seriennummer an das Lesegerät. In unserem Beispiel sind dies die Transponder 1, 2 und 3 (Abbildung 7.21). Nun kommt es in Bit 0 und Bit 4 der empfangenen Seriennummer zu einer Kollision (**X**). Wir können daraus schließen, dass sich im Suchbereich der 2. Iteration noch immer mindestens zwei Transponder befinden. Aus der empfangenen Bitfolge 101**X**001**X** ergeben sich noch vier Möglichkeiten für die noch zu ermittelnden Seriennummern (Tabelle 7.7).

Das erneute Auftreten von Kollisionen in der 2. Iteration erfordert also das weitere Einschränken des Suchbereiches in einer 3. Iteration. Die Anwendung der Bildungsvorschrift in Tabelle 7.6 führt uns zum Suchbereich ≤10101111. Das Lesegerät sendet nun das Kommando REQUEST(≤10101111) an die Transponder. Diese Bedingung wird nur von Transponder 2 („10100011") erfüllt, der jetzt alleine auf das Kommando antwortet. Wir ha-

Tabelle 7.7: Mögliche Seriennummern im Suchbereich, nach Auswertung der 2. Iteration. Die mit (*) gekennzeichneten Transponder sind auch tatsächlich vorhanden.

Bit-Nr.:	7-6-5	4	3-2-1	0
Empfangene Daten im Lesegerät	101	X	001	x
mögliche Seriennummer A	101	0	001	0
mögliche Seriennummer B*	101	0	001	1
mögliche Seriennummer C*	101	1	001	0
mögliche Seriennummer D*	101	1	001	1

ben somit eine gültige Seriennummer ermittelt – eine weitere Iteration ist nicht notwendig.

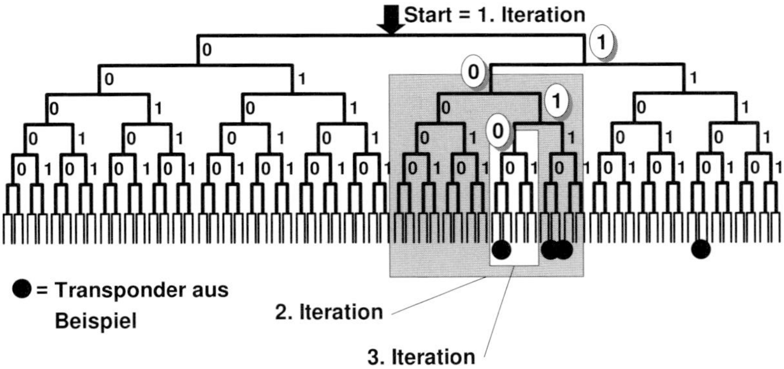

Abb. 7.22 Binärer Suchbaum – mit der sukzessiven Verkleinerung des Suchbereiches (vergleiche Tabelle 7.6) kann schließlich ein einzelner Transponder selektiert werden.

Durch ein nachfolgendes SELECT-Kommando wird Transponder 2 unter der ermittelten Transponderadresse selektiert und kann nun ungestört durch andere Transponder vom Lesegerät ausgelesen oder beschrieben werden. Alle anderen Transponder verhalten sich dabei still, da nur ein selektierter Transponder auf ein Schreib-/Lese-Kommando – READ_DATA – antwortet.

Nach Abwicklung der Schreib-/Lese-Operationen kann Transponder 2 durch ein UNSELECT-Kommando vollständig deaktiviert werden, wodurch dieser auf nachfolgende REQUEST-Kommandos nicht mehr antwortet. Auf diese Weise lässt sich die Anzahl der notwendigen Iterationen zur Selektion eines einzelnen Transponders schrittweise verkürzen, falls sehr viele Transponder im Ansprechbereich des Lesegerätes auf ihre Abarbeitung „warten". In unserem Beispiel hätte ein erneuter Durchlauf des Antikollisionsalgorithmus damit automatisch die Selektion eines der bisher unbearbeiteten Transponder 1, 3 oder 4 zur Folge.

Die durchschnittliche Anzahl an Iterationen L, die benötigt wird, um einen einzelnen Transponder aus einer größeren Menge zu ermitteln, hängt von der Gesamtanzahl N der Transponder im Ansprechfeld des Lesegerätes ab und kann sehr leicht ermittelt werden:

$$L(N) = ld(N) + 1 = \frac{\log(N)}{\log(2)} + 1 \qquad [7.7]$$

Befindet sich ein einziger Transponder im Ansprechfeld des Lesegerätes, wird genau eine einzige Iteration benötigt, um die Seriennummer des Transponders zu ermitteln – eine Kollision tritt in diesem Falle nicht auf. Befindet sich mehr als ein Transponder im Ansprechfeld des Lesegerätes, so nimmt die durchschnittliche Anzahl der Iterationen rasch zu und folgt der in Abbildung 7.23 dargestellten Kurve.

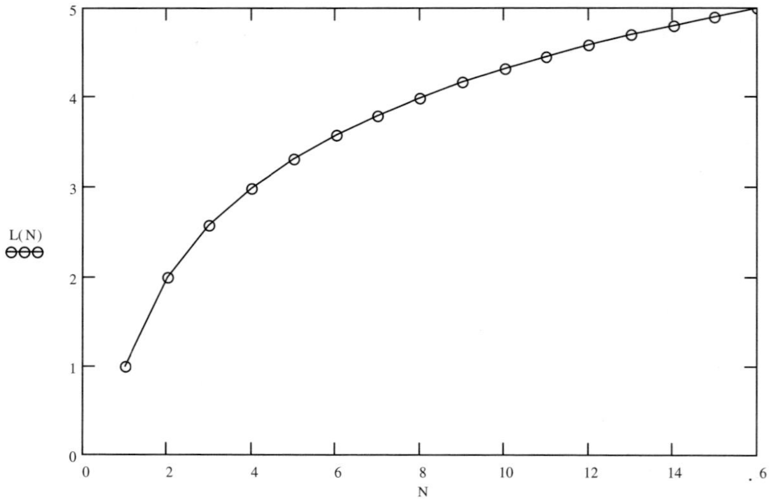

Abb. 7.23 Die durchschnittliche Anzahl der Iterationen zur Ermittlung der Transponderadresse (Seriennummer) eines einzelnen Transponders als Funktion der Anzahl der Transponder im Ansprechfeld des Lesegerätes. Bei 32 Transpondern im Ansprechfeld werden durchnittlich 6 Iterationen, bei 64 Transpondern durchschnittlich 7 Iterationen, bei 128 Transpondern durchschnittlich 8 Iterationen benötigt, usw.

7.2.4.3.1 Dynamische Binary-Search-Verfahren

Bei dem oben beschriebenen Binary-Search Verfahren werden sowohl das Suchkriterium als auch die Seriennummern der Transponder immer in voller Länge übertragen. In der Praxis bestehen die Seriennnummern der Transponder jedoch nicht aus einem Byte wie in unserem Beispiel, sondern können je nach System bis zu 10 Byte lang sein, sodass eine große Menge an Daten übertragen werden muss, um einen einzelnen Transponder zu selektieren. Untersuchen wir den Datenstrom zwischen dem Lesegerät und den einzelnen Transpondern genauer (Abbildung 7.24), so stellen wir fest:

- Die Bits (X-1) ... 0 des Kommandos enthalten keine zusätzliche Information für den Transponder, da sie immer auf „1" gesetzt werden.
- Die Bits N ... X der Seriennummer in der Antwort des Transponders enthalten keine zusätzliche Information für das Lesegerät, da sie bereits bekannt und vorgegeben sind.

Wir sehen also, dass jeweils komplementäre Teile der übertragenen Seriennummern redundant sind und daher eigentlich nicht übertragen werden müssten.

Dies führt uns sehr schnell zu einem optimierten Algorithmus:

Anstatt in beide Richtungen die Seriennummer in voller Bitlänge zu übertragen, wird die Übertragung einer Seriennummer bzw. des Suchkriteriums nun einfach nach Bit (X) aufgesplittet. Das Lesegerät sendet im REQUEST-Kommando also nur den bereits bekannten Teil (N ... X) der zu ermittelnden Seriennummer als Suchkriterium und bricht dann die Übertragung ab. Alle Transponder, deren Seriennummern in den Bits (N ... X) mit dem Suchkriterium übereinstimmen, antworten nun mit der Übertragung der restlichen Bits ((X-1) ... 0) ihrer Seriennummer. Durch einen zusätzlichen Parameter (NVB = number of valid bits) im REQUEST-Kommando wird den Transpondern die Anzahl der nachfolgenden Bits mitgeteilt.

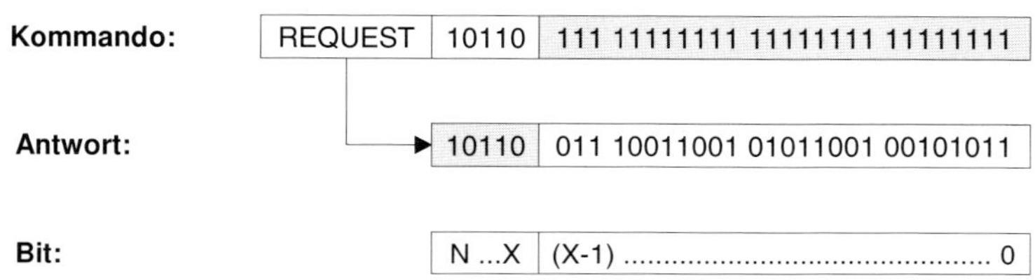

Abb. 7.24 Kommando des Lesegerätes (n-te Iteration) und Antwort eines Transponders bei der Ermittlung einer 4-Byte-Seriennummer. Ein großer Teil der übertragenen Daten in Kommando und Antwort ist redundant (in der Abbildung grau dargestellt). Mit X wird die höchstwertige Bitposition bezeichnet, an der in der vorhergehenden Iteration eine Bitkollision aufgetreten ist.

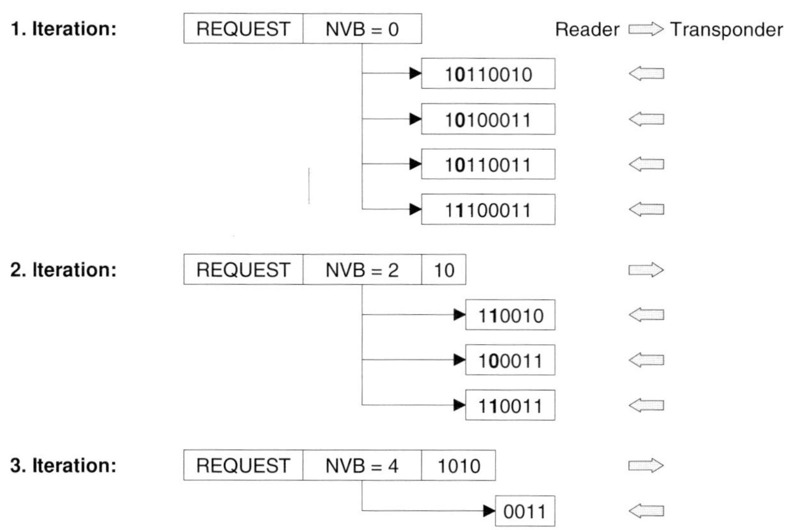

Abb. 7.25 Das dynamische Binary-Search-Verfahren vermeidet die Übertragung redundanter Teile der Seriennummer. Die Datenübertragungszeit wird dadurch merkbar verkürzt.

Der Ablauf eines dynamischen Binary-search-Algorithmus soll an einem Beispiel in Abbildung 7.25 näher verdeutlicht werden. Wir verwenden hierzu in den Transpondern die selben Seriennummern wie im vorhergehenden Beispiel. Da wir die Bildungsvorschrift (Tabelle 7.6) unverändert anwenden, entspricht auch der Ablauf über die einzelnen Iterationen dem vorhergehenden Beispiel. Im Gegensatz dazu kann jedoch die Anzahl der zu übertragenden Daten – und damit die insgesamt benötigte Zeit – um bis zu 50% reduziert werden.

8 Datensicherheit

In zunehmendem Maße werden RFID-Systeme auch in sicherheitsrelevanten Anwendungen, wie Zutrittssystemen, oder als Zahlungsmittel und Tickets eingesetzt. Bei diesen Einsatzbereichen muss jedoch immer mit potenziellen *Angriffsversuchen* gerechnet werden, bei denen versucht wird, RFID-Systeme „auszutricksen" und sich damit unberechtigten Zutritt zu Gebäuden oder einen unbezahlten Zugriff auf Dienstleistungen (Tickets) zu verschaffen. Dies ist auch nichts Neues, denn schon in den Mythen und Märchen wurde versucht, *Sicherheitssysteme* zu überlisten. So gelang es zum Beispiel *Ali Baba*, durch das Ausspähen eines geheimen Passwortes, sich unberechtigten Zutritt in das vermeintlich sichere Warenlager der 40 Räuber zu verschaffen.

Auch bei modernen *Authentifizierungprotokollen* wird ausnahmslos die Kenntnis eines Geheimnisses (d. h. eines kryptographischen Schlüssels) überprüft. Durch geeignete Algorithmen kann jedoch das Ausspähen der geheimen Schlüssel verhindert werden. Im Einzelnen müssen folgende Angriffsversuche auf sicherheitsrelevante RFID-Systeme abgewehrt werden können:

- Unberechtigtes Auslesen eines Datenträgers, um Daten zu duplizieren und/oder zu verändern.
- Einbringen eines applikationsfremden Datenträgers in den Lesebereich eines Lesegerätes mit der Absicht, unberechtigten Zutritt oder Leistungen zu erlangen.
- Abhören der Funkverbindung und Wiedervorspielen der Daten, um so einen echten Datenträger vorzutäuschen („replay and fraud").

Bei der Auswahl von geeigneten RFID-Systemen sollte den kryptologischen Funktionen der betrachteten Systeme besondere Aufmerksamkeit zukommen. Anwendungen, die keinerlei Sicherheitsfunktionen bedürfen (z. B. Industrieautomation, Werkzeugerkennung), werden durch kryptologische Verfahren nur unnötig verteuert. Im Gegensatz dazu kann sich bei sicherheitsrelevanten Anwendungen (z. B. Ticketing, Kleingeldbörse) der unüberlegte Verzicht auf kryptologische Verfahren durch unberechtigte Inanspruchnahme von Leistungen mittels manipulierter Transponder teuer rächen.

8.1 Gegenseitige symmetrische Authentifizierung

Die *gegenseitige Authentifizierung* zwischen Lesegerät und Transponder beruht auf der „*Three Pass Mutual Authentication*" nach *ISO 9798-2*, bei der beide Kommunikationsteilnehmer gegenseitig die Kenntnis eines Geheimnisses (geheimer kryptographischer Schlüssel) überprüfen.

Bei diesem Verfahren sind alle zu einer Applikation gehörenden Transponder und Lesegeräte im Besitz des **gleichen**, geheimen *kryptographischen Schlüssels* K (→ symmetrisches Verfahren). Beim Eintritt eines Transponders in den Lesebereich eines Lesegerätes ist zunächst nicht bekannt, ob beide Kommunikationsteilnehmer der gleichen Applikation angehören. Aus Sicht des Lesegerätes besteht das Bedürfnis, die Applikation vor einer *Manipu-*

lation mit gefälschten Daten zu schützen. Ebenso besteht auf Seiten des Transponders das Bedürfnis, die gespeicherten Daten vor unberechtigtem Auslesen oder Überschreiben zu schützen.

Abb. 8.1 Ablauf einer gegenseitigen Authentifizierung zwischen Transponder und Lesegerät.

Die gegenseitige Authentifizierung beginnt damit, dass das Lesegerät ein „GET_CHALLENGE"-Kommando an das TAG sendet. Im Transponder wird daraufhin eine *Zufallszahl* (random number) R_A erzeugt und an das Lesegerät zurückgesendet (response → challenge-response-Verfahren). Das Lesegerät erzeugt nun seinerseits eine Zufallszahl R_B. Unter Verwendung des gemeinsamen geheimen Schlüssels K und eines gemeinsamen Schlüsselalgorithmus e_k berechnet das Lesegerät einen verschlüsselten Datenblock (Token 1), welcher beide Zufallszahlen sowie zusätzliche Steuerdaten enthält, und sendet diesen Datenblock an den Transponder.

$$\text{Token 1} = e_K(R_B \| R_A \| ID_A \| \text{Text1}) \qquad [8.1]$$

Im Transponder wird das empfangene Token 1 entschlüsselt und die dadurch im Klartext erhaltene Zufallszahl R_A' auf Übereinstimmung mit der zuvor ausgesendeten R_A verglichen. Stimmen beide Zahlen überein, ist aus Sicht des Transponders somit auch die Übereinstimmung der beiden gemeinsamen Schlüssel bewiesen. Im Transponder wird nun erneut eine Zufallszahl R_{A2} erzeugt und daraus ein verschlüsselter Datenblock (Token 2) errechnet, der zusätzlich R_B und Steuerdaten enthält. Token 2 wird vom Transponder an das Lesegerät gesendet.

$$\text{Token 2} = e_K(R_{A2} \| R_B \| \text{Text2}) \qquad [8.2]$$

Das Lesegerät überprüft nun, nach der Entschlüsselung von Token 2, seinerseits die Übereinstimmung der zuvor ausgesendeten R_B mit der eben empfangenen R_B'. Stimmen beide Zahlen überein, so ist nun auch aus Sicht des Lesegeräts die Übereinstimmung der gemeinsamen Schlüssel bewiesen. Transponder und Lesegerät haben sich somit als einem gemeinsamen System zugehörig identifiziert, die weitere Kommunikation zwischen beiden Kommunikationsteilnehmern ist somit legitimiert.

Zusammenfassend weist das Verfahren der gegenseitigen Authentifizierung folgende Vorteile auf:

- Die geheimen Schlüssel werden nie über die Funkstrecke übertragen, es werden lediglich verschlüsselte Zufallszahlen übertragen.

- Es werden immer zwei Zufallszahlen gleichzeitig verschlüsselt. Eine Rücktransformation von Token 1 über R_A, mit dem Ziel, den geheimen Schlüssel zu errechnen, scheidet damit aus.
- Es können beliebige Algorithmen zur Verschlüsselung der Token verwendet werden.
- Durch die strikte Verwendung von Zufallszahlen aus zwei unabhängigen Quellen (Transponder, Lesegerät) bleibt das Aufzeichnen und spätere Wiedervorspielen einer Authentifizierungssequenz (replay attack) ohne Erfolg.
- Aus den erzeugten Zufallszahlen kann ein zufälliger Schlüssel (session key) berechnet werden, um damit die nachfolgende Datenübertragung kryptologisch zu sichern.

8.2 Authentifizierung mit abgeleiteten Schlüsseln

Ein Nachteil des in 8.1 beschriebenen Authentifizierungsverfahren besteht darin, dass alle zu einer Applikation gehörenden Transponder mit einem identischen kryptographischen Schlüssel K gesichert sind. Dies stellt für Anwendungen, bei denen sehr große Mengen von Transpondern im Einsatz sind (z. B. Ticketing im ÖPNV mit einigen Millionen Transponder), eine potenzielle Gefahr dar. Da solche Transponder für jedermann in unkontrollierbarer Anzahl zugänglich sind, muss mit einer geringen Wahrscheinlichkeit damit gerechnet werden, dass der Schlüssel eines Transponders aufgedeckt wird. Das oben beschriebene Verfahren wäre damit Manipulationen ungeschützt ausgeliefert.

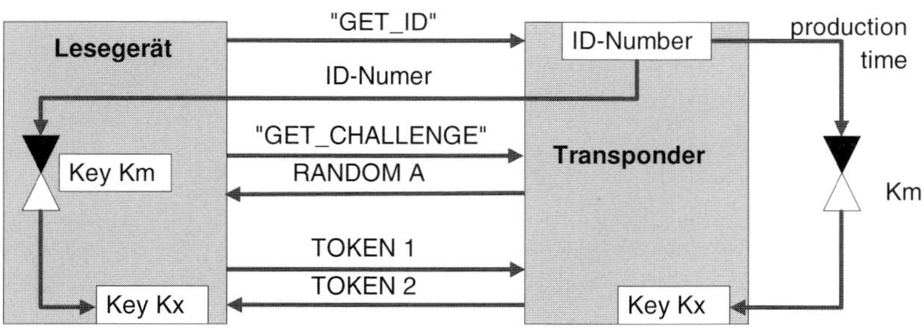

Abb. 8.2 Bei einer Authentifizierung mit abgeleiteten Schlüsseln wird zunächst aus der Seriennummer (ID-Number) des Transponders ein transpondereigener Schlüssel im Lesegerät berechnet. Dieser Schlüssel muss dann zur Authentifizierung eingesetzt werden.

Eine wesentliche Verbesserung des beschriebenen Authentifizierungsverfahrens besteht darin, jeden Transponder mit einem anderen kryptographischen Schlüssel zu sichern. Hierzu wird während der Produktion des Transponders dessen Seriennummer ausgelesen. Mittels eines kryptologischen Algorithmus und eines *Masterschlüssels* K_M wird daraus ein Schlüssel K_X berechnet (= abgeleitet) und damit der Transponder initialisiert. Jeder Transponder erhält dadurch einen mit der eigenen ID-Nummer und dem Masterschlüssel K_M verknüpften Schlüssel.

Die gegenseitige Authentifizierung beginnt damit, dass das Lesegerät die ID-Nummer des Transponders anfordert. In einem besonderen Sicherheitsmodul des Lesegerätes, dem *SAM* (security authentication module), wird daraus unter Verwendung des Masterschlüssels K_M

der spezifische Schlüssel des Transponders berechnet, um mit diesem das Authentifizierungsverfahren einzuleiten. Als SAM werden üblicherweise kontaktbehaftete Chipkarten mit Kryptoprozessoren verwendet, der gespeicherte Masterschlüssel kann damit niemals ausgelesen werden.

8.3 Verschlüsselte Datenübertragung

In Kapitel 7.1 „Prüfsummenverfahren", S. 199, wurde die Behandlung von Störungen dargestellt, wie sie bei der Übertragung von Daten durch physikalische Einflüsse auftreten. Wir erweitern nun dieses Modell um einen potenziellen Angreifer. Grundsätzlich kann zwischen zwei Arten eines Angriffs unterschieden werden: Angreifer 1 verhält sich passiv und versucht, durch Abhören der Übertragungsstrecke vertrauliche Daten zur missbräuchlichen Verwendung auszuspähen. Angreifer 2 hingegen versucht aktiv, die übertragenen Daten zu manipulieren und zu seinen Gunsten zu verändern.

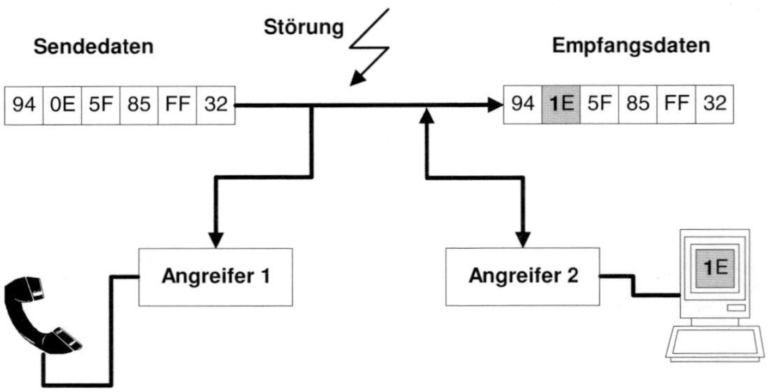

Abb. 8.3 Angriffsversuche auf eine Datenübertragungsstrecke. Angreifer 1 versucht, die übertragenen Daten abzuhören, während Angreifer 2 die Daten mutwillig verändert.

Um sowohl passive als auch aktive Angriffsversuche wirkungsvoll zu unterbinden, werden kryptographische Verfahren eingesetzt. Hiermit können die Sendedaten (Klartext) vor der Übertragung so verändert (= verschlüsselt) werden, dass einem potenziellen Angreifer kein Rückschluss mehr auf den wirklichen Inhalt der Nachricht (Klartext) möglich ist.

Eine *verschlüsselte Datenübertragung* erfolgt immer nach dem gleichen Schema: Unter Verwendung eines geheimen *Schlüssels* K sowie eines geheimen Algorithmus werden die Sendedaten (Klartext) in Chiffredaten (Chiffretext) transformiert (= *Verschlüsseln*, *Chiffrieren*). Für einen potenziellen Angreifer sind die abgehörten Daten ohne Kenntnis des angewendeten Verschlüsselungsalgorithmus sowie des geheimen Schlüssels K nicht interpretierbar. Ein Rückschluss von den Chiffredaten auf die Sendedaten ist nicht möglich.

Im Empfänger werden die Chiffredaten durch Verwendung eines geheimen Schlüssels K' sowie eines geheimen Algorithmus wieder in die ursprüngliche Form zurücktransformiert (= *Entschlüsseln*, *Dechiffrieren*).

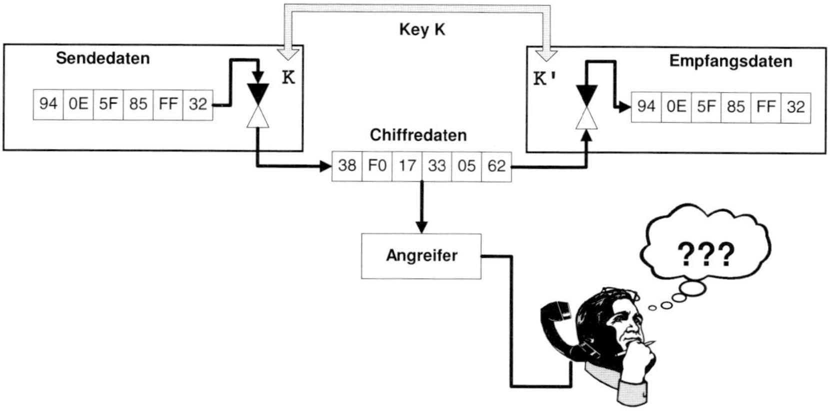

Abb. 8.4 Durch die Verschlüsselung der zu übertragenden Daten ist ein wirkungsvoller Schutz der Daten vor dem Abhören oder Verändern möglich.

Falls die Schlüssel K zum Chiffrieren und K' zum Dechiffrieren identisch sind (K=K') oder in einem direkten Zusammenhang stehen, spricht man von einem *symmetrischen Schlüssel-Verfahren*. Ist die Kenntnis des Schlüssels K für die Dechiffrierung irrelevant, so handelt es sich um ein *asymmetrisches Schlüssel-Verfahren*. Bei RFID-Systemen werden bislang ausschließlich symmetrische Verfahren eingesetzt, auf andere Verfahren wird deshalb hier nicht weiter eingegangen.

Wird jedes Zeichen vor der Übertragung einzeln verschlüsselt, so handelt es sich um *sequentielle Chiffren* (auch *Stromverschlüsselung*, *streamcipher*). Werden hingegen mehrere Zeichen zu einem Block zusammengefasst, so spricht man von einem Blockchiffre. Da Blockchiffren in der Regel sehr rechenintensiv sind, spielen sie bei RFID-Systemen eine untergeordnete Rolle. Im Folgenden wird der Schwerpunkt deshalb auf sequentielle Chiffren gelegt.

Ein grundsätzliches Problem aller kryptographischen Verfahren ist die sichere Verteilung des geheimen Schlüssels K, der ja den berechtigten Kommunikationsteilnehmern vor Beginn der Datenübertragung bekannt sein muss.

8.3.1 Streamcipher

Als sequentielle Chiffren oder Stromchiffren werden Verschlüsselungsalgorithmen bezeichnet, bei denen die Folge von Klartextzeichen nacheinander in jedem Schritt mit einer variierenden Funktion verschlüsselt wird [fumy]. Die Ideallösung einer Stromchiffre ist das so genannte *„one-time-pad"*, nach seinem Erfinder auch „*Vernam Chiffre*" genannt [longo].

Hierzu wird vor der verschlüsselten Datenübertragung, zum Beispiel durch Würfeln, ein zufälliger Schlüssel K erzeugt und beiden Kommunikationsteilnehmern zur Verfügung gestellt. Die Verknüpfung der Schlüsselfolge mit der Klartextfolge geschieht durch zeichenweise Addition oder XOR-Verknüpfung. Die Länge der als Schlüssel verwendeten Zufallsfolge muss mindestens der Länge der zu verschlüsselnden Nachricht entsprechen, da periodische Wiederholungen eines im Verhältnis zum Klartext typischerweise kurzen Schlüssels die Kryptoanalyse und damit einen Angriff auf die Übertragungsstrecke ermöglichen würde. Außerdem darf der Schlüssel nur ein einziges Mal verwendet werden, sodass für die sichere Schlüsselverteilung ein extrem hoher Aufwand erforderlich ist. Für RFID-Systeme ist eine Stromverschlüsselung in dieser Form jedoch völlig unpraktikabel.

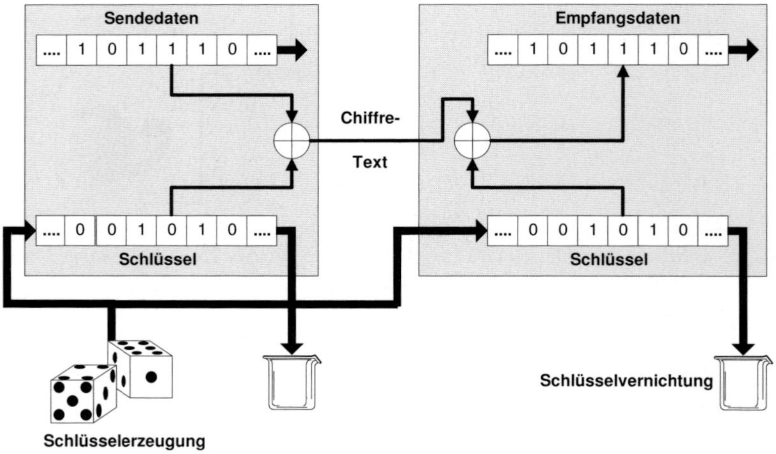

Abb. 8.5 Beim „one-time-pad" wird der aus Zufallszahlen (Würfel) erzeugte Schlüssel nur ein einziges Mal verwendet und anschließend vernichtet (Papierkorb). Ein Problem stellt hierbei die sichere Übertragung des Schlüssels zwischen Sender und Empfänger dar.

Um die Probleme der Schlüsselerzeugung und Schlüsselverteilung zu vermeiden, werden nach dem Vorbild des „one-time-pad" Stromchiffren konstruiert, die statt einer wirklichen Zufallsfolge so genannte *Pseudozufallsfolgen* verwenden. Zur Erzeugung von Pseudozufallsfolgen werden so genannte Pseudozufallsgeneratoren (pseudo-random-generator) verwendet.

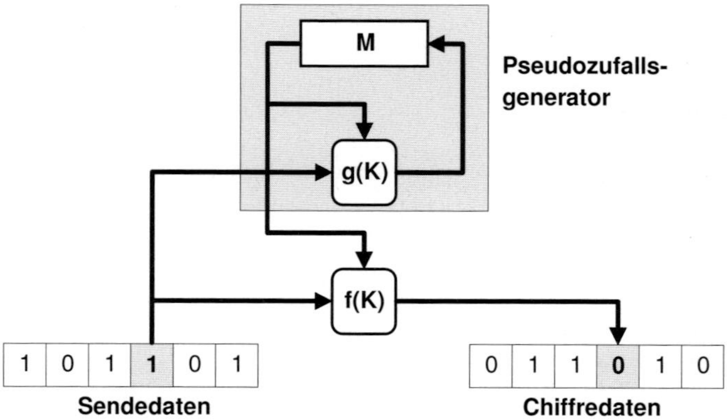

Abb. 8.6 Prinzip der Erzeugung eines sicheren Schlüssels durch einen Pseudozufallsgenerator.

Abbildung 8.6 zeigt das Grundprinzip einer sequentiellen Chiffre mit Pseudozufallsgeneratoren: Damit sich die Verschlüsselungsfunktion einer sequentiellen Chiffre mit jedem Zeichen (zufällig) ändern kann, muss die Funktion außer von dem augenblicklichen Eingabezeichen auch noch von einem weiteren Merkmal, dem inneren Zustand M abhängen. Dieser innere Zustand M wird nach jedem Verschlüsselungsschritt durch die Zustandsüberführungsfunktion g(K) verändert. Der Pseudozufallsgenerator wird aus den Komponenten M und g(K) gebildet. Die Sicherheit der Chiffre hängt im Wesentlichen von der Anzahl der inneren Zustände M und der Komplexität der Überführungsfunktion g(K) statt. Das Studium sequentieller Chiffren besteht somit zur Hauptsache aus der Untersuchung von Pseudozufallsgeneratoren.

Die *Verschlüsselungsfunktion* f(K) selbst ist dagegen in der Regel sehr einfach und kann auch nur aus einer Addition oder XOR-Verknüpfung bestehen [fumy] [glogau].

Schaltungstechnisch werden Pseudozufallsgeneratoren durch Zustandsautomaten (state-machine) realisiert. Diese bestehen aus binären Speicherzellen, so genannten Flip-Flops. Verfügt ein Zustandsautomat über **n** Speicherzellen, so kann er 2^n verschiedene innere Zustände M annehmen. Die Zustandsüberführungsfunktion g(K) wird durch Boolesche Schaltwerke (combinatorial logic; Coder) dargestellt (eine tiefergehende Erklärung der Funktionsweise von Zustandsautomaten ist im Kap. 10.1.2.1 „State-Machine", S. 287 zu finden). Eine wesentliche Vereinfachung bei der Implementierung und Entwicklung von Pseudozufallsgeneratoren ergibt sich durch die Beschränkung auf rückgekoppelte Schieberegister.

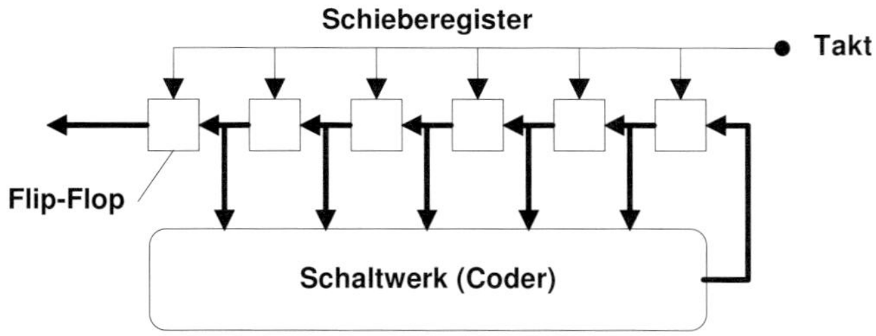

Abb. 8.7 Grundschaltung eines Pseudozufallsgenerators aus einer Anordnung rückgekoppelter Schieberegister.

Ein Schieberegister entsteht aus der Reihenschaltung von Flip-Flops ($Ausgang_n$ wird mit $Eingang_{n+1}$ verbunden) und Parallelschaltung aller Takteingänge. Bei jedem Takt wird der Inhalt der Flip-Flop-Zellen um eine Stelle weitergeschoben. Der Inhalt des letzten Flip-Flop wird ausgegeben [rueppel] [golomb].

9 Normung

Die Erarbeitung von Normen obliegt den technischen Komitees der ISO. Die ISO ist die weltweite Vereinigung nationaler Normungsinstitute, wie DIN (Deutschland) oder ANSI (USA).

Die Darstellung der Normen in diesem Kapitel dient lediglich dem technischen Verständnis der beschriebenen RFID-Anwendungen, ist aber keine vollständige Wiedergabe der zitierten Normen. Außerdem werden Normen von Zeit zu Zeit dem technischen Stand angepasst und unterliegen somit Änderungen. Bei der Arbeit mit den beschriebenen RFID-Anwendungen sollte man sich also nicht auf die in diesem Kapitel angegebenen Parameter verlassen. Es wird vielmehr empfohlen, sich die jeweils aktuellen Originale zu verschaffen. Entsprechende Adressen können dem Kapitel 14.2.1 „Bezugsquellen für Normen und Vorschriften", S. 418 entnommen werden.

9.1 Tieridentifikation

Die ISO-Normen 11784, 11785 sowie 14223 befassen sich mit der *Identifikation von Tieren* durch RFID-Systeme.

- ISO 11784: „Radio-frequency identification of animals – Code structure".
- ISO 11785: „Radio-frequency identification of animals – Technical concept".
- ISO 14223: „Radio-frequency identification of animals – Advanced transponders":
  - Part-1: Air Interface
  - Part-2: Code and command structure
  - Part-3: Applications

Die Bauform der verwendeten Transponder ist in den Normen nicht festgelegt und kann deshalb die zur Kennzeichnung jeder Tierart ideale Form annehmen. Zur Identifikation von Rindern, Pferden und Schafen werden üblicherweise kleine, sterile Glastransponder verwendet, die den Tieren in das Fettgewebe injiziert werden können. Ebenso sind aber Ohrmarken oder Halsbänder denkbar.

9.1.1 ISO 11784 – Codestruktur

Der *Identifikationscode für Tiere* besteht aus insgesamt 64 bit (8 Byte). Die Bedeutung der einzelnen Bits ist in Tabelle 9.1 dargestellt.

Der nationale Identifikationscode soll durch die Länder selbst verwaltet werden. Eine weitere Aufteilung der Bits 27 bis 64 zur Unterscheidung verschiedener Tiergattungen, Rassen, Bundesländer, Züchter usw. ist möglich, wird jedoch durch diese Norm nicht vorgegeben.

9.1.2 ISO 11785 – Technisches Konzept

Diese Norm definiert das Übertragungsverfahren für die Transponderdaten sowie die Anforderungen an die Lesegeräte, um die Datenträger (Transponder) zu aktivieren. Bei der Ausarbeitung der Norm wurde darauf geachtet, Transponder verschiedenster Systemhersteller mit einem gemeinsamen Lesegerät ansprechen zu können. Ein normgerechtes Lesegerät für die *Tieridentifikation* erkennt und unterscheidet selbstständig zwischen Transpondern, die ein Voll-/Halbduplexverfahren (Lastmodulation), und Transpondern, die ein sequentielles Verfahren[25] verwenden.

Tabelle 9.1: Identifikationscode für Tiere.

Bit Nr.	Information	Beschreibung
1	animal (1) / non-animal application (0)	Gibt an, ob der Transponder zur Tieridentifikation oder für andere Zwecke eingesetzt wird.
2 ... 15	reserved	Reserviert für zukünftige Anwendungen.
16	data block (1) follows / no data block (0)	Gibt an, ob nach dem Identifikationscode zusätzliche Daten übertragen werden.
17 ... 26	Ländercode nach ISO 3166	Gibt das Einsatzland an, der Code 999 bezeichnet einen Testtransponder.
27 ... 64	Nationaler Identifikationscode	Einmalige, länderspezifische Registriernummer.

9.1.2.1 Anforderungen

Als Arbeitsfrequenz für das Lesegerät wurde in der Norm 134,2 kHz ± 1,8 kHz festgelegt. Das ausgesendete Feld dient der Energieversorgung der Transponder und wird deshalb als „activation field" bezeichnet.

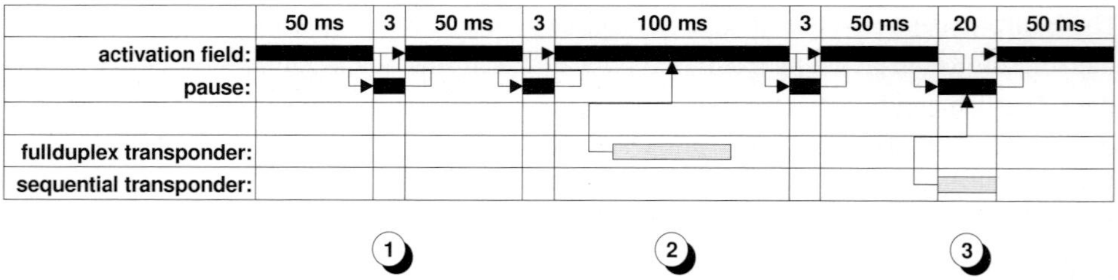

Abb. 9.1 Zeitlicher Verlauf des Aktivierungsfeldes eines Lesegerätes:
(1) Ohne Transponder im Ansprechbereich
(2) Voll-/Halbduplex (= lastmodulierter) Transponder im Ansprechbereich
(3) Sequentieller Transponder im Ansprechbereich des Lesegerätes.

Das *Aktivierungsfeld* wird periodisch für jeweils 50 ms angeschaltet und dann für 3 ms abgeschaltet (1). Während der 50 ms Einschaltzeit wird auf die mögliche Antwort eines Voll-/Halbduplex-Transponders gewartet, ein im Feld anwesender sequentieller Transponder benötigt das Aktivierungsfeld zum Aufladen seines Ladekondensators.

[25] In der Norm selbst werden die sequentiellen Systeme als „half duplex"-Systeme (HDX) bezeichnet.

Befindet sich ein Voll-/Halbduplex-Transponder in der Reichweite des Aktivierungsfeldes, so sendet dieses seine Daten während der Einschaltzeit des Feldes (2). Während des Empfangs von Daten kann die Einschaltzeit auf 100 ms verlängert werden, falls die Daten innerhalb der ersten 50 ms nicht vollständig übertragen wurden.

Ein sequentieller Transponder in Reichweite des Aktivierungsfeldes (3) beginnt innerhalb der 3 ms Pause mit der Übertragung von Daten. Die Pausendauer wird daraufhin auf maximal 20 ms verlängert, um die vollständige Übertragung eines Datensatzes zu ermöglichen.

Werden tragbare oder stationäre Lesegeräte in der Nachbarschaft zueinander betrieben, so kommt es mit großer Wahrscheinlichkeit dazu, dass ein Lesegerät während der 3 ms Pause des jeweils anderen Lesegerätes sein Aktivierungsfeld aussendet. Als Folge davon wäre keines der Lesegeräte imstande, das Datensignal eines sequentiellen Transponders zu empfangen. Aufgrund des im Vergleich zur Feldstärke eines sequentiellen Transponders relativ starken Aktivierungsfeldes tritt dieser Effekt in einem Vielfachen des normalen Leseradius eines Lesegerätes auf. In Anhang C der Norm werden deshalb Verfahren zur *Synchronisation* mehrerer Lesegeräte beschrieben, um dieses Problem zu vermeiden.

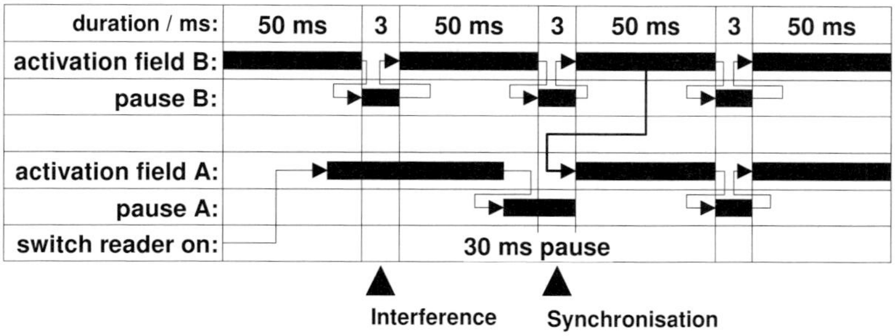

Abb. 9.2 Ablauf einer automatischen Synchronisation zwischen Leser A und B. Leser A fügt nach dem ersten Sendepuls nach seinem Einschalten eine verlängerte Pause von max. 30 ms ein, um auf andere Lesegeräte zu hören. In der Abbildung wird während dieser Pause das Signal von Leser B erkannt. Das Wiedereinschalten des Aktivierungsfeldes von Leser B, nach der nächsten 3-ms-Pause, erzwingt den zeitgleichen Start des Puls-Pausen-Zyklus bei Leser A.

Tragbare und stationäre Lesegeräte können durch Vergrößern der Pausendauer auf 30 ms die Anwesenheit eines möglichen zweiten Lesegerätes (B) im Umfeld überprüfen. Wird das Aktivierungsfeld eines zweiten Lesegerätes (B) innerhalb der 30 ms Pause empfangen, so schreibt die Norm vor, dass das Aktivierungsfeld des Lesegerätes (A) für max. 50 ms eingeschaltet werden soll, sobald das zuvor empfangene Lesegerät (B) sein Aktivierungsfeld nach folgenden 3 ms Pause wieder einschaltet. Auf diese Weise ist eine gewisse Synchronisation zwischen zwei benachbarten Lesegeräten möglich. Da Daten nur vom Transponder in Richtung Lesegerät übertragen werden (das Aktivierungsfeld also immer ein unmoduliertes HF-Feld darstellt), kann dadurch ein einzelner Transponder auch von zwei tragbaren Lesegeräten gleichzeitig ausgelesen werden. Um die Synchronisation stabil zu halten, wird jeder zehnte Pausenzyklus von 3 ms auf 30 ms verlängert, um mögliche andere (neu hinzugekommene) Lesegeräte zu empfangen.

Stationär betriebene Lesegeräte verwenden zusätzlich eine *Synchronisationsleitung*, die an alle beteiligten Lesegeräte angeschlossen wird. Das Synchronisationssignal auf dieser Leitung ist ein einfaches logisches Signal mit Low- und High-Pegel. Ruhezustand der Leitung ist logischer Low-Pegel.

Empfängt eines der angeschlossenen Lesegeräte einen Transponder, so legt es die Synchronisationsleitung während der Datenübertragung vom Transponder auf High-Pegel. Alle anderen Lesegeräte verlängern daraufhin die momentane Phase (activation / pause).

Handelt es sich bei dem empfangenen Datenträger um einen Voll-/Halbduplex-Transponder, befinden sich die synchronisierten Lesegeräte in der Phase „activation field". Die Einschaltzeit des Aktivierungsfeldes wird nun so lange verlängert, bis die Synchronisationsleitung wieder auf Low-Pegel geschaltet wird (maximal jedoch 100 ms).

Wird ein sequentieller Transponder empfangen, befinden sich die synchronisierten Lesegeräte in der Phase „Pause". Durch das Synchronisationssignal auf der Leitung wird die Pausenzeit aller Lesegeräte auf 20 ms (fixer Wert) verlängert.

9.1.2.2 Voll-/Halbduplex-System

Voll-/Halbduplex-Transponder, die durch ein Aktivierungsfeld mit Spannung versorgt werden, beginnen sofort mit der Übertragung der gespeicherten Identifikationsdaten. Hierzu findet ein *Lastmodulationsverfahren* ohne Hilfsträger Anwendung, wobei die Daten in einem Differentiellen Bi-Phase-Code „DBP" dargestellt werden. Die Bitrate wird durch einen Teiler von 32 aus der Leserfrequenz abgeleitet. Bei 134,2 kHz ergibt sich daraus eine Übertragungsgeschwindigkeit (Bitrate) von 4194 bit/s.

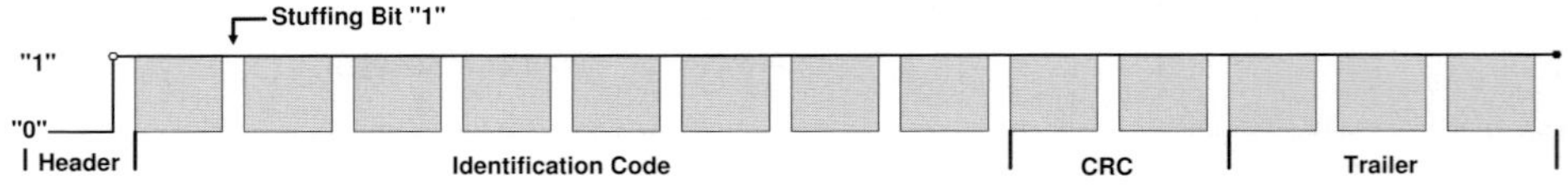

Abb. 9.3 Aufbau des Lastmodulations-Datentelegramms, bestehend aus Startfolge (Header), ID-Code sowie Prüfsumme und Trailer.

Das Voll-/Halbduplex-Datentelegramm besteht aus 11 bit Startfolge (Header), 64 bit (8 Byte) Nutzdaten, 16 bit (2 Byte) CRC sowie 24 bit (3 Byte) Trailer. Nach jeweils acht übertragenen Bits wird ein Füllbit (Stuffing Bit) mit logischem „1"-Pegel eingefügt, um das zufällige Auftreten der Startfolge „00000000001" zu vermeiden. Die Übertragung der insgesamt 128 bit nimmt bei der angegebenen Übertragungsgeschwindigkeit etwa 30,5 ms in Anspruch.

9.1.2.3 Sequentielles System

Alle 50 ms wird das Aktivierungsfeld für 3 ms abgeschaltet. Ein sequentieller Transponder, welcher zuvor durch das Aktivierungsfeld mit Energie geladen wurde, beginnt etwa 1 bis 2 ms nach Abschalten des Aktivierungsfeldes mit der Übertragung der gespeicherten Identifikationsdaten.

Als Modulationsverfahren verwenden die Transponder Frequenzumtastung (2 FSK). Die

Bitcodierung erfolgt nach NRZ (vergleichbar RS232 am PC). Eine logische „0“ entspricht der Grundfrequenz 134,2 kHz, eine logische „1“ der Frequenz 124,2 kHz.

Die Bitrate leitet sich durch Teilung der Sendefrequenz durch 16 ab. Bedingt durch die Frequenzumtastung schwankt die Bitrate deshalb zwischen 8387 bit/s für logische „0“ und 7762 bit/s für logische „1“.

Das sequentielle Datentelegramm besteht aus 8 bit Startfolge 01111110b (Header), 64 bit (8 Byte) Nutzdaten, 16 bit (2 Byte) CRC sowie 24 bit (3 Byte) Trailer. Stuffing-Bits werden hier nicht eingefügt.

Die Übertragung der insgesamt 112 bit nimmt bei der angegebenen Übertragungsgeschwindigkeit maximal 14,5 ms in Anspruch („1“-Folge).

9.1.3 ISO 14223 – Advanced Transponders

Diese Norm definiert das HF-Interface und die Datenstruktur so genannter *„advanced“ Transponder.* ISO 14223 basiert auf den älteren Normen ISO 11784 und ISO 11785 und stellt eine Weiterentwicklung dieser Normen dar. Während Transponder nach ISO 11785 lediglich einen fest programmierten Identifikationscode ausgeben, besteht bei den Advanced Transpondern die Möglichkeit, einen größeren Speicherbereich zu verwalten. Dabei können Daten blockweise gelesen, geschrieben und sogar gegen erneutes Überschreiben geschützt werden (lock memory block).

Die Norm besteht aus drei Teilen: Teil 1 – „Air Interface“, Teil 2 – „Code and Command Structure“ sowie Teil 3 – „Applications“. Da sich die Norm derzeit jedoch noch im Entwurf befindet, kann an dieser Stelle nur auf den Inhalt der Teile „1“ und „2“ eingegangen werden. Teil 2 der Norm lehnt sich dabei stark an die noch in der Entwicklung befindliche Norm ISO/IEC 18000-2 an.

9.1.3.1 Teil 1 – Air Interface

Als Weiterentwicklung von ISO 11785 ist ISO 14223 abwärtskompatibel zu der Vorgängernorm und kann daher nur in Verbindung mit ISO 11785 betrachtet werden. Dies bedeutet, dass sowohl die Identifikationsnummer eines jeden Advanced Transponders von einem einfachen ISO 11785-Lesegerät ausgelesen werden kann, als auch dass ein ISO 11785 Transponder von jedem Advanced Lesegerät akzeptiert wird.

Gelangt ein Advanced Transponder in das Ansprechfeld eines ISO 14223-kompatiblen Lesegerätes, so wird zunächst immer der *ISO 11784-Identifikationscode* nach dem in ISO 11785 beschriebenen Verfahren ausgelesen. Um nun einen Advanced Transponder von einem reinen ISO 11785-Transponder unterscheiden zu können, wird bei den Advanced Transpondern Bit 16 (data block follows) des Identifikationscodes auf „1“ gesetzt. Anschließend wird der Transponder durch ein definiertes Verfahren in einen Advanced Modus geschaltet, in dem auch Kommandos an den Transponder gesendet werden können.

Bei den Advanced Transpondern unterscheidet man zwischen den Vollduplex- (FDX-B) und den sequentiellen (HDX-ADV)-Transpondern.

Bür die Datenübertragung vom Transponder zum Lesegerät (uplink) gelten in jedem Betriebszustand des Transponders die in ISO 11785 definierten Verfahren und Parameter.

9.1.3.1.1 FDX-B

Gelangt ein Advanced Transponder des Typ FDX-B in das Ansprechfeld eines Lesegerätes, so wird kontinuierlich der Identifikationscode des Transponders, wie in ISO/IEC 11785 definiert, an das Lesegerät übertragen. Durch das gesetzte Bit 16 (data block follows) erkennt das Lesegerät, dass es sich um einen *FDX-B Transponder* handelt. Um den Transponder in den *Advanced Modus* zu schalten, muss das Feld des Lesegerätes zunächst für 5 ms vollständig abgeschaltet werden. Wird das Feld wieder eingeschaltet, kann der Transponder innerhalb eines definierten Zeitfensters durch Aussenden eines 5-bit „SWITCH“-Kommandos in den Advanced Modus geschaltet werden. Dieser wartet dann auf weitere Kommandos des Lesegerätes.

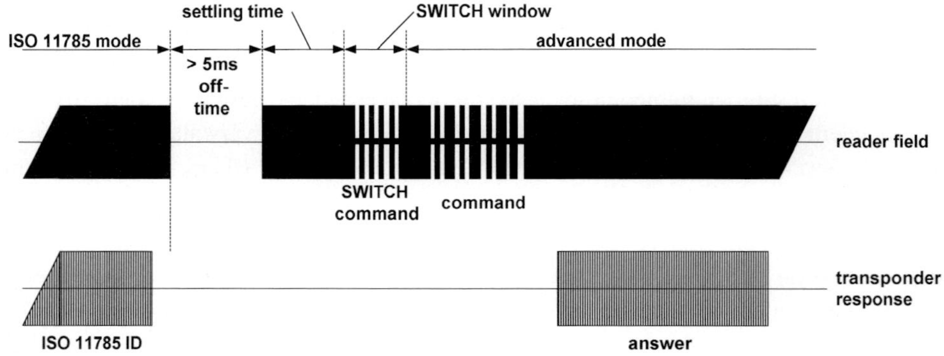

Abb. 9.4 Signalverlauf an der Antenne eines Lesegerätes

Tabelle 9.2: Parameter der Übertragungsstrecke vom Leser zum Transponder (downlink).

Parameter	Mode switching	Advanced Mode
Modulationsverfahren	ASK 90 ... 100%	ASK 90 ... 100%
Codierung	Binary Pulse Length	PIE (pulse interval encoding)
Baudrate	6000 bit/s (LSB first)	6000 bit/s (LSB first)
Mode Switching Code	5 bit pattern (00011)	-
Mode Switching Timing	Transponder settling time: 312,5 / fc = 2,33 ms SWITCH window: 232,5 / fc = 1,73 ms	

9.1.3.1.2 HDX-ADV

Ein sequentieller Transponder (HDX) lädt während der 50 ms Einschaltdauer des Feldes seinen Ladekondensator auf. Innerhalb der 3 ms Feldpause beginnt der Transponder mit der Übertragung des 64 Bit Identifikationscodes, wie in ISO/IEC 11785 definiert. Die Pausendauer wird daraufhin auf maximal 20 ms verlängert, um die vollständige Übertragung des Datenblocks zu ermöglichen. Ein Advanced Transponder (HDX-ADV) wird dabei an dem gesetzten Bit 16 (data block follows) im Identifikationscode erkannt.

Ein sequentieller Transponder kann dabei zu jedem Abfragezyklus in den Advanced Mode geschaltet werden. Hierzu wird einfach in der zweiten Zeithälfte der 50 ms Einschaltdauer des Feldes ein Kommando an den Transponder gesendet. Der Transponder führt dieses Kommando unmittelbar aus und sendet in der folgenden Pause die Antwort an das Lesegerät. Wird in einem Abfragezyklus kein Kommando gesendet, so fällt der Transponder automatisch in den ISO 11785-Mode zurück und überträgt in der unmittelbar folgenden Pause seinen Identifikationscode an das Lesegerät.

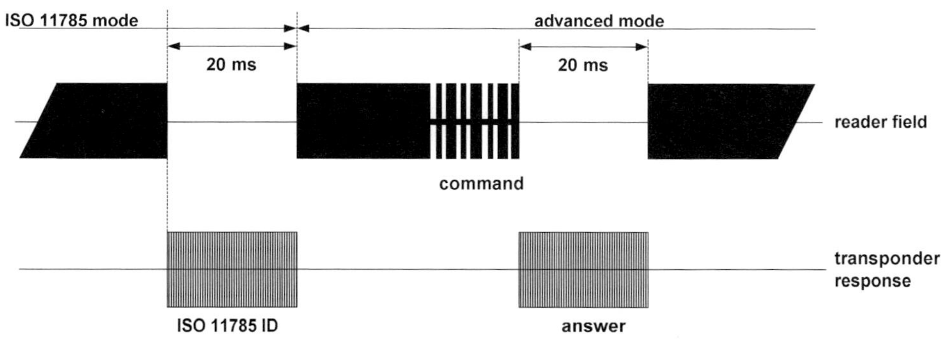

Abb. 9.5 Ein sequentieller advaced Transponder wird durch Aussenden eines beliebigen Kommandos in den advanced Modus geschaltet.

Tabelle 9.3: Parameter der Übertragungsstrecke vom Leser zum Transponder (downlink).

Parameter	Wert
Modulationsverfahren	ASK 90 ... 10%
Codierung	Pulse Width Modulation (PWM)
Baudrate (downlink)	500 bit/s

9.1.3.2 Teil 2 – Code and Command Structure

Dieser Teil des Standards beschreibt das einfache *Übertragungsprotokoll* zwischen Transponder und Lesegerät, die Speicherorganisation des Transponders, sowie Kommandos, die von den Advanced Transpondern unterstützt werden müssen.

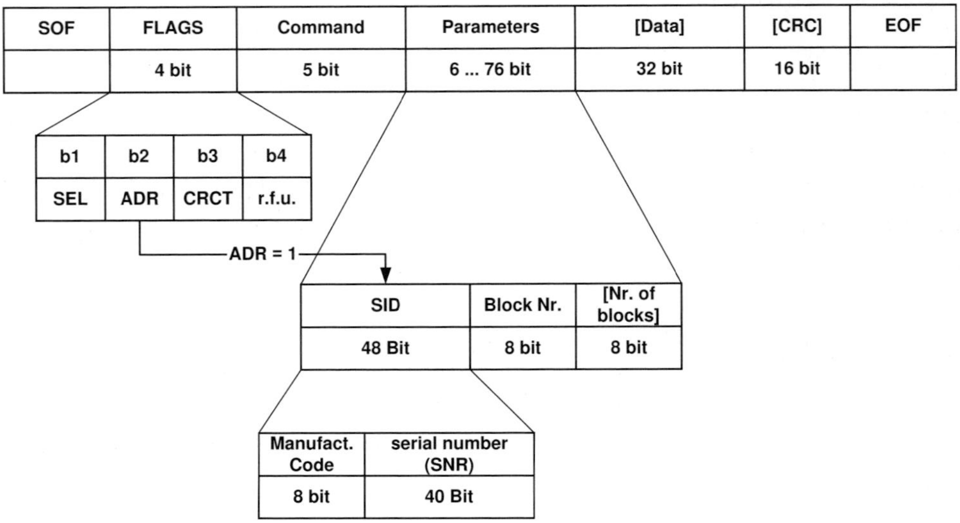

Abb. 9.6 Aufbau eines ISO 14223-Kommandorahmens zur Übertragung von Daten vom Lesegerät an den Transponder.

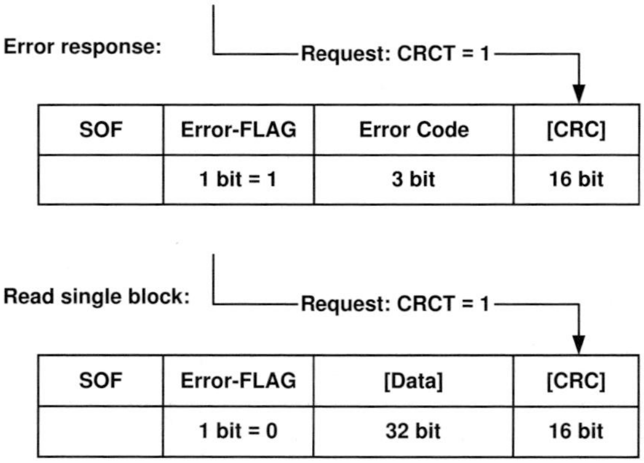

Abb. 9.7 Aufbau eines ISO 14223 Response-Rahmens zur Übertragung von Daten von einem Transponder an das Lesegerät.

Der Aufbau eines Kommandorahmens ist für alle Transpondertypen identisch und in Abbildung 9.6 dargestellt. Das 5-Bit-Kommandofeld ermöglicht die Definition von 32 unterschiedlichen Kommandos. Die Kommandocodes „00" ... „19" sind dabei bereits in der Norm definiert und werden von allen Advanced Transpondern in gleicher Weise unterstützt. Die Kommandocodes „20" ... „31" hingegen sind durch die Chiphersteller frei definierbar und können daher mit Kommandos unterschiedlichster Funktion belegt werden. Die Parameter enthalten (bei Lese- und Schreibkommandos) die Blockadresse eines *Speicherblocks*, die optionale Anzahl der mit diesem Kommando zu bearbeitenden Speicherblöcke, sowie ebenfalls optional (ADR = 1) die zuvor ermittelte UID, um damit explizit einen bestimmten Transponder anzusprechen. Durch die 4 Flags im Kommandorahmen können einige zusätzliche Optionen gesteuert werden, wie ein optionaler *CRC* am Ende des Response-Rahmens (CRCT = 1), die eben erwähnte explizite Transponderadressierung (ADR = 1) sowie der Zugriff auf Transponder in einem speziellen „selected"-Status (SEL = 1).

Der Aufbau des Response-Rahmens ist in Abbildung 9.7 dargestellt. Dieser enthält ein Flag, um dem Lesegerät den Fehlerstatus des Transponders zu signalisieren (Error-Flag). Das folgende 3-Bit Status-Feld enthält eine genauere Interpretation des aufgetretenen Fehlers.

Der Kommandosatz und die Protokollstruktur eines advanced Transponders entsprechen hierbei den in ISO 18000-2 definierten Werten.

9.2 Kontaktlose Chipkarten

Einer groben Einteilung der Reichweite folgend[26] stehen derzeit drei unterschiedliche Normen für kontaktlose Karten zur Verfügung (Tabelle 9.4)

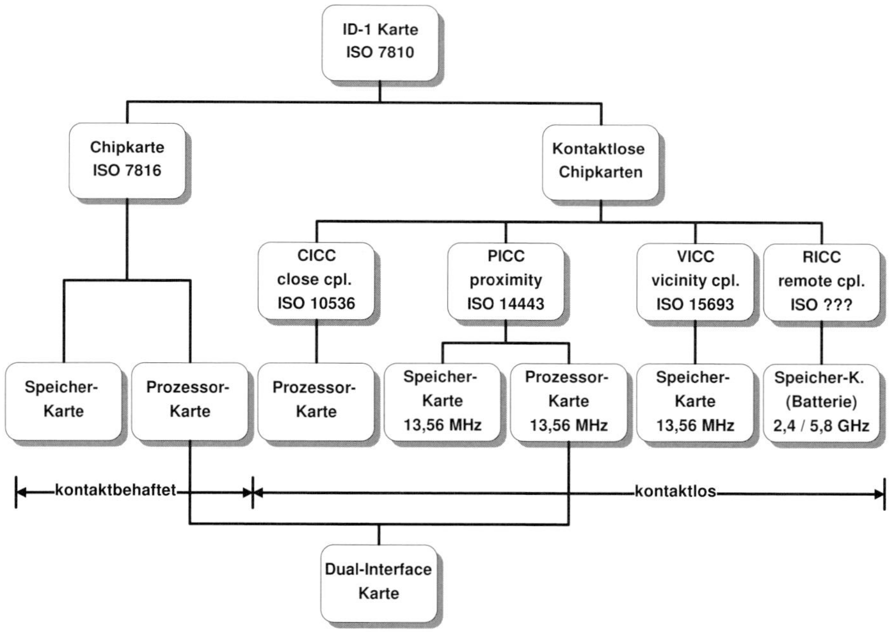

Abb. 9.8 Familie der Chipkarten (kontaktlos und kontaktbehaftet), mit Angabe der relevanten Normen.

Der Standard für Close-coupling-Chipkarten – ISO 10536 – wurde im Wesentlichen bereits zwischen 1992 und 1995 entwickelt. Wegen der hohen Kosten bei der Herstellung dieses Kartentyps[27] und der geringen Vorteile gegenüber den kontaktbehafteten Chip-

[26] Die Normen selbst enthalten keine explizite Angabe einer maximalen Reichweite, vielmehr handelt es sich um Richtwerte zur einfachen Unterteilung der unterschiedlichen Kartensysteme.

[27] Die Karten bestehen aus einem komplexen Aufbau aus bis zu vier induktiven und ebenso vielen kapazitiven Koppelelementen.

Tabelle 9.4: Verfügbare Normen für kontaktlose Chipkarten.

Norm	Kartentyp	Reichweite ca.
ISO 10536	Close coupling	0 ... 1 cm
ISO 14443	Proximity coupling	0 ... 10 cm
ISO 15693	Vicinity coupling	0 ... 1 m

karten[28] konnten sich Close-coupling Systeme nie auf dem Markt behaupten und werden heute kaum noch eingesetzt.

9.2.1 ISO 10536 – Close-coupling-Chipkarten

Die ISO-Norm 10536 beschreibt unter dem Titel „Identification cards – contactless integrated circuit(s) cards" Aufbau und Betriebsparameter kontaktloser *Close-coupling-Chipkarten*. Die *ISO 10536* besteht aus 4 Teilen mit folgenden Titeln:

- Part 1: Physical characteristics
- Part 2: Dimensions and location of coupling areas
- Part 3: Electronic signals and reset procedures
- Part 4: Answer to reset and transmission protocols (noch in Arbeit)

9.2.1.1 Part 1 – Physical characteristics

In Teil 1 der Norm werden die physikalischen Eigenschaften der Close-coupling-Karten definiert. Für die mechanischen Abmessungen wurden die gleichen Anforderungen wie für kontaktbehaftete Chipkarten festgelegt.

9.2.1.2 Part 2 – Dimensions and locations of coupling areas

Teil 2 der Norm spezifiziert Lage und Abmessungen der Koppelelemente. Es kommen sowohl *induktive* (H1 ... 4) als auch *kapazitive Koppelelemente* (E1 ... 4) zum Einsatz. Die Anordnung der Koppelelemente wurde so gewählt, dass eine Close-coupling-Karte in einem Einsteckleser in allen vier Lagen betrieben werden kann.

9.2.1.3 Part 3 – Electronic signals and reset procedures

9.2.1.3.1 Energieversorgung

Die Energieversorgung der Close-coupling-Karte erfolgt über die vier induktiven Koppelelemente H1 ... H4. Das induktive Wechselfeld soll eine Frequenz von 4,9152 MHz aufweisen. Die Koppelelemente H1, H2 werden als Spulen, jedoch mit umgekehrtem Wickelsinn ausgeführt, sodass bei gleichzeitiger Speisung der Koppelelemente eine Phasendifferenz von

[28] Auch Close-coupling-Chipkarten müssen zum Betrieb in ein Lesegerät gesteckt, oder wenigstens auf einer Auflage exakt positioniert werden.

180° zwischen den zugehörigen magnetischen Feldern F1 und F2 bestehen muss (z. B. durch U-Kern im Lesegerät). Analoges gilt für die Koppelelemente H3 und H4.

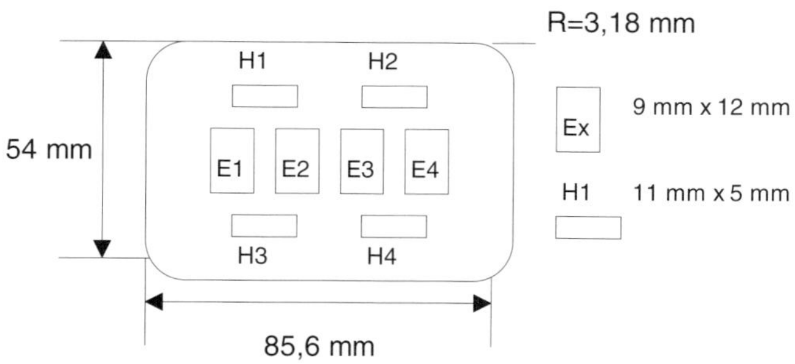

Abb. 9.9 Lage der kapazitiven (E1 – E4) und induktiven Koppelelemente (H1 – H4) einer Close-coupling-Chipkarte.

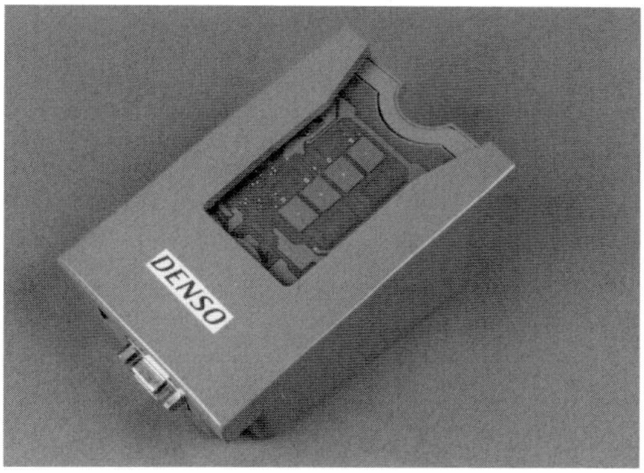

Abb. 9.10 Halb geöffnetes Lesegerät für Close-coupling-Chipkarten nach ISO 10536. In der Mitte des Einsteckschlitzes sind vier kapazitive Koppelflächen zu erkennen, umgeben von vier induktiven Koppelelementen (Spulen). (Foto: Denso Corporation, Japan – Aichi-ken)

Die Lesegeräte müssen so ausgelegt sein, dass mit jedem der magnetischen Felder F1 ... F4 eine Leistung von 150 mW an die kontaktlose Karte abgegeben werden kann. Über alle vier Felder zusammen dürfen von der Karte jedoch nicht mehr als 200 mW aufgenommen werden.

9.2.1.3.2 Datenübertragung Karte > Lesegerät

Zur Datenübertragung zwischen Karte und Lesegerät können wahlweise die induktiven oder kapazitiven Koppelelemente verwendet werden. Während einer laufenden Kommunikation darf jedoch nicht mehr zwischen den Kopplungsarten gewechselt werden.

Induktiv: Zur Übertragung von Daten über die Koppelfelder H1 ... H4 wird hier *Lastmodulation* mit *Hilfsträger* eingesetzt. Die *Hilfsträgerfrequenz* beträgt 307,2 kHz, die Modulation des Hilfsträgers erfolgt mit 180° *PSK*. Das Lesegerät ist so auszulegen, dass ein Lastwechsel von 10% der Grundlast an mindestens einem der Felder F1 ... F4 als Lastmodulationssignal erkannt werden kann. Der minimale Lastwechsel einer Karte ist mit 1 mW spezifiziert.

Kapazitiv: Hierzu werden paarweise die Koppelfelder E1, E2 oder E3, E4 eingesetzt. In beiden Fällen werden die paarweisen Koppelfelder durch ein Differenzsignal angesteuert. Die Spannungsdifferenz $U_{diff} = U_{E1} - U_{E2}$ soll so bemessen werden, dass an den Koppelflächen E1' und E2' des Lesegerätes ein Spannungspegel von mindestens 0,33 V zur Verfügung steht. Die Datenübertragung erfolgt durch *NRZ-Codierung* im Basisband (d. h. ohne Hilfsträger). Die Datenrate nach Reset beträgt 9600 bit/s; während des Betriebs kann jedoch auf eine höhere Datenrate umgeschaltet werden.

9.2.1.3.3 Datenübertragung Lesegerät > Karte

Zur Datenübertragung in Richtung Karte wird durch die Norm der induktive Kanal präferiert. Als Modulationsverfahren wird eine 90° PSK der Felder F1 ... F4 eingesetzt, wobei die Phasenlage aller Felder synchron umgetastet wird. Je nach Lage der Karte im Einsteckleser sind bei Modulation folgende Phasenbeziehungen zwischen den Koppelfeldern möglich:

Tabelle 9.5: Einstecklage 1 (Zustand A: ungetastet, Zustand A': getastet)

A	A'
ΦF	1Φ'F1 = ΦF1 – 90°
ΦF3 = ΦF1 + 90°	Φ'F3 = ΦF3 + 90°

Tabelle 9.6: Einstecklage 2 (Zustand A: ungetastet, Zustand A': getastet)

A	A'
F1	Φ'F1 = Φ'F1 + 90°
ΦF3 = ΦF1 – 90°	Φ'F3 = Φ'F3 – 90°

Die Datenübertragung erfolgt durch NRZ-Codierung im Basisband (d. h. ohne Hilfsträger). Die Datenrate nach Reset beträgt 9600 bit/s; während des Betriebs kann jedoch auf eine höhere Datenrate umgeschaltet werden.

9.2.1.4 Part 4 – Answer to reset and transmission protocols

Dieser Teil der ISO 10536 soll die Übertragungsprotokolle zwischen Lesegerät und Chipkarte beschreiben. Da sich Teil 4 jedoch noch bei den zuständigen Normierungsgremien in Arbeit befindet und damit Änderungen unterworfen sein kann, wird an dieser Stelle auf eine Beschreibung vorläufig verzichtet.

9.2.2 ISO 14443 – Proximity-coupling-Chipkarten

Die ISO-Norm 14443 beschreibt unter dem Titel „Identification cards – Proximity integrated circuit(s) cards" Funktionsweise und Betriebsparameter kontaktloser Proximity-coupling-Chipkarten. Darunter versteht man kontaktlose Chipkarten mit einer ungefähren Reichweite von 7 ... 15 cm, wie sie überwiegend im Bereich „Ticketing“ eingesetzt werden. Als Datenträger beinhalten diese Chipkarten üblicherweise einen Mikroprozessor und verfügen darüber hinaus häufig über zusätzliche Kontakte (siehe hierzu auch Kap. 10.2.1 „Dual Interface Karte“, S. 302).

Die Norm besteht aus folgenden Teilen:

- Part 1: Physical characteristics.
- Part 2: Radio frequency power and signal interface.
- Part 3: Initialization and anticollision (noch in Arbeit).
- Part 4: Transmission protocols (in Vorbereitung).

9.2.2.1 Part 1 – Physical characteristics

In Teil 1 der Norm werden die mechanischen Eigenschaften der Chipkarten definiert. Die Abmessungen entsprechen den in ISO 7810 festgelegten Werten, also 85,72 mm · 54,03 mm · 0,76 mm ± Toleranzen.

Darüber hinaus finden sich in diesem Teil der Norm zusätzliche Hinweise zur Prüfung der Biege- und Torsionsbelastung (dynamic bending stress, dynamic torsion stress), sowie der Bestrahlung mit UV-, Röntgen- und elektromagnetischen Strahlen.

9.2.2.2 Part 2 – Radio frequency interface

Die Energieversorgung der induktiv gekoppelten *Proximity-Karte* (*PICC*) erfolgt durch das magnetische Wechselfeld eines Lesegerätes (*PCD*) mit einer Sendefrequenz von 13,56 MHz. Die Karte enthält hierzu eine großflächige Antennenspule mit typischerweise 3 ... 6 Wdg Draht (vgl. Abbildung 2.11 und 2.12).

Das vom Lesegerät zu generierende Magnetfeld darf die Grenzwerte 1,5 A/m $\leq H \leq$ 7,5 A/m nicht über- oder unterschreiten. Somit gilt für die *Ansprechfeldstärke* H_{min} einer Proximity-coupling-Chipkarte automatisch: $H_{min} \leq$ 1,5 A/m. Nur dadurch ist sichergestellt, dass eine Chipkarte mit einer Ansprechfeldstärke von H_{min} = 1,5 A/m durch ein Lesegerät, welches eine Feldstärke von gerade eben 1,5 A/m erzeugt (z. B. ein tragbares, batteriebetriebenes Lesegerät mit entsprechend geringer Sendeleistung), zumindest in der Entfernung $x = 0$ zur Sendeantenne (Chipkarte aufgelegt) ausgelesen werden kann [berger].

Ist der Feldstärkeverlauf eines Lesegerätes sowie die Ansprechfeldstärke einer Proximity-coupling-Chipkarte bekannt, so kann die Reichweite des Systems abgeschätzt werden. Der Feldstärkeverlauf eines typischen Lesegerätes nach ISO 14443 ist in Abbildung 9.11 dargestellt (siehe hierzu Kap. 4.1.1.1 „Feldstärkeverlauf H(x) bei Leiterschleifen“, S. 65). Eine Ansprechfeldstärke der Chipkarte von 1,5 A/m resultiert in diesem Falle in einer Reichweite von 10 cm.

Leider war es bei der Entwicklung der Norm nicht möglich, sich auf ein gemeinsames Kommunikationsinterface zu einigen. Aus diesem Grunde haben zwei völlig unterschiedliche Verfahren zur Datenübertragung zwischen Lesegerät und Proximity-coupling-Chipkarte Eingang in die ISO 14443 gefunden – Typ A und Typ B. Eine Chipkarte braucht dabei nur eine der beiden Kommunikationsverfahren zu unterstützen. Ein normkonformes Lesegerät hingegen muss in der Lage sein, mittels beider Verfahren gleichermaßen zu kommunizieren, um so alle Chipkarten zu unterstützen. Dies erfordert eine periodische Umschaltung zwischen den beiden Kommunikationsverfahren (Polling) während des „Idle"-Zustands („Warte auf Chipkarte") im Lesegerät.

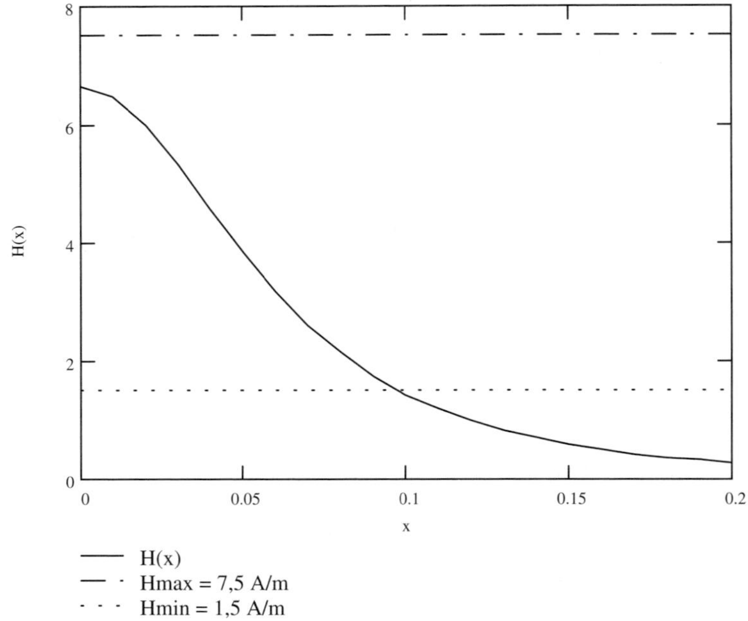

Abb. 9.11 Typischer Feldstärkeverlauf eines Lesegerätes für Proximity-coupling-Chipkarten (Antennenstrom i_1 = 1A, Antennendurchmesser D = 15 cm, Windungszahl N = 1).

Während einer bestehenden Kommunikationsbeziehung zwischen dem Lesegerät und einer Karte darf jedoch nicht zwischen den beiden Verfahren umgeschaltet werden.

9.2.2.2.1 Kommunikationsinterface – Typ A

Bei den Typ-A-Karten ist als Modulationsverfahren zur Datenübertragung vom Lesegerät zur Karte eine 100% *ASK-Modulation* mit modifizierter *Millercodierung* (Abbildung 9.12) definiert. Die Länge der Austastlücken beträgt nur etwa 2–3 µs, um eine stetige Energieversorgung der Karte zu gewährleisten. Die Anforderungen an das Ein- und Ausschwingverhalten des vom Lesegerät erzeugten HF-Signals in den Austastlücken ist hierzu in der Norm genau beschrieben. Zur Datenübertragung von der Chipkarte zum Lesegerät wird ein Lastmodulationsverfahren mit Hilfsträger eingesetzt. Die *Hilfsträgerfrequenz* beträgt: f_H = 847 kHz (13,56 MHz / 16). Die Modulation des Hilfsträgers erfolgt durch Ein- und Austastung des Hilfsträgers (On-/Off-keying) mit einem Manchester-codierten Datenstrom. In beide Übertragungsrichtungen beträgt die Baudrate: f_{Bd} = 106 kBit/s (13,56 MHz/128).

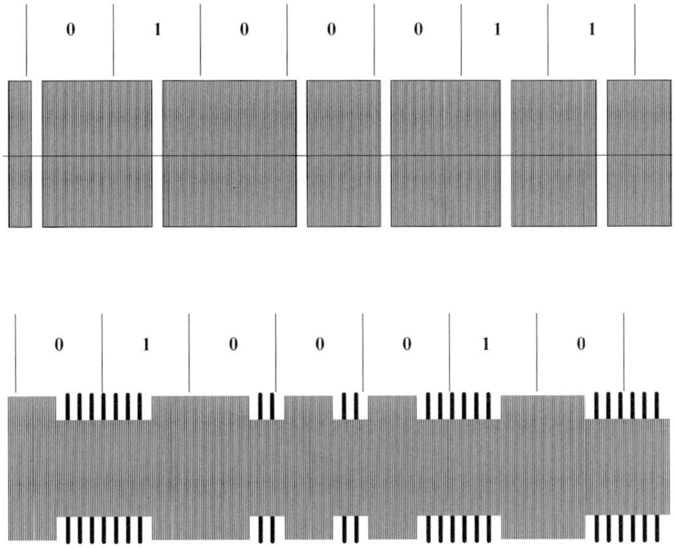

Abb. 9.12 Modulationsverfahren für Proximity-coupling-Chipkarten nach ISO 14443 – Typ A:
oben – Downlink: ASK 100% mit modifizierter Millercodierung (Spannungsverlauf an der Leserantenne)
unten – Uplink:Lastmodulation mit ASK-moduliertem 847 kHz Hilfsträger in Manchestercodierung (Spannungsverlauf an der Transponderspule).

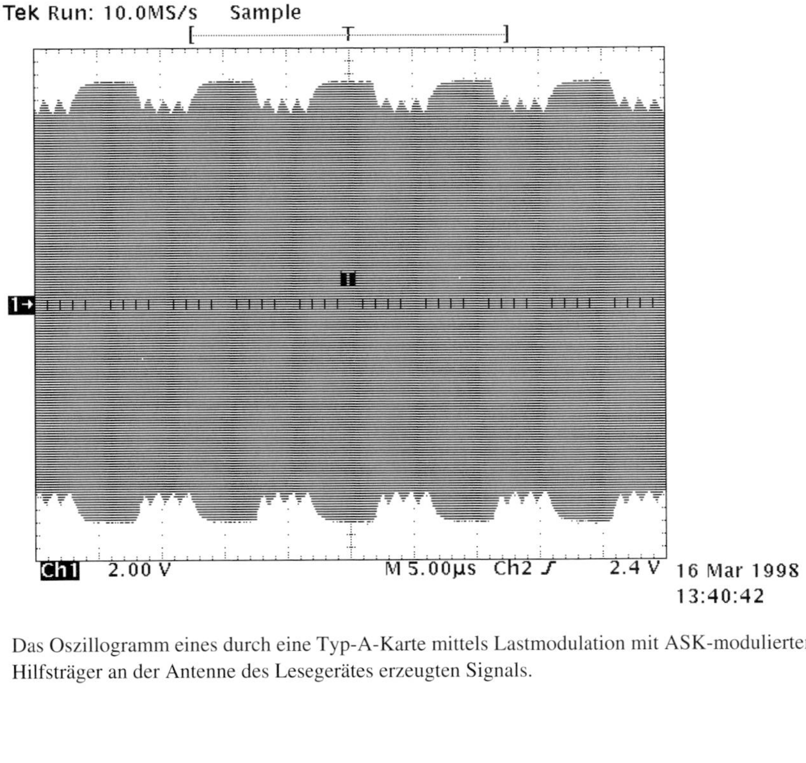

Abb. 9.13 Das Oszillogramm eines durch eine Typ-A-Karte mittels Lastmodulation mit ASK-moduliertem Hilfsträger an der Antenne des Lesegerätes erzeugten Signals.

9.2.2.2.2 Kommunikationsinterface – Typ B

Bei den Typ-B-Karten wird als Modulationsverfahren zur Datenübertragung vom Lesegerät zur Karte 10% *ASK-Modulation* (Abbildung 9.14) verwendet. Als Bitkodierung kommt dabei eine einfache *NRZ-Codierung* zum Einsatz. Das Ein- und Ausschwingverhalten des HF-Signales in den 0/1-Übergängen ist hierzu in der Norm genau definiert, woraus Anforderungen an die Güte der Sendeantenne abgeleitet werden können (siehe hierzu Kap. 11.4.3 „Einfluss des Gütefaktors Q", S. 336.

Zur Datenübertragung von der Chipkarte zum Lesegerät kommt auch bei Typ B Lastmodulation mit Hilfsträger zum Einsatz. Die Hilfsträgerfrequenz beträgt: f_H = 847 kHz (13,56 MHz/16). Die Modulation des Hilfsträgers erfolgt durch eine 180° Phasenumtastung (BPSK) des Hilfsträgers mit dem NRZ-codierten Datenstrom.

In beide Übertragungsrichtungen beträgt die Baudrate f_{Bd} = 106 kBit/s (13,56 MHz/128).

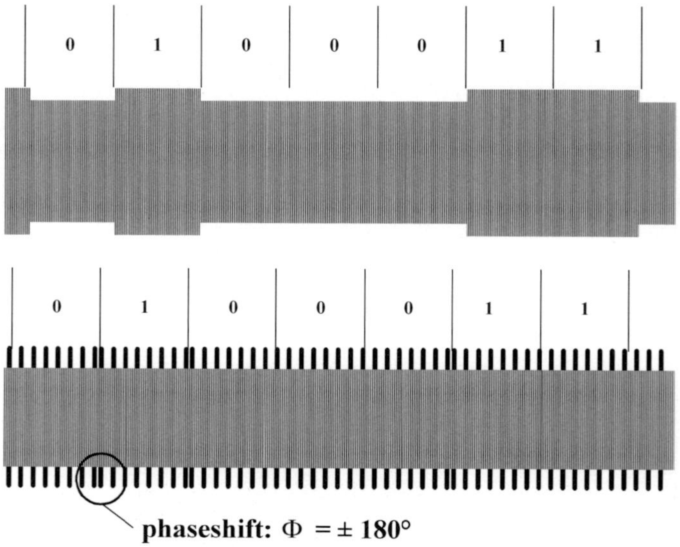

Abb. 9.14 Modulationsverfahren für Proximity-coupling-Chipkarten nach ISO 14443 – Typ B:
oben: – Downlink: ASK 10% mit NRZ-Codierung (Spannungsverlauf an der Leseantenne).
unten: – Uplink: Lastmodulation mit BPSK-moduliertem 847 kHz Hilfsträger in NRZ-Codierung (Spannungsverlauf an der Transponderspule).

9.2.2.2.3 Übersicht

Zusammengefasst ergeben sich für die physikalische Schnittstelle zwischen Lesegerät und Chipkarte eines RFID-Systems nach ISO 14443-2 folgende Parameter:

Tabelle 9.7: Datenübertragung Lesegerät (PCD) → Chipkarte (PICC) [berger].

PCD → PICC	Typ A	Typ B
Modulation:	ASK 100%	ASK 10% (Tastgrad 8% - 12%)
Bitkodierung:	modifizierter Miller-Code	NRZ-Code
Synchronisation:	Auf Bitlevel (Start-of-Frame, End-of-Frame-Marken)	1 Start- und 1 Stopbit pro Byte (Spezifikation in Part 3)
Baudrate:	106 kBd	106 kBd

Tabelle 9.8: Datenübertragung Chipkarte (PICC) → Lesegerät (PCD) [berger].

PICC → PCD	Typ A	Typ B
Modulation:	Lastmodulation mit Hilfsträger 847 kHz, ASK moduliert	Lastmodulation mit Hilfsträger 847 kHz, BPSK moduliert
Bitkodierung:	Manchester-Code	NRZ- Code
Synchronisation:	1 Bit „frame synchronisation“, (Start-of-Frame, End-of-Frame Marken)	1 Start- und 1 Stopbit pro Byte (Spezifikation in Part 3)
Baudrate:	106 kBd	106 kBd

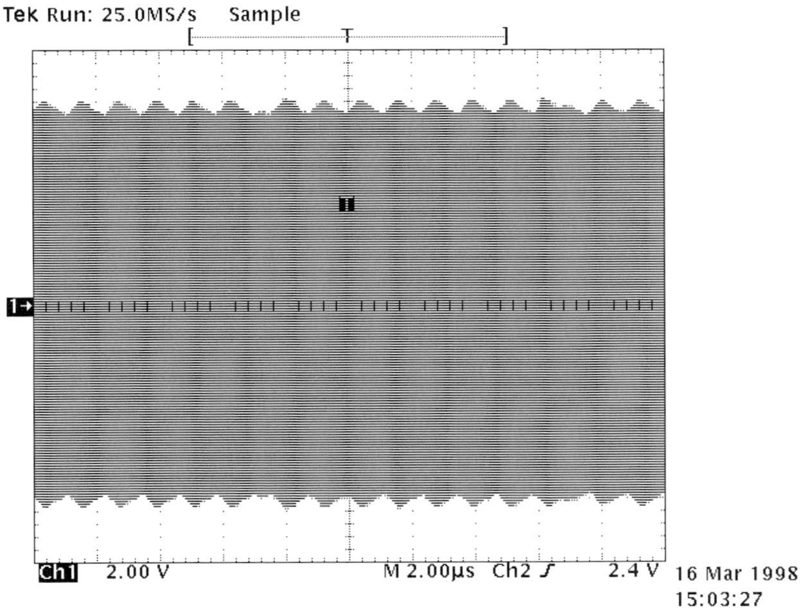

Abb. 9.15 Das Oszillogramm eines durch eine Typ-B-Karte mittels Lastmodulation mit BPSK-moduliertem Hilfsträger an der Antenne des Lesegerätes erzeugten Signals.

9.2.2.3 Part 3 – Initialization and anticollision

Gelangt eine Proximity-coupling-Chipkarte in das Ansprechfeld eines Lesegerätes, so muss zunächst eine Kommunikationsbeziehung zwischen dem Lesegerät und der Chipkarte aufgebaut werden. Dabei muss berücksichtigt werden, dass sich mehr als eine Chipkarte im Ansprechfeld dieses Lesegerätes befindet oder bereits eine Kommunikationsbeziehung mit einer anderen Karte besteht. Dieser Teil der Norm beschreibt daher zunächst den Aufbau der Protokollrahmen (Frames) aus den in Teil 2 definierten Grundelementen Datenbit, Start-of-Frame und End-of-Frame-Marken sowie die verwendeten Antikollisionsverfahren zur Selektion einer einzelnen Karte. Da die unterschiedlichen Modulationsverfahren bei Typ A und Tpy B auch einen unterschiedlichen Aufbau der Protokollrahmen und Antikollisionsverfahren bedingen, spiegelt sich die Trennung zwischen den beiden Typen A und B auch in Teil 3 der Norm wider.

9.2.2.3.1 Typ-A-Karte

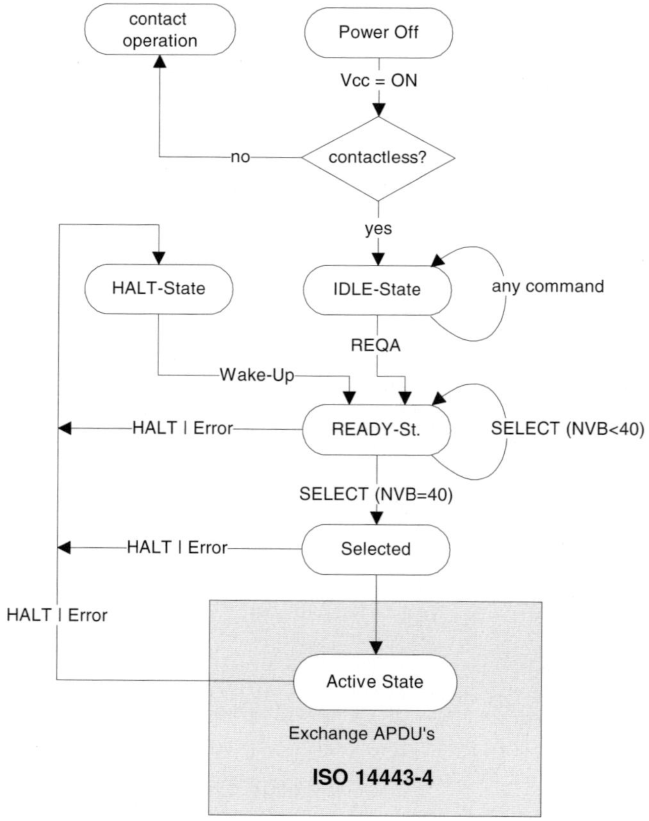

Abb. 9.16 Zustandsdiagramm einer Typ-A-Chipkarte nach ISO 14443 [berger].

Sobald eine Typ-A-Chipkarte in das Ansprechfeld eines Lesegerätes gelangt und genügend Versorgungsspannung zur Verfügung steht, beginnt der Mikroprozessor der Karte zu arbeiten. Nach Ausführung einiger Initialisierungsroutinen, in denen bei einer Dual-Interface-Karte etwa auch geprüft werden muss, ob sich die Karte im kontaktlosen oder kontaktbehafteten Betriebsmodus befindet, gelangt die Karte in den so genannten *IDLE-Mode*. Zu diesem Zeitpunkt kann das Lesegerät bereits Daten mit einer weiteren Chipkarte im Ansprechbereich austauschen. Chipkarten im „IDLE-State" dürfen auf die Datenübertragung des Lesegerätes zu einer weiteren Chipkarte („any command") jedoch auf keinen Fall reagieren, um eine laufende Kommunikation nicht zu stören.

Empfängt die Karte im IDLE-State ein gültiges REQA-Kommando (Request-A), so wird als Anwort ein ATQA-Block (Answer to Request) an das Lesegerät zurückgesendet. Um sicherzugehen, dass Daten, die für eine weitere Karte im Ansprechfeld des Lesegerätes bestimmt sind, nicht fälschlicherweise als REQA-Kommando interpretiert werden, besteht dieses lediglich aus 7 Datenbits. Der zurückgesendete ATQA-Block besteht hingegen aus 2 Bytes und wird in einem Standard-Frame zurückgesendet.

S	0110	010	E
	LSB	MSB	

Abb. 9.17 Das **REQUEST-Kommando** eines Lesegerätes für Typ-A-Karten (REQA) besteht lediglich aus 7 Datenbits. Die fälschliche Interpretation von Nutzdaten, die für eine andere Karte bestimmt sind, als REQUEST-Kommando ist damit sicher ausgeschlossen (S = Start of Frame, E = End of Frame).

Nachdem die Karte das REQA-Kommando beantwortet hat, befindet sich die Karte im READY-State. Das Lesegerät hat nun erkannt, dass sich mindestens eine Karte im Ansprechfeld befindet und startet den Antikollisionsalgorithmus durch Aussendung eines SELECT-Kommandos. Bei dem hier eingesetzten Antikollisionsverfahren handelt es sich um einen dynamischen *„binary-search-tree"-Algorithmus*[29]. Zur Übertragung des Suchkriteriums und der Antwort der Karte wird ein bitorientierter Frame verwendet, sodass nach einer beliebigen Anzahl gesendeter Bits die Übertragungsrichtung zwischen Lesegerät und Karte umgekehrt werden kann. Zur Angabe der aktuellen Länge des Suchkriteriums dient der Parameter NVB (Number of valid bits) des SELECT-Kommandos.

NAD	Data	CRC
1 Byte	N Bytes	2 Byte

Abb. 9.18 Mit Ausnahme des REQA-Kommandos und während der Antikollisionsroutine werden alle Daten (d. h. Kommando, Antwort und Nutzdaten) zwischen Lesegerät und Karte als Standardframe übertragen. Dieser beginnt immer mit einem Start-of-Frame-Signal (S), gefolgt von einer beliebigen Anzahl von Datenbytes. Jedes einzelne Datenbyte ist durch ein Paritybit gegen Übertragungsfehler abgesichert. Durch ein End-of-Frame-Signal (E) wird die Datenübertragung beendet.

[29] Die Kenntnis dieses Verfahrens wird an dieser Stelle vorausgesetzt. Eine schrittweise Einführung in die Funktionsweise kann Kap. 7.2.4.3 „Binary-Search-Algorithmus", S. 216 entnommen werden.

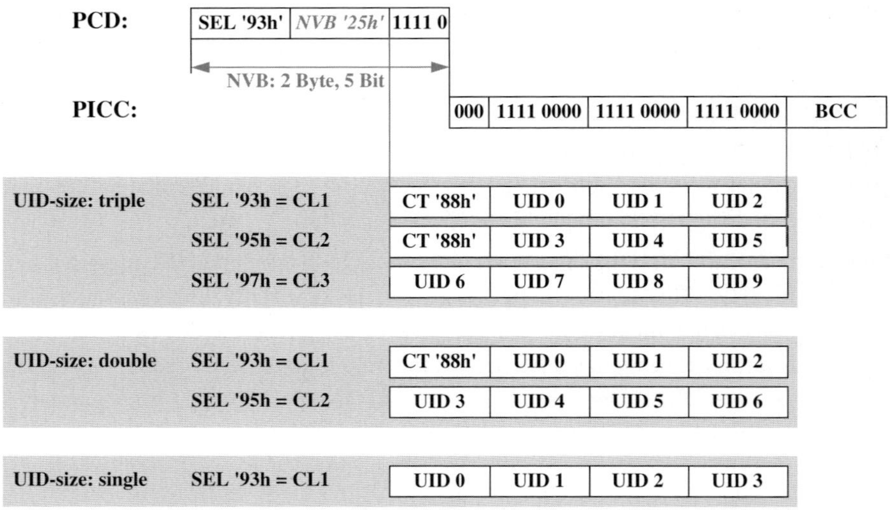

Abb. 9.19 Zur Ermittlung der Seriennummer einer Karte wird ein dynamischer Binary-search-tree-Algorithmus eingesetzt. Die Seriennummern können dabei 4, 7 oder 10 Byte lang sein, weshalb der Algorithmus mit unterschiedlichem Cascade-Level (CL) mehrmals durchlaufen werden muss.

Die Länge einer einfachen Seriennummer beträgt 4 Byte. Ist durch den Antikollisionsalgorithmus eine Seriennummer ermittelt, so sendet das Lesegerät schließlich im SELECT-Kommando die vollständige Seriennummer (NVB = 40h), um die betreffende Karte damit zu selektieren. Die Karte mit der ermittelten Seriennummer bestätigt dieses Kommando mit einem SAK (SELECT-Acknowledge) und befindet sich damit im ACTIVE-State, dem selektierten Zustand. Eine Besonderheit dabei ist jedoch, dass nicht alle Karten eine 4 Byte lange Seriennummer (single-size) besitzen. Die Norm erlaubt auch Seriennummern mit 7 Byte (double-size) und sogar 10 Byte (tripple-size) Länge. Verfügt die selektierte Karte über eine Double- oder Triple-size-Seriennummer, so wird dies dem Lesegerät im SAK der Karte, durch ein gesetztes „cascade-bit" (b3 = 1) signalisiert, wobei die Karte im READY-State verbleibt. Dies hat zur Folge, dass der Antikollisionsalgorithmus im Lesegerät neu gestartet wird, um auch den zweiten Teil der Seriennummer zu ermitteln. Bei einer Triple-size-Seriennummer muss der Antikollisionsalgorithmus sogar ein drittes Mal durchlaufen werden. Um nun den Karten zu signalisieren, welcher Teil der Seriennummern durch den gestarteten Algorithmus ermittelt werden soll, wird im SELECT-Kommando zwischen drei Cascade-Leveln (CL1, CL2, CL3) unterschieden. Bei Ermittlung einer Seriennummer muss zunächst jedoch immer mit Cascade-Level 1 gestartet werden. Um die zufällige Übereinstimmung des Seriennummernfragmentes einer längeren Seriennummer mit einer kürzeren Seriennummer auszuschließen, werden im Antikollisionsalgorithmus so genannte Cascade-Tags (CT = 88h) an einer vorgegebenen Position in die Double- oder Triple-size-Nummern eingefügt. Bei den jeweils kürzeren Seriennummern darf daher an den entsprechenden Bytepositionen dieser Wert nie auftreten.

Zu beachten ist auch das exakte Timing, zwischen einem Kommando des Lesegerätes und der Antwort einer Chipkarte. Die Norm schreibt hier ein synchrones Verhalten der Chipkarte vor, weshalb die Aussendung einer Antwort nur zu definierten Zeitpunkten in einem festen Zeitraster erfolgen darf:

Tabelle 9.9: Gefordertes Zeitraster für die Transponderantwort während Anticollision

Letztes empfangenes Byte:	Gefordertes Zeitverhalten:
„1"	$t_{RESPONSE} = (N \cdot 128 + 84) \cdot t_0$
„0"	$t_{RESPONSE} = (N \cdot 128 + 20) \cdot t_0$

Für die Antwort auf ein REQA-, WakeUp- oder SELECT-Kommando gilt N = 9. Für alle anderen Kommandos (z. B. Applikationskommandos) muss $N \geq 9$ sein (N = 9, 10, 11, 12, ...).

9.2.2.3.2 Typ-B-Karte

Bringt man eine Typ-B-Chipkarte in das Ansprechfeld eines Lesegerätes, so gelangt auch hier nach der Ausführung einiger Initialisierungsroutinen die Chipkarte zunächst in den IDLE-Mode und wartet auf den Empfang eines gültigen REQB (REQUEST-B)-Kommandos.

Durch das Aussenden eines REQB-Kommandos wird bei Typ-B-Karten der Antikollisionsalgorithmus unmittelbar gestartet. Bei dem eingesetzten Verfahren handelt es sich um ein dynamisches *Slotted-ALOHA-Verfahren*[30], bei dem die Anzahl der Slots durch das Lesegerät dynamisch verändert werden kann. Die Anzahl der jeweils zur Verfügung stehenden Slots wird in einem Parameter des REQB-Kommandos codiert. Um eine Vorselektion bei der Auswahl einer Karte treffen zu können, besitzt das REQB-Kommando einen weiteren Parameter, den „Application Family Identifier" (AFI), mit dem als Suchkriterium bereits eine bestimmte Anwendungsgruppe vorgegeben werden kann.

Apf	AFI	PARAM	CRC
1 Byte	1 Byte	1 Byte	2 Byte

Abb. 9.20 Aufbau eines REQB-Kommandos. Der Antikollision-Prefix (Apf) besitzt einen reservierten Wert (05h), der im Parameter NAD eines anderen Kommandos nicht verwendet werden darf, um Verwechslungen sicher auszuschließen.

[30] Die Kenntnis dieses Verfahrens wird an dieser Stelle vorausgesetzt. Eine schrittweise Einführung in die Funktionsweise kann Kap. 7.2.4.2 „Slotted-ALOHA-Verfahren", S. 212 entnommen werden.

Tabelle 9.10: Durch den „application family identifier“ – (AFI) kann im REQB-Kommando bereits eine Vorselektion in einer Gruppe von Anwendungen getroffen werden.

AFI, Bit 7 ... Bit 4 Anwendungsgruppe	AFI Bit 3 ... Bit 0 Untergruppe	Bemerkung
0000	0000	Alle Anwendungsgruppen und Untergruppen
-	0000	Alle Untergruppen einer Anwendungsgruppe
‘X’	‘Y’	Nur Untergruppe Y der Anwendungsgruppe X
0001	-	Transport (Nahverkehr, Fluglinien, ...)
0010	-	Zahlungsverkehr (Banken, Tickets, ...)
0011	-	Identifikation (Ausweis, Führerschein, ...)
0100	-	Telekommunikation (Telefonkarte, GSM, ...)
0101	-	Medizin (Krankenversicherungskarte, ...)
0110	-	Multimedia (Internetservice, Pay-TV, ...)
0111	-	Spiele (Casinokarte, Lottokarte, ...)
1000	-	Datenspeicherung („portable files“, ...)
1001 ... 1111	-	Reserviert für zukünftige Anwendungen

Tabelle 9.11: Durch den Parameter M kann im REQB-Kommando die Anzahl der zur Verfügung stehenden Slots eingestellt werden.

PARAM-Byte: M (Bit 2 ... Bit 0)	Anzahl N der Slots
000	1
001	2
010	4
011	8
100	16
101	Reserviert für zukünftige Anwendungen
11x	Reserviert für zukünftige Anwendungen

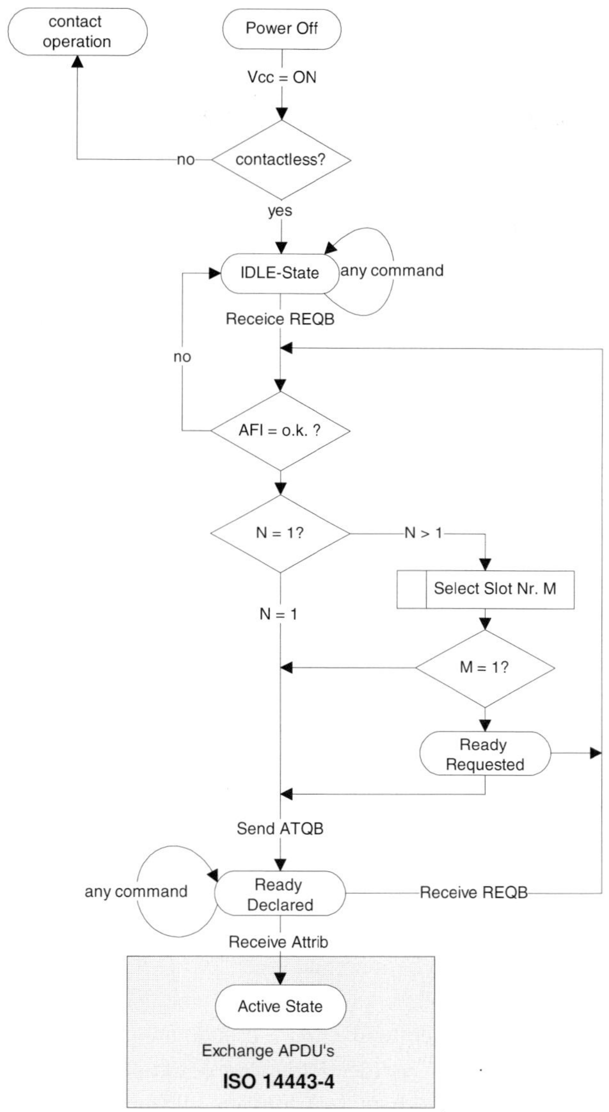

Abb. 9.21 Zustandsdiagramm einer Typ-B-Chipkarte nach ISO 14443.

Nachdem eine Karte ein gültiges *REQB-Kommando* empfangen hat, überprüft sie, ob die im Parameter AFI vorselektierte Anwendungsgruppe unter den auf der Karte gespeicherten Anwendungen vorhanden ist. Falls dies zutrifft, wird nun der Parameter M des REQB-Kommandos ausgewertet, um die Anzahl der für die Antikollision zur Verfügung stehenden Slots zu ermitteln. Ist die Anzahl der verfügbaren Slots größer als eins, so muss in der Karte per Zufallsgenerator die Nummer eines Slots festgelegt werden, innerhalb dessen die Karte ihre Antwort an das Lesegerät übertragen will. Um die Synchronisation der Karten mit den Slots zu gewährleisten, werden durch das Lesegerät zu Beginn eines jeden Slots eigene Slotmarker ausgesendet. Die Karte wartet nun so lange, bis der Slotmarker des vorher festgelegten Slots empfangen wurde (Ready-Requested-State) und beantwortet daraufhin das REQB-Kommando durch Aussendung eines *ATQB* (Anwer To Request-B).

Apa	PUPI (Identifier)	Application Data	Prot. Info	CRC
1 Byte	4 Bytes	4 Bytes	2 Bytes	2 Bytes

Abb. 9.22 Aufbau eines ATQB (Answer To Request-B).

APn	CRC
1 Byte	2 Byte

Abb. 9.23 Aufbau eines Slotmarkers. Die laufende Nummer des nachfolgenden Slots wird im Parameter APn codiert: APn = 'nnnn 0101b' = 'n5h'; n = Slotmarker 1 ... 15.

Nach der Aussendung eines Slotmarkers kann ein Lesegerät bereits nach kurzer Zeit feststellen, ob innerhalb des aktuellen Slots eine Chipkarte mit der Übertragung eines ATQB begonnen hat. Ist dies nicht der Fall, so kann der aktuelle Slot durch Aussendung des nachfolgenden Slotmarkers einfach abgebrochen werden, um so Zeit zu sparen.

NAD	Data	CRC
1 Byte	N Bytes	2 Byte

Abb. 9.24 Aufbau eines Standard-Frames zur Übertragung von Applikationsdaten zwischen dem Lesegerät und einer Typ-B-Karte in beide Richtungen. Die Werte x5h (05h, 15h, 25h, ... E5h, F5h) der NAD (node address) sind Antikollisionskommandos vorbehalten, um Verwechslungen mit Applikationskommandos sicher auszuschließen.

Die von der Chipkarte gesendete Request-Antwort ATQB übermittelt dem Lesegerät eine Reihe von Information über wichtige Parameter der Chipkarte (Abbildung 9.22). Um die Karte selektieren zu können, enthält der ATQB zunächst eine 4-Byte-Seriennummer. Im Gegensatz zu den Typ-A-Karten ist die Seriennummer einer Typ-B-Karte nicht zwangsweise fest mit dem Mikrochip verknüpft, sondern kann sogar aus einer Zufallszahl bestehen, die nach jedem Power-on-Reset neu ermittelt wird (PUPI, pseudo unique PICC identifier). Innerhalb des Parameters „Protocoll Info" werden Parameter des kontaktlosen Interfaces codiert, so etwa die maximal mögliche Baudrate der Chipkarte, die maximale Frame-Größe[31] oder auch Angaben über alternative Protokolle. Der Parameter „Application Data" kann darüber hinaus Informationen über mehrere auf der Karte verfügbare Anwendungen (multi applications-Karte) enthalten.

Sobald das Lesegerät den ATQB mindestens einer Chipkarte fehlerfrei empfangen hat, kann nun eine Karte gezielt selektiert werden. Dies erfolgt durch das erste Applikationskommando, welches vom Lesegerät ausgesendet wird. Der Aufbau dieses Kommando, entspricht ei-

[31] Die maximale Frame-Größe, welche eine Karte verarbeiten kann, wird durch die Größe des zur Verfügung stehenden Empfangsbuffers im RAM-Speicher des Mikroprozessors bestimmt. Gerade bei Lowcost-Anwendungen kann die Größe des RAM-Speichers sehr knapp bemessen sein.

nem Standard-Frame, der jedoch um zusätzliche Informationen in einem speziellen Prefix, dem vorangestellten ATTRIB-Prefix (Abbildung 9.25), erweitert wird.

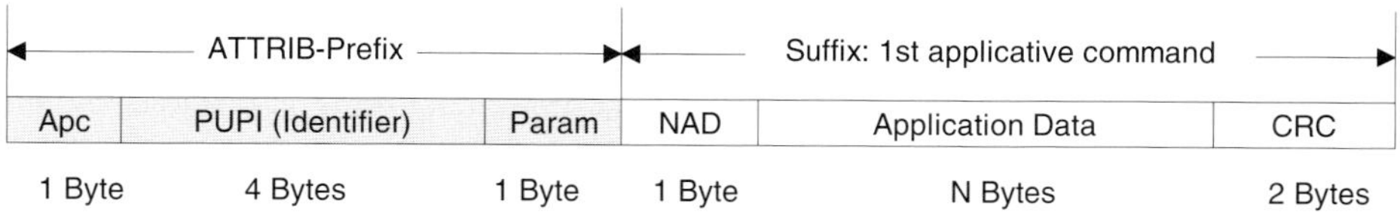

Abb. 9.25 Eine Karte wird durch die Aussendung eines Applikationskommandos mit vorangestelltem ATTRIB-Prefix selektiert, sofern der Identifier der Karte mit dem Identifier (PUPI) des Prefixes übereinstimmt.

Der ATTRIB-Prefix selbst setzt sich aus der (vorher ermittelten) Kartenseriennummer (PUPI) der zu selektierenden Karte und einem Parameter-Byte zusammen. Das Parameter-Byte enthält nun wichtige Informationen über die möglichen Kommunikationsparameter des Lesegerätes, wie etwa die minimale Wartezeit der Chipkarte zwischen einem Kommando des Lesegerätes und einer Anwort der Chipkarte, oder die erforderliche Wartezeit zwischen dem Einschalten des Hilfsträgersignals im Lastmodulator und dem ersten von der Karte gesendeten Datenbit.

9.2.2.4 Part 4 – Transmission protocols

Nachdem nun zwischen einem Lesegerät und einer Proximity-coupling-Chipkarte eine Kommunikationsbeziehung aufgebaut wurde, können Kommandos zum Lesen, Schreiben und Verarbeiten von Daten an die Karte gesendet werden. Dieser Teil der Norm beschreibt den dazu notwendigen Aufbau des Datenprotokolls sowie die Behandlung von Übertragungsfehlern, um die Daten fehlerfrei zwischen den Kommunikationsteilnehmern übertragen zu können.

Bei der Typ-A-Karte müssen hierzu zusätzlich Informationen übertragen werden, die zur Konfiguration des Protokolls an unterschiedliche Eigenschaften der Karte und des Lesegerätes benötigt werden (z. B. mögliche Baudraten, maximale Größe der Datenblöcke, etc.). Bei Typ-B-Karten findet die Übertragung dieser Informationen bereits während der Antikollisionsbehandlung statt (ATQB, ATTRIB), sodass bei diesem Kartentyp unmittelbar mit dem Protokoll gestartet werden kann.

9.2.2.4.1 Protokollaktivierung bei Typ-A-Karten

Die Selektion einer Typ-A-Karte in der Anticollision-loop wird von der Karte durch Aussenden eines *SAK* (select acknowledge) bestätigt. Der SAK enthält Informationen darüber, ob in dieser Karte ein Protokoll nach ISO 14443-4 implementiert wurde, oder ob die Karte über ein proprietäres Protokoll (z. B. MIFARE) verfügt.

Falls nun ein ISO 14443-4-konformes Protokoll in der Karte verfügbar ist, fordert das Lesegerät den *ATS* (answer to select) der Karte durch Aussenden eines RATS-Kommandos (request for answer to select) an. Das *RATS*-Kommando enthält dabei zwei für die spätere Kommunikation wichtige Parameter: FSDI und CID.

FSDI (frame size device integer) definiert die maximale Anzahl von Bytes, die in einem Block von der Karte an das Lesegerät gesendet werden dürfen. Mögliche Werte hierfür sind 16, 24, 32, .. 128 und 256 Byte.

Darüber hinaus wird der Chipkarte ein CID (card identifier) zugewiesen. Mittels der CID ist es möglich, mehrere Typ-A-Karten auf einem Lesegerät gleichzeitig in einem selektierten Zustand zu halten und eine einzelne Karte dann über ihre CID gezielt anzusprechen.

Der von der Karte als Antwort auf das RATS-Kommando gesendete ATS (answer to select) entspricht in seiner Funktion dem ATR (answer to reset) einer kontaktbehafteten Chipkarte und beschreibt wichtige Protokollparameter des Betriebssystems der Chipkarte, um so die Datenübertragung zwischen Karte und Lesegerät optimal an die Eigenschaften der implementierten Applikation anpassen zu können.

Im Einzelnen können im ATS folgende (optionale) Parameter enthalten sein:

Tabelle 9.12: Der ATS beschreibt wichtige Protokollparameter der Typ-A-Karte

Parameter	Beschreibung
FSCI	frame size card integer: Maximale Anzahl der Bytes, die in einem Block vom Lesegerät an die Karte gesendet werden dürfen.
DS	data rate send: Unterstützte Datenraten der Chipkarte bei der Datenübertragung von der Karte zum Lesegerät (mögliche Werte: 106, 204, 408, 816 kBit/s).
DR	data rate send: Unterstützte Datenraten der Chipkarte bei der Datenübertragung vom Lesegerät zur Karte (mögliche Werte: 106, 204, 408, 816 kBit/s).
FWI	frame waiting integer: Dieser Parameter definiert die „frame waiting time", also die maximale Zeit, die ein Lesegerät nach der Aussendung eines Kommandos auf die Antwort der Chipkarte zu warten hat. Wurde nach Ablauf dieser Zeit keine Antwort von der Karte empfangen, so tritt ein „timeout"-Fehler in der Kommunikation auf.
SFGI	startup frame guard integer: Dieser Parameter definiert die „startup frame waiting time", eine spezielle „frame waiting time", die ausschließlich für die Ausführung des ersten Applikationskommandos nach dem ATS gültig ist.
CID supported NAD supported	Diese Parameter geben an, ob die Parameter CID (card identifier) und NAD (node address) vom Betriebssystem der Chipkarte unterstützt werden.
Historical Bytes	Die Historical Bytes enthalten zusätzliche, frei definierbare Informationen über das Betriebssystem der Chipkarte, z. B. eine Versionsnummer.

Unmittelbar nach Empfang des ATS kann das Lesegerät noch die Umschaltung der Übertragungsbaudraten durch das Aussenden eines speziellen PPS-Kommandos (protocol parameter selection) einleiten. Ausgehend von einer Initialbaudrate von 106 kBit/s kann die Baudrate hierbei in beide Übetragungsrichtungen unabhängig voneinander um den Faktor 2, 4 oder 8 erhöht werden, sofern die Chipkarte in den optionalen Parametern DS und DR im ATS die Unterstützung höherer Baudraten signalisiert hat.

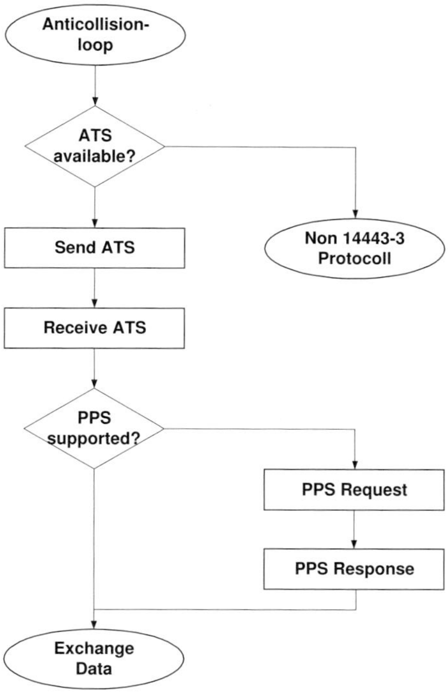

Abb. 9.26 Nach der Antikollision wird der ATS der Karte angefordert.

9.2.2.4.2 Protokoll

Das in ISO 14443-4 beschriebene Protokoll unterstützt die Übertragung von Applikationsdaten (*APDU* = application data unit) zwischen dem Lesegerät und der Chipkarte. Die übertragene APDU kann dabei beliebige Daten, wie Kommando (command), Antwort (response) beeinhalten. Der Aufbau dieses Protokolls ist sehr stark an das von kontaktbehafteten Chipkarten her bekannte *Protokoll T=1* (ISO 7816-3) angelehnt, um die Integration dieses Protokolls in bereits vorhandene Chipkartenbetriebssysteme, insbesondere auf dual-interface-Chipkarten, möglichst einfach zu gestalten. Das in ISO 14443-4 definierte Protokoll wird daher oft auch als *T=CL* bezeichnet.

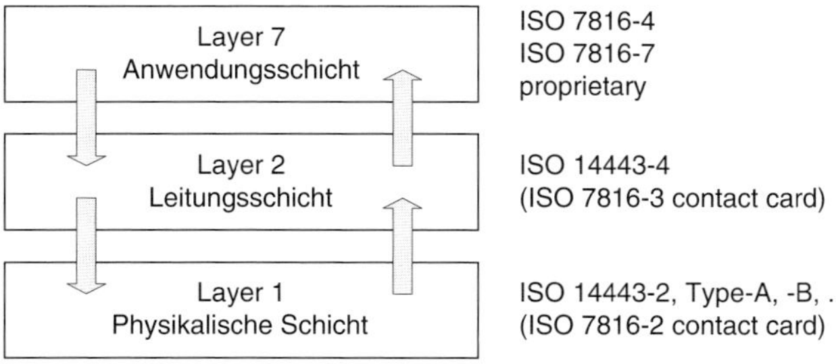

Abb. 9.27 Das ISO/OSI-Schichtenmodell bei einer Chipkarte.

Die gesamte Datenübertragung zu einer ISO 14443-Karte kann auch nach dem *OSI-Schichtenmodell* dargestellt werden, wie Abbildung 9.27 zeigt. Jede Schicht übernimmt in diesem Modell eigenständig spezifische Aufgaben und ist dabei für die darüberliegende Schicht transparent. Schicht 1, die physikalische Schicht (physical layer), beschreibt das Übertragungsmedium sowie die Codierung der Daten auf Bytebene. ISO 14443-2 stellt hierzu zwei gleichwertige Verfahren, Typ-A und Typ-B, zur Verfügung. Schicht 2, die Leitungsschicht (transport layer), steuert die Übertragung der Daten zwischen Lesegerät und Chipkarte. Die Schicht 2 übernimmt dabei automatisch die richtige Adressierung der Datenblöcke (CID), die sequentielle Übertragung übergroßer Datenblöcke (chaining), die Überwachung des Zeitverhaltens (FWT, WTX) sowie das Handling von Übertragungsfehlern. Schicht 7, die Anwendungsschicht (application layer), enthält die Applikationsdaten, also Kommando an die Chipkarte, oder die Antwort auf ein Kommando. Bei den kontaktlosen Chipkarten sind die in der Anwendungsschicht verwendeten Datenstrukturen in der Regel völlig identisch mit den Datenstrukturen bei kontaktbehafteten Chipkarten. Insbesondere bei Dual-Interface-Chipkarten ist dieses Vorgehen sehr sinnvoll, um auf Applikationsebene vom gerade verwendeten Kommunikationsinterface (Kontakt, kontaktlos) unabhängig zu sein. Schicht 3 bis 6 werden in komplexen Netzwerken zur Vermittlung und Weiterleitung von Datenpaketen eingesetzt. Bei Chipkarten finden diese Schichten des OSI-Schichtenmodells keine Anwendung.

Nachdem die Chipkarte ativiert wurde (z. B. Typ A nach Aussendung des ATS und einem eventuellen PPS), wartet sie auf das erste Kommando des Lesegerätes. Der nun folgende Ablauf entspricht immer dem Master-Slave-Prinzip mit dem Lesegerät als Master und der Karte als Slave. Hierbei sendet das Lesegerät immer zuerst ein Kommando an die Chipkarte, diese führt das Kommando aus und sendet eine Antwort an das Lesegerät zurück. Dieses Schema darf nie durchbrochen werden, eine Chipkarte kann also von sich aus keine Kommunikation mit einem Lesegerät einleiten.

Abb. 9.28 Aufbau des Frames bei ISO 14443. Die Daten der Anwendungsschicht Layer 7 (grau) werden in den Protokollrahmen der Leitungsschicht (weiß) verpackt.

Der grundsätzliche Aufbau eines *Datenblocks* (*frame*) der Leitungsschicht ist in Abbildung 9.28 dargestellt. Nach ihrer Funktionsweise wird dabei zwischen drei Typen von Blöcken unterschieden:

- *I-Block* (information block): Übertragung von Daten der Anwendungsschicht (APDU);
- *R-Block* (recovery block): Behandlung von Übertragungsfehlern;
- *S-Block* (supervisory block): Übergeordnete Steuerung des Protokolls.

Die Unterscheidung der Blöcke erfolgt durch unterschiedliche Codierung des *PCB* (protocol controle byte), wie in Abbildung 9.29 dargestellt ist.

Die optionale *CID* (card identifier) dient der Adressierung einer einzelnen Chipkarte im Ansprechfeld des Lesegerätes. Somit können mehrere Chipkarten gleichzeitig aktiviert sein und über ihre jeweilige CID gezielt angesprochen werden. Das NAD-Byte (node address) wurde eingeführt, um die Kompatibilität zwischen ISO 14443-5 und ISO 7816-3 (T = 1) zu wahren. Die Verwendung dieses Bytes ist daher in ISO 14443 nicht weiter definiert.

Das Informationsfeld (INF) dient im Falle eines I-Blocks als Container für die Daten der Anwendungsschicht (APDU). Der Inhalt wird vollkommen transparent übertragen. Das heißt, dass der Inhalt vom Protokoll ohne Analyse oder Auswertung direkt weitergeleitet wird.

Zur Fehlerkontrolle wird schließlich noch ein 16-Bit *CRC* als EDC (error detection code) angehängt.

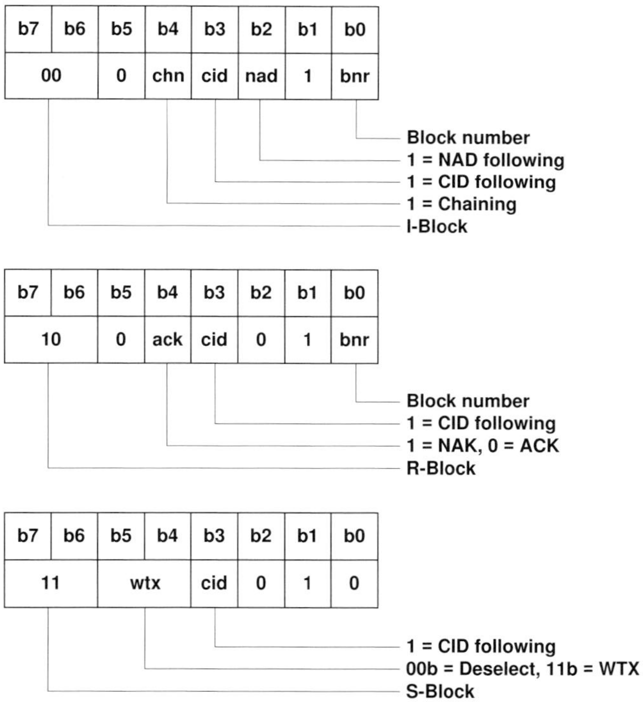

Abb. 9.29 Codierung des PCB-Bytes in einem Frame. Durch das PCB (protocoll controle byte) wird das gesamte Übertragungsverhalten im Protokoll gesteuert.

9.2.3 ISO 15693 – Vicinity-coupling-Chipkarten

Die ISO-Norm 15693 beschreibt unter dem Titel „Identification cards – contactless integrated circuit(s) cards – Vicinity Cards“ Funktionsweise und Betriebsparameter kontaktloser *Vicinity-coupling-Chipkarten*. Darunter versteht man kontaktlose Chipkarten mit einer Reichweite bis zu 1 m, wie sie etwa für die Zutrittskontrolle eingesetzt werden. Als Datenträger werden bei diesen Chipkarten überwiegend kostengünstige Speicherbausteine mit einfacher State-Machine (siehe hierzu Kap. 10.1.2.1 „State-Machine“, S. 287) eingesetzt.

Die Norm besteht aus folgenden Teilen:

Part 1: Physical characteristics;
Part 2: Air interface and initialization;
Part 3: Anti-collision and transmission protocol

9.2.3.1 Part 1 – Physical characteristics

In Teil 1 der Norm werden die mechanischen Eigenschaften von Proximity-coupling-Chipkarten definiert. Die Abmessungen der Chipkarten entsprechen den in ISO 7810 festgelegten Werten, also 85,72 mm · 54,03 mm · 0,76 mm ± Toleranzen.

Darüber hinaus finden sich in diesem Teil der Norm zusätzliche Hinweise zur Prüfung der Biege- und Torsionsbelastung (dynamic bending stress, dynamic torsion stress), sowie die Bestrahlung mit UV-, Röntgen- und elektromagnetischen Strahlen.

9.2.3.2 Part 2 – Air interface and initialization

Die Energieversorgung der induktiv gekoppelten *Vicinity-Karte* (*VICC*) erfolgt durch das magnetische Wechselfeld eines Lesegerätes (*PCD*) mit einer Sendefrequenz von 13,56 MHz. Die Vicinity-Karte enthält hierzu eine großflächige Antennenspule mit typischerweise 3 ... 6 Wdg Draht (vgl. Abbildung 2.11 und 2.12).

Das vom Lesegerät zu generierende Magnetfeld darf die Grenzwerte 115 mA/m ≤ H ≤ 7,5 A/m nicht über- oder unterschreiten. Somit gilt für die Ansprechfeldstärke Hmin einer Proximity-coupling-Chipkarte automatisch: Hmin ≤ 115 mA/m.

9.2.3.2.1 Datenübertragung Lesegerät > Karte

Zur Datenübertragung von einem Lesegerät zu einer Vicinity-Chipkarte kommt sowohl 10%-ASK als auch 100%-ASK-Modulation zum Einsatz (siehe hierzu Kap. 6.2.1 „Amplitudentastung (ASK)“, S. 193). Unabhängig vom gewählten Modulationsgrad kann darüber hinaus auch noch zwischen zwei verschiedenen Codierverfahren, einem „1 aus 256“-Code sowie einem „1 aus 4“-Code ausgewählt werden.

Eine Vicinity-Chipkarte muss dabei grundsätzlich beide Modulations- und Codierverfahren unterstützen. Allerdings sind nicht alle Kombinationen gleichermaßen sinnvoll. So sollte 10%-ASK-Modulation in Kombination mit „1 aus 256“-Codierung vorzugsweise im „long-distance-mode“ eingesetzt werden. Die bei dieser Kombination, im Vergleich zur Feldstärke des (13,56 MHz-)-Trägersignals niedrige Feldstärke der Modulationsseitenbänder, erlaubt die volle Ausnutzung der zulässigen magnetischen Feldstärke zur Energieversorgung der Karte (vgl. FCC 15 part 3: die zulässige magnetische Feldstärke der Modulationsseitenbänder liegt hier 50 dB unterhalb der maximalen Feldstärke des Trägersignals von 42 dBμA/m). Im Gegensatz dazu kann die 100%-ASK-Modulation in Kombination mit „1 aus 4“-Codierung in Lesegeräten mit verminderter Reichweite oder auch bei abgeschirmten Lesegeräten („Tunnel“-Leser an Förderbändern) zum Einsatz kommen.

Tabelle 9.13: Modulations- und Codierverfahren bei ISO 15693 [berger].

Parameter:	Wert:	Bemerkung:
Energieversorgung	13,56 MHz ± 7 kHz	induktive Kopplung
Datenübertragung Leser => Karte		
Modulation	10% ASK, 100% ASK	Karte unterstützt beide
Bitcodierung	„long distance mode": „1 aus 256" „fast mode": „1 aus 4"	Karte unterstützt beide
Baudrate	„long distance mode": 1,65 kb/s „fast mode": 26,48 kb/s	
Datenübertragung Karte => Leser		
Modulation	Lastmodulation mit Hilfsträger	
Bitcodierung	Manchester, Hilfsträger wird ASK- (423 kHz) oder FSK- (423 / 485 kHz) moduliert	
Baudrate	„long distance mode": 6,62 kb/s „fast mode": 26,48 kb/s	Durch das Lesegerät selektiert

9.2.3.2.2 Codierung „1 aus 256"

Bei diesem Codierverfahren handelt es sich um eine *Puls-Positions-Modulation* (pulse position modulation – *PPM*). Dies bedeutet, dass die Wertigkeit des zu übertragenden Zeichens im Wertebereich 0 ... 255 durch die zeitliche Lage eines Modulationspulses eindeutig definiert wird (siehe Abbildung 9.30). Es können also in einem Schritt 8 Bit (1 Byte) gleichzeitig übertragen werden. Die gesamte Übertragungsdauer eines Bytes beträgt 4,833 ms. Dies entspricht 512 Zeitabschnitten der Dauer 9,44 µs. Ein Modulationspuls kann dabei nur zu einem ungeradzahligen Zeitabschnitt erfolgen.[32] Die Wertigkeit n eines übertragenen Zeichens kann leicht aus der Pulsposition ermittelt werden:

$$\text{Pulsposition} = (2 \cdot n) + 1 \qquad [9.1]$$

Die aus der Übertragungsdauer eines Bytes (4,833 ms) resultierende Datenrate beträgt 1,65 kBit/s.

Beginn und Ende einer Datenübertragung wird durch definierte Rahmensignale (start of frame – SOF und end of frame – EOF) gekennzeichnet. Die Kodierung der SOF- und EOF-Signale ist in der Norm so gewählt, dass diese Zeichen während einer Übertragung von Nutzdaten nicht auftreten können. Die Eindeutigkeit der Rahmensignale ist damit immer gewährleistet.

[32] Die Zählung beginnt bei null.

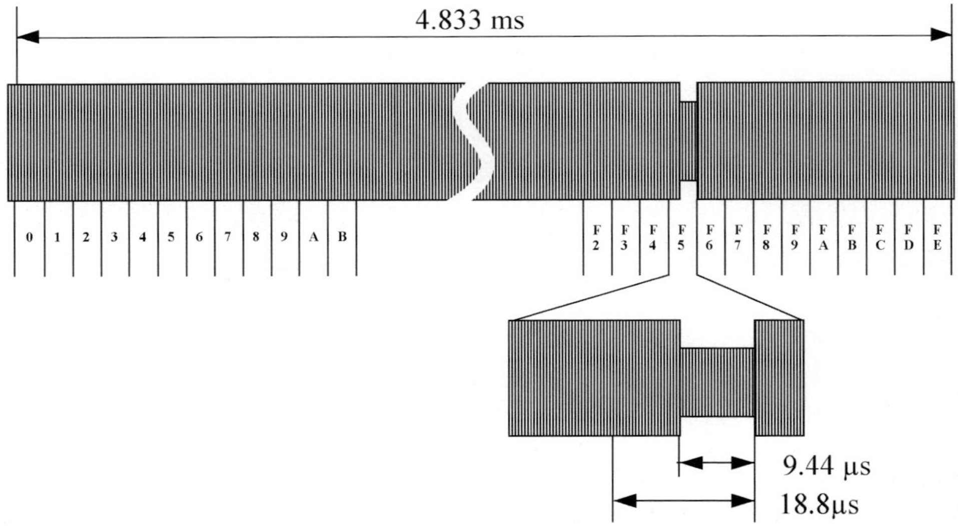

Abb. 9.30 Die „1 aus 256“-Codierung entsteht durch die Aneinanderreihung von 512 Zeitabschnitten von 9,44 µs Länge. Aus der zeitlichen Position eines Modulationspulses kann die Wertigkeit des zu übertragenden Zeichens im Wertebereich 0 ... 255 ermittelt werden. Ein Modulationspuls kann dabei nur zu einem ungeradzahligen Zeitabschnitt (1, 3, 5, 7, ...) auftreten.

SOF	Byte 1	Byte 2	...	Byte N	EOF

Abb. 9.31 Aufbau eines Nachrichtenblockes (framing) aus Rahmenstartsignal (SOF), Daten und Rahmenendsignal (EOF).

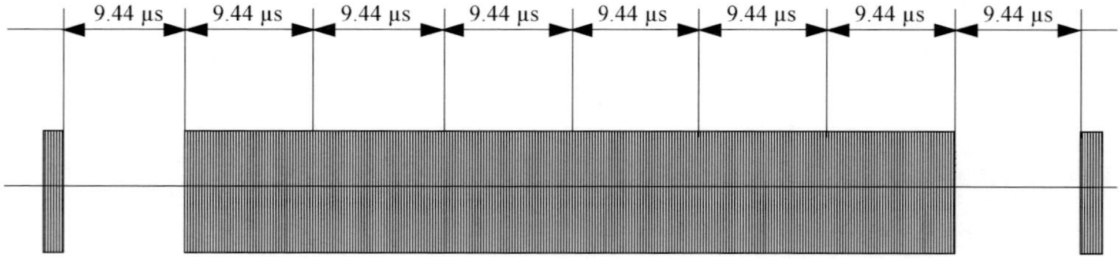

Abb. 9.32 Codierung des „start of frame“-Signals am Beginn einer Datenübertragung mit „1 aus 256“-Codierung.

Das SOF-Signal der „1 aus 256“-Codierung besteht dabei aus zwei 9,44 µs langen Modulationspulsen im zeitlichen Abstand von 56,64 µs (9,44 µs · 4).

Das EOF-Signal besteht aus einem einzigen Modulationspuls von 9,44 µs Dauer, der in einem geradzahligen Zeitabschnitt gesendet wird, um eine eindeutige Unterscheidung von einem Datenbyte sicherzustellen.

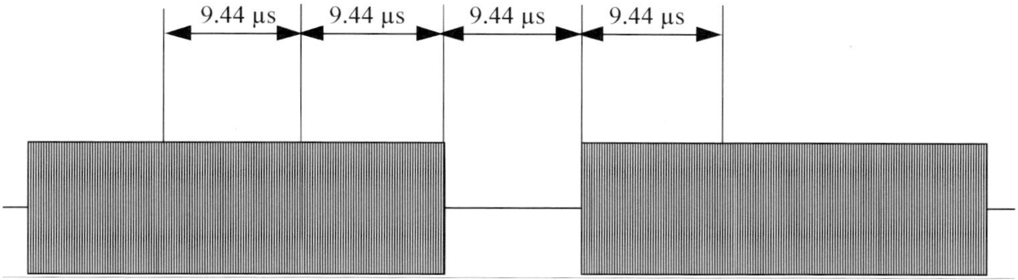

Abb. 9.33 Das EOF-Signal besteht aus einem Modulationspuls in einem geradzahligen Zeitabschnitt (t = 2) und unterscheidet sich damit eindeutig von Nutzdaten.

9.2.3.2.3 Codierung „1 aus 4“

Auch bei dieser Codierung bestimmt die zeitliche Lage eines Modulationspulses die Wertigkeit eines Zeichens. In einem Schritt werden dabei 2 Bit gleichzeitig übertragen, die Wertigkeit des zu übertragenden Zeichens liegt also im Wertebereich 0 ... 3. Die gesamte Übertragungsdauer eines Bytes beträgt 75,52µs, dies entspricht 8 Zeitabschnitten der Dauer 9,44 µs. Ein Modulationspuls kann dabei nur zu einem ungeradzahligen Zeitabschnitt erfolgen.[33] Die Wertigkeit n eines übertragenen Zeichens kann leicht aus der Pulsposition ermittelt werden:

$$\text{Pulsposition} = (2 \cdot n) + 1 \qquad [9.2]$$

Die aus der Übertragungsdauer eines Bytes (75,52 µs) resultierende Datenrate beträgt 26,48 kBit/s.

Das SOF-Signal wird bei der „1 aus 4“-Codierung aus zwei Modulationspulsen der Dauer 9,44 µs in einem Abstand von 37,76 µs gebildet. Das erste Zeichen der Nutzdaten beginnt dann nach einer zusätzlichen Pause von 18,88 µs nach dem zweiten Modulationspuls des SOF-Signals.

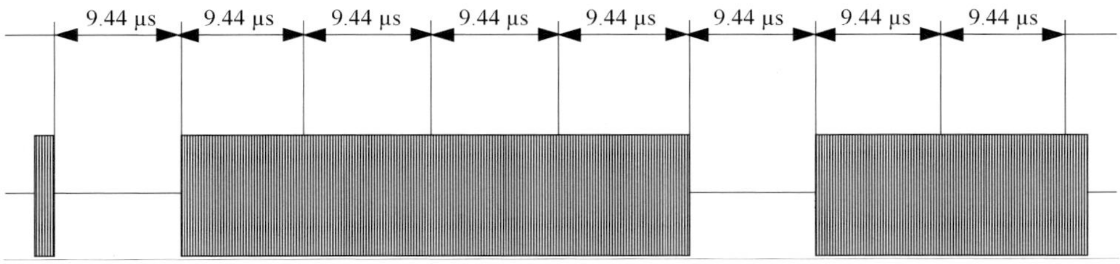

Abb. 9.34 Das SOF-Signal der „1 aus 4“-Codierung besteht aus zwei 9,44 µs langen Modulationspulsen in einem Abstand von 18,88 µs.

[33] Die Zählung beginnt bei null.

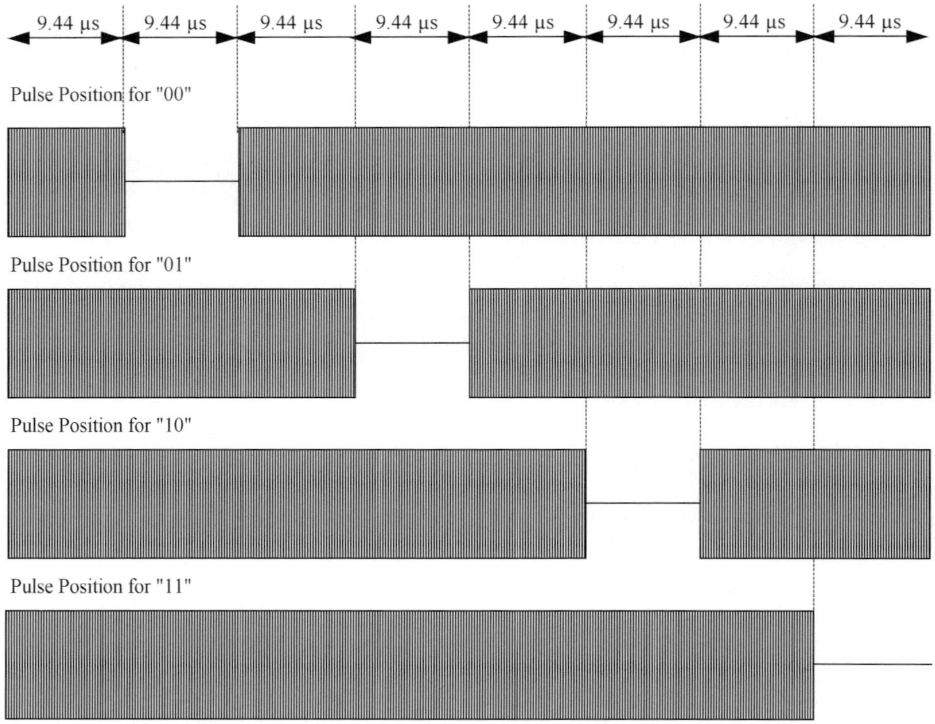

Abb. 9.35 Die „1 aus 4"-Codierung entsteht aus der Aneinanderreihung von 8 Zeitabschnitten von 9,44µs Länge. Aus der zeitlichen Position eines Modulationspulses kann die Wertigkeit des zu übertragenden Zeichens im Wertebereich 0 ... 3 ermittelt werden.

Der Abschluss einer Übertragung wird durch das bekannte Rahmenendsignal (EOF) gekennzeichnet.

9.2.3.2.4 Datenübertragung Karte > Lesegerät

Zur Datenübertragung von einer Vicinity-Karte zu einem Lesegerät wird Lastmodulation mit moduliertem Hilfsträger verwendet. Der ohmsche oder kapazitive Modulationswiderstand wird dabei im Takt der Hilfsträgerfrequenz an- und abgeschaltet. Der Hilfsträger selbst wird im Takt des Manchester-codierten Datenstroms moduliert, wobei ASK- oder auch FSK-Modulation zum Einsatz kommt. Die Auswahl des Modulationsverfahrens erfolgt durch das Lesegerät mittels eines Flag-Bits (Steuerbits) im Header des in Teil 3 der Norm definierten Übertragungsprotokolls. Von der Chipkarte müssen daher auch hier immer beide Verfahren unterstützt werden.

Auch die Datenrate kann zwischen zwei Werten umgeschaltet werden. Die Auswahl der Datenrate erfolgt durch das Lesegerät mittels eines Flag-Bits (Steuerbits) im Header des Übertragungsprotokolls, sodass auch hier von der Karte beide Verfahren unterstützt werden müssen.

Tabelle 9.14: Hilfsträgerfrequenzen bei ASK- und FSK-moduliertem Hilfsträger.

	ASK („on-off-keying")	FSK
Hilfsträger Frequenz	423,75 kHz	423,75 kHz / 484,28 kHz
Teilerverhältnis zu f_C = 13,56 MHz	$f_C/32$	$f_C/32$; $f_C/28$

Tabelle 9.15: Datenraten der beiden Übertragungsmodes.

Datenrate	ASK („on-off-keying")	FSK
„long distance mode"	6,62 kBit/s	6,62 kBit/s / 6,68 kBit/s
„fast mode"	26,48 kBit/s	26,48 kBit/s / 26,72 kBit/s

9.2.4 ISO 10373 – Prüfmethoden für Chipkarten

Mit der ISO 10373 wurde eine Norm geschaffen, die sich mit der Prüfung von Karten mit und ohne Chip befasst. Neben Prüfungen für die allgemeinen Qualitätsmerkmale, wie Biegesteifigkeit (bending stiffness), Chemikalienbeständigkeit (resistance to chemicals), Torsionstest (dynamic torsional stress), Entflammbarkeit (flammability), Kartenformat und Kartendicke (dimensions of cards) oder auch der UV-Beständigkeit der Datenträger[34] (ultraviolet light) wurden für die gängigsten Methoden der Datenübertragung oder -speicherung (Magnetstreifen, Kontakte, kontaktlos, optisch) eigene Testverfahren entwickelt. Die einzelnen Testverfahren zur Prüfung von Magnetstreifen (ISO 7811), kontaktbehafteten Chipkarten (ISO 7816) oder kontaktlosen Chipkarten (ISO 14443, ISO 15693) wurden der besseren Übersicht wegen in voneinander unabhängigen Teilen der Norm zusammengefasst:[35]

Tabelle 9.16: DIN/ISO 10373, „Identification Cards – Test methods"

Part-1	General
Part-2	Magnetic strip technologies
Part-3	Integrated circuit cards (kontaktbehaftete Chipkarten)
Part-4	Contactless integrated circuit cards (Close-coupling-Chipkarten nach ISO 10536)
Part-5	Optical memory cards
Part-6	- Proximity cards (kontaktlose Chipkarten nach ISO 14443)
Part-7	- Vicinity cards (kontaktlose Chipkarten nach ISO 15693)

[34] Da EEPROM-Speicher ihren Inhalt bei der Bestrahlung mit UV-Licht verlieren, wurde ein spezieller Test entwickelt, um die Unempfindlichkeit dagegen sicherzustellen.

[35] In diesem Kapitel werden wir uns jedoch ausschließlich mit den für RFID-Systeme relevanten Teilen der Norm, also Teil 4, Teil 6 und Teil 7, befassen.

9.2.4.1 Part 4 – Testverfahren für Close-coupling-Chipkarten

Dieser Teil der Norm beschreibt Verfahren zur *Funktionsprüfung* der physikalischen Schnittstelle kontaktloser *Close-coupling-Chipkarten* nach ISO 10536. Die Testmittel hierzu bestehen aus definierten Spulen und kapazitiven Koppelflächen, mit denen die Energie- und Datenübertragung zwischen der Chipkarte und einem Lesegerät bewertet werden kann.

Wegen der untergeordneten Bedeutung der Close-coupling-Chipkarten soll jedoch an dieser Stelle nicht näher auf diese Verfahren eingegangen werden.

9.2.4.2 Part 6 – Testverfahren für Proximity-coupling-Chipkarten

Dieser Teil der Norm beschreibt Testverfahren zur *Funktionsprüfung* der physikalischen Schnittstelle kontaktloser *Proximity-coupling-Chipkarten* und Lesegeräte nach ISO 14443-2. Die Testmittel hierzu bestehen aus einer *Kalibrationsspule* (Calibration coil), einem Prüfaufbau zur Messung der Lastmodulation (Test PCD assembly) sowie einer *Referenzkarte* (Reference PICC) und werden in der Norm definiert.

9.2.4.2.1 Kalibrationsspule

Um auch ohne aufwändige und teure Messgeräte die von einem Lesegerät erzeugte magnetische Feldstärke messen zu können, beschreibt die Norm zunächst den Aufbau einer Kalibrationsspule, mit deren Hilfe auch mit einem einfachen Oszilloskop magnetische Feldstärken im Frequenzbereich 13,56 MHz hinreichend genau gemessen werden können.

Die Kalibrationsspule basiert auf einer handelsüblichen FR4-Leiterplatte mit Kupferauflage und den Abmessungen einer Chipkarte nach ISO 7810 (72 mm · 42 mm · 0,76 mm). Auf diese Basisplatine wird mit Hilfe der üblichen Verfahren zur Herstellung gedruckter Schaltungen eine Leiterschleife (d. h. eine Spule mit einer Windung) mit den Abmessungen 72 mm · 42 mm aufgebracht. Die Empfindlichkeit der Kalibrationsspule beträgt 0,3 Vm/A. Bei der Messung der Feldstärke ist jedoch unbedingt darauf zu achten, dass die Kalibrationsspule durch das nachgeschaltete Messgerät nur hochohmig belastet wird (Tastkopf eines Oszilloskops), da jeder Stromfluss in der Kalibrationsspule das Messergebnis verfälschen wird.

Wird die Messung mit einem Oszilloskop durchgeführt, so eignet sich diese Kalibrationsspule auch zur Beurteilung der Ein- und Ausschaltflanken des ASK-modulierten Signals eines Lesegerätes. Idealerweise verfügt ein zu prüfendes Lesegerät hierzu über einen Testmodus, mit dem eine Endlosfolge „10101010“ gesendet werden kann, um das Signal einfacher auf dem Oszilloskop darstellen zu können.

9.2.4.2.2 Messung der Lastmodulation

Die genaue und reproduzierbare Messung des Lastmodulationssignals einer Proximity-coupling-Chipkarte an der Antenne eines Lesegerätes kann wegen des schwachen Signals als durchaus schwierig eingeschätzt werden. Um daraus resultierenden Problemen aus dem Wege zu gehen, definiert die Norm eine Messbrücke, mit deren Hilfe das starke Eigensignal eines Lesegerätes (oder Prüfsenders) kompensiert werden kann. Die in der Norm hierzu beschriebene Messanordnung besteht aus einer *Feldgeneratorspule* (Sendeantenne) sowie zwei parallelen, gegenphasigen Sensorspulen. Die beiden Sensorspulen („Reference Coil" und „Sense Coil") werden auf der Vorder- und Rückseite der Feldgeneratorspule in jeweils gleichem Abstand angebracht und gegenphasig zueinander angeschlossen (Abbildung 9.36), sodass sich die in den Spulen induzierten Spannungen gegenseitig vollständig aufheben. Im unbelasteten Zustand, also ohne Belastung durch eine Chipkarte oder eine andere magnetisch gekoppelte Schaltung, geht die Ausgangsspannung dieser Schaltungsanordnung daher gegen null. Eine geringe Restspannung, die durch toleranzbedingte Unsymmetrien zwischen den beiden Sensorspulen immer vorhanden ist, kann durch das Potenziometer leicht kompensiert werden.

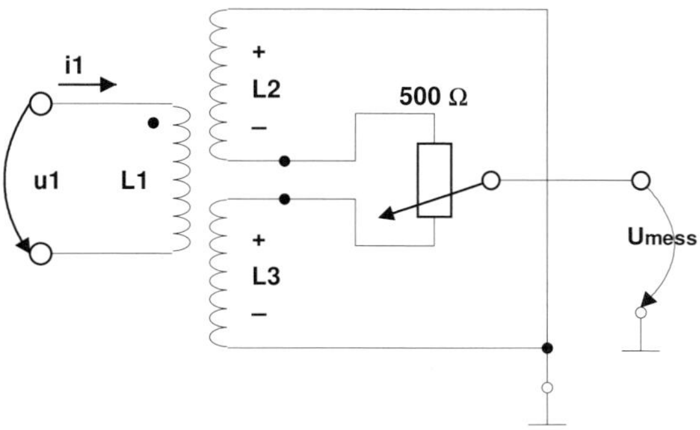

Abb. 9.36 Schaltung der Messbrücke zur Messung der Lastmodulation einer kontaktlosen Chipkarte, nach ISO 14443.

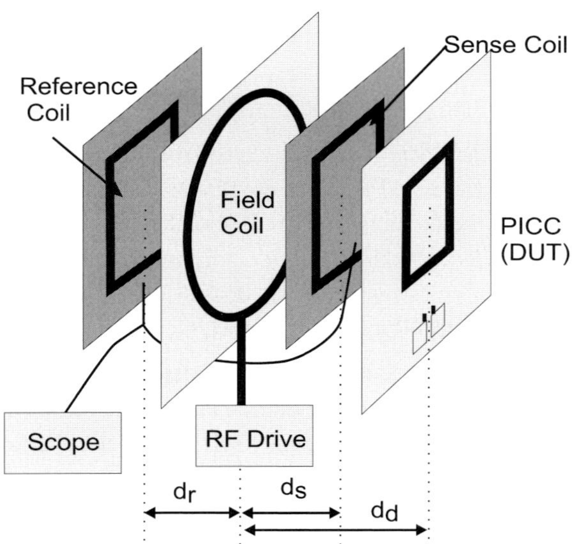

Abb. 9.37 Mechanischer Aufbau der Messbrücke, bestehend aus der Feldgeneratorspule (Field Coil), den beiden Sensorspulen (Sense- und Reference-Coil) und einer Chipkarte (PICC) als Prüfling (DUT). (Zeichnung: Philips Semiconductors, Hamburg)

Bei der Durchführung der Messung ist folgendermaßen vorzugehen:

Die zu überprüfende Chipkarte wird zunächst mittig auf der Sense-Spule der Messbrücke platziert. Durch den in der Chipkartenspule fließenden Strom wird in der benachbarten Sense-Spule eine Spannung u_S induziert. Die Symmetrie des Messaufbaus wird hierdurch gestört, sodass sich am Ausgang der Messschaltung eine Offsetspannung einstellt. Um die Messung nicht durch eine undefinierte Offsetspannung zu verfälschen, muss nun bei aufgelegtem Messobjekt die Symmetrie des Messaufbaus durch einen Abgleich des Potenziometers wiederhergestellt werden. Die richtige Einstellung des Potenziometers ist gefunden, sobald die Ausgangsspannung der Messbrücke ein Minimum ($\rightarrow 0$) erreicht.

Nachdem die Messbrücke abgeglichen ist, wird durch das an der Feldgeneratorspule angeschlossene Lesegerät ein REQUEST-Kommando an die zu überprüfende Chipkarte gesendet. Beginnt die Chipkarte nun damit, per Lastmodulation eine Anwort an das Lesegerät zu senden, wird durch das Ein- und Ausschalten des Modulationswiderstandes der Chipkarte die Symmetrie der Messbrücke im Takt der Schaltfrequenz (diese entspricht der Hilfsträgerfrequenz f_S) gestört. Am Messausgang der Messbrücke wird hierdurch eine hilfsträgermodulierte HF-Spannung messbar. Dieses Signal wird mit einem Digital-Oszilloskop über mehrere Perioden gesampelt und anschließend durch eine diskrete Fouriertransformation in den Frequenzbereich überführt. Die Amplituden der beiden im Frequenzbereich erkennbaren Modulationsseitenbänder $f_C \pm f_S$ dienen nun als Qualitätskriterium des Lastmodulators und sollten den in ISO 14443 definierten Grenzwert überschreiten.

Die Layouts der benötigten Spulen, eine Schaltung zur Anpassung der Feldgeneratorspule an eine 50 Ω-Senderendstufe sowie die genaue mechanische Anordnung der Spulen im Messaufbau sind im Anhang der Norm gegeben, um den Nachbau im Labor zu ermöglichen (siehe hierzu auch Kap. 14.4 „Platinenlayouts“, S. 430).

9.2.4.2.3 Referenzkarte

Als weiteres Hilfsmittel definiert die Norm zwei unterschiedliche Referenzkarten, mit denen sich die Energieversorgung einer Karte im Feld des Lesegerätes, das Ein- und Ausschwingverhalten des Senders bei ASK-Modulation sowie der Demodulator im Empfänger des Lesegerätes überprüfen lassen.

Energieversorgung und Modulation

Mit Hilfe einer definierten *Referenzkarte* kann überprüft werden, ob das vom Lesegerät erzeugte magnetische Feld ausreichend Energie zum Betrieb einer kontaktlosen Chipkarte zur Verfügung stellen kann. Die prinzipielle Schaltung einer solchen Referenzkarte ist in Abbildung 9.38 dargestellt. Diese besteht im Wesentlichen aus einem Transponderresonanzkreis mit justierbarer Resonanzfrequenz, einem Brückengleichrichter sowie einem Satz von Lastwiderständen zur Simulation des Datenträgers.

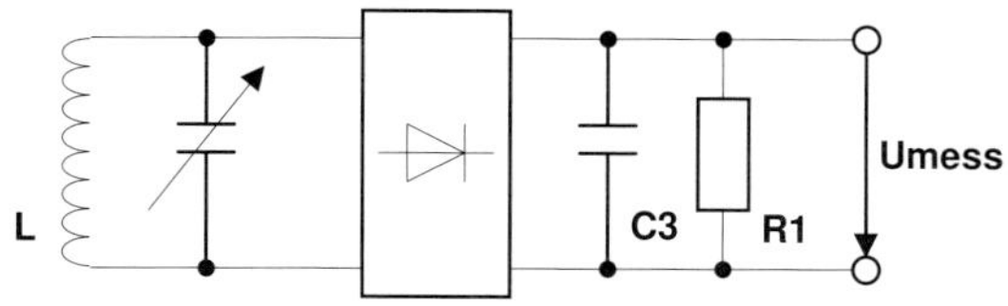

Abb. 9.38 Schaltbild einer Referenzkarte zur Überprüfung der Energieversorgung einer kontaktlosen Chipkarte aus dem magnetischen HF-Feld eines Lesegerätes.

Zur Durchführung des Tests wird die Referenzkarte in den Ansprechbereich eines Lesegerätes gebracht.[36] Nun wird bei definierten Resonanzfrequenzen (f_{res} = 13 ... 19 MHz) und Lastwiderständen (910 Ω, 1800 Ω) der Referenzkarte jeweils die Ausgangsspannung U_{mess} der Referenzkarte gemessen. Der Test ist bestanden, wenn die Spannung innerhalb des Ansprechbereiches einen unteren Grenzwert von 3 V nicht unterschreitet.

Lastmodulation

Mit Hilfe der zweiten *Referenzkarte* soll ein Testverfahren für Lesegeräte zur Verfügung gestellt werden, mit dessen Hilfe es möglich ist, die Einhaltung einer minimal erforderlichen Empfindlichkeit des Empfängers im Lesegerät zu überprüfen. Die Schaltung dieser Testkarte entspricht im Wesentlichen der Schaltung aus Abbildung 9.38, verfügt jedoch zusätzlich über einen Lastmodulator.

Zur Durchführung des Tests wird diese Referenzkarte in den vom Hersteller des Lesegerätes definierten Ansprechbereich eines Lesegerätes gebracht. Die Referenzkarte beginnt damit, ein kontinuierliches Hilfsträgersignal (847 kHz nach ISO 14443) per Lastmodulation an das Lesegerät zu senden, das von diesem innerhalb des definierten Ansprechbereiches erkannt werden sollte. Das zu prüfende Lesegerät verfügt hierzu idealerweise über einen Testmodus, in dem die Detektion eines Hilfsträger-Dauersignals dem Bediener signalisiert werden kann.

9.2.4.3 Part 7 – Testverfahren für Vicinity-coupling-Chipkarten

Dieser Teil der Norm beschreibt Testverfahren zur Funktionsprüfung der physikalischen Schnittstelle kontaktloser Chipkarten und Lesegeräte nach ISO 15693-2. Die Testmittel und Prüfverfahren hierzu entsprechen weitestgehend den in Part 6 definierten Testmitteln. Unterschiede ergeben sich lediglich durch die unterschiedliche Hilfsträgerfrequenz im Aufbau der Referenzkarte (Simulation der Lastmodulation) sowie durch die unterschiedlichen Feldstärken im Betrieb.

[36] Die räumliche Ausprägung des Ansprechfeldes eines Lesegerätes wird durch den Hersteller dieses Gerätes definiert und sollte zu Beginn der Messung bekannt sein.

9.3 DIN/ISO 69873 – Datenträger für Werk- und Spanzeuge

Diese Norm legt die Masse für kontaktlose Datenträger und deren Einbauraum in *Werk-* und *Spanzeuge* fest. Üblicherweise werden die Datenträger in einen *Steilkegelschaft* nach *ISO 69871* oder in einen *Anzugsbolzen* nach *ISO 69872* eingesetzt. Einbaubeispiele hierfür sind in der Norm ebenfalls gegeben.

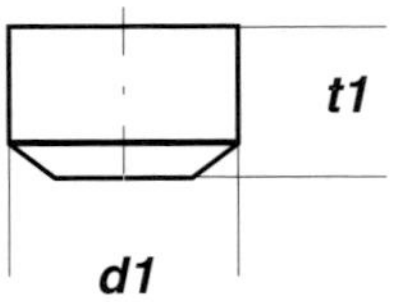

Abb. 9.39 Bauform eines Datenträgers für Werk- und Spanzeuge.

Die Maße des Datenträgers werden in *ISO 69873* mit d1 = 10 mm und t1 = 4,5 mm angegeben. Exakte Maße des vorgesehenen Einbauraumes können ebenfalls der Norm entnommen werden.

9.4 ISO 10374 – Containeridentifikation

Diese Norm beschreibt ein System der automatischen Identifizierung von *Containern* mit Hilfe von Mikrowellen-Transpondern. Die optische Kennzeichnung von Containern ist in der Norm *ISO 6346* beschrieben und findet sich im Datensatz der transpondergestützten *Containeridentifikation* wieder.

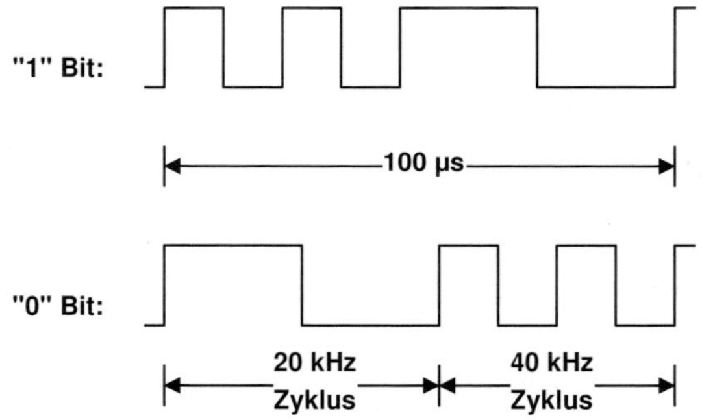

Abb. 9.40 Codierung von Datenbits durch das modifizierte FSK-Hilfsträgerverfahren.

Zum Einsatz kommen aktive, also batteriegestützte Mikrowellen-Transponder. Diese werden durch ein unmoduliertes Trägersignal in den Frequenzbereichen 850 bis 950 MHz sowie 2400 bis 2500 MHz aktiviert. Die Ansprechempfindlichkeit der Transponder ist mit einer elektrischen Feldstärke E von maximal 150 mV/m definiert. Der Transponder antwortet durch Backscatter-Modulation (modulierter Rückstrahlquerschnitt), mit einem modifizierten FSK-Hilfsträgerverfahren. Dabei wird zwischen den beiden Hilfsträgerfrequenzen

40 kHz und 20 kHz getastet.

Die übertragene Datensequenz entspricht dabei dem folgenden Schema:

Tabelle 9.17: Aufbau eines Datensatzes nach ISO 10374

Bitnummer:	Daten:	Einheit:	Mindestwert:	Höchstwert
0 ... 4	Objekterkennung	-	1	32
5 ... 6	Reflektortyp	Typcode	0	3
7 ... 25	Eigentümer-Code	alphabetisch	AAAA	ZZZZ
26 ... 45	Seriennummer	numerisch	000000	999999
46 ... 49	Prüfziffer	numerisch	0	9
50 ... 59	Länge	Zentimeter	1	2000
60 ... 61	Kontrollsumme	-	-	-
62 ... 63	Strukturbits	-	-	-
64	Länge	-	-	-
65 ... 73	Höhe	Zentimeter	1	500
74 ... 80	Breite	Zentimeter	200	300
81 ... 87	Containerbauart	Typcode	0	127
88 ... 96	Gesamtgewicht	100 kg	19	500
97 ... 103	Leergewicht	100 kg	0	99
104 ... 105	Ersatz	-	-	-
106 ... 117	Sicherheit	-	-	-
118 ... 123	Datenformatcode	-	-	-
124 ... 125	Kontrollsumme	-	-	-
126 ... 127	Datenrahmenende	-	-	-

9.5 VDI 4470 – Warensicherungssysteme

9.5.1 Teil 1 – Kundenabnahmerichtlinien für Schleusensysteme

Die Richtlinie *VDI 4470* stellt eine praxisorientierte Anleitung zur Abnahme und Prüfung installierter Systeme zur elektronischen Artikelsicherung (EAS-Systeme) dar. Es werden Definitionen und Testverfahren zur Überprüfung der maßgebenden Systemparameter – *Fehlalarmquote* und *Detektionsrate* – dargestellt.

Unter Fehlalarmen versteht man Alarme, die nicht durch ein aktives Sicherungsetikett ausgelöst werden, während die Detektionsrate das Verhältnis der ausgelösten Alarme zur Gesamtzahl der eingebrachten aktiven Etiketten darstellt.

9.5.1.1 Ermittlung der Fehlalarmquote

Die Ermittlung der Fehlalarmquote erfolgt unmittelbar nach der Installation des EAS-Systems und wird während des Alltagsbetriebs des Geschäftes durchgeführt. Das bedeutet, dass alle Einrichtungen, z. B. Kassen und Computer, in Betrieb sind. Dabei ist zu beachten, dass die Produkte des Geschäfts während dieser Testphase noch nicht mit Sicherungsetiketten gesichert sein dürfen. Während eines Beobachtungszeitraums von ein bis drei Wochen registriert ein Beobachter alle aufgetretenen Alarme und die äußeren Umstände (z. B. Person im Durchgang, Reinigung, Gewitter). Alarme, die durch ein versehentlich mitgeführtes Sicherungsetikett (z. B. aus einem anderen Laden mitgebracht) ausgelöst wurden, werden nicht gezählt.

9.5.1.2 Ermittlung der Detektionsrate

Die Ermittlung der Detektionsrate erfolgt zum einen mit realen Produkten, zum anderen mit Hilfe eines künstlichen Produktes.

Abb. 9.41 Warensicherungssystem im praktischen Einsatz.
(Foto: METO EAS-System 2200, Esselte Meto, Hirschborn)

Reale Produkte: Hierzu wird eine Anzahl von repräsentativen, diebstahlgefährdeten Produkten ausgewählt und von einer Testperson an den typischen Verstecken – Kapuze, Brusttasche, Schuh, Tragetasche etc. – nacheinander durch die Schleuse getragen. Bei der Auswahl der Testprodukte ist zu beachten, dass die Einwirkung des Werkstoffs eines Produkts (z. B. Metalloberflächen) auf die Detektionsrate nicht unerheblich sein kann.

Die Detektionsrate eines Systems berechnet sich als das Verhältnis der ausgelösten Alarme zur Gesamtheit der durchgeführten Versuche.

Künstliche Produkte: Hierzu verwendet man einen Holzstab, in dessen Mitte ein Sicherungsetikett aufgebracht wird. Eine Testperson führt dieses Referenzobjekt an Referenzpunkten, die durch die VDI 4470 exakt definiert werden, mit einer konstanten Geschwindigkeit durch den Durchgang.

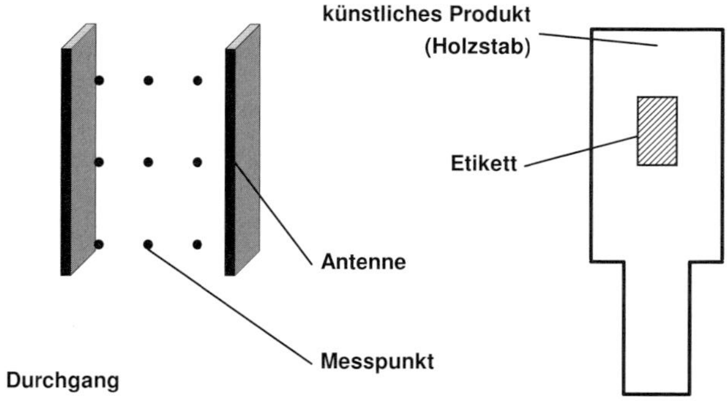

Abb. 9.42 *links:* Messpunkte in einem Durchgang, für die Abnahme mit künstlichen Produkten. *rechts:* Künstliches Produkt.

Die Detektionsrate eines Systems berechnet sich als das Verhältnis der ausgelösten Alarme zur Gesamtheit der durchgeführten Versuche.

9.5.1.3 Formblätter in VDI 4470

Um die Durchführung einer Objektabnahme zu vereinfachen und in der Branche einheitlich zu gestalten, werden von der VDI 4470 verschiedene Formblätter bereitgestellt:

Tabelle 9.18: In der VDI 4470 bereitgestellte Formblätter

Formblatt 1:	„Abnahme der Fehlalarme“
Formblatt 2:	„Abnahme mit realen Produkten“
Formblatt 3a:	„Abnahme mit künstlichen Produkten“
Formblatt 3b:	„Abnahme mit künstlichen Produkten“
Formblatt 4a:	„Abnahme mit künstlichen Produkten“
Formblatt 4b:	„Abnahme mit künstlichen Produkten“

9.5.2 Teil 2 – Kundenabnahmerichtlinien für Deaktivierungsanlagen

Neben der Möglichkeit, Hart-Etiketten (z. B. Mikrowellensysteme) an der Kasse zu entfernen, lassen sich verschiedene Etiketten auch „entschärfen“, d. h. deaktivieren (z. B. RF-Verfahren, elektromagnetisches Verfahren).

Ziel ist es, eine vollständige Deaktivierung aller in eine *Deaktivierungsanlage* eingebrachten Etiketten zu erreichen, um Kunden nicht durch ungerechtfertigte Fehlalarme zu verärgern oder zu verunsichern. Deaktivierungsanlagen müssen deshalb optische oder akustische Signale erzeugen, die wahlweise eine erfolgreiche oder **nicht** erfolgreiche Deaktivierung anzeigen können.

Die Abnahme einer Deaktivierungsanlage wird während des Normalbetriebs des Geschäftes durchgeführt. Hierzu werden mindestens 60 gesicherte Produkte benötigt, die vor und nach dem Test auf ihre Funktionsfähigkeit überprüft werden. Die gesicherten Produkte werden nacheinander in die Deaktivierungsanlage geführt, dabei ist die Anzeige der Signalgeber im Protokoll festzuhalten.

Zur Ermittlung der *Deaktivierungsquote* werden die erfolgreich deaktivierten Etiketten durch die Anzahl der Gesamtetiketten dividiert. Dieses Verhältnis muss 1, entsprechend 100% Deaktivierungsquote, ergeben. Andernfalls darf die Abnahme nicht erfolgen.

9.6 Güter- und Warenwirtschaft

9.6.1 ISO 18000 Serie

Eine ganze Reihe neuer Normen wird derzeit zum Thema „*Item-Management*“ entwickelt. Hierbei geht es darum, die Anforderungen der *Waren-* und *Güterwirtschaft* an zukünftige Transpondergenerationen zu berücksichtigen. Folgende Normen sind geplant:

- ISO 15961:„RFID for *Item Management*: Host Interrogator; Tag functional commands and other syntax features“
- ISO 15962: „RFID for *Item Management*: Data Syntax“
- ISO 15963: „Unique Identification of RF tag and Registration Authority to manage the uniqueness“

  Part-1: Numbering System
  Part-2: Procedural Standard
  Part-3: Use of the unique identification of RF tag in the integrated circuit
- ISO 18000: „RFID for *Item Management*: Air Interface“

  Part-1: Generic Parameter for Air Interface Communication for Globally Accepted Frequencies“
  Part-2: Parameters for Air Interface Communication below 135 kHz
  Part-3: Parameters for Air Interface Communication at 13.56 MHz
  Part-4: Parameters for Air Interface Communication at 2.45 GHz
  Part-5: Parameters for Air Interface Communication at 5.8 GHz
  Part-6: Parameters for Air Interface Communication – UHF Frequency Band
- ISO 18001: Information technology – RFID for Item Management – Application Requirements Profiles

9.6.2 GTAG Initiative

Eine weitere Initiative, *GTAG* (Global Tag) wird von der *EAN* (European Article Numbering Association) und der *UCC* (Universal Code Council) gemeinsam getragen. Die Arbeit von EAN und UCC besteht nach eigener Aussage beider Organisationen darin, "... *to improve supply chain management and other business processes that reduce costs and/or add value for both goods and services, EAN International and UCC develop, establish and promote global, open standards for identification and communication for the benefit of the users involved and the ultimate consumer*" [ean.ucc-99].

EAN.UCC-Systeme werden weltweit von fast einer Million Firmen aus den unterschiedlichsten Branchen zur Identifikation von Waren und Gütern eingesetzt. Am bekanntesten ist hierbei der Barcode, der auf allen Verbrauchsgütern zu finden ist und an der Kasse des Supermarktes abgelesen wird. Die eingesetzten Codes ermöglichen dabei jedoch keine Klassifizierung der Waren, sondern dienen lediglich als eindeutige Identifikation (AI = *Application Identifier*), um den Artikel in einer Datenbank auffinden zu können.

Ein weiteres Einsatzgebiet von EAN.UCC-Systemen sind Elektronische Versanddokumente (EDI = Electronic Document Interchange, definiert in UN/EDIFACT) [ean.ucc-00].

Die derzeit entwickelten Spezifikationen ermöglichen die Koexistenz von *Barcode* und Transponder bei völliger Kompatibilität aus Sicht des Anwenders. Dies erlaubt die fließende Migration von Barcodes zu Transpondersystemen, wobei der Schwerpunkt der Anwendungen anfangs bei *Transportcontainern* und wiederverwendbaren Verpackungen zu finden sein wird [osborne]. Die Anforderungen an eine solche Standardisierung sind sehr vielseitig, da alle Parameter eines derartigen Systems genau spezifiziert sein müssen, um den universellen Einsatz der Transponder zu gewährleisten. Die GTAG-Spezifikation von EAN.UCC wird daher drei Schichten behandeln: die Transportschicht, die Leitungsschicht und die Anwendungsschicht.

Radio Frequency Identification (RFID)
Performance Standards Initiative

Abb. 9.43 Offizielles Logo der GTAG-Initiative (http://www.ean-int.org).

- Die **Transportschicht** (transport layer) beschreibt das physikalische Interface zwischen Transponder und Lesegerät, also Sendefrequenz, Modulationsfrequenz und Datenrate. Am wichtigsten ist hierbei die Auswahl einer geeigneten Frequenz, um EAN.UCC-Systeme weltweit ohne Einschränkung einsetzen zu können und eine kostengünstige Herstellung zu ermöglichen. Die GTAG-Spezifikation der Transportschicht wird darüber hinaus in den zukünftigen Standard ISO 18000-6 einfließen [osborne].
- Die ***Leitungsschicht*** (communication layer) beschreibt den Aufbau der Datenblöcke, die zwischen Transponder und Lesegerät ausgetauscht werden. Hierzu gehört auch die Definition eines Antikollisionsverfahrens sowie die Beschreibung von Kommandos zum Auslesen oder Beschreiben des Transponders.

- Die ***Anwendungsschicht*** (application layer) beinhaltet Aufbau und Struktur der auf dem Transponder gespeicherten Anwendungsdaten. GTAG-Transponder werden mindestens einen EAN.UCC Application Identifier (AI) enthalten [ean.ucc-00]. Dieser AI wurde für Datenträger mit geringer Speicherkapazität (Barcodes) entwickelt. RFID-Transponder ermöglichen jedoch zusätzliche Daten sowie die Möglichkeit, Daten im Speicher zu verändern, sodass die GTAG-Spezifikation optionale Datenfelder und Möglichkeiten enthalten wird.

Die Fertigstellung der GTAG-Spezifikation ist frühestens für das Jahr 2002 geplant. Aus diesem Grunde kann im Folgenden nur eine kurze Übersicht zu den technischen Details gegeben werden.

9.6.2.1 GTAG-Transportschicht (physical layer)

Um die an GTAG gestellten Anforderungen an Reichweite und Übertragungsgeschwindigkeit erfüllen zu können, wurde der *UHF-Frequenzbereich* für die Transponder gewählt. Ein Problem in diesem Frequenzbereich stellen jedoch die lokal unterschiedlichen Frequenzregulierungen dar. So stehen in Amerika 4W Sendeleistung im Frequenzbereich 910 ... 928 MHz für RFID-Systeme zur Verfügung. In Europa hingegen wird derzeit versucht, durch Lobbyarbeit bei der ERO (European Radiocommunications Organization) den Frequenzbereich 865,6 ... 867,6 MHz mit 2 W Sendeleistung zu allokieren.

Tabelle 9.19: Vorläufige technische Parameter eines GTAG-Lesegerätes

Parameter	Wert
Sendefrequenz und Leistung des Lesegerätes	862 ... 928 MHz, 2 ... 4 W (je nach lokalen Vorschriften)
Downlink	40% ASK Puls-Time-Modulation, „1 aus $" Codierung
Antikollisionsverfahren	Dynamisches slotted Alloha-Verfahren
Max. Anzahl Transponder im Feld	250

Tabelle 9.20: Vorläufige technische Parameter eines GTAG-Transponders

Parameter	Wert
Min. Frequenzbereich Transponder	862 ... 928 MHz
Uplink	Backscatter (Delta RCS), Bi-Phase-Code
Bitrate	slow: 10 kBit/s, fast: 40 kBit/s
Delta RCS	> 0,005 m^2

Auf Grund der unterschiedlichen Frequenzbereiche für die Lesegeräte werden GTAG-Transponder so ausgelegt sein, dass sie über den gesamten Frequenzbereich von 862 ... 928 MHz durch ein Lesegerät ansprechbar sind. Dabei ist es für die Backscatter-Transponder gleichgültig, ob das Lesegerät eine fixe Sendefrequenz verwendet (Europa) oder in periodischen Zeitabständen die Sendefrequenz ändert (frequency hopping *spread spectrum*, USA und Kanada).

9.6.2.2 GTAG Leitungs- und Anwendungsschicht

Die GTAG Leitungs- und Anwendungsschicht (communication- and application-layer) wird in der *MP&PR-Spezifikation* („minimum protocol & performance requirement") beschrieben. Die MP&PR [gtag-rp] definiert dabei die Codierung der Daten auf der kontaktlosen Übertragungsstrecke, den Aufbau einer Kommunikationsbeziehung zwischen Lesegerät und Transponder (Antikollision & Polling), die Speicherorganisation eines Transponders sowie zahlreiche Kommandos zum effektiven Lesen und Beschreiben der Transponder.

Der Speicher eines GTAG-Transponders ist in Blöcken zu je 128 Bit (16 Byte) organisiert. Die GTAG-Spezifikation erlaubt zunächst nur die Adressierung von maximal 32 Pages, sodass maximal 512 Byte adressiert werden können. Allerdings ist davon auszugehen, dass es für die meisten Anwendungen ausreichend ist, einen dem Barcode identischen Datensatz nach *EAN/UCC-128* in einer Page des Transponders zu speichern.

10 Architektur elektronischer Datenträger

Bei der Funktionsweise der Datenträger von RFID-Systemen müssen wir zwischen zwei grundsätzlichen Funktionsprinzipien unterscheiden: Dies sind zum einen *elektronische Datenträger* auf der Grundlage integrierter Schaltungen, während zum anderen auch physikalische Effekte zur Datenspeicherung angewandt werden. Zur Gruppe der physikalischen Datenspeicher zählen 1-bit-Transponder und Oberflächenwellenbauelemente.

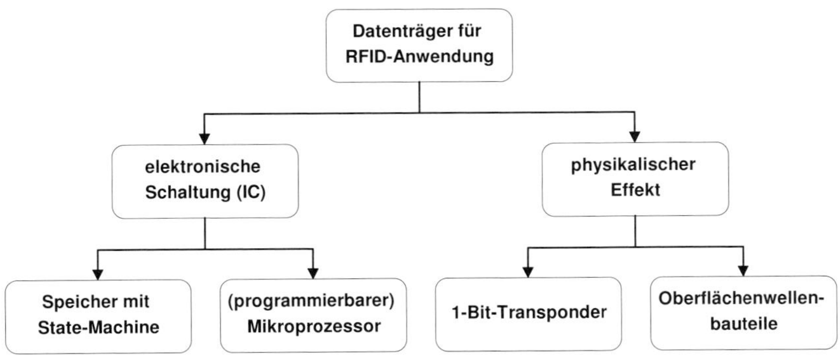

Abb. 10.1 Übersicht der unterschiedlichen Funktionsweisen der RFID-Datenträger.

Die elektronischen Datenträger werden weiter unterteilt – in Datenträger mit einfacher Speicherfunktion und programmierbare Mikroprozessoren.

Das folgende Kapitel befasst sich ausschließlich mit der Funktionsweise der elektronischen Datenträger. Eine Funktionsbeschreibung der einfach verständlichen physikalischen Datenträger findet sich bereits im Kapitel 3 „Grundlegende Funktionsweise", S. 29.

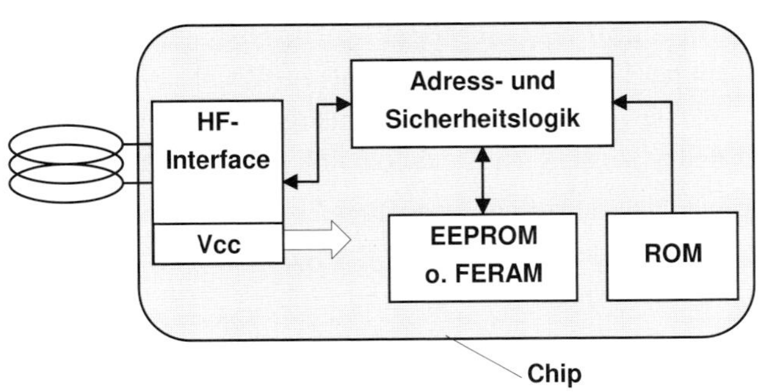

Abb. 10.2 Blockschaltbild eines RFID-Datenträgers mit Speicherfunktion.

10.1 Transponder mit Speicherfunktion

Die Palette der Transponder mit Speicherfunktion reicht vom einfachen *Read-only-Transponder* bis hin zum *High-end-Transponder* mit ausgeklügelten kryptologischen Funktionen.

Transponder mit Speicherfunktion enthalten RAM, ROM, EEPROM oder FERAM und ein

HF-Interface zur *Energieversorgung* und Kommunikation mit dem Lesegerät. Hauptmerkmal dieser Transponderfamilie ist die Realisierung der Adress- und Sicherheitslogik auf dem Chip durch einen *Zustandsautomaten* oder eine *State-Machine* (siehe Abbildung 10.2).

10.1.1 HF-Interface

Das HF-Interface bildet die Schnittstelle zwischen dem analogen, hochfrequenten Übertragungskanal vom Lesegerät zum Transponder und den digitalen Schaltungselementen des Transponders. Das HF-Interface entspricht daher in seiner Aufgabe dem klassischen Modem (**Mo**dulator – **Dem**odulator), wie es zur analogen Datenübertragung über Telefonleitungen eingesetzt wird.

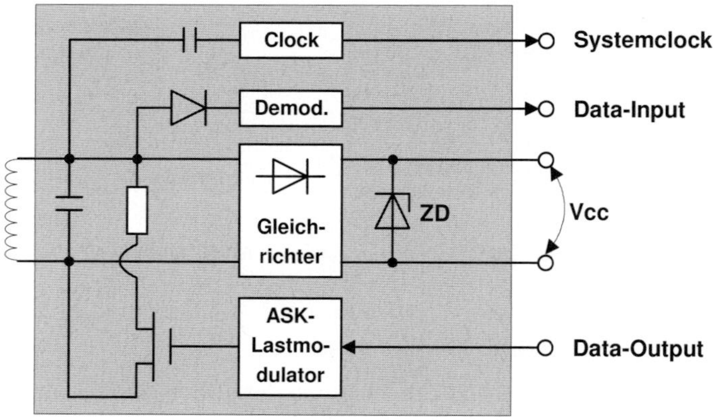

Abb. 10.3 Blockschaltbild des HF-Interfaces eines induktiv-gekoppelten Transponders mit Lastmodulator.

Aus dem modulierten HF-Signal des Lesegerätes wird im HF-Interface durch *Demodulation* wieder ein digitaler, serieller Datenstrom (Data-Input) zur Weiterverarbeitung in der Adress- und Sicherheitslogik erzeugt. Eine Schaltung zur Taktgewinnung leitet aus der Trägerfrequenz des HF-Feldes den Systemtakt (Systemclock) für den Datenträger ab.

Um Daten an das Lesegerät zurückzusenden, verfügt das HF-Interface über einen *Last-* oder *Backscattermodulator* (oder andere Verfahren, z. B. Frequenzteiler), welcher durch die digitalen Sendedaten angesteuert wird.

Passive Transponder, also Transponder ohne eigene Spannungsversorgung, werden über das HF-Feld des Lesegerätes auch mit Energie versorgt. Das HF-Interface entnimmt hierzu der Transponderantenne Strom und stellt nach Gleichrichtung dem Chip eine geregelte Versorgungsspannung zur Verfügung.

10.1.1.1 Schaltungsbeispiel – Lastmodulation mit Hilfsträger

Die prinzipielle Grundschaltung eines Lastmodulators ist in Abbildung 10.4 dargestellt. Diese dient der Erzeugung einer ohmschen Lastmodulation mit einem ASK- oder FSK-modulierten *Hilfsträger.* Die Frequenz des Hilfsträgers sowie die Baudraten sind hierbei entsprechend der Spezifikation der Norm ISO 15693 (Vicinity-coupling-Chipkarten) ausgelegt.

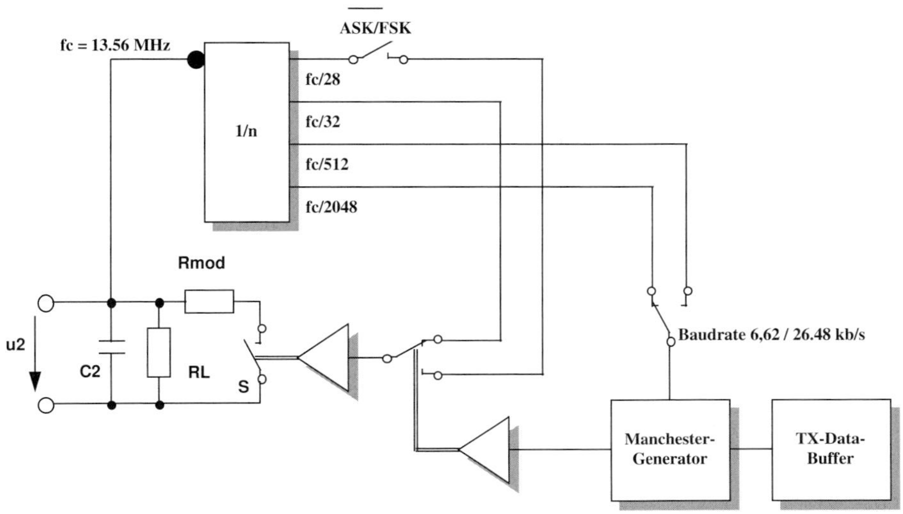

Abb. 10.4 Erzeugung einer Lastmodulation mit moduliertem Hilfsträger: Die Hilfsträgerfrequenz wird durch eine binäre Teilung der Trägerfrequenz des RFID-Systems erzeugt. Das Hilfsträgersignal selbst wird zunächst durch den Manchester-codierten Datenstrom ASK- oder FSK-moduliert (Schalterstellung ASK/FSK), während der Modulationswiderstand im Transponder schließlich im Takt des modulierten Hilfsträgersignals an- und abgeschaltet wird.

Die hochfrequente Eingangsspannung u_2 des Datenträgers (Transponderchip) dient als Zeitbasis des HF-Interfaces und wird auf den Eingang eines Binärteilers gegeben. Die in der Norm spezifizierten Frequenzen für die Hilfsträger und den Baudratentakt können durch einfache binäre Teilung des 13,56 MHz-Eingangssignales abgeleitet werden.

Tabelle 10.1: Die im HF-Interface benötigten Taktfrequenzen werden durch binäre Teilung aus dem 13,56 MHz-Trägersignal erzeugt.

Teiler N:	Frequenz:	Verwendung:
1/28	485 kHz	ϕ2 des FSK-Hilfsträgers
1/32	423 kHz	ϕ1 des FSK-Hilfsträger, sowie ASK-Hilfsträger
1/512	26,48 kHz	Bit-Taktsignal für hohe Baudrate
1/2048	6,62 kHz	Bit-Taktsignal für langsame Baudrate

Die zu sendenden seriellen Daten werden zunächst einem Manchester-Generator zugeführt. Hierbei kann die Baudrate des Basisbandsignals zwischen zwei Werten eingestellt werden. Das Manchester-codierte Basisbandsignal wird nun verwendet, um mit den „1"- und „0"-Pegeln des Signals zwischen den beiden Hilfsträgerfrequenzen f_1 und f_2 umzuschalten, um auf diese Weise ein FSK-moduliertes Hilfsträgersignal zu erzeugen. Wird das Taktsignal f_2 unterbrochen, so resultiert daraus ein ASK-moduliertes Hilfsträgersignal, sodass sehr einfach zwischen ASK- und FSK-Modulation umgeschaltet werden kann. Das modulierte Hilfsträgersignal wird nun auf den Schalter S gegeben, um den *Modulationswiderstand* des Lastmodulators im Takt der Hilfsträgerfrequenz ein- und auszuschalten.

10.1.1.2 Schaltungsbeispiel – HF-Interface für ISO-14443 Transponder

Ein weiteres Beispiel für den Aufbau eines HF-Interfaces ist die Schaltung in Abbildung 10.5. Es handelt sich dabei ursprünglich um einen Simulator für kontaktlose Chipkarten nach ISO 14443, mit dem die Datenübertragung von der Chipkarte zu einem Lesegerät per Lastmodulation simuliert werden kann. Die Schaltung wurde einem Vorschlag der Fa. Motorola für eine kontaktlose Testkarte in ISO 10373-6 [baddeley-N242] entnommen.

Für den Nachbau dieser Testkarte steht ein fertiges Layout zur Verfügung (siehe Kap. 14.4.1 „Testkarte nach ISO 14443", S. 430). Die Schaltung wird auf einer FR4-Leiterplatte aufgebaut. Die Transponderspule ist als großflächige Leiterschleife mit vier Windungen einer Leiterbahn realisiert, womit die Dimensionierung der Transponderspule den Verhältnissen in einer realen Chipkarte entspricht.

Der *Transponderschwingkreis* der Testkarte wird aus der Transponderspule L1 und dem Trimmkondensator CV1 gebildet. Die Resonanzfrequenz des Transponderschwingkreises sollte auf die Sendefrequenz des Lesegerätes, 13,56 MHz abgeglichen werden (vergleiche hierzu Kap. 4.1.11.2 „Messung der Transponderresonanzfrequenz", S. 109). Zur Spannungsversorgung der Testkarte wird die am Transponderschwingkreis anliegende HF-Spannung im Brückengleichrichter D_1 ... D_4 gleichgerichtet und mit der Zenerdiode D_6 auf etwa 3 V gehalten.

Mit dem Binärteiler U1 werden aus der Trägerfrequenz 13,56 MHz die benötigten Systemtakte 847,5 kHz (Hilfsträger, Teiler 1/16) und 105,93 kHz (Baudrate, Teiler 1/128) abgeleitet.

Die Schaltung aus U2 und U3 dient der ASK- oder BPSK-Modulation des Hilfsträgersignales (847,5 kHz) mit dem Manchester- oder NRZ-codierten Datenstrom (Jumper 1 ... 4). Neben einfachen Endlosbitfolgen „1111" und „1010" ist dabei auch die Einspeisung eines externen Datenstroms (Jumper 10) möglich. Damit unterstützt die Testchipkarte alle beiden in ISO 14443-2 definierten Verfahren zur Datenübertragung zwischen Chipkarte und Lesegerät.

Als Lastmodulationsverfahren kann sowohl eine kapazitive (C4, C5) als auch ohmsche Lastmodulation (R9) eingestellt werden. Der „Open-Kollektor"-Treiber U4 dient als Ausgangsstufe („Schalter") für den Lastmodulator.

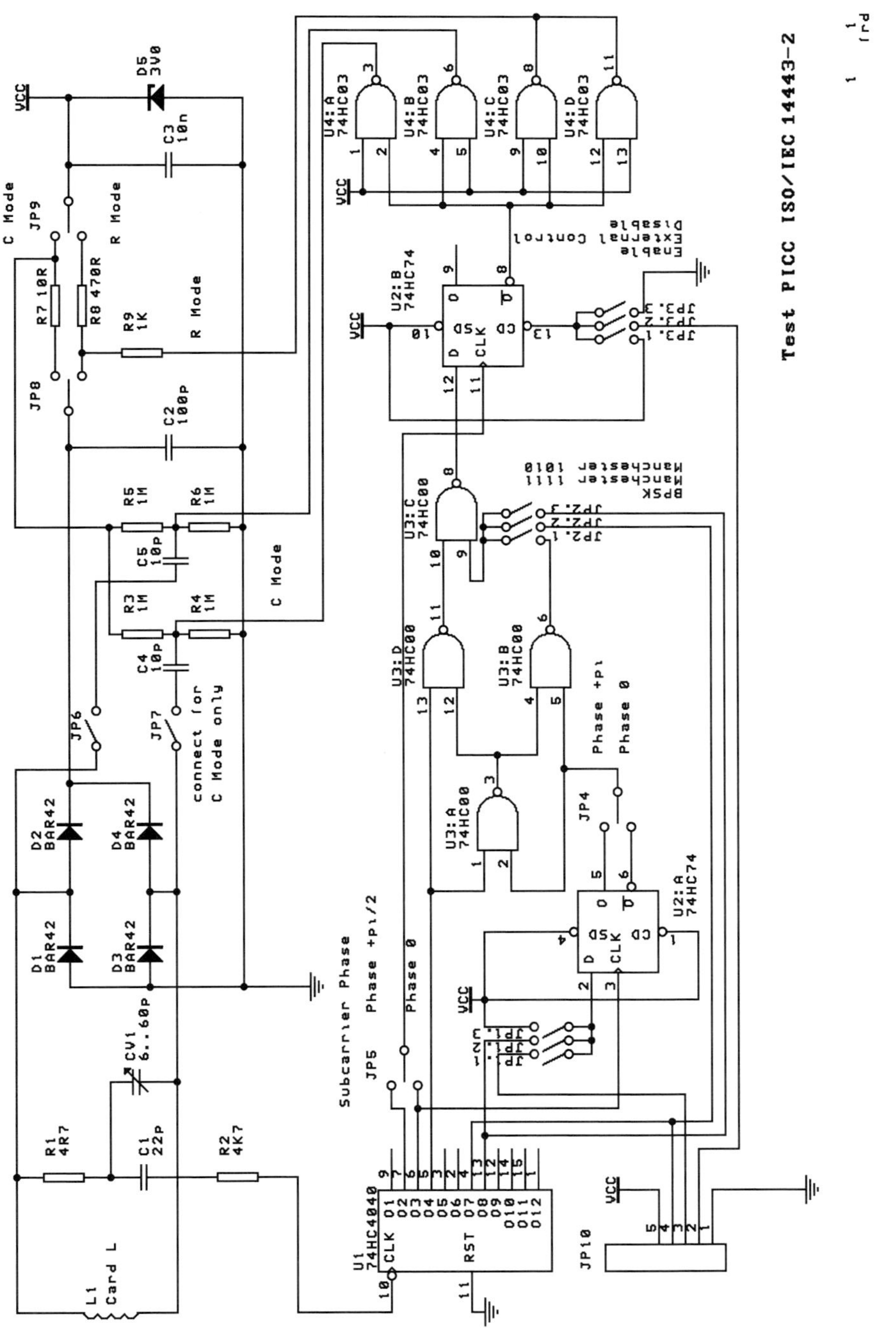

Abb. 10.5 Schaltungsbeispiel eines HF-Interfaces nach ISO 14443.

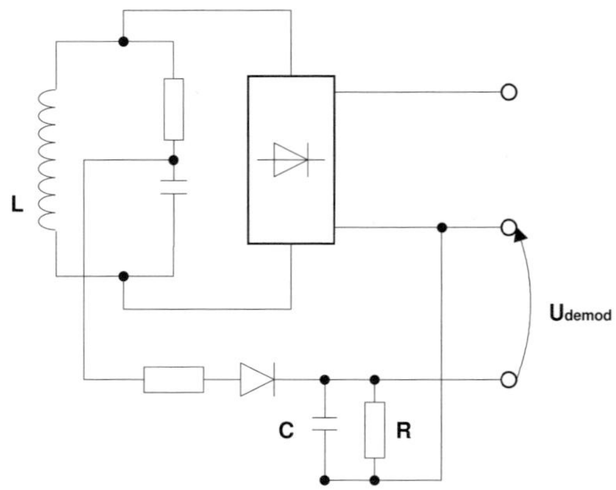

Abb. 10.6 Eine 100%-ASK-Modulation kann durch eine zusätzliche Diode einfach demoduliert werden.

Die *Demodulation* eines vom Lesegerät übertragenen Datenstroms ist in dieser Schaltung nicht vorgesehen. Durch eine sehr einfache Erweiterung der Schaltung (siehe Abbildung 10.6) kann jedoch zumindest ein 100%-ASK-moduliertes Signal demoduliert werden. Hierzu wird lediglich eine zusätzliche Diode benötigt, um die HF-Spannung des Transponderschwingkreises gleichzurichten. Die Zeitkonstante $\tau = R \cdot C$ sollte so bemessen sein, dass die Trägerfrequenz (13,56 MHz) noch wirksam ausgefiltert wird, die Modulationspulse (t_{Puls} = 3µs nach ISO 14443-2) dabei jedoch möglichst erhalten bleiben.

10.1.2 Adress- und Sicherheitslogik

Die *Adress- und Sicherheitslogik* ist das Herz des Datenträgers und steuert alle Vorgänge auf dem Chip.

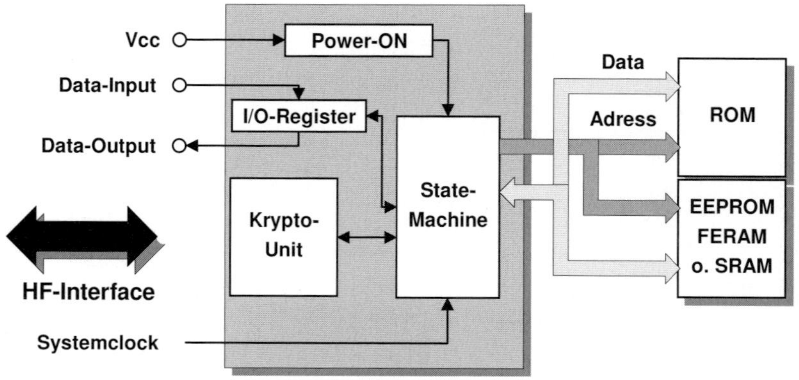

Abb. 10.7 Blockschaltbild der Adress- und Sicherheitslogik.

Durch die *Power-ON-Logik* wird sichergestellt, dass der Datenträger einen definierten Zustand einnimmt, sobald er beim Eintritt in das HF-Feld eines Lesegerätes mit ausreichender Betriebsenergie versorgt wird. Spezielle I/O-Register dienen dem Datenaustausch mit dem

Lesegerät. Eine optionale *Krypto-Unit* wird zur Authentifizierung, Datenverschlüsselung und Schlüsselverwaltung benötigt.

Die Datenspeicher, ein ROM für unveränderliche Daten wie Seriennummern sowie EE-PROM oder FERAM, sind über den Chip-internen Adress- und Daten-Bus mit der Adress- und Sicherheitslogik verbunden.

Der zur Ablaufsteuerung und Systemsynchronisation benötigte *Takt* (Systemclock) wird durch das HF-Interface aus dem HF-Feld zurückgewonnen und der Adress- und Sicherheitslogik zugeführt. Die zustandsabhängige Steuerung aller Vorgänge wird durch eine State-Machine („hard wired software") durchgeführt. Die mit State-Machines erreichbare Komplexität reicht durchaus an die Leistungen von Mikroprozessoren (High-end-Transponder) heran. Allerdings ist der „Programmablauf" dieser Automaten durch das Chipdesign festgelegt. Eine Änderung oder Anpassung an spezielle Sonderanforderungen kann nur durch ein geändertes Chipdesign verwirklicht werden und ist deshalb nur für sehr große Stückzahlen interessant.

10.1.2.1 State-Machine

Unter einer *State-Machine* (auch Schaltwerk, Mealy-Machine) versteht man eine Anordnung zur Durchführung logischer Verknüpfungen mit der zusätzlichen Fähigkeit, Variablenzustände zu speichern. Die Ausgangsvariablen Y hängen sowohl von den Eingangsvariablen X als auch von der Vorgeschichte ab, die durch den Schaltzustand von Flip-Flops repräsentiert wird [tietze].

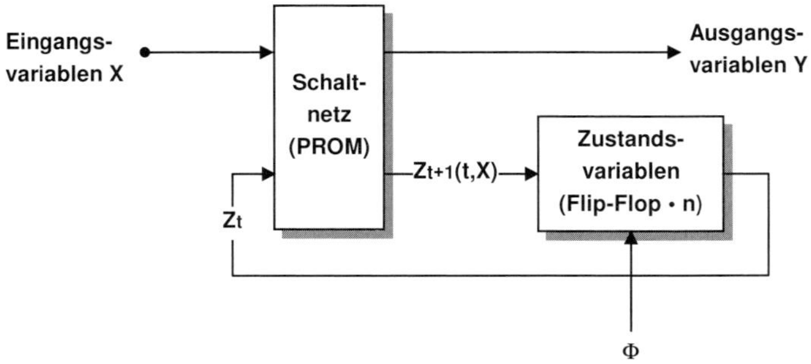

Abb. 10.8 Blockschaltbild einer State-Machine, bestehend aus dem Zustandsspeicher und einem rückgekoppelten Schaltnetz.

Die State-Machine durchläuft also verschiedene Zustände, die in einem *Zustandsdiagramm* (Abbildung 10.9) anschaulich dargestellt werden können. Jeder mögliche Zustand S_z des Systems wird durch einen Kreis repräsentiert. Der Übergang von einem Zustand in einen anderen wird durch einen Pfeil gekennzeichnet. Die Bezeichnung des Pfeils gibt an, unter welchen Bedingungen der Übergang stattfinden soll. Ein unbeschrifteter Pfeil bedeutet einen unbedingten Übergang (Power-ON $\rightarrow S_1$). Der jeweils neue Zustand $S_z(t+1)$ wird einerseits vom alten Zustand $S_z(t)$ und andererseits von den Eingangsvariablen x_i bestimmt.

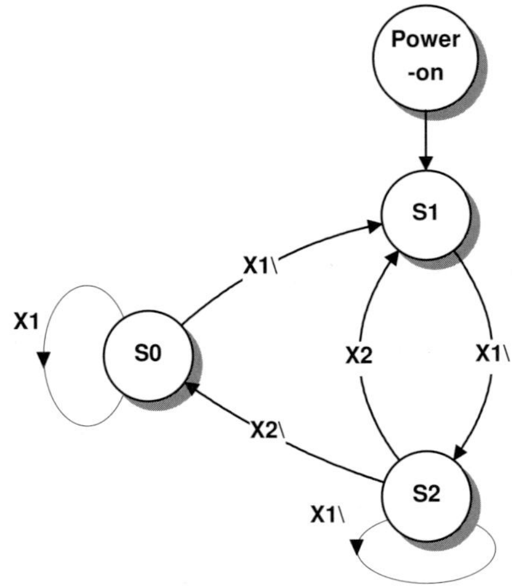

Abb. 10.9 Beispiel für ein einfaches Zustandsdiagramm zur Beschreibung von State-Machines.

Die Reihenfolge, in der die Zustände durchlaufen werden, kann also mit Hilfe der Eingangsvariablen x beeinflusst werden. Wenn sich das System in einem Zustand S_Z befindet und keine Übergangsbedingung erfüllt ist, die von diesem Zustand wegführen könnte, bleibt das System in diesem Zustand.

Die entsprechende Zuordnung wird mit einem Schaltnetz vorgenommen: Legt man an seine Eingänge die Zustandsvariablen Z(t) und die Eingangsvariablen x, so tritt an seinem Ausgang der neue Zustand Z(t+1) auf (Abbildung 10.8). Mit dem nächsten Taktimpuls wird dieser Zustand in die Ausgänge der (flankengetriggerten) Flip-Flops übertragen und wird damit zum neuen Systemzustand S(t+1) der State-Machine.

10.1.3 Speicherarchitektur

10.1.3.1 Read-only-Transponder

Diese Transponder bilden das Low-end- und Low-cost-Segment der RFID-Datenträger. Sobald ein *Read-only-Transponder* in den Ansprechbereich eines Lesegerätes gerät, beginnt er fortwährend eine ihm eigene Kennung auszugeben. Bei dieser Kennung handelt es sich gewöhnlich um eine einfache *Seriennummer*, bestehend aus wenigen Bytes und einer angehängten Prüfziffer. In der Regel garantiert der Chiphersteller dafür, dass jede Seriennummer nur ein einziges Mal vergeben wird. Für Spezialaufgaben sind auch komplexere Codierungen möglich (siehe z. B. Kap. 9.1.1 „ISO 11784 – Codestruktur“, S. 233).

Die transpondereigene Kennung wird bereits während der Chip-Produktion aufgebracht. Der Anwender kann weder diese Seriennummer noch irgendwelche Daten auf dem Chip verändern.

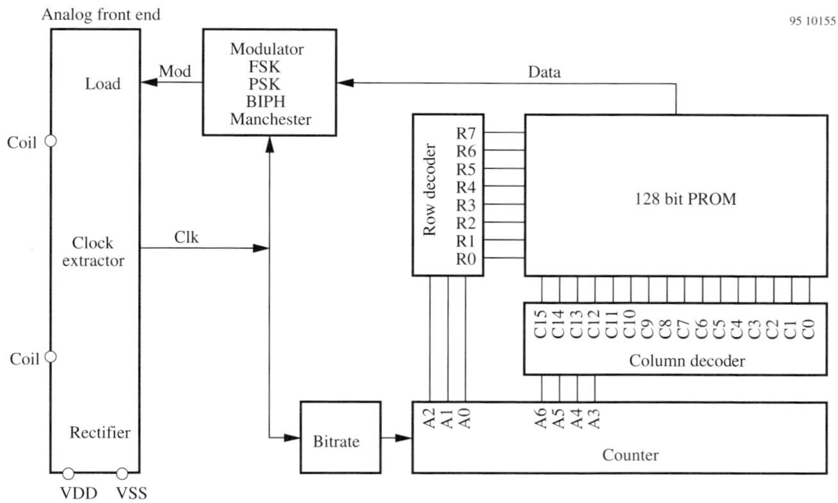

Abb. 10.10 Blockschaltbild eines Read-only-Transponders. Beim Eintitt in den Ansprechbereich eines Lesegerätes beginnt ein Zähler (Counter) damit, alle Adressen des internen Speichers (PROM) nacheinander anzusprechen. Der Datenausgang des Speichers wird auf einen Lastmodulator (Load) geführt, dem eine Basisbandcodierung des binären Codes (Modulator) vorgeschaltet ist. Auf diese Weise kann der gesamte Inhalt des Speichers (128 bit Seriennummer) zyklisch als serieller Datenstrom ausgegeben werden. (Zeichnung: TEMIC Semiconductors, Heilbronn)

Die Kommunikation mit dem Lesegerät findet nur in einer Richtung statt, indem der Transponder fortlaufend seine Kennung an das Lesegerät sendet. Eine Datenübertragung vom Lesegerät zum Transponder ist nicht möglich. Aufgrund des einfachen Aufbaus der benötigten Datenträger und Lesegeräte können Read-only-Transponder jedoch äußerst preisgünstig gefertigt werden.

Das Einsatzgebiet von Read-only-Transpondern sind preissensitive Anwendungen, die keine Speichermöglichkeit von Daten auf dem Transponder benötigen. Die klassischen Einsatzgebiete sind deshalb Tieridentifikation, Zutrittskontrolle und Industrieautomation mit zentraler Datenführung.

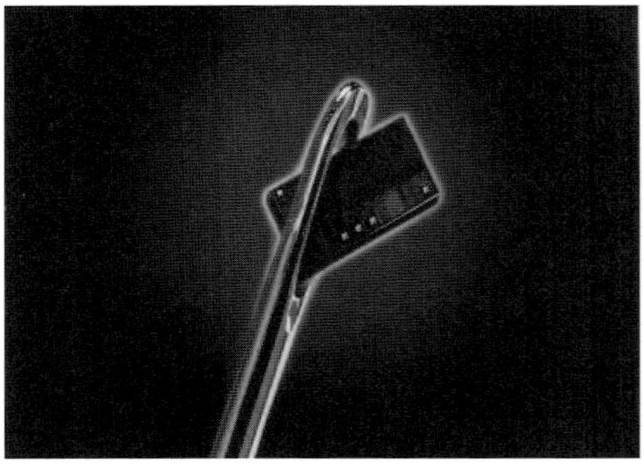

Abb. 10.11 Größenvergleich: Low-cost-Transponder-Chip im Nadelöhr. (Foto: Philips Semiconductors Gratkorn, A-Gratkorn)

10.1.3.2 Beschreibbare Transponder

Transponder, die durch das Lesegerät mit Daten beschrieben werden können, werden mit Speichergrößen von nur 1 Byte („Taubentransponder") bis zu 64 kByte (Mikrowellentransponder mit SRAM) angeboten.

Der Schreib- und Lesezugriff auf den Transponder erfolgt häufig blockweise. Dabei wird immer eine definierte Anzahl von Bytes zu einem Block zusammengefasst, welcher dann auch nur als Ganzes gelesen oder beschrieben werden kann. Um den Dateninhalt eines einzelnen Blocks zu ändern, muss deshalb zunächst der gesamte Block vom Transponder gelesen werden, um anschließend denselben Block inklusive der darin geänderten Bytes wieder in den Transponder zurückzuschreiben.

Gängige Blockgrößen sind 16 bit, 4 Byte oder 16 Byte. Eine *Blockstruktur* des Speichers ermöglicht dabei eine einfachere Adressierung im Chip und durch das Lesegerät.

10.1.3.3 Transponder mit Kryptofunktion

Ungesichert beschreibbare Transponder können mit jedem beliebigen Lesegerät, das dem gleichen RFID-System angehört, gelesen oder beschrieben werden. Dies ist nicht immer erwünscht, da bei sensiblen Anwendungen durch das unberechtigte Auslesen oder Beschreiben der Daten im Transponder möglicherweise auch Schaden angerichtet werden kann. Als Beispiel seien dazu die kontaktlose Karte als Fahrschein für ÖPNV, aber auch Transponder im Kfz-Schlüssel für die elektronische Wegfahrsperre genannt.

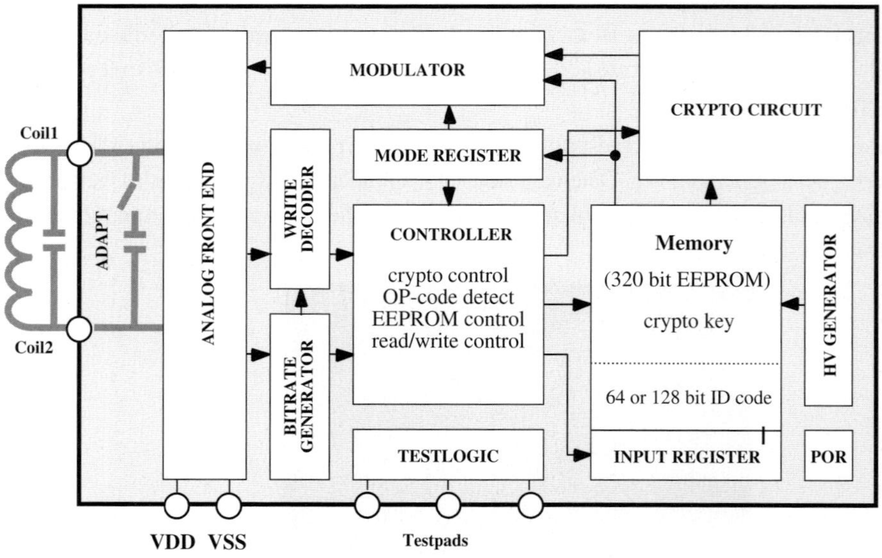

Abb. 10.12 Blockschaltbild eines beschreibbaren Transponders mit Kryptofunktion zur Authentifizierung zwischen Transponder und Lesegerät. (Bild: TEMIC Semiconductors, Heilbronn)

Um Unberechtigten den Zugriff auf einen Transponder zu verwehren, werden verschiedene Verfahren eingesetzt. Zu den einfachsten Mechanismen gehört der Schreib- und Leseschutz durch Überprüfung eines *Passwortes*. Dabei vergleicht die Karte ein gesendetes Passwort mit einem gespeicherten Referenz-Passwort und gibt, im Falle einer Übereinstimmung, den Zugriff auf den Datenspeicher frei.

Soll die Berechtigung bzw. Applikationszugehörigkeit gegenseitig überprüft werden, oder sind höhere Sicherheitsanforderungen gestellt, so wird auf Authentifizierungsverfahren zurückgegriffen. Prinzipiell findet bei einer *Authentifizierung* immer ein Vergleich zweier geheimer *Schlüssel* (Key) statt, ohne dieselben über die Schnittstelle zu übertragen (eine ausführliche Beschreibung dieses Vorganges findet sich im Kap. 8.1 „Gegenseitige symmetrische Authentifizierung“, S. 225). Eine kryptologische *Authentifizierung* wird meist mit einer Verschlüsselung des nachfolgend übertragenen Datenstroms verbunden. Damit wird schließlich auch das Ausspionieren von Daten durch Abhören der drahtlosen Transponder-Schnittstelle mittels eines Funkempfängers wirkungsvoll unterbunden.

Transponder mit kryptologischen Funktionen enthalten neben dem Speicherbereich für die Applikationsdaten immer einen zusätzlichen Speicherbereich zum Ablegen der geheimen Schlüssel sowie ein *Konfigurationsregister* (*Access-Register*, Acc) zum selektiven Einrichten eines Schreibschutzes für ausgewählte Adressbereiche. Die geheimen Schlüssel werden vor der Auslieferung der Transponder vom Hersteller in den *Schlüsselspeicher* geschrieben. Aus Sicherheitsgründen kann der Schlüsselspeicher in keinem Falle ausgelesen werden.

10.1.3.3.1 Hierarchisches Schlüsselkonzept

Einige Systeme bieten die Möglichkeit, im Transponder zwei getrennte Schlüssel – Schlüssel A und Schlüssel B – mit unterschiedlichen Zugriffsrechten abzulegen. Die Authentifizierung zwischen Transponder und Lesegerät kann auf Anforderung des Lesegerätes wahlweise mit Schlüssel A oder Schlüssel B erfolgen. Die Möglichkeit, den beiden Schlüsseln unterschiedliche *Zugriffsrechte* (Acc) zuzuweisen, kann dazu verwendet werden, in einer Anwendung hierarchische Sicherheitslevel zu definieren.

Zur Verdeutlichung ist dieses Prinzip in Abbildung 10.13 noch einmal dargestellt. Der Transponder enthält zwei Schlüsselspeicher, die mit den unterschiedlichen Schlüsseln A und B initialisiert wurden. Die Zugriffsrechte, die eines der beiden Lesegeräte nach einer erfolgreichen Authentifizierung erhält, hängen von der gewählten Einstellung im Transponder (Access-Register) für den verwendeten Schlüssel ab.

Das Lesegerät 1 ist nur im Besitz von Schlüssel A. Nach einer erfolgreichen Authentifizierung erlauben die im Access-Register (Acc) gewählten Einstellungen jedoch nur das Auslesen des Transponderspeichers. Lesegerät 2 ist hingegen im Besitz des Schlüssels B. Nach einer erfolgreichen Authentifizierung mit Schlüssel B erlauben die im Access-Register (Acc) hierfür gewählten Einstellungen auch das Beschreiben des Transponderspeichers.

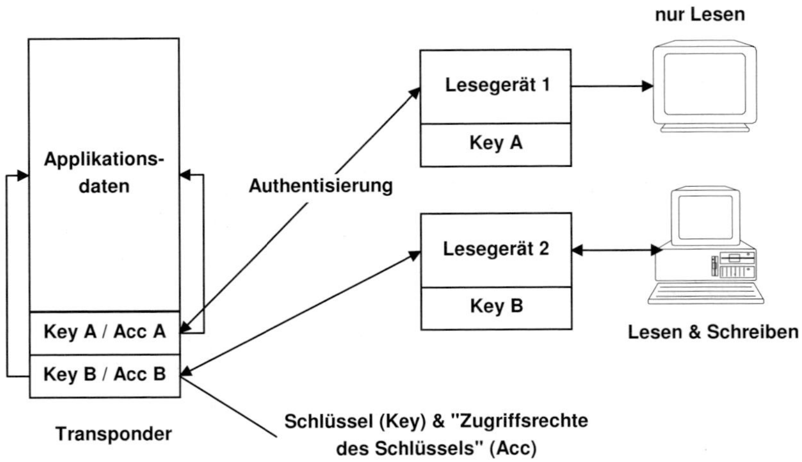

Abb. 10.13 Ein Transponder mit zwei Schlüsselspeichern ermöglicht die hierarchische Vergabe von Zugriffsrechten, in Abhängigkeit des verwendeten Authentifizierungsschlüssels.

10.1.3.3.2 Anwendungsbeispiel – hierarchische Schlüssel

Als Beispiel für den praktischen Einsatz von *hierarchischen Schlüsseln* soll uns nun ein Fahrausweissystem für eine ÖPNV-Anwendung dienen. Wir unterscheiden zwischen zwei Gruppen von Lesegeräten: den „Entwertern“ zum Bezahlen einer Fahrt und den „Aufwertern“ zum Aufwerten der verwendeten kontaktlosen Chipkarten.

Die Zugriffsrechte in den beiden Access-Registern A und B des Transponders werden so konfiguriert, dass nach erfolgreicher Authentifizierung mit Schlüssel A lediglich das Abbuchen von Geldbeträgen (Dekrementieren eines Zählers im Transponder) möglich ist. Nur nach einer Authentifizierung mit Schlüssel B darf auch das Aufbuchen von Geldbeträgen (Inkrementieren desselben Zählers) möglich sein.

Um Betrugsversuchen vorzubeugen, werden unsere Lesegeräte in Fahrzeugen oder U-Bahn-Zugängen, die Entwerter also, ausschließlich mit dem Schlüssel A ausgerüstet. Damit kann mit einem Entwerter in keinem Fall ein Transponder aufgewertet werden, auch nicht durch Software-Manipulation an einem gestohlenen Entwerter. Der Transponder selbst verweigert ja die Inkrementierung des internen Zählers, solange nicht mit dem richtigen Schlüssel authentifiziert wurde.

Der sicherheitssensible Schlüssel B wird nur in ausgewählte, diebstahlgesicherte Lesegeräte geladen. Nur mit diesen Lesegeräten kann ein Transponder dann auch wieder aufgewertet werden.

10.1.3.4 Segmentierte Speicher

Über Authentifizierungsverfahren können Transponder vor dem Zugriff von Lesegeräten fremder Anwendungen geschützt werden, wie im vorhergehenden Kapitel gezeigt wurde.

Bei Transpondern mit größerem Speichervolumen bietet es sich an, den Gesamtspeicher in kleinere Einheiten, die Segmente, aufzuteilen und jedes dieser Segmente über einen eigenen Schlüssel vor unberechtigtem Zugriff zu schützen. Auf einem derart *segmentierten Transponder* können verschiedene Anwendungsdaten vollkommen unabhängig voneinander gespeichert werden.

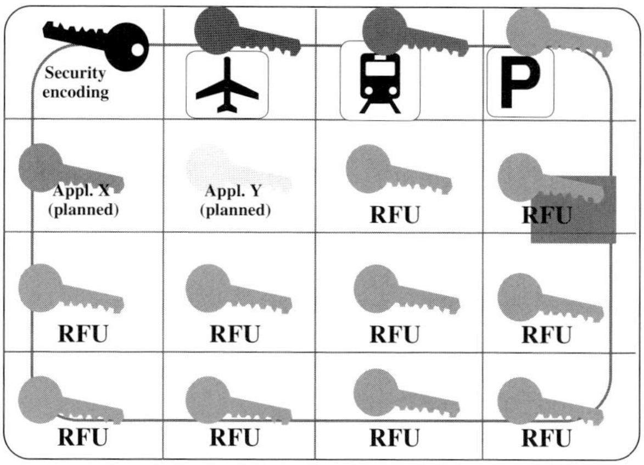

Abb. 10.14 Mehrere Anwendungen auf einem Transponder – geschützt durch jeweils eigene geheime Schlüssel.

Auf ein einzelnes Segment kann nur dann zugegriffen werden, wenn zuvor mit dem passenden Schlüssel eine erfolgreiche Authentifizierung abgewickelt wurde. Ein Lesegerät einer einzelnen Anwendung kann daher, unter ausschließlicher Kenntnis des *applikationseigenen Schlüssels*, auch nur auf das „eigene" Segment zugreifen.

Die Mehrzahl der angebotenen Systeme mit segmentiertem Speicher verfügt über feste Segmentgrößen. Dabei kann der Speicherplatz innerhalb eines Segments durch den Anwender nicht verändert werden. Eine feste Segmentgröße hat den Vorteil einer sehr einfachen und kostengünstigen Realisierung auf dem Mikrochip des Transponders.

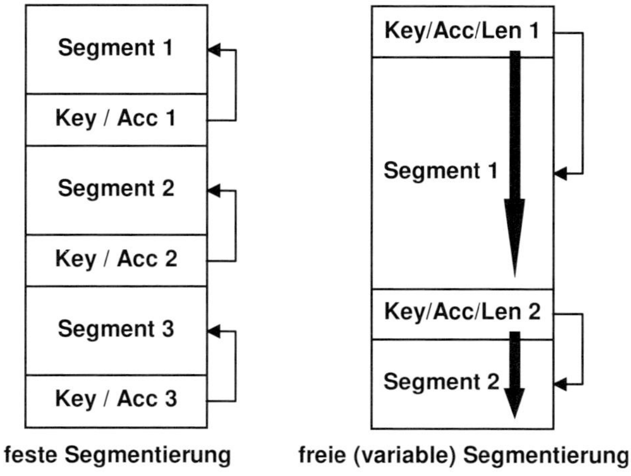

Abb. 10.15 Unterscheidung zwischen fester Segmentierung und freier Segmentierung.

In den seltensten Fällen entspricht der von einer Anwendung benötigte Speicherplatz jedoch der Segmentgröße des Transponders. Bei kleinen Anwendungen wird wertvoller Speicherplatz auf dem Transponder verschenkt, da die Segmente nur teilweise genutzt werden. Sehr große Anwendungen müssen auf mehrere Segmente verteilt werden, wobei der applikationsspezifische Schlüssel in die Schlüsselspeicher eines jeden der belegten Segmente geschrieben werden muss. Auch durch dieses mehrmalige Speichern eines identischen Schlüssels wird wertvoller Speicherplatz verschenkt.

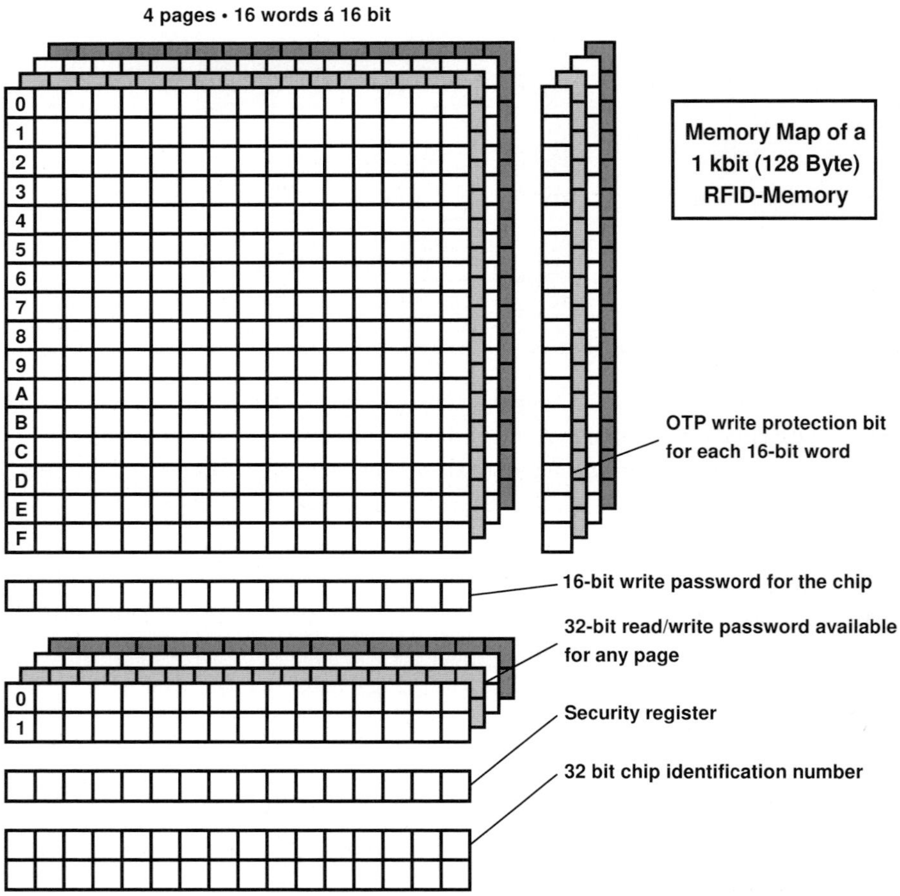

Abb. 10.16 Beispiel für einen Transponder mit fest segmentiertem Speicher (IDESCO MICROLOG®): Die vier „pages" können mit unterschiedlichen Passwörtern gegen unberechtigtes Lesen oder Schreiben abgesichert werden [idesco].

Eine wesentlich bessere Nutzung ergibt sich aus der Verwendung von Segmenten variabler Länge. Hier kann die Speichergröße eines Segments optimal an den Bedarf der darin zu speichernden Anwendung angepasst werden. Auf Grund der schwierigen Umsetzung einer *variablen Segmentierung* ist diese Variante bei Transpondern mit State-Machine nur selten anzutreffen.

Die Speicherkonfiguration eines Transponders mit fester Segmentierung ist in Abbildung 10.16 dargestellt. Der verfügbare Speicherplatz von insgesamt 128 Byte wurde in 4 Segmente, die „pages", aufgeteilt. Jedes der 4 Segmente kann mit einem eigenen Passwort gegen unberechtigtes Lesen oder Schreiben geschützt werden. Das Access-Register dieses Transponders („OTP write protection") besteht aus einem zusätzlichen Speicherplatz von 16 bit je Segment. Durch das Löschen eines einzelnen Bits im Access-Register können jeweils 16 bit des Anwendungsspeichers dauerhaft gegen Überschreiben geschützt werden.

10.1.3.5 MIFARE®-Applikationsverzeichnis

Der Speicherbereich eines *MIFARE®-Transponders* ist in 16 voneinander unabhängige Segmente, die Sektoren, aufgeteilt. Jeder Sektor ist durch zwei verschiedene Schlüssel (hierarchische Struktur) vor unberechtigtem Zugriff geschützt. Über ein eigenes Access-Register (Konfig.) können unterschiedliche Zugriffsrechte für die beiden Schlüssel vergeben werden [koo]. Damit lassen sich bis zu 16 voneinander unabhängige und durch geheime Schlüssel gegenseitig geschützte *Applikationen* laden. Ohne Kenntnis der geheimen Schlüssel kann keine der Applikationen, auch nicht zur Kontrolle oder Identifikation, gelesen werden. Somit ist aber nicht ohne weiteres feststellbar, welche Applikationen auf einem Transponder verfügbar sind.

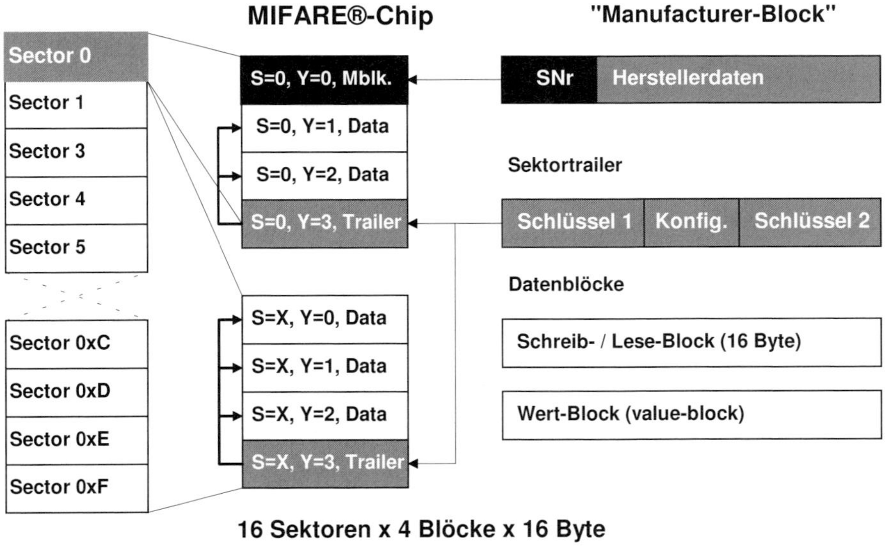

Abb. 10.17 Speicherorganisation eines MIFARE®-Datenträgers [koo]. Der gesamte Speicher ist fest in 16 voneinander unabhängige Sektoren aufgeteilt. Damit können maximal 16 verschiedene, voneinander unabhängige Anwendungen auf eine MIFARE®-Karte geladen werden.

Nehmen wir einmal an, die Stadt München entschließt sich, eine kontaktlose City-Card herauszugeben, mit der es möglich ist, städtische Einrichtungen in Anspruch zu nehmen, und belegt dabei nur einen kleinen Teil des zur Verfügung stehenden Speicherbereiches der Karte. Der übrige Speicherplatz der Karte könnte also von anderen Anbietern mit deren eigenen

Applikationen, wie Nahverkehrsfahrkarte, Autovermietung, Tankstellenkarte, Parkausweis, Bonuskarte für Restaurant- und Warenhausketten und vielem anderem mehr, belegt werden. Nun ist jedoch nicht feststellbar, welche der vielen möglichen Applikationen denn nun auf einer Karte aktuell verfügbar sind, da jedes Lesegerät einer Applikation nur auf den eigenen Sektor Zugriff erhält, für den auch die richtigen Schlüssel vorhanden sind.

Um dieses Problem zu umgehen, wurde vom Autor zusammen mit Philips Semiconductors Gratkorn (Mikron) ein *Applikationsverzeichnis* für die MIFARE®-Chipkarte entwickelt. Die Datenstruktur dieses Verzeichnisses, das *MAD* (MIFARE® application directory), ist in Abbildung 10.18 und 10.19 dargestellt:

Für das MAD werden Block 1 und 2 des Sektors 0 reserviert, sodass 32 Byte für das Applikationsverzeichnis zur Verfügung stehen. Jeweils 2 Byte bilden einen Zeiger, ID1 bis ID$F, auf einem der verbleibenden 15 Sektoren. Liest man den Inhalt des Zeigers, so erhält man 2 Byte, *Function-Cluster* und *Application-Code*, anhand derer die Applikation in einer externen Datenbank gesucht werden kann. Selbst wenn die gesuchte Applikation noch nicht in der zur Verfügung stehenden Datenbank eingetragen ist, kann zumindest anhand des Function-Clusters eine ungefähre Zuordnung, wie „airlines", „railway services", „bus services", „city card services", „ski ticketing", „car parking" und vieles andere getroffen werden.

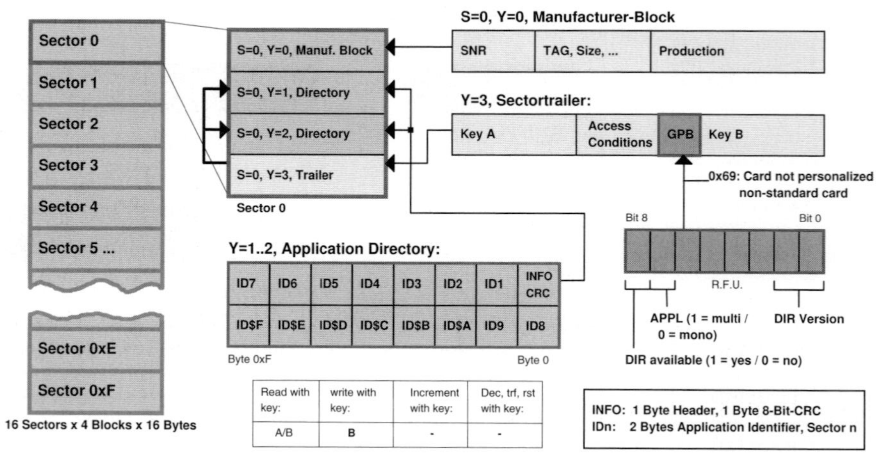

Abb. 10.18 Die Datenstruktur des MIFARE®-Applikationsverzeichnisses besteht aus einer Anordnung von 15 Pointern (ID1 bis ID$F), welche auf die folgenden Sektoren verweisen.

Jeder Applikation ist also eine eindeutige Kennnummer zugeordnet, welche sich aus Function-Cluster-Code und Application-Code zusammensetzt. Eine eigene Kennnummer kann beim Entwickler der MIFARE®-Technologie, Philips Semiconductors Gratkorn (Mikron) bei Graz, beantragt werden.

Ist ein Function-Cluster auf 00h gesetzt, so handelt es sich um einen *Administration-Code*, zur Verwaltung freier oder reservierter Sektoren.

Sektor 0 selbst benötigt keinen ID-Zeiger, da in Sektor 0 das MAD selbst gespeichert wird.

Die dadurch freien 2 Byte werden für einen 8-bit-CRC, zur Fehlerprüfung der MAD-Struktur, und ein Info-Byte verwendet. In den unteren 4 bit des Info-Byte kann ein Verweis eingetragen werden, in welchem Sektor-ID der Kartenherausgeber (Card Publisher) eingetragen ist. In unserem Beispiel wäre das die Sektor-ID eines der Sektoren, in dem Daten der Stadt München gespeichert wären. Dies ermöglicht es einem Lesegerät, auch bei mehr als einer eingetragenen Applikation auf der Chipkarte den Kartenherausgeber festzustellen.

Eine zusätzliche Besonderheit bietet die Schlüsselverwaltung des MAD. Während der zum Lesen des MAD benötigte Schlüssel A veröffentlicht wurde, wird der zum Eintragen weiterer Anwendungen benötigte Schlüssel B vom Kartenherausgeber selbst verwaltet. Auf diese Weise ist eine Mitbenutzung der Karte durch einen sekundären Anbieter nur nach Abschluss eines Mitbenutzungsvertrages und Aushändigung der passenden Schlüssel möglich.

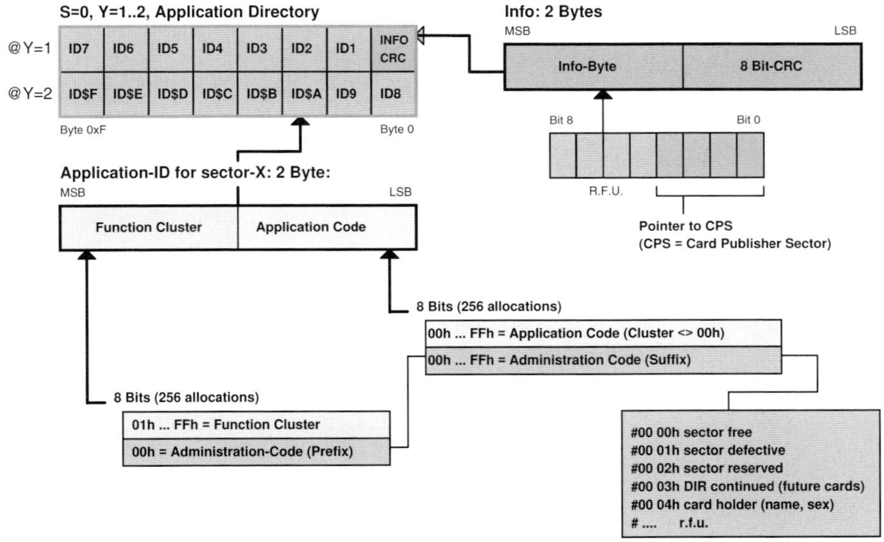

Abb. 10.19 Datenstruktur des MIFARE®-Applikationsverzeichnisses: Aus dem Inhalt der 15 Pointer (ID1 bis ID$F) kann auf die Applikation in den entsprechenden Sektoren geschlossen werden.

10.1.3.6 Dual-port-EEPROM

EEPROM-Bausteine mit seriellem *I^2C (IIC)-Bus* Interface haben sich seit vielen Jahren vor allem in der Konsumelektronik etabliert. I^2C-Bus ist die Abkürzung für Inter-IC-Bus, da er ursprünglich zur Verbindung von Mikroprozessoren und anderen ICs auf einer gemeinsamen Platine entwickelt wurde. Der I^2C-Bus ist ein serieller Bus und benötigt lediglich zwei bidirektionale Leitungen, SDA (Serial Data) und SCL (Serial Clock). Ein serielles EEPROM kann durch die Übertragung definierter Kommandos über die beiden Leitungen des I^2C-Busses ausgelesen oder beschrieben werden.

Einige dieser seriellen EEPROM-Bausteine verfügen nun zusätzlich über ein HF-Interface und können somit wahlweise über die beiden Leitungen SDA und SCL oder auch kontaktlos ausgelesen und beschrieben werden. Das Blockschaltbild eines solchen *Dual-port-EE-*

PROMs [atmel-rf08] ist in Abbildung 10.20 dargestellt. Der Zugriff auf das EEPROM erfolgt über zwei voneinander weitgehend unabhängige State-Machines („RF-Control" und „Serial-Control"). Die zusätzliche Arbitrierungslogik (Arbitrator = Schiedsrichter) verhindert Konflikte bei einem gleichzeitigen Zugriff auf das EEPROM durch HF- und Serial-Interface, indem während der Zeitdauer einer Schreib- oder Leseoperation der Zugriff für das jeweils andere Interface einfach gesperrt wird.

Das HF-Interface des Bausteins ist für eine induktive Kopplung im Frequenzbereich 125 kHz ausgelegt. Ist keine Versorgungsspannung über das Pin Vcc des Bausteins verfügbar, so kann das dual-port EEPROM auch vollständig über das HF-Interface mit Energie versorgt werden. Durch das eingebaute Power-Management werden nicht benötigte Schaltungsteile im reinen kontaktlosen Betrieb einfach abgeschaltet. Die Datenübertragung vom seriellen EEPROM zu einem kontaktlosen Lesegerät erfolgt durch eine ohmsche Lastmodulation im Basisband. Kommandos von einem Lesegerät werden durch eine einfache ASK-Modulation (Tastgrad m > 10%) an das Dual-port-EEPROM übertragen.

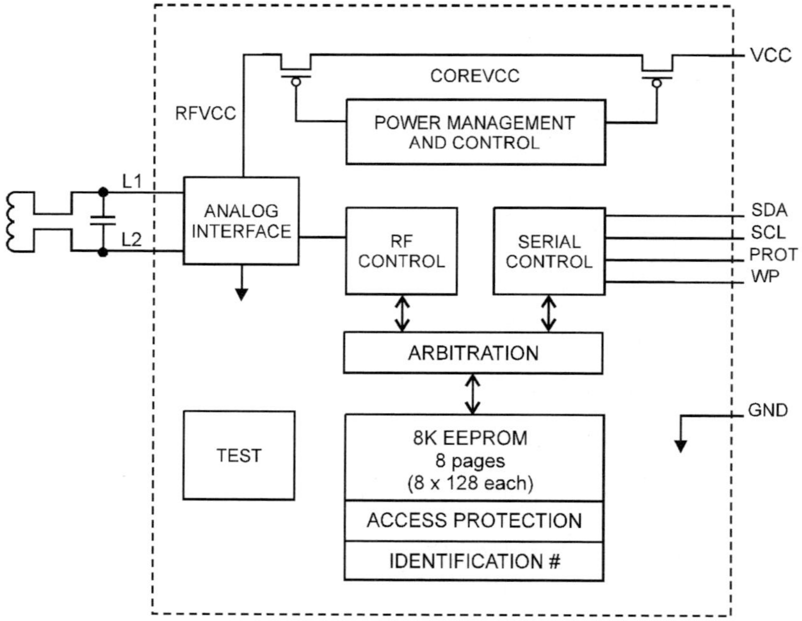

Abb. 10.20 Blockschaltbild eines Dual-port-EEPROMs. Der Speicher kann wahlweise über das kontaktlose HF-Interface oder ein IIC-Bus-Interface angesprochen werden.
(Zeichnung: ATMEL Corporation, San Jose, USA)

Der insgesamt verfügbare Speicherplatz des Dual-port-EEPROMs von 1 kByte (8 kBit) wurde in 8 Segmente (Block 0 ... 7) aufgeteilt. Jeder dieser 8 Blöcke ist noch einmal in 8 Subsegmente (Page 0 ... 7) zu je 16 Byte unterteilt. Als *Access-Register* (access protection page) stehen zusätzlich 16 Byte zur Verfügung. Der Aufbau des Access-Registers ist in Abbildung 10.23 dargestellt. Das Access-Register gestattet die voneinander unabhängige Einstellung unterschiedlicher Zugriffsrechte für den I^2C-Bus und das HF-Interface, auf die 8 Blöcke des

EEPROMs. Ein Schreib- und Lesezugriff auf das Access-Register selbst ist jedoch nur über die I^2C-Bus-Schnittstelle möglich.

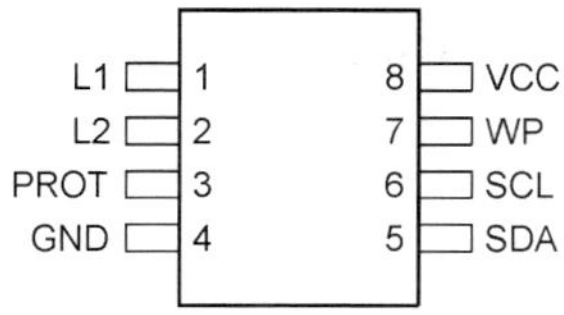

Abb. 10.21 Pinbelegung eines Dual-port-EEPROMs. Die Transponderspule wird an den Pins L1 und L2 kontaktiert. Alle anderen Pins des Bausteins sind der Anschaltung an den I^2C-Bus sowie der Spannungsversorgung im „Kontaktmodus" vorbehalten.
(Zeichnung: ATMEL Corporation, San Jose, USA)

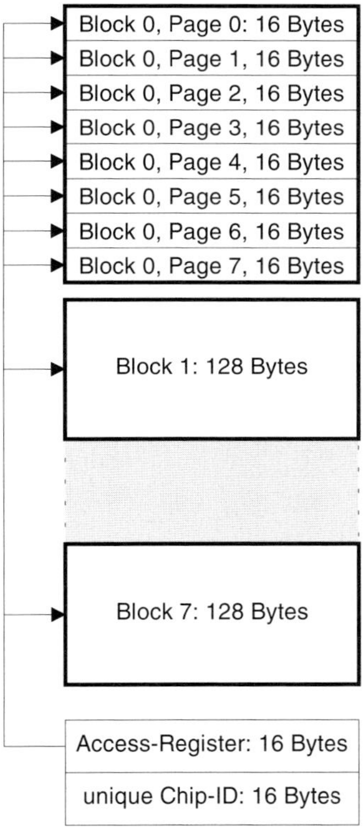

Abb. 10.22 Speicherkonfiguration des AT24RF08. Der verfügbare Speicher von 1 kByte ist in 16 Segmente (Block 0 ... 7) zu je 128 Bytes aufgeteilt. Ein zusätzlicher Speicher von 32 Byte enthält das Access-Register sowie eine eindeutige Seriennummer. Über das Access-Register können für HF- und I^2C-Bus-Interface unterschiedliche Zugriffsrechte auf den Speicher eingestellt werden.

Die Zugriffsrechte des HF-Interfaces auf Speicherblock Y werden in den Bits RF_Y des Access-Registers definiert (z. B. enthält RF_7 die Zugriffsrechte auf Block 7). Analog dazu werden die Zugriffsrechte des I^2C-Bus-Interfaces auf einen Speicherblock Y in den Bits PB_Y des Access-Registers definiert (PB_5 enthält Zugriffsrechte auf Block 5).

Tabelle 10.2: Einstellmöglichkeiten für die Zugriffsrechte des HF-Interfaces auf einzelne Speicherblöcke in den Bits RF0 ... RF7 des Access Registers.

MSB	LSB	Zugriffsrechte über HF-Interface
0	0	Kein Zugriff auf EEPROM
0	1	Kein Zugriff auf EEPROM
1	0	Nur Lesezugriff auf EEPROM
1	1	Keine Einschränkungen

bit 7	bit 6	bit 5	bit 4	bit 3	bit 2	bit 1	bit 0	
SB0		RF0				PB0		Addr 0
SB1		RF1				PB1		Addr 1
SB2		RF2				PB2		Addr 2
SB3		RF3				PB3		Addr 3
SB4		RF4				PB4		Addr 4
SB5		RF5				PB5		Addr 5
SB6		RF6				PB6		Addr 6
SB7		RF7				PB7		Addr 7
SBAP						PBAP		Addr 8
WP7	WP6	WP5	WP4	WP3	WP2	WP1	WP0	Addr 9
DE	DC						Tamper	Addr A
RESERVED								Addr B
RESERVED								Addr C
RESERVED								Addr D
RESERVED								Addr E
Chip-Revision								Addr F

Abb. 10.23 Das Access-Register (access configuration matrix) des Bausteins AT24RF08 ermöglicht die unabhängige Einstellung von Zugriffsrechten auf die Blöcke 0 ... 7.

Block 0 gestattet darüber hinaus auch, die Zugriffsrechte auf die einzelnen 16-Byte-Pages des Blocks voneinander unabhängig einzustellen. Hierzu dienen Bit WP7 ... WP0 des Access-Registers.

Eine Besonderheit stellt das Tamper-Bit im Access-Register dar. Dieses Bit kann durch das HF-Interface ausschließlich auf „1", durch das I^2C-Bus Interface ausschließlich auf „0" gesetzt werden. Auf diese Weise kann dem Master des angeschlossenen I^2C-Busses ein über das HF-Interface vorhergegangener Schreib- oder Lesezugriff auf das EEPROM signalisiert werden.

10.2 Mikroprozessoren

Im Anwendungsbereich der kontaktlosen Chipkarten werden in den nächsten Jahren vermehrt Transponder mit *Mikroprozessor* zum Einsatz kommen. Dabei ersetzt der Mikroprozessor die unflexible State-Machine im Transponder.

Als Mikroprozessor-Kern werden handelsübliche Mikroprozessoren, wie der bekannte 8051 oder der 6805, eingesetzt. Zusätzlich bieten einige Hersteller noch einfache mathematische Coprozessoren (Krypto-Unit) auf dem gleichen Chip an, mit denen Rechenoperationen für Verschlüsselungsverfahren zeitoptimiert ausgeführt werden können.

Kontaktlose Chipkarten mit Mikroprozessor beinhalten ein eigenes *Betriebssystem*, wie dies bei kontaktbehafteten Chipkarten schon lange eingesetzt wird. Die Aufgaben eines Betriebssystems für kontaktlose Chipkarten sind die Datenübertragung von und zur Chipkarte, die Ablaufsteuerung der Kommandos, die Dateiverwaltung und die Ausführung von kryptografischen Algorithmen (z. B. Verschlüsselung, Authentifizierung).

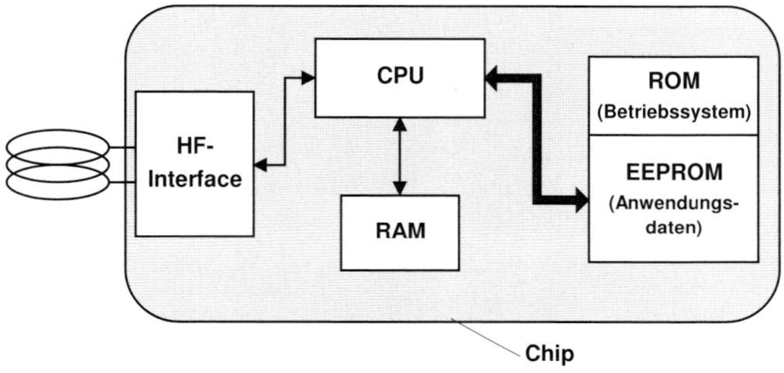

Abb. 10.24 Blockschaltbild eines Transponders mit Mikroprozessor. Der Mikroprozessor enthält einen Coprozessor (Krypto) zur schnellen Berechnung von Krypto-Algorithmen, wie sie zur Authentifizierung oder Daten-Verschlüsselung benötigt werden.

Die Programmmodule sind als ROM-Code geschrieben und werden schon bei der Chipherstellung durch eine zusätzliche Belichtungsmaske in den Chip gebracht (Maskenprogrammierung).

Die typische Befehlsabarbeitung innerhalb eines Chipkarten-Betriebssystems läuft folgendermaßen ab: Befehle, die vom Lesegerät an die kontaktlose Chipkarte gesendet werden, empfängt diese über das HF-Interface. Fehlererkennungs- und Korrekturmechanismen führt der I/O-Manager unabhängig von den übergeordneten Schichten aus. Ein fehlerfrei empfangener Befehl wird durch den Secure Messaging Manager entschlüsselt oder auf Integrität geprüft. Nach der Entschlüsselung versucht der darüberliegende Kommandointerpreter den Befehl zu decodieren. Ist dies nicht möglich, so folgt ein Aufruf des Returncode Managers, welcher einen entsprechenden Returncode generiert und über den I/O-Manager an das Lesegerät zurücksendet.

Wurde ein gültiger Befehl empfangen, so wird nun der eigentliche Programmcode dieses Anwendungsbefehls ausgeführt. Der Zugriff auf Anwendungsdaten des EEPROM erfolgt, wenn notwendig, ausschließlich über die Dateiverwaltung und den Speichermanager, der alle symbolischen Adressen in die zugeordneten physikalischen Adressen des Speicherraums umsetzt. Die Dateiverwaltung prüft zudem die Zugriffsbedingungen (Berechtigung) auf die jeweiligen Daten.

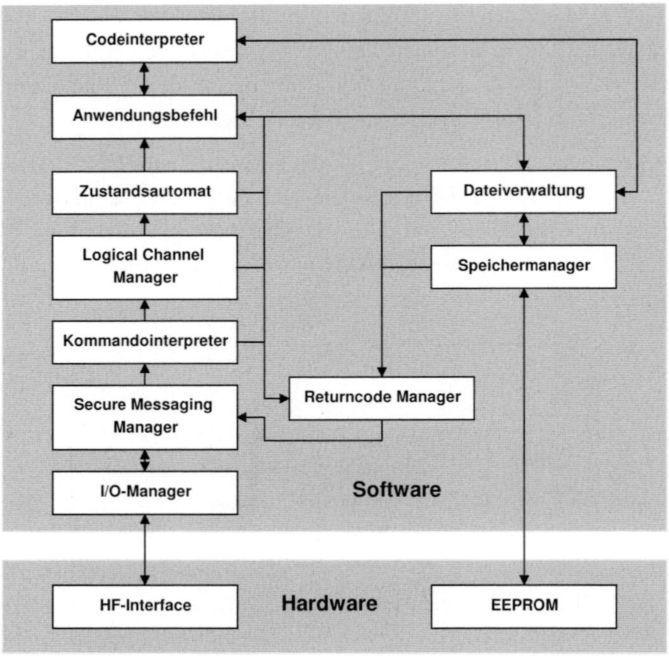

Abb. 10.25 Ablauf der Befehlsabarbeitung innerhalb eines Chipkarten-Betriebssystems [rankl].

Eine tiefergehende Einführung in Verfahren zur Entwicklung von Betriebssystemen und Chipkarten-Anwendungen kann dem Buch „Handbuch der Chipkarten" von Rankl/Effing [rankl] entnommen werden, das in diesem Verlag erschienen ist.

10.2.1 Dual Interface Karte

Die traditionellen Schlüsselmärkte für *kontaktbehaftete Chipkarten* sind Anwendungen des *Zahlungsverkehrs* (Geldkarte, elektronische Börse) und *Mobiltelefone* (SIM-Karte für GSM-Mobiltelefone), bei denen eine hohe Sicherheit bei der Verarbeitung und Übertragung der Daten gefordert wird. Die daraus resultierende Anforderung, komplexe *kryptografische* Algorithmen schnell und einfach berechnen zu können, führte zur Entwicklung leistungsfähiger kryptografischer *Koprozessoren* auf den Kartenchips.

Kontaktlose Chipkarten werden hingegen traditionellerweise in Anwendungen eingesetzt, bei denen Benutzerfreundlichkeit (Zutrittskontrolle), aber auch kurze *Transaktionszeiten* (Ticketing) gefordert sind. Der Trend, Anwendungen des Zahlungsverkehrs mit typischen kontaktlosen Anwendungen zu kombinieren (Geldkarte mit Ticketing-Fuktion), führte schließlich zur Entwicklung der *Dual Interface Card*, bei der sowohl ein kontaktbehaftetes als auch ein kontaktloses Interface auf einem Chip zur Verfügung steht. Eine Dual Interface Card kann damit wahlweise über die kontaktlose oder auch kontaktbehaftete Schnittstelle angesprochen werden.

Die Philosophie der Dual Interface Card ist die völlige Unabhängigkeit zwischen Chipkarten-Interface und Chipkartenlogik bzw. Chipkartensoftware. Das Interface, gleichgültig ob kontaktlos oder kontaktbehaftet, ist für die übertragenen Applikationsdaten vollkommen transparent, sodass aus Sicht der Anwendungssoftware das verwendete Interface nicht von Bedeutung ist. Das Interface wird somit beliebig austauschbar, Interface- und Logik-Komponenten können beliebig kombiniert werden. Der für den Anwender und Systembetreiber größte Vorteil der Dual Interface Card ist dabei die Möglichkeit, bei der Einführung neuer Anwendungen auf eine bereits bestehende Infrastruktur (in der Regel kontaktbehaftete Lesegeräte) zurückgreifen zu können. Auch aus Sicht der *Sicherheitsanforderungen* an eine Chipkarte besteht keinerlei Unterschied zwischen einer kontaktlosen und einer kontaktbehafteten Chipkarte. Auf Grund der Transparenz der Interface kann das Abhören, Aufzeichnen und Wiederabspielen (replay and fraud) gesendeter sicherheitsrelevanter Daten unabhängig vom jeweils verwendeten Interface durch die in ISO/IEC 7816 definierten Methoden (z. B. „secure messageing") wirkungsvoll verhindert werden.

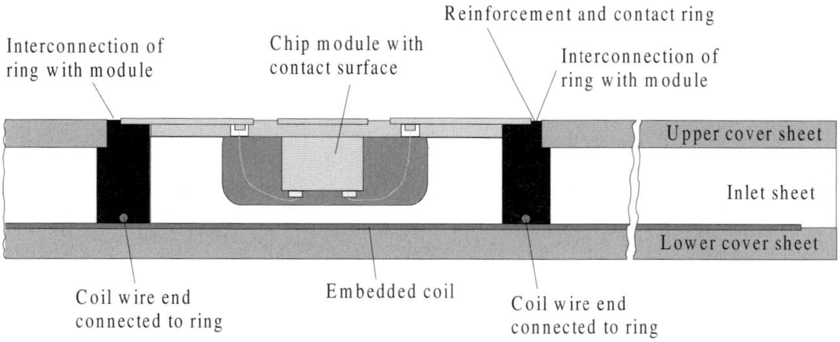

Abb. 10.26 Möglicher Aufbau einer Dual Interface Chipkarte in „Planar-Embedded-Coil-Technology". Das Chipmodul wird sowohl mit den Kontaktflächen (wie eine Telefonchipkarte) als auch mit einer Transponderspule verbunden. (Zeichnung: Amatech GmbH & Co. KG, Pfronten)

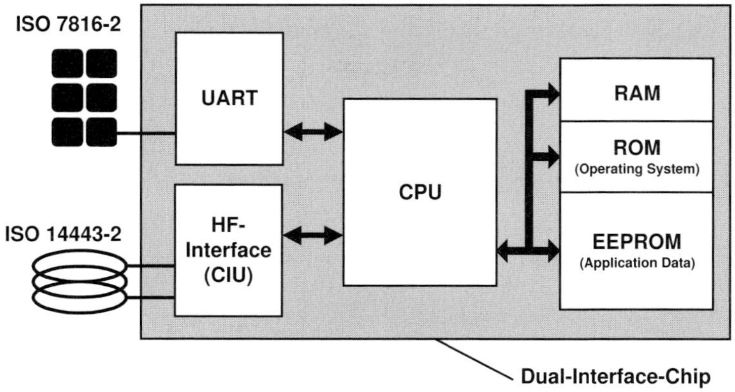

Abb. 10.27 Blockschaltbild einer Dual-Interface-Card. Beide Chipkarteninterfaces können unabhängig voneinander angesprochen werden.

Der größte Unterschied zwischen einer kontaktlosen und einer kontaktbehafteten Chipkarte ist die zur Verfügung stehende Leistung. Einer kontaktlosen Chipkarte nach ISO 14443 stehen bei maximaler Entfernung zum Lesegerät (H_{min} = 1,5 A/m) nur etwa 5 mW für den Betrieb zur Verfügung [mühlbauer]. Einer kontaktbehafteten Chipkarte hingegen stehen je nach Spezifikation 7,2 mW (GSM 11.13), 50 mW (GSM 11.11) oder sogar bis zu 300 mW (ISO 7816-3 Class A: 5 V, 60 mA) zur Verfügung [philipp]. Dies erfordert völlig neue Konzepte bei der Entwicklung kontaktloser Mikroprozessorchips. So ist etwa der Einsatz einer *PMU* (*power management unit*) auf dem Chip sinnvoll, welche inaktive Schaltungsteile des Chips automtisch von der Versorgungsspannung trennen kann, um Energie zu sparen. Darüber hinaus wird in allen Dual Interface Chips Ultra-low-power- und Low-voltage-Technologie eingesetzt, um die zur Verfügung stehende Leistung optimal ausnutzen zu können.

Eine explizite Umschaltung zwischen kontaktlosem und kontaktbehaftetem Betrieb auf dem Chip ist nicht nötig. Im einfachsten Falle reicht es aus, die Gültigkeit der empfangenen Daten, die über eine der beiden Schnittstellen empfangen wurden, als Auswahlkriterium für den weiteren Betrieb zu verwenden. Einige Chips stellen dem Programmierer Statusflags zur Verfügung, über die der jeweils aktive Betriebsmodus abgefragt werden kann. Hierzu werden die Signale (Frequenz, Spannung) ausgewertet, welche über das HF-Interface oder die Kontakte am Chip anliegen.

10.2.1.1 MIFARE plus

Einen sehr frühen Lösungsansatz für die Dual Interface Card zeigt das Blockschaltbild in Abbildung 10.28. Dieser Chip wurde bereits 1997 gemeinsam von den Firmen Philips Semiconductors Gratkorn und Siemens HL (heute Infineon AG) entwickelt. Da es mit der damals verfügbaren Halbleitertechnologie noch nicht möglich war, einen Mikroprozessor mit der über das kontaktlose Interface verfügbaren Energie zuverlässig zu betreiben, wurde eine unkonventionelle Lösung gewählt:

Kernstück dieses Chips ist ein 8 kByte großer EEPROM-Speicher, das Common EEPROM, in dem die Daten der Anwendung(en) gespeichert werden. Vergleichbar einem Dual-Port-RAM kann über zwei schaltungstechnisch vollkommen voneinander unabhängige Interfaces auf dieses Common-EEPROM zugegriffen werden. Das jeweils inaktive Interface ist dabei völlig von der Versorgungsspannung des Chips getrennt, sodass die im kontaktlosen Betrieb zur Verfügung stehende Energie optimal genutzt werden kann.

Das kontaktlose Interface basiert auf einer *State-Machine*, welche eine kontaktlose *MIFARE*®-Speicherkarte abbildet. Aus Sicht eines kontaktlosen Lesegerätes verhält sich diese Dual Interface Card daher wie eine Speicherkarte mit einem segmentierten EEPROM-Speicher, wobei die Anordnung der einzelnen Segmente und Speicherblöcke der einer herkömmlichen MIFARE®-Karte entspricht (siehe hierzu Kap. 10.1.3.5 „MIFARE®-Applikationsverzeichnis“, S. 295).

Das kontaktbehaftete Interface basiert hingegen auf einem *Mikroprozessor* mit einem eigenen *Chipkartenbetriebssystem*. Auch für Zugriffe des Mikroprozessors auf das Common-EEPROM ist die vorgegebene Speichersegmentierung gültig. Das Lesen und Schreiben des Common-EEPROMs durch das Betriebssystem ist daher nur blockweise innerhalb der entsprechenden Sektoren möglich.

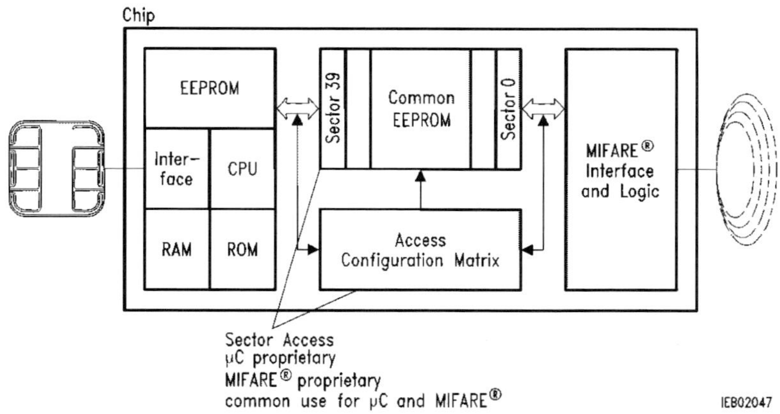

Abb. 10.28 Blockschaltbild des MIFARE®-plus-„Dual Interface Card"-Chips. Im kontaktlosen Betriebszustand wird über eine MIFARE®-kompatible State-Machine auf das Common-EEPROM zugegriffen. Beim Betrieb über das Kontakt-Interface greift ein Mikroprozessor mit eigenem Betriebssystem auf denselben Speicher zu. (Zeichnung: SLE 44R42, Infineon AG, München)

Zusätzlich können die Schreib- und Leserechte für einzelne Speicherblöcke des Common-EEPROMs für das kontaktlose und das kontaktbehaftete Interface jeweils voneinander unabhängig konfiguriert werden. Diese Zugriffsrechte werden in der Access Configuration Matrix eingestellt und von dieser überwacht. Dies ermöglicht auch die Umsetzung hierarchischer Sicherheitskonzepte.

10.2.1.2 Moderne Konzepte für die Dual Interface Card

Das Blockschaltbild einer modernen Dual Interface Card ist in Abbildung 10.29 gezeigt. Diese Karte basiert auf einem 8051-Mikroprozessor mit einem *Chipkartenbetriebssystem*. Das kontaktlose Interface wird von einer CIU (*contactless interface unit*) gebildet, welche durch die CPU über Registeradressen konfiguriert werden kann oder auch eine Statusabfrage der CIU ermöglichen.

Eine moderne CIU übernimmt automatisch die Übertragung eines Datenblocks von und zu einem Lesegerät und führt dabei auch automatisch die notwendige Codierung oder Decodierung des Datenstroms nach der Spezifikation in der Norm ISO/IEC 14443-2 und -3 durch. Vielfach wird auch die automatische Berechnung und Verifikation des übertragenen CRCs durchgeführt.

Zum Senden eines Datenblocks muss das Betriebssystem dabei lediglich den zu sendenden Datenblock im RAM-Speicher des Chips ablegen und die entsprechende Speicheradresse und Blocklänge in die Konfigurationsregister der CIU laden. Die CPU ist dabei an der eingeleiteten Datenübertragung nicht mehr aktiv beteiligt und kann daher sogar für die Zeit der Datenübertragung in einen *power-down-mode* (*Stromsparmodus*) geschaltet werden [mühlbauer]. Beim Empfang eines Datenblockes werden die Daten von der CIU dann automatisch im RAM des Chips gespeichert und der *CRC* des empfangenen Block verifiziert.

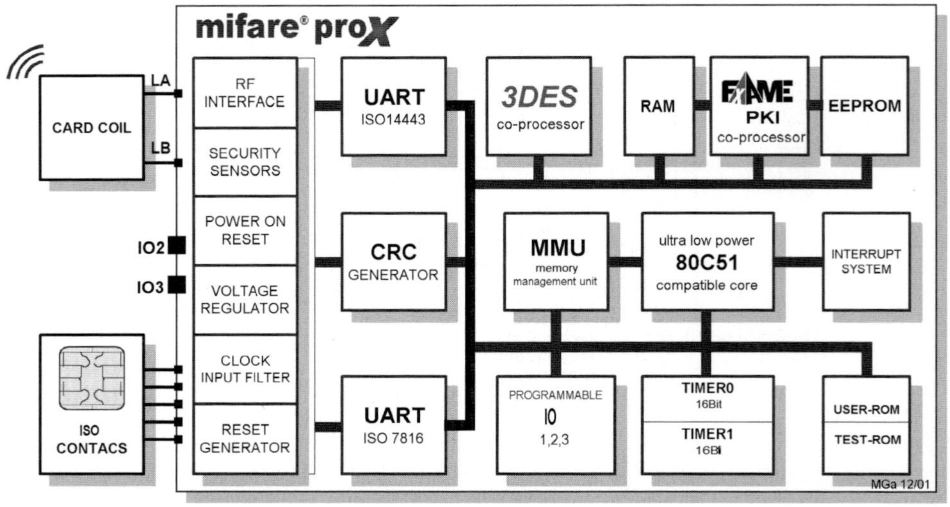

Abb. 10.29 Blockschaltbild des Dual Interface Card Chips „MIFARE ProX“. (Zeichnung: Philips Semiconductors Gratkorn, A-Gratkorn)

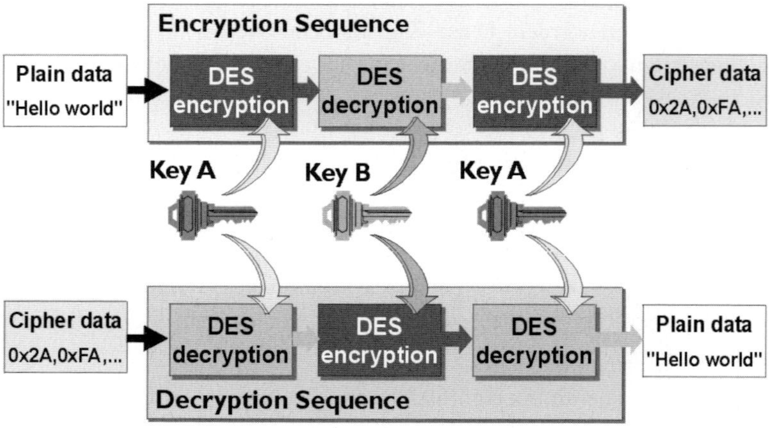

Abb. 10.30 Berechnung des 3DES (tripple-DES). Verschlüsselung (oben) und Entschlüsselung (unten) eines Datenblocks. (Zeichnung: Philips Semiconductors Gratkorn, A-Gratkorn)

Eine besonders wichtige Anforderung an kontaktlose Anwendungen sind kurze Transaktionszeiten. Für Ticketing-Anwendungen ist eine maximale Transaktionszeit von 100 ms ein allgemein akzeptierter Wert. Um innerhalb dieser kurzen Zeitspanne auch die Berechnung kryptografischer Funktionen zu ermöglichen, verfügen viele Dual Interface Chips über *kryptografische Coprozessoren*. In Bankenanwendungen werden üblicherweise symmetrische Verschlüsselungsalgorithmen wie *DES* (data encryption standard) und tripple-DES eingesetzt. Eine *Ver-* und *Entschlüsselung* per Software ist zeitaufwändig und bei einer kontaktlosen Anwendung daher nicht durchführbar. Mit einem Coprozessor lässt sich eine DES-Verschlüsselung im Vergleich zur Sofwarelösung mehrere 100-fach schneller berechnen [mühlbauer]. Die CPU muss hierzu lediglich die zu verschlüsselnden Daten und Schlüssel in die entsprechenden Register (DDAT und DKEY in Abbildung 10.31) eintragen und über ein Kontrollregister (DCNTRL) die Berechnung starten.

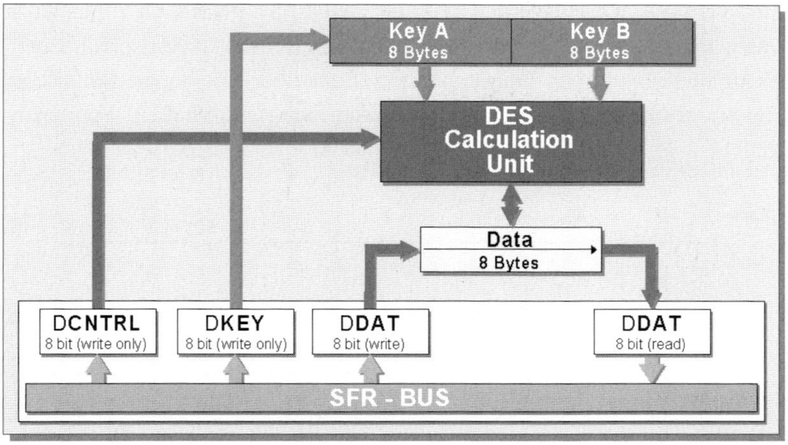

Abb. 10.31 Blockschaltbild eines DES-Coprozessors. Über eigene SFR (special function register) kann die CPU Schlüssel und Daten an den Coprozessor übergeben. (Zeichnung: Philips Semiconductors Gratkorn, A-Gratkorn)

In Zukunft werden auch asymmetrische Schlüsselalgorithmen („public key"-Verfahren, wie z. B. *RSA*) zunehmend an Bedeutung gewinnen. Typische Anwendungen hierfür sind elektronische Unterschriften (digitale Signatur) oder die Echtheitsprüfung elektronischer Dokumente (Certification). Erste Dual Interface Chips verfügen daher bereits heute auch über Coprozessoren für asymmetritsche Algorithmen (z. B. Fame-PKI in Abbildung 10.29).

10.3 Speichertechnologie

Wichtigster Bestandteil eines Datenträgers ist neben der State-Machine oder dem Mikroprozessor der Speicher, aus dem die Anwenderdaten gelesen oder geschrieben werden. Read-only-Daten werden zum Zeitpunkt der Chipherstellung durch die Chipmaske (Belichtungsmake) definiert oder durch einen Laser unveränderlich in den Speicher eingebrannt. Die Verwendung eines Lasers ermöglicht es auch, *Unikatsnummern* (einmal vergebene *Seriennummer*) oder fortlaufende Nummern in den Datenträger zu programmieren.

Sollen auch Daten auf den Datenträger geschrieben werden, so werden auch RAM, EEPROM oder FRAM-Zellen auf den Chip aufgebracht. Allerdings können lediglich EEPROM- und FRAM-Zellen die geschriebenen Daten auch ohne Spannungsversorgung über lange Zeit (typisch sind 10 Jahre) speichern.

10.3.1 RAM

Ein RAM ist ein Speicher, der zum Abspeichern temporärer Daten verwendet werden kann. Mit dem Abschalten der Versorgungsspannung gehen die gespeicherten Daten unwiederbringlich verloren. RAMs werden in Transpondern hauptsächlich zum Zwischenspeichern von Daten benutzt, die nur kurzzeitig während des Betriebs im Ansprechbereich eines Lesegerätes anfallen. In aktiven Transpondern, welche über eine eigene Batterie verfügen, werden batteriegepufferte RAMs seltener auch zum dauerhaften Speichern von Daten verwendet.

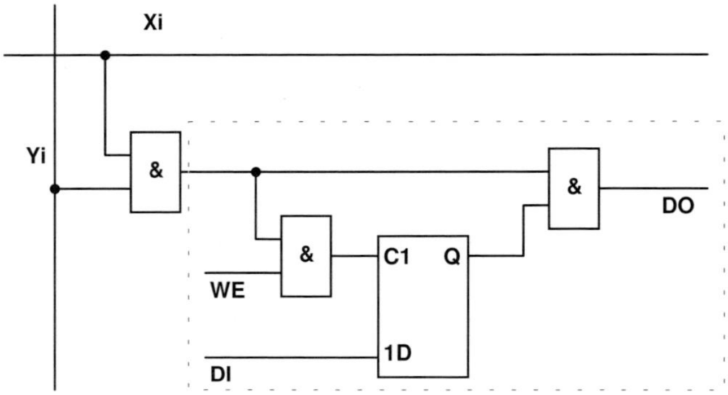

Abb. 10.32 Vereinfachtes, funktionelles Blockschaltbild einer (S)RAM-Zelle.

Die (S)RAM-Speicherzelle besteht im Wesentlichen aus einem D-Flip-Flop. Das Blockschaltbild einer einzelnen Speicherzelle ist in Abbildung 10.32 gezeigt. An jeder Speicherzelle sind die Leitungen DI (Data Input), WE (Write Enable) und DO (Data Out) angeschlossen. Sollen nur Daten aus der Speicherzelle gelesen werden, reicht es, die angewählte Zelle mit logischen 1-Pegeln auf den ihr zugeordneten Adressleitungen Y_i und X_i zu aktivieren.

Um Daten in die Speicherzelle zu schreiben, muss zusätzlich die Leitung WE auf 1-Pegel geschaltet werden. Mit einem 1-Pegel am Eingang C1 werden die Daten in das Flip-Flop geschrieben.

10.3.2 EEPROM

Das Funktionsprinzip einer EEPROM-Zelle basiert auf der Eigenschaft von Kapazitäten (Kondensatoren), elektrische Ladung auch über lange Zeit zu speichern. Eine EEPROM-Zelle stellt deshalb einen winzigen Kondensator dar, der geladen oder entladen sein kann. Ein geladener Kondensator entspricht einer logischen „1“, ein entladener Kondensator einer logischen „0“.

Eine EEPROM-Zelle in ihrer einfachsten Form besteht grundsätzlich aus einem modifizierten Feldeffekttransistor, der auf einem Trägermaterial (Substrat) aus Silizium aufgebaut ist. Bei der EEPROM-Zelle befindet sich zwischen dem Controle-Gate des Feldeffekttransistors und dem Substrat noch ein zusätzliches Gate, das mit keiner äußeren Spannungsquelle verbunden ist und dabei in einem sehr geringen Abstand (~10 nm) zum Trägermaterial aufgebracht wird. Dieses so genannte *Floating-Gate* kann durch den Tunneleffekt über das Substrat geladen oder entladen werden und stellt somit einen Kondensator dar. Voraussetzung für den Tunneleffekt ist eine hinreichend große Potenzialdifferenz an der dünnen, isolierenden Tunnel-Oxidschicht zwischen Floating-Gate und Substrat.

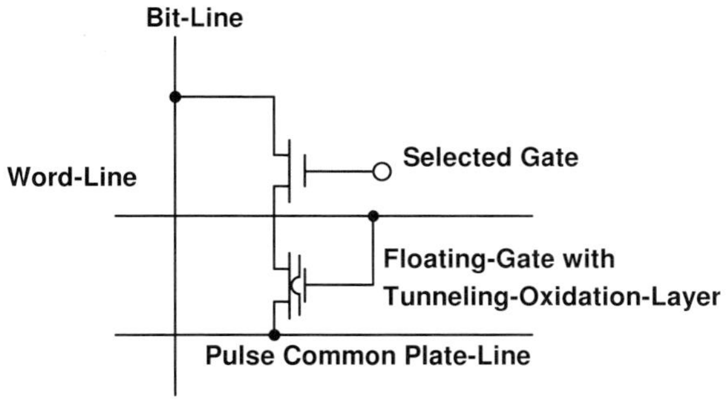

Abb. 10.33 Die EEPROM-Zelle besteht aus einem modifizierten Feldeffekttransistor mit einem zusätzlichen Floating-Gate.

Durch die gespeicherte Ladung des Floating-Gate kann der Stromfluss zwischen Source und Drain gesteuert werden. Ein negativ geladenes Floating-Gate verursacht eine hohe Schwellenspannung zwischen Source und Drain des Feldeffekttransistors, sodass dieser praktisch gesperrt ist. Durch Senseverstärker auf dem Speicherchip wird der Stromfluss durch den Feldeffekttransistor einer EEPROM-Zelle ausgewertet, wobei aus der Stärke des Stroms eindeutig auf „0“ oder „1“ geschlossen werden kann.

Zum Beschreiben einer EEPROM-Zelle mit einer „0“ oder „1“ wird eine hohe positive oder negative Spannung an das Controle-Gate angelegt, wodurch der Tunneleffekt wirksam wird. Die zum Laden der EEPROM-Zelle benötigte Spannung beträgt etwa 17 V am Control-Gate, welche sich auf 12 V am Floating-Gate reduziert. RFID-Datenträger werden jedoch mit 3 V oder 5 V aus dem HF-Interface (oder einer Batterie) gespeist. Deshalb wird mittels einer auf dem Chip integrierten kaskadierten Ladungspumpe aus der niedrigen Versorgungsspannung des Chips eine Spannung von 25 V erzeugt, die nach Stabilisierung die benötigten 17 V beträgt.

Das Laden einer EEPROM-Zelle benötigt zwischen 5 und 10 ms. Die Anzahl der möglichen Schreibzyklen ist bei EEPROM-Zellen auf 10 000 bis 100 000 begrenzt. Ursache dafür sind Elektronen, die bei jedem Schreibvorgang von der Tunnel-Oxidschicht eingefangen und nicht wieder abgegeben werden. Diese Elektronen beeinflussen jedoch die Schwellenspannung des Feldeffekttransistors, wobei der Effekt durch jeden Schreibvorgang verstärkt wird. Sobald dieser parasitäre Einfluss der Tunnel-Oxidschicht stärker wird als der primäre Einfluss des Floating-Gate, hat die EEPROM-Zelle ihre *Lebensdauer* erreicht [rankl].

Ein geladenes Floating-Gate verliert auf Grund von Isolationsverlusten und quantenmechanischen Effekten seine Ladung. Der sichere Datenhalt beträgt nach Angaben der Halbleiterhersteller immerhin 10 Jahre. Befindet sich eine EEPROM-Zelle an der Grenze ihrer

Lebensdauer, dann werden, bedingt durch den abschwächenden parasitären Einfluss der Oxidschicht, Informationen nur mehr über kurze Zeit gespeichert. Dies können einige Tage, aber auch nur Stunden sein. Aus diesem Grunde ist bei RFID-Datenträgern mit EEPROM-Speicher, welche extrem häufig beschrieben werden (z. B. Industrieautomation), ein Plausibilitätstest der gespeicherten Daten durch Prüfsummen (z. B. CRC) durchzuführen.

10.3.3 FRAM

Die hohe Leistungsaufnahme zum Schreiben sowie die langen Schreibzeiten von etwa 5 ... 10 ms der EEPROMs wirken sich nachteilig auf die Leistungsdaten von RFID-Systemen aus, die diese Technologie einsetzen. Seit etwa 20 Jahren wird an einer neuen, nichtflüchtigen Speichertechnologie gearbeitet, die hier jedoch Abhilfe schaffen könnte: dem ferroelektrischen RAM, kurz *FRAM*. Ende der 80er Jahre wurde die Firma Ramtron gegründet, die zusammen mit Hitachi an der Weiterentwicklung dieser Technologie arbeitet. Erste RFID-Systeme mit FRAM-Technologie werden von der Ramtron-Tochter Racom angeboten. Allerdings ist die Entwicklung von FRAMS noch immer mit vielen Schwierigkeiten verbunden, sodass sich der Einsatz von FRAMs in RFID-Systemen noch immer nicht auf breiter Ebene durchgesetzt hat.

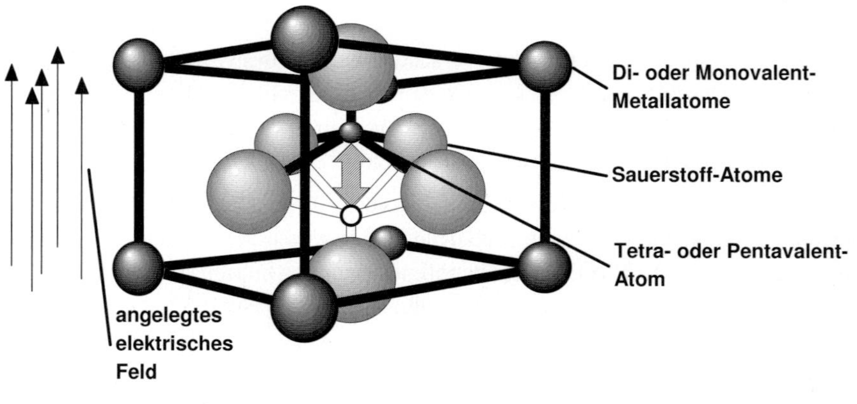

Abb. 10.34 Prinzipieller Aufbau eines ferroelektrischen Kristallgitters: Ein elektrisches Feld lenkt das innere Atom zwischen zwei stabilen Zuständen aus.

Das Prinzip der FRAM-Zelle ist der ferroelektrische Effekt, also die Fähigkeit eines Materials, eine elektrische Polarisation trotz fehlenden elektrischen Feldes beizubehalten. Die Polarisation basiert auf der Ausrichtung eines Elementardipols innerhalb eines Kristallgitters im ferroelektrischen Material durch Einwirkung eines elektrischen Feldes, welches größer als die Koerzitivkraft des Materials ist. Ein entgegengesetztes elektrisches Feld bewirkt die umgekehrte Ausrichtung des internen Dipols. Die Ausrichtung des internen Dipols nimmt einen von zwei stabilen Zuständen ein, welcher auch nach Abschalten des elektrischen Feldes erhalten bleibt.

Ein vereinfachtes Modell des ferroelektrischen Gitters ist in Abbildung 10.34 dargestellt. Das mittlere Atom bewegt sich, je nach Feldrichtung des externen elektrischen Feldes, in eine der beiden stabilen Positionen.Trotzdem sind FRAM-Speicher völlig unempfindlich gegenüber fremden elektrischen Störfeldern, ebenso wie gegen Magnetfelder.

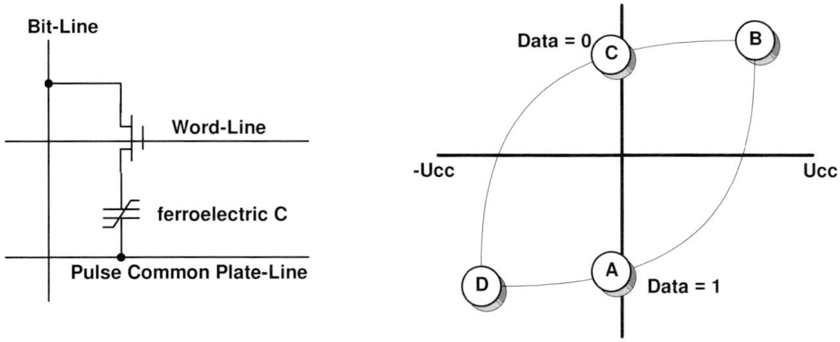

Abb. 10.35 FRAM-Zellstruktur (1 Bit) und Hystereseschleife des Ferro-Kondensators.

Zum Auslesen der FRAM-Zelle (Abbildung 10.35) wird an den ferroelektrischen Kondensator über einen Schalttransistor ein elektrisches Feld (U_{cc}) angelegt. Falls die gespeicherte Information eine logische „1“ darstellt, befindet sich die Zelle im Zustand „A“ auf der Hystereseschleife. Handelt es sich hingegen um eine logische „0“, befindet sich die Zelle im Zustand „C“. Durch Anlegen der Spannung U_{cc} bewegt man sich auf der Hystereseschleife auf Punkt „B“, wodurch elektrische Ladung abfließt, die von den Sense-Verstärkern des Speicherchips aufgenommen und ausgewertet wird. Aus der Menge der abfließenden Ladung kann eindeutig auf „1“ oder „0“ geschlossen werden, da beim Übergang von Zustand „A“ auf „B“ wesentlich mehr Ladung abfließt als beim Übergang von Zustand „C“ auf „B“.

Nach Entfernen des externen elektrischen (Lese-) Feldes U_{cc} fällt die FRAM-Zelle immer in den Zustand „C“ zurück, eine gespeicherte „1“ würde dadurch jedoch verloren gehen, da durch Zustand „C“ ja eine „0“ dargestellt wird. Aus diesem Grunde wird von der Logik des Speicherchips automatisch ein Rückschreibevorgang durchgeführt, sobald eine „1“ gelesen wurde. Dazu wird an den ferroelektrischen Kondensator ein umgekehrtes elektrisches Feld $-U_{cc}$ angelegt, wodurch sich der Zustand der FRAM-Zelle auf der Hystereseschleife auf Punkt „D“ bewegt. Nach Abschalten des elektrischen Feldes fällt die FRAM-Zelle in den Zustand „D“, wodurch der ursprünglich gespeicherte Zustand „A“ wiederhergestellt ist [haber].

Das Beschreiben der FRAM-Zelle mit einer „1“ oder „0“ geschieht einfach durch Anlegen der externen Spannung $-U_{cc}$ oder $+U_{cc}$. Nach Abschalten der Spannung fällt die FRAM-Zelle dann wieder in die korrespondierenden remanenten Zustände „A“ oder „C“.

10.3.4 Leistungsvergleich FRAM – EEPROM

Der Vorgang des Beschreibens einer FRAM-Zelle geht im Gegensatz zu den EEPROM-Zellen mit sehr hoher Geschwindigkeit vor sich. Typische *Schreibzeiten* liegen in der Größenordnung von 0,1 µs. FRAM-Speicher können deshalb in „Echtzeit“, d. h. mit der Buszykluszeit eines Mikroprozessors oder der Taktzeit einer State-Machine beschrieben werden.

Auch in der Energiebilanz schneiden FRAMs um Größenordnungen günstiger als EEPROMs ab. Für den Einsatz in RFID-Systemen wären FRAM-Speicher daher prädestiniert. Probleme bei der Kombination von CMOS-Prozessen (Mikroprozessor) und Analogschaltungen (HF-Interface), zusammen mit FRAM-Zellen auf einem Chip, verhindern jedoch noch immer die schnelle Verbreitung dieser Technologie.

Tabelle 10.3: Vergleich zwischen FRAM und EEPROM [pana].

	FRAM	EEPROM
Größe der Speicherzelle	~80 μm^2	~130 μm^2
Lebensdauer in Schreibzyklen	10^{12}	10^5
Schreibspannung	2V	12V
Energie zum Schreiben	0,0001 µJ	100 µJ
Schreibzeit	0,1 µs	10 ms (10.000 µs)

10.4 Messung physikalischer Größen

10.4.1 Transponder mit Sensorfunktionen

Zur Erfassung von *Sensordaten* werden üblicherweise batteriegestützte *Telemetriesender* im Frequenzbereich 27,125 MHz oder 433 MHz eingesetzt. Bedingt durch die Baugröße und die Lebensdauer der Batterie sind die Einsatzbereiche dieser Systeme jedoch eng begrenzt.

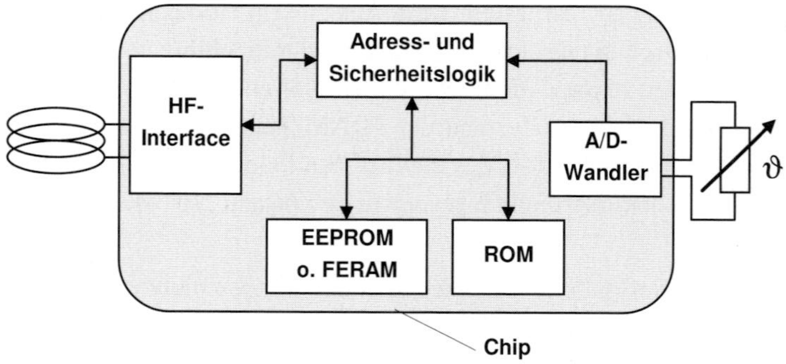

Abb. 10.36 Induktiv gekoppelter Transponder mit zusätzlichem Temperatursensor.

Eigens entwickelte RFID-Transponder mit einem zusätzlichen *A/D-Wandler* auf dem ASIC-Chip ermöglichen auch die Messung physikalischer Größen. Prinzipiell kann jeder Sensor eingesetzt werden, dessen Widerstand sich proportional zur physikalischen Größe ändert. Aufgrund der Verfügbarkeit miniaturisierter *Temperatursensoren* (NTC) wurden derartige Systeme zuerst für die Temperaturmessung entwickelt.

Temperatursensor, Transponder-ASIC, Transponderspule und Stützkondensatoren finden in einer kleinen Glaskapsel Platz, wie sie auch in der Tieridentifikation (siehe Kap. 13.6.1 „Rinderhaltung“, S. 376) eingesetzt werden [ruppert]. Die passive RFID-Technologie ohne Batterie garantiert eine lebenslange Funktion der Transponder und ist darüber hinaus umweltfreundlich.

Der Messwert des A/D-Wandlers kann über ein eigenes Kommando des Lesegerätes ausgelesen werden. Bei Read-only-Transpondern kann der Messwert auch an eine periodisch ausgegebene Identifikationsnummer (Seriennummer) angehängt werden.

Tabelle 10.4: Verwendbarkeit von Sensoren für passive und aktive Transponder (mm = mikromechanisch)

Sensor	integrierbar	passive Transponder	aktive Transponder	Single Chip Transponder
Temperatur	ja	ja	ja	ja
Feuchte	ja	ja	ja	ja
Druck	mm	ja	ja	ja
Schock	mm	ja	ja	
Beschleunigung	mm		ja	
Licht	ja	ja	ja	ja
Durchfluss	ja		ja	
PH-Wert	ja		ja	
Gase	ja		ja	
Leitwert	ja		ja	ja

Das Hauptanwendungsgebiet für Transponder mit Sensorfunktionen ist heute die drahtlose Temperaturmessung in der Tierhaltung. Dort werden Körpertemperaturen von Haus- und Nutztieren zur Gesundheitsüberwachung, Brunft- und Geburtskontrolle gemessen. Die Messung kann automatisch an der Tränk- und Futterstelle oder manuell mit einem tragbaren Lesegerät erfolgen [ruppert].

Im industriellen Anwendungsbereich ist der Einsatz von Transpondern mit Sensorfunktion überall dort denkbar, wo physikalische Größen in drehenden oder bewegten Teilen gemessen werden sollen und Kabelverbindungen nicht möglich sind.

Neben den klassischen *Temperatursensoren* ist heute bereits eine große Anzahl von Sensoren integrierbar. Aufgrund des Energiebedarfs sind jedoch nur bestimmte Sensoren für passive (batterielose) Transponder geeignet. Tabelle 10.4 [bögel-98] zeigt eine Übersicht über die Verwendbarkeit von Sensoren in aktiven oder passiven Transpondern. Kostengünstig sind vor Lösungen, die sich als Single-chip realisieren lassen.

10.4.2 Messungen mit Mikrowellentranspondern

Durch Auswertung des *Doppler-Effektes* und von *Signallaufzeiten* können handelsübliche Mikrowellentransponder auch zur Messung von *Geschwindigkeit* und *Entfernung* gemessen werden.

Der Doppler-Effekt tritt bei allen elektromagnetischen Wellen auf und ist bei Mikrowellen besonders gut zu messen. Besteht zwischen dem Sender und einem Empfänger eine Relativbewegung, so nimmt der Empfänger eine andere Frequenz wahr, als der Sender abgestrahlt hat. Bewegt sich der Empfänger auf den Sender zu, so entspricht dies einer Verkürzung der Wellenlänge um den Weg, den der Empfänger während der Dauer einer Schwingung zurückgelegt hat. Dies entspricht der Wahrnehmung einer höheren Frequenz durch den Empfänger.

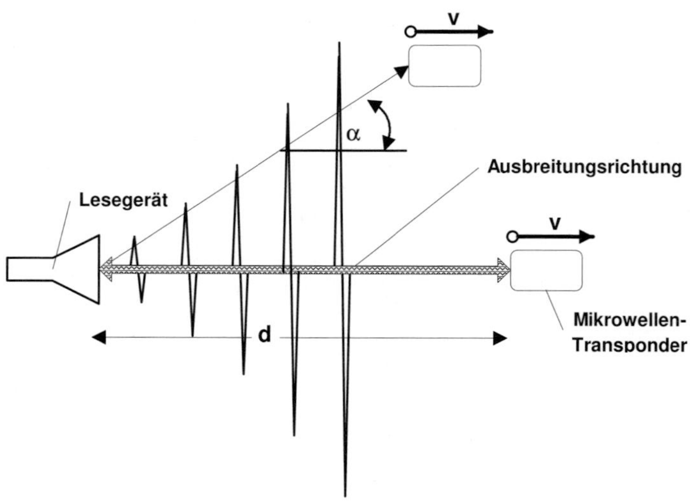

Abb. 10.37 Unter Ausnutzung des Doppler-Effektes und von Signallaufzeiten können auch Entfernungs- und Geschwindigkeitsmessung mit Mikrowellentranspondern durchgeführt werden.

Wird die elektromagnetische Welle von einem bewegten Objekt zum Sender zurückreflektiert, enthält die empfangene Welle die doppelte Frequenzverschiebung. Fast immer ist ein Winkel a zwischen der Ausbreitungsrichtung der Mikrowellen und der Bewegungsrichtung des „Zieles“. Dies führt zu folgender erweiterter Dopplergleichung:

$$f_d = \frac{f_{TX} \cdot 2v}{c} \cdot \cos\alpha \qquad [10.1]$$

$$v = \frac{f_d \cdot c}{2f_{TX} \cdot \cos\alpha} \qquad [10.2]$$

Die Dopplerfrequenz f_d ist die Differenz zwischen der ausgesendeten Frequenz f_{TX} und der empfangenen Frequenz f_{RX}. Die Relativgeschwindigkeit des Objektes ist $v \cdot \cos\alpha$, c die Lichtgeschwindigkeit $3 \cdot 10^8$m/s.

Für eine Sendefrequenz von 2,45 GHz ergeben sich für verschiedene Geschwindigkeiten folgende Dopplerfrequenzen:

Tabelle 10.5: Dopplerfrequenzen bei verschiedenen Geschwindigkeiten.

f_d in Hz	v in m/s	v in km/h
0	0	0
10	0,612	1,123
20	1,224	4,406
50	3,061	9,183
100	6,122	18,36
200	12,24	36,72
500	30,61	110,2
1000	61,22	220,39
2000	122,4	440,6

Zur Messung der Entfernung d eines Transponders kann die Laufzeit t_d eines vom Transponder reflektierten Mikrowellenpulses ausgewertet werden.

$$d = \frac{1}{2} \cdot t_d \cdot c \qquad [10.3]$$

Die Messung der Geschwindigkeit oder Entfernung eines Transponders ist auch dann noch durchführbar, wenn sich der Transponder bereits weit außerhalb des normalen Ansprechbereiches des Lesegerätes befindet, da eine Kommunikation zwischen Lesegerät und Transponder hierzu nicht erforderlich ist.

10.4.3 Sensoreffekt bei Oberflächenwellen-Transpondern

Oberflächenwellen-Transponder eignen sich hervorragend zur Messung von *Temperatur* oder mechanischen Größen wie *Dehnung*, *Druck*, *Biegung* oder *Beschleunigung*. Durch den Einfluss dieser Größen ändert sich die Geschwindigkeit v der Oberflächenwelle auf dem Piezokristall. Dies führt zu einer linearen Veränderung der Phasendifferenz zwischen den Antwortpulsen des Transponders. Da nur die Unterschiede der *Phasenlagen* zwischen den *Antwortpulsen* ausgewertet werden, ist das Messergebnis von der Entfernung zwischen Transponder und Lesegerät vollkommen unabhängig.

Eine genaue Erklärung der physikalischen Zusammenhänge kann dem Kapitel 4.3.4 „Der Sensoreffekt“, S. 159, entnommen werden.

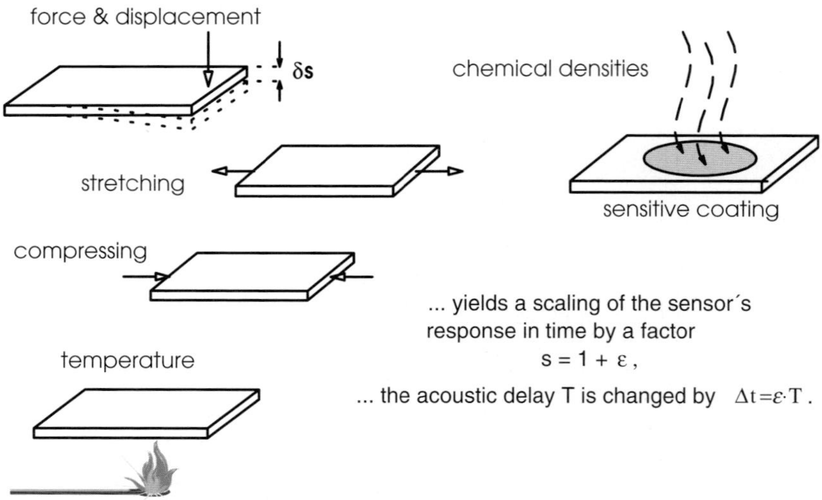

Abb. 10.38 Einflussgrößen auf die Geschwindigkeit v der Oberflächenwelle im Piezokristall sind Scherung, Zug, Druck und Temperatur. Durch eine geeignete Beschichtung der Kristalloberfläche können sogar chemische Größen erfasst werden.
(Zeichnung: Technische Universität Wien, Institut für allgemeine Elektrotechnik und Elektronik)

Abb. 10.39 Anordnung zum Messen der Temperatur und des Drehmoments einer Antriebswelle mit Oberflächenwellentranspondern. Auf der Abbildung ist die Antenne des Transponders für den Frequenzbereich 2,45 GHz erkennbar. (Foto: Siemens AG, ZT KM, München)

Der Arbeitsbereich von Oberflächenwellen-Transpondern geht bei tiefen Temperaturen bis zu –196 °C (flüssiger Stickstoff), eingeschweißt in Vakuum sogar bis hin zu Tiefsttemperaturen.[37]

[37] Bei Tiefsttemperaturen geht jedoch auch die Sensitivität S eines OFW-Transponders schließlich gegen null.

Für hohe Temperaturen sind die üblichen Oberflächenwellenkristalle nur eingeschränkt tauglich. So tritt bei Lithiumniobat bereits bei 300°C eine Entmischung, bei Quartz bei 573°C ein Phasenübergang auf. Außerdem wird oberhalb von 400°C die Aluminiumstruktur des Interdigitalwandlers beschädigt.

Verwendet man jedoch einen hochtemperaturtauglichen Kristall wie *Langasit* mit Platinelektroden, so können Oberflächenwellensensoren sogar bis Temperaturen um 1000°C eingesetzt werden [reindl-9].

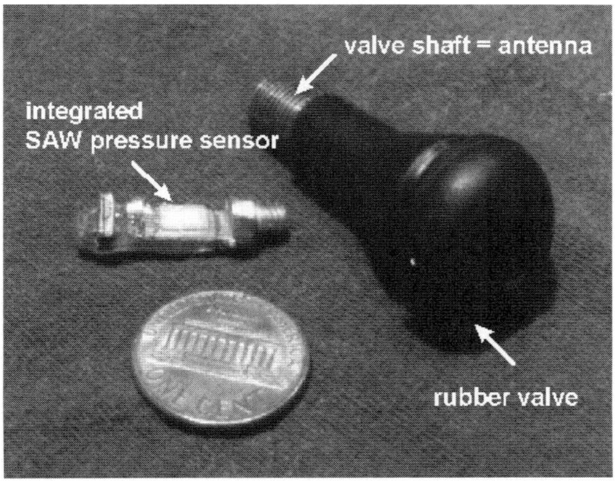

Abb. 10.40 Zur drahtlosen Messung des Reifendrucks in einem bewegten Kraftfahrzeug wurde hier ein Oberflächenwellen-Transponder als Drucksensor in den Ventilschaft eines Ventils für Autoreifen eingesetzt. (Foto: Siemens AG, ZT KM, München)

11 Lesegeräte

11.1 Datenfluss in einer Applikation

Eine *Softwareanwendung* (*Applikationssoftware*), die Daten von einem kontaktlosen Datenträger (Transponder) lesen oder auf einen kontaktlosen Datenträger schreiben möchte, benötigt hierzu als Interface ein kontaktloses *Lesegerät*. Aus Sicht der Applikationssoftware sollte der Zugriff auf den Datenträger dabei möglichst transparent erfolgen. Damit ist gemeint, dass sich das Lesen und Schreiben eines Transponders möglichst wenig vom Zugriff auf einen vergleichbaren Datenträger (kontaktbehaftete Chipkarte, serielles EEPROM) unterscheiden soll.

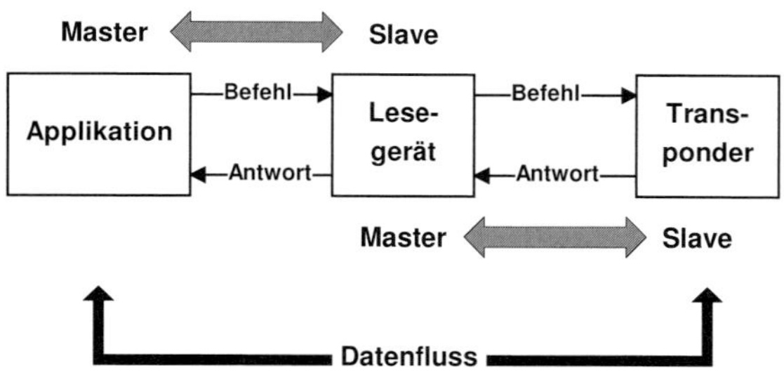

Abb. 11.1 Master-Slave-Prinzip zwischen Applikationssoftware (Applikation), Lesegerät und Transponder.

Schreib-und Leseoperationen auf einem kontaktlosen Datenträger werden streng nach dem *Master-Slave-Prinzip* abgewickelt. Das bedeutet, dass alle Aktivitäten des Lesegerätes und des Transponders durch die Applikationssoftware angestoßen werden. In einer hierarchischen Systemstruktur stellt die Applikationssoftware somit den Master dar, während das Lesegerät als Slave lediglich auf Schreib-/Lese-Befehle der Applikationssoftware aktiv wird.

Um einen Befehl der Applikationssoftware auszuführen, beginnt das Lesegerät damit eine Kommunikation mit einem Transponder aufzubauen. Hierbei stellt nun das Lesegerät den Master gegenüber dem Transponder dar. Der Transponder antwortet also ausschließlich auf Befehle des Lesegerätes und wird nie selbstständig aktiv (ausgenommen einfachste Read-only-Transponder. Siehe hierzu Kap. 10.1.3.1 „Read-only-Transponder", S. 288).

Ein einfacher Lesebefehl der Applikationssoftware an das Lesegerät kann hierbei eine Reihe von Kommunikationsschritten zwischen dem Lesegerät und einem Transponder auslösen. Im folgenden Beispiel bewirkt ein Lesebefehl zunächst die Aktivierung eines Transponders, die Abwicklung einer Authentifizierung und dann die Übertragung der angeforderten Daten:

Grundsätzliche Aufgabe eines Lesegerätes ist also die Aktivierung des Datenträgers (Transponders), der Aufbau einer Kommunikation mit diesem Datenträger und der Transport der Daten zwischen der Applikationssoftware und einem kontaktlosen Datenträger. Alle Besonderheiten der kontaktlosen Kommunikation, also Verbindungsaufbau, Antikollision oder Authentifizierung, werden allein durch das Lesegerät abgehandelt.

Tabelle 11.1: Beispiel für die Abwicklung eines Lesekommandos zwischen Applikationssoftware, Lesegerät und Transponder

Applikation ↔ Lesegerät	Lesegerät ↔ Transponder	Bemerkung
→ Blockread_Adress[00]		Lesen des Transponder-Speichers ab [Adresse]
	→ Request	Transponder im Feld?
	← ATR_SNR[4712]	Transponder antwortet mit Seriennummer
	→ GET_Random	Authentifizierung einleiten
	← Random[081514]	
	→ SEND_Token1	
	← GET_Token2	Authentifizierung erfolgreich abgeschlossen
	→ Read_@[00]	Lesekommando [Adresse]
	← Data[9876543210]	Daten aus Transponder
← Data[9876543210]		Daten an Applikation

11.2 Komponenten eines Lesegerätes

In den vorhergehenden Kapiteln wurde bereits eine Vielzahl von kontaktlosen Übertragungsverfahren beschrieben. Trotz der grundsätzlichen Unterschiede in der Art der Kopplung (induktiv – elektromagnetisch), des Kommunikationsablaufs (FDX/HDX, SEQ), der Datenübertragungsverfahren vom Transponder zum Lesegerät (Lastmodulation, Backscatter, Subharmonische) und nicht zuletzt des Frequenzbereichs sind dennoch alle Lesegeräte in der prinzipiellen Funktionsweise und damit auch in der Konstruktion sehr ähnlich.

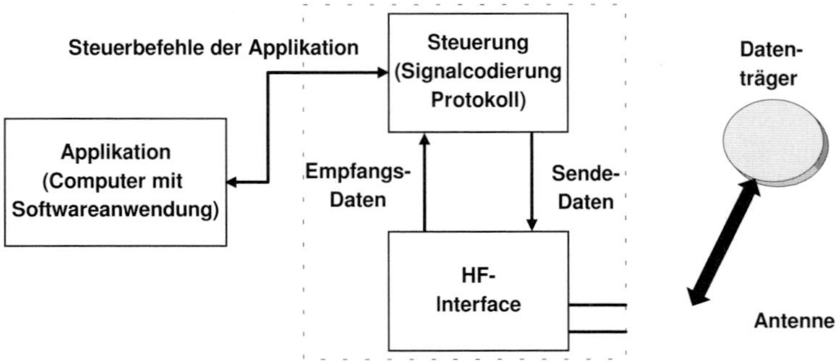

Abb. 11.2 Blockschaltbild eines Lesegerätes, bestehend aus der Steuerung und dem HF-Interface. Die Steuerung des Gesamtsystems erfolgt durch eine externe Applikation über Steuerbefehle.

Lesegeräte aller Systeme können auf zwei grundsätzliche Funktionsblöcke reduziert werden: die Steuerung und das *HF-Interface*, bestehend aus Sender und Empfänger.

In Abbildung 11.3 ist ein Lesegerät für ein induktiv gekoppeltes RFID-System abgebildet. Auf der rechten Seite ist das HF-Interface, welches durch ein Weißblechgehäuse gegen unerwünschte Nebenausstrahlung abgeschirmt wurde, zu erkennen. Auf der linken Seite des Lesegerätes befindet sich die Steuerung, hier mit ASIC-Baustein und Mikrocontroller realisiert. Zur Integration in eine Applikationssoftware verfügt dieses Lesegerät über eine RS232-Schnittstelle, die dem Datenaustausch zwischen dem Lesegerät (Slave) und der externen Applikationssoftware (Master) dient.

Abb. 11.3 Beispiel für ein Lesegerät. Die beiden Funktionsblöcke HF-Interface und Steuerung sind gut zu unterscheiden. (Foto: MIFARE®-Lesegerät, Philips Semiconductors Gratkorn, A-Gratkorn)

11.2.1 HF-Interface

Das HF-Interface eines Lesegerätes übernimmt folgende Aufgaben:

- Erzeugung einer hochfrequenten Sendeleistung zur Aktivierung und Energieversorgung eines Transponders;
- Modulation des Sendersignals zur Übertragung von Daten an den Transponder;
- Empfang und Demodulation von HF-Signalen, ausgehend von einem Transponder.

Für die beiden Datenflussrichtungen von und zum Transponder stehen zwei getrennte Signalzüge innerhalb des HF-Interfaces zur Verfügung. Daten, die zum Transponder übertragen werden, durchlaufen den *Senderzweig*. Hingegen werden Daten, die vom Transponder empfangen werden, im *Empfängerzweig* aufbereitet. Wir wollen nun beide Signalzüge etwas genauer analysieren, wobei auch Unterschiede zwischen verschiedenen Systemen zu berücksichtigen sind.

11.2.1.1 Induktiv gekoppeltes System, FDX/HDX

Im Senderzweig wird zunächst mit einem (Frequenz-) stabilen Quarzoszillator ein Signal der benötigten Arbeitsfrequenz, also 135 kHz oder 13,56 MHz, erzeugt. An den *Oszillator* werden hohe Anforderungen hinsichtlich Phasenstabilität und Seitenbandrauschen gestellt, um den Störabstand zu dem extrem schwachen Empfangssignal vom Transponder nicht zusätzlich zu verschlechtern.

Das Oszillatorsignal wird in eine Modulationsstufe gespeist, welche durch das *Basisbandsignal* der Signalcodierung angesteuert wird. Bei diesem *Basisbandsignal* handelt es sich um ein getastetes Gleichspannungssignal (TTL-Pegel), wobei die binären Daten als serieller Code (Manchester, Miller, NRZ) dargestellt werden. Je nach Art des Modulators wird damit eine *ASK*- oder *PSK-Modulation* des Oszillatorsignals bewirkt.

Auch eine *FSK-Modulation* ist möglich, wobei dann das Basisbandsignal direkt in die Frequenzaufbereitung eingespeist wird.

Das modulierte Signal wird durch eine Leistungsendstufe auf den benötigten Pegel gebracht und kann dann an der Antennenbuchse ausgekoppelt werden.

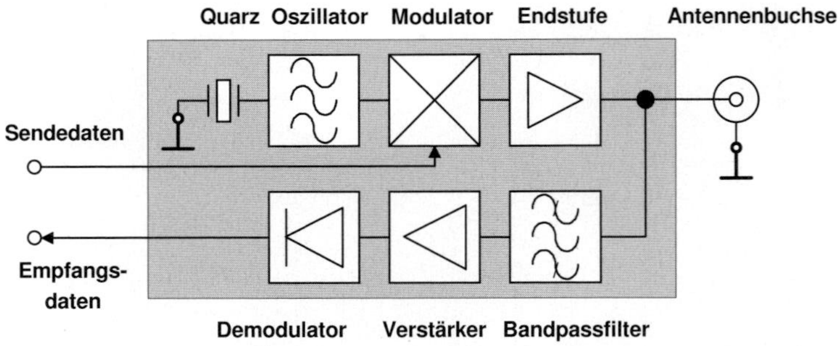

Abb. 11.4 Blockschaltbild eines HF-Interfaces für induktiv gekoppelte RFID-Systeme.

Der *Empfangszweig* beginnt unmittelbar an der Antennenbuchse, wobei als erstes Bauteil ein steilflankiges Bandpassfilter oder auch ein Notchfilter zum Einsatz kommt. Bei FDX/HDX-Systemen hat dieses Filter die Aufgabe, das starke Signal der Senderendstufe weitestgehend zu sperren und nur das Antwortsignal des Transponders auszufiltern. Bei subharmonischen Systemen mag dies noch leicht zu realisieren sein, da sich hier Sende- und Empfangsfrequenz meist um eine ganze Oktave voneinander unterscheiden. Bei Systemen mit Lastmodulation mit *Hilfsträger* ist die Entwicklung eines geeigneten Filters jedoch nicht zu unterschätzen, da hier Sende- und Empfangssignal nur um den Betrag der Hilfsträgerfrequenz auseinander liegen. Typische Hilfsträgerfrequenzen bei 13,56 MHz-Systemen sind hier 847 kHz oder 212 kHz.

Einige LF-Systeme mit Lastmodulation ohne Hilfsträger verwenden ein Notchfilter, um durch die Absenkung des eigenen Trägersignals den Modulationsgrad (Tastgrad) – das Pegelverhältnis zu den Lastmodulations-Seitenbändern – und damit auch den Tastgrad zu erhöhen. Eine andere Vorgehensweise besteht in der Gleichrichtung und damit Demodulation der (last-) amplitudenmodulierten Spannung direkt an der Leserantenne. Ein Schaltungsbeispiel hierfür ist im Kapitel 11.3 „Low-cost-Aufbau – Leser-IC U2270B", S. 327 zu finden.

11.2.1.2 Mikrowellen-System – Halbduplex

Mikrowellen-Systeme unterscheiden sich zunächst in der Frequenzaufbereitung von den niedrigerfrequenten induktiven Systemen: Die Arbeitsfrequenz, typischerweise 2,45 GHz, kann nicht unmittelbar durch den Quarzoszillator erzeugt werden, sondern entsteht erst durch Vervielfachung (Anregung von Harmonischen) einer niedrigeren Oszillatorfrequenz. Hierbei erfolgt auch die Modulation bei niedriger Frequenz, da diese bei Frequenzvervielfachung erhalten bleibt.

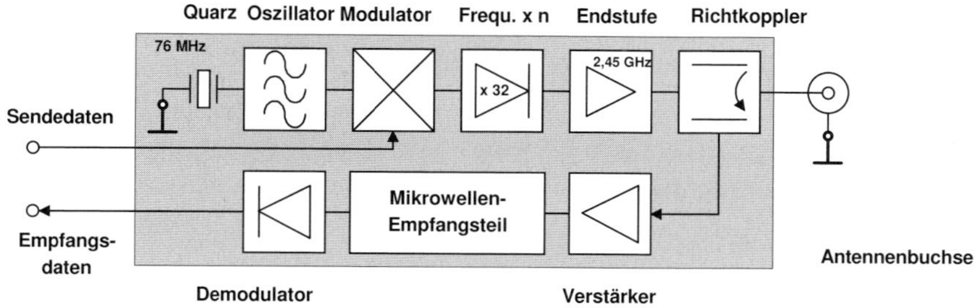

Abb. 11.5 Blockschaltbild eines HF-Interfaces für Mikrowellen-Systeme.

Zur Trennung des eigenen Sendersignals vom schwachen Backscatter-Signal des Transponders wird bei einigen Mikrowellen-Systemen ein *Richtkoppler* eingesetzt [isd].

Ein Richtkoppler besteht aus zwei kontinuierlich gekoppelten homogenen Leitungen [meinke]. Wird bei reflexionsfreiem Abschluss aller vier Tore an Tor-1 eine Leistung P_1 eingespeist, so erfolgt eine Leistungsaufteilung auf Tor-2 und Tor-3, während am entkoppelten Tor-4 keine Leistung auftritt. Gleiches gilt bei der Einspeisung an Tor-3, hier erfolgt eine Leistungsaufteilung auf Tor-1 und Tor-2.

Ein Richtkoppler wird durch die *Koppeldämpfung*

$$a_k = -20 \cdot \lg\left|\frac{P_2}{P_1}\right| \qquad [11.1]$$

und die *Richtdämpfung* (directivity) beschrieben:

$$a_D = -20 \cdot \lg\left|\frac{P_4}{P_2}\right| \qquad [11.2]$$

Die Richtdämpfung ist das logarithmische Maß des Verhältnisses der unerwünschten übergekoppelten Leistung P_4 zur erwünschten gekoppelten Leistung P_2.

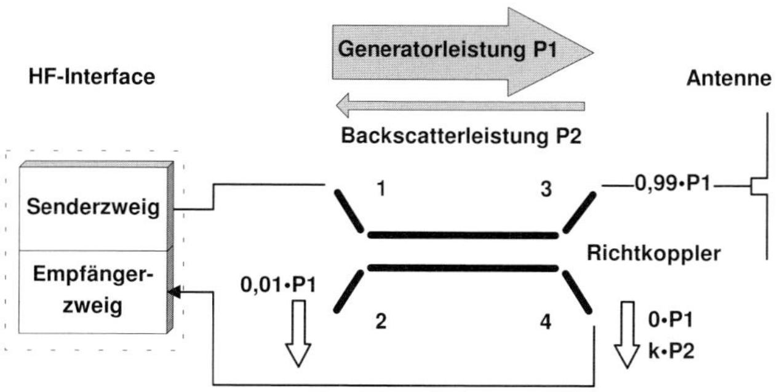

Abb. 11.6 Anordnung und Funktionsweise eines Richtkopplers für ein Backscatter-RFID-System.

Ein Richtkoppler für ein Backscatter-RFID-Lesegerät sollte eine möglichst hohe Richtdämpfung aufweisen, um das an Tor-4 ausgekoppelte Eigensignal des Sendezweiges möglichst klein zu halten. Die Koppeldämpfung sollte hingegen klein gewählt werden, um von der reflektierten Leistung P_2 vom Transponder einen möglichst großen Anteil zum Empfangszweig an Tor-4 auszukoppeln. Bei der Inbetriebnahme eines Lesegerätes mit Richtkoppler-Entkopplung ist jedoch auf eine gute (reflexionsfreie) Anpassung der Senderantenne zu achten. Von der Antenne auf Grund von Fehlanpassung reflektierte Leistung wird als rückwärtslaufende Leistung ebenfalls an Tor-4 ausgekoppelt. Bei einer guten Richtdämpfung des Richtkopplers reicht selbst eine minimale Fehlanpassung der Sendeantenne (z. B. durch Umgebungseinflüsse), um die rücklaufende Leistung in die Größenordnung der reflektierten Transponderleistung zu bringen. Trotzdem bedeutet der Einsatz eines Richtkopplers eine erhebliche Verbesserung gegenüber den Pegelverhältnissen bei direkter Verbindung von Senderendstufe und Empfängereingang.

11.2.1.3 Sequentielle Systeme – SEQ

Bei einem sequentiellen RFID-System wird das HF-Feld des Lesegerätes immer nur kurz ausgesendet, um den Transponder mit Energie zu versorgen und/oder Kommandos an den Transponder zu senden.

Während der Sendepausen des Lesegerätes überträgt der Transponder seine Daten an das Lesegerät. Im Lesegerät sind daher Sender und Empfänger im zeitlichen Wechsel aktiv, vergleichbar einem Walkie-talkie, mit welchem auch wechselweise gesendet oder empfangen wird.

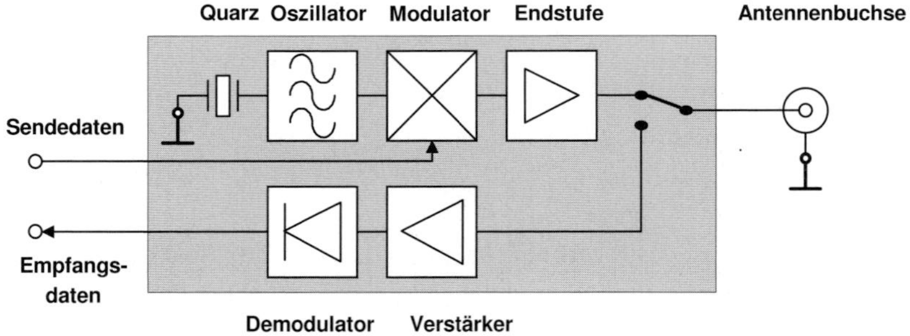

Abb. 11.7 HF-Interface für ein sequentielles Leser-System.

Zur Umschaltung zwischen Sende- und Empfangsbetrieb enthält das Lesegerät eine verzögerungsfreie Umschaltelektronik. Üblicherweise werden in der Funktechnik hierzu PIN-Dioden eingesetzt.

An den Empfänger eines SEQ-Systems werden keine besonderen Anforderungen gestellt. Da das starke Signal des eigenen Senders während des Empfangsbetriebs nicht störend in Erscheinung tritt, kann der konstruktive Schwerpunkt eines SEQ-Empfängers auf die Empfindlichkeit gelegt werden. Hierdurch kann die Reichweite des gesamten Systems bis an die *Energiereichweite* herangeführt werden, also die Entfernung zwischen Leser und Transponder, bei der gerade noch genügend Energie zum Betrieb des Transponders zur Verfügung steht.

11.2.1.4 Mikrowellen-System für OFW-Transponder

Ein von der Antenne des Lesegerätes ausgesendeter kurzer elektromagnetischer Puls wird von der Antenne des *Oberflächenwellen-Transponders* empfangen und auf einem piezoelektrischen Kristall in eine Oberflächenwelle umgewandelt. Durch teilreflektierende Strukturen in einer charakteristischen Anordnung auf dem Ausbreitungsweg der Oberflächenwelle entsteht eine Vielzahl von Pulsen, die von der Antenne des Transponders wieder als Antwortsignal abgestrahlt werden (eine wesentlich ausführlichere Beschreibung dieses Vorganges kann dem Kap. 4.3 „Oberflächenwellen“, S. 153 entnommen werden).

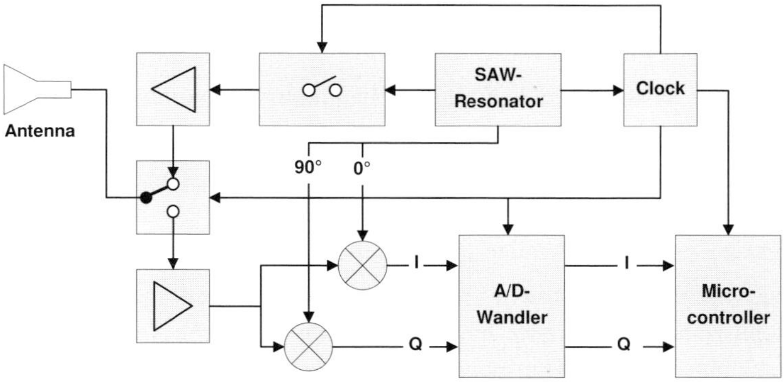

Abb. 11.8 Blockschaltbild eines Lesegerätes für Oberflächenwellen-Transponder.

Aufgrund der Verzögerungszeiten im piezoelektrischen Kristall lässt sich im Lesegerät das vom Transponder reflektierte, codierte Signal von allen übrigen elektromagnetischen Reflexionen aus der Umgebung des Lesegerätes leicht trennen (siehe Kap. 4.3.3 „Funktionsschema von OFW-Transpondern“, S. 156). Das Blockschaltbild eines Lesegerätes für OFW-Transponder ist in Abbildung 11.8 zu sehen.

Als Hochfrequenzquelle wird ein frequenz- und phasenstabiler Oszillator mit einem Oberflächenwellen-Resonator eingesetzt. Mit einem schnellen HF-Schalter werden aus dem Oszillatorsignal kurze HF-Impulse von etwa 80 ns Dauer erzeugt, durch die nachgeschaltete Leistungsendstufe auf etwa 36 dBm (4 W-Peak) verstärkt und über die Antenne des Lesegerätes abgestrahlt.

Befindet sich ein OFW-Transponder in der Umgebung des Lesegerätes, so reflektiert dieser nach einer Verzögerungszeit von einigen µs eine Folge von einzelnen Impulsen. Die von der Antenne des Lesegerätes aufgenommenen Pulse werden nach einem rauscharmen Verstärker in einem Quadraturdemodulator demoduliert. Hierdurch erhält man zwei orthogonale Komponenten (I und Q), mit denen der Phasenwinkel zwischen den Einzelimpulsen sowie zwischen den Impulsen und der Oszillatorfrequenz bestimmt werden kann [reindl-8]. Die daraus gewonnenen Informationen können zur Bestimmung der Entfernung oder Geschwindigkeit zwischen OFW-Transponder und Lesegerät sowie zur Messung physikalischer Größen verwendet werden (siehe hierzu Kap. 10.4.3 „Sensoreffekt bei Oberflächenwellen-Transpondern", S. 315).

Genauer betrachtet, entspricht die Schaltung des Lesegerätes in Abbildung 11.8 einem *Pulsradar*, wie er auch in der Flugnavigation (dort jedoch mit weitaus größerer Sendeleistung) eingesetzt wird. Neben dem hier gezeigten Pulsradar befinden sich auch andere Radartypen (zum Beispiel FM-CW-Radar) als Lesegeräte für OFW-Transponder in Entwicklung.

11.2.2 Steuerung

Die Steuerung (control unit) eines Lesegerätes übernimmt folgende Aufgaben:

- Kommunikation mit der Applikationssoftware sowie die Ausführung von Kommandos der Applikationssoftware;
- Steuerung des Kommunikationsablaufs mit einem Transponder (Master-Slave-Prinzip);
- Signalcodierung und -decodierung.

Bei komplexeren Systemen sind als zusätzliche Funktionen vorhanden:

- Ausführen eines Antikollisionsalgorithmus;
- Ver- und Entschlüsselung (En-, Decryption) der zwischen Transponder und Lesegerät zu übertragenden Daten;
- Abwicklung einer Authentifizierung zwischen Transponder und Lesegerät.

Um diese komplexen Aufgaben zu erfüllen, enthält die Steuerung in den meisten Fällen einen Mikroprozessor als zentrales Bauelement. Kryptologische Verfahren, wie eine Stromverschlüsselung zwischen Transponder und Lesegerät, aber auch die Signalcodierung, werden häufig in einen zusätzlichen ASIC-Baustein ausgelagert, um den Prozessor von rechenintensiven Prozessen zu entlasten. Der Zugriff auf das ASIC erfolgt aus Performancegründen über den Mikroprozessor-Bus (registerorientiert).

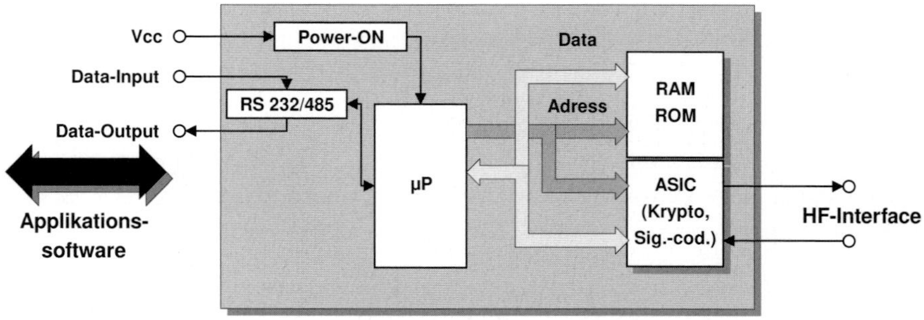

Abb. 11.9 Blockschaltbild der Steuerung eines Lesegerätes. Zur Kommunikation mit einer übergeordneten Applikationssoftware steht eine serielle Schnittstelle zur Verfügung.

Dem Datenaustausch zwischen einer *Applikationssoftware* und der Steuerung des Lesegerätes dient eine RS232- oder RS485-Schnittstelle. Dabei wird, wie in der PC-Welt üblich, NRZ-Codierung (8 bit asynchron) verwendet. Die Baudrate ist standardmäßig ein Vielfaches von 1200 Bd (4800 Bd, 9600 Bd, usw.). Als Kommunikationsprotokoll werden verschiedene, häufig selbst definierte Protokolle eingesetzt. Hier ist in jedem Falle das Handbuch des Systemlieferanten zu Rate zu ziehen.

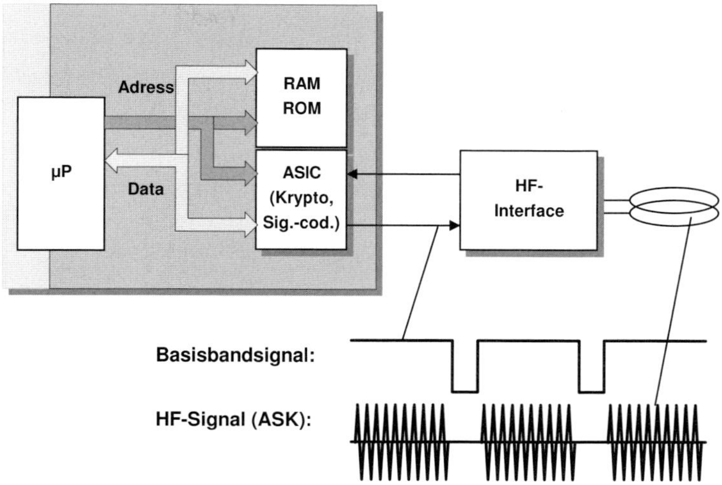

Abb. 11.10 Auch die Signalcodierung und -decodierung im Basisband erfolgt durch die Steuerung im Lesegerät.

Die Schnittstelle zwischen HF-Interface und Steuerung bildet den Zustand des HF-Interfaces binär ab. Bei einem ASK-modulierten System könnte demnach eine logische „1" am Modulationseingang des HF-Interfaces den Zustand „HF-Signal an", eine logische „0" den Zustand „HF-Signal aus" darstellen (Weiteres hierzu im vorhergehenden Kap. 11.2.1 „HF-Interface", S. 321).

11.3 Low-cost-Aufbau – Leser-IC U2270B

Für typische Anwendungen von kontaktlosen Identifikationssystemen ist es charakteristisch, dass für eine Anwendung nur sehr wenige Lesegeräte, dafür aber sehr viele Transponder benötigt werden. So werden in einem Nahverkehrssystem mehrere zehntausend kontaktlose Chipkarten eingesetzt, in Fahrzeugen hingegen nur wenige hundert Lesegeräte installiert. Auch bei anderen Anwendungen wie Tieridentifikation oder Behälteridentifikation besteht eine erhebliche Differenz zwischen der Anzahl der eingesetzten Transponder und der Anzahl der benötigten Lesegeräte. Hinzu kommt eine große Anzahl unterschiedlicher Systeme, da für induktive oder Mikrowellen-RFID-Systeme noch keine verwendbaren Normen existieren. Als Folge davon werden Lesegeräte immer nur in Kleinserien von wenigen tausend Stück gefertigt.

Bei der elektronischen *Wegfahrsperre* wird hingegen auch eine sehr große Anzahl von Lesegeräten benötigt. Da seit 1995 fast alle Neuwagen serienmäßig mit einer elektronischen Wegfahrsperre ausgerüstet sind, erreicht die Anzahl benötigter Lesegeräte völlig andere Größenordnungen. Da der Kfz-Zuliefermarkt außerdem sehr preissensitiv ist, lohnt sich hier die Kostensenkung und Miniaturisierung durch Integration einiger Funktionsbaugruppen. So lässt sich der gesamte Analogteil eines Lesegerätes auf einem Silizium-Chip integrieren, sodass nur noch wenige externe Bauelemente benötigt werden.

Als Beispiel für ein derartiges Leser-IC soll der *U2270B* kurz vorgestellt werden:

Das Leser-IC U2270B von TEMIC dient als vollständig integriertes HF-Interface zwischen einem Transponder und einem Mikrokontroller.

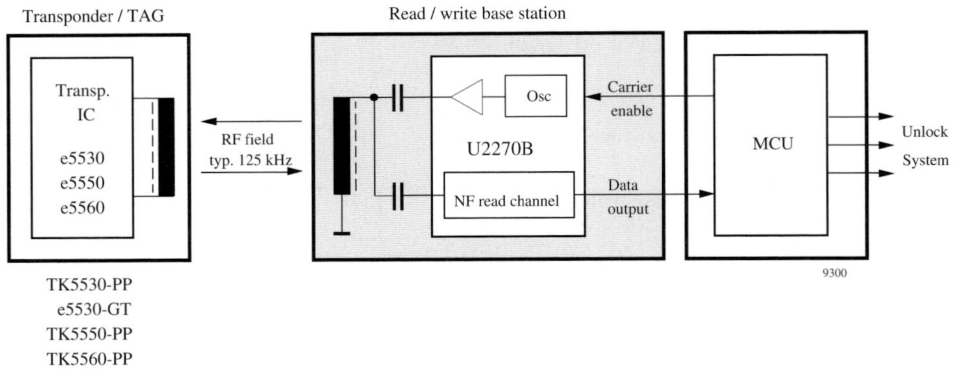

Abb. 11.11 Das Low-cost-Leser-IC U2270B stellt im Wesentlichen ein hochintegriertes HF-Interface dar. Die Steuerung wird in einem externen Mikroprozessor (MCU) realisiert. (Zeichnung: TEMIC Semiconductors, Heilbronn)

Das IC enthält dabei folgende Funktionsblöcke: *On-chip-Oszillator*, *Spulentreiber*, *Empfangssignalaufbereitung* und eine eigene Spannungsversorgung.

Der On-chip-Oszillator erzeugt die Arbeitsfrequenz im Bereich 100 ... 150 kHz. Die exakte Frequenz wird durch einen externen Widerstand an Pin R_F eingestellt. Der nachfolgende Spulentreiber erzeugt als Gegentaktendstufe die zur Ansteuerung der Antennenspule nötige Leistung. Ein Basisband-Modulationssignal kann nötigenfalls am Pin CFE als TTL-Signal eingespeist werden und tastet das HF-Signal an/aus, wodurch eine ASK-Modulation erzeugt wird.

Durch die *Lastmodulation* im Transponder entsteht eine schwache Amplitudenmodulation der Antennenspannung im Leser. Die Modulation im Transponder erfolgt dabei im Basisband, also ohne Verwendung eines Hilfsträgers. Durch einfache Demodulation der Antennenspannung am Leser mittels einer Diode kann das Modulationssignal des Transponders zurückgewonnen werden. Das an einer externen Diode gleichgerichtete und mit einem RC-Tiefpass geglättete Signal wird am Pin „Input“ des U2270B eingespeist. Mit einem nachfolgenden Butterworth-Tiefpassfilter, einer Verstärkerstufe und einem Schmitt-Trigger wird das demodulierte Signal zu einem TTL-Signal aufbereitet, das vom nachfolgenden Mikroprozessor ausgewertet werden kann. Die Zeitkonstanten des Butterworth-Filters sind dabei so ausgelegt, dass eine Manchester- oder Biphase-Codierung bis zu einer Datenrate von $f_{Osz}/25$ (ca. 4800 bit/s) verarbeitet werden kann [temic].

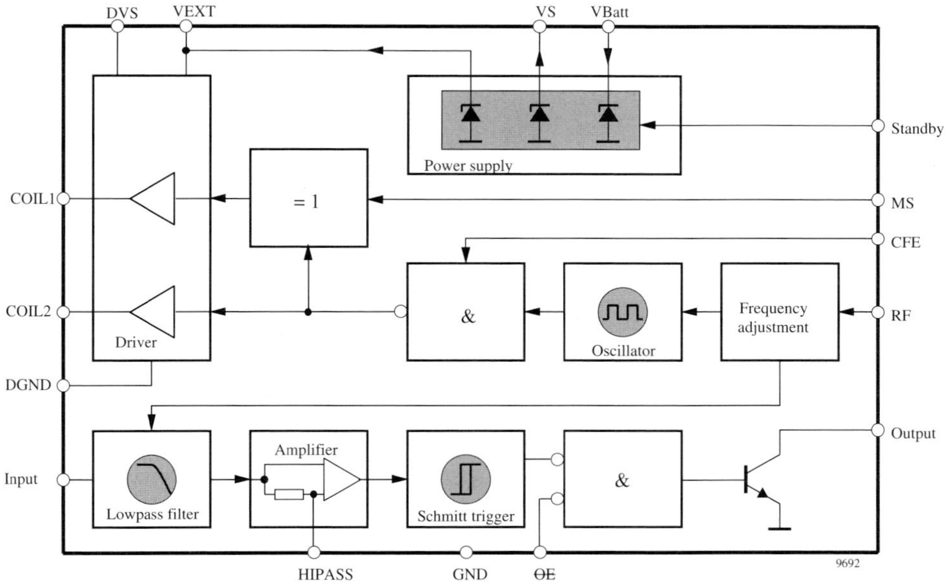

Abb. 11.12 Blockschaltbild des Leser-IC U2270B. Der Sendezweig besteht aus Oszillator und Spulentreiber (Driver) zur Speisung der Antennenspule. Der Empfangszweig besteht aus Filter, Verstärker (Amplifier) und dem Schmitt-Trigger. (Zeichnung: TEMIC Semiconductors, Heilbronn)

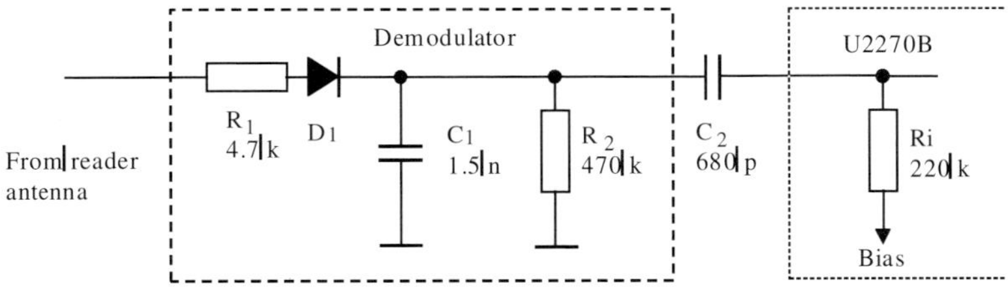

Abb. 11.13 Gleichrichtung der amplitudenmodulierten Spannung an der Antennenspule des Lesegerätes. (Zeichnung: TEMIC Semiconductors, Heilbronn)

Eine vollständige Applikationsschaltung des U2270B kann dem folgenden Kapitel entnommen werden.

11.4 Anschluss von Antennen für induktiv gekoppelte Systeme

Antennen in Lesegeräten induktiv gekoppelter RFID-Systeme dienen der Erzeugung des magnetischen Flusses Φ, der zur Spannungsversorgung des Transponders und zur Nachrichtenübertragung zwischen Lesegerät und Transponder eingesetzt wird. Hieraus ergeben sich zwei grundsätzliche Anforderungen an die Konstruktion einer Leser-Antenne:

- maximaler Strom i_1 in der *Antennenspule*, für maximalen magnetischen Fluss Φ;
- Leistungsanpassung zur Nutzung der maximal verfügbaren Energie für die Erzeugung des magnetischen Flusses;
- ausreichende Bandbreite zur verzerrungsfreien Übertragung eines mit Daten modulierten Trägersignals.

Je nach Frequenzbereich werden unterschiedliche Verfahren zur Anschaltung der Antennenspule an den Senderausgang des Lesegerätes eingesetzt:

die direkte Anschaltung der Antennenspule an eine Leistungsendstufe über Stromanpassung oder die Speisung der Antennenspule über Koaxialkabel.

11.4.1 Anschaltung mit Stromanpassung

Bei typischen Low-cost-Lesegeräten im Frequenzbereich unter 135 kHz sind HF-Interface und Antennenspule in unmittelbarer Nachbarschaft (wenige cm) zueinander montiert, oft sogar auf einer einzigen Leiterplatte. Da die geometrischen Abmessungen von Antennenzuleitung und Antenne um Zehnerpotenzen kleiner sind als die Wellenlänge des erzeugten HF-Stromes (2200 m), können die Signale vereinfacht als stationär behandelt werden. Dies bedeutet, dass die Welleneigenschaften eines hochfrequenten Stromes vernachlässigt werden dürfen. Der Anschluss einer Antennenspule ist damit schaltungstechnisch dem Anschluss eines Lautsprechers an eine NF-Endstufe vergleichbar.

Als Beispiel für einen solchen Low-cost-Leser soll uns das Leser-IC U2270B dienen, das im vorangegangenen Kapitel bereits vorgestellt wurde.

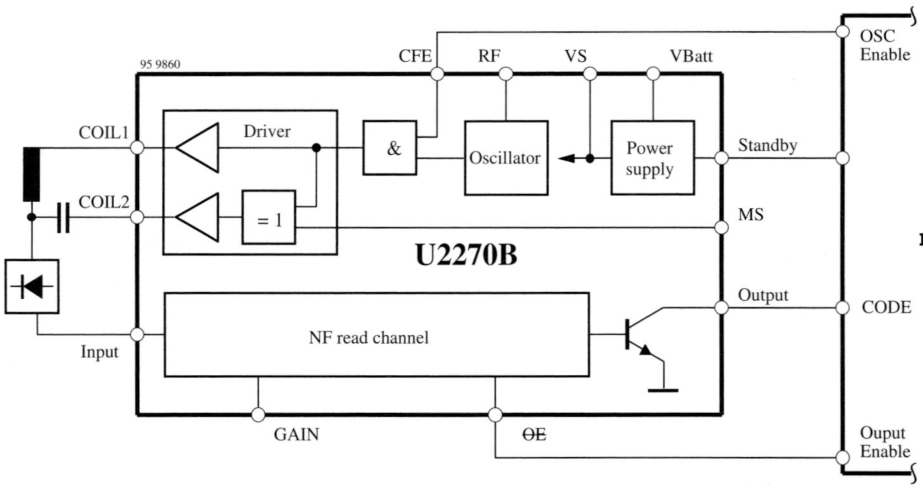

Abb. 11.14 Blockschaltbild des Leser-IC U2270B mit angeschlossener Antennenspule an der Gegentaktendstufe. (Zeichnung: TEMIC Semiconductors, Heilbronn)

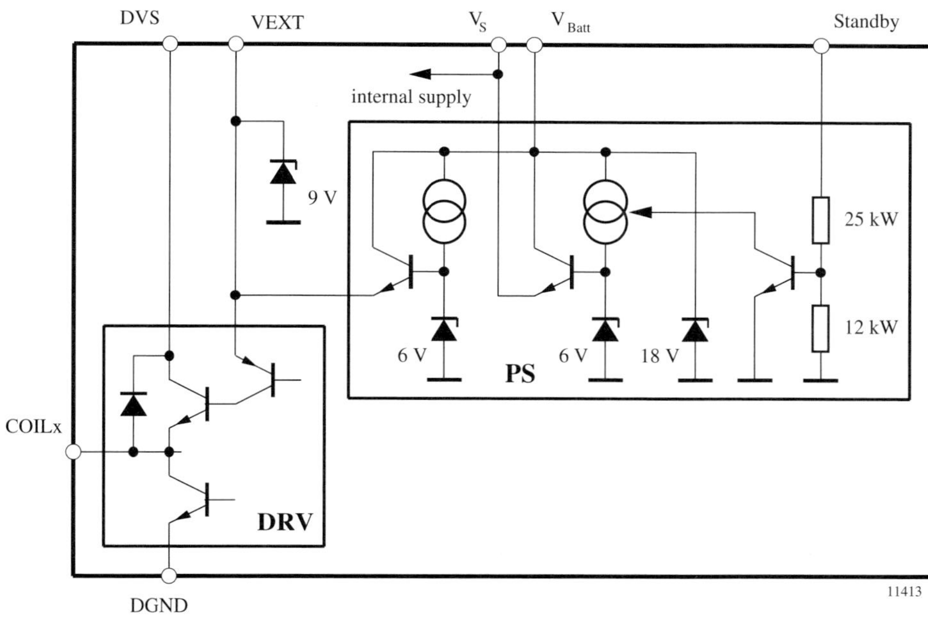

Abb. 11.15 Schaltung des Spulentreibers im Leser-IC UU2270B.
(Zeichnung: TEMIC Semiconductors, Heilbronn)

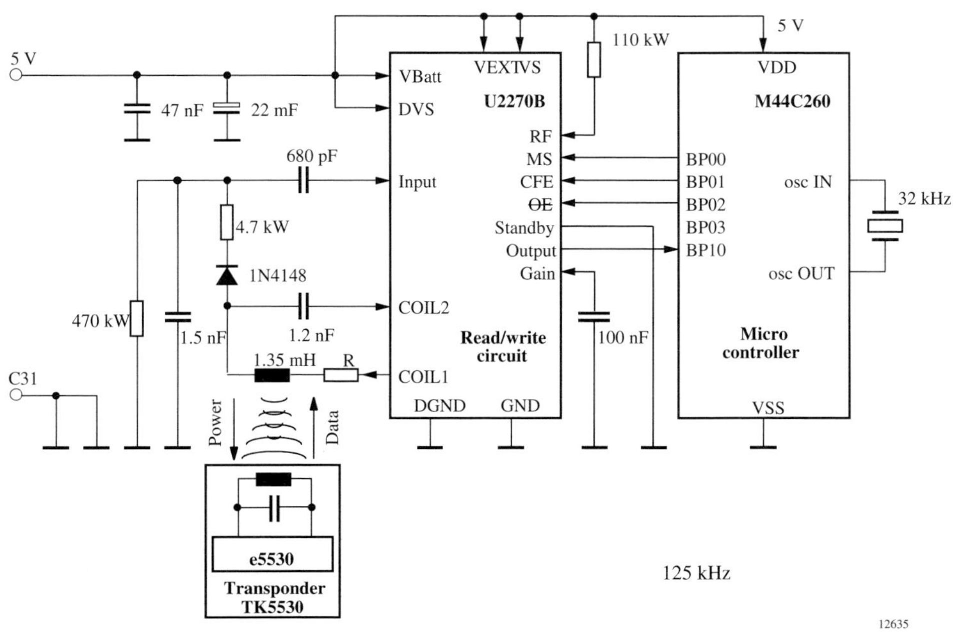

Abb. 11.16 Vollständiges Applikationsbeispiel für den Low-cost-Leser-IC U2270B.
(Zeichnung: TEMIC Semiconductors, Heilbronn)

Ein Beispiel für eine Antennenanschaltung ist in Abbildung 11.14 gegeben. Die Antenne wird durch die Gegentakt-Brückenendstufe des Leser-IC gespeist. Um den Strom durch die Antennenspule zu maximieren, wird durch eine Reihenschaltung der Antennenspule L_s mit einem Kondensator C_s und einem Widerstand R_s ein *Serienresonanzkreis* gebildet. Spule und Kondensator werden so dimensioniert, dass sich bei der Arbeitsfrequenz des Lesegerätes die Resonanzfrequenz f_0 einstellt:

$$f_0 = \frac{1}{2\pi\sqrt{L_S \cdot C_S}} \qquad [11.3]$$

Der Spulenstrom wird dann ausschließlich durch den Serienwiderstand R_s bestimmt.

11.4.2 Speisung über Koaxialkabel

Bei Frequenzen über 1 MHz oder größeren Leitungslängen im Frequenzbereich 135 kHz darf die HF-Spannung nicht mehr als stationär betrachtet werden, sondern muss auch auf Leitungen als *elektromagnetische Welle* behandelt werden. Die Anschaltung einer Antennenspule mittels einer längeren, ungeschirmten Zweidrahtleitung im HF-Bereich würde deshalb unerwünschte Effekte wie Leistungsreflexionen, Impendanztransformation und parasitäre Leistungsabstrahlung hervorrufen, die sich aus der Wellennatur einer HF-Spannung ableiten lassen. Da diese Effekte, sofern nicht bewusst eingesetzt, in der Praxis schwer zu beherrschen sind, werden in der Funktechnik üblicherweise abgeschirmte Kabel, d. h. *Koaxialleitungen* verwendet. Buchsen, Stecker und Koaxialkabel sind dabei einheitlich für eine Leitungsimpedanz von 50 Ω ausgelegt und als Massenprodukte entsprechend preisgünstig. Auch in RFID-Systemen werden in den meisten Fällen 50 Ω-Komponenten eingesetzt.

Das Blockschaltbild eines induktiv gekoppelten RFID-Systems in 50 Ω-Technologie zeigt die wichtigsten HF-Komponenten:

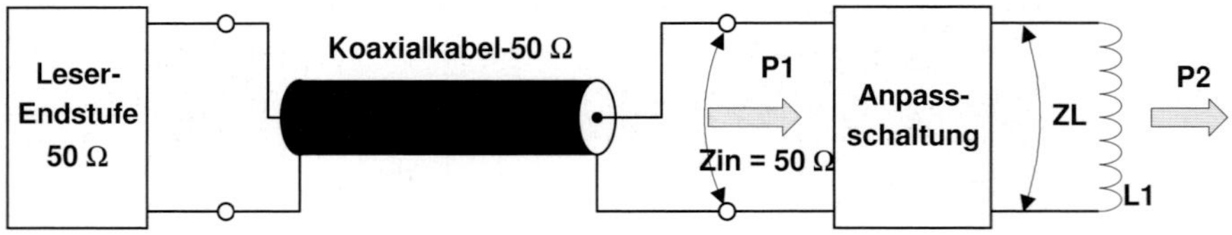

Abb. 11.17 Anschaltung einer Antennenspule in 50 Ω-Technologie.

Die Antennenspule L_1 stellt im Arbeitsfrequenzbereich des RFID-Systems eine Impedanz Z_L dar. Zur Leistungsanpassung an das 50 Ω-System muss diese Impedanz durch eine passive *Anpassschaltung* auf 50 Ω-real transformiert (angepasst) werden. Die Leistungsübertragung von der Leserendstufe zur Anpassschaltung wird dann durch ein Koaxialkabel (nahezu) frei von Verlusten und unerwünschter Abstrahlung durchgeführt.

Eine geeignete Anpassschaltung kann mit wenigen Bauteilen realisiert werden. Sehr einfach zu berechnen ist die in Abbildung 11.18 gezeigte Schaltung, die mit nur zwei Kondensatoren zu realisieren ist [suckrow]. Diese Schaltung wird bei verschiedenen 13,56 MHz RFID-Systemen auch in der Praxis eingesetzt.

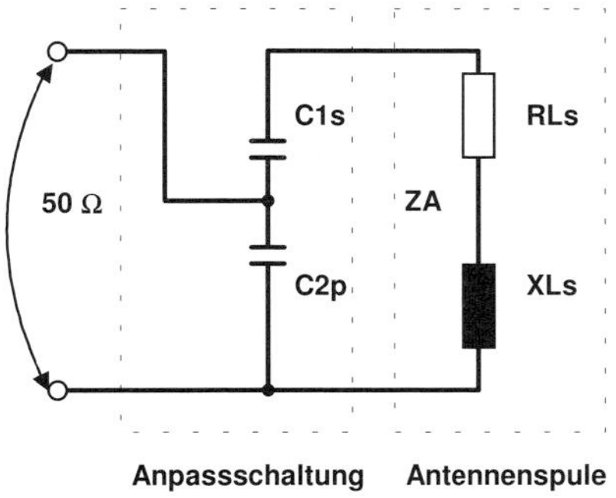

Abb. 11.18 Einfache Anpassschaltung für eine Antennenspule.

Ein Lesegerät für 13,56 MHz mit integrierter Antenne ist in Abbildung 11.19 dargestellt. Auf ein Koaxialkabel wurde hier verzichtet, da eine sehr kurze Zuleitung auch durch ein geeignetes Layout (Stripline) realisiert werden kann. Deutlich zu erkennen ist jedoch die Anpassschaltung im Inneren der Antennenspule (SMD-Bauteile).

Abb. 11.19 Lesemodul mit integrierter Antenne und Anpassschaltung.
(Foto: MIFARE®-Lesegerät, Philips Semiconductors Gratkorn, A-Gratkorn)

Um die Schaltung zu dimensionieren, müssen wir zunächst die Impedanz Z_A der Antennenspule für die Betriebsfrequenz messtechnisch erfassen. Es zeigt sich, dass die Impedanz einer realen Antennenspule durch die Serienschaltung der Spuleninduktivität L_s mit dem ohmschen Leitungswiderstand R_{Ls}[38] des Drahtes entsteht. Die Serienschaltung aus X_{Ls} und R_{Ls} kann auch in der Impedanzebene dargestellt werden.

[38] Der bei höheren Frequenzen entstehende Skin-Effekt erhöht den Widerstand des Drahtes zusätzlich. Hierdurch ist der Wert für R_{Ls} bei Betriebsfrequenz immer größer, als bei Gleichspannung (z. B. mit einem Vielfachmessinstrument) gemessen werden kann. Entsprechende Korrekturwerte können Tabellenbüchern entnommen werden.

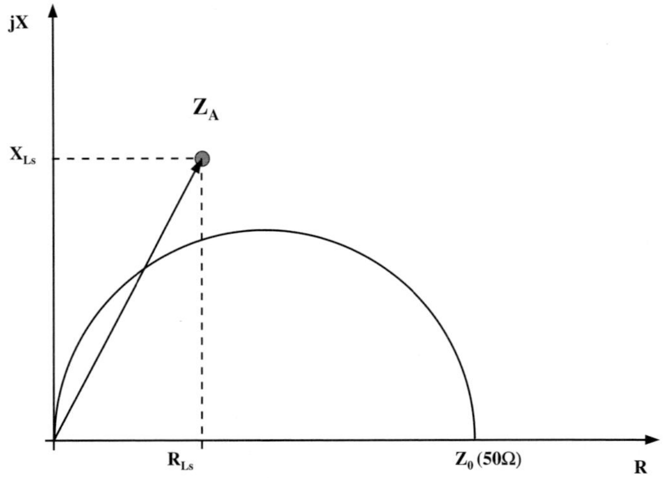

Abb. 11.20 Darstellung von Z_A in der Impedanzebene (Z-Ebene).

Aufgabe der Anpassschaltung ist die Transformation der komplexen Spulenimpedanz ZA auf einen Wert von 50 Ω-real. Ein Blindwiderstand (Kapazität, Induktivität) in Serie zur Spulenimpedanz Z_A verschiebt die Gesamtimpedanz Z in Richtung der jX-Achse, während ein paralleler Blindwiderstand die Gesamtimpedanz auf einem Kreis aus dem Ursprung verschiebt.

Die Werte für C_{2p} und C_{2s} sind nun so zu dimensionieren, dass die ermittelte Spulenimpedanz Z_A auf den gewünschten 50 Ω-Punkt transformiert wird.

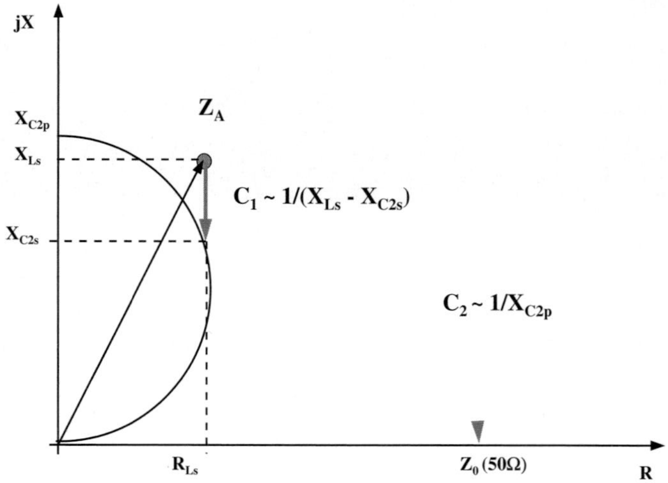

Abb. 11.21 Transformationsweg mit C_{1s} und C_{2p}.

Mathematisch kann die Anpassschaltung aus Abbildung 11.18 durch Formel 11.4 dargestellt werden:

$$Z_0 = 50\Omega = \frac{1}{-j\omega C_{2p} + \left(\frac{1}{\frac{1}{-j\omega C_{1s}} + R_{Ls} + j\omega L_s}\right)} \qquad [11.4]$$

Über den Zusammenhang von Widerstand und Leitwert in der komplexen Impedanzebene (Z-Ebene) ergibt sich für C_{2p}:

$$C_{2p} = \frac{\sqrt{Z_0 \cdot R_{Ls} - R_{Ls}^2}}{\omega Z_0 R_{Ls}} \qquad [11.5]$$

Wie schon aus der Impedanzebene Abbildung 11.21 ersichtlich, wird C_{2p} ausschließlich durch den Serienwiderstand R_{Ls} der Antennenspule bestimmt. Für einen Serienwiderstand R_{Ls} von exakt 50 Ω kann C_{2p} vollständig entfallen, größere Werte für R_{Ls} sind jedoch nicht zulässig, andernfalls ist eine andere Anpassschaltung zu wählen (siehe hierzu [fricke]).

Weiterhin ergibt sich für C1s:

$$C_{1s} = \frac{1}{\omega^2 \cdot \left(L_s - \frac{\sqrt{Z_0 R_{Ls} - R_{Ls}^2}}{\omega}\right)} \qquad [11.6]$$

Interessant ist in diesem Zusammenhang auch der Antennenstrom i_{LS} (= i_2), da sich hieraus die magnetische Feldstärke H, welche durch die Antennenspule erzeugt wird, berechnen lässt (siehe hierzu Kap. 4.1.1 „Magnetische Feldstärke H", S. 64).

Zum Verständnis der Zusammenhänge zeichnen wir dazu die Anpassschaltung aus Abbildung 11.18 etwas um:

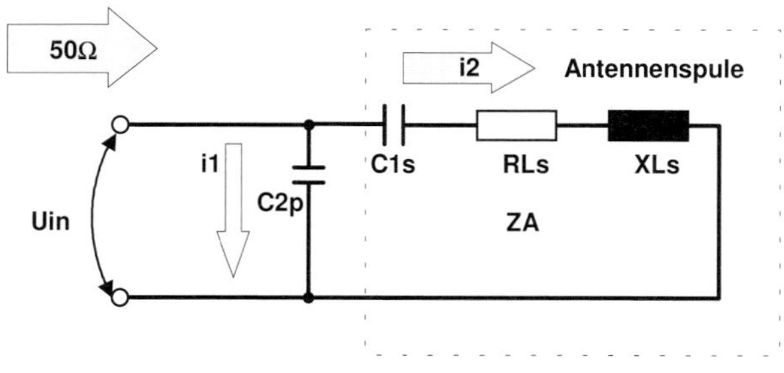

Abb. 11.22 Die Anpassschaltung in der Darstellung als Stromteiler.

Die Eingangsimpedanz der Schaltung bei Betriebsfrequenz beträgt exakt 50 Ω. Für diesen Fall, und nur für diesen Fall(!), kann die Spannung am Eingang der Anpassschaltung sehr leicht berechnet werden. Bei bekannter Senderausgangsleistung P und bekannter Eingangsimpedanz Z_0 der Schaltung gilt: $P=U_2/Z_0$. Die daraus berechnete Spannung liegt sowohl an C_{2p} sowie an der Reihenschaltung aus C_{1s}, R_{Ls} und X_{Ls}, ist also bekannt. Für den Antennenstrom i_2 ergibt sich daraus folgender Zusammenhang:

$$i_2 = \frac{\sqrt{P \cdot Z_0}}{R_{Ls} + j\omega L_s - j\frac{1}{\omega C_{1s}}} \quad [11.7]$$

11.4.3 Einfluss des Gütefaktors Q

Eine Leseantenne für ein induktiv gekoppeltes RFID-System wird durch ihre Resonanzfrequenz sowie durch den *Gütefaktor* charakterisiert. Ein hoher Gütefaktor Q führt zu einem hohen Strom in der Antennenspule und verbessert damit die Leistungsübertragung zum Transponder. Im Gegenzug dazu ist jedoch die Übertragungsbandbreite der Antenne genau umgekehrt proportional dem Gütefaktor Q. Eine geringe Bandbreite durch einen zu hoch gewählten Gütefaktor kann also das vom Transponder empfangene Modulationsseitenband erheblich reduzieren.

Der Gütefaktor einer induktiven Leserantenne kann aus dem Verhältnis des induktiven Spulenwiderstandes zum ohmschen Verlust- und/oder Reihenwiderstand der Spule errechnet werden:

$$Q = \frac{2\pi \cdot f_0 \cdot L_{Spule}}{R_{gesamt}} \quad [11.8]$$

Aus dem Gütefaktor kann die Bandbreite der Antenne leicht ermittelt werden:

$$B = \frac{f_0}{Q} \quad [11.9]$$

Die benötigte Bandbreite ergibt sich aus der Bandbreite der Modulationsseitenbänder des Lesegerätes und der Lastmodulationsprodukte (sofern keine anderen Verfahren eingesetzt werden). Als Daumenwert für die Bandbreite eines ASK-modulierten Systems kann

$$B \cdot T = 1 \quad [11.10]$$

genommen werden. T ist die Ein- bzw. Ausschaltdauer („turn-on-time“) des Trägersignals, bei Modulation.

Für viele Systeme wird ein optimaler Gütefaktor Q = 10 ... 30 angegeben. Allgemeingültige Angaben können hier jedoch nicht gemacht werden, da der Gütefaktor wie bereits erwähnt von der benötigten Bandbreite und damit von den eingesetzten Modulationsverfahren (u. a. Codierung, Modulation, Hilfsträgerfrequenz) abhängt.

11.5 Ausführungsformen von Lesegeräten

Lesegeräte werden ihrem Verwendungszweck entsprechend in unterschiedlichsten Ausführungen und Bauformen angeboten. Als grobe Einteilung kann zwischen Lesegeräten als OEM-Lesegerät, für den industriellen Einsatz, für den portablen Einsatz sowie zahlreichen Sonderbauformen unterschieden werden:

11.5.1 OEM-Lesegeräte

Für die Integration in kundeneigene Handterminals zur Datenerfassung, BDE-Terminals, Zutrittskontrollsysteme, Kassensysteme, Automaten etc. werden *OEM-Lesegeräte* angeboten. Geliefert werden OEM-Lesegeräte in einem abgeschirmten Weißblechgehäuse, oder auch als ungehäuste Platine. Elektrische Anschlüsse sind als Löt-, Steck- oder Schraubklemmverbindung ausgeführt.

Tabelle 11.2: Typische technische Daten für OEM-Lesegeräte

Versorgungsspannung:	typ.12V
Antenne:	extern
Antennenanschluss:	BNC-Buchse, Schraubklemm- oder Lötanschluss
Kommunikationsschnittstelle:	RS232, RS485
Kommunikationsprotokolle:	X-ON/X-OFF, 3964, ASCII
Umgebungstemperatur:	0 ... 50°C

Abb. 11.23 Beispiel für einen OEM-Leser zum Einsatz in Terminals oder Automaten. (Foto: Long-range/High-speed Reader LHR1, scemtec GmbH, Reichshof-Wehnrath)

11.5.2 Lesegeräte für industriellen Einsatz

Für den Einsatz in Montage- und Fertigungsanlagen werden industrietaugliche Lesegeräte angeboten. Diese verfügen meist über standardisierte Feldbusschnittstellen, zur einfachen Integration in bestehende Anlagen. Daneben erfüllen die Lesegeräte verschiedene Schutzarten, auch explosionsgeschützte Lesegeräte (EX) sind erhältlich.

11.5.3 Portable Lesegeräte

Für die Identifikation von Tieren, als Kontrollgerät im ÖPNV, als Terminal für den Zahlungsverkehr, als Helfer im Service- und Testeinsatz sowie bei der Inbetriebnahme von Anlagen werden portable Lesegeräte eingesetzt. Portable Lesegeräte verfügen über eine LCD-

Tabelle 11.3: Typische technische Daten für industrielle Lesegeräte

Versorgungsspannung:	typ.24V
Antenne:	extern
Antennenanschluss:	BNC-Buchse oder Schraubklemmanschluss
Kommunikationsschnittstelle:	RS485, RS422
Kommunikationsprotokolle:	3964, InterBus-S, Profibus etc.
Umgebungstemperatur:	-25 ... +80°C
Schutzarten, Prüfungen:	IP 54, IP 67, VDE

Abb. 11.24 Lesegerät für den portablen Einsatz im Zahlungsverkehr oder für Servicezwecke. (Foto: LEGIC®-Lesegerät, Kaba Security Locking Systems AG, CH-Wetzikon)

Anzeige sowie über ein Tastenfeld zur Bedienung oder Eingabe von Daten. Zum Datenaustausch zwischen den portablen Lesegeräten und einem PC ist meist eine optionale RS232-Schnittstelle vorgesehen.

Neben einfachsten Geräten zur Systemevaluierung im Laboreinsatz werden auch besonders robuste und spritzwassergeschützte Geräte (IP 54) für den Einsatz in rauer, industrieller Umgebung angeboten.

Tabelle 11.4: Typische technische Daten für portable Lesegeräte

Versorgungsspannung:	typ. 6V oder 9V aus Batterie oder Akku
Antenne:	intern, oder als „Sonde“
Antennenanschluss:	–
Kommunikationsschnittstelle:	optional RS232
Umgebungstemperatur:	0 ... 50°C
Schutzarten, Prüfungen:	IP 54
Ein- / Ausgabeelemente:	LCD-Display, Tastatur

12 Herstellung von Transpondern und kontaktlosen Chipkarten

12.1 Glas- und Plastiktransponder

Ein Transponder setzt sich aus zwei Komponenten zusammen: dem elektronischen Datenträger und dem funktionell gestalteten Gehäuse. Abbildung 12.1 verdeutlicht stark vereinfacht den Werdegang eines induktiv gekoppelten Transponders:

12.1.1 Modulherstellung

Die Produktion der *Mikrochips* erfolgt nach den üblichen Verfahren zur Herstellung von Halbleitern, auf einem so genannten *Wafer*. Dies ist eine Siliziumscheibe von z. B. 6 Zoll Durchmesser, auf der mehrere hundert Mikrochips gleichzeitig durch wiederholtes Dotieren, Belichten, Ätzen und Waschen der Oberfläche hergestellt werden.

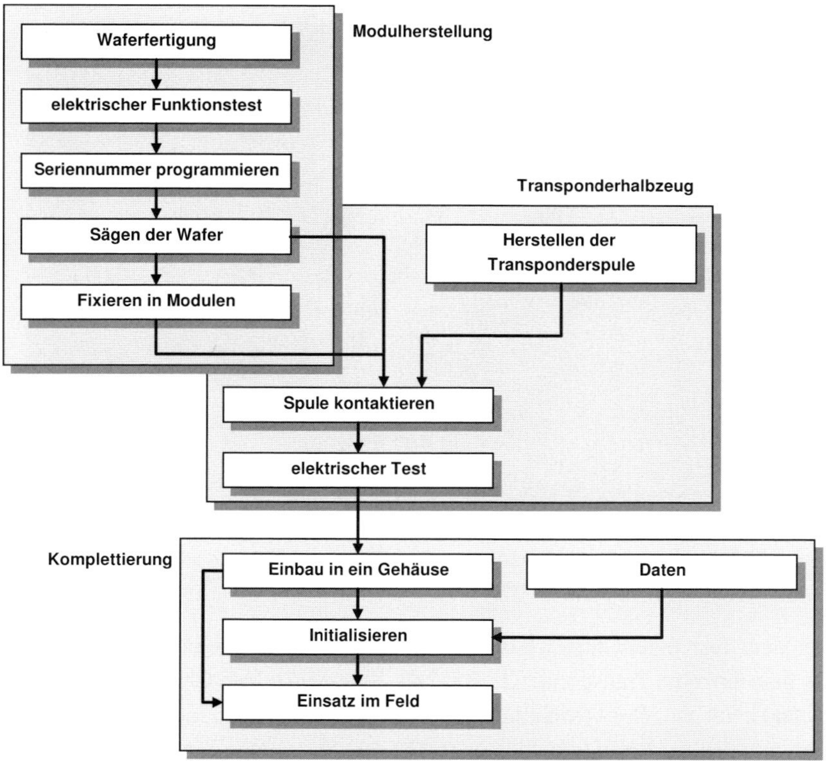

Abb. 12.1 Werdegang eines Transponders.

Im nächsten Fertigungsschritt werden die Mikrochips auf dem Wafer mit Metallspitzen kontaktiert und dann einzeln auf ihre elektrische Funktionsfähigkeit hin getestet. Hierzu existieren auf dem Chip zusätzliche Kontaktfelder, über die direkt – also ohne Einbeziehung des HF-Interfaces – auf den Speicher und die Sicherheitselektronik zugegriffen werden kann. Die Chips befinden sich hierzu in einem so genannten *Testmodus*, der einen uneingeschränkten und unmittelbaren Zugriff auf alle Funktionsgruppen des Chips ermöglicht. Der Funktionstest kann damit wesentlich intensiver und umfangreicher ausfallen, als dies zu einem späteren Zeitpunkt möglich ist, wenn eine Kommunikation nur noch kontaktlos möglich ist.

Alle nicht funktionsfähigen Chips erhalten dabei einen kleinen roten Farbpunkt (engl. ink dot) auf der Oberfläche, um in den nachfolgenden Fertigungsschritten identifiziert und ausgesondert werden zu können. Der Testmodus kann auch dazu benutzt werden, eine eindeutige *Seriennummer* in den Chip zu programmieren, sofern ein EEPROM vorhanden ist. Bei Read-only-Transpondern erfolgt das Programmieren der Seriennummer, indem mit einem Laserstrahl definierte Verbindungsleitungen auf dem Chip unterbrochen werden.

Nach dem erfolgreichen Testdurchlauf wird der Testmodus der Chips abgeschaltet, indem bestimmte Leitungen (so genannte Fuses) durch einen starken Stromstoß irreversibel aufgetrennt werden. Dies ist wichtig, um später das unberechtigte Auslesen von Daten durch Manipulation an den Prüfkontakten des Chips zu verhindern.

Abb. 12.2 Größenvergleich eines ausgesägten Dies mit einem Getreidekorn. Die Größe eines Transponderchips variiert je nach Funktionalität zwischen 1 mm^2 und 16 mm^2.
(Foto: HITAG® Multimode-Chip, Philips Semiconductors Gratkorn, A-Gratkorn)

Nach dem Testen der Chips werden die Wafer mit einer Diamantsäge auseinandergesägt, sodass man einzelne Transponderchips erhält. Einen einzelnen Chip bezeichnet man in diesem Zustand auch als *„Die"* (Mehrzahl: *Dice*). Um das Auseinanderfallen der Dice während des Sägevorgangs zu verhindern, klebt man vor dem Sägen eine Kunststofffolie auf die Rückseite des Wafers (→ Lieferform: *„saw on foil"*).

Die Dice können nun einzeln von der Kunststofffolie abgelöst und in einem Modul fixiert werden. Die Verbindung mit Anschlussflächen des Moduls für die Transponderspule erfolgt durch Bondung auf die Rückseite der Anschlussflächen. Anschließend werden die Dice mit einer Moldmasse umspritzt. Dadurch kann die Stabilität der spröden und bruchempfindlichen Silizium-Dice erheblich erhöht werden. Bei sehr kleinen Dice, etwa für Read-only-Transponder (Fläche des Dies: 1 ... 2 mm^2), wird jedoch aus Platz- und Kostengründen auf den Einbau in ein Modul verzichtet.

12.1.2 Transponderhalbzeug

Im nächsten Arbeitsgang erfolgt das Herstellen der *Transponderspule* auf einer automatischen Wickelmaschine. Die verwendeten Kupferdrähte sind neben dem üblichen Isolationslack mit einer zusätzlichen Schicht niedrigschmelzenden *Backlacks* versehen. Während des Wickelvorganges wird das Wickelwerkzeug auf die Schmelztemperatur des Backlacks erhitzt. Dieser schmilzt während des Wickelvorganges und härtet nach der Entnahme der Spule aus dem Wickelwerkzeug rasch aus, wodurch die einzelnen Windungen der Transponderspule miteinander verkleben. Auf diese Weise ist die mechanische Stabilität der Transponderspule während der nachfolgenden Montageschritte sichergestellt.

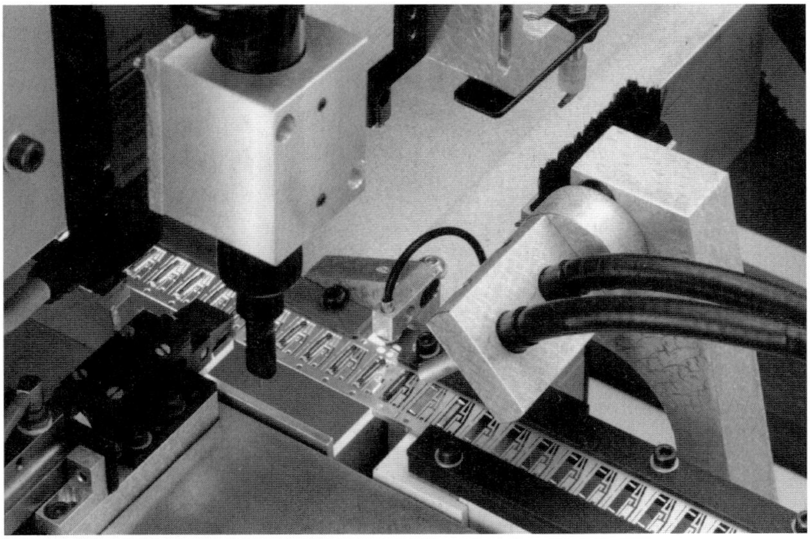

Abb. 12.3 Herstellung von Plastiktranspondern. In der Abbildung wird ein Endlosgurt mit den auf einen Ferritkern gewickelten Transponderspulen bestückt. Nachdem der Transponderchip montiert und kontaktiert ist, werden die Transponder auf dem Gurt in Kunststoff eingespritzt.
(Foto: AmaTech GmbH & Co. KG, Pfronten)

Unmittelbar nach dem Wickeln der Transponderspule werden die Anschlüsse der Spule mit einem Punktschweißgerät an die Anschlussflächen des Transpondermoduls angeschweißt. Form und Größe der Transponderspule werden durch die spätere Bauform des fertigen Transponders bestimmt.

Bei Dice, die nicht in einem Modul fixiert wurden, kann der Kupferdraht mit geeigneten Verfahren auch direkt auf das Die gebondet werden. Voraussetzung dafür ist jedoch eine möglichst geringe Stärke des Drahtes der Transponderspule. So wird die Transponderspule eines Glastransponders aus nur 30 μm dicken Draht gewickelt.

Nach dem Kontaktieren der Transponderspule ist der Transponder bereits elektrisch funktionsfähig. Im Anschluss an diesen Arbeitsgang wird daher eine kontaktlose Funktionsprüfung durchgeführt, um Transponder auszusortieren, die während der vorhergehenden Arbeitsschritte zerstört wurden. Der noch ungehäuste Transponder wird auch als Transponderhalbzeug bezeichnet, da er in diesem Zustand zu verschiedenen Gehäusebauformen weiterverarbeitet werden kann.

12.1.3 Komplettierung

In dem nachfolgenden Arbeitsschritt wird das Transponderhalbzeug in ein Gehäuse eingesetzt. Dies kann durch Spritzgießen (z. B. in ABS), Vergießen, Verkleben, Einsetzen in einen Glaszylinder und andere Verfahren erfolgen.

Nach einer erneuten Funktionsprüfung können nun die Applikationsdaten und/oder Applikationsschlüssel in den Transponder geladen werden, sofern dies erforderlich ist.

12.2 Kontaktlose Chipkarten

Kontaktlose Chipkarten stellen eine weit verbreitete Sonderbauform eines Transponders dar. Die Bauform aller ID- und Chipkarten ist in DIN/ISO 7810 festgelegt. Dies legt die Abmessungen einer Chipkarte mit 85,46 mm x 53,92 mm x 0,76 mm (± Toleranzen) fest. Eine besondere Herausforderung für die Herstellung *kontaktloser Chipkarten* stellt die geforderte Dicke von nur 0,76 mm dar, da hierdurch die möglichen Abmessungen von Transponderspule und Chipmodul stark eingeschränkt werden.

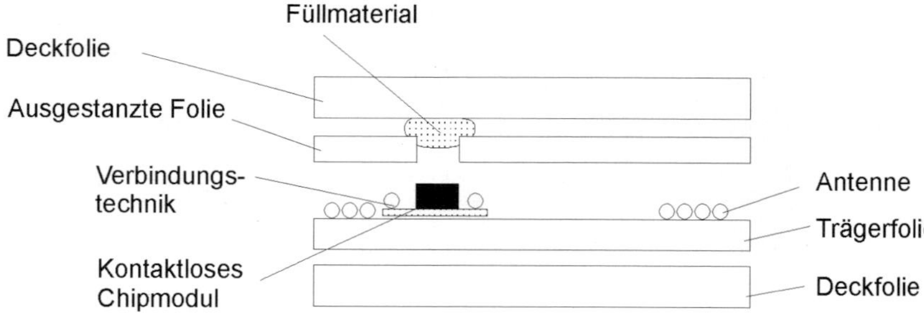

Abb. 12.4 Folienaufbau einer kontaktlosen Chipkarte.

Zur Herstellung einer kontaktlosen Chipkarte werden z. B. vier PVC-Folien von etwa 0,2 mm Dicke benötigt: die beiden *Inletfolien*, welche im Inneren der Karte zu liegen kommen, sowie zwei *Deckfolien* (*Overlayfolien*), welche die Außenseite der späteren Karte bilden. Kontaktlose Chipkarten werden in Bogen zu beispielsweise 21, 24 oder 48 Nutzen gefertigt. Die verwendeten Folien weisen also eine Fläche von etwa 0,1 bis 0,3 m^2 auf. Der typische Folienaufbau einer kontaktlosen Chipkarte ist in Abbildung 12.4 dargestellt. Die beiden Deckfolien (Overlayfolien) werden mit dem Layout der Chipkarte bedruckt. Auf modernen Druckmaschinen ist dabei auch ein farbiger Druck in hoher Qualität möglich, wie dies von Telefonchipkarten her bekannt ist.

Auf eine der beiden Inletfolien, die Trägerfolie, wird die Antenne in Form einer Spule aufgebracht und mit einer geeigneten Verbindungstechnik mit dem Chipmodul verbunden. Zur Herstellung der Antennenspule kommen primär vier Verfahren zum Einsatz: Wickeltechnik, Verlegetechnik, Siebdruck- und Ätztechnik.

Die Trägerfolie wird mit einer zweiten Inletfolie abgedeckt, bei der die Fläche des Chipmoduls ausgestanzt wird. Häufig wird noch ein Füllmaterial in den verbleibenden Hohlraum dosiert. Dieses Auffüllen ist nötig, damit die aufgebrachten Deckfolien nach dem Laminierprozess (siehe Kapitel 12.2.3 „Laminieren", S. 350) im Bereich des Chipmoduls nicht einfallen, sondern eine glatte und plane Kartenoberfläche ergeben [haghiri].

12.2.1 Spulenherstellung

Wickeltechnik

Bei der *Wickeltechnik* (Abbildung 12.5) wird die Transponderspule auf herkömmliche Weise auf einem Wickelwerkzeug gewickelt und mit Backlack fixiert. Nach dem Anschweißen des Chipmoduls an die Antenne wird das Transponderhalbzeug auf der Inletfolie abgesetzt und mit Hilfe von Klebepunkten mechanisch fixiert.

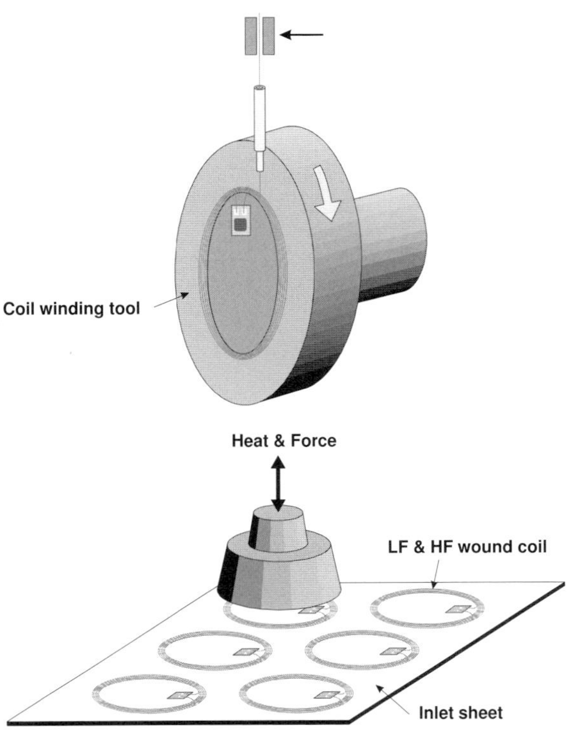

Abb. 12.5 Herstellung eines Transponderhalbzeugs durch Wickeltechnik und Aufbringung der Transponderhalbzeuge auf eine Inletfolie. (Zeichnung: AmaTech GmbH & Co. KG, Pfronten)

Für kontaktlose Chipkarten im Frequenzbereich < 135 kHz stellt die Wickeltechnik auf Grund der hohen Windungszahl (typisch 50 ... 1500 Wdg.) das einzige Verfahren zur Herstellung der Transponderspule dar.

Verlegetechnik

Ein relativ neues Verfahren, das jedoch zusehends an Bedeutung gewinnt, ist die Inlet-Herstellung in *Verlegetechnik* (Abbildung 12.6, 12.7). Hierbei werden auf einer PVC-Folie zunächst einmal die Chipmodule an den vorgesehenen Einbaupositionen fixiert. Die Verlegung des Drahtes erfolgt durch eine Sonotrode direkt auf der Inletfolie. Die *Sonotrode* besteht aus einem Ultraschallgeber mit einer Durchführung im Kopf, durch welche der Draht auf die Folie geführt wird. Durch den Ultraschallgeber wird der zu verlegende Draht lokal so stark erwärmt, dass dieser in die Folie einschmilzt und dadurch in Form und Lage fixiert wird. Bewegt man nun die Sonotrode bei gleichzeitiger Zuführung des Drahtes wie bei einem X-Y-Plotter über die Inletfolie, so kann die Transponderspule gewissermaßen „gezeichnet" bzw. verlegt werden. Am Anfang und am Ende der verlegten Spule wird mit einer Punktschweißanlage die elektrische Verbindung zum Transpondermodul hergestellt.

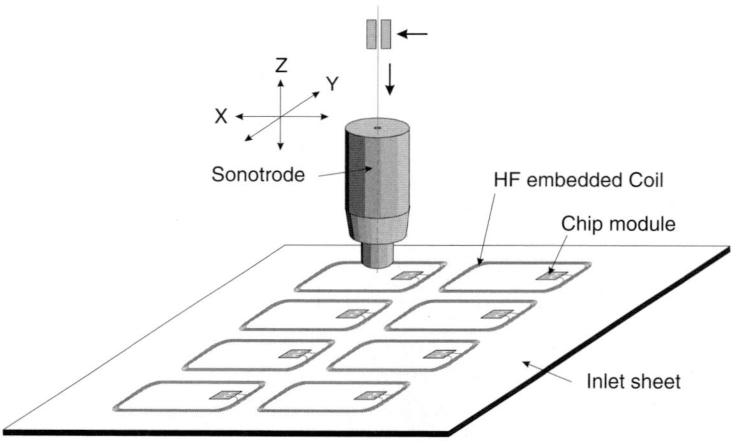

Abb. 12.6 Herstellung einer Inletfolie durch Verlegetechnik. Z(Zeichnung: AmaTech GmbH & Co. KG, Pfronten)

Siebdrucktechnik

Die *Siebdrucktechnik* ist ein häufig eingesetztes Druckverfahren in der industriellen Fertigung und wird etwa zur Herstellung von Tapeten, (PVC-) Aufklebern, Schildern oder auch im Textildruck eingesetzt. Hierzu werden über einen Rahmen Siebgewebe aus Chemie-, Naturfasern oder Metalldrähten gespannt. Die Feinheit des Siebgewebes und die Fadenstärke orientieren sich an der Auflösung des Druckes und an der Viskosität des Lackes. Auf das Siebgewebe wird die Schablonenschicht manuell oder fotomechanisch aufgetragen. Das eigentliche Druckmotiv, in unserem Falle eine Spule, bleibt offen. Das Schablonenmaterial kann z.B. eine lichtempfindliche Emulsion sein, die auf das Sieb aufgetragen wird. Belichtet man einen Druckfilm auf dieses beschichtete Sieb, härtet die Emulsion an den belichteten

Stellen aus. Die unbelichteten Stellen werden mit Wasser ausgewaschen. Durch diese offenen Stellen wird die mit einer Gummirakel über das Sieb gezogene Farbe durch die Maschen des Gewebes auf das gewünschte Material gedruckt. Das Sieb wird abgehoben, und der Druck ist fertig. Wegen des Siebgewebes sind alle Strukturen gerastert. Die Elastizität der Siebe garantiert höchste Passgenauigkeiten.

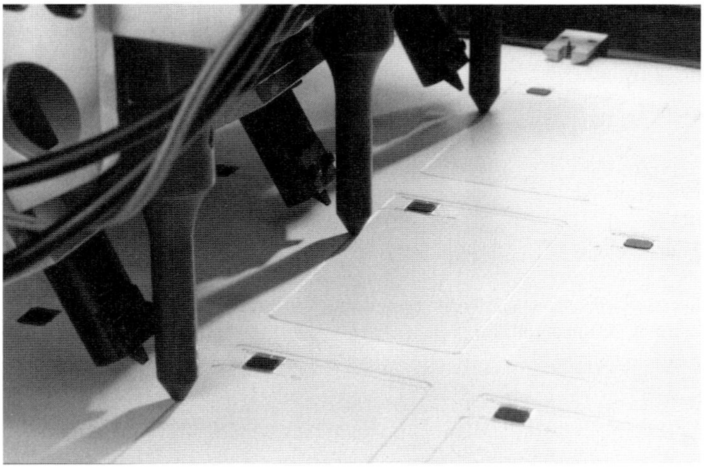

Abb. 12.7 Herstellung einer Chipkartenspule durch Verlegetechnik auf einer Inletfolie. Auf der Abbildung erkennbar: die Sonotroden sowie die Schweißelektroden (links neben den Sonotroden) zur Kontaktierung der Spulen, sowie einige fertiggestellte Transponderspulen. (Foto: AmaTech GmbH & Co. KG, Pfronten)

Das Verfahren wird eingesetzt, um eine Spule beliebiger Form direkt auf eine Inletfolie aufzudrucken. Als „Druckfarbe" kommen so genannte *Polymer-Dickfilmpasten* (engl. polymer thick film – PTF) zum Einsatz. Diese bestehen aus dem Pulver eines leitfähigen Materials (Silber, Kupfer, Graphit), einem flüchtigen Lösungsmittel (engl. solvent) und einem Kunstharz (engl. resin) als Fixiermittel. Nach dem Abtrocknen verbleibt ein leitfähiger Film in der aufgedruckten Form auf dem Inlet. Der *Flächenwiderstand* R_A[39] des Films beträgt etwa 5 ... 100 Ω/□ und sinkt nach dem Laminieren noch einmal um etwa 50–80%, da durch Wärme und Druckeinwirkung des Laminationsvorgangs die partiellen Kontakte zwischen den einzelnen Körnern des beigemischten (Metall-) Pulvers vergrößert werden.

[39] Der Flächenwiderstand RA einer quadratischen Leiterschicht ist nur von der spezifischen Leitfähigkeit κ und der Dicke d der Leiterschicht abhängig und wird in Ω/□ angegeben:

$$R_A = \frac{1}{\kappa \cdot d} = \frac{\rho}{d}$$

Zur Ermittlung des Leiterbahnwiderstandes wird der Flächenwiderstand mit dem Verhältnis von Länge l zu Breite b der Leiterbahn multipliziert:

$$R = R_A \cdot \frac{l}{b}$$

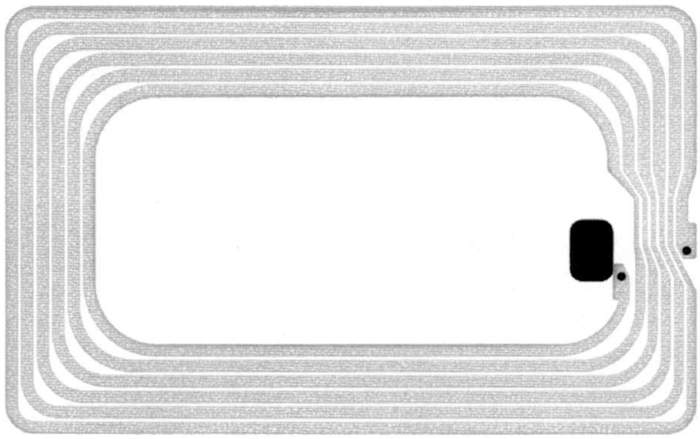

Abb. 12.8 Beispiel für eine 13,56 MHz-Chipkartenspule in Siebdrucktechnik.

Tabelle 12.1: Flächenwiderstände von Polymer-Dickfilmpasten unterschiedlicher Beimischungen bei einer Schichtdicke von 25µm [dupont]

Leiter	Flächenwiderstand
Silber (Ag)	5 ... 20 mΩ/□
Kupfer (Cu)	30 ... 120 mΩ/□
Graphit (Carbon)	20 000 ... 100 000 mΩ/□

Tabelle 12.2: Typische Eigenschaften einiger Polymer-Dickfilmpasten [dupont].

Paste:	Dupont 5028	Dupont 5029
Flächenwiderstand nach dem Trocknen:	27 ... 33 mΩ/□	14 ... 20 mΩ/□
Flächenwiderstand nach dem Laminieren:	8 ... 10 mΩ/□	4 ... 5 mΩ/□
Schichtdicke nach dem Trocknen (200 µm Sieb):	16 ... 20 µm	28 ... 32 µm
Viskosität (RVT UC&S 14 10 rpm):	15 ... 30 Pa.s	35 ... 50 Pa.s

Je nach Schichtdicke, Leiterbahnbreite und Windungszahl kann ein Spulenwiderstand von typischerweise 2 ... 75 Ω (Chipkarte mit 2 ... 7 Windungen) erreicht werden. Wegen der breiten Leiterbahnführung (d. h. begrenzter Windungszahl) ist diese Technologie jedoch nur für Frequenzbereiche über 8 MHz geeignet. Wegen der Kostenvorteile werden gedruckte Spulen auch für EAS-Tags (8 MHz) und Smart Labels (13,56 MHz) eingesetzt.

Ätztechnik

Die *Ätztechnik* wird in der Elektroindustrie als das Standardverfahren zur Herstellung „gedruckter“ Leiterplatten eingesetzt. Auch Inletfolien für kontaktlose Chipkarten können mit diesem Verfahren hergestellt werden. In einem Spezialverfahren wird auf eine Kunststofffolie zunächst eine vollflächige Kupferfolie von 35 µm bis 70 µm Dicke kleberfrei auflaminiert. Diese Kupferschicht wird nun mit einem lichtempfindlichen Fotolack beschichtet, welcher nach dem Trocknen durch einen Positivfilm hindurch belichtet wird. Der Positivfilm trägt die spätere Spulenform als Abbild. In einer chemischen Entwicklerlösung werden die belichteten Stellen des Fotolackes ausgewaschen, sodass das Kupfer an diesen Stellen wieder freigelegt wird. Im anschließenden Ätzbad werden nun alle Flächen, die nicht mehr von Fotolack bedeckt sind, vom Kupfer freigeätzt, sodass schließlich nur die gewünschte Spulenform übrig bleibt. Aus dem Flächenwiderstand RA (Cu: 500 µΩ/□ für d = 35 µm) kann der Spulenwiderstand einer geätzten Spule leicht berechnet werden.

12.2.2 Verbindungstechnik

Die unterschiedlichen Bauarten von Antennen erfordern auch eine unterschiedliche Verbindungstechnik zwischen der Antennenspule und dem Transponderchip.

Antennenspulen aus Draht, also gewickelte oder verlegte Spulen, werden mittels Mikroschweißtechnik mit dem Chipmodul verbunden. Dabei wird mit einem Spezialwerkzeug der lackisolierte Antennendraht im Anschlussbereich des Chipmoduls abisoliert und anschließend durch Ultraschalleinwirkung mit den Anschlüssen (leadframes) des Chipmoduls verschweisst [haghiri].

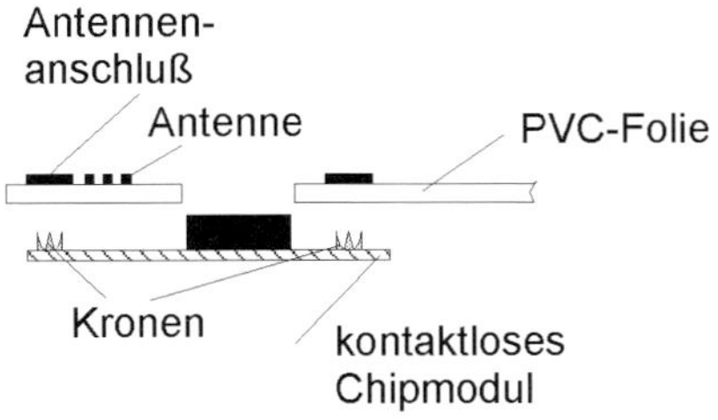

Abb. 12.9 Kontaktierung eines Chipmoduls mit einer gedruckten oder geätzten Antenne mittels Schneid-Klemm-Technologie.

Problematisch ist die *Kontaktierung* einer gedruckten Spule mit einem Chip oder einem Modul, da herkömmliche Löt- und Schweisstechniken bei den Polymerpasten versagen. Eine Lösung besteht in der Anwendung der Flip-Chip-Technologie,[40] wobei Fixierung und Kontaktierung des Chips durch einen leitfähigen Kleber erfolgen kann. Eine zweite Lösung besteht in der Verwendung einer Schneid-Klemm-Technologie (Cut Clamp Technologie, CCT). Hierbei werden zunächst die Metallanschlüsse (*leadframe*) des Chipmoduls mit einem spitzen Werkzeug durchstoßen, sodass sich spitze Kronen ausbilden. Nun wird das Chipmodul von unten auf die Trägerfolie gedrückt, sodass die Spitzen der Kronen die Folie durchdringen und die Antennenanschlüsse kontaktieren. Durch Umbiegen der Kronenspitzen mit einem flachen Stempel geht das Chipmodul schließlich eine dauerhafte mechanischn und elektrische Verbindung mit den Antennenanschlüssen ein.

[40] Der ungehäuste Chip wird mit den Kontaktierflächen (Bondpads) nach unten direkt auf den Anschlüssen der Spule platziert.

Für die Verbindung einer geätzten Spule mit einem Chipmodul bietet sich schließlich ein Reflow-Lötverfahren an, wie es aus der Bestückungstechnik von SMD-Leiterkarten bekannt ist. Um Kurzschlüsse (zwischen den Spulenwindungen) durch den Lötvorgang im Bereich des Chipmoduls zu vermeiden, wird die Spule zunächst mit einem Lötstopplack (typische hellgrüne Farbe) bedruckt, wobei die Antennenanschlüsse frei gehalten werden. Auf diese Anschlussflächen wird nun mit einem Dispenser eine definierte Menge an Lötpaste gegeben. Nachdem das Chipmodul in eine hierfür vorgesehene Freistanzung der Trägerfolie eingelegt und damit fixiert ist, wird mit einem geeigneten Lötwerkzeug (Lötstempel) den Anschlüssen des Chipmoduls Wärme zugeführt. Die Lötpaste schmilzt hierdurch auf – es enststeht eine dauerhafte elektrische und mechanische Verbindung zwischen dem Chipmodul und der Antennenspule.

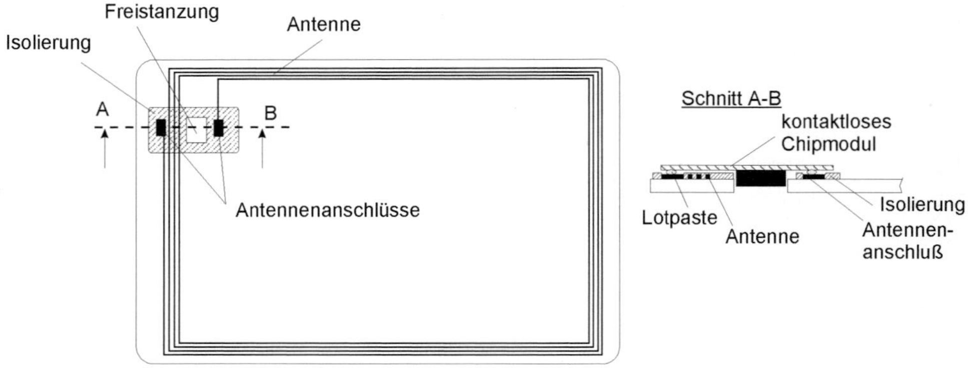

Abb. 12.10 Gelötete Verbindung zwischen dem Chipmodul und einer geätzten Antenne.

12.2.3 Laminieren

Als nächster Arbeitsschritt werden Deck- und Inletfolie zusammengetragen und passgenau zueinander fixiert. Anschließend bringt man die Folien in eine Laminieranlage. Mittels Zuführung von Wärme (100 ... 170°C) werden die Folien bei hohem Druck (20 ... 120 kg/cm^2) in einen weichelastischen Zustand gebracht. Hierbei „verbacken" die vier Folien zu einem unlösbaren Verbund.

Nach dem *Laminieren* und Auskühlen der laminierten PVC-Bögen werden die einzelnen Chipkarten aus dem Mehrfachnutzen-Bogen ausgestanzt. Eine nachfolgende Funktionsprüfung stellt die Qualität der Karten sicher, bevor diese dann an den Kunden ausgeliefert werden.

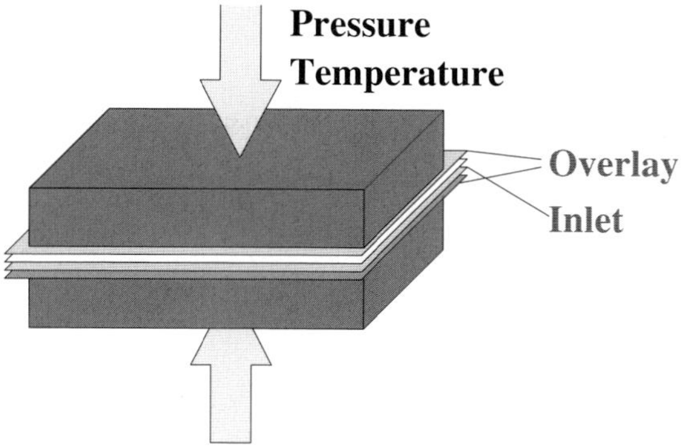

Abb. 12.11 Beim Laminationsvorgang werden die PVC-Folien unter hohem Druck und Temperaturen bis zu 150°C zu einem unlösbaren Verbund verschmolzen.

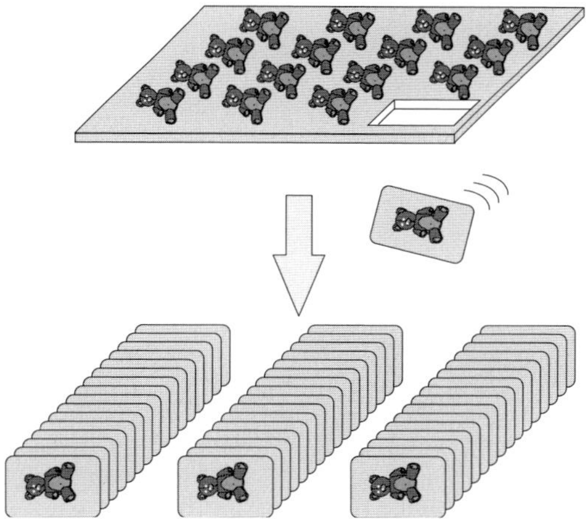

Abb. 12.12 Nach dem Abkühlen der PVC-Bögen werden die einzelnen Karten aus dem Mehrfachnutzen ausgestanzt.

13 Anwendungsbeispiele

13.1 Kontaktlose Chipkarten

Erste Plastikkärtchen tauchten bereits Anfang der 50er Jahre in den USA auf, wo preisgünstiges PVC an die Stelle des vorher verwendeten Kartons trat. In den folgenden Jahren fanden die Plastikkarten als Kreditkarten rasch eine weltweite Verbreitung. Die allererste Kreditkarte wurde übrigens von Diners-Club im Jahre 1950 ausgegeben.

Die rasante Entwicklung der Halbleitertechnologie ermöglichte es schließlich in den 70er Jahren, Datenspeicher und Schutzlogik auf einem einzigen Siliziumchip zu integrieren. Die Idee, solch einen integrierten Speicherchip in eine Identifikationskarte einzubauen, wurde bereits 1968 von Jürgen Dethloff und Helmut Grötrupp in Deutschland zum Patent angemeldet. Es sollte aber noch fast 15 Jahre dauern, bis 1984 mit Einführung der Telefonchipkarte durch die französische PTT der große Durchbruch erzielt wurde. Im Jahre 1986 waren in Frankreich bereits mehrere Millionen Telefonchipkarten im Umlauf [rankl]. Bei diesen Chipkarten der ersten Generation handelt es sich um kontaktbehaftete Speicherkarten. Eine wesentliche Verbesserung konnte erzielt werden, als es gelang, ganze Mikroprozessoren auf einem Siliziumchip zu integrieren und in eine Identifikationskarte einzusetzen. Die Möglichkeit, auf diese Weise in einer Chipkarte eigene Software ablaufen zu lassen, eröffnete völlig neue Möglichkeiten für die Realisierung hochsicherer Anwendungen. So werden Chipkarten für Mobiltelefone sowie die neuen Bankkarten (ec mit Chip) ausschließlich mit Mikroprozessorkarten realisiert.

Seit Mitte der 80er Jahre wurde auch immer wieder versucht, kontaktlose Chipkarten auf dem Markt zu platzieren. Die damals üblichen Arbeitsfrequenzen unter 135 kHz sowie die große Leistungsaufnahme der zur Verfügung stehenden Siliziumchips bedingte Transponderspulen mit mehreren hundert Windungen. Die großen Wicklungsquerschnitte, die sich dabei ergeben, sowie oft benötigte zusätzliche Kondensatoren erschweren den Einbau in Plastikkärtchen im ID-1 Format, sodass die Transponder meist in unhandliche Plastikhalbschalen eingegossen wurden. Aufgrund dieser Einschränkungen spielten kontaktlose Chipkarten lange Zeit nur eine unbedeutende Nebenrolle auf dem Chipkartenmarkt.

In der ersten Hälfte der 90er Jahre wurden Transpondersysteme mit einer Arbeitsfrequenz von 13,56 MHz entwickelt. Die hierfür benötigten Transponderspulen bestehen nur noch aus etwa 5 Windungen. Somit war es erstmals möglich, Transpondersysteme ohne Einschränkungen in das nur 0,76 mm dicke ID-1-Format zu packen. Der große Durchbruch in Deutschland gelang schließlich 1995 mit der Einführung der kontaktlosen Kundenkarte „Frequent-Traveler“ im ID-1-Format durch die Deutsche Lufthansa AG. Bemerkenswert an den durch die Münchner Firma Giesecke & Devrient gefertigten Karten war, dass diese auch noch einen Magnetstreifen, ein Hologramm sowie eine Hochprägung mit Kundennummer und -name enthalten. Eine genaue Beschreibung dieses Projekts wird im Kapitel 13.3.1 „Lufthansa Miles & More Card“, S. 366 gegeben.

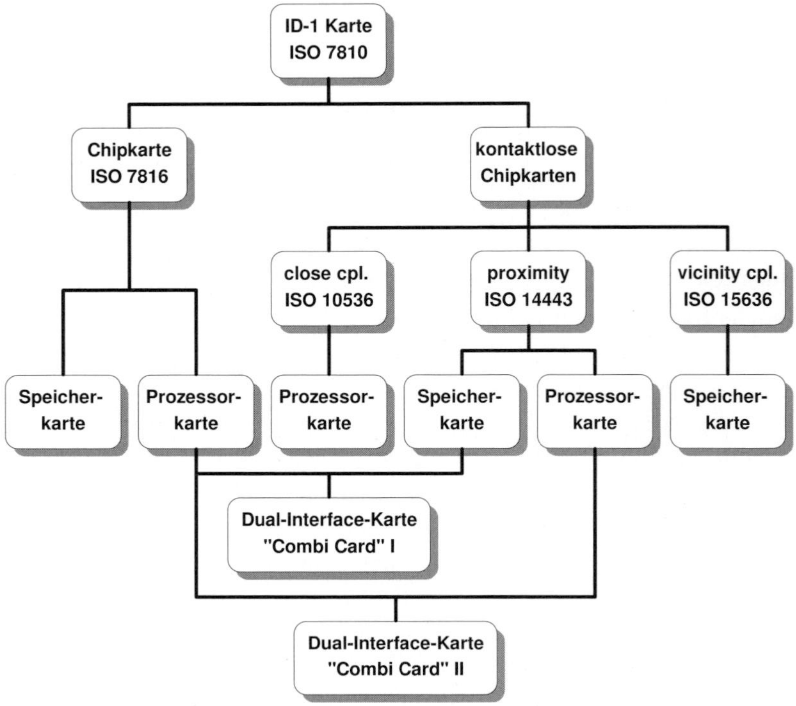

Abb. 13.1 Die große „Familie" der Chipkarten mit Angabe des relevanten ISO-Standards.

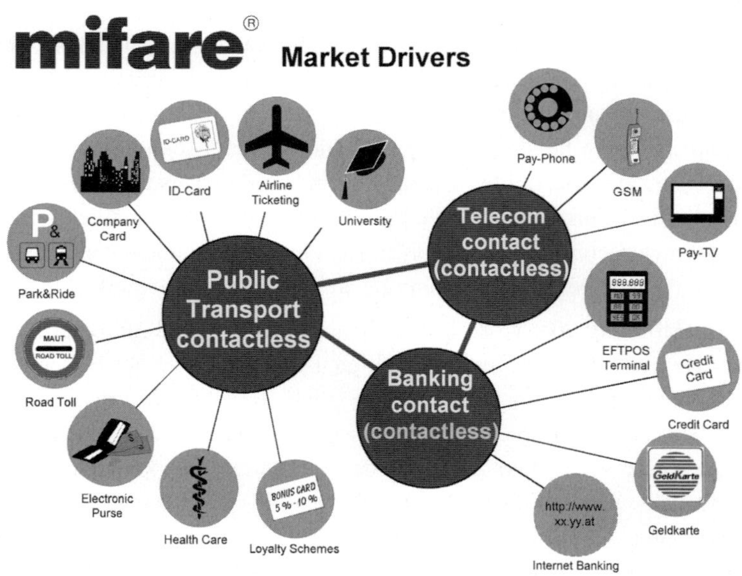

Abb. 13.2 Die Hauptanwendungsgebiete für kontaktlose Chipkarten sind der öffentliche Verkehr (Public Transport) sowie Kleingeldbörsen für Telefonzellen oder Verbrauchsgüter (Lebensmittel, Zigaretten). (Zeichnung: Philips Semiconductors Gratkorn, A-Gratkorn)

Heute werden kontaktlose Chipkarten, ausgehend von den zuständigen Normen, in verschiedene Gruppen eingeteilt: *Close-coupling*-Chipkarten (*ISO 10536*, siehe Kap. 9.2.1 „ISO 10536 – Close-coupling-Chipkarten", S. 242), *Proximity-coupling*-Chipkarten (*ISO 14443*, siehe Kap. 9.2.2 „ISO 14443 – Proximity-coupling-Chipkarten", S. 244), *Vicinity-coupling*-Chipkarten (*ISO 15693*, siehe Kap. 9.2.3 „ISO 15693 – Vicinity-coupling-Chipkarten", S. 261), sowie „non-standard"-Chipkarten (meist 125 kHz oder 2,45 GHz). Während die Vicinity-coupling-Karten nur als Speicherkarten erhältlich sind, findet man bei den induktiv gekoppelten Karten seit 1997 vereinzelt bereits Mikroprozessorkarten in kleinen Pilotprojekten.

Kontaktlose Chipkarten werden derzeit vor allem als Zahlungsmittel (ÖPNV, Ticketing) oder Ausweis (ID-Karte, Firmenausweis) eingesetzt. Langfristig ist damit zu rechnen, dass kontaktlose Chipkarten auch die heute weit verbreiteten kontaktbehafteten Chipkarten in deren klassischen Einsatzgebieten (Telefonkarte, EC-Karte) weitestgehend ablösen werden. Daneben ermöglicht die kontaktlose Technologie völlig neue Einsatzgebiete für Chipkarten, die aus heutiger Sicht noch gar nicht abzusehen sind.

13.2 ÖPNV

Eines der größten Potenziale für den Einsatz von RFID-Systemen, insbesondere für kontaktlose Chipkarten, stellt der *Öffentliche Personen(nah)verkehr* (ÖPNV) dar. In Europa und den USA fahren Verkehrsverbunde nach wie vor hohe Defizite, teilweise bis zu 40% des Umsatzes, ein [czako], welche durch die Kommunen und Länder abgefangen werden müssen. Aufgrund der knapper werdenden Steuermittel muss langfristig nach Lösungen gesucht werden, diese Defizite durch Kostensenkung und Einnahmenerhöhung abzubauen. Einen sehr wichtigen Beitrag zur Verbesserung dieser Situation kann der Einsatz kontaktloser Chipkarten als elektronische Fahrausweise (AFC = *automatic fare collection*) leisten. Gerade im Bereich des Fahrgeld-Managements verbirgt sich ein hohes Potenzial an Verbesserungsmöglichkeiten.

13.2.1 Ausgangssituation

Die schlechte finanzielle Situation der Verkehrsbetriebe kennt sicher viele sehr unterschiedliche Ursachen. Im Zusammenhang mit elektronischen Fahrausweisen sind vor allem jedoch folgende Faktoren nennenswert:

- Durch den Verkauf von Fahrausweisen an Automaten entstehen den Verkehrsbetrieben hohe Kosten. Beispielsweise kostet in Zürich der Verkauf eines Fahrausweises am Verkaufsautomaten SFr. 0,45, bei einem durchschnittlichen Verkaufspreis von SFr. 2,80 [czako]. Allein für die Bereitstellung, Instandhaltung und Wartung (Versorgung mit Papier und Münzen, Reparatur, Vandalismusschäden) der aufwändigen Verkaufsautomaten gehen 16% des Verkaufspreises verloren.
- Auch in Fahrzeugen sind aufwändige elektronische Fahrscheindrucker oder mobile Verkaufsautomaten erforderlich. Werden die Fahrkarten gar durch den Fahrer selbst ver-

kauft, so entstehen lange Haltezeiten beim Einsteigen der Passagiere, ganz abgesehen vom zusätzlichen Sicherheitsrisiko durch die ständige Ablenkung des Fahrers.

- Papiertickets werden nach Gebrauch weggeworfen, obwohl die Herstellung fälschungssicherer Fahrscheine für die Verkehrsbetriebe immer kostspieliger wird.
- Vor allem in deutschen Großstädten muss mit einem zusätzlichen Einnahmenausfall von bis zu 25% durch Schwarzfahrer gerechnet werden [czako]. Grund dafür sind die liberalen Nutzungsbestimmungen deutscher Verkehrsbetriebe, die das Einsteigen in U-Bahnen und Busse ohne vorhergehende Fahrausweiskontrolle ermöglichen.
- Verbundabrechnungen können nur auf Basis aufwändiger Stichprobenzählungen durchgeführt werden, was zu Ungenauigkeiten bei der Abrechnung führt.

13.2.2 Anforderungen

An ein elektronisches Fahrgeld-Management werden besonders hohe Erwartungen und Anforderungen, vor allem in Hinblick auf Witterungs- und Verschleißunempfindlichkeit, Schreib- und Lesegeschwindigkeit sowie Bedienungskomfort gestellt. Diese Erwartungen können nur mit RFID-Systemen wirklich zufriedenstellend erfüllt werden. Als Bauformen kommen dabei vor allem kontaktlose Chipkarten in der Bauform ID1 sowie neuerdings auch Armbanduhren zum Einsatz:

13.2.2.1 Transaktionszeit

Der Zeitaufwand zum Erwerb oder zur Kontrolle eines Fahrausweises ist vor allem bei den Transportmitteln kritisch, bei denen erst im Fahrzeug kontrolliert werden kann. In der Regel tritt dieses Problem bei Bussen und Stadtbahnen auf. Bei Untergrundbahnen kann die Kontrolle auch an einem Drehkreuz oder durch mobile Kontrolleure vorgenommen werden. Ein Vergleich verschiedener Methoden (Tabelle 13.1) zeigt die deutliche Überlegenheit von RFID-Systemen hinsichtlich des Zeitverhaltens:

Tabelle 13.1: Fahrgast-Abfertigungszeit verschiedener Technologien.
Quelle: Verkehrsbetriebe Helsinki, entnommen aus [czako]

Technologie	Fahrgast-Abfertigungszeit
RFID I (Proximity Coupling)	1,7 sek
Sichtkontrolle durch Fahrer	2,0 sek
RFID II (Close Coupling)	2,5 sek
Chipkarte mit Kontakten	3,5 sek
Bargeld	>6 sek

13.2.2.2 Witterungsbeständigkeit, Lebensdauer, Bedienkomfort

- Kontaktlose Chipkarten sind für eine Lebensdauer von 10 Jahren konzipiert. Regen, Kälte, Wärme, Schmutz und Staub stellen weder für die Chipkarte noch für das Lesegerät ein Problem dar.

- Kontaktlose Chipkarten können auch in der Brieftasche oder Handtasche verbleiben und sind somit äußerst komfortabel nutzbar. Auch der Einbau von Transpondern in Armbanduhren ist möglich.

13.2.3 Vorteile durch den Einsatz von RFID-Systemen

Der Ersatz der althergebrachten Papierfahrscheine durch ein modernes elektronisches Fahrgeld-Management auf Basis kontaktloser Chipkarten bietet allen Beteiligten eine Vielzahl von Vorteilen. Obwohl die Anschaffungskosten für ein kontaktloses Chipkartensystem noch höher sind als für ein herkömmliches System, dürften sich die Investitionen hierfür in kurzer Zeit amortisieren. Die Überlegenheit kontaktloser Systeme zeigt sich durch folgende Vorteile für Nutzer und Betreiber öffentlicher Verkehrsbetriebe:

Abb. 13.3 Kontaktloses Lesegerät in einem öffentlichen Verkehrsmittel (Foto: Projekt Frydek-Mistek, Tschechei, Quelle: Philips Semiconductors Gratkorn, A-Gratkorn)

Vorteile für die Fahrgäste:

- Kein Bargeld mehr erforderlich, kontaktlose Chipkarten können mit größeren Geldbeträgen aufgeladen werden, das Bereithalten von passendem Kleingeld entfällt damit.
- Vorbezahlte kontaktlose Chipkarten behalten auch bei Umstellung des Tarifs ihre Gültigkeit.
- Eine genaue Kenntnis des Tarifs ist für den Fahrgast nicht mehr notwendig, das System bucht automatisch den richtigen Fahrpreis von der Karte ab.

- Monatsfahrkarten können an einem beliebigen Tag im Monat beginnen. Der Gültigkeitszeitraum beginnt bei der ersten Buchung auf der kontaktlosen Karte.

Vorteile für die Fahrer:

- Wegfall des Fahrscheinverkaufs und damit weniger Ablenkung des Fahrpersonals.
- Kein Bargeld im Fahrzeug vorhanden.
- Wegfall der täglichen Einnahmenabrechnung.

Vorteile für die Verkehrsunternehmen:

- Kostenreduktion bei Betriebs- und Wartungskosten von Verkaufsautomaten und Fahrscheinentwertern.
- Hohe Sicherheit gegen Vandalismus (Kaugummieffekt).
- Einfache Umstellung von Tarifen, es müssen keine neuen Fahrscheine gedruckt werden.
- Die Einführung eines geschlossenen (elektronischen) Systems, bei dem alle Fahrgäste einen gültigen Fahrschein vorzeigen müssen, kann die Schwarzfahrquote erheblich reduzieren.

Vorteile für die Verkehrsverbunde:

- Leistungsorientierte Verbundabrechnung der einzelnen Verbundpartner. Aufgrund der bei elektronischem Fahrgeld-Management automatisch anfallenden Datensätze kann die Verbundabrechnung auf exakte Zählungen basiert werden.
- Gewinnung aussagekräftiger statistischer Daten.

Vorteile für die öffentliche Hand:

- Reduktion des Subventionsbedarfs durch Kostenreduktion.
- Bessere ÖPNV-Nutzung durch besseres Angebot wirkt sich positiv auf Einnahmen sowie auf die Umwelt aus.

13.2.4 Tarifmodelle mit elektronischer Abrechnung

Verkehrsverbundgebiete sind häufig in unterschiedliche Tarifgebiete und Abrechnungszonen eingeteilt. Dazu gibt es unterschiedliche Fahrausweisarten, Tageszeitabstufungen und zahlreiche Kombinationsmöglichkeiten. Die Fahrpreisermittlung für herkömmliche Zahlungssysteme ist daher häufig äußerst kompliziert und kann nicht nur ortsfremde Kunden zur Verzweiflung bringen.

Fahrgeld-Management auf elektronischer Basis ermöglicht hingegen völlig neue Verfahren bei der Ermittlung und Abrechnung von Fahrpreisen. Grundsätzlich sind vier verschiedene Tarifmodelle für die elektronische Fahrpreisermittlung realisierbar, wie in Tabelle 13.2 dargestellt.

Tabelle 13.2: Unterschiedliche Tarifmodelle für die Abrechnung mit kontaktlosen Chipkarten

Tarifmodell 1	Die Bezahlung erfolgt nur bei Fahrtbeginn. Unabhängig von der zurückgelegten Strecke wird jeweils ein einheitlicher Preis von der kontaktlosen Karte abgebucht.
Tarifmodell 2	Bei Fahrtbeginn wird der Einsteigepunkt (check-in) auf der kontaktlosen Karte festgehalten. Beim Aussteigen an der Endstation (check-out) kann der Fahrpreis aus der zurückgelegten Strecke automatisch ermittelt und von der Karte abgebucht werden. Zusätzlich dazu kann die Karte jedoch an jedem Umsteigepunkt auf das Vorhandensein einer gültigen „check-in"-Buchung hin überprüft werden. Um Manipulationsversuche zu erschweren, kann eine fehlende „check-out"-Buchung beim nächsten Fahrtbeginn durch Abbuchen des höchstmöglichen Fahrpreises „bestraft" werden.
Tarifmodell 3	Dieses Modell eignet sich vor allem für Verbundnetze, bei denen dieselbe Strecke mit unterschiedlichen Verkehrsmitteln zu unterschiedlichen Tarifen zurückgelegt werden kann. Bei jedem Umsteigen wird ein bestimmter Betrag von der Karte abgebucht. Bonustarife für Langstreckenfahrer und Mehrfachumsteiger können ebenso automatisch berücksichtigt werden.
Bestpreis-abrechnung:	Hierzu werden auf der kontaktlosen Karte alle Fahrten eines Monats protokolliert. Wird eine bestimmte Anzahl von Fahrten an einem Tag oder im gesamten Monat überschritten, so kann die kontaktlose Karte automatisch in eine preisgünstigere 24h- oder Monatskarte umgewandelt werden. Auf diese Weise wird dem Kunden bei größtmöglicher Flexibilität immer der bestmögliche Tarif berechnet. Bestpreisabrechnung dient einer besseren Kundenbindung und trägt wesentlich zur Kundenzufriedenheit bei.

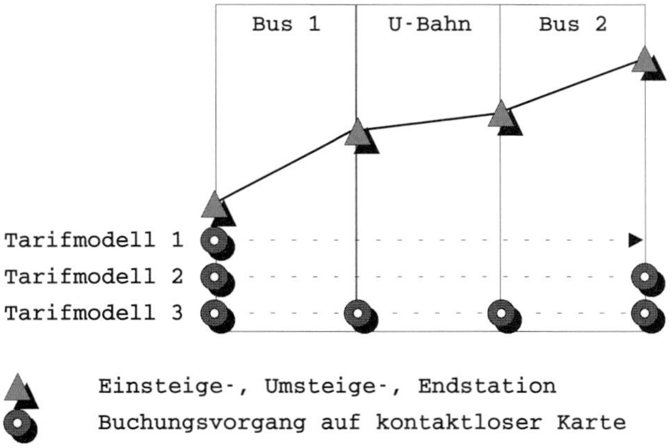

Abb. 13.4 Anwendung der unterschiedlichen Tarifmodelle bei einer Fahrt im öffentlichen Nahverkehr. Die dargestellte Fahrt beinhaltet ein zweimaliges Umsteigen zwischen U-Bahn und Buslinien. Je nach Tarifmodell wird die kontaktlose Chipkarte verschieden häufig gelesen.

13.2.5 Marktpotenzial

Nach Schätzungen werden etwa 50% aller verkauften kontaktlosen Chipkarten im Marktsegment ÖPNV verwendet [hamann-u]. Als Einsatzgebiete kommen vor allem große Ballungsräume in Asien (Seoul, Hongkong, Singapur, Shanghai), aber auch europäische Großstädte (Paris, London, Berlin) in Frage.

In den Jahren 1994 und 1995 wurden weltweit etwa 1 Mio. kontaktlose Chipkarten jährlich für ÖPNV-Anwendungen produziert. Im Zeitraum 1996 bis 1997 stieg das Volumen bereits auf über 40 Mio. Karten pro Jahr [droschl]. Für das Jahr 1998 alleine wird für ÖPNV-Anwendungen bereits ein Volumen von etwa 100 Mio. kontaktloser Chipkarten weltweit erwartet [hamann-u]. Bei jährlichen Wachstumsraten von 60% und mehr kann deshalb von einem Jahresbedarf von 250 Mio. kontaktloser Chipkarten zur Jahrtausendwende ausgegangen werden.

Die größten Wachstumsraten für kontaktlose Chipkarten in ÖPNV-Anwendungen dürfte der asiatisch-pazifische Raum aufweisen, da hier unter Verwendung modernster Technologien neue Infrastrukturen geschaffen werden [droschl].

13.2.6 Projektbeispiele

13.2.6.1 Korea – Seoul

Das bislang größte elektronische Fahrausweissystem (AFC) mit kontaktlosen Karten wurde Anfang 1996 in der 12-Millionen-Metropole *Seoul*, Südkorea, in Betrieb genommen. Die koreanische „Bus Card" ist eine vorbezahlte Karte, die mit einem Grundwert von 20.000 ₩ (~ 17,- €) ausgegeben wird. Bezahlt wird nach Tarifmodell 1. Eine Busfahrt kostet durchschnittlich 400 ₩ (~ 0,35 €), wobei jedoch nach jedem Umsteigen erneut bezahlt werden muss.

Abb. 13.5 Einsatz einer kontaktlosen Chipkarte in Seoul. In der Mitte der Abbildung ist ein kontaktloses Terminal bei der Kommunikation mit einer kontaktlosen Chipkarte zu sehen. (Foto: Philips Semiconductors Gratkorn, A-Gratkorn)

Die Karte kann auf allen 453 Linien benutzt und an gekennzeichneten Kiosken beliebig oft wieder aufgeladen werden. Der Verkehrsverbund „Seoul Bus Union" besteht aus 89 einzelnen Betreibergesellschaften mit einem Fuhrpark von über 8700 Bussen, die bereits Mitte

1996 vollständig mit kontaktlosen Terminals ausgerüstet waren. Durch die Einbeziehung der die Hauptstadt umgebenden Provinz Kyung-Ki werden bis 1997 weitere 4000 Busse sowie insgesamt 3500 Aufladestationen mit Terminals ausgerüstet sein [droschl]. Als RFID-Technologie wurde das in ÖPNV-Anwendungen weit verbreitete MIFARE® System (induktiv gekoppelt, 10 cm, 13,56 MHz) eingesetzt.

Abb. 13.6 Kontaktlose Chipkarte für die Bezahlung von Fahrten in einem Linienbus in Seoul. (Foto: Klaus Finkenzeller, München)

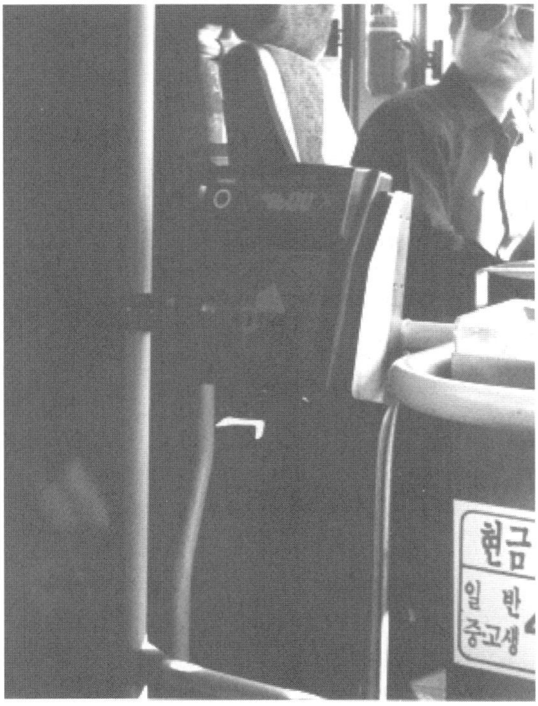

Abb. 13.7 Lesegerät für kontaktlose Chipkarten am Einstieg eines Linienbusses in Seoul. (Foto: Klaus Finkenzeller, München)

Bis Ende 1997 wird mit einem Umlauf von 4 Mio. Bus Cards gerechnet. Der große Erfolg dieses Systems hat die Stadtregierung Seoul davon überzeugt, ein kompatibles System auch für die U-Bahn einzuführen.

13.2.6.2 Deutschland – Lüneburg, Oldenburg

Eines der ältesten Chipkarten-Projekte im ÖPNV in Deutschland ist das Fahrsmartprojekt im Verkehrsverbund KVG Lüneburg–VWG Oldenburg. Bereits 1990/91 startete dort das vom Bundesministerium für Bildung und Forschung BMBF (ehemals BMFT) geförderte Pilotprojekt *Fahrsmart* I. Dabei wurden rund 20 000 kontaktbehaftete Chipkarten an die Kunden ausgegeben. Im Verlaufe dieses Pilotprojektes zeigten sich jedoch erhebliche Mängel an den installierten Systemen; so wurde vor allem die Erfassungszeit von über drei Sekunden pro Fahrgast als erheblich zu lange beanstandet.

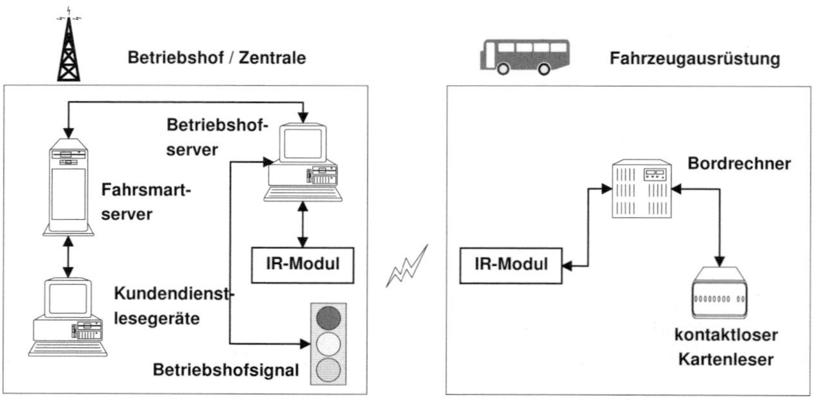

Abb. 13.8 Systemkomponenten des Fahrsmartsystems. Die Fahrzeugausrüstung besteht aus einem Lesegerät für kontaktlose Chipkarten, welches mit dem Bordrechner verbunden ist. Bei der Einfahrt in den Betriebshof werden die Buchungsdaten vom Bordrechner über eine Infrarotstrecke an den Betriebshofserver zur Weiterverarbeitung übertragen.

Abb. 13.9 Fahrsmart II – kontaktlose Chipkarte, zur Hälfte geöffnet. Am rechten unteren Bildrand ist deutlich die Spule des Transponders zu erkennen. (Foto: Giesecke & Devrient, München)

Anfang 1995 wurde deshalb ein neuer Feldversuch gestartet, das Fahrsmart II-System mit der kontaktlosen Chipkarte. Als RFID-Technologie wurde auch hier das MIFARE®-System der Firma Philips eingesetzt. Die Systemintegration, d. h. die Inbetriebnahme des Gesamtsystems, wurde durch die Firma Siemens VT (Berlin) durchgeführt.

Das Fahrsmartsystem ermittelt automatisch den für den Fahrgast günstigsten Preis (Bestpreisgarantie). Die Fahrgäste müssen sich dazu mit ihrer persönlichen Chipkarte jeweils bei Fahrtantritt „ein-checken" und bei Fahrtende „aus-checken". Die ermittelten Fahrdaten werden im Bordrechner gesammelt und zu Kontrollzwecken auch auf der Chipkarte gespeichert.

Bei der täglichen Rückkehr der Fahrzeuge ins Depot werden die aktuellen Tagesdaten über eine Infrarotschnittstelle vom Fahrzeugrechner an den Betriebshofserver gesendet (Abbildung 13.8). Die aufbereiteten Daten werden dann über ein betriebsinternes Netzwerk an den zentralen Fahrsmartserver übertragen. Zur monatlichen Abrechnung analysiert der Fahrsmartserver das Nutzungsprofil jedes einzelnen Fahrgastes und ermittelt für die jeweils zurückgelegten Strecken das preisgünstigste Ticket (Einzelfahrt – Wochenkarte – Monatskarte usw.).

13.2.6.3 EU-Projekte – „ICARE" und „CALYPSO"

Bei einigen der oben vorgestellten Nahverkehrsprojekte mit kontaktlosen Chipkarten handelt es sich, wie bei fast allen bisher verwirklichten Projekten, um so genannte geschlossene *Börsensysteme*. Das bedeutet in der Praxis, dass die entsprechenden Chipkarten mit Kleingeld „aufgeladen" werden, aber nur innerhalb des betreffenden ÖPNV-Systems als Ticket oder Zahlungsmittel für Kleingeldbeträge – z. B. in Getränkeautomaten der Betreibergesellschaft – eingesetzt werden können, nicht jedoch als geldwertes Zahlungsmittel in anderen Geschäften oder sogar als elektronischer Fahrausweis in anderen Städten. Für den Karteninhaber führt dies dazu, dass er auf jeder einzelnen Börse eines geschlossenen Systems Bargeld für diese spezifische Anwendung gespeichert hat, auf das ein unmittelbarer Zugriff zur anderweitigen Verwendung nicht mehr möglich ist (z. B.: Telefonchipkarte, kontaktloser Fahrausweis, vorbezahlte Karte für das Betriebsrestaurant) [lorenz-98/2]. Die Ursache hierfür ist in der eingesetzten Kartentechnologie zu finden, denn die bisher überwiegend eingesetzten kontaktlosen Chipkarten verfügen nur über einen Speicherchip und genügen damit nicht den strengen Sicherheitsanforderungen der Kreditinstitute für offene elektronische Geldbörsen.

Im Bereich der kontaktbehafteten Chipkarten wurden offene Geldbörsensysteme auf Basis von Mikroprozessorchips bereits erfolgreich eingeführt. In Deutschland sind dies die Paycard der Telekom, die VISA-Cash-Karte oder auch die „ec-Karte mit Chip", Letztere verfügt mit ca. 50 ... 55 Mio. Karten im Felde über die größte Basis unter den Kunden. Diese Karten sind für Zahlungen im Kleingeldbereich gedacht und können überall genutzt werden, wo geeignete Lesegeräte vorhanden sind. Aus Sicht des Anwenders wäre es daher ideal, seine Geldkarte auch als Ticket für den ÖPNV einsetzen zu können. Auf Grund der großen Transaktionszeiten kontaktbehafteter Chipkarten (vergleiche Kap. 13.2.2.1 „Transaktionszeit", S. 356) konnten sich die elektronischen Geldkarten in ÖPNV-Anwendungen bislang als elektronischer Fahrausweis nicht durchsetzen.

Um eine Verbindung zwischen der Bedienerfreundlickeit kontaktloser Tickets mit der Sicherheit der kontaktbehafteten Börsen zu schaffen und damit auch die Akzeptanz dieser Systeme durch den Kunden zu verbessern, stehen verschiedene Lösungsansätze zur Verfügung]lorenz-98/1]:

- Die *Hybridkarte* ist die Kombination einer kontaktlosen Chipkarte mit einem zusätzlichen kontaktbehafteten Chip auf einer Karte. Zwischen den beiden Chips besteht jedoch keinerlei elektrische Verbindung. Dies erfordert die Möglichkeit, Geldbeträge vom einen auf den anderen Chip umbuchen zu können – etwa an speziellen Automaten. Wegen dieser Einschränkungen kann die Hybridkarte auch nur als vorläufige Übergangslösung betrachtet werden.
- Die *Dual-Interface-Karte* (auch Combicard, siehe hierzu Kap. 10.2.1 „Dual Interface Karte", S. 302) entsteht durch die Kombination eines kontaktbehafteten und eines kontaktlosen Interfaces auf einem einzigen Kartenchip. Dies ist eigentlich die ideale Lösung zur Kombination eines elektronischen Fahrausweises mit einem offenen Geldbörsensystem; allerdings sind Dual-Interface-Karten derzeit (1998) nicht in den benötigten Stückzahlen verfügbar. Die meisten Systeme stehen gerade erst vor der Markteinführung, mit ausreichenden Produktionsvolumen ist vor dem Jahre 2000 kaum zu rechnen. Die Frage, wann und in welchen Stückzahlen es die Geldbörse des deutschen *ZKA* (ec-Karte) als Dual Interface Chip geben wird, muss vorerst unbeantwortet bleiben, allerdings hat *VISA* bereits angekündigt, in Madrid ihren bislang kontaktbehafteten VISA-Cash Chip erstmals auf einem Kombichip zu integrieren.
- Die Hüllenlösung als kontaktloser „Adapter", mit dem kontaktbehaftete Chipkarten in einen kontaktlosen Pass verwandelt werden können, bietet gegenüber den vorgenannten Varianten den Vorteil, dass damit auch bereits im Umlauf befindliche Mikroprozessorchipkarten ohne Änderungen an der Karte selbst kontaktlos nutzbar gemacht werden können.

Abb. 13.10 Der kontaktlose FlexPass des Landkreises Konstanz mit GeldKarte und Hülle. (Foto: TCAC GmbH, Dresden)

Die Hüllenlösung steht auch im Mittelpunkt des von der EU geförderten Projektes *ICARE* („Integration of contactless technologies into public transport environment"), das auf die Anwendung offener elektronischer Geldbörsensysteme im öffentlichen Nahverkehr (ÖPNV) gerichtet ist [lorenz-98/1]. Die Feldversuche zu diesem bereits 1996 gestarteten Projekt werden in verschiedenen europäischen Regionen durchgeführt:

- In Paris, dem größten europäischen Ballungsraum, wurden bereits 40 000 Mitarbeiter der RATP sowie 4000 Fahrgäste mit einer Hülle ausgerüstet. Als zusätzliches Feature wurde hier eine Notruffunktion entwickelt, die derzeit in der Metro erprobt wird und über die Hülle ausgelöst werden kann. Neben dem Hüllenkonzept wurde in Paris auch Wert auf die Entwicklung eines Wegwerftickets gelegt.
- In Venedig, einer Stadt mit einem hohen Anteil an Tagestouristen, wurden mehrere Bootsanlegestellen mit kontaktlosen Lesegeräten ausgestattet. Neben dem kontaktlosen Ticket steht in Venedig vor allem die Multifunktionalität des Konzeptes für den Touristen, d. h. der Einsatz in Museen, Hotels oder als Parkticket, im Vordergrund.
- Im Landkreis Konstanz am Bodensee wurde nach einem ersten Feldversuch im Herbst 1996 ein zweiter Feldversuch im Januar 1998 gestartet, bei dem nun auch die Geldkarte der örtlichen Sparkasse zusammen mit der Hülle – dem „FlexPass" [lorenz-98/2] – im Nahverkehr eingesetzt werden kann. Eine Handsfree-Antenne mit einer Reichweite von 1 m ermöglicht es hier, auch statistische Daten aus der Zeitkartennutzung zu erheben, ohne dass die Kunden ihre Hülle in die Nähe des Lesegerätes halten müssen.
- In Lissabon, einer mittelgroßen europäischen Hauptstadt mit einem komplexen Nahverkehrssystem und einer Vielzahl von öffentlichen und privaten Betreibergesellschaften, stand ebenfalls die Entwicklung einer Handsfree-Antenne im Vordergrund.

Abb. 13.11 Kontaktlose Transaktion mit dem FlexPass an einem Lesegerät. (Foto: TCAC GmbH, Dresden)

Seit 1998 werden die Forschungsarbeiten nun im Rahmen des EU-Projektes *CALYPSO* („Contact And contact Less environments Yielding a citizen Pass integrating urban Services and financial Operations") fortgeführt. Dabei wurde von den Verkehrsunternehmen verstärkt die Partnerschaft mit den Betreibern elektronischer Börsensysteme gesucht. Aus dem deutschen Kreditgewerbe konnte unter anderen der Deutsche Sparkassen- und Giroverband (DS-GV) als Partner gewonnen werden [ampélas] [lorenz-98/3].

Ziel des CALYPSO-Projektes ist der „FlexPass", der dem Kunden sowohl das Papierticket als auch das Bargeld beim Bezahlen ersetzen soll. Ein neuer Aspekt des Projektes ist die Einführung weiterer Dienste auf der Hülle, wie etwa eine dynamische Fahrgastinformation, also die Anzeige von Abfahrtszeiten und Anschlussbeziehungen auf dem Display. Auch an den Einsatz in Parkhäusern oder die Integration von (Not-)Rufdiensten wird gedacht.

Langfristig ist die Erschließung weiterer Anwendungen des FlexPasses in den Bereichen Parken, Tourismus, öffentliche Verwaltung oder sogar Car-Sharing geplant [lorenz-98/3].

13.3 Ticketing

13.3.1 Lufthansa Miles & More Card

Das Lufthansa-Projekt „Fliegen ohne Ticket" ist das deutsche Vorzeigeprojekt für kontaktlose Chipkartensysteme. Der Pilotversuch mit 600 Vielfliegern von Mai bis Dezember 1995 verlief so erfolgreich, dass bereits im März 1996 mit der Ausweitung auf alle Karten des „Miles & More"-Programms („HON Club", „SENATOR" und „Frequent Traveller") von *Lufthansa* und der Lufthansa-eigenen Servicegesellschaft AirPlus begonnen wurde. Seit Herbst 1996 sind alle der etwa 250 000 Vielflieger im Besitz ihrer neuen, kontaktlosen „ChipCard". Diese neue, kontaktlose ChipCard ersetzt – in Zusammenarbeit mit dem Lufthansa-Zentralrechner in München-Erding – sowohl das alte Papierticket als auch die klassische Bordkarte.

Abb. 13.12 Miles & More – Senator ChipCard, zur Hälfte geöffnet. Am rechten Bildrand ist deutlich das Transpondermodul mit Antenne an der Position des Hologramms zu erkennen.
(Foto: Giesecke & Devrient, München)

Als RFID-System wurde das MIFARE®-System der Firma Philips/Mikron ausgewählt. Die Terminals wurden von Siemens-Nixdorf entwickelt, während die kontaktlosen Chipkarten von der Münchner Firma Giesecke & Devrient hergestellt werden. Die Karten enthalten neben dem kontaktlosen Transpondermodul auch noch Magnetstreifen, Hochprägung, Unterschriftsstreifen, Hologramm und optional einen (Kontakt-)Telefonchip. Aus Sicht des Passagiers funktioniert das System folgendermaßen: Der Karteninhaber bucht telefonisch einen Flug in einer LH-Agentur unter Nennung seiner individuellen Kartennummer. Diese Buchung ist mit den neuen ChipCards bis zu 1 Stunde vor Abflug möglich. Aus der Kombination der persönlichen Daten und der Flugdaten entsteht ein elektronisches Ticket, das im Lufthansa-Rechner gespeichert wird. Für das Einchecken am Flughafen (in letzter Minute) präsentiert der ChipCard-Inhaber nur kurz seine kontaktlose Chipkarte am Chip-In-Terminal. Dafür muss er die Karte im Normalfall nicht einmal aus der Brieftasche nehmen. Das System verifiziert die Buchung, und die Flugdaten erscheinen am Display. Zu diesem Zeitpunkt hat der Passagier die Wahl, ob er den vorgeschlagenen Flug inklusive Sitzreservierung bestätigt oder am Touch-Screen-Monitor einen alternativen Flug auswählt. Der Passagier erhält einen Beleg-Ausdruck, der unter anderem seine Sitzplatznummer und das Einsteige-Gate festhält. Mittels dieser Prozedur ist der Passagier mit Handgepäck in durchschnittlich weniger als 10 Sekunden eingecheckt, wodurch Warteschlangen vor den Terminals verhindert werden. Am Einsteige-Gate angekommen, muss er nur nochmals kurz seine ChipCard präsentieren, um an Bord zu gelangen.

Abb. 13.13 Fluggast beim Einchecken mit der kontaktlosen Miles & More-Vielfliegerkarte. (Foto: Philips Semiconductors Gratkorn, A-Gratkorn)

Von der neuen ChipCard-Lösung profitieren sowohl die Passagiere als auch Lufthansa und AirPlus. Die Passagiere loben die Zeitersparnis am Boden, die kurzfristige Buchbarkeit und die bequeme und einfache Bedienbarkeit. Bei Lufthansa und AirPlus zeigen sich deutliche Rationalisierungserfolge, vor allem durch die „Selbstbedienung" des Kunden, die viele personalintensive Abwicklungs- und Kontrollaufgaben deutlich verringert. Außerdem steigt durch die Zeitersparnis am Boden die kurzfristige Buchungsmöglichkeit und die Wettbewerbsfähigkeit gegenüber alternativen Reisemöglichkeiten (nach [g&d1]).

13.3.2 Ski-Ticketing

Wer Zutritt zu einem *Ski-Lift* erhält, muss im Besitz eines gültigen Tagespasses oder eines Wochentickets sein. Diese Tickets wurden ursprünglich aus Karton gefertigt und durch eine Datumsstempelung gültig gemacht. Die Kontrolle von Papiertickets ist jedoch sehr personalaufwändig, da jedes Ticket durch Sichtkontrolle auf seine Gültigkeit hin überprüft werden muss. Darüber hinaus ist es auch für den einzelnen Skifahrer nicht gerade komfortabel, vor jeder Liftfahrt mit klammen Fingern ein vom Schnee aufgeweichtes Papierticket aus dem Anorak fischen zu müssen.

Eine ideale Alternative hierzu bietet die RFID-Technologie mit dem Ersatz der Papiertickets durch kontaktlose Chipkarten oder Disk-Transponder. Beim Verkauf der Transponder wird meist ein zusätzliches Pfand von etwa 10 bis 20 DM einbehalten. Nach Gebrauch werden die Transponder gegen Rückerstattung des Pfandbetrages zurückgenommen. Mit speziellen Lesegeräten können die Transponder vom Liftbetreiber wieder aufgewertet und erneut eingesetzt werden.

Abb. 13.14 Kontaktlose Lesegeräte als Zugangskontrolle und Kassiereinrichtung zu einem Skilift. (Foto: LEGIC®-Installation, Kaba Security Locking Systems AG, CH-Wetzikon)

Die Lesereichweite der Systeme ist so ausgelegt, dass die Transponder-Tickets zur Kontrolle nicht mehr in die Hand genommen werden müssen, sondern in einer Tasche des Anoraks verbleiben können.

Alle Eingänge zum Skilift werden durch ein Drehkreuz abgesperrt, welches durch einen gültigen Transponder von der Lese-Elektronik freigeschaltet wird. Um den Transponder an jeder Trageposition des Skifahrers sicher auslesen zu können, wird jeder der Eingänge von zwei gegenüberliegenden Antennen überwacht.

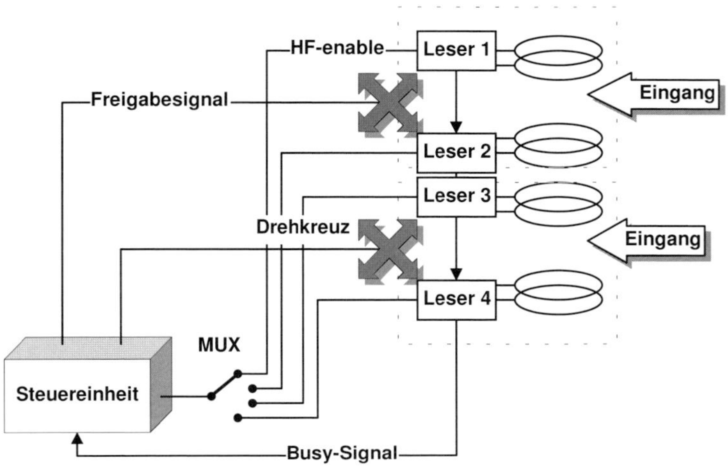

Abb. 13.15 Zur gegenseitigen Entkoppelung werden die Lesegeräte im Zeitmultiplexbetrieb nacheinander eingeschaltet.

Ein Problem stellt die Größe der magnetischen Antennen dar, welche auf Grund der zu erzielenden Lesereichweite sehr groß gewählt werden muss. Die daraus resultierende magnetische Verkoppelung zweier Leseantennen ist auch über eine Entfernung von mehreren Metern noch so groß, dass die dadurch verursachten gegenseitigen Störungen das Auslesen eines Transponders unmöglich machen. Um dieses Problem zu umgehen, wird bei den Skiticket-Anlagen zu einem Zeitpunkt immer nur ein Lesegerät aktiviert, während bei allen anderen Lesegeräten das HF-Feld vollkommen abgeschaltet bleibt. Dazu wird von einem Multiplexer in zyklischer Reihenfolge einem Lesegerät nach dem anderen ein Startsignal gesendet, worauf dieses kurz sein HF-Feld anschaltet, um das Vorhandensein eines Transponders zu überprüfen. Entdeckt das Lesegerät einen Transponder, aktiviert es ein *Busy-Signal*. Das Busy-Signal veranlasst die Steuereinheit, das zyklische Startsignal für die Zeitdauer des Busy-Signals zu unterdrücken. Auf diese Weise kann das aktive Lesegerät den begonnenen Datenaustausch mit dem Transponder ungestört abwickeln. Nach dem Ende dieser Transaktion wird das Busy-Signal durch das eben noch aktive Lesegerät wieder freigegeben, wodurch der *Multiplexer* seine zyklische Abfrage fortsetzen kann.

13.4 Zutrittskontrolle

Um die *Zutrittsberechtigung* einzelner Personen zu Gebäuden, (Betriebs- oder Veranstaltungs-) Geländen oder einzelnen Räumen automatisch zu überprüfen, werden elektronische Zutrittskontrollsysteme mit Datenträgern eingesetzt. Bei der Konzeption der Anlagen muss zwischen zwei grundsätzlich unterschiedlichen Systemen mit entsprechenden Eigenschaften unterschieden werden: Online- und Offline-Systeme.

13.4.1 Online-Systeme

Wenn eine große Anzahl von Personen an nur wenigen Eingängen auf eine Zutrittsberechtigung hin überprüft werden muss, werden vorwiegend Online-Systeme eingesetzt. Dies ist etwa an den zentralen Zugängen zu Bürogebäuden und Betriebsgebäuden der Fall. Alle Terminals sind hier über eine Leitungsverbindung mit einem zentralen Rechner verbunden. Der zentrale Rechner führt nun eine Datenbank, in welcher jedem vorhandenen Terminal die dort (Zutritts-) berechtigten Datenträger zugeordnet sind. Über die Leitungsverbindung werden aus der Datenbank generierte Berechtigungsdaten in die Terminals (oder auch in eine dazwischengeschaltete Türsteuereinheit) geladen und dort in einer Tabelle gespeichert.

Änderungen an den eingestellten Zutrittsberechtigungen für eine einzelne Person können durch einen einfachen Eintrag am Zentralrechner des Zutrittkontrollsystems vorgenommen werden. Der Datenträger selbst muss hierzu nicht vorhanden sein, da ja nur ein Eintrag in der zentralen Datenbank editiert werden muss. Dies ist von Vorteil, um etwa sensible Sicherheitsbereiche auch bei Verlust eines Datenträgers vor unberechtigtem Zutritt schützen zu können.

Die Datenträger eines Online-Systems müssen nur wenige Daten speichern können, zum Beispiel eine eindeutige Ausweisnummer. Auch der Einsatz von Read-only-Transpondern ist möglich.

Abb. 13.16 Zutrittskontrolle und Zeiterfassung in einem Terminal kombiniert. Als kontaktloser Datenträger dient die Uhr mit integriertem Transponder.
(Foto: LEGIC®-Installation, Kaba Security Locking Systems AG, CH-Wetzikon)

13.4.2 Offline-Systeme

Offline-Systeme haben sich vor allem dort bewährt, wo viele einzelne Räume, zu denen jeweils nur wenige Personen Zutritt haben, mit einem elektronischen Zutrittskontrollsystem ausgerüstet werden sollen. Jedes Terminal speichert nun eine Liste von Schlüsselkennungen

(z. B. „Generalschlüssel-3“, „Etagenkellner-7“, „Gästezimmer-517“), die an diesem Terminal zutrittsberechtigt sein sollen. Eine Leitungsverbindung zu einem anderen Terminal oder einem zentralen Rechner ist nicht vorhanden.

Die Information darüber, welche Räume nun mit einem Datenträger betreten werden dürfen, wird hier im Datenträger selbst, in Form der zugehörigen Schlüsselkennungen, in einer Tabelle (z. B. „Gästezimmer-517“, „Sauna“, „Fitnessraum“) gespeichert. Das Terminal vergleicht alle in einem Datenträger gespeicherten Schlüsselkennungen mit den in der eigenen Liste gespeicherten Schlüsselkennungen und gibt den Zutritt frei, sobald eine Übereinstimmung gefunden wurde. Die Programmierung der Transponder erfolgt an einer zentralen *Programmierstation*, etwa an der Reception eines Hotels bei der Ankunft des Gastes. Neben den berechtigten Räumen können die Transponder auch mit der Gültigkeitsdauer programmiert werden, sodass etwa Hotelschlüssel am Abreisetag des Gastes automatisch ungültig werden.

Lediglich bei einem verlorenen Datenträger muss aus jedem betroffenen Terminal mit einem entsprechenden Programmiergerät die entsprechende Schlüsselkennung gelöscht werden.

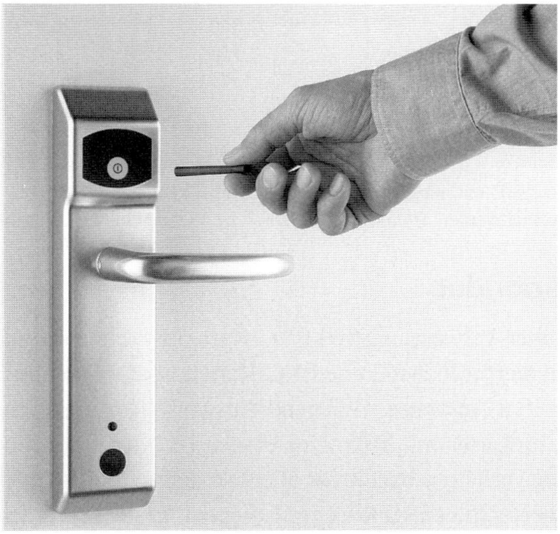

Abb. 13.17 Offline-Terminal in einem Türschild integriert. Durch Vorhalten des berechtigten Transponders wird das Schloss freigegeben. Danach kann durch Drückerbetätigung die Tür geöffnet werden. Das Türterminal kann mit vier 1,5V-Mignon-Batterien über ein Jahr betrieben werden und verfügt sogar über eine Echtzeituhr, um die Gültigkeitsdauer der programmierten Datenträger zu überprüfen. Die Programmierung des Terminals selbst erfolgt durch eine Infrarot-Datenübertragung mit einem portablen Infrarot-Auslesegerät. (Foto: Dialock Türterminal, Häfele GmbH, D-Nagold)

Gegenüber herkömmlichen Schließsystemen mit Schlüssel und Zylinder weisen Offline-Systeme folgende Vorteile auf [koch]:

- Eine frühzeitige Festlegung auf einen Schließplan im üblichen Sinne ist nicht notwendig. Das System wird zunächst auf eine baustellenrelevante Nutzung codiert. Am Tag der Übernahme werden die Türterminals über eine Infrarotschnittstelle auf die betriebsrelevante Nutzung umcodiert, spätere Änderungen und Erweiterungen sind problemlos möglich.

- Die Möglichkeit, Zeitfenster zu programmieren, eröffnet weitere Optionen: Temporäre Mitarbeiter können einen „Dreimonatschlüssel“ erhalten, die Datenträger des Reinigungspersonals werden mit exakten Zeitvorgaben versehen (zum Beispiel montags und freitags von 17,30 bis 20,00 Uhr).
- Ein Schlüsselverlust gestaltet sich vollkommen unproblematisch. Die Daten des verlorenen Schlüssels werden an den Lesestationen gelöscht, ein neuer Schlüssel programmiert und mit den entsprechenden Terminals vertraut gemacht.

Abb. 13.18 Der Hotelsafe mit integriertem Offline-Terminal kann nur durch einen dazu berechtigten Datenträger geöffnet werden. (Foto: Dialock Hotelsafe, Häfele GmbH, D-Nagold)

13.4.3 Transponder

Zutrittskontrolle unter Verwendung von PVC-Karten ist schon seit langer Zeit bekannt. Ursprünglich wurden hierfür lochcodierte PVC-Karten, später dann Infrarotausweise (IR-Barcode), Magnetstreifen-Ausweise, Wiegand-Ausweise (magnetische Metallstreifen) und schließlich auch Chipkarten mit Mikrochip eingesetzt [virnich] [schmidhäusler]. Die Nachteile der genannten Verfahren liegen vor allem in der unkomfortablen Handhabung, da die Karten immer in der richtigen Lage in ein Lesegerät gesteckt werden müssen. Zutrittskontrolle mit kontaktlosen Systemen erlaubt hier eine wesentlich größere Flexibilität:

Die Transponder müssen nur in einem geringen Abstand an der Leseantenne vorbeigeführt werden. Als Bauform für die Ausweise sind kontaktlose Chipkarten, Schlüsselanhänger und sogar Armbanduhren möglich.

Ein großer Vorteil der kontaktlosen Zutrittskontrolle besteht in der Wartungsfreiheit der Lesegeräte, welche durch Staub, Schmutz oder Feuchte nicht beeinflusst werden. Die Antennen können außerdem völlig unsichtbar und vor Vandalismus geschützt „unter Putz“ montiert werden. Für den Einbau in Personenschleusen oder zur Erhöhung des Komforts stehen auch „hands-free“-Lesegeräte zur Verfügung. Die Transponder brauchen dann nicht einmal mehr aus der Tasche oder dem Jacket-Clips genommen werden.

Weitere Anwendungen im Bereich der Zutrittskontrolle sind selektiv arbeitende Katzentore in Haustüren durch die Integration eines Transponders im Katzenhalsband oder der Einsatz von Read-only-Transpondern als unbestechliche Sensoren für das Öffnen bzw. Schließen von Türen und Fenstern [miehling].

13.5 Verkehrssysteme

13.5.1 Eurobalise S21

Europa wächst zusehends zusammen, trotzdem stellt der grenzüberschreitende Verkehr für die Bahnen Europas noch immer eine Hürde dar. Unterschiedliche Signale und Zugsicherungssysteme zwingen die Bahnen zu kostenintensiven Mehrfachausrüstungen auf den Lokomotiven und Triebzügen. Oft ist der zeitaufwändige Austausch des Triebfahrzeuges an der Grenze erforderlich, was auch Wettbewerbsnachteile gegenüber dem Flug- und Individualverkehr mit sich bringt [lehmann].

Die Europäische Union unterstützt deshalb die europäischen Bahnverwaltungen und die Industrie bei der Schaffung eines einheitlichen europäischen Zugsicherungs- und Zugsteuerungssystems, dem *ETCS* (European Train Control System). Das ETCS soll sowohl den interoperablen grenzüberschreitenden Verkehr ermöglichen wie auch die Wettbewerbsfähigkeit der Bahnen durch modernste Zugbeeinflussungstechnik verbessern.

Das ETCS besteht aus vier wesentlichen Systemen:

- EURO-Cab: Eine Fahrzeugeinrichtung, bei der alle angeschlossenen Elemente über ein spezielles ETCS-Bussystem mit dem sicheren Fahrzeugrechner EVC (European Vital Computer) verbunden sind.
- EURO-Radio: Eine GSM-Funkverbindung zwischen den Fahrzeugen und einer streckenseitigen Radiozentrale, dem RBC (Radio Block Center).
- EURO-Loop: Ein System zur linienförmigen Datenübertragung, bei Übertragungslängen bis zu mehreren hundert Metern. Es handelt sich dabei um so genannte Leckkabel, also Koaxialkabel, deren Mantel durch konstruktive Maßnahmen für das elektromagnetische Feld teilweise durchlässig ist. Die Frequenzbereiche dieser Anwendungen liegen zwischen etwa 80 MHz und 1 GHz [ernst]. Mit EURO-Loop werden hauptsächlich Informationen zur Auswertung von punktförmig übertragenen Daten übermittelt.
- *EURO-Balise:* Ein System zur punktförmigen Übertragung von Daten. Je nach Ausführung werden mit der EURO-Balise ortsunabhängige Daten (Ortsmarken, Neigungsprofile, Geschwindigkeitsbegrenzungen) oder signalabhängige Daten von der Strecke auf das Fahrzeug übertragen [lehmann].

Dem Teilsystem *Eurobalise* kommt dabei eine besondere Bedeutung zu, da es zwingende Voraussetzung für die vollständige Einführung des ETCS ist. Im Januar 1995 wurden nach langjährigen Versuchen die technischen Rahmendaten für die EURO-Balise festgelegt. Es handelt sich um ein induktiv gekoppeltes RFID-System mit anharmonischer Rückfrequenz.

Die Energieversorgung zur Balise erfolgt durch ein Triebfahrzeug, mittels induktiver Kopplung auf der ISM-Frequenz 27,115 MHz während der Überfahrt. Die Datenübertragung zum Triebfahrzeug erfolgt auf der Frequenz 4,24 MHz und ist so ausgelegt, dass die Datentelegramme bei einer Geschwindigkeit des Zuges bis zu 500 km/h sicher gelesen werden können.

Abb. 13.19 EURO-Balise im praktischen Einsatz. (Foto: Siemens Verkehrstechnik, Braunschweig)

Tabelle 13.3: Rahmendaten für EURO-Balisen

Kopplung:	induktiv
Energieübertragungsfrequenz, Fahrzeug → Balise:	27,115 MHz
Datenübertragungsfrequenz, Balise → Fahrzeug:	4,24 MHz
Modulationsart:	FSK
Modulationsindex:	1
Datenrate:	565 kbit/s
Telegrammlänge:	1023 oder 341 bit
Nutzdatenumfang:	863 oder 216 bit
Leseabstand:	230 bis 450 mm
Maximaler seitlicher Versatz:	180 mm
Überdeckung mit Schnee, Wasser, Erz:	unkritisch

Durch die Firma Siemens wurden vier verschiedene Balisentypen entwickelt:

- Typ 1 sendet ein fest programmiertes Telegramm.
- Typ 2 sendet ein vom Anwender über die kontaktlose Schnittstelle programmierbares Telegramm. Dies können zum Beispiel Streckendaten wie Neigungs- und Geschwindigkeitsprofile sein.
- Typ 3 sendet ein Telegramm, das durch eine Streckeneinrichtung generiert wird (transparente Balise). Der Schwerpunkt des Typs 3 wird der Einsatz als signalabhängige Balise sein.
- Typ 4 ermöglicht es sogar, während der Überfahrt vom Fahrzeug Daten zu übernehmen.

Abb. 13.20 Montage einer Leseantenne für EURO-Balise an einem Triebfahrzeug. (Foto: Siemens Verkehrstechnik, Braunschweig)

13.5.2 Internationaler Containerverkehr

Container im internationalen Güterverkehr werden seit Ende der 60er Jahre durch die in der internationalen Norm ISO 6346 festgelegte alphanumerische Kennzeichnung identifiziert. Diese Kennzeichnung besteht aus vier Buchstaben, dem Eigentümercode, einer sechsstelligen numerischen Seriennummer sowie einer Prüfziffer und wird an festgelegten Positionen außen am Container aufgemalt:

ABZU 001 2343

Abb. 13.21 Containerkennzeichnung, bestehend aus dem Eigentümercode, der Seriennummer und einer Prüfziffer (weiß auf schwarz).

Fast alle der weltweit 7 Millionen Container sind nach dieser Norm gekennzeichnet und haben somit eine eigene, unverwechselbare Identität. Das manuelle Notieren und Eingeben der Containerkennzeichnung in den Computer eines Umschlagplatzes ist jedoch extrem fehleranfällig. So werden bis zu 30% der Kennzeichnungen erst einmal falsch eingegeben. Eine Abhilfe schafft hier die automatische Datenübertragung durch das Auslesen eines Transponders, der am Container befestigt wird. Als Grundlage für den weltweiten Einsatz dieser Technologie wurde bereits 1991 die internationale Norm ISO 10374 geschaffen.

Als Ansprechfrequenzen für die Transponder werden die Bänder 888 bis 889 MHz sowie 902 bis 928 MHz (Nordamerika) und 2,4 bis 2,5 GHz (Europa) eingesetzt. Die Transponder müssen auf alle drei der eingesetzten Frequenzbereiche ansprechen. Zur Datenübertragung vom Container zum Lesegerät wird Backscatter-Modulation (modulierter Rückstrahlquerschnitt) mit einem FSK-modulierten Hilfsträger eingesetzt. Die Hilfsträgerfrequenzen betragen 20 kHz und 40 kHz. Insgesamt werden 128 bit (16 Byte) innerhalb von nur 2 ms übertragen.

Das Signal des Lesegerätes wird nicht moduliert (Read-only-Transponder). Die maximale Leseentfernung wurde mit 13 m festgelegt.

Folgende Informationen können nach ISO 10374 im Transponder abgelegt werden:

- Eigentümercode, Seriennummer und Prüfziffer;
- Containerlänge, Höhe und Breite;
- Containerbauart, also Koffer-Container, Tank-Container, open Top-Container und andere;
- Gesamtgewicht und Leergewicht.

Zur Spannungsversorgung des elektronischen Datenträgers im Transponder dient eine Batterie (aktive Transponder). Die Lebensdauer der Batterie entspricht dabei der Lebensdauer des Containers selbst, also etwa 10 bis 15 Jahre.

Die selbe Technologie wird auch zur Identifizierung von Güterwagen im nordamerikanischen und europäischen Eisenbahnverkehr eingesetzt. Für die automatische Identifikation von europäischen Wechselbehältern ist bereits eine eigene europäische Norm in Vorbereitung [seidelmann].

13.6 Tieridentifikation

13.6.1 Rinderhaltung

Elektronische Kennzeichnungssysteme werden in der Rinderhaltung schon seit nahezu 20 Jahren eingesetzt [kern-97] und zählen in Europa inzwischen zum Stand der Technik. Neben der innerbetrieblichen Anwendung zur automatischen Futterzuteilung und Leistungserfassung ist ein weiterer Einsatzbereich zur betriebsübergreifenden Kennzeichnung, zur Seuchen- und Qualitätskontrolle sowie zur Herkunftssicherung der Tiere im Entstehen begriffen. Die dazu notwendigen einheitlichen Datenübertragungs- und Codierungsverfahren werden durch die 1996 fertiggestellten ISO-Normen 11784 und 11785 zur Verfügung gestellt (siehe Kap. 9.1 „Tieridentifikation“, S. 233). Als Frequenz wurden 134,2 kHz definiert, wobei sowohl FDX-, als auch SEQ-Transponder vorgesehen sind.

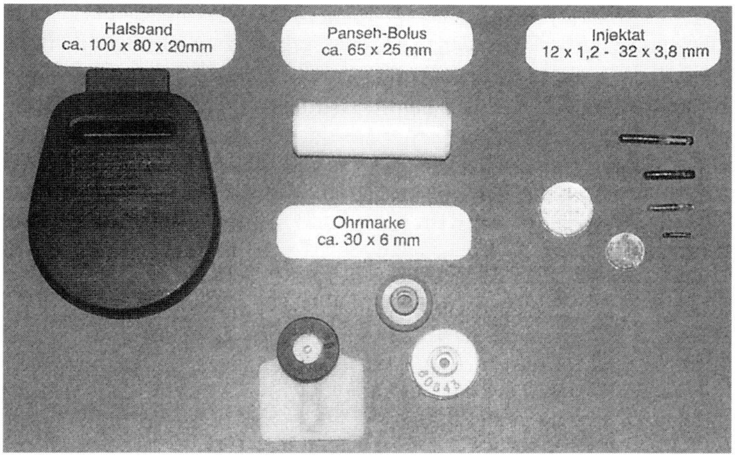

Abb. 13.22 Größenvergleich verschiedener Varianten zur elektronischen Tierkennzeichnung: (v.l.n.r.) Halsbandtransponder, Bolus, Ohrmarken mit Transponder, injizierbare Transponder. (Foto: Landtechnischer Verein in Bayern e. V., Dr. Georg Wendl, Michael Klindtworth, Freising)

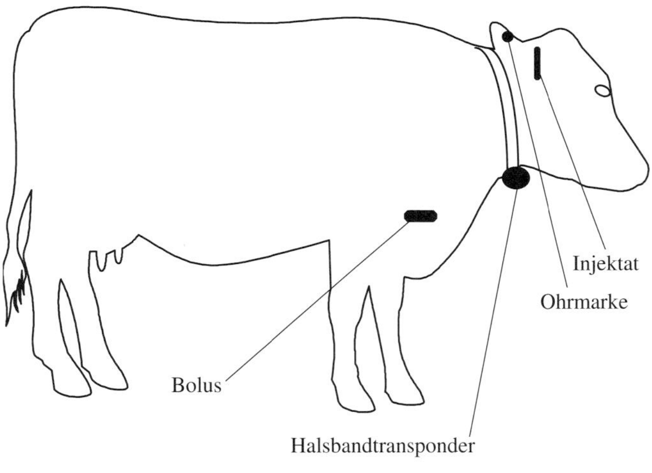

Abb. 13.23 Die Möglichkeiten der Transponderanbringung an einem Rind.

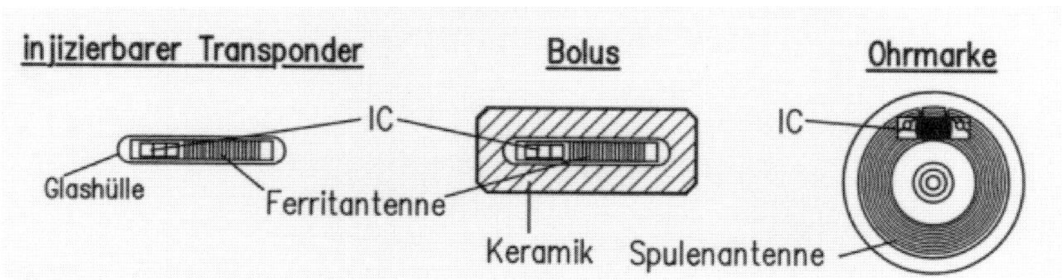

Abb. 13.24 Schnittbilder verschiedener Transponderbauformen für Tieridentifikation. (Foto: Landtechnischer Verein in Bayern e. V., Dr. Georg Wendl, Michael Klindtworth, Freising)

Bei der Art der Transponderanbringung werden vier grundsätzliche Verfahren unterschieden: Halsband- und Ohrmarkentransponder, injizierbare Transponder und die so genannten Boli.

Halsbandtransponder können sehr leicht von einem Tier auf ein anderes gewechselt werden. Dies erlaubt ausschließlich die innerbetriebliche Verwendung dieser Systeme. Anwendungen hierfür sind die automatische Fütterung im Laufstall sowie Milchmengenmessungen.

Ohrmarken mit RFID-Transpondern konkurrieren mit den wesentlich preisgünstigeren Barcode-Ohrmarken. Letztere eignen sich jedoch nicht für eine vollständige Automation, da die Barcode-Ohrmarken bis auf wenige cm an ein Handlesegerät herangeführt werden müssen, um die Tiere zu identifizieren. RFID-Ohrmarken hingegen können auf bis zu 1 m Distanz ausgelesen werden.

Injizierbare Transponder werden erst seit etwa 10 Jahren eingesetzt. Dabei werden die Transponder mit einem Spezialwerkzeug unter der Haut des Tieres platziert. Zwischen dem Tierkörper und dem Transponder wird dadurch eine feste Verbindung hergestellt, die nur durch einen operativen Eingriff gelöst werden kann. Die erlaubt die Verwendung von Implantaten auch im außerbetrieblichen Einsatz, etwa zur Herkunfts- und Seuchenkontrolle.

Als Implantat werden Glastransponder mit 10, 20 oder 30 mm Länge verwendet. Die Transponder werden in einer sterilen Verpackung oder mit einem paströsen Desinfektionsmittel versehen ausgeliefert. Die Abmessungen der Glastransponder sind erstaunlich gering, enthalten sie doch eine auf ein Ferritstäbchen gewickelte Spule und den Chip. Eine typische Bauform ist 23,1 mm x 3,85 mm [ti-96].

Für die Durchführung der Injektion werden verschiedene Bestecke und *Injektionsnadeln* angeboten:

„Single-shot"-Geräte verwenden geschlossene Hohlnadeln („O"-Form), die jeweils einzeln zu laden sind. Auch transpondergefüllte Einwegnadeln in steriler Verpackung werden angeboten. Die Hohlnadeln sind an der abgeschrägten Spitze geschärft, sodass die Haut des Tieres beim Ansetzen der Nadel angeritzt wird. Der stumpfe Oberteil der Nadelspitze drückt den angeschnittenen Hautlappen zur Seite, sodass die Einstichstelle nach dem Herausziehen der Nadel wieder abgedeckt wird und schnell heilen kann [kern-94].

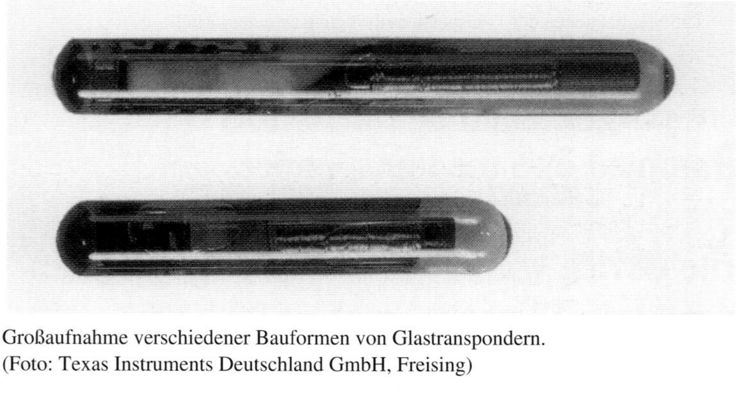

Abb. 13.25 Großaufnahme verschiedener Bauformen von Glastranspondern. (Foto: Texas Instruments Deutschland GmbH, Freising)

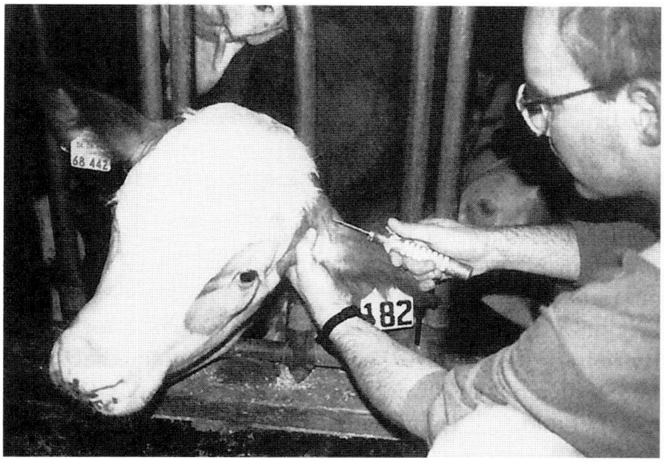

Abb. 13.26 Injektion eines Transponders unter dem Dreiecksknorpel (Scutulum) beim Rind. (Foto: Landtechnischer Verein in Bayern e. V., Dr. Georg Wendl, Michael Klindtworth, Freising)

Die „Multi-shot"-Geräte besitzen ein Magazin für mehrere Transponder, sodass der Einlegevorgang entfallen kann. Für diese Geräte werden offene Hohlnadeln („U"-Form) verwendet, da sich diese leichter reinigen, desinfizieren und kontrollieren lassen als die geschlossenen Hohlnadeln und deshalb mehrfach verwendet werden.

Die Injektion bereitet dem Tier kaum Schmerzen und kann auch vom geübten Laien durchgeführt werden. Auf hygienisches Vorgehen bei der Injektion sollte jedoch Wert gelegt werden, um das sichere Einheilen der Transponder nicht zu gefährden.

Abb. 13.27 Identifizierung und automatische Erfassung der Milchmenge bei Kühen im Melkstand. (Foto: Landtechnischer Verein in Bayern e. V., Dr. Georg Wendl, Michael Klindtworth, Freising)

Ein injizierter Transponder stellt jedoch einen Fremdkörper im Gewebe des Tieres dar. Dies kann zu Problemen bei der Ortsstabilität des Transponders im Tierkörper und damit zu Leseproblemen führen. So kennt man von Kriegsverletzten den Effekt, dass Granatsplitter im Laufe des Menschenlebens oft mehrere Dezimeter durch den Körper „wandern". Auch ein injizierter Transponder kann sich auf „Wanderschaft" begeben. Um das Problem zu lösen, werden von der Bayerischen Landesanstalt für Landtechnik in Weihenstephan, als Zweigstelle der Technischen Universität in München, seit 1989 intensive Untersuchungen für verschiedene Injektionsorte durchgeführt [kern-94]. Als Ergebnis dieser Studien wird heute eine Injektion unter dem *Dreiecksknorpel* (*Scutulum*) über dem Ansatz des rechten Ohres, mit einer Einstechrichtung zum Hinterhauptsbein, favorisiert. Diese Stelle ist nach Ergebnissen der Landesanstalt auch zur Messung der Körpertemperatur des Tieres geeignet.

Eine sehr interessante Art der Transponderanbringung stellt auch der so genannte *Bolus* dar. Dabei handelt es sich um einen Transponder, der in einem säurebeständigen, zylindrischen Gehäuse untergebracht ist, etwa aus Keramik. Der Bolus wird mit einer Sonde über den Schlund des Tieres in dem bei allen Wiederkäuern vorhandenen Vormagentrakt, dem Pansen, abgelegt. Unter normalen Umständen verbleibt der Bolus während der gesamten Lebensdauer des Tieres im Magen. Ein besonderer Vorteil dieser Methode ist die einfache und vor allem verletzungsfreie Einführung des Transponders in den Körper des Tieres. Auch die Entsorgung der Boli im Schlachthof gestaltet sich einfacher als Auffindung und Entnahme injizierter Transponder [kern-97].

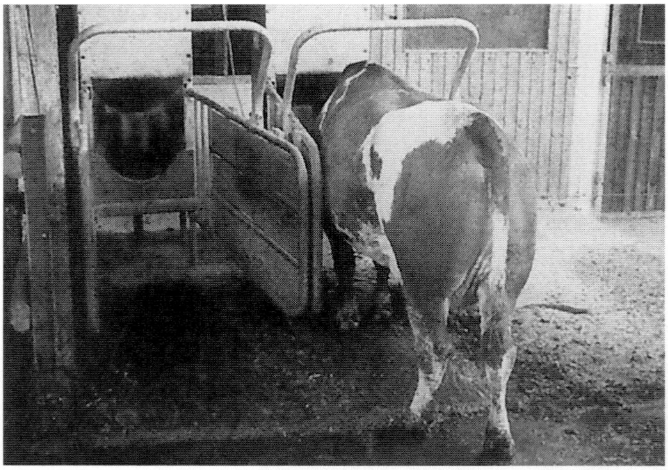

Abb. 13.28 Leistungsangepasste Dosierung von Kraftfutter an einer Abrufstation für Milchkühe. In der Abbildung wird die Kuh anhand des am Hals getragenen Transponders identifiziert.
(Foto: Landtechnischer Verein in Bayern e. V., Dr. Georg Wendl, Michael Klindtworth, Freising)

Es zeigt sich, dass Injektat und Bolus die einzigen fälschungssicheren Kennzeichnungsmöglichkeiten in der Tierhaltung darstellen. Ein genauer Vergleich beider Systeme [kern-97] zeigt, dass Boli besonders für den Einsatz in der extensiven Rinderhaltung, wie sie etwa in Australien oder Südamerika betrieben wird, geeignet ist. Bei der intensiven Rinderhaltung, wie sie vor allem in Mitteleuropa betrieben wird, scheinen beide Systeme geeignet. Inwieweit sich hier jedoch Bolus, Injektat oder aber auch RFID-Ohrmarken als betriebsübergreifendes Kennzeichnungsmittel durchsetzen werden, bleibt noch abzuwarten.

Weiterführende Literatur zu diesem Kapitel: [klindtworth], [kern-dis97], [geers].

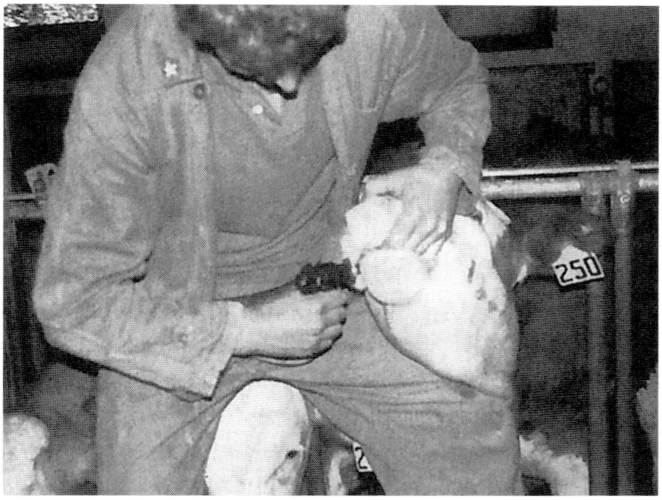

Abb. 13.29 Orale Applikation eines Bolus-Transponders.
(Foto: Landtechnischer Verein in Bayern e. V., Dr. Georg Wendl, Michael Klindtworth, Freising)

Abb. 13.30 Anwendungsbeispiel der automatisierten Tiererkennung in der Praxis: Artgerechte Gruppenhaltung von Kälbern erfordert häufig viel Zeit und Mühe beim Tränken. Hier übernimmt ein Automat diese Aufgabe: Die Tiere können mit Hilfe der Tieridentifizierung eine individuell einstellbare Milchmenge in mehreren kleinen Portionen abrufen.
(Foto: Landtechnischer Verein in Bayern e. V., Dr. Georg Wendl, Michael Klindtworth, Freising)

13.6.2 Brieftauben-Preisflug

Ein wesentlicher Bestandteil der Brieftaubenzucht ist die Teilnahme an Preisflügen. Hierbei werden Hunderte von Tauben zur selben Zeit von einem gemeinsamen Ort, in großer Entfernung zur Heimat, gestartet. Das wichtigste Erfolgskriterium ist die Zeit, die eine Taube benötigt, um vom Start in den heimatlichen Schlag zurückzukehren. Ein Problem stellte hierbei die zuverlässige Ermittlung der Ankunftszeit (= Konstatieren) dar, da die Zeiten bisher von Züchtern mit einer mechanischen Konstatieruhr selbst genommen wurden.

Um das Problem der Zeitnahme zu lösen, werden die Tauben mit Ringen ausgestattet, die einen Read-only-Transponder, auf Grundlage eines Glastransponders, enthalten. Beim Verladen auf den Transporter, der die Tauben an den Auflassort transportiert, werden die Seriennummern der Transponder ausgelesen, um die Tiere zur Teilnahme am Preisflug zu registrieren. Kommt die Taube schließlich vom Preisflug zurück, so wird beim Einsprung in den Schlag von einem Lesegerät am Einflug die Seriennummer ausgelesen und zusammen mit der genauen Ankunftszeit in einem portablen Bediengerät gespeichert. Die Auswertung der Flüge erfolgt durch das Auslesen der Bediengeräte in der Einsatzstelle.

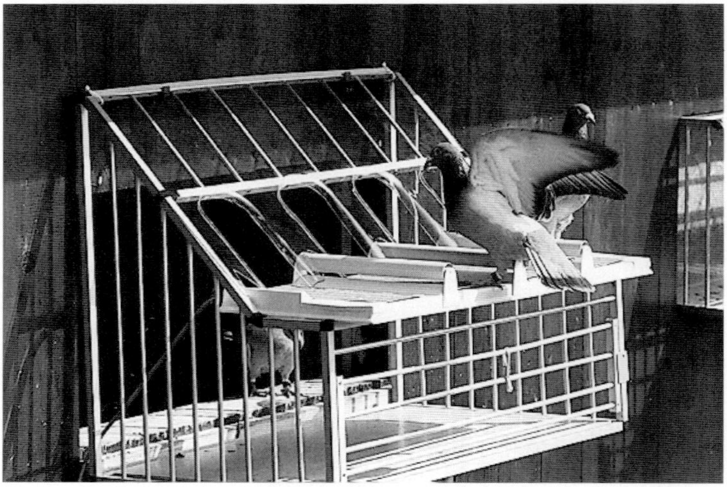

Abb. 13.31 Taube beim Anflug auf den heimatlichen Schlag. Beim Einsprung wird der Transponder im Taubenring ausgelesen.
(Foto: LEGIC®-Anwendung, Kaba Security Locking Systems AG, CH-Wetzikon)

Bei der Einführung dieses Systems wurde allerdings der Erfindungsgeist der Züchter stark unterschätzt. Es dauerte nicht lange, bis einige Züchter in der Lage waren, den Transpondercode des *Taubenrings* nicht nur auszulesen, sondern diesen auch mit einem Simulationsgerät dem Lesegerät am Schlag zu Hause vorzutäuschen. Der technische Aufwand hierzu war nicht allzu groß, es musste ja nur ein einfachster Read-only-Transponder nachgebaut werden, dessen „Seriennummer" über externe DIP-Schalter verändert werden konnte. Auf diese Weise konnte mancher Züchter die „Fluggeschwindigkeit" seiner Champions erheblich beschleunigen.

Eine wirkungsvolle Maßnahme gegen derartige Betrugsversuche ist die Einführung eines zusätzlichen, beschreibbaren EEPROM-Speichers im Transponder. Die Speichergröße beträgt dabei lediglich 1 Byte, um Chipfläche und Schaltungsaufwand gering zu halten. Vor dem Start der Tauben wird dieses Byte im Transponder von der Einsatzstelle mit einer vorher ermittelten geheimen Zufallszahl beschrieben, wobei sich 28 = 256 Möglichkeiten ergeben. Entscheidend bei der Durchführung des Wettbewerbs ist hierbei, dass der Züchter nach der Programmierung des Transponders während des Abtransports zum Auflassort keinen Zugriff mehr auf sein Tier erhält. Das Auslesen der geheimen Zufallszahl wird somit verhindert. Beim Eintreffen der Taube am heimatlichen Schlag erfolgt die elektronische Konstatierung. Dabei wird die Uhrzeit zusammen mit dem Transpondercode und der geheimen *Zufallszahl* abgespeichert. Bei der Auswertung der Aufzeichnungen in der Einsatzstelle wird nun die beim Einsprung ausgelesene Zufallszahl mit der beim Start einprogrammierten Zahl verglichen. Die gemessenen Zeiten sind nur dann gültig, wenn beide Zahlen identisch sind, andernfalls muss von einem Betrugsversuch ausgegangen werden.

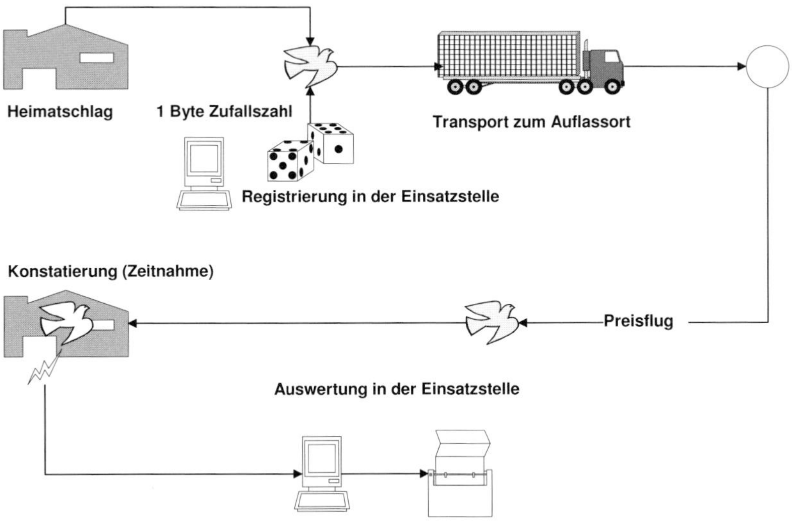

Abb. 13.32 Das Erzeugen einer Zufallszahl, die vor dem Start in den Transponder geschrieben wird, schützt vor Betrugsversuchen.

Das beschriebene Verfahren reicht offensichtlich aus, um Betrugsversuche erfolgreich zu verhindern. Bei 256 Möglichkeiten für die Zufallszahl beträgt die Wahrscheinlichkeit, diese durch einen einzelnen Versuch zufällig richtig zu erraten, lediglich 0,4%.

Um Gewicht und Abmessungen der Taubentransponder gering zu halten, verwendet man hierzu kleine Glastransponder, welche in einen Kunststoffring eingegossen werden. Diese Kunststoffringe können am Bein der Taube befestigt werden, ohne das Tier zu stören oder zu behindern.

Abb. 13.33 Typische Antenne eines elektronischen Konstatiersystems. Auch der Transponder am linken Bein der Taube ist deutlich zu erkennen. (Foto: Deister Electronik, Barsinghausen)

13.7 Elektronische Wegfahrsperre

Mit dem starken Anstieg der *Kfz-Diebstähle* Anfang der 90er Jahre stieg auch der Bedarf an wirksamen Diebstahlsicherungssystemen. Bereits seit Jahren auf dem Markt eingeführt waren die batteriebetriebenen Fernsteuerungen mit Reichweiten von 5 bis 20 Metern. Dabei handelt es sich um kleine Infrarot- oder RF-Sender auf der UHF-Frequenz 433,92 MHz, die primär zum Ansteuern der Zentralverriegelung und einer damit gekoppelten Alarmanlage eingesetzt werden. Zusätzlich könnte auch eine (elektrische) Wegfahrsperre an die Fernsteuerfunktion gekoppelt sein. Bei dieser Art von Diebstahlsicherung kann jedoch weiterhin das mechanische Schloss verwendet werden, um – etwa bei einem Ausfall der Fernbedienung durch Versagen der Batterie im Sender – auch weiterhin Zugang zum Fahrzeug zu erhalten. Dies ist die größte Schwachstelle derartiger Systeme, da die Echtheit des mechanischen Schlüssels nicht überprüft werden kann. Damit gesicherte Fahrzeuge können deshalb mit geeignetem Werkzeug (z. B. Nachschlüssel) unbefugt geöffnet und auch gestartet werden.

Seit Mitte der 90er Jahre ist mit der Transpondertechnologie eine Lösung verfügbar, mit der auch die Authentizität, also die Echtheit eines Schlüssels überprüft werden kann. Diese Lösung hat sich als ideal herausgestellt zur Realisierung der Funktion „elektronische Wegfahrsperre am Zündschloss". Heute wird die Transpondertechnologie meist mit der vorgenannten Fernsteuerung kombiniert: Die Fernbedienung steuert Zentralverriegelung und Alarmanlage des Fahrzeuges, die Transpondertechnologie übernimmt die Aufgabe der Wegfahrsperre.

13.7.1 Funktionsweise der Wegfahrsperre

Der Grundgedanke der *elektronischen Wegfahrsperre* ist die Kombination des mechanischen Zündschlüssels mit einem Transponder. Dabei werden Miniaturtransponder mit Ferritantenne direkt in den Schlüsselknauf eingearbeitet (siehe Abbildung 13.34).

Die Antenne des Lesegerätes ist so im *Zündschloss* integriert, dass sich bei eingestecktem Zündschlüssel eine optimale (induktive) Kopplung zwischen Leserantenne und Transponderspule ergibt. Der Transponder wird durch die induktive Kopplung mit Energie gespeist und ist somit vollkommen wartungsfrei. Die Sendefrequenz elektronischer Wegfahrsperren liegt typischerweise im LF-Bereich 100 ... 135 kHz. Als Modulationsverfahren für die Datenübertragung zum Transponder wird ASK-Modulation bevorzugt, da Lesegeräte und Transponder damit sehr kostengünstig konstruiert werden können [doerfler]. Zur Datenübertragung vom Transponder zum Leser wird ausschließlich Lastmodulation verwendet.

Beim Umdrehen des Zündschlüssels im Zündschloss, um das Fahrzeug zu starten, wird das Lesegerät aktiviert und ein Datenaustausch mit dem Transponder im Zündschlüssel durchgeführt. Um die Authentizität des Schlüssels zu überprüfen, werden drei Verfahren eingesetzt:

Abb. 13.34 Zündschlüssel mit integriertem Transponder. (Foto: Philips Semiconductors, Hamburg)

- Überprüfung einer **individuellen Seriennummer:**
  Fast alle Transpondersysteme stellen eine einfache individuelle *Seriennummer* (*unique number*) im Transponder zur Verfügung. Bei der Anzahl der üblicherweise verwendeten Binärstellen sind deutlich mehr verschiedene Codierungen verfügbar, als in absehbarer Zeit weltweit Autos produziert werden (232 = 4,3 Mrd., 248 = 2,8·1014, ...). Sehr einfache Systeme (Wegfahrsperre „1. Generation") lesen die Seriennummer des Transponders aus und vergleichen diese mit einer im Lesegerät gespeicherten Referenznummer. Sind beide Nummern identisch, wird die Motorelektronik freigegeben. Problematisch ist jedoch die ungeschützte Lesbarkeit der Transponderseriennummer, da diese von einem Angreifer theoretisch ausgelesen und auf einen Spezialtransponder mit beschreibbarer

Seriennummer kopiert werden könnte.

- **Wechselcodeverfahren** (Rolling Code):
  Bei jeder Betätigung des Schlüssels wird eine neue Zahl in den Speicher des Zündschlüssel-Transponders geschrieben. Diese Zahl wird mit einem Pseudo-Zufallsgenerator im Kfz-Lesegerät erzeugt. Ein Duplizieren des Transponders ist daher nicht mehr möglich. Werden mehrere Schlüssel bei einem Fahrzeug verwendet, so durchläuft jeder Schlüssel eine eigene Pseudozufallsfolge.

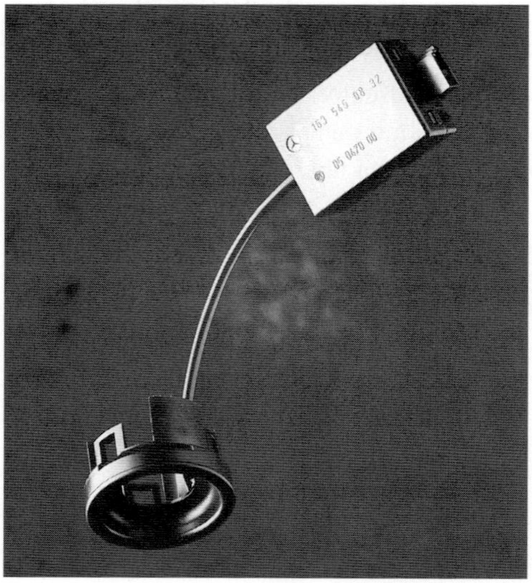

Abb. 13.35 Die Antenne der elektronischen Wegfahrsperre wird direkt in das Zündschloss integriert. (Foto: Deister Electronik, Barsinghausen)

- **Kryptologische Verfahren** (Authentifizierung) mit festen Schlüsseln:
  Eine vielfach höhere Sicherheit bietet die Anwendung kryptologischer Verfahren (Wegfahrsperre „2. Generation"). Bei der *Authentifizierung* (challenge response) wird die Kenntnis eines geheimen (binären) Schlüssels überprüft, ohne diesen selbst zu übertragen (siehe hierzu Kap. 8.1 „Gegenseitige symmetrische Authentifizierung", S. 225). Bei der Kfz-Anwendung genügt jedoch schon eine einseitige Authentifizierung des Schlüssel-Transponders gegenüber dem Lesegerät im Zündschloss.

Das RFID-Lesegerät kommuniziert nun, ebenfalls geschützt durch kryptologische Verfahren, mit der *Motorelektronik* des Fahrzeugs. Durch die Motorelektronik werden alle betriebswichtigen Fahrzeugfunktionen kontrolliert, insbesondere Zündanlage und Kraftstoffversorgung. Einfaches Kurzschließen oder Durchtrennen einzelner Kabel und Leitungen reicht also nicht mehr aus, um eine elektronische Wegfahrsperre zu umgehen. Auch der Versuch, der Motorelektronik durch Anstecken eines anderen, baugleichen RFID-Lesegerätes den Besitz eines berechtigten Zündschlüssels vorzutäuschen, scheitert zwangsläufig an dem Authentifizierungsverfahren zwischen Lesegerät und Motorelektronik. Nur das fahrzeugeigene Lesegerät ist im Besitz des passenden (binären) Schlüssels, um eine erfolgreiche Authentifizierung mit der Motorelektronik abzuwickeln.

Der Einbau derartiger in das Motormanagement eingreifender elektronischer Wegfahrsperren erfolgt ausschließlich werkseitig durch den Kfz-Hersteller, wodurch ein optimales Zusammenwirken von Motorsteuerung und Sicherungseinrichtung gewährleistet wird. Die Programmierung der individuellen Schlüsseldaten geschieht im Werk mittels laserprogrammierbarer Sicherungen auf dem Chip oder durch Beschreiben eines OTP-EEPROM. Der Kfz-Hersteller ist auch dafür verantwortlich, die unrechtmäßige Beschaffung der von einem Dieb benötigten Austauschteile mit angemessenen Sicherheitsmechanismen zu verhindern [wolff]. Seit Anfang 1995 sind elektronische Wegfahrsperren in allen Neuwagen – von wenigen Ausnahmen abgesehen – serienmäßig ab Werk vorhanden [anselm96].

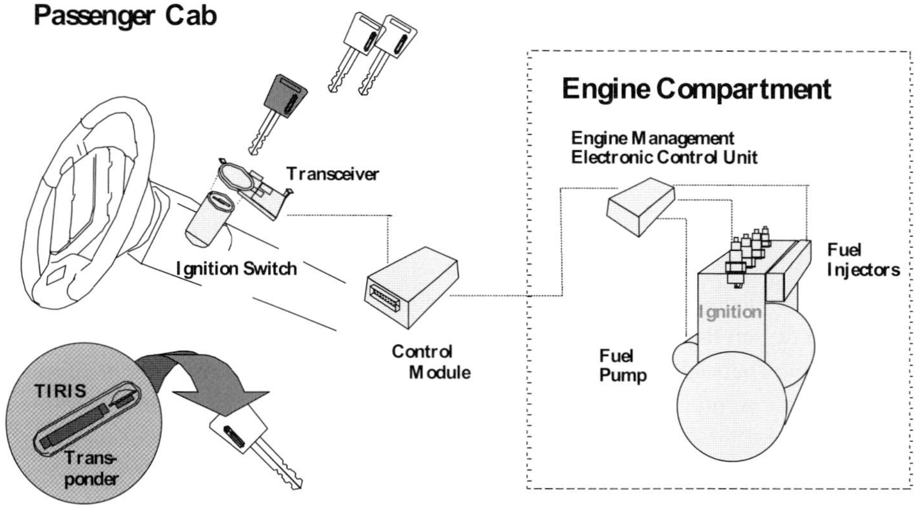

Abb. 13.36 Funktionsgruppen einer elektronischen Wegfahrsperre. Das RFID-Lesegerät authentifiziert sich gegenüber der Motorelektronik, um Manipulationen am Lesegerät auszuschließen. Die Motorelektronik wirkt auf Zündung, Kraftstoff und Anlasser und kann damit alle lebenswichtigen Funktionen des Fahrzeuges blockieren.
(Grafik: Josef Schuermann, Texas Instruments Deutschland GmbH, Freising)

13.7.2 Kurze Erfolgsgeschichte

In den Jahren nach 1989 begann die Zahl der Kfz-Diebstähle in ungewöhnlichem Maße zu steigen. Ausgehend von 48 514 Diebstählen im Jahre 1988 waren es 1993, nur fünf Jahre später, 144 057 Diebstähle, also fast das Dreifache. Dies veranlasste das Bundesaufsichtsamt für das Versicherungswesen bereits Anfang 1993 zu einer Änderung der Allgemeinen Versicherungsbedingungen für die Kraftfahrtversicherung (AKB).

Nach den alten Bedingungen konnte der kaskoversicherte Versicherungsnehmer bei einem Diebstahl seines Fahrzeugs unter bestimmten Voraussetzungen den vollen Preis für einen Neuwagen beanspruchen, obgleich der Wiederbeschaffungswert des gestohlenen Fahrzeugs und damit auch der eingetretene Schaden wesentlich geringer war [Wolff]. So liegt der Wert eines Fahrzeugs schon nach wenigen Monaten weit unter dem Preis eines Neuwagens.

Erstattet wird nach den neuen Bestimmungen bei Verlust (Unfall, Diebstahl, ...) grundsätzlich nur der Wiederbeschaffungswert, also der tatsächliche Marktwert des Fahrzeugs. Bei einem Verlust durch Diebstahl ist eine zusätzliche Leistungskürzung vorgesehen, die jedoch entfallen kann, wenn das Fahrzeug mit einer qualifizierten Diebstahlsicherung ausgerüstet ist [Wolff]. Das Eigeninteresse der Fahrzeugbesitzer an wirksamen Diebstahlschutzeinrichtungen wurde durch die neuen Versicherungsbestimmungen deutlich gesteigert.

Die Wirksamkeit der elektronischen Wegfahrsperre zeigt sich eindrucksvoll an der nunmehr rückläufigen Zahl der Kfz-Diebstähle. Bereits 1994 zeichnete sich gegenüber der Rekordzahl aus dem Jahre 1993 (s. o.) ein leichter Rückgang um ca. 2 000 auf 142 113 Diebstähle ab. Zwei Jahre später – 1996 – wurden schließlich noch 110 764 Diebstähle gemeldet. Dies entspricht einem Rückgang von 22% innerhalb von nur 2 Jahren.

Hinzu kommt, dass seit 1995 elektronische Wegfahrsperren in allen Neuwagen – von wenigen Ausnahmen abgesehen – serienmäßig ab Werk vorhanden sind. Betrachtet man die derart gesicherten Fahrzeuge alleine, so ist sogar eine Reduzierung der Diebstahlsrate um den Faktor 40 (!) zu verzeichnen.

Interessant in diesem Zusammenhang sind Untersuchungen der Versicherungsunternehmen zu Kfz-Diebstählen trotz eingebauter elektronischer Wegfahrsperre [anselm95] [anselm96] [caspers]:

Von 147 gestohlenen Fahrzeugen im Jahre 1996 wurden 70% mit dem Originalschlüssel entwendet, in dessen Besitz die Täter durch Einbrüche in Wohnungen, Autohäuser und Werkstätten, bei Diebstählen aus Büros, Taschen und Umkleideschränken oder durch betrügerisches Anmieten und Unterschlagen von Miet- oder Vorführwagen gekommen waren. Bei den restlichen 30% verschwanden die Fahrzeuge unter Umständen, die ein Mitwirken des Eigentümers wahrscheinlich erscheinen lassen (ohne dass dies im Einzelfall nachzuweisen gewesen wäre), oder die Fahrzeuge wurden von Profis auf LKWs verladen und abtransportiert.

In keinem einzigen Fall seit 1995 wurde die elektronische Wegfahrsperre durch einen Dieb „geknackt" oder überwunden.

13.7.3 Zukunftsaussichten

Die nächste Generation der Wegfahrsperren wird zusätzlich ein passives, kryptologisch gesichertes Zutrittsystem beinhalten. Hierzu wird auch an den Türen des Fahrzeuges jeweils ein Lesegerät angebracht sein. Bei sequentiellen Systemen (TIRIS®) kann zusätzlich ein Remote-Bereich realisiert werden, innerhalb dessen der Transponder aus einer Batterie versorgt wird, um so über eine größere Entfernung die Zentralverriegelung des Fahrzeuges zu betätigen. Dies entspricht funktionell der Kombination der heute bekannten Wegfahrsperre mit einem Fernsteuergeber für die Zentralverriegelung, auf einem Transponder.

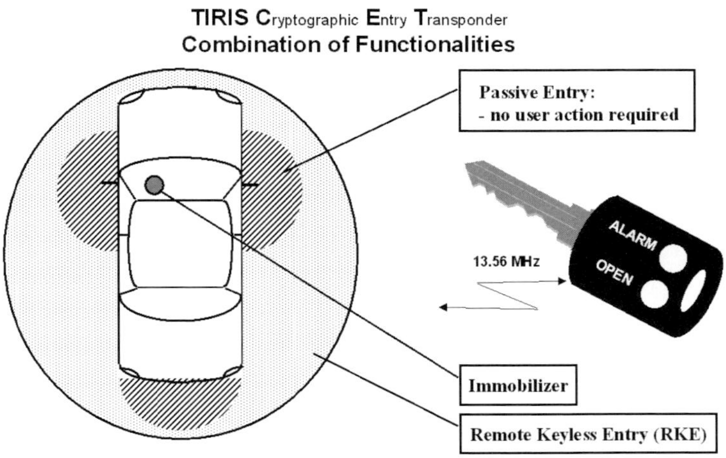

Abb. 13.37 Elektronische Wegfahrsperre und Türschliesssystem sind in einem Transponder im Zündschlüssel integriert. Im Zündschloss und im Nahbereich der Türen (passive Entry) wird der Transponder durch induktive Kopplung mit Energie versorgt. In größerem Abstand (remote keyless entry) wird der Transponder durch Tasterbetätigung („OPEN") aus einer Batterie (Knopfzelle im Schlüsselknauf) mit Betriebsspannung versorgt.
(Grafik: Josef Schuermann, Texas Instruments Deutschland GmbH, Freising)

13.8 Behälteridentifikation

13.8.1 Gasflaschen und Chemikalienbehälter

Gase und Chemikalien werden in hochwertigen Leihbehältern transportiert. Eine Verwechslung dieser Behälter kann sowohl bei der Wiederbefüllung als auch beim Einsatz der Stoffe fatale Folgen haben. Neben produktspezifischen Anschlusssystemen kann eine deutliche Beschriftung dabei helfen, Verwechslungen zu vermeiden. Eine maschinenlesbare Kennzeichnung bringt zusätzliche Sicherheit [braunkohle]. Ein großer Teil der heute ausgelieferten Behälter wird deshalb durch Barcodes gekennzeichnet. Die Zuverlässigkeit des weit verbreiteten Barcodes ist im rauen Industrieeinsatz jedoch nicht ausreichend, die Lebensdauer zu kurz und damit die Wartung zu teuer.

Transponder verfügen über eine weitaus höhere Speicherkapazität als gängige Barcodes. Somit können hier neben der einfachen Flaschennummer weitere Daten wie Eigentümer, TÜV-Termin, Inhalt, Volumen, maximaler Fülldruck und Analysedaten abgelegt werden. Die Transponderdaten lassen sich außerdem beliebig ändern, wobei Sicherheitsmechanismen (Authentifizierung) den unbefugten Schreib- oder Lesezugriff auf die gespeicherten Daten verhindern können.

Die verwendeten Transponder sind induktiv gekoppelt und arbeiten im Frequenzbereich < 135 kHz. Zur Abschirmung gegen die *Metalloberfläche* des Behälters wird die Transponderspule in einen Ferrit-Schalenkern gesetzt (siehe dazu auch „Physikalische Grundlagen – Ferritabschirmung in metallischer Umgebung").

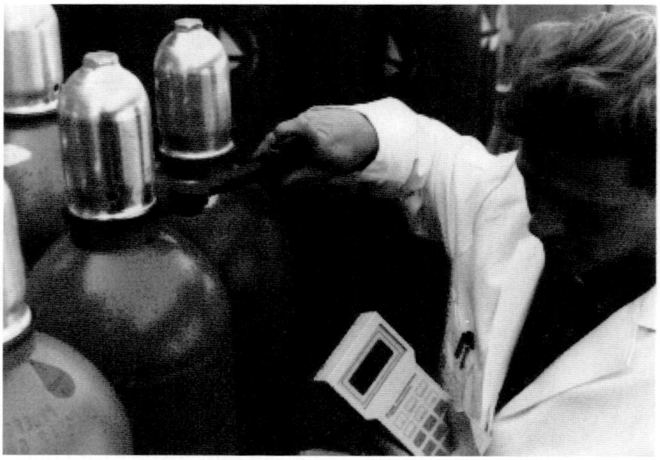

Abb. 13.38 Identifikation von Gasflaschen mit einem portablen Lesegerät. Das Lesegerät (scemtec SIH3) ist zum Betrieb mit Transpondern verschiedener Hersteller ausgelegt. (Foto: Philips Semiconductors Gratkorn, A-Gratkorn)

An die Herstellung der verwendeten Transponder werden hohe Anforderungen gestellt: Die Transponder sind für einen erweiterten Temperaturbereich von minus 40°C bis plus 120°C ausgelegt, die Bauhöhe beträgt nur 3 mm. Feuchtigkeit, Stöße, Vibrationen, Schmutz, Strahlen und Säure sind weitere Umweltanforderungen, denen die Transponder gewachsen sein müssen [bührlen].

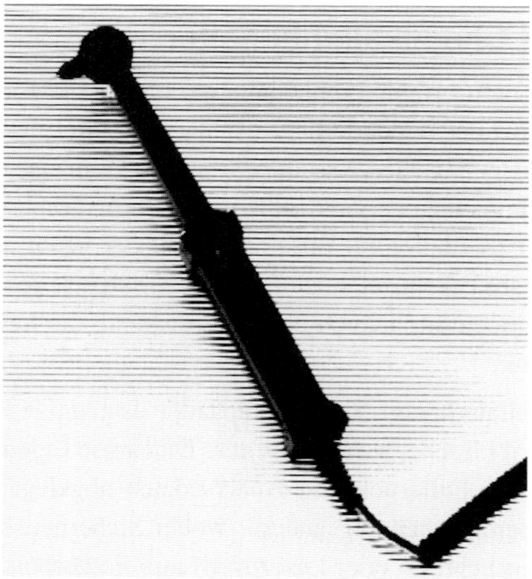

Abb. 13.39 Bauform einer portablen Antenne zum Auslesen induktiv gekoppelter Transponder, die an Gasflaschen oder andere Behälter montiert werden. (Foto: scemtec GmbH, Reichshof-Wehnrath)

Da das Übertragungsverfahren für Transponder zur *Behälteridentifikation* nicht standardisiert ist, werden von den Lieferanten unterschiedliche Systeme angeboten. Durch die Entwicklung eines Gerätes, das alle eingesetzten Transpondertypen bearbeiten kann, hat der

Anwender die freie Wahl des – auch gemischten – Einsatzes der unterschiedlichen Transpondersysteme.

Als Lesegeräte werden mobile und stationäre Geräte angeboten. Stationäre Lesegeräte können mit einer Produktionsanlage gekoppelt werden, wodurch falsche Behälter automatisch erkannt und zurückgewiesen werden. Nach einer Befüllung lassen sich die aktuellen Produktionsdaten automatisch auf dem Transponder ablegen. In Kombination mit einer Datenbankverwaltung kann die Behälterzahl beim Kunden bei gleichbleibendem Gasverbrauch drastisch reduziert werden, da überhöhte Stehzeiten oder zu große Lagerhaltung leicht erkannt und korrigiert werden kann. Daneben können alle Stationen, die ein Behälter auf dem Weg zum Kunden und zurück durchläuft, durch den Einsatz zusätzlicher Lesegeräte automatisch erfasst werden. So lassen sich z. B. Kunden ermitteln, die Behälter verschmutzt zurückliefern [braunkohle]. Die damit verbundene Kosteneinsparung kann bei dem Produkt Gas, das zwischen den Herstellern keine große Differenzierungsmöglichkeit bietet, als wichtiger Marktvorsprung betrachtet werden [bührlen].

Insgesamt „warten" alleine in Deutschland über acht Millionen Gasflaschen auf eine Ausrüstung mit Transpondern. In Europa sind es ca. 30 Millionen. Neben den Gasflaschen werden Transponder auch für Kommissionierbehälter, Bierfässer- (Kegs) und -kisten und Transportbehälter der Zulieferindustrie verwendet.

13.8.2 Abfallentsorgung

Im Zuge der wachsenden Anforderungen an die Umweltverträglichkeit wird es immer teurer, Müll zu entsorgen. Die Kosten aus der Erschließung neuer sowie aus dem Unterhalt bestehender Mülldeponien belasten den einzelnen Haushalt, aber auch Industrieunternehmen in zunehmendem Masse. Um die Kostenverteilung transparent zu gestalten, bietet sich die automatische Erfassung der Müllmengen an. Immer mehr Städte und Landkreise optimieren deshalb die kommunale *Abfallentsorgung* durch den Einsatz von RFID-Systemen und schaffen damit die Voraussetzung dafür, dass bislang pauschal abgerechnete Kosten der Entsorgung verursachergerecht abgerechnet werden können. Von den Entsorgungsunternehmen werden nämlich nur noch die tatsächlich abgefahrenen Mengen in Rechnung gestellt.

Zu diesem Zweck bringt man Transponder an den Mülltonnen an und rüstet die Sammelfahrzeuge mit automatischen Lesesystemen aus. Sobald die Mülltonnen an die Schüttung des Müllfahrzeuges gebracht werden, wird der eingebaute Transponder ausgelesen. Zusätzlich wird, je nach Präferenz der Kommune, das Gewicht oder das Volumen des Mülls ermittelt. Auch eine Zählung, wie oft die Tonne im Jahr geleert wird, ist denkbar [euro-id].

Die vom Transponder gelesene Kennung wird, zusammen mit den ermittelten Daten, auf einer Chipkarte im Bordcomputer des Müllfahrzeuges gespeichert. Am Ende einer Tour gibt der Fahrer die Karte zur Weiterverarbeitung der gesammelten Daten in der Betriebszentrale ab. Die einzelnen Haushalte haben also nicht mehr eine monatliche Pauschale zu zahlen, sondern erhalten eine individuelle Abrechnung [prawitz].

Abb. 13.40 *links:* „Mülltonnentransponder" zur Montage auf Metalloberflächen.
rechts: Leseantenne für den Einbau in Müllfahrzeuge. Im Hintergrund eine Plastik-Mülltonne, mit einem Transponder bestückt. (Fotos: Deister Electronic, Barsinghausen)

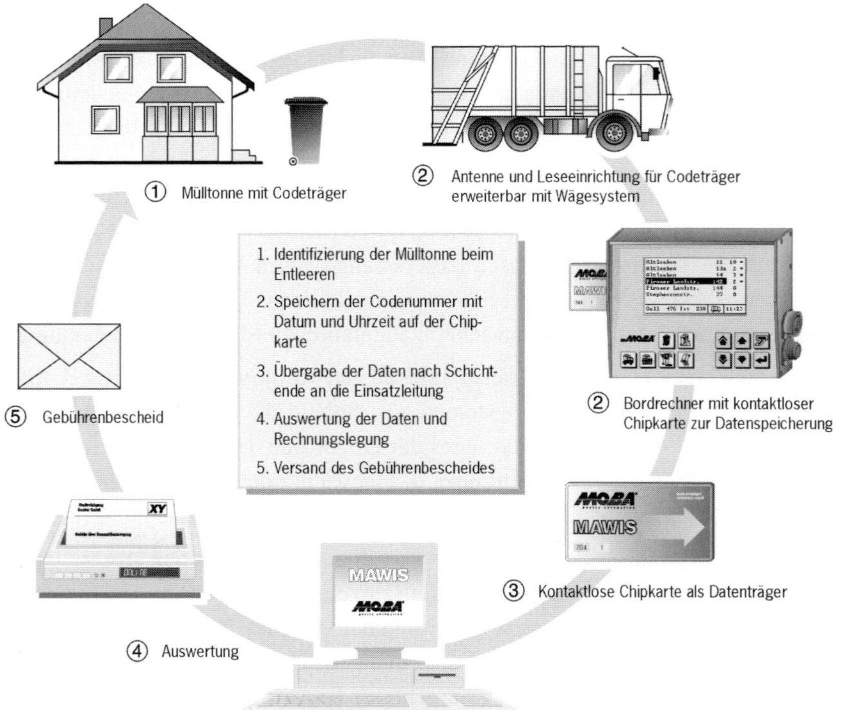

Abb. 13.41 Kreislauf von der Müllentstehung bis zur Abrechnung. (Bild: MOBA Mobile Automation GmbH, Elz)

In Deutschland werden RFID-Systeme bereits in verschiedenen Großstädten, darunter Bremen, Köln und Dresden, sowie in zahlreichen Kommunen eingesetzt.

13.9 Sportliche Veranstaltungen

Bei sportlichen Massenveranstaltungen, wie großen Marathonläufen, wurden die Läufer aus dem hinteren Startfeld immer benachteiligt, da ihre Zeit schon ab dem Startschuss lief. Die Überquerung der Startlinie dauert dabei für viele Läufer mehrere Minuten. Bei sehr großen Veranstaltungen, mit 10 000 und mehr Teilnehmern, kann es schon mal 5 Minuten dauern, bis der letzte Läufer die Startlinie passiert hat. Ohne individuelle Zeitnahme würden daher die Läufer in den hinteren Reihen stark benachteiligt.

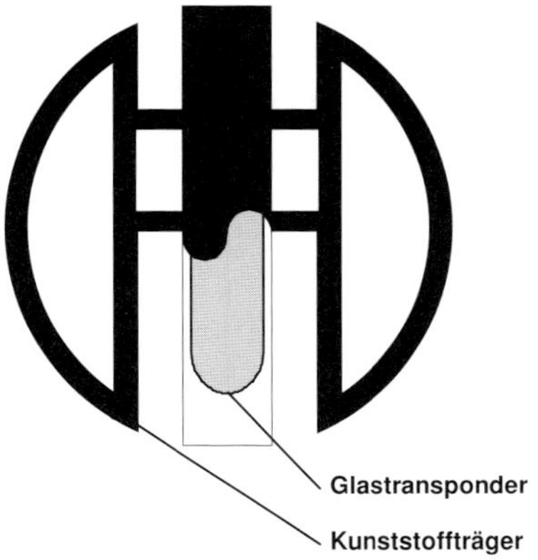

Abb. 13.42 Der Transponder besteht aus einem Glastransponder, der in ein funktionell geformtes Plastikgehäuse eingespritzt wird. Im Bild das Plastikgehäuse, halb aufgeschnitten.

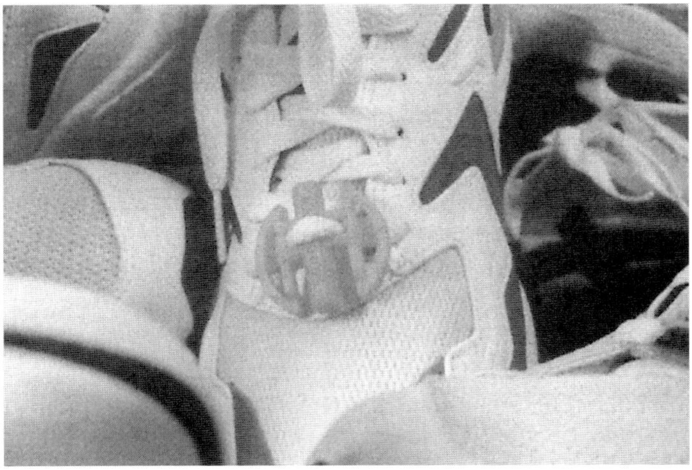

Abb. 13.43 Der ChampionChip-Transponder wird mit den Schnürsenkeln am Schuh des Läufers befestigt. (Foto: ChampionChip BV, NL-Nijmegen)

Um diese Ungerechtigkeit zu beenden, wird von jedem Läufer ein Transponder mitgeführt. Das Gesamtsystem basiert auf der Idee, dass jeder Läufer mit seinen Füßen immer wieder auf die Erde kommt und somit sehr nahe an eine ausgelegte *Bodenantenne* gelangt. Bei Probeveranstaltungen fand man heraus, dass durch eine ausgeklügelte Anordnung mehrerer Antennen in einem Array und einem Chip am Schuh bei einer Startbreite von nur 4 m über 1000 Läufer in der Minute bis zu achtmal registriert werden [champion-chip].

Der Transponder basiert auf einem Glastransponder im Frequenzbereich 135 kHz, der in ein speziell geformtes (ABS-) Spritzgussgehäuse (Abbildung 13.42) eingebettet wird. Um den Transponder möglichst nahe an den Boden – und damit an die Antenne der Zeitmessstation – zu bringen, wird dieser mit den Schnürsenkeln an den Schuhen des Läufers befestigt.

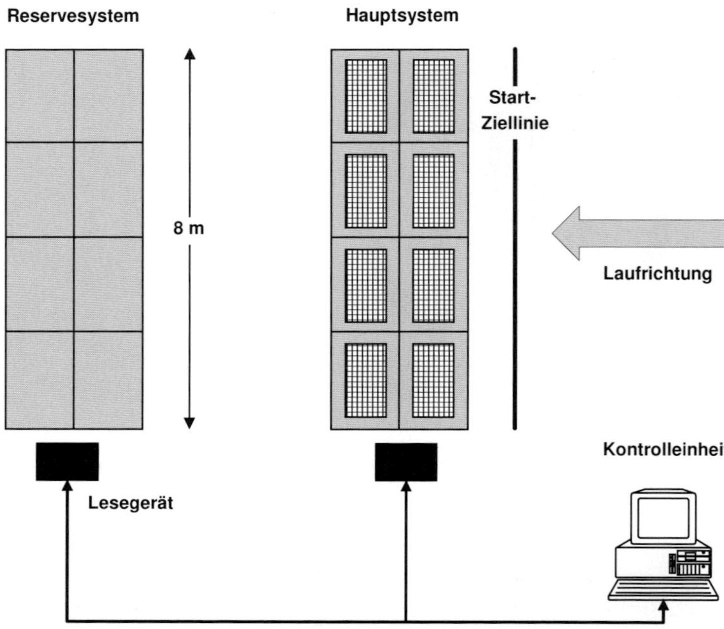

Abb. 13.44 Eine Kontrollstation besteht aus einem Haupt- und einem Reservesystem. Die Systeme werden aus Arrays von Antennen in Tartan-Matten zusammengestellt.

Die Leseantennen werden in dünne *Tartan-Matten* eingegossen und können somit sicher vor allen Umwelteinflüssen auf dem Boden ausgelegt werden. Eine einzelne Matte hat die Abmessungen 2,10 x 1,00 m. Bei normaler Laufgeschwindigkeit ist damit eine Netto-Zeitauflösung von ±1 Sekunde möglich, die sich aus der Aufenthaltsdauer des Läufers im Lesebereich einer Matte ergibt. Bei Fahrrädern verbessert sich deshalb die Genauigkeit auf ±0,2 Sekunden. Die gemessene Zeit wird sofort auf einem Display ausgegeben, damit kann jedem Läufer beim Passieren einer Kontrollstation unmittelbar seine aktuelle Zwischenzeit oder Endzeit angezeigt werden.

Der Läufer kann den Transponder für einmalig ca. 20 Euro erwerben und diesen dann überall einsetzen, wo das entsprechende Zeitmesssystem angewendet wird.

Die Leistungsfähigkeit einer transpondergestützten Zeitmessung wurde unter anderem bei folgenden Veranstaltungen bewiesen [champion-chip]:

- Rotterdam Marathon 10 000 Teilnehmer
- Shell hanse-Marathon Hamburg 11 500 Teilnehmer
- Berlin Marathon 13 500 Teilnehmer

Abb. 13.45 Läufer beim Passieren der Kontrollstation am Ziel des 101. Bostoner Marathon. Im Vordergrund sind die Tartan-Matten mit den zugehörigen Lesegeräten zu erkennen. Die genommene Zeit kann sofort am Display angezeigt werden. (Foto: ChampionChip, NL-Nijmegen)

13.10 Industrieautomation

13.10.1 Werkzeugidentifikation

Neben der metallverarbeitenden Werkzeugmaschinen-Industrie spielt die deutsche Holzbearbeitungsindustrie eine dominierende Rolle auf dem Weltmarkt. Die Verarbeitungsverfahren der modernen Holz- und Möbelindustrie sind hierbei von der *CNC-Technik* geprägt, um weiterhin kostengünstig fertigen zu können und wettbewerbsfähig zu bleiben.

CNC-Maschinen, ausgerüstet mit Werkzeugmagazinen und automatischen Werkzeugwechslern, erfüllen Aufgaben, welche sich immer mehr zur Kleinserienfertigung hin verlagern. Hierdurch wächst der Anteil an Fertigungskosten, verursacht durch Umrüst- und Werkzeugwechselzeiten.

Hinzu kommt, dass sich eine CNC-Holzbearbeitungsmaschine von einer Metallbearbeitungsmaschine durch höhere Drehzahlen und Bahngeschwindigkeiten unterscheidet. So werden in der Holz- und Kunststoffbearbeitung Drehzahlen von 1000 min^{-1} bis mehr als 20 000 min^{-1} (!) eingesetzt. Das Unfall- und Gefahrenrisiko für Mensch und Maschine ist deshalb bei einer Verwechslung des Werkzeuges, z. B. durch falsche Bestückung des Kettenmagazins der CNC-Maschine, bei der Holzbearbeitung sehr hoch anzusetzen [leitz], [töppel].

Dieses Gefahrenpotenzial kann eliminiert werden, wenn im *Steilkegelschaft* oder im *Anzugsbolzen* des Werkzeughalters ein Transponder untergebracht wird. Alle relevanten Werkzeugdaten werden bereits vom Werkzeughersteller in den Transponder programmiert. Der Maschinenbediener bestückt das *Werkzeugmagazin* der CNC-Maschine in beliebiger Reihenfolge mit Transponder-Werkzeugen. Danach startet die CNC-Maschine einen automatischen Leselauf über alle Werkzeuge im Magazin, wobei zunächst die Werkzeuge den Magazinplätzen zugeordnet und außerdem alle Geometrie- und Technologiedaten der Werkzeuge fehlerfrei in die Werkzeugverwaltung der CNC-Steuerung übertragen werden. Eine manuelle Dateneingabe, und damit mögliche menschliche Fehlbedienung, entfällt [leitz]. Unfallgefahren durch überhöhte Drehzahlen, falsche Drehrichtungsvorgabe und Fehlpositionierungen des Werkzeugs in bezug auf das Werkstück werden somit sicher ausgeschlossen.

Abb. 13.46 CNC-Fräswerkzeug mit Transponder im Anzugsbolzen. (Foto: Leitz GmbH & Co., Oberkochen)

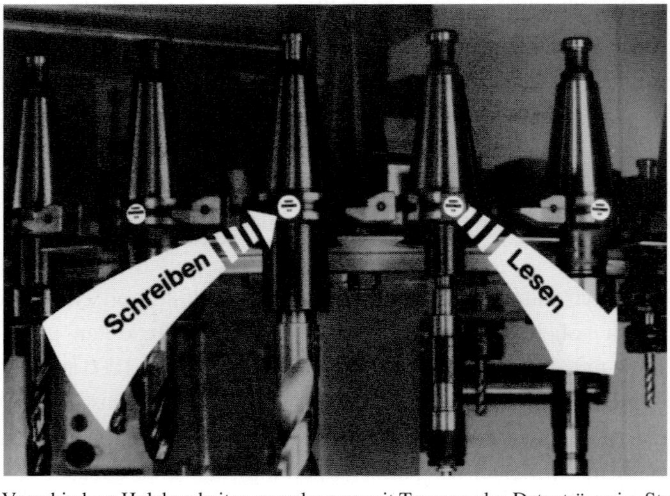

Abb. 13.47 Verschiedene Holzbearbeitungswerkzeuge mit Transponder-Datenträger im Steilkegelschaft. (Foto: EUCHNER + Co., Leinfelden-Echterdingen)

Die verwendeten Transponder sind induktiv gekoppelt und arbeiten im Frequenzbereich < 135 kHz. Zur Abschirmung gegen die *Metalloberfläche* des Steilkegelschaftes wird die Transponderspule in einen Ferrit-Schalenkern gesetzt (siehe dazu auch „Physikalische Grundlagen – Ferritabschirmung in metallischer Umgebung“ sowie „Bauformen von Transpondern“). Als Speicherplatz im Transponder werden mindestens 256 Byte benötigt, welche mit einem ASCII-String beschrieben werden, der die benötigten Werkzeugdaten enthält. Ein Beispiel für einen Datensatz ist in Tabelle 13.4 dargestellt (aus [leitz]):

Tabelle 13.4: Beispiel für den Datensatz eines Werkzeug-Transponders

Kunde	Möbelwerk XYL
EITZ ID	Nr.130004711
D	25x60
Fertigungszeichen	Y21
Fertigungsort	UHE
Drehrichtung	3
maximale Drehzahl	24.000
minimale Drehzahl	18.000
Vorzugsdrehzahl	20.000
Radiuskorrektur	25.011
Längenkorrektur	145.893
größter Radius	25.500
größte Länge	145.893
maximale Laufmeter	3000
aktuelle Laufmeter	875
Werkzeugnummer	14
Werkzeugtyp	1
Anzahl Schärfungen	2
Freiwinkel	20
Spanwinkel	15
Freier Text	Schlichtfräser HM Z=3

Moderne transpondercodierte CNC-Werkzeuge können in einen kostensparenden Kreislauf zwischen Produktion und Service eingebunden werden. In den beschriebenen Produktionskreislauf greift, völlig reibungslos und unkompliziert, der Servicekreislauf ein.

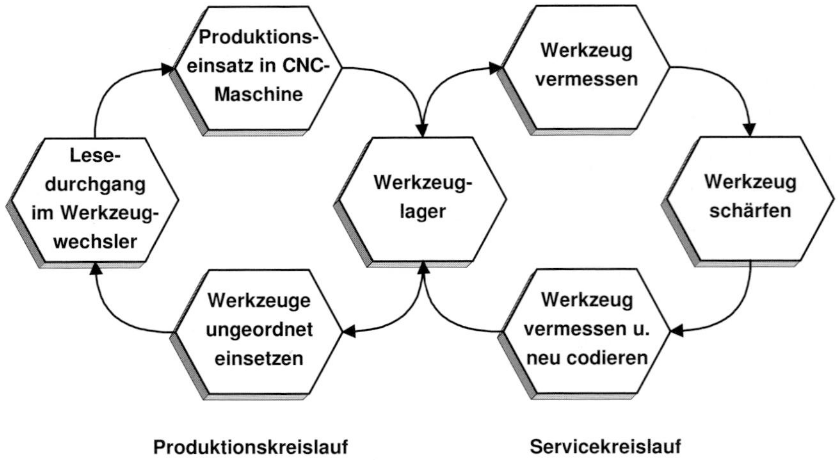

Abb. 13.48 Darstellung des Werkzeugkreislaufs bei Verwendung von transpondercodiertem CNC-Werkzeug.

Abgenutztes Werkzeug wird zunächst detailliert auf seinen Zustand hin untersucht und vermessen. Anhand der gewonnenen Zustandsdaten des Werkzeugs wird dieses nun instand gesetzt, geschärft und ausgewuchtet. Nach jeder Instandsetzung werden Werkzeuglänge und -radius aktualisiert und auf den Transponder geschrieben, weshalb sowohl neue als auch nachgeschärfte Werkzeuge ohne Eingriff des Bedieners auf Anhieb maßhaltige Werkstücke liefern [leitz].

13.10.2 Industrielle Fertigung

Im Laufe der Entwicklung industrieller *Massenfertigung* wurden die *Produktionsprozesse* immer weiter rationalisiert. Dies führte schon sehr früh zur Linienfertigung („Fließbandfertigung"), bei der an einem bestimmten Arbeitsplatz in der Linie immer der gleiche Arbeitsvorgang ausgeführt wird. Mit einem Produktionsprozess dieser Art ist es zunächst nur möglich, in Funktion und Aussehen vollkommen identische Objekte zu produzieren. Die Zeit der Automaten, die nur ein einziges Produkt in zwar großer Stückzahl, dafür aber ohne Varianten herstellen können, geht jedoch dem Ende zu.

Sollen verschiedene Varianten eines Produktes gleichzeitig und automatisiert in einer Linie gefertigt werden, muss an jeder Arbeitsstation das Objekt identifiziert und sein Zustand eindeutig erkannt werden, sodass die richtigen Vorgänge überhaupt ablaufen können. In der Anfangszeit wurden den Objekten daher Laufzettel mitgegeben, denen durch das Bedienpersonal alle an einem bestimmten Arbeitsplatz benötigten Informationen, etwa die gewünschte Farbe einer Lackierung, entnommen werden konnten. In elektronischer Form wurde dies erstmals mit Codierstiften möglich, die an den Umlaufpaletten fixiert wurden, um Palettennummern für elektronische Steuerungen lesbar zu machen. Die Stellung dieser Codierstifte konnte durch induktive Näherungsschalter abgefragt werden [weisshaupt]. In jüngerer Zeit wurde dieses Verfahren durch die Barcodeetiketten ergänzt, die einfach direkt auf die einzelnen Objekte aufgeklebt werden können.

Hinzu kommt nun die RFID-Technologie mit Datenträgern, die nicht nur gelesen, sondern auch problemlos beschrieben werden können. In den Transponder kann nun neben der Identität eines Objekts auch dessen momentaner Zustand (z. B. Bearbeitungsgrad, Qualitätsdaten), die Vergangenheit und die Zukunft (gewünschter Endzustand) des Objektes dokumentiert werden.

Mit modernen *Identifikationssystemen* sind heute hereits Produktionsanlagen realisierbar, mit denen Varianten eines Produkts oder auch verschiedene Produkte bis hinunter zur Losgröße 1 gefertigt werden können [weisshaupt]. So auch in der Autoindustrie: Da hier ausschließlich auftragsgebunden produziert wird und zwei bestellte Fahrzeuge selten identisch sind, gehört die automatische Materialflussverfolgung hier zu den wichtigsten Voraussetzungen für einen reibungslosen Betrieb. Bei den einzelnen Fertigungsabschnitten muss ein Fahrzeug eindeutig identifiziert werden, um etwa den versehentlichen Einbau einer Klimaanlage, eine falsche Farbe bei der Lackierung oder Ähnliches zu vermeiden [homburg].

Bei der Steuerung einer Anlage auf Basis der gewonnenen Objektdaten unterscheidet man zwischen zwei grundsätzlich verschiedenen Steuerungskonzepten: der zentralen sowie der dezentralen Steuerung.

13.10.2.1 Zentrale Steuerung

Bei desem Konzept werden der *Materialfluss* und der Zustand der Objekte während des Prozesses fortwährend überwacht und in einem Zentralrechner in einer Datenbank gespeichert. Auf diese Weise entsteht in der Prozesssteuerung des Zentralrechners ein Abbild der aktuellen Prozessdaten und des Systemzustandes. Dabei ist es egal, ob die Zustandserfassung der Objekte im Prozess über Barcode, Funk, optische Erkennung, RFID oder sonstige Arten der Informations-Codierung und -Übertragung erfolgt.

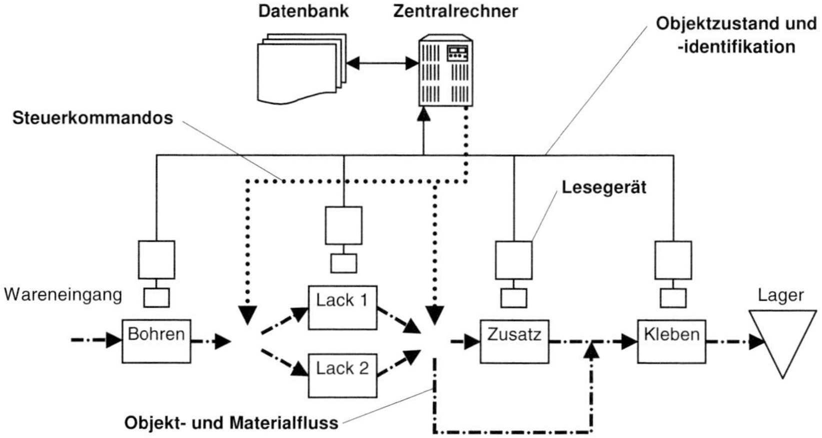

Abb. 13.49 Der Objekt- und Datenfluss in einer zentralen Steuerung wird über völlig unterschiedliche Wege geführt. Der Zentralrechner verfügt über eine leistungsfähige Datenbank, in der alle Prozessdaten gespeichert werden.

Die Überwachung des Prozesses muss dabei vollkommen lückenlos sein, da sonst die Gefahr besteht, dass ein Objekt außer Kontrolle gerät. Besonders kritisch kann das Wiederanfahren des Systems nach einer Störung oder einem Absturz der Steuersoftware sein.

Zentrale Steuerungssysteme mit einer leistungsfähigen zentralen Datenbank im Hintergrund werden vor allem dann eingesetzt, wenn ein gleichzeitiger Zugriff auf die Informationen von unterschiedlichen Stellen aus benötigt wird, ständig ein transparentes Abbild der Prozessdaten für andere Zwecke zur Verfügung stehen muss oder wichtige Daten fortlaufend gespeichert werden sollen [homburg-p&f]. Typische Einsatzbereiche sind neben Produktionsbereichen auch Anwendungen in der Lagertechnik, im Logistikbereich oder in der Betriebsdatenerfassung.

13.10.2.2 Dezentrale Steuerung

Durch den Einsatz von beschreib- und auslesbaren Datenträgern eröffnet sich die Möglichkeit, eine Anlage dezentral, also weitgehend unabhängig vom zentralen Prozesssrechner zu steuern. Jedes Objekt führt einen kompletten Datensatz über seine Identität, seinen augenblicklichen Zustand, seine Vorgeschichte und Zukunft selbst mit sich – Material und Datenfluss werden somit miteinander koordiniert. Dies setzt voraus, dass die relevanten Daten an jeder Bearbeitungsstation nicht nur direkt vom Objekt gelesen, sondern auch verändert und aktualisiert werden können. Unter allen bekannten Identifikations-Technologien ist dies nur mit beschreibbaren RFID-Transpondern mit der erforderlichen Zuverlässigkeit möglich.

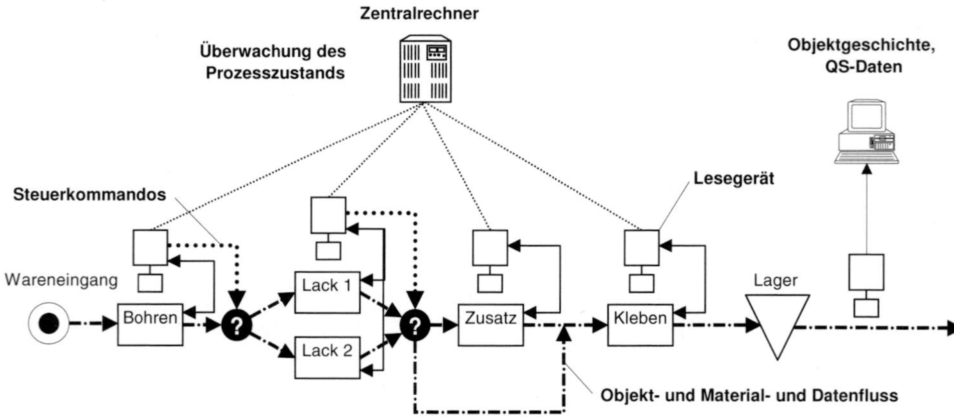

Abb. 13.50 In einer dezentralen Steuerung werden die Daten mit den Objekten mitgeführt.

Durch die Möglichkeit, Objektdaten im Transponder an jeder Bearbeitungsstation zu ändern, kann zwischen den einzelnen Bearbeitungsstationen ein Informationsfluss aufgebaut werden, der bei entsprechendem Konzept die Steuerung wesentlich entlastet. Besonders vor dem Hintergrund, dass Produktions- und Verarbeitungsprozesse immer schneller werden, kann die Tatsache, dass Informationen mitgeführt werden und unmittelbar vor Ort zur Verfügung stehen, zum entscheidenden Geschwindigkeitsfaktor werden. Aufgrund eines möglichen Overheads beim Zugriff auf eine entfernte Datenbank können Lesesysteme bei Anlagen, die im Sekundentakt arbeiten, immer weniger mit dem Prozesstempo Schritt halten, etwa um Weichen zu stellen oder die richtigen Bearbeitungsvorgänge auszulösen [homburg-p&f].

13.10.2.3 Vorteile durch den Einsatz von RFID-Systemen

- **Qualitätskontrolle:** In modernen Fertigungsstrassen wird die Qualität der Produkte an Testplätzen geprüft, die auf mehrere Stationen verteilt sind. Bei der Abnahme des Produktes am Ende der Fertigung müssen die zuvor ermittelten Qualitätsdaten jedem einzelnen Objekt eindeutig zuordnenbar sein. Mit beschreibbaren, objektbgleitenden Transpondern ist dies problemlos möglich, da alle während des Fertigungsprozesses ermittelten Qualitätsdaten mit dem Objekt mitgeführt werden.
- **Systemsicherheit:** Die Auslagerung der Objektdaten aus dem Zentralrechner zum Objekt hin erhöht die Systemsicherheit wesentlich. Auch nach Softwareabstürzen oder Ausfällen des Zentralrechners kann der Bezug zwischen einem Objekt und seinen aktuellen Daten jederzeit und überall hergestellt werden. Falls nötig, können Objekte auch aus dem Produktionsprozess herausgenommen werden, ohne dass die Daten verloren gehen. Wird das Objekt später wieder in den Prozess eingegliedert, kann problemlos und ohne Störungen weitergearbeitet werden [weisshaupt].
- **Datensicherheit:** Eine Absicherung der im Transponder gespeicherten Daten durch Prüfsummenverfahren (z. B. CRC, siehe hierzu Kap. 7.1 „Prüfsummenverfahren“, S. 199) sorgt für eine völlige Sicherheit in Bezug auf die ausgelesenen Daten. Fehlerhaft ausgelesene Daten werden als solche erkannt und ignoriert.
- **Flexibilität:** Durch den Einsatz von beschreibbaren Transpondern kann die Fertigung wesentlich flexibler gesteuert werden. So werden die Einstelldaten von universell programmierbaren Robotern und Fertigungsautomaten durch die Arbeitsvorbereitung für jedes Objekt individuell in die objektbegleitenden Transponder geschrieben und stehen dann vor Ort sofort zur Verfügung. Auf diese Weise können Produkte bis hinunter zur Losgröße 1 gefertigt werden, ohne dass für jedes Objekt eine komplexe Kommunikation mit dem Zentralrechner abgewickelt werden muss.
- **Raue Umgebungsbedingungen:** RFID-Systeme sind vollkommen unempfindlich gegenüber Staub, Feuchtigkeit, Ölen, Kühlmitteln, Spänen, Gasen, hohen Temperaturen und ähnlichen Beeinträchtigungen, wie sie in einer Fertigungsumgebung auftreten können. In der Regel erfüllen die Glas- oder Kunststofftransponder die Schutzart IP67, sind also vollkommen staub- und wasserdicht.

  Auch besonders staubige oder schmutzige Umgebungsbedingungen, die etwa den Einsatz von Barcodelesern aus Gründen wie der schnellen Verschmutzung von Scanneroptiken unmöglich machen, stellen für RFID-Systeme kein Problem dar.

13.10.2.4 Auswahl geeigneter RFID-Systeme

Bei der Auswahl eines geeigneten RFID-Systems für den Einsatz in der Produktion sind die Eigenschaften der unterschiedlichen Speichertechnologien zu berücksichtigen (siehe hierzu auch Kap. 10.3 „Speichertechnologie“, S. 307):

EEPROM

Die in einem *EEPROM* gespeicherten Daten bleiben auch ohne Versorgungsspannung über viele Jahre erhalten. Die zum Beschreiben oder Auslesen eines Transponders mit EEPROM-Technologie benötigte Energie wird durch induktive Kopplung übertragen. Da die Transponder keine Batterie benötigen, werden sehr kleine Baugrößen erreicht. Die garantierte Anzahl von Schreibzugriffen auf eine Speicheradresse liegt typisch bei etwa 100 000 Zyklen über der Lebensdauer des Transponders. Inzwischen sind jedoch auch Transponder mit einer neuartigen EEPROM-Technologie auf dem Markt erhältlich, die über 10^6-mal umprogrammiert werden können. Eine weitere Steigerung ergibt sich durch den Einsatz von FRAM-Speichertechnologie. Hier werden bereits über 10^{10} Schreibzyklen erreicht.

SRAM

Im Gegensatz zu den EEPROMs benötigen *SRAM*-Speicherzellen eine konstante Spannungsversorgung zum Erhalt der gespeicherten Daten. Transponder mit dieser Speichertechnologie enthalten daher immer eine eigene Batterie. Zur Datenübertragung zwischen dem Lesegerät und dem Transponder können sowohl induktive Kopplung als auch ein Backscatter-Verfahren (Mikrowelle) eingesetzt werden. SRAM-Speicher können bei hoher Schreibgeschwindigkeit beliebig oft umprogrammiert werden. Durch die eingebaute Batterie wird jedoch der Temperaturbereich dieser Transponder auf den Bereich 0°C bis 60°C begrenzt.

Tabelle 13.5: Vergleich zwischen den beiden Speichertechnologien für Transponder.

	EEPROM / FRAM	SRAM
Speichergrößen:	16 Byte ... 32 kByte	1 kByte ... 512 kByte
Datenübertragung:	induktive Kopplung	induktive Kopplung, Backscatter
Spannungsversorgung:	induktive Kopplung	Batterie
Typische Anzahl von Schreibzyklen:	EEPROM: 100.000 ... 1.000.000, FRAM: 10^{10}	unbegrenzt
Typischer Temperaturbereich:	-20°C ... 120°C	0°C ... 60°C
Einsatz:	• Anwendungen mit beschränkter Anzahl von Umprogrammierungen (EEPROM); • Anwendungen mit erweitertem Temperaturbereich.	• Anwendung mit beliebiger Anzahl von Umprogrammierungen, z. B. in Montageanlagen; • Einsatz im „normalen“ industriellen Temperaturbereich; • Bedarf an hoher Speicherkapazität bei kurzer Transaktionszeit; • Große Reichweite des Transponders erforderlich (bzw. geringe Positioniergenauigkeit).

13.10.2.5 Projektbeispiele

Wir wollen nun einige Beispiele für den Einsatz von RFID-Systemen in der Produktion betrachten. Es ist wohl kein Zufall, dass die meisten der hier vorgestellten Projekte in der *Autoindustrie* angesiedelt sind, da gerade hier versucht wird, den Produktionsprozess kontinuierlich zu optimieren.

Abb. 13.51 Nach erfolgter Identifikation des Fahrzeugs werden dessen spezifische Daten abgerufen und angezeigt. (Foto: Pepperl & Fuchs, Mannheim)

Im Werk Dingolfing (Süddeutschland) der Fa. BMW wurden die Karosserien der 7er und 5er Baureihen in der Montagehalle an den Identifikationspunkten ursprünglich manuell mit Barcodelesern identifiziert. Um hier Kosten zu sparen, wurde Ende 1996 auf ein Mikrowellen-Identifikationssystem (2,45 GHz, Sendeleistung der Lesegeräte: 10 mW) umgerüstet. An jeder lackierten Karosserie wird nun bei Eintritt in die Montage ein Transponder auf der Motorhaube befestigt und mit den typspezifischen Daten (z. B. Fahrgestellnummer) beschrieben. Insgesamt befinden sich etwa 3000 Transponder im Umlauf. Rund 70 Lesegeräte sind im Montagebereich an den einzelnen Identifikationspunkten in den verschiedenen Montageabschnitten installiert. Sobald die Karosserie den Ansprechbereich eines Lesegerätes erreicht, wird der Lesevorgang durch induktive Näherungsschalter ausgelöst. Die benötigten Daten werden ausgelesen oder bei Bedarf auch neu hinzugeschrieben. Die Transponder verfügen über eine Batterie, welche für eine Lebensdauer von 8 Jahren ausgelegt ist. Der verfügbare Speicherplatz beträgt 32 kByte, die Reichweite der Transponder von bis zu 4 m ist an allen Montageabschnitten ausreichend [pepperl-bmw], [pepperl-k&f].

Im Werk Tucaloosa USA der Fa. Mercedes Benz werden induktiv gekoppelte Transponder (125 kHz, Rread-only-System) zur Identifikation der Laufgestelle (Skids) für Fahrzeugkarosserien eingesetzt. Nach mehrmaligem Durchlauf durch die Lackierstraße ist eine Reinigung der Laufgestelle vom Lack erforderlich. Durch die Datenerfassung mit Transpondern ist dieser Selektierungsprozess ohne zusätzlichen Aufwand durchführbar [schenk].

Mit der Generation „1E" produziert der Automobilhersteller General Motors im Werk Flint (Michigan, USA) 26 verschiedene Motorenmodelle unter einem Dach. Das Produktsortiment umfasst eine Vielzahl von Motorentypen, die sich zum Beispiel aus den Modellen der Jahre 1997 bis 1998, aus 5.0 bis 5.7 Liter-Motoren, aus Motoren für Automatik oder Schaltgetriebe, für den Export, für Umwelttreibstoff und Benzin, für PKWs und LKWs zusammensetzen. Durch die Ausrüstung der Produktträger mit Transpondern (13,56 MHz, 8 kByte-Speicher) ist die Verfolgung und Identifikation aller Motorenmodelle innerhalb der Fertigung möglich. Durch den Einsatz von RFID kann jeder beliebige Motor innerhalb von Sekunden in der Fabrik aufgespürt werden. Hierzu wurden etwa 50 Lesegeräte im Produktionsbereich installiert [escort-gm].

Die Firma John Deere Company in Waterloo (Iowa, USA), weltweiter Marktführer in der Produktion von Landwirtschaftsmaschinen setzt ein induktiv gekoppeltes RFID-System in der Fertigung von Traktoren ein. Für die Anwendung im Farbofen werden die Traktorengestelle mit speziellen Transpondern ausgerüstet, die Temperaturen von bis zu 225°C widerstehen und dabei sogar noch in der Lage sind, mit einem Lesegerät zu kommunizieren [escort-deere]. Die Datenträger (13,56 MHz, 8 kByte Speicher) können problemlos an der Hinterachse des Traktorgestells befestigt werden. Da die meisten Traktoren auf Bestellung gefertigt werden, ermöglicht der Einsatz moderner Identifikationstechnologie die Anpassung der Traktoren an die individuellen Anforderungen der Kunden.

Ein weiteres interessantes Beispiel ist die Anwendung von RFID-Systemen in der Fleischverarbeitungsindustrie. Der Einsatz von Barcodesystemen scheidet hier wegen der einerseits hohen Temperaturen bei der Konservierung von über 100 °C und der andererseits langen Kühlperioden von Vornherein aus. Die Firma J. M. Schneider Meats, mit 15 Fabriken eine der größten Fleischverarbeitungsfirmen Kanadas, setzt daher ein induktiv gekoppeltes RFID-System zur Identifikation und Produktverfolgung im Verarbeitungsprozess ein. Zu Beginn des Verarbeitungsprozesses wird das Fleisch auf mobile Regale gestapelt. Auf diesen Regalen wird das Fleisch über die Räucherkammer in den Kühlraum befördert und im letzten Verarbeitungsschritt zur Konservierung auf über 100 °C erhitzt. Für das Unternehmen ist es entscheidend, stets exakt darüber informiert zu sein, wo sich die einzelnen Regale befinden und welchen Arbeitsgang sie gerade durchlaufen. An den mobilen Regalen sind daher Transponder (13,56 MHz) befestigt, in die wichtige Daten, wie zum Beispiel die Position des Regals, Fleischsorte und Gewichtsangaben geschrieben werden. Auch der Zeitpunkt der Auslieferung des Fleisches, der sich nach dem Haltbarkeitsdatum richtet, kann über das RFID-System konstequent verfolgt werden [escort-schneider].

Eine weitere Anwendung, die verdeutlichen soll, wie mit Hilfe von RFID-Systemen die Qualität eines Produktes durch Toleranzselektion gesteigert werden kann [pepperl-fab], ist in Abbildung 13.52 dargestellt. Es handelt sich um die Montage präziser Kupplungsausrücklager. Die Anlage besteht aus einem Palettenumlaufsystem, zwei Robotern und einem manuellen Arbeitsplatz. Alle Paletten wurden mit Transpondern ausgerüstet. Mit einem der beiden *Roboter* werden die Einzelteile der Lager vermessen und anhand der Messwerte so zusammengestellt, dass das Spiel im fertigen Lager möglichst gering ist. Die so abgeleiteten Zuordnungen der Einzelteile zueinander werden als Daten in den Transponder geschrieben und so den Einzelteilen mitgegeben. Der zweite Roboter ist ein Montageroboter, der die einzelnen Teile zu einem Lager zusammenbaut. An dieser Stelle werden die Daten aus dem Transponder gelesen, sodass der Roboter immer die richtigen Einzelteile zusammensetzen kann.

Abb. 13.52 Einzelteile eines Kupplungsausrücklagers auf einer Umlaufpalette. Transponder und Leseantenne sind im Bild unten zu erkennen. (Foto: Pepperl & Fuchs, Mannheim)

Auch in der *Lagerhaltung* und *Kommissionierung* macht sich der Einsatz von RFID-Systemen positiv bemerkbar. Eine der führenden Arzneimittelgroßhandlungen, die Fa. Sanacorp in München, verfügt über eine elektronisch gesteuerte Lagerhaltung und Kommissionierung, um eine vollautomatische Warenzusammenstellung gemäß Lieferschein zu ermöglichen. Mehr als 6000 Kommissionierbehälter (Plastikcontainer) werden daher täglich durch das Lager befördert und müssen an einzelnen Ladestationen identifiziert werden. Bei den früher verwendeten Bar- oder Reflexcode-Etiketten traten täglich bis zu 100 Fehllesungen auf, was dazu führte, dass die falsch identifizierten Kommissionierbehälter alle Ladestationen bis zum Warenausgang durchliefen und damit die gesamte Lieferung verzögerten. Um eine fehlerfreie Erkennung der Kommissionierbehälter zu gewährleisten, wurden diese mit Transpondern ausgestattet (134 kHz, SEQ), die im Boden der Kunstoffwanne eingeschweißt wurden. Die Antennen der Lesegeräte befinden sich unter den Rollbändern an den jeweiligen Stationen. Sobald ein Kommissionierbehälter in das Ansprechfeld einer Antenne rollt, wird der Transponder ausgelesen, und die gespeicherten Daten werden an den Lagerrechner weitergeleitet. Der Zentralcomputer ist nun jederzeit darüber informiert, wo sich welcher Kommissionierbehälter befindet, ob beim Beladen Verzögerungen auftreten und wie die einzelnen Ladestationen ausgelastet sind. Die schnelle Zusammenstellung der Ware im Lager spielt eine Schlüsselrolle, da die Kunden, in der Regel Apotheken, eine pünktliche und vor allem vollständige Lieferung erwarten. Dies kann nur durch einen technisch sicheren Kommissionierlauf gewährleistet werden [sander].

13.11 Medizinische Anwendungen

Die Eigenschaft passiver Transponder, ohne eigene (störanfällige) Spannungsversorgung über Jahre hinweg zuverlässig betrieben werden zu können, prädestiniert diese Technologie auch für Anwendungen in der *Humanmedizin*.

Glaukom (grüner Star) ist eine Erkrankung, bei der es durch eine Erhöhung des Augeninnendrucks zunächst zu einer Einengung des Gesichtsfeldes und schließlich zur vollständigen Erblindung der Patienten kommt. Neueste Untersuchungen haben gezeigt, dass der Augeninnendruck starken Schwankungen unterliegt und dass nicht nur der Absolutdruck, sondern auch die Druckschwankungen wesentlich das Risiko der Erblindung beeinflussen [ullerich-1]. Für ein besseres Verständnis des Krankheitsverlaufs und eine individuell angepasste Behandlung ist daher die kontinuierliche Messung des Augeninnendrucks unter normalen Lebensbedingungen im gewohnten Umfeld des Patienten notwendig [bögel-2001], anstatt sie, wie heute üblich, ausschließlich während der Arztsprechstunden mit Hilfe von Tonometern durchzuführen.

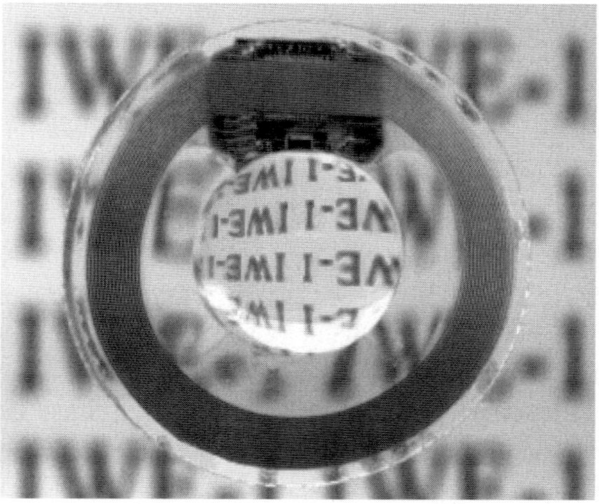

Abb. 13.53 Transpondereinheit nach dem Verguss in eine künstliche Linse aus Silikon. (Bildquelle: IWE1, RWTH Aachen, D-52074 Aachen)

Bei Patienten mit einer Linsentrübung (grauer Star) wird die natürliche Linse im Auge entfernt und durch eine *Kunstlinse* ersetzt. Dies führte zu der Idee, einen vollständigen Transponder, also eine *Mikrospule*, sowie einen Transponderchip mit einem integrierten kapazitiven Drucksensor in die Haptik einer solchen Kunstlinse zu integrieren. Abbildung 13.53 zeigt eine solche Transpondereinheit nach dem Verguss in PDMS (Polydimethylsiloxane), einem weichen Silikon, das üblicherweise für die Herstellung von Kunstlinsen verwendet wird.

Der Außendurchmesser der Mikrospule beträgt etwa 10,3 mm, der Innendurchmesser 7,7 mm. Für dem optischen Teil der Linse wurden 5 mm festgelegt. Die Mikrospule wird auf einer flexiblen Polyimidfolie hergestellt [ullerich-1 .. -4] und ist damit faltbar, was die Implantation des Transponders sehr erleichtert (siehe Abbildung 13.54). Der Drucksensor ist auf dem Transponderchip miromechanisch integriert und besitzt eine Empfindlichkeit von 1,3 mbar, was in etwa der Genauigkeit der heutigen Tonometermessung entspricht [ullerich-1].

Um den Transponder kontinuierlich auslesen zu können, ist die Antenne des Lesegerätes in das Gestell einer Brille integriert. Die Ansteuerung der Spule und die Speicherung der erfassten Messdaten erfolgen mit Hilfe des Lesegerätes, das über ein Kabel mit der Brille verbunden ist.

Abb. 13.54 Mittels einer Pinzette verformte, vergossene Transpondereinheit. (Bildquelle: IWE1, RWTH Aachen, D-52074 Aachen)

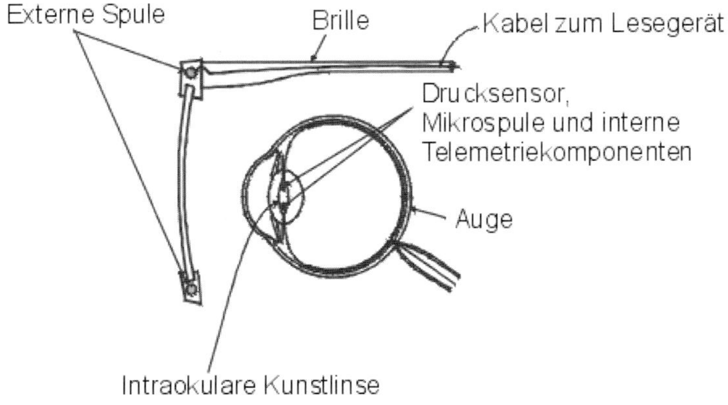

Abb. 13.55 Ein implantierbarer Transponder mit Drucksensor und eine in einem Brillengestell integrierte Antennenspule bilden das System zur kontinuierlichen Messung des Augeninnendrucks. (Bildquelle: IWE1, RWTH Aachen, D-52074 Aachen)

14 Anhang

14.1 Kontaktadressen, Verbände und Fachzeitschriften

Der Autor ist auf dem Postwege ausschließlich unter der Adresse des Verlages zu erreichen:

Klaus Finkenzeller
c/o Carl Hanser GmbH & Co,
Fachbuchlektorat
Kolbergerstr. 22
D-81679 München

sowie im Internet:

Homepage: http://RFID-handbook.de
http://RFID-handbook.com
e-mail: klaus.finkenzeller@web.de
dl5mcc@qsl.net

14.1.1 Industrieverbände

Viele Hersteller von RFID-Systemen sind Mitglied im Industrieverband für Automatische Identifikation und Betriebsdatenerfassung – *AIM*. Eine Mitgliederliste ist unter folgender Adresse erhältlich:

AIM-Deutschland
Erwin Kretz
Akazienweg 26
D-68623 Lampertheim-Neuschloss
Hotline: +49 / 62 06 / 1 31 77
Faxline: +49 / 62 06 / 1 31 73

AIM-Deutschland ist der nationale Industrieverband für Automatische Identifikation und Datenerfassungssysteme. AIM Deutschland ist Mitglied des AIM Europe im weltweiten Verbund des AIM International (AIMI).

AIM International Inc.
Mr. Brian P Wynne
634 Alpha Drive
Pittsburgh, PA 15238-2802
USA
Tel: +1 412 963 8009
Fax: +1 412 963 8753
Homepage: http://www.aimi.org
e-mail: adc@aimi.org

AIM EUROPE
Mr. Ian G Smith
The Old Vicarage
Haley Hill
Halifax HX3 6DR
West Yorkshire, England
United Kingdom
Tel: +44 1422 368368
Fax: +44 1422 355604
Homepage: http://www.aim-europe.org

Kontaktlose Chipkarten ermöglichen die schnelle und komfortable Nutzung als elektronisches Ticket sowie die Realisierung von neuen *ÖPNV*-Produkten und flexiblen Strategien. Ziel des Arbeitskreises *KONTIKI* ist es, technologische und anwendungsbezogene Entwicklungen zu analysieren, praktische Anwendungsmöglichkeiten für den ÖPNV zu erarbeiten und hieraus Handlungsempfehlungen für Verkehrsunternehmen und Verkehrsverbünde abzuleiten. Hierbei sollen sowohl Anwender, Hersteller, Berater, Verbände und Organisationen gemeinschaftliche interdisziplinäre Lösungen erarbeiten. Hierbei ist der Arbeitskreis inzwischen europaweit tätig.

Die Arbeit erfolgt in Unterarbeitsgruppen, wobei die Ergebnisse zentral vorgetragen werden. Gleichzeitig steht der Arbeitskreis potenziellen Anwendern als Ansprechpartner und Berater für zukünftige Chipkartenprojekte zur Verfügung. Kontaktadresse:

Arbeitskreis kontiki
c/o WEBER MARKETING
Wiesbadener Weg 6
65812 Bad Soden
Telefon: + 49-6196-766 66 50
Telefax: + 49-6196-766 66 51
E-Mail: weber@kontiki.net
Homepage: http://www.kontiki.net

Mit Funkanlagen kleiner Leistung befasst sich ein weiterer Verband von Firmen, die *LPRA* (Low Power Radio Association). Die LPRA wurde 1990 in Großbritannien als Stimme der „low-power-radio“-Industrie gegründet. Mittlerweile gehören der LPRA etwa 200 Firmen aus der ganzen Welt an. Neben RFID werden hier auch andere Funkdienste wie Telemetrie, Cordless-Audio, Bluetooth etc. betreut:

Low Power Radio Association
Brearley Hall
Luddenden Foot
Halifax, HX2 6HS
U.K.
Homepage: http://www.LPRA.org

14.1.2 Fachzeitschriften

Eine deutschsprachige Fachzeitschrift, die sich mit den Themen Barcode, Auto-ID und RFID beschäftigt, ist:

ident, Das Forum für Automatische Datenerfassung
Umschau Zeitschriftenverlag – Breidenstein GmbH
Stuttgarter Str. 18 – 24
D-60329 Frankfurt am Main
Homepage: http://www.ident.de

Englischsprachige Fachzeitschriften zu den selben Themen sind:

Supply Chain Systems
(ID-Systems)
174 Concord St.
Peterborough, NH 03458
U. S. A.
Homepage: http://www.idsystems.com
RFID-Ecke: http://www.idsystems.com/reader/RFID_Edge/index.htm

Frontline-Solutions
c/o Frontline Today
7500 Old Oak Blvd.
Cleveland, OH 44130
U. S. A
Homepage: http://www.frontlinetoday.com/

Automatic I. D. News
Tower House
Sovereign Park
Lathkill Street
Marktet Harborough
Leicestershire, LE 16 9EF
U. K.
Homepage: http://www.idnewseurope.com

Global ID-Magazine
Giroday & Partners
Piazza Duca D'Aosta, 10
20124 Milano
Italy
Homepage: http://www.global-id-magazine.com

Business Solutions
Corry Publishing
2840 West 21st Street
Erie, PA 16506
U. S. A.
Homepage: http://www.businesssolutionsmag.com/

RF-innovations
The old vicarage
Haley Hils
Halifax, HX3 6DR
U. K.

Smart Labels Analyst
The IDTechEx Web Journal
IDTechEx Limited
Downing Park Innovation Centre
Swaffham Bulbeck
Cambridge, CB5 0NB
U. K.
Homepage: http://www.idtechex.com

14.1.3 RFID im Internet

Ein Sammlung von *Links* zu RFID-Firmen und weiteren interessanten Seiten zu diesem Thema ist jeweils auf den folgenden Internetadressen verfügbar:

http://rfid-handbook.de/links/
http://members.surfbest.net/eaglesnest/rfidweb.htm
http://home.att.net/~randall.j.jackson/rfidlinks.htm

Eine gute Übersicht über den aktuellen Stand der Normung, die Arbeit des *AIM* sowie eine umfangreiche Firmenübersicht bietet die RFID-Homepage des AIM:

http://www.aimglobal.org/technologies/rfid/

Zu empfehlen ist auch der monatlich erscheinende *RFID-Newsletter* des AIM, der als E-Mail kostenlos versendet wird. Ältere Ausgaben sind auf folgender Seite verfügbar:

http://www.aimglobal.org/technologies/rfid/newsletter/
RFID_Newsletter_Issues.htm

Technische Spezifikationen und Informationen zum aktuellen Stand der Normierung von Auto-ID-Systemen aller Art (Barcode, RFID, etc.) sind auf der offiziellen *Auto-ID Homepage* verfügbar:

http://www.autoid.org/

Aktuelle Informationen über neue Entwicklungen und Produkte auf dem Gebiet der RFID und EAS, eine Zusammenstellung der wichtigsten RFID-Patente sowie eine Einführung in technische Grundlagen der wichtigsten RFID-Verfahren findet sich in den *Transponder News:*

http://rapidttp.co.za/transponder/
http://rapidttp.com/transponder

Eine Sammlung von *Pressemeldungen* und Firmenmitteilungen zu allen RFID-Themen ist auf folgender Homepage zu finden:

http://rfidjournal.com

Als Diskussionsforum im Internet steht das *RFID-Bulletin-Board* zur Verfügung: Das RFID-Bulletin Board soll als firmenneutrales Forum für den freien Informationsaustausch zwischen RFID-Anwendern, Entwicklern und allen am Thema RFID Interessierten dienen. Erlaubt und erwünscht sind Fragen, Beiträge und Diskussionen zu technischen und marktwirtschaftlichen Themen der RFID, Veranstaltungshinweise, Fragen zu Anwendungen, Normung von RFID-Systemen und Ähnliches:

http://rfid-handbook.de/forum/

Auch in zahlreichen Newsgroups des Usenets wird mittlerweile über RFID diskutiert. Einen schnellen Überblick verschafft man sich mit der Usenet-Suchfunktion bei google.com (als Suchbegriff „*rfid OR contactless*" eingeben):

http://groups.google.com

14.2 Relevante Normen und Vorschriften

26. BImSchV: „Sechsundzwanzigste Verordnung zur Durchführung des Bundes-Immissionsschutzgesetzes – Verordnung über elektromagnetische Felder", mit Erläuterungsteil; in: Wolfgang Kemmer, „Die neue *Elektrosmog-Verordnung*", H. Hoffmann GmbH Verlag, Berlin 1997, ISBN 3-87344-103-9.

CEPT T/R 60-01: „Low-power radiolocation equipment for detecting movement and for alert" (*EAS*). Technical Recommendation. http://www.ero.dk

CEPT T/R 22-04: „Harmonisation of frequency bands for Road Transport Information Systems (*RTI*)" (Mautsysteme, Frachtidentifikation). Technical Recommendation. http://www.ero.dk

EN 50061: „Sicherheit implantierbarer *Herzschrittmacher*". Vorschriften zum Schutz vor Fehlfunktion durch elektromagnetische Beeinflussung (entspricht VDE 0750). http://www.etsi.org

EN 300 220: „Electromagnetic compatibility and Radio spectrum Matters (ERM); Short Range Devices (*SRD*); Radio equipment to be used in the 25 MHz to 1 000 MHz frequency range with power levels ranging up to 500 mW;" http://www.etsi.org

Part-1: Technical characteristics and test methods

Part-2: Supplementary parameters not intended for conformity purposes

Part-3: Harmonized EN covering essential requirements under article 3.2 of the R&TTE Directive

EN 300 330: „Electromagnetic compatibility and Radio spectrum Matters (ERM);

Short Range Devices (*SRD*); Radio equipment in the frequency range 9 kHz to 25 MHz and inductive loop systems in the frequency range 9 kHz to 30 MHz"; http://www.etsi.org

Part-1: Technical characteristics and test methods

Part-2: Harmonized EN under article 3.2 of the R&TTE Directive

EN 300 440: „Radio Equipment and Systems (RES); Short range devices, Technical characteristics and test methods for radio equipment to be used in the 1 GHz to 25 GHz frequency range with power levels ranging up to 500 mW"; http://www.etsi.org

ETS 300 683: „Radio Equipment and Systems (RES); ElectroMagnetic Compatibility (EMC) standard for Short Range Devices (*SRD*) operating on frequencies between 9 kHz and 25 GHz"; http://www.etsi.org

EN 300 761: „Electromagnetic compatibility and Radio spectrum Matters (ERM); Short Range Devices (SRD); *Automatic Vehicle Identification* (AVI) for *railways* operating in the 2,45 GHz frequency range"; http://www.etsi.org

Part-1: Technical characteristics and methods of measurement

Part-2: Harmonized standard covering essential requirements under article 3.2 of the R&TTE Directive

EN 300 674: „Electromagnetic compatibility and radio spectrum matters (ERM); Road Transport and Traffic Telematics (RTTT); Technical characteristics and test methods for Dedicated Short Range Communications (DSRC) transmission equipment (500 kbit/s / 250 kbit/s) operating in the 5,8 GHz Industrial, Scientific and Medical (ISM) band"; http://www.etsi.org

EN 301 489: „Electromagnetic compatibility and radio spectrum matters (ERM); ElectroMagnetic Compatibility (EMC) standard for radio equipment and services"; http://www.etsi.org

Part-1: Common technical requirements

Part-2: Specific requirements for radio paging equipement

Part-3: Specific requirements for Short-Range Devices (SRD) operating on frequencies between 9 kHz and 25 GHz

Part-4: Specific requirements for fixed radio links and ancillary equipment and services

Part-5: Specific requirements for Private land Mobile Radio (PMR) and ancillary equipment (speech and non-speech)

Part-6: Specific conditions for Digital Enhanced Cordless Telecommunications (DECT) equipment

Part-7: Specific conditions for mobile and portable radio and ancillary equipment of digital cellular radio telecommunications systems (GSM and DCS)

Part-8: Specific requirements for GSM base stations

Part-9: Specific conditions for wireless microphones and similar Radio Frequency (RF) audio link equipment

Part-10: Specific conditions for First (CT1 and CT1+) and Second Generation Cordless Telephone (CT2) equipment

Part-11: Specific conditions for FM broadcasting transmitters

Part-12: Specific conditions for Earth Stations operated in the frequency ranges between 4 GHz and 30 GHz in the Fixed Satellite Service (FSS)

Part-13: Specific conditions for Citizens' Band (CB) radio and ancillary equipment (speech and non-speech)

Part-15: Specific conditions for commercially available amateur radio equipment

Part-16: Specific conditions for analogue cellular radio communications equipment, mobile and portable

Part-17: Specific requirements for Wideband data and HIPERLAN

Part-18: Specific requirements for Terrestrial Trunked Radio (TETRA)

Part-19: Specific conditions for Receive Only Mobile Earth Stations (ROMES) operating in the 1,5 GHz band providing data communications

Part-20: Specific conditions for Mobile Earth Stations (MES) used in the Mobile Satellite Services (MSS)

Part-22: Specific requirements for VHF aeronautical mobile and fixed radios

ERC/DEC 92-02: „CEPT/ERC Decision on the frequency bands to be designated for the coordinated introduction of Road Transport Telematic Systems“; http://www.ero.dk

ERC/DEC 97-10: „CEPT/ERC Decision on the mutual recognition of conformity assessment procedures including marking of radio equipment and radio terminal equipment“; http://www.ero.dk

ERC/DEC 01-01: „CEPT/ERC Decision: Non-specific short range devices in 6765 – 6795 kHz and 13.552 – 13.567 MHz“; http://www.ero.dk

ERC/DEC 01-02: „CEPT/ERC Decision: Non-specific short range devices in 26.957 – 27.283 MHz“; http://www.ero.dk

ERC/DEC 01-03: „CEPT/ERC Decision: Non-specific short range devices in 40.660 – 40.700 MHz“; http://www.ero.dk

ERC/DEC 01-04: „CEPT/ERC Decision: Non-specific short range devices in 868.0 – 868.6 MHz, 868.7 – 869.2 MHz, 869.4 – 869.65 MHz, 869.7 – 870.0 MHz“; http://www.ero.dk

ERC/DEC 01-05: „CEPT/ERC Decision: Non-specific short range devices in 2400 – 2483.5 MHz“; http://www.ero.dk

ERC/DEC 01-13: „CEPT/ERC Decision: Short range devices for inductive applications

	in 9 – 59,750 kHz, 59.750 – 60.250 kHz, 60.250 – 70 kHz, 70 – 119 kHz and 119 – 135 kHz“; http://www.ero.dk
ERC/DEC 01-14:	„CEPT/ERC Decision: Short range devices for inductive applications in 6765 – 6795 kHz, 13,553 – 13.567 MHz“; http://www.ero.dk
ERC/DEC 01-15:	„CEPT/ERC Decision: Short range devices for inductive applications in 7400 – 8800 kHz“; http://www.ero.dk
ERC/DEC 01-16:	„CEPT/ERC Decision: Short range devices for inductive applications in 26.957 – 27.283 MHz“; http://www.ero.dk
ERC/REC 01-06:	„CEPT/ERC Recommendation: Procedure for mutual recognition of type testing and type-approval for radio equipment“; http://www.ero.dk
ERC/REC 70-03:	„CEPT/ERC Recommendation 70-03 relating to the use of Short Range Devices (*SRD*)“; http://www.ero.dk
ISO 7810:	„Identification cards – Physical characteristics“
ISO 7816:	„Identification cards – Integrated circuit(s) cards with contacts“ Part-1: Physical characteristics Part-2: Dimensions and location of the contacts Part-3: Electronic signals and transmission protocols Part-4: Interindustry commands for interchange Part-5: Registration system for applications in IC Cards Part-6: Interindustry Data elements Part-7: Interindustry commands for Structured Card Query Language (SCQL) Part-8: Security architecture and related interindustry commands Part-9: Enhanced interindustry commands Part-10: Electronic signals and answer to reset for synchronous cards Part-11: Card structure and enhanced functions for multi-application use
ISO 9798:	„Information technology – Security techniques – Entity authentication“. Grundlagen und Beschreibung von Authentifizierungsverfahren.
ISO 10373:	„Identification Cards – Test methods“. Prüfmethoden für „Plastikkärtchen“; zum Prüfen des Kartenkörpers und der eingebauten Kartenelemente (Magnetstreifen, Halbleiterchips). Die Norm besteht aus folgenden Teilen: Part-1: General Part-2: Magnetic strip technologies Part-3: Integrated circuit cards (kontaktbehaftete Chipkarten) Part-4: Contactless integrated circuit cards (close-coupling) Part-5: Optical memory cards Part-6: Proximity cards (kontaktlose Chipkarten nach DIN/ISO 14443) Part-7: Vicinity cards (kontaktlose Chipkarten nch DIN/ISO 15693)

ISO 10374: „Container – Automatische Identifizierung" („*Freight containers – Automatic identification*"). Automatische Identifizierung von Fracht-Containern durch ein 2,45 GHz-Transpondersystem.

ISO 10536: „Identification cards – Contactless integrated circuit(s) cards". Kontaktlose Chipkarten in Close-coupling-Technologie. Die Norm besteht aus folgenden Teilen:

Part-1: Physical characteristics
Part-2: Dimensions and location of coupling areas
Part-3: Electronic signals and reset procedures
Part-4: Answer to reset and transmission protocols

ISO 11784: „Radio-frequency *identification of animals* – code structure"; Identifizierung von Tieren durch RFID-Systeme. Beschreibung der Datenstruktur.

ISO 11785: „Radio-frequency *identification of animals* – technical concept"; Identifizierung von Tieren durch RFID-Systeme. Beschreibung der RF-Übertragungsverfahren.

ISO 14223: „Radio-frequency *identification of animals* – Advanced Transponders":

Part-1: Air Interface
Part-2: Code and command structure

ISO 14443: „Identification cards – Proximity integrated circuit(s) cards":

Part-1: Physical characteristics
Part-2: Radio frequency interface
Part-3: Initialization and anticollision
Part-4: Transmission protocols

ISO 15693: „Identification cards – contactless integrated circuit(s) cards – Vicinity Cards"

Part-1: Physical characteristics
Part-2: Air interface and initialisation
Part-3: Protocols
Part-4: Registration of Applications/issuers

ISO 15961: „RFID for *Item Management*: Host Interrogator; Tag functional commands and other syntax features".

ISO 15962: „RFID for *Item Management*: Data Syntax".

ISO 15963: „Unique Identification of RF tag and Registration Authority to manage the uniqueness".

Part-1: Numbering System
Part-2: Procedural Standard
Part-3: Use of the unique identification of RF tag in the integrated circuit

ISO 18000: „ RFID for *Item Management*: Air Interface".

Part-1: Generic Parameter for Air Interface Communication for

		Globally Accepted Frequencies
	Part-2:	Parameters for Air Interface Communication below 135 kHz
	Part-3:	Parameters for Air Interface Communication at 13.56 MHz
	Part-4:	Parameters for Air Interface Communication at 2.45 GHz
	Part-5:	Parameters for Air Interface Communication at 5.8 GHz
	Part-6:	Parameters for Air Interface Communication - UHF Frequency Band (868 / 915 MHz)

ISO 69873: „Werkzeuge und Spannzeuge mit Datenträgern – Maße für Datenträger und deren Einbauraum“

S-918-00: AAR Manual of Standards and Recommended Practices Railway Electronics, S-918: „Standard for Automatic Equipment Identification“ Adopted: 1991; Revised: 1995, 2000

VDE 0848: „Sicherheit in elektromagnetischen Feldern“ (Teil 2 – Schutz von Personen im Frequenzbereich 30 kHz bis 300 GHz, Teil 4A2 – Schutz von Personen im Frequenzbereich 0 Hz bis 30 kHz)

VDE 0750: Siehe EN 50061

VDI 4470 - Teil 1: „*Warensicherungssysteme* – Kundenabnahmerichtlinie für Schleusensysteme“; Ermittlung der Erkennungsrate und Detektionsrate bei der Inbetriebnahme von EAS-Systemen vor Ort.

VDI 4470 - Teil 2: „*Warensicherungssysteme* – Kundenabnahmerichtlinie für Deaktivierungsanlagen“; Prüfung von Deaktivierungsanlagen für EAS-Systeme.

14.2.1 Bezugsquellen für Normen und Vorschriften

DIN, *ISO*, *VDE*, *VDI*, und andere *Normen* können (kostenpflichtig) in Deutschland bezogen werden bei:

Beuth Verlag GmbH,
Burggrafenstr. 3
D-10772 Berlin
Germany

Telekommunikationsnormen (EN, I-ETS) können kostenlos (als download) bezogen werden bei:

European Telecommunications Standards Institute (*ETSI*)
650 Route des Lucioles
F-06921 Sophia Antipolis
CEDEX-France
Homepage: http://www.etsi.org

Nationale *Regulierungsvorschriften* der Bundesrepublik Deutschland sowie das „Amtsblatt“ sind erhältlich bei der

Regulierungsbehörde für Telekommunikation und Post (*RegTP*)
Canisiusstrasse 21
D-55122 Mainz
Germany
Homepage: http://www.regtp.de

Eine Übersicht zur Regulierung in den 44 Mitgliedstaaten der CEPT sowie alle Dokumente des European Radiocommunication Committee (ERC) können kostenlos (als download) bezogen werden bei:

European Radiocommunications Office (*ERO*)
Peblingehus
Nansensgade 19
DK-1366 Copenhagen
Homepage: http://www.ero.dk

Allgemeine Hinweise zur *CE-Kennzeichnung* im Binnenmarkt der EG, sowie Hinweise zur *R&TTE-Directive* (*1999/5/EG*) für Funkanlagen und Telekommunikationsendeinrichtungen (radio and telecommunications terminal equipment) sind folgenden Seiten zu entnehmen:

http://europa.eu.int/comm/enterprise/newapproach/legislation/guide/legislation.htm

http://europa.eu.int/comm/enterprise/rtte/

14.3 Literatur

[abramson] Abramson, N.: Multiple access in wireless digital networks. ALOHA Networks Inc., San Francisco; http://www.alohanet.com/sama/samatppr.html

[ampélas] Ampélas, A.: Towards a city pass, ICARE-CALYPSO, two European projects for ticketing, electronic money and city services. 1998

[anselm95] Anselm, D.: Diebstahl von Kraftfahrzeugen mit Wegfahrsperren. Allianz-Zentrum für Technik, München

[anselm96] Anselm, D.: Voller Erfolg der elektronischen Wegfahrsperre. Allianz-Zentrum für Technik, München 21.03.1996

[atmel] Atmel: RFID-ASIC Fact Sheet. März 1994

[atmel-rf08] Atmel Corporation: Asset Identification EEPROM, AT24RF08. San Jose, CA, U.S.A., 1998; http://www.atmel.com

[bachthaler] Bachthaler, R.: Auswahlkriterien für elektronische Datenspeicher. In: ident, Heft 3/1997

[baddeley-N242] Baddeley, D., Ruiz, C.: Test PICC – Type B Proximity Cards, Technical Contribution – ISO/IEC JTC1/SC17/WG8/TF2 N242. Motorola, Genf 01/1998

[baur] Baur, E.: Einführung in die Radartechnik. Teubner Studienskripten, Stuttgart 1985

[berger] Berger, D.: Contactless smart card standards and new test methods. In: Smart Card Technologies and applications – second workshop on smart card technologies and applications, IEEE Tagungsband, Berlin, 16.11.1998

[bistatix] BiStatix™ Technology: A Whitepaper, Version 4.1. Motorola Inc., March 1999

[bögel-98] Bögel, G. vom, Scherer, K., Bollerott, M.: Transponder für Ident- und Telemetrie-Anwendungen. In: Kommunikation in der Logistikkette: Automatische Identifikation, Tagungsband SMAID 98, Umschau Zeitschriftenverlag

[bögel-2001] Bögel, G. vom, Niederholz, M.: Transpondersystem zur Messung des Augeninnedrucks. In: Electronic Embedded Systeme, Heft 05/2001; http://www.systeme-online.de

[borgonovo] Borgonovo, F., Zorzi, M.: Slotted ALOHA and CDPA – A comparison of channel access performance in cellular systems. Wireless Networks, 3-1997

[bosse] Bosse, G.: Grundlagen der Elektrotechnik – Das elektrostatische Feld und der Gleichstrom. B.I.-Hochschultaschenbücher Band 182, Mannheim 1969

[braunkohle] Elektronische Kennzeichnung von Gefahrstoffen. In: Braunkohle, Ausgabe 2/1997 (März, April)

[bruhnke] Bruhnke, M.: Kontaktlose Chipkartentechnologie in der Automobilindustrie (Immobilizer). Vortragsskript zur ChipCard 96, Eching 1996

[bührlen] Bührlen, M.: Mikron-Chip macht Gasflaschen intelligent. In: Card-Forum, Heft 11/1995

[caspers] Caspers, F.: Aktuelle Themen der Kfz-Versicherung. Allianz Versicherungs-AG, München, 25.03.1997

[champion-chip] Werbeschrift: Real-Time ChampionChip – Das Zeitmess- und Identifikationssystem für den aktiven Sport. Sport Team, Drebber

[couch] Couch II, Leon, W.: Digital and analog communication systems. Prentice-Hall Inc, London 1997

[czako] Czako, J.: Neue Innovationsplattform für Verkehrsunternehmen. In: Tagungsband – OMNICARD 1997, in-Time – Berlin 1997

[dobrinski] Dobrinski, Krakau, Vogel: Physik für Ingenieure. B. G. Teubner, Stuttgart 1984

[doerfler] Doerfler: Mikroelektronische Authentifizierungssysteme für die Serienausstattung von Kfz. In: GME-Fachbericht 13, Identifikationssysteme und kontaktlose Chipkarten. vde-Verlag, Berlin 1994

[droschl] Droschl, G.: Der Markt für kontaktlose Chipkarten – Von der Vision zur Realität. Tagungsband – OMNICARD 1997, in-Time, Berlin 1997.

[dupont] Anderson, Russel: The use of Polymer Thick Film for printing of Contactless Smartcard Coils. DuPont Photopolymer & Electronic Materi-

als. In: Smart Card Technologies and applications – second workshop on smart card technologies and applications. IEEE Tagungsband, Berlin, 16.11.1998

[dziggel] Dziggel, K. P.: The SOFIS Auto-ID Identification System. Vortragsmanuskript zu SMAID 97. Uni Dortmund, 1997

[ernst] Ernst, H.: EURO-Balise S21 – Meilenstein für das ETCS. ETR – Eisenbahntechnische Rundschau 45, Oktober 1996

[ean.ucc-00] EAN.UCC: RFID and the EAN.UCC System. GTAG Project Team. EAN-Internationa & UCC Inc., 2000; http://www.ean-int.org

[ean.ucc-99] EAN.UCC: White pager on Radio Frequency Identification. EAN-International & UCC Inc., November 1999; http://www.ean-int.org

[erc70-03] ERC recommendation 70-03 (Tromso 1997 and subsequent amendments) relating to the use of short range devices (SRD). Recommendation adopted by the frequency management, radio regulatory and spectrum engineering working groups, European Radiocommunications Committee (ERC), Februar 2002; http://www.ero.dk/

[erc-rep-084] ERC Report 84: CEPT marking and the R&TTE directive. European Radiocommunications Committee (ERC), Lisbon, Juni 2000; http://www.ero.dk/

[ero] E.R.O.: Report of project team SE24 on the sharing between the inductive systems and radiocommunication systems in the band 9 ... 135 kHz. 6. Oktober 1995

[escort-deere] Escort Memory Systems, RFID Application – Case Study: Agricultural Equipment Manufacturer, John Deere Company. Escort Memory Systems, Scotts Valley, California, 1998

[escort-gm] Escort Memory Systems, RFID Application – Case Study: Automotive Engine Manufacturer, General Motors. Escort Memory Systems, Scotts Valley, California, 1998

[escort-schneider] Escort Memory Systems, RFID Application - Case Study: Meat Processor, J. M. Schneider Meats. Escort Memory Systems, Scotts Valley, California, 1998

[euro-id] EURO I.D., Datenblatt: Anwendungsbeispiele für das trovan® RF-Identifikationssystem – Dienstleistungen – Abfall – Logistik. EURO I.D. Identifikationssysteme GmbH & Co. KG, Weilerswist

[fislage] Fislage, M., Friedrich, U.: Palomar: RFID bis 4 Meter. In: elektronik industrie, Januar 2002, Hüthig Verlag, Heidelberg

[fleckner] Fleckner, H.: Dioden und ihre Anwendung in Frequenzvervielfachern für den Mikrowellenbereich. In: UKW-Berichte 1/1987, Verlag UKW-Berichte, Baiersdorf

[fliege] Fliege, N.: Digitale Mobilfunksysteme. B. G. Teubner, Stuttgart 1996

[fricke] Fricke, H., Lamberts, K., Patzelt, E.: Grundlagen der elektrischen Nachrichtenübertragung. B. G. Teubner Verlag, Stuttgart 1979

[friedrich] Friedrich, U., Annala, A.: Palomar – a European answer for passive UHF RFID applications. RFID Innovations 2001 converence; http://vicarage-publications.co.uk

[fries] Fries, M., Kossel, M.: Aperture Coupled Patch Antennas for an RFID-System using Circular Polarization Modulation. ETH Zürich; http://www.ifh.ee.ethz.ch/~kossel/publikationen.html

[fumy] Fumy, W.: Kryptographie. R. Oldenburg Verlag München Wien 1994

[g&d1] Datenblatt – Giesecke & Devrient: Referenzprojekte – kontaktlose Chipkarte RM8k-MIFARE®. München 1997

[geers] Geers, R., Puers, B., Goedseels, V., Wouters, P.: Electronic Identification, Monitoring and Tracking of animals. CAB International, Wallingford - U. K., 1997

[gillert] Gillert, F.: Quellensicherung auf Basis von EAS-Technologien. In: ident, Heft 3/1997

[glesner] Glesner, D.: Erst simulieren – dann bauen, Rechnerische Behandlung von Magnetantennen. In: CQ DL, Heft1/1997, DARC-Verlag Baunatal; http://www.darc.de

[glogau] Glogau, R.: Geheimsache. In: DOS, Heft 12/94, DMV Verlag

[golomb] Golomb, W. S.: Shift Register Sequences. Aegean Park Press, Laguna Hills – California, 1982

[gtag-rp] GTAG: Minimum protocol & performance requirement - part 1: resolution process. GTAGprN0150drMPPR, Version 1.3, EAN-Internationa & UCC Inc., 2001; http://www.ean-int.org

[haber] Haberland, M.: Gedächtnis ohne Ladungsträger, Ferroelektrische RAMs – die Speicher der Zukunft. In: Elektronik 25/1996

[haghiri] Haghiri, Y., Tarantino, T.: Vom Plastik zur Chipkarte. Carl Hanser Verlag, München 1999

[hamann-p] Hamann, P.: Der Chip als Fahrkarte. In: Verkehrstechnischer Express 2/96

[hamann-u] Hamann, U.: Optimierte Halbleiter-Chips für kontaktlose Chipkarten-Applikationen. Tagungsband – OMNICARD 1997, in-Time, Berlin 1997

[hanex] Sales-presentation: Hanex RFID-System for Metal. HXID-System, Hanex Co., Ltd., Japan

[har-lep] Mathcad file har-lep.mcd: Vo vs. Pin calculator, based upon Harrison & Polozec, "Nonsquarelaw Behavior of Diode Detectors Analyzed by the Ritz-Galerkin Method," IEEE Trans MTT, Vol. 42, No. 5, May, 1994; http://rfglobalnet.com

[hawkes-97] Hawkes, P.: Singing in Concert – Some of the possible methods of orchestrating the operation of multiple RFID-Tags enabling fast, efficient reading without singulation. Amsterdam, 19.02.1997

[herter] Herter, E., Lörcher, W:. Nachrichtentechnik – Übertragung, Vermitt-

lung und Verarbeitung. 4. Auflage, Carl Hanser Verlag, München 1987

[homburg] Homburg, D.: Barcodeleser in der Automobilindustrie. In: ident Heft 1/1996, Umschau Zeitschriftenverlag, Frankfurt 1996

[hp-956-4] Application Note 956-4: Schottky Diode Voltage Doubler. Hewlett Packard

[hp-963] Application Note 963: Impedance Matching Techniques for Mixers and Detectors. Hewlett Packard

[hp-986] Application Note 986: Square Law and Linear Detection. Hewlett Packard

[hp-988] Application Note 988: All Schottky Diodes are Zero Bias Detectors. Hewlett Packard

[hp-1088] Application Note 1088: Designing the virtual Battery. Hewlett Packard

[hp-1089] Application Note 1089: Designing Detectors for RFID Tags. Hewlett Packard

[hsms-286x] Technical Data Sheet: Surface Mount Microwave Schottky Detector Diodes - HSMS-286x Series. Agilent Technologies.

[ident1] ident, Ausgabe 1/96, UMSCHAU Zeitschriftenverlag, 60037 Frankfurt am Main

[idesco] IDESCO Technical Information: IDESCO MICROLOG® 1k Memory. Fa. Idesco, Oulu-Finland

[isd] Integrated Silicon Design PTY LTD (ISD): Training Manual. Adelaide – Australia, 1996

[itt75] Intermetall Semiconductors ITT: Kapazitätsdioden, Schalterdioden, PIN-Dioden – Grundlagen und Anwendungen. Freiburg 1975

[jörn] Jörn, F.: WIE – Elektronische Diebstahlsicherung. Manuskript (veröffentlicht 1994 in FAZ)

[jurianto-1] Jurianto, J., Chia, M. Y. W.: Voltage, Efficiency Calculation and Measurement of Low Power Rectenna Rectifying Circuit. Singapore Science Park, Centre for Wireless Communications; http://leonis.nus.edu.sg

[jurianto-2] Jurianto, J., Chia, M. Y. W.: Zero Bias Schottky Diode Modell For Low Power, Moderate Current Rectenna. Singapore Science Park, Centre for Wireless Communications; http://leonis.nus.edu.sg

[jurisch] Jurisch, R.: Coil on Chip – monolithisch integrierte Spulen für Identifikationssysteme. In: GME-Fachbericht, Identifikationssysteme und kontaktlose Chipkarten. vde-Verlag, Berlin 1994

[jurisch-95] Jurisch, R.: mic3, Die neue kontaktlose Chipkartentechnologie. In: Card Forum, Heft 3/1995

[jurisch-98] Jurisch, R.: Transponder mit integrierter Sensorik. In: Elektronik, Heft 18/1998

[kern-94] Kern, C.: Injektate zur elektronischen Tieridentifizierung. Arbeitspapier 205, herausgegeben vom Kuratorium für Technik und Bauwesen

in der Landwirtschaft e. V. (KTBL), Darmstadt, März 1994, (KTBL-Schriften-Vertrieb im Landwirtschaftsverlag GmbH, Münster-Hiltrup)

[kern-97] Kern, C., Wendl G.: Tierkennzeichnung – Einsatz elektronischer Kennzeichnungssysteme in der intensiven und extensiven Rinderhaltung am Beispiel von Deutschland und Australien. In: Landtechnik, Heft 3/ 1997

[kern-dis97] Kern, C. J.: Technische Leistungsfähigkeit und Nutzung von injizierbaren Transpondern in der Rinderhaltung. Forschungsbericht Agrartechnik – Nr. 316, Dissertation, Landtechnik Weihenstephan, 1997, (Bezugsquelle: Institut für Landtechnik Weihenstephan, Vöttinger Strasse 36, D-85354 Freising)

[klindtworth] Klindtworth, M.: Untersuchung zur automatisierten Identifizierung von Rindern bei der Qualitätsfleischerzeugung mit Hilfe injizierbarer Transponder. Forschungsbericht Agrartechnik – Nr. 319, Dissertation, Technische Universität München, 1998, (Bezugsquelle: Technische Universität München, Institut und Bayerische Landesanstalt für Landtechnik, Vöttinger Strasse 36, D-85254 Freising)

[knott] Knott, E. F.: Radar Cross Section. Artech House, London

[koch] Koch, D., Gahr, P.: Elektronische Schließsysteme. In: Baumeister – Zeitschrift für Architektur. Heft 3/1998, Callwey Verlag, München

[kossel] Kossel, M., Benedicter, H.: Circular Polarized Aperture Coupled Patch Antennas for an RFID System in the 2.4 GHz ISM Band. ETH Zürich; http://www.ifh.ee.ethz.ch/~kossel/publikationen.html

[kraus] Kraus, J. D.: Antennas. 2. Auflage, McGraw-Hill Book Company

[kraus-g] Kraus, G. (DG8GB): Moderner Entwurf von Patch-Antennen – Teil 1 in: UKW-Berichte, Ausgabe 3/2000, Teil 2 in: UKW-Berichte Ausgabe 4/2000; http://www.ukw-berichte.de

[krug] Krug, F. (DJ3RV): Mikrostreifenleitungs-Antennen. In: UKW-Berichte, Ausgabe 2/1985; http://www.ukw-berichte.de

[kuchling] Kuchling, H.: Taschenbuch der Physik. Verlag Hari Deutsch, Thun und Frankfurt/Main 1985

[lehmann] Lehmann, U.: Aktivitäten von Siemens zur Einführung der EURO-Balise S21. In: SIGNAL + DRAHLT (88) 12/96

[leitz] Fa. Leitz, Intelligente Werkzeuge für mehr Sicherheit und Komfort. Firmenschrift: Fa. Leitz, Oberkochen

[lee-710] Lee, Y.: antenna circuit design. AN710 – application note – microID 13,56 MHz - RFID system design guide. Microchip 1999; http://www.microchip.com

[lemme] Lemme, H. Der Mikrorechner in der Brieftasche. In: Elektronik 20/ 1993, 22/1993, 26/1993, Franzis-Verlag, München

[link] Link, W.: Identifikation mit induktiven Systemen. In: ident, Heft 2/ 1996 und 1/1997

[longo] Longo, G.: Secure digital communications. Springer Verlag New York 1993

[lorenz-98/1] Lorenz, H.: Kontaktlose Anwendung elektronischer Geldbörsen im Verkehrswesen. In: Die Chipkarte auf dem Weg zu Akzeptanz und Nutzung. Konferenzdokumentation OMNICARD 1998, Berlin, 1998

[lorenz-98/2] Lorenz, H.: Der INTER-MOBIL-PASS – Multifunktionale Nutzung der Geldkarte für kontaktlose Anwendungen im Verkehrs- und Dienstleistungsbereich. Konferenzdokumentation, Verkehrswissenschaftliche Tage, 1998

[lorenz-98/3] Lorenz, H.: FlexPass: Kontaktloses Medium für Bus und Bahn. In: B. BI., Heft 4/1998

[mäusl] Mäusl, R.: Digitale Modulationsverfahren. Hüthig Verlag, Heidelberg 1985

[mansukhani] Mansukhani, A.: Wireless Digital Modulation. In: Applied Microwave & Wireless, Nov./Dez. 1996

[meinke] Meinke, H., Gundlach, F. W.: Taschenbuch der Hochfrequenztechnik. 5. Auflage, Springer Verlag, Berlin/Heidelberg 1992

[miehling] Miehling, M.: Die Transpondertechnik in der Praxis – Hightech für die Sicherheit. In: W&S, Heft 10/1996, Hüthig GmbH, Heidelberg

[morel] Morel, J.-P., Vilaseca, A.: Doppler-Radar im 10 GHz- Amateurband. In: UKW-Berichte 4/1991, UKW-Verlag, Baiersdorf 1991; http://www.ukw-berichte.de

[mühlberger] Mühlberger, A.: High speed public encryption on contactless smart cards. Philips Semiconductors Gratkorn GmbH, A-Gratkorn, 2001; http://www.semiconductors.philips.com/identification

[nührmann] Nührmann, D.: Professionelle Schaltungstechnik. Franzis Verlag, München 1994,

[osborne] Osborne: The EAN.UCC GTAG (TM) Project. EAN-International & UCC Inc.; http://www.ean-int.org

[palomar-18000] ISO (WD)18000-6 Mode 3, Annex 4 – Delta RCS definition. PALOMAR submission

[pana] Panasonic, Technical Data Sheet: Features of ferroelectric nonvolatile memory.

[pepperl-k&e] Fa. Pepperl & Fuchs: Mikrowellen-Identsystem rationalisiert Montage. In: Konstruktion & Engineering, Nr. 1, Januar 1998

[pepperl-bmw] Fa. Pepperl & Fuchs: Mikrowellen-Identifikationssysteme in der Fertigung bei BMW. Pepperl & Fuchs, Mannheim

[pepperl-fab] Fa. Pepperl & Fuchs: Fabrikautomation – Produktübersicht Identifikationssysteme. Pepperl & Fuchs, Mannheim

[paul] Paul, R.: Elektrotechnik 1 – Felder und einfache Stromkreise. 3. Auflage, Springer Verlag Berlin, Heidelberg 1993

[pein] Pein, R.: Hilfe bei Prüfungsfragen – Prüfsummenverfahren. DOS, Heft

2, 1996

[philipp] Philipp, S.: CISC vs. RISC and a plea for peace. Enhanced Microcontroller Architecture for Smart Card ICs. Philips Semiconductors, D-Hamburg, 2001; http://www.semiconductors.philips.com/identification

[philmag] Ferrite roof antennas for RF-identification transponders. Datenblatt, Philips Components, August 1994

[plotzke] Plotzke, O., Stenzel, E., Frohn, O.: Elektromagnetische Exposition an elektronischen Artikelsicherungsanlagen. Forschungsgemeinschaft für Energie und Umwelttechnologie – FGEU mbH, im Auftrag der Bundesanstalt für Arbeitsmedizin, Berlin 1994

[prawitz] Prawitz, U.: Ident-Systeme in der Müllentsorgung – Kostensenkung für Bürger und Kommunen. In: Ident, Heft 1/1996

[r&tte] The Radio Equipment and Telecommunications Terminal Equipment Directive (1999/5/EC); http://europa.eu.int/comm/enterprise/rtte/

[rankl] Rankl, W., Effing, W.: Handbuch der Chipkarten. 2. Auflage, Carl Hanser Verlag, München 1996

[regtp-61-00] Verfügung 61/2000: Allgemeinzuteilung von Frequenzen für die Benutzung durch die Allgemeinheit für induktive Funkanlagen des nichtöffentlichen mobilen Landfunks (nömL); Amtsblatt 12, Regulierungsbehörde für Telekommunikation und Post, Bonn, 28. Juni 2000; http://www.regtp.de

[regtp-73-00] Verfügung 73/2000: Allgemeinzuteilung von Frequenzen für die Benutzung durch die Allgemeinheit für Funkanlagen geringer Leistung des nichtöffentlichen mobilen Landfunks (nömL) in ISM Frequenzbereichen; SRD (Short Range Devices); Amtsblatt 18, Regulierungsbehörde für Telekommunikation und Post, Bonn, 20. September 2000; http://www.regtp.de

[reichel] Reichel, K.: Praktikum der Magnettechnik. Franzis Verlag, München 1980

[reindl-1] Reindl, L., Mágori, V.: Funksensorik mit passiven Oberflächenwellen-Komponenten (OFW). VDI-Reihe 8: Mess-, Steuerungs- und Regeltechnik (Nr. 515), S. 62–79, 1995

[reindl-2] Reindl, L.: Passive wireless identification system using SAW devices. Vortrag auf der AMAA 1996, unveröffentlichtes Vortragsskript

[reindl-3] Reindl, L., Scholl, G., Ostertag, T., Scherr, H., Wolff, U., Schmidt, F.: Theory and application of passive SAW radio transponders as sensors. In: IEEE, Transaction on Ultrasonics, Ferroelectrics and Frequency Control, Vol. 45, No. 5, Sept. 1998, S. 1281–1292

[reindl-4] Reindl, L.: Passive funkauslesbare Identifikationssysteme. unveröffentlichtes Skript

[reindl-5] Reindl, L., Scholl, G., Ostertag, T., Schmidt, F., Pohl, A.: Funksensorik und Identifikation mit OFW-Sensoren. In: Sensortagung Bad Nauheim, ITG/GMA Fachbericht 148 – Sensoren und Messtechnik, S. 77–86, VDE Verlag, 1998

[reindl-6] Reindl, L., Scholl, G., Ostertag, T., Pohl, A., Weigel, R.: Wireless remote identification and sensing with SAW sensors. In: Proc. IEEE 1998, MMT/AP International Workshop on Commercial Radio Sensor and Communication Techniques, S. 83–96, München, 1998

[reindl-7] Pohl, A., Reindl, L.: Measurement of physical parameters of car tires using passive SAW sensors. In: AMAA – Advanced Microsystems for Automotive Applications, S. 250–262, Springer Verlag Berlin, 1998

[reindl-8] Bulst, W.-E., Fischerauer, G. Reindl, L.: State of the art in wireless sensing with surface acoustic waves. In: Proceedings of the 24th Annual Conference of the IEEE Industrial Electronics Society IECON 1998, S. 2391–2396

[reindl-9] Reindl, L., Scholl, G., Ostertag, T., Seisenberger, C., Hornsteiner, J., Pohl, A.: Berührungslose Messung der Temperatur mit passiven OFW-Sensoren. In: Tagungsband VDI/GMA – Temperatur 1998, VDI-Berichte Nr. 1379, S. 93–98

[rothammel] Rothammel, K.: Antennenbuch. 7. Auflage; 1981, Franckh'sche Verlagsbuchhandlung, W. Keller & Co., Stuttgart 1981; http://www.darc.de

[roz] Roz, T., Fuentes, V.: Using low power transponders and tags for RFID applications. Firmenschrift, EM Microelectronic Marin, CH-Marin

[rueppel] Rueppel, R. A.: Analysis and Design of Stream Ciphers, Springer Verlag Heidelberg 1986

[ruppert] Ruppert, H.: Identifizierungssysteme mit zusätzlichen Sensorfunktionen. In: GME-Fachbericht Nr. 13 – Identifikationssysteme und kontaktlose Chipkarten. vde-Verlag, Berlin 1994

[sander] Sander, R., Mollik, H.: Ein guter Partner – RF-Identifikation in der Logistik löst Kundenprobleme. In: ident, Heft 3/97, Umschau Zeitschriftenverlag, Frankfurt 1997

[schenk] Schenk, C.: Identifikationssysteme in der Automobilindustrie. In: ident, Heft 2/97, Umschau Zeitschriftenverlag, Frankfurt 1997

[schmidhäusler] Schmidhäusler, F.: Zutrittskontrolle richtig planen – Techniken, Verfahren, Organisation, Hüthig Verlag, Heidelberg 1995

[schürmann-93] Schürmann, J.: TIRIS – Leader in Radio Frequency Identification Technology. Texas Instruments Technical Journal, November/Dezember 1993

[schürmann-94] Schürmann, J.: Einführung in die Hochfrequenz-Identifikations-Technologie. In: GME-Fachbericht Nr. 13, Identifikationssysteme und kontaktlose Chipkarte, vde-verlag, Berlin, 1994

[seidelmann] Seidelmann, C.: Funkwellen für Container – Automatische Identifizierung im kombinierten Verkehr. In: ident 4/1997, Umschau Zeitschriftenverlag, Frankfurt

[sickert] Sickert, K.: Kontaktlose Identifikation – eine Übersicht. In: GME-Fachbericht Nr. 13, Identifikationssysteme und kontaktlose Chipkarte, vde-verlag, Berlin, 1994

[sickert-90] Sickert, K.: Von der kontaktbehafteten zur kontaktlosen Chipkarte. In: Weinerth, Hans (Hg.), Schlüsseltechnologie Mikroelektronik – Investitionen in die Zukunft, Franzis-Verlag, München 1990

[siebel] Siebel, W.: KW-Spezial-Frequenzliste. Siebel Verlag Wachtberg-Pech, 1983

[sofis] Siemens AG.: Datenblatt: SOFIS – das sichere Ortungs- und Auto-ID-System für Verkehrsunternehmen. Siemens AG, Bereich Verkehrstechnik, Berlin (ohne Datumsangabe)

[suckrow] Suckrow, S.: Das Smith-Diagramm. Funkschau-Arbeitsblätter, In: Funkschau, Heft 10/97, Franzis Verlag, München

[tagmaster] Datenblatt: Mark Tag™ S1255, multiple access read-only-card. TagMaster AB, S-Kista 1997

[tanneberger] Tanneberger, V.: Informationsübertragung im Straßenverkehr mit passiven, batterielosen Mikrowellen-Transpondern. Braunschweig 1995, Verlag Shaker

[temic] TEMIC – Telefunken microelektronic GmbH: Remote Control and Identification Systems, Design Guide, D-Heilbronn, August 1977

[ti-96] Texas Instruments Deutschland GmbH: Standard Transponder Specifications. 06/1996

[tietze] Tietze, U., Schenk, Ch.: Halbleiter Schaltungstechnik, 7. Auflage, Springer-Verlag, Berlin 1985

[töppel] Töppel, M.: Zehn Milliarden Zugriffszyklen – Prozessgesteuerte Identifikationssysteme. In: elektro AUTOMATION, Heft 4/1996, Konradin Verlag, Leinfelden-Echterdingen

[ullerich-1] Ullerich, S.: Herstellung und Charakterisierung ein- und mehrlagiger flexibler Mikrospulen für medizinische Telemetrieanwendungen, Rheinisch-Westfälische Technische Hochschule (RWTH) Aachen, Dezember 2001; http://opac.bib.rwth-aachen.de/

[ullerich-2] Ullerich, S., Mokwa, G., Bögle, G. vom, Schnakenberg, U.: A foldable artificial lens with an integrated transponder system for measuring inraocular perssure. Techn. Dig. 11th International congress on silid-state sensors and actuators TRANSDUCERS '01 and EUROSENSORS XV, Munich, Germany, June 10-14 2001, pp. 1224 – 1227

[ullerich-3] Ullerich, S., Mokwa, G., Bögle, G. vom, Schnakenberg, U.: Foldable micro coils for a transponder system measuring intraocular pressure. Procedings of Sensors 2001, May 8-10 2001, Nuremberg, Germany, Vol. 1, pp. 319 – 342 [ullerich-4] Ullerich, S., Mokwa, G., Bögle, G. vom, Schnakenberg, U.: micro coils for an advanced system for measuring intraocular pressure. Techn. Dig. 1st annual International IEEE-EMBS Special Topic Conference on Microelectronics in Medicine & Biology, Lyon, France, October 12-14 2000, pp. 470 – 474

[vcd] Krebs D., unveröffentlichte Manuskripte, Venture Development Corp.; http://www.vdc-corp.com

[virnich] Virnich, M., Posten, K.: Handbuch der codierten Datenträger, Verlag TÜV Rheinland GmbH, Köln 1992

[vogt] Fa. Vogt Elektronik: Bauteile-Handbuch 1990, Passau 1990

[weisshaupt] Weisshaupt, B., Gubler, G.: Identifikations- und Kommunikationssysteme, Datenträger verändern die Automation, Die Bibliothek der Technik, Band 61, verlag moderne industrie AG & Co., Landsberg/Lech 1992

[Wolff] Wolff, H.: Optimaler Kfz-Diebstahlschutz durch elektronische Wegfahrsperren. In: GME-Fachbericht Nr. 13, Identifikationssysteme und kontaktlose Chipkarten, vde-Verlag, Berlin 1994

[zechbauer] Zechbauer, U.: Mit amorphen Metallen auf der Jagd nach Ladendieben. In: Forschung und Innovation Ausgabe 1/1999, Siemens AG, München, http://www.forschung-innovation.de

[zorzi] Zorzi, M.: Mobile radio slotted ALOHA with capture and diversity, Wireless Networks, 1-1995

14.4 Platinenlayouts

14.4.1 Testkarte nach ISO 14443

Dieser Abschnitt enthält Layout, Bestückungsplan und Jumperstellungen der in Kapitel 10.1.1.2 „Schaltungsbeispiel – HF-Interface für ISO-14443 Transponder“, S. 284, vorgestellten Schaltung. Es handelt sich dabei um eine kontaktlose Testkarte, mit deren Hilfe ein Lastmodulationssignal nach ISO 14443 an einem Lesegerät[41] erzeugt werden kann.

Das Layout der Testkarte steht auch auf der Homepage des Autors als Postscript- und Gerber-Datei zum Download zur Verfügung: http://rfid-handbook.de/downloads/

Tabelle 14.1: Stellung der Jumper zur Einstellung der unterstützten Modulationsverfahren.

Jumper Einstellungen*	JP1	JP2	JP3	JP4	JP5	JP6	JP7	JP8	JP9
Nicht senden			3.3						
Manchester 1111	1.3	2.2	3.3	unten					
Manchester 1010	1.3	2.1	3.3	unten					
BPSK 1111 **	1.3	2.3	3.3						
BPSK 1010, Phase 0°	1.2	2.3	3.3		rechts				
BPSK 1010, Phase +π/2	1.2	2.3	3.3		links				
BPSK externe Daten, Phase 0°	1.1	2.3	3.1	unten	rechts				
BPSK externe Daten, Phase +π/2	1.1	2.3	3.1	oben	links				
R-Modulation						aus	aus	rechts	unten
C-Modulation						ein	ein	links	oben

* Die Karte wird so gehalten, dass sich die Antenne rechts befindet.
** Hilfsträger unmoduliert.

[41] Lesegerät: 13,56 MHz. Kontaktlose Chipkarte: Lastmodulation mit Hilfsträger 847 kHz. Hilfsträger ASK-moduliert mit Machester-Codierung, oder BPSK (2-FSK)-moduliert mit NRZ-Codierung.

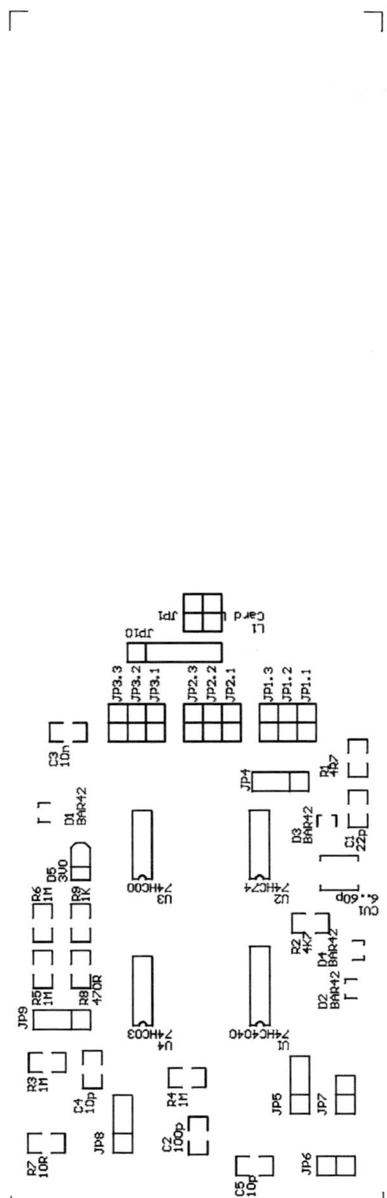

Abb. 14.1 Bestückungsplan der ISO 14443-Testkarte. In der oberen Hälfte der Platine befindet sich die Antenne des Transponders.

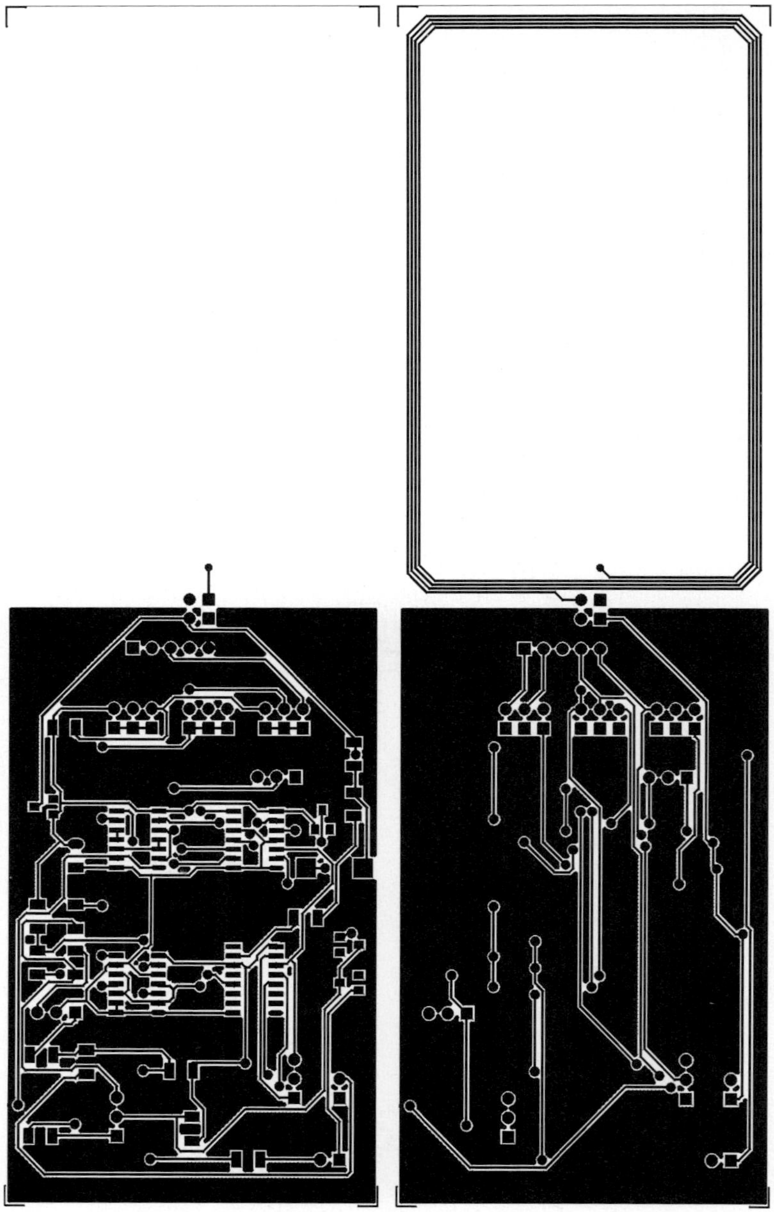

Abb. 14.2 Platinenlayout der Testkarte, Vorder- und Rückseite.

Tabelle 14.2: Stückliste der Testchipkarte

Bauteil	Wert / Typ	Bemerkung
C1	22 pF	
CV1	6 ... 60 pF	Abgleich der Transponderresonanzfrequenz
C2	100 pF	
C3	10 nF	
C4	10 pF	Modulationskondensator
C5	10 pF	Modulationskondensator
R1	4,7 Ω	
R2	4,7 kΩ	
R3, R4, R5, R6	1 MΩ	
R7	10 Ω	Shuntwiderstand während C-Modulation
R8	470 Ω	Shuntwiderstand während R-Modulation
R9	1 ... 1,8 kΩ	Modulationswiderstand
D1, D2, D3, D4	BAR42	
D5	3V8	Zenerdiode
L1	~ 3,5 μH	Leiterschleife im Layout
U1	74HC4040	Asynchroner 12-Bit Binärzähler
U2	74HC74	Dual D-Flip Flop
U3	74HC00	4 x NAND
U4	74HC03	4 x NAND, Open Collector

14.4.2 Feldgeneratorspule

Das abgebildete Layout zeigt die in Kapitel 9.2.4 „ISO 10373 – Prüfmethoden für Chipkarten“, S. 267 beschriebene *Feldgeneratorspule*. Diese Spule eignet sich jedoch auch hervorragend als Antenne für Lesegeräte im Frequenzbereich 13,56 MHz.

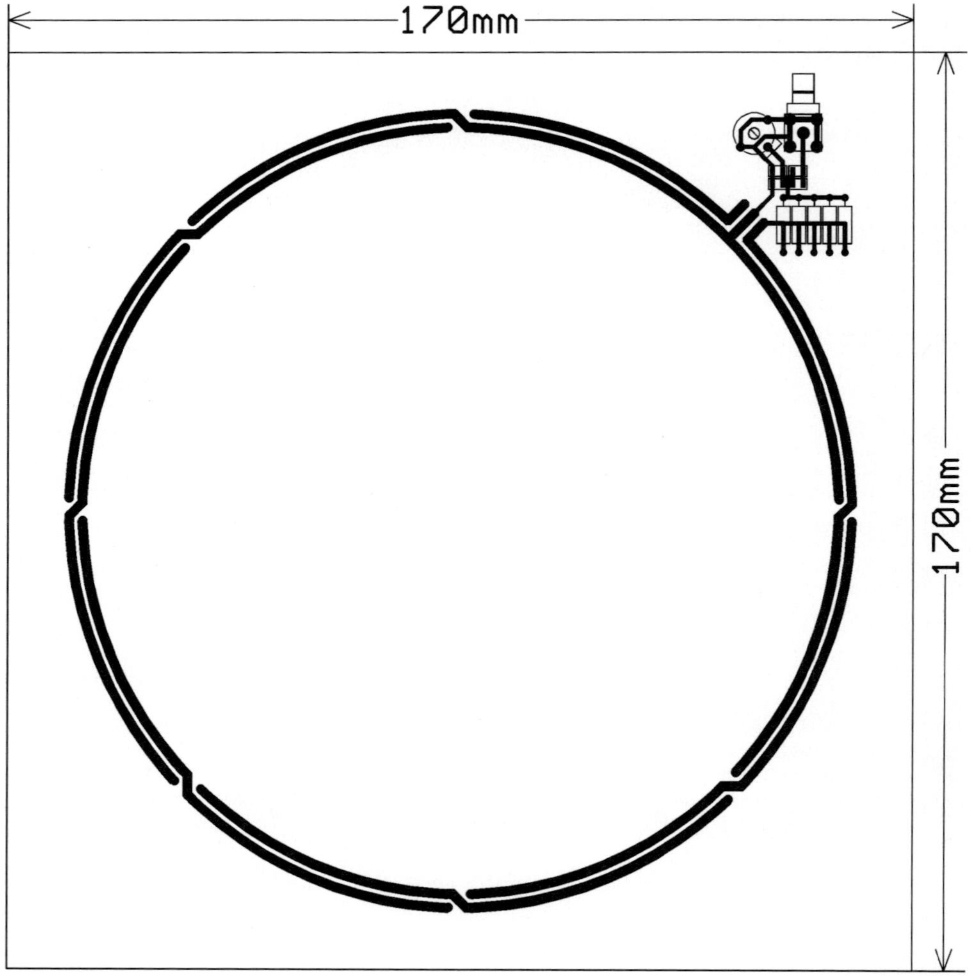

Abb. 14.3 Layout der Feldgeneratorspule – Vorderseite. (Bild: Philips Semiconductors, Hamburg)

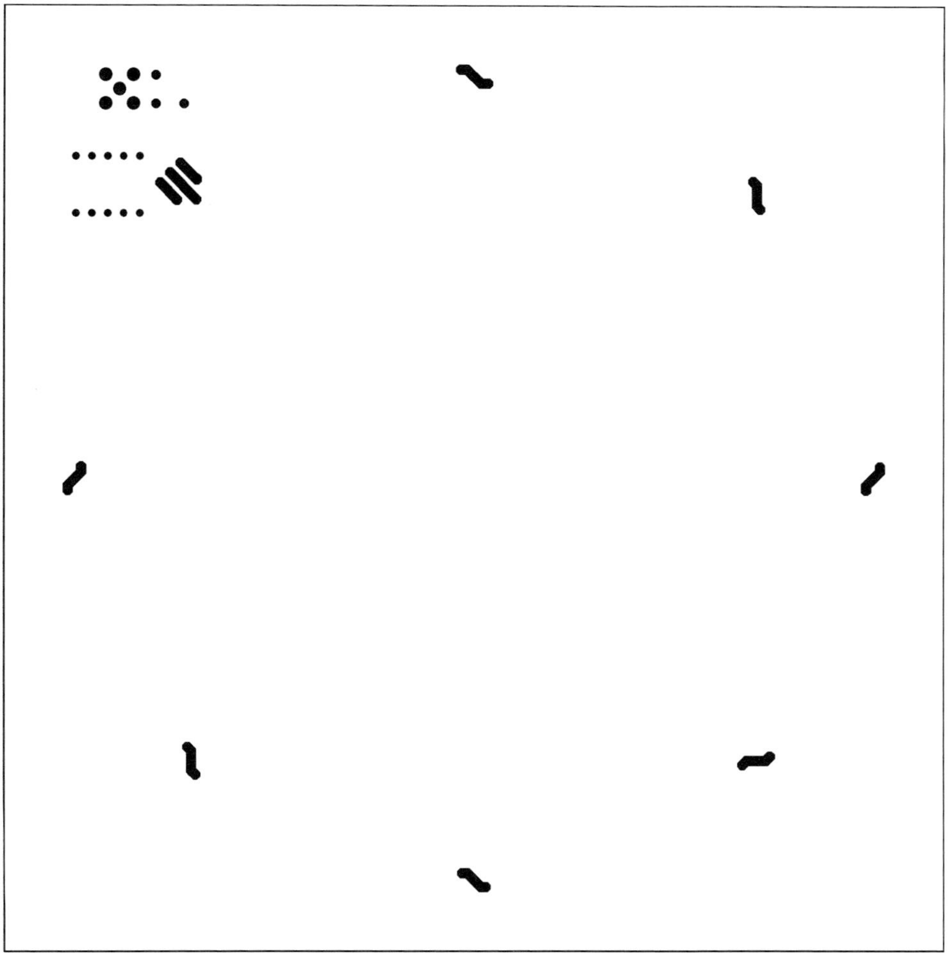

Abb. 14.4 Layout der Feldgeneratorspule – Rückseite. (Bild: Philips Semiconductors, Hamburg)

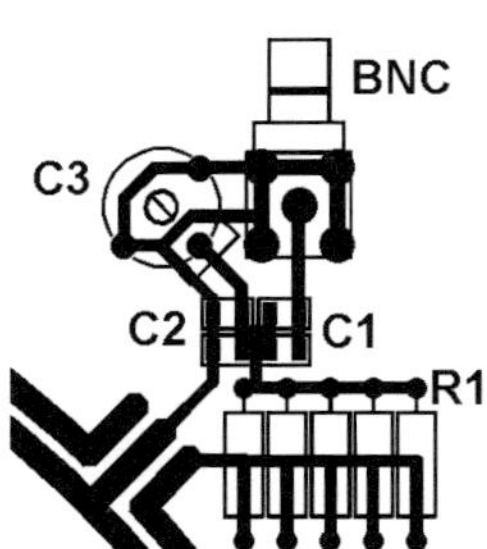

Abb. 14.5 *Anpassschaltung* der Feldgeneratorspule – Bestückungsplan.

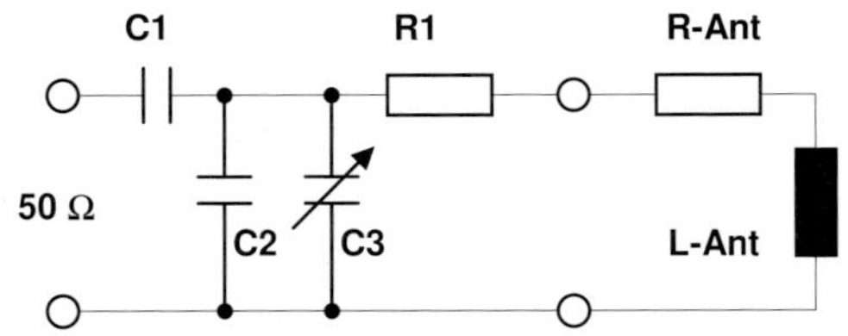

Abb. 14.6 Anpassschaltung der Feldgeneratorspule – Schaltung.

Tabelle 14.3: Stückliste der Anpassschaltung

Bauteil	Wert	Anmerkung
C1	47 pF	
C2	180 pF, 33 pF	parallel
C3	2 - 27 pF	Trimmkondensator
R1	5 · 4,7 Ω	parallel

15 Register